21世纪经典工程结构设计解析丛书

经典回眸

华东建筑设计研究院有限公司篇

华东建筑设计研究院有限公司　编

中国建筑工业出版社

图书在版编目（CIP）数据

经典回眸. 华东建筑设计研究院有限公司篇 / 华东
建筑设计研究院有限公司编. — 北京：中国建筑工业出
版社，2023.9
（21世纪经典工程结构设计解析丛书）
ISBN 978-7-112-29009-3

Ⅰ. ①经…　Ⅱ. ①华…　Ⅲ. ①建筑结构—结构设计—
作品集—中国—现代　Ⅳ. ①TU318

中国国家版本馆 CIP 数据核字（2023）第 146109 号

责任编辑：刘瑞霞　李静伟
责任校对：芦欣甜

21世纪经典工程结构设计解析丛书
经典回眸　华东建筑设计研究院有限公司篇
华东建筑设计研究院有限公司　编
*
中国建筑工业出版社出版、发行（北京海淀三里河路9号）
各地新华书店、建筑书店经销
国排高科（北京）信息技术有限公司制版
天津图文方嘉印刷有限公司印刷
*
开本：880 毫米×1230 毫米　1/16　印张：30¾　字数：907 千字
2023 年 9 月第一版　　2023 年 9 月第一次印刷
定价：298.00 元
ISBN 978-7-112-29009-3
（41300）

丛书编委会

主编单位：北京市建筑设计研究院有限公司

参编单位：中国建筑设计研究院有限公司

华东建筑设计研究院有限公司

上海建筑设计研究院有限公司

同济大学建筑设计研究院（集团）有限公司

中国建筑西南设计研究院有限公司

中国建筑西北设计研究院有限公司

中南建筑设计院股份有限公司

广东省建筑设计研究院有限公司

启迪设计集团股份有限公司

丛书总序

伴随着中国的城市化进程，我国土木与建筑工程领域经历了高速发展时期，行业技术水平在大量工程实践中得到了长足发展。工程结构设计作为土木与建筑工程领域的重要组成部分，不仅关乎建筑物的安全与稳定，更直接影响着建筑的功能和可持续性。21世纪以来，随着社会经济发展和人们生活需求的逐步提升，一大批超高层办公楼、体育场馆、会展中心、剧院、机场、火车站相继建成。在这些大型复杂项目的设计建造过程中，研发的先进技术得以推广应用，显著提升了项目品质。如今，我国建筑业发展总体上仍处于重要战略机遇期，但也面临着市场风险增多、发展速度受限的挑战，总结既往成功经验，继续保持创新意识，加强新技术推广，才能适应市场需求，促进建筑业的高质量发展。

为了更好地实现专业知识与经验的集成和共享，推动行业发展，国内十家处于领军地位的建筑设计研究院汇聚了21世纪以来经典工程项目的设计研究成果，编撰成系列丛书，以记录、总结团队在长期实践过程中积累的宝贵经验和取得的卓越成绩。丛书编委会由十家大院的勘察设计大师和总工程师组成，经过悉心筛选，从数千个项目中选拔出200余项代表性大型复杂项目，全面展现了我国工程结构设计在各个方向的创新与突破。丛书所涉及的项目难度高、规模大、技术精，具有普通工程无法比拟的复杂性。这些案例均由在一线工作的项目负责人主笔撰写，因此描述细致深入，从最初的结构方案选型，到设计过程中的结构布置思考与优化，再到结构专项技术分析、构造设计和试验研究等，进行了系统性的梳理归纳，力求呈现大型复杂工程在设计全过程中的思维方式和处理策略。

理论研究与工程实践相结合，数值分析与结构试验相结合，是丛书中经典工程的设计特点。土木工程是实践性很强的学科，只有经得起工程检验的研究成果才是有生命力、有潜力的。在大型复杂工程的设计建造过程中，对新技术、新工艺的需求更高，对设计人员也是很大的考验，要求在充分理解规范的基础上，大胆创新，严谨验证，才能保证研发成果圆满落地，进而推动行业的发展进步。理论与实践的结合，在本套丛书中得到了很好的体现，研究团队的技术成果在其中多项工程得到应用，比如大兴国际机场、雄安站、上海中心大厦、中央电视台新台址CCTV主楼等项目，加快了建造速度，提升了建筑品质，取到了良好的效果。

本套丛书开创了国内大型建筑设计院合作著书的先河，每个大院以一册的形式总结自己的杰出工程案例，不仅是对各大院在工程结构设计领域成就的展示，也是对我国工程结构设计整体实力的展示。随着结构材料性能提高、组合结构发展、分析手段完善、设计方法进步，新型高性能材料、构件和结构体系不断涌现，这些新材料、新技术和新工艺对推动建筑行业科技进步起到了重要作用，在向工程技术人员提出了更高挑战的同时也提供了创新空间。未来的土木工程学科将是追求高性能、高质量发展的学科，工程结构设计领域的发展需要不断的学习、积累和创新。希望这套丛书能够为广大结构工程师和相关从业人员提供有价值的参考，激发他们的灵感和创造力。同时，也希望通过这套丛书的分享和传播，进一步推动我国工程结构设计领域的创新和进步，为我国城镇建设和高质量发展贡献更多的智慧和力量。

中国工程院院士
清华大学土木工程系教授
2023 年 8 月

本书编委会

顾　问：汪大绥　周建龙

主　编：包联进

副主编：周　健　花炳灿　芮明倬　王洪军　朱　莹

　　　　陈建兴　张耀康

编　委：（按姓氏拼音排序）

　　　　安东亚　陈　锴　方　卫　黄　良　黄永强

　　　　季　俊　蒋本卫　李立树　刘明国　童　骏

　　　　王　荣　徐　麟　严　敏　于　琦　张伟育

　　　　朱　江

序 一

　　成立于 1952 年的华东建筑设计研究院，陪伴着我们祖国，已经走过了七十余年艰难曲折而又辉煌的历程。在这漫长的岁月中，一代一代华东院的技术人员，按照党的指引和国家发展的需求，以自己勤奋的工作和精湛的技术、在中华大地上建起了一座座建筑，为祖国的繁荣强盛树起了一座座丰碑。与此同时，还向全国各地输送了大批优秀技术人才，我们对此感到无比的自豪。

　　1978 年开始的改革开放，把中国的发展推上了一个前所未有的新阶段，给华东院的发展带来了极好的机遇，同时也赋予了繁重的设计任务。尤其是进入 21 世纪以来，随着国家经济实力的增强，对外开放的扩大，发展也进一步提速，使得我们有机会接触规模更大、理念更先进，技术更复杂的重要项目的设计，其中部分项目是中外合作的设计。这对华东院是严峻的锻炼、考验，也是能力提升的极好机会。我感到欣慰的是我们经受住了考验，较好地完成了任务。本书中所收集的项目，就是这一时期我院完成的部分代表性项目。总体上看，这些项目规模较大，技术复杂，类型丰富，难度较高。在高层和超高层建筑方面，包含了当今国际上各种先进的结构形式，并有所创新，在大跨度空间结构方面多为原创，形式多样。这些项目在一定程度上彰显了我国作为基建大国、建筑强国的实力和所达到的水平。这些工程多数已经建成或基本建成，已经或即将为国家经济发挥其应有的作用。

　　我院在完成这些项目设计的同时，在结构理论研究、技术开发、规范规程编制方面也作出了很多成绩。所有这些都将成为我们的技术积累，一代一代的华东人将在这些积累的基础上继续攀登，为推动国家建筑技术的发展不断作出新的贡献。

　　华东建筑设计研究院（ECADI）的宗旨是"高效、合作、领先、敬业和创新"，即"Effective，Cooperative，Advanced，Dedicated and Innovative"，我们将在此精神的鼓励下，不断前行。

全国工程勘察设计大师

华东建筑设计研究院有限公司顾问总工程师

2023 年 8 月于上海

序　二

　　华东建筑设计研究院有限公司成立 70 多年里，主动服务和融入各个阶段的国家发展战略，积极践行国企的使命与担当，参与建设了数以万计的工程。自 21 世纪以来，华东院在超高层综合体、空港枢纽、会展博物馆综合体、文化艺术中心等领域深耕细耘，完成了一大批重大重点工程，凭借雄厚的技术实力和持之以恒的创新精神，留下许多经典工程。

　　《经典回眸　华东建筑设计研究院有限公司篇》分册，从中精心挑选 18 个有代表性的项目。超高层项目包括了天津高银 117 大厦、天津周大福金融中心和上海环球金融中心等，汇集了华东院在超高层建筑结构设计领域的技术创新与工程实践，包括巨型支撑结构、钢板剪力墙结构、多腔体巨型钢管混凝土柱、外包式伸臂桁架连接节点等。三塔连体南京金鹰世界项目、倾斜悬挑连体中央电视台新台址 CCTV 主楼和对称连体苏州东方之门浓缩了复杂超高层连体建筑结构设计的精髓——超高层建筑连体形式、塔楼与连接体共同作用的力学机理、塔楼与连接体相互影响的力学本质以及连体工程设计关键问题及其应对措施等。从空港枢纽类项目浦东国际机场 T2 航站楼、虹桥综合交通枢纽以及乌鲁木齐地窝堡机场 T4 航站楼等大型空港枢纽项目中，读者可以领略到特殊建筑造型的结构实现方式、结构外露展示建筑细部美学的设计理念以及应用围护基础一体化、隔震、抗爆等技术解决工程难题的设计方法等。世博轴阳光谷、国家会展中心（上海）和上海花博会世纪馆则展示了华东院在会展博物馆类项目的结构设计技艺，结构工程师应用索膜技术、预应力技术和结构找形技术等，塑造犹如"阳光谷""四叶草"和"蝴蝶"等的优美建筑外形。上海奔驰文化中心、上海大歌剧院和北京城市副中心图书馆等文化类建筑，功能繁多、布局复杂且造型带有文化特征，除了常规设计之外，还应用新技术新材料攻克设计难题，包括利用碗形结构空间效应打造超大观演空间的碟形建筑，采用超高性能混凝土（UHPC）建造超长悬挑的折扇形旋转楼梯，开发异形混凝土结构建模分析技术模拟仿生建筑结构等。

　　本书编写人员均为上述经典工程的设计骨干，试图以亲身参与者的视觉，还原这些经典工程结构设计和建造的过程。书中不仅呈现设计的最终成果，更是展示结构形成过程的工程逻辑——强调从建筑功能与布局入手，应用概念设计辅以分析比选确定结构方案，开展专项分析剖析结构受力特征，提出合理的应对措施。虽然经典工程数量有限，但是读者可以从中获取大量的技术、分析和设计信息，拓展设计思路并借鉴参考。希望本书的出版，能促进行业的技术交流和共同进步，推动行业高质量发展。

全国工程勘察设计大师

华东建筑设计研究院有限公司首席总工程师

2023 年 8 月于上海

前　言

华建集团华东建筑设计研究院有限公司（ECADI）最早成立于 1952 年 5 月 19 日。70 多年来，ECADI 全力服务国家发展战略，始终以匠心致初心，以国家情怀持续推动企业创新发展，助力建设让人民满意的高质量城市，完成工程设计项目万余项，先后获得国内外优秀设计奖、优秀工程奖等各种奖项数千项，在不同年代都留下了很多经典建筑。

"21 世纪经典工程结构设计解析丛书"由国内有影响的 10 家设计单位共同完成。本分册为《经典回眸　华东建筑设计研究院有限公司篇》，精心挑选了 21 世纪以来 ECADI 在不同城市、不同建筑类型的 18 项经典标志性工程，通过对其结构设计挑战、结构创新设计技术等梳理与总结，分为 18 章分别加以论述。第 1 章至第 5 章为超高层建筑，包括天津高银 117 大厦、天津周大福金融中心、上海环球金融中心、武汉中心和天津津塔；第 6 章至第 8 章为超高层连体建筑，包括南京金鹰世界项目、苏州东方之门、中央电视台新台址 CCTV 主楼；第 9 章至第 11 章为机场交通建筑，包括浦东国际机场 T2 航站楼、虹桥综合交通枢纽、乌鲁木齐地窝堡国际机场 T4 航站楼；第 12 章至第 14 章为会展建筑，包括世博轴阳光谷与索膜顶棚工程、国家会展中心（上海）、上海花博会世纪馆；第 15 章至第 18 章为文化艺术类建筑，包括上海奔驰文化中心、上海大歌剧院、北京城市副中心图书馆、上海证大喜玛拉雅艺术中心。本分册着重介绍这 18 项工程的结构创新设计实践，涉及超高层结构、连体结构、大跨度结构、减隔震结构、复杂结构、自由曲面结构等新理论、新方法、新体系、新材料和新技术等，期望从结构创新设计技术以及解决复杂问题思路等多个维度能够给读者提供参考和帮助。

参加本分册编写的人员都是各项目的结构设计负责人与设计骨干，具有丰富的设计经验和很强的复杂问题技术攻关能力，以图文并茂的方式、详实地展示了每个项目的设计特点、创新设计过程与成果。ECADI 多位结构总工程师担任本分册的审校工作，进一步保证了本书内容的高品质。本分册的编写，得到了 ECADI 公司领导和同事的大力支持；也得到了中国建筑工业出版社刘瑞霞编审、李静伟编辑的悉心指导和帮助；本分册中的工程项目在设计与实施过程中得到了行业内专家与同仁的很多指导，在此谨表示诚挚的谢意！

创新中国设计，引领美好生活。ECADI 将继续与行业内的专家与同仁一起，以引领时代的创新设计，助力宜居、智慧、韧性的城市建设与建筑业高质量发展，为人民创造更美好的生活。

由于作者水平有限，书中内容有不妥之处，望予以指正。

华东建筑设计研究院有限公司结构总工程师

2023 年 8 月于上海

目　录

第 1 章

天津高银 117 大厦　　　　　　　　　　　　　　　　　　　　　／ 001

第 2 章

天津周大福金融中心　　　　　　　　　　　　　　　　　　　　／ 029

第 3 章

上海环球金融中心　　　　　　　　　　　　　　　　　　　　　／ 057

第 4 章

武汉中心　　　　　　　　　　　　　　　　　　　　　　　　　／ 083

第 5 章

天津津塔　　　　　　　　　　　　　　　　　　　　　　　　　／ 107

第 6 章

南京金鹰世界项目　　　　　　　　　　　　　　　　　　　　　／ 135

第 7 章

苏州东方之门　　　　　　　　　　　　　　　　　　　　　　　／ 159

第 8 章

中央电视台新台址 CCTV 主楼   / 187

第 9 章

浦东国际机场 T2 航站楼   / 213

第 10 章

虹桥综合交通枢纽   / 243

第 11 章

乌鲁木齐地窝堡国际机场 T4 航站楼   / 269

第 12 章

世博轴阳光谷与索膜顶棚工程   / 299

第 13 章

国家会展中心（上海）   / 325

第 14 章

上海花博会世纪馆   / 351

第 15 章

上海奔驰文化中心   / 377

第 16 章

上海大歌剧院   / 403

第 17 章

北京城市副中心图书馆 / 429

第 18 章

上海证大喜玛拉雅艺术中心 / 449

天津高银 117 大厦

1.1 工程概况

1.1.1 建筑概况

天津高银 117 大厦位于天津市西青区，邻近天津南站，为天津市高新区软件和服务外包基地综合配套区——中央商务区一期（由塔楼、总部办公楼及商业裙房组成）的重要建筑单体项目（图 1.1-1）。其中塔楼建筑高度约 597m，结构大屋面高度为 596m，地上共 117 层（不含部分夹层），地下 4 层，塔楼总建筑面积约 37 万 m²。首层至 93 层将用作甲级写字楼，94 层至顶层将用作豪华商务酒店。塔楼平面为正方形，楼层平面随着斜外立面渐渐变小，塔楼首层平面尺寸约 65m×65m，渐变至顶层时平面尺寸约 45m×45m，高宽比 9.7，是目前国内高地震烈度区最细长的超高层建筑之一。

图 1.1-1　中央商务区一期整体效果图

塔楼采用巨型框架支撑筒-核心筒抗侧力结构体系，主要由周边巨型框架支撑筒与内部核心筒组成。塔楼基础埋深 25.85m，基础形式为桩筏基础，基础筏板厚度为 6.5m，桩基采用 D = 1000mm 直径灌注桩，采用桩端桩侧联合注浆。

本项目结构方案及初步设计由奥雅纳工程咨询有限公司（ARUP）完成，施工图设计由华东建筑设计研究院有限公司负责完成。本项目于 2009 年开始设计工作，2011 年开始主体结构施工。天津高银 117 大厦效果图及典型楼层建筑平面图见图 1.1-2。

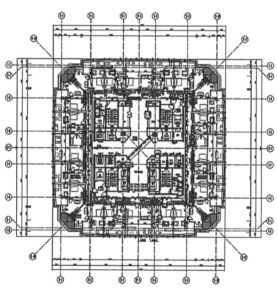

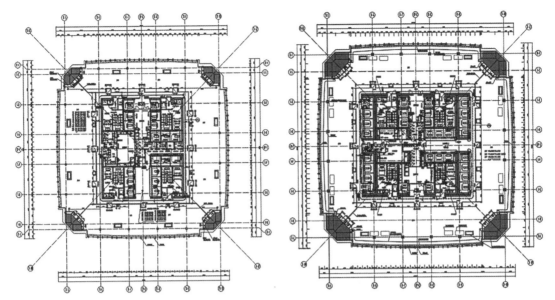

图 1.1-2　天津高银 117 大厦效果图及典型楼层建筑平面图

1.1.2　设计条件

1. 主体控制参数

控制参数表　　　　　　　　　　　　　　　　表 1.1-1

结构设计基准期	50 年	建筑抗震设防分类	标准设防类（丙类）
建筑结构安全等级	一级（结构重要性系数 1.1）	抗震设防烈度	7 度（0.15g）
地基基础设计等级	一级	设计地震分组	第二组
建筑结构阻尼比	0.035（小震）/0.05（大震）	场地类别	Ⅲ类

2. 结构抗震设计条件

主塔楼核心筒剪力墙、连梁及巨柱抗震等级为特一级，钢结构巨型支撑及环带桁架抗震等级为二级，钢结构次框架抗震等级为四级。

3. 风荷载

结构变形验算时，按 50 年一遇取基本风压为 0.50kN/m²，承载力验算时按基本风压的 1.1 倍。变形及承载力验算时，阻尼比取 0.02；舒适度验算时，阻尼比取 0.015。风荷载根据风洞试验确定，本项目主风洞试验由汕头大学负责进行，第三方独立风洞试验对比由 BMT 负责，该两家单位分别得到的风荷载数据吻合良好且试验误差都在可容许范围之内，并通过风工程专家探讨会论证（图 1.1-3）。

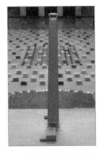

(a) 汕头大学风洞试验模型　　　(b) 汕头大学风洞试验模型　　　(c) BMT 公司风洞试验模型
　　（高频测力天平）　　　　　　　　（高频测压）　　　　　　　　　（高频测压）

图 1.1-3　塔楼风洞试验模型

1.2 建筑特点

1.2.1 建筑高度高，形体高宽比大

天津高银117塔楼建筑高度597m，结构大屋面高度596m，为国内结构大屋面高度最高的超高层建筑，其高宽比为9.7：1，核心筒高宽比为18.6：1，无论是结构大屋面高度还是高宽比等数值均远远超过了规范的限值，给结构设计带来了巨大挑战。

经过一系列结构方案的比选，结构设计中遵循抗侧力构件周边化、立体化、巨型化、支撑化等设计理念构建了高效的巨型框架支撑筒-核心筒抗侧力结构体系，以提供足够的抗侧刚度及承载能力。其中，周边巨型框架支撑筒在水平荷载作用下承担了大部分水平剪力及倾覆弯矩，为抗侧力结构体系的重要组成部分（图1.2-1）。

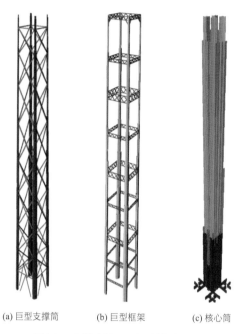

(a) 巨型支撑筒　　　(b) 巨型框架　　　(c) 核心筒

图 1.2-1　天津高银117大厦结构体系组成

1.2.2 结构构件及连接节点巨型化

天津高银117塔楼建筑高度高、高宽比大，从结构构件承载力、抗侧刚度等方面均对巨型结构构件的应用提出了需求，且巨型结构构件的应用使抗侧力结构巨型化、周边化等理念得到实现，可有效提高结构抗侧效率；结构设计中主要采用了以下巨型化结构构件及连接节点：

（1）巨柱；

（2）巨型交叉支撑；

（3）巨型柱脚节点；

（4）巨柱、巨型交叉支撑、环带桁架巨型复杂节点。

塔楼在平面角部布置4个巨柱，巨柱采用多腔体异形钢管混凝土柱，单个巨柱底部最大截面积约45m²；巨型交叉支撑沿塔楼立面跨12～13层分区布置，支撑采用钢结构箱形截面的形式，其典型截面尺寸为1200mm×900mm；巨型柱脚采用外露式高强锚栓柱脚节点以抵抗水平作用下产生的巨大拉力，单个柱脚面积约144.5m²（含翼墙），高强锚栓直径为75mm；巨柱、巨型交叉支撑、环带桁架交汇处节点连接复杂，单个节点高度约24m，宽度约9.5m。以上巨型构件及连接节点的实现对结构设计、钢结构

制作及安装、土建施工均提出了巨大挑战。

1.2.3 底部入口空间超长、超大承载力屈曲约束支撑的应用

巨型支撑设置于塔楼立面，与角部巨柱和各区的环带桁架形成支撑筒结构，其中上部 8 个区采用交叉支撑布置，底部 1 区采用人字支撑布置（图 1.2-2），以满足塔楼底部南、北入口大堂超大空间建筑功能的要求，人字撑顶部设置水平横杆与其相连。从防止人字撑自身发生屈曲破坏及其屈曲破坏后对顶部水平横杆造成的竖向不平衡力出发，底部 1 区人字撑采用了屈曲约束支撑（BRB），BRB 长度约为 48m，轴向屈服承载力不超过 36000kN。

1.2.4 超长灌注桩及超厚基础筏板的应用

第 1 章 天津高银 117 大厦

塔楼桩基（图 1.2-3）采用 $D = 1000$mm 钻孔灌注桩，采用⑩$_5$粉砂层作为桩基持力层，有效桩长 76.5m，桩端入土深度约 100m，采用桩端桩侧联合注浆的形式对桩基进行加强，试桩单桩抗压承载力不小于 39000kN；布桩采用间距 3000mm 梅花形满堂布桩。

塔楼基础筏板厚度 6.5m，筏板混凝土强度等级为 C50（90d 强度），基础筏板设计中考虑了上部结构对筏板变形及内力的影响；塔楼基础筏板混凝土一次浇筑成形，为一次浇捣混凝土方量最大的工程之一。

塔楼基础底板施工完成至封顶后 4.5 年间共历时 8 年的基础沉降实测数据表明，塔楼最大沉降约100mm，与沉降计算值较为符合。

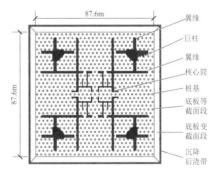

图 1.2-2 底部 1 区人字撑示意图　　　图 1.2-3 塔楼基础布置示意图

1.3 体系与分析

1.3.1 方案对比

在方案设计阶段，为实现建筑布局并确保结构安全，结合工程经济性充分发挥钢与混凝土两种材料的优势，对于外框筒依次考虑了几种不同的布置方案。

1. 密柱结构（含伸臂桁架和腰桁架加强层）

该体系对于抗震区 400m 以上高层建筑主要的问题是其刚度难以满足要求，同时在我国规范对于外框架作为第二道防线需满足一定的刚度和强度要求下，框架柱截面尺寸较大，柱间净距狭小，难以满足建筑对公共空间布局及视野的要求。柱总体含钢量偏高，多道伸臂桁架也增加了与核心筒连接的复杂程度和造价，并产生刚度突变问题。

2．巨型支撑框架和密柱（含人字撑或菱形撑）

此方案充分利用了巨型支撑框架刚度大的特点，但重力由密柱传递至地面层，其截面仍相当大，角部的巨型柱所受的重力不能够平衡水平力产生的拉力，仍未能达到建筑空间布置的要求。

3．巨型框架（含转换桁架和支撑）

本方案将边柱的重力通过机电层的巨型转换桁架传递到两端的巨型角柱，边柱截面得以大大缩小，建筑空间较为开敞，结构也可以获得更大的抗侧刚度。对于巨型斜撑的布置方案，如采用人字撑及菱形撑，其与水平面夹角过大对刚度贡献的效率不高。

塔楼高宽比对结构整体刚度的要求迫使采用更为高效的支撑布置形式。经过与业主及建筑师协调，除底部节间考虑建筑主入口的要求为人字支撑外，其余节间采用交叉支撑的形式，明显提高了结构整体刚度，最大限度地发挥了构件效率，从而满足了结构抗震及抗风的一系列技术要求。由于外框架刚度的显著提高以至在大部分楼层超过了钢筋混凝土内筒，分析结果表明，伸臂桁架对于提高结构整体刚度的作用不明显，最终予以取消。

1.3.2　结构布置

1．抗侧力结构

塔楼抗侧力结构主要由外部巨型支撑筒、巨型框架及内部核心筒组成（图 1.3-1）。巨型支撑筒由位于建筑平面角部的 4 根六边形巨柱及巨柱之间的交叉斜撑组成；巨型框架由巨柱及巨柱之间的 9 道环带桁架组成；核心筒由剪力墙及其之间的连梁组成。

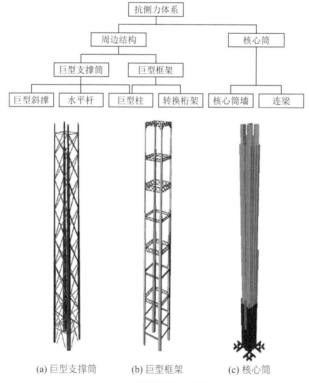

(a) 巨型支撑筒　　　(b) 巨型框架　　　(c) 核心筒

图 1.3-1　塔楼抗侧力结构组成

巨型支撑沿塔楼高度方向布置在被环带桁架分割形成的 9 个区间内，其中 2～9 区采用交叉支撑布置形式，1 区由于底部大堂建筑功能的需求采用人字撑布置形式（图 1.3-2）。巨型支撑采用箱形截面的形式，沿建筑平面进深方向与转换桁架及次结构柱布置在前后两个平面内（净距 200mm）。该布置方式避免次结构柱将竖向荷载传递至巨型支撑，受力清晰，简化了次结构柱与巨型支撑之间的节点构造。但该种布置方式会同时导致转换桁架、巨型支撑与巨柱连接节点的复杂程度增加，巨型支撑与次结构柱在楼层处所侵占的建筑可使用面积增加等。

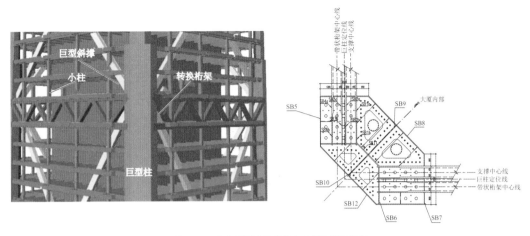

图 1.3-2　节点区域转换桁架与支撑布置示意图

2. 竖向承重结构

塔楼竖向承重结构主要由外部巨型框架、次框架及内部核心筒组成。巨型框架由巨柱及巨柱之间的环带桁架组成；次框架由次柱及次柱之间的边梁组成（图 1.3-3）；核心筒由剪力墙及其之间的连梁组成。

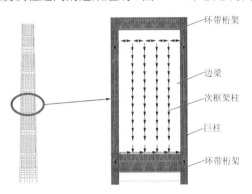

图 1.3-3　次框架结构示意图

3. 楼盖结构

塔楼核心筒内外楼盖结构均采用钢梁上铺压型钢板组合楼板的组合楼盖形式，次结构柱采用方钢管柱典型截面尺寸为 550mm×550mm×30mm×30mm，典型钢次梁截面高度为 500mm，标准层核心筒外楼板厚度 120mm，核心筒内楼板厚度 150mm，均采用闭口型压型钢板（图 1.3-4）。

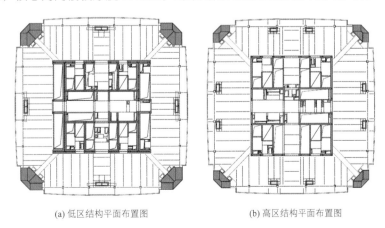

(a) 低区结构平面布置图　　　　　　(b) 高区结构平面布置图

图 1.3-4　典型结构平面布置图

4. 主要构件截面尺寸

巨柱采用异形钢管混凝土柱的形式,从下至上分为 9 个截面,其中底部巨柱最大截面面积约 45m²,沿高度方向逐渐收缩至顶部截面面积约 5.4m²。巨柱典型截面见表 1.3-1。

巨柱典型截面表
表 1.3-1

编号	分布范围	面积/m²	平面构造示意图	配钢率/%	主要钢板厚度/mm	配筋率/%	混凝土强度等级
MC10	L116M~L117	3		12	50	无	C50
MC9	L108~L116M	5.4		6	30		
MC8	L97~L108	11		5	30	0.5	
MC7	L81~L97				30		
MC6	L66~L81	18		4.5	30		
MC5	L50~L66	27			30		C60
MC4	L35~L50	36		4	40	0.8	
MC3	L21~L35	41			40		
MC2	L9~L21	45			40		C70
MC1	B1~L9			6	60		

环带桁架主要起承受次框架传递的竖向荷载作用,塔楼从下至上一共设置 9 道转换桁架,结合设备层及建筑避难层每隔 10~15 层设置,其高度为一层高或两层高,其截面形式为箱形截面(表 1.3-2)。

巨型支撑采用箱形截面的形式,典型截面钢板厚度为 120mm,在楼面标高处与楼板通过特殊构造连接,在基本不承受楼面竖向荷载的同时,楼面结构提供巨型支撑水平约束刚度,以减小巨型支撑的计算长度。

转换桁架典型截面表 表 1.3-2

转换桁架	楼层	截面编号	高×宽×t_1×t_2/mm	钢材型号
TT9	L116M	TT9-BT2	800×800×80×80	Q345GJ
		TT9-BT1	800×800×80×80	Q345GJ
TT8	L105	TT8-BT2	800×800×40×40	Q345GJ
		TT8-BT1	1000×800×80×80	Q345GJ
TT7	L93～L94	TT7-BT2A	800×800×40×40	Q345GJ
		TT7-BT2	800×800×30×30	Q345GJ
		TT7-BT1A	800×800×40×40	Q345GJ
		TT7-BT1	600×800×30×30	Q345GJ
TT6	L78	TT6-BT2	800×800×80×80	Q345GJ
		TT6-BT1A	1000×800×80×80	Q390GJ
		TT6-BT1	800×800×80×80	Q345GJ
TT5	L62～L63	TT5-BT2A	800×800×50×50	Q390GJ
		TT5-BT2	800×800×40×40	Q345GJ
		TT5-BT1A	800×800×40×40	Q390GJ
		TT5-BT1	600×800×30×30	Q345GJ
TT4	L47	TT4-BT2	900×800×80×80	Q345GJ
		TT4-BT1A	1200×800×100×100	Q390GJ
		TT4-BT1	1000×800×100×100	Q345GJ
TT3	L31～L32	TT3-BT2A	800×800×60×60	Q390GJ
		TT3-BT2	800×800×50×50	Q345GJ
		TT3-BT1A	800×800×50×50	Q390GJ
		TT3-BT1	800×800×30×30	Q345GJ
TT2	L18	TT2-BT2	900×800×80×80	Q345GJ
		TT2-BT1A	1200×800×100×100	Q390GJ
		TT2-BT1	1000×800×100×100	Q345GJ
TT1	L6	TT1-BT2	900×800×80×80	Q345GJ
		TT1-BT1A	1200×800×100×100	Q390GJ
		TT1-BT1	1000×800×100×100	Q345GJ

核心筒主要采用钢筋混凝土剪力墙的形式，底部剪力墙最大厚度为 1400mm，并且内嵌钢板，以解决轴压比问题（表 1.3-3）。

核心筒平面布置示意图及典型截面表 表 1.3-3

	楼层	Q_1（外墙）厚度/mm	Q_2/Q_{2a}（内墙）厚度/mm	Q_3（内墙）厚度/mm	混凝土强度等级	钢板材料
	L114M2～Top	400T20	400T20			
	L110～L114M2	300		250		
	L85～L110	400	300			
	L74～L85	500				
	L58～L74	600	400	300		
	L53～L58	700			C60	—
	L39～L53	900	500			
	L32M～L39	1000				
	L28～L32M	1200T25	600			
	L14～L28	1200T50	600(600T25)	400		Q345/Q345GJ
	B1～L14	1400T35×2	600(600T35)			
	B3～B1	1400T30×2	600(600T30)			

1.3.3 性能目标

1. 抗震超限分析和采取的措施

主塔楼结构超限主要表现为高度超限（大大超过我国高层建筑设计规范限值），除局部楼层（95层）存在竖向抗侧刚度不规则之外，平面规则性及竖向规则性均能满足规范要求。

针对超限问题，设计中采取了如下应对措施：

（1）采用高效的巨型支撑筒-核心筒抗侧力体系。

（2）通过合理布置巨型环带桁架及支撑等构件，提高了周边巨型支撑筒结构整体刚度的贡献，显著提高了外框二道防线整体安全水平，降低核心筒刚度退化及其内力重分布对结构整体的不利影响。

（3）整体结构及构件全面融入了性能化设计思想，主要抗侧力构件满足中震弹性（不屈服）设计目标，对特殊重要构件满足大震性能。

（4）主要抗侧构件及其重点部位和节点，均采用钢、钢骨混凝土或钢管混凝土等高延性构件，提高整体安全标准及耗能水平，确保发挥整体延性。

（5）进行了整体结构模拟地震振动台试验、巨柱缩尺模拟试验、复杂巨型节点试验、巨柱焊缝试验及抗火试验等一系列试验，保证结构、构件及节点的各项性能，为设计提供更为有效的依据及参考。

2. 抗震性能目标

根据抗震性能化设计方法，确定了主要结构构件的抗震性能目标，如表 1.3-4 所示。

主要构件抗震性能目标 表 1.3-4

抗震烈度（参考级别）		1 = 频遇地震（小震）	2 = 设防烈度地震（中震）	3 = 罕遇地震（大震）
性能水平定性描述		不损坏	可修复损坏	无倒塌
层间位移角限值		$h/500$	—	$h/100$
构件性能	核心筒墙肢 压弯拉弯	规范设计要求，弹性	弹性 底部加强部位	底部加强区、加强层形成塑性铰，破坏程度轻微，可入住，即 $\theta <IO$
			不屈服 其他楼层及次要墙体	其他层形成塑性铰，破坏程度可修复并保证生命安全，即 $\theta <LS$
	核心筒墙肢 抗剪	规范设计要求，弹性	弹性	抗剪截面不屈服
	核心筒连梁	规范设计要求，弹性	允许进入塑性	最早进入塑性
	巨型角柱	规范设计要求，弹性	弹性	不屈服
	次框架小柱、边梁	规范设计要求，弹性	允许进入塑性	形成塑性铰，破坏程度可修复并保证生命安全，即 $\theta <LS$
	巨型斜撑	规范设计要求，弹性	弹性	形成塑性铰，破坏程度可修复并保证生命安全，即 $\theta <LS$
	转换桁架	规范设计要求，弹性	弹性	不屈服
	其他结构构件	规范设计要求	允许进入塑性	出现弹塑性变形，破坏较严重但防止倒塌，即 $\theta <CP$
	节点		不先于构件破坏	

1.3.4 结构分析

1. 小震弹性计算分析

整体结构计算模型采用了 ETABS 和 MIDAS 两种不同内核的有限元计算软件进行分析，根据结构静力与弹性动力结果对数据进行了比较。

巨柱以多点模拟，包括角柱中心点以及多个用作连接外框架构件的点，各点以刚臂连接，巨柱构件从承台至顶层在中心点连接，外框架所有与巨柱连接的构件则在每一层与刚臂连接。如图 1.3-5 所示。

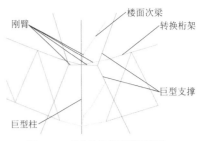

图 1.3-5 巨柱及连接刚臂示意图

高层建筑为了简化计算分析过程，结构嵌固端一般取结构 ±0.000 层（B0 层）或地下一层楼面，但需满足地下室抗侧刚度大于嵌固层以上楼层抗侧刚度的两倍以上以及嵌固端所在楼层楼板无开大洞等要求。对于常规高度的高层建筑，当考虑了塔楼周边一定范围地下室结构刚度或地下室外墙刚度时，容易满足上述刚度要求。但对本工程结构高度近 600m 的超高层建筑来说，在不考虑层高差异的因素时，要求地下室某一层的抗侧刚度达到塔楼上部结构抗侧刚度的两倍，需要增设刚度很大的翼墙，对建筑功能有较大影响。因此，对于类似建筑高度的超高层建筑，计算分析时结构嵌固端取基础筏板（B3 层）是合理的，可适当考虑地下室周边土体的约束作用。

根据地质勘察资料，考虑塔楼影响范围内 X、Y 两个方向的地下室外墙长度分别为 162m 和 288m（假设地下室楼盖面内刚度无限大），地下室周边土体对各层楼面的侧向约束刚度如表 1.3-5 所示。将塔楼嵌固端取在 B3 层，分别计算 B2、B1、B1M 和 B0 层塔楼结构本身的抗侧刚度（K_1），并将其与各层土体约束提供的侧向刚度（K_2）相比，如表 1.3-5 所示（以 Y 向为例）。土体的侧向约束刚度与结构抗侧刚度之比的最大值为 6.7%（Y 向、B1M 层）。土体的侧向约束刚度远小于塔楼结构抗侧刚度，无法对塔楼结构的侧向变形形成有效约束。如果考虑土体压力在传递过程中楼盖的弹性变形，则土体对塔楼地下室结构的约束作用更小，几乎可以忽略不计。因此，本工程塔楼的整体计算模型可进一步简化，嵌固端取基础筏板顶面，且不考虑周边土体的约束作用。

土体约束刚度 K_2 与结构本身抗侧刚度 K_1 比较　　　　　表 1.3-5

楼层	土体侧向约束刚度/（MN/m²）	Y 向长度/m	K_2/（MN/m）	K_1/（MN/m）	K_2/K_1/%
B0	6.7	288	1930	192715	1.0
B1M	134.6	288	38765	577234	6.7
B1	230.4	288	66355	1678697	4.0
B2	326.5	288	94032	3803728	2.5

塔楼各主要结构构件及荷载统计和分析详见图 1.3-6，塔楼（含两侧部分裙房）基底以上总质量为 81.5 万 t，重力荷载代表值的 92% 来源于结构构件自重与附加恒荷载。其中对于结构构件自重（不含楼面钢梁及附加恒荷载），核心筒所占比例最高，达到 38%；巨柱其次，占 28%；结构楼板占 23%。

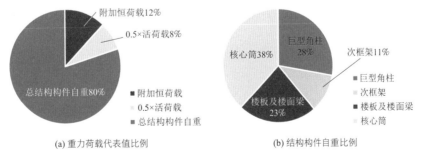

(a) 重力荷载代表值比例　　　　　　　(b) 结构构件自重比例

图 1.3-6　塔楼地震质量及结构构件自重比例

采用 ETABS 和 MIDAS 分别计算，振型数取 150 个，周期折减系数 0.9，计算结果见表 1.3-6。两种软件计算的结构总质量、振动模态、周期等均基本一致，可以判断模型的分析结果准确、可信。结构前三阶振型图如图 1.3-7 所示。同时进行了小震弹性时程补充分析，并按照规范要求根据小震时程分析结果对反应谱分析结果进行了相应调整。

周期/s	ETABS	MIDAS	ETABS/MIDAS	说明
T_1	9.26	9.20	101%	一阶整体X平动
T_2	9.14	9.12	100%	一阶整体Y平动
T_3	3.57	3.58	100%	一阶整体扭转
T_4	2.93	3.03	97%	二阶整体X平动
T_5	2.84	2.93	97%	二阶整体Y平动
T_6	1.54	1.59	97%	二阶整体扭转

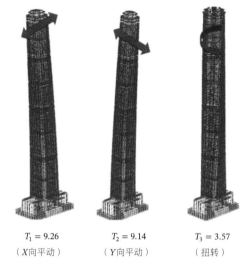

$T_1 = 9.26$
（X向平动）

$T_2 = 9.14$
（Y向平动）

$T_3 = 3.57$
（扭转）

图 1.3-7　前三阶振型图示

结构在风荷载及地震作用下的层剪力及层倾覆弯矩如图 1.3-8 所示，小震基底剪力与风荷载最大基底剪力基本相当，小震基底倾覆弯矩约为风荷载最大基底倾覆弯矩的 65%。

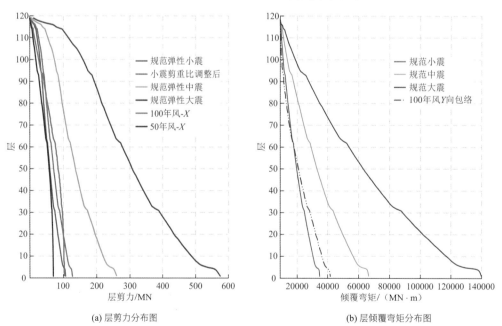

(a) 层剪力分布图

(b) 层倾覆弯矩分布图

图 1.3-8　层剪力、层倾覆弯矩分布图

计算结果表明，塔楼最小剪重比约 0.015，小震下剪重比、地震剪力放大倍数将根据底部实际剪重比与限值 0.018 进行全楼整体放大。

风荷载（50 年一遇）最大层间位移角为 1/667，小震工况下最大层间位移角为 1/614。若将小震按剪重比要求放大 1.19 倍后，最大层间位移角为 1/516（图 1.3-9）。

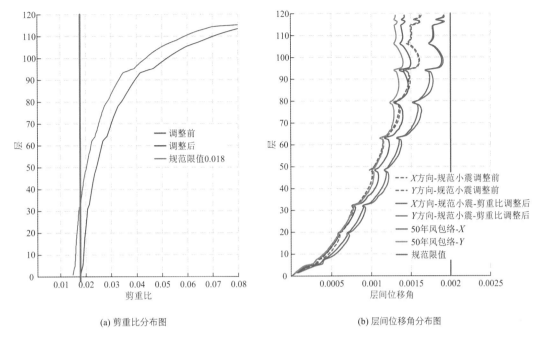

(a) 剪重比分布图　　　　　　　　　　　　　(b) 层间位移角分布图

图 1.3-9　剪重比及层间位移角分布图

整体结构刚重比符合规范刚重比下限 1.4 的要求，由于该值小于 2.7，在对结构内力和变形的计算中，考虑了重力二阶效应的不利影响。

由于设置了巨型支撑，使外筒刚度得到了显著提高。从内外筒层剪力分配情况看，对于一般楼层，外框筒承担的地震剪力占据相应层剪力的 70%以上，其分担剪力明显大于核心筒（约 30%）。在巨型框架底部节间，由于核心筒结构尺寸大及裙楼构件的刚度贡献，同时受制于建筑要求，巨型斜撑布置形式由交叉撑变换为人字撑，刚度下降，因而外框筒分担剪力降低至 30%～40%，内框筒占 60%～70%，相应的外框倾覆弯矩也占结构总倾覆弯矩的大部分（图 1.3-10）。

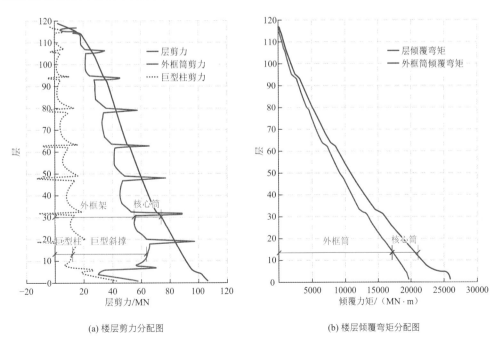

(a) 楼层剪力分配图　　　　　　　　　　　　(b) 楼层倾覆弯矩分配图

图 1.3-10　楼层剪力、倾覆弯矩分配图

2．罕遇地震作用下非线性地震反应分析

结构的非线性地震反应分析采用大型通用非线性动力有限元分析软件 LS-DYNA 进行计算，分析采用了 2 组人工波和 5 组天然波，图 1.3-11 给出了结构在 2 组人工波和 5 组天然波作用下 X、Y 方向的最大层间位移角曲线。由图 1.3-11 可以看出，7 条地震波层间位移角的平均值满足规范 1/100 的要求。

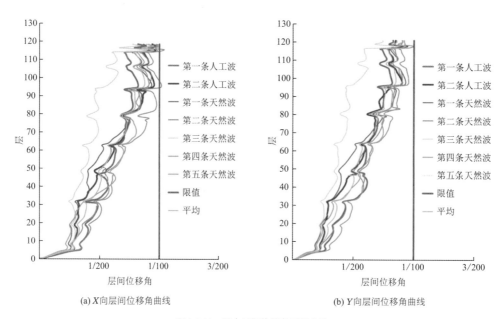

(a) X 向层间位移角曲线　　　　　　　　(b) Y 向层间位移角曲线

图 1.3-11　最大层间位移角时程曲线

主要结构构件抗震性能评价如下：

（1）大部分连梁都较早地进入了塑性，最终除中部个别连梁发生破坏之外，多数连梁都处于 IO（立即可入住）状态。

（2）剪力墙中的混凝土的最大压应变都小于混凝土受压破坏应变 0.0033。在核心筒底部混凝土的压应变大于其他区域混凝土的压应变，最大值为 0.0027，但仍然小于混凝土的受压破坏应变 0.0033。剪力墙中钢筋与钢板的拉应变一直较小，远小于钢筋的拉断应变。

（3）在未考虑巨型钢管混凝土柱受拉刚度退化时，巨柱除个别非节点区出现极少数部位由于受拉进入塑性外，整体性能良好；在考虑巨型钢管混凝土柱受拉刚度蜕化后，巨柱无任何塑性铰产生，大震下保持弹性。

（4）外框巨型支撑和转换桁架在大震下依然保持受拉不屈服状态和受压不屈曲状态。

3．混凝土收缩徐变的影响分析

混凝土构件在荷载长期作用下的收缩、徐变效应是超高层结构设计中不可忽略的影响因素；混凝土收缩、徐变对天津高银 117 大厦结构设计的影响主要有以下几个方面：

（1）巨型斜支撑受力影响

巨柱内混凝土收缩、徐变产生的压缩效应会使巨型斜支撑在竖向荷载下产生附加轴力，附加轴力为竖向荷载工况弹性分析结果的 10%～30%，是设计中不可忽视的因素。

（2）对非结构构件的影响

核心筒和巨柱内混凝土收缩、徐变造成的变形会随着结构的逐渐增高而加大。对于非结构构件如填充墙、幕墙等，需避免采用脆性材料刚性连接以致由于后期混凝土收缩徐变造成裂缝甚至破坏。

（3）对层高的影响

核心筒混凝土收缩徐变产生的竖向压缩变形可能会引起下部楼层层高减小，可能会影响需严格控制层高标准的电梯使用。层高由下至上不断变化，下部层高减少得多，上部层高减少得少，需考虑引入预

设值补偿预测的压缩量。

针对上述影响，结构设计中采取了以下对应措施：

（1）从混凝土制作工艺上严格控制容易引起混凝土徐变的不利因素。通过试验确定混凝土合适的配合比，采取合理的养护方法，减小混凝土的收缩徐变量。

（2）采用具有好弹性和韧性的填充材料与结构构件进行连接。

（3）控制混凝土内筒的压应力水平，适当在筒内设置构造型钢，增加筒体配筋量。

（4）连接内筒和外筒的楼面梁用铰接方式连接，以清除施工期间的收缩徐变影响。

（5）巨型斜支撑于施工期间配合大楼的整体稳定分阶段合龙，采用后连接方法，减少重力荷载对其不利影响。

（6）针对不可避免的混凝土收缩变形引起的影响，在施工阶段根据实际的施工过程引入预设值补偿预测的压缩量，从而保持楼板水平及电梯等设备的正常使用。

1.4 专项设计

1.4.1 巨型钢管混凝土柱设计

4 根巨柱位于建筑平面角部，沿双向内倾 0.88° 的直线布置，从下至上分为 9 个截面，其中底部巨柱最大截面面积约 45m²，如图 1.4-1 所示，沿高度方向逐渐收缩至顶部截面面积约 5.4m²。巨柱采用异形钢管混凝土柱的形式，为目前工程实践中截面最大的构件之一。其钢板材质主要采用 Q345GJ，大部分巨柱构件含钢率控制在 4% 左右，内部采用 C50～C70 自密实混凝土。

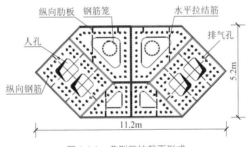

图 1.4-1 典型巨柱截面形式

塔楼巨柱承担了近 50% 的上部结构竖向荷载。在水平地震作用下，由巨柱和支撑组成的外筒承担底层倾覆力矩占基底总倾覆力矩 80%。首层巨柱在各荷载工况下的轴力分布如图 1.4-2 所示。

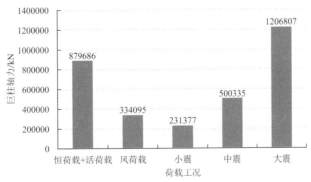

图 1.4-2 首层巨柱轴力分布

巨型柱承载力试验表明巨柱截面基本能够满足平截面假定，钢筋、钢骨不发生局部屈曲，结构设计中采用平截面假定进行巨柱截面承载力计算及构件校核（图 1.4-3）。

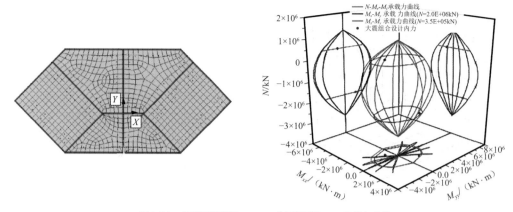

图 1.4-3　典型巨柱截面 ANSYS 分析模型及 N-M 承载力曲线

考虑到巨柱本身刚度大，转换桁架间各楼层对其约束效果和平衡作用有限，因此必须评估各节间巨柱实际的计算长度及 P-δ 效应的影响。经过初步分析，巨柱各节间在巨型斜撑、转换桁架、楼板及楼面钢梁的约束下，构件长细比均小于 28，长宽比小于 8，基本属于短柱。巨柱构件本身的 P-δ 效应对构件承载力影响不明显。

巨柱设计中考虑了由于巨柱偏心及荷载位置不定性、材料不均匀、施工偏差等引起的附加偏心距 e_a 的影响，e_a 取 20mm 和偏心方向截面尺寸的 1/30 两者中的较大者。

巨柱内部通过钢板分腔并在腔体内设置拉筋等形式保证巨柱板件的局部稳定；通过在钢板上设置栓钉保证混凝土与钢板共同作用；通过设置纵向配筋及钢筋笼减小内部混凝土收缩徐变的影响；在钢板上设置透气孔及流淌孔保证混凝土浇筑质量。

巨柱是主体结构体系的关键构件之一，因此巨柱的柱脚构造设计尤为重要。巨柱柱脚的设计目标同巨柱，即中震弹性和大震不屈服。根据荷载组合分析，只有大震不屈服工况柱脚出现拉力，最大拉力值为 300MN（考虑剪力墙连梁刚度退化），其余工况巨柱柱脚承担压力。一般柱脚节点构造有露出式、埋入式以及半埋入式 3 种。本工程采用带抗剪齿槽的露出式柱脚构造，辅以高强锚栓系统承担大震下的拉力，基于以下几点考虑：

（1）高强锚栓系统（ϕ75mm，屈服强度 835N/mm^2，极限强度 1080N/mm^2）具有材料抗拉强度高，与筏板纵筋冲突少、方便施工的特点（图 1.4-4）；

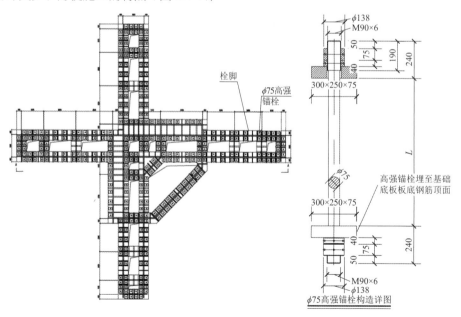

图 1.4-4　巨柱柱脚高强锚布置示意图

（2）地下室范围巨柱与翼墙连接，巨柱的内力已有效扩散至筏板；

（3）巨柱柱脚的弯矩、剪力与轴力相比，承载力要求较低；

（4）巨柱为多腔钢管混凝土，钢柱脚底板可采用环板构造，巨大轴向压力可通过混凝土直接传递给筏板；

（5）露出式柱脚可充分利用筏板厚度，提高筏板受冲切承载力；

（6）如采用埋入式柱脚节点构造，巨柱柱脚不可避免与筏板的顶面纵筋冲突，筏板钢筋有较大削弱，钢柱安装定位需要额外固定措施，给土建和钢构施工均带来难度；

（7）延长钢结构加工制作周期。钢柱可延迟至筏板混凝土养护结束时进场，增加近 3 个月的加工周期。

1.4.2　巨型支撑设计

1. 巨型交叉支撑设计

巨型支撑沿塔楼高度方向布置在被环带桁架分割形成的 9 个区间内，其中 2～9 区采用交叉支撑布置形式，1 区由于底部大堂建筑功能的需求采用人字撑布置形式。

交叉巨型支撑截面采用钢结构箱形截面，典型截面尺寸为 1200mm × 900mm，典型腹板厚度 t_w 为 120mm，翼缘厚度 t_f 为 50mm，材料为 Q345GJC（图 1.4-5）。

考虑到斜撑与结构的连接形式，斜撑的节点无论是平动还是转动都受到弹性约束作用，对此情况，不能简单认为斜撑在楼板间铰接（平动刚度无穷大），计算长度采用两铰接节点间长度；也不能简单套用《钢结构设计规范》GB 50017—2003 计算长度公式取值，这种具有弹性约束边界条件的计算长度不能从规范中直接得

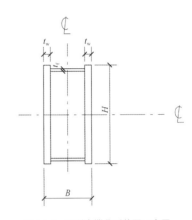

图 1.4-5　巨型支撑典型截面示意图

出，因此需用数值计算获得。按实际楼面结构对巨型支撑的约束进行弹性屈曲分析，得到巨型支撑的计算长度如表 1.4-1 所示。

巨型支撑截面及计算长度统计表　　　　　　　　表 1.4-1

巨型斜撑号	楼层	高×宽×t_w×t_f/mm	平面内计算长度/m	平面外计算长度/m
MB9	L106～L114M2	1200 × 900 × 100 × 50	8.2	8.2
MB8	L94～L106	1200 × 900 × 100 × 50	8.2	8.2
MB7	L79～L94	1800 × 900 × 120 × 50	11.8	9.4
MB6	L63～L79	1800 × 900 × 120 × 50	11.8	9.4
MB5	L48～L63	1800 × 900 × 120 × 50	11.8	9.4
MB4	L32～L48	1800 × 900 × 120 × 50	12.8	9.8
MB3	L19～L32	1800 × 900 × 120 × 50	13.1	10
MB2	L7～L19	1800 × 900 × 120 × 50	13.1	10
MB1	B1～L7	1500 × 900 × 100 × 50	19.7	20.7

楼盖结构设计中采用了特殊的构造措施，在避免楼面竖向荷载直接传递至巨型支撑的同时，保证楼盖结构对巨型支撑的平面内及平面外的约束（图 1.4-6）。

2～9 区交叉支撑在竖向荷载作用下会产生较大的附加轴力，仅弹性工况自重作用下的附加轴力约占 20% 中震弹性组合值（约 23000kN）；如考虑后续巨柱收缩徐变的影响，该比例会进一步增加，结构设计

中采用了巨型支撑滞后主体结构2个区延迟封闭的形式，以释放巨型支撑在自重作用下附加轴力的影响。

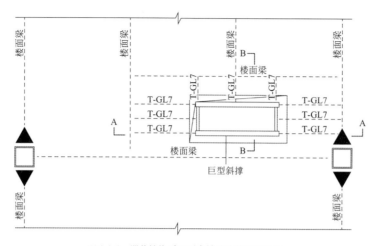

图 1.4-6　楼盖结构对巨型支撑约束构造示意图

2. 巨型人字支撑设计

由于大楼底部入口大堂建筑空间需求，塔楼1区立面采用人字支撑，支撑跨越地下1层至地上6层，支撑长度达48m，其顶部水平横杆跨度为44m。由于1~5层为超高大堂，底部楼层缺失形成大空间，人字支撑只在5层楼板受到约束。位于6层楼面的支撑水平横杆与环带桁架分离，楼盖体系仅约束水平杆的水平向位移，对水平杆的竖向位移约束很弱（图 1.4-7）。当遭遇罕遇地震时，人字支撑的压杆易于屈曲，沿水平横杆竖向产生不平衡竖向力和弯矩，对截面的承载力要求非常高。水平横杆在支撑拉压轴力作用下产生较大的轴向力，在平面内外易出现屈曲。支撑屈曲和水平横梁的屈曲或破坏将显著降低支撑筒的抗侧刚度，尤其在关键的超高层建筑的底部加强区。

北京工业大学对天津高银117塔楼的典型立面巨型筒支撑缩尺模型进行了低周反复荷载试验（图 1.4-8）。试验结果表明，当支撑筒进入弹塑性变形阶段时，受压支撑产生平面外屈曲，受拉斜撑出现断裂，导致支撑筒承载力迅速下降。

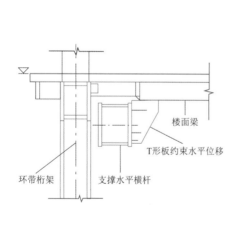

图 1.4-7　水平横杆的约束节点

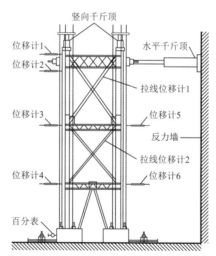

图 1.4-8　支撑筒缩尺试验

与普通支撑相比，屈曲约束支撑具有承载力高、延性与滞回性能好等优点，具有明显的屈服承载力，在大震下可起到"保险丝"的作用。当支撑为人字形布置时，支撑受拉与受压承载力差异很小，可大大减小与支撑相连接水平横梁的内力，减小构件的截面尺寸。基于1区人字支撑布置超长、分离式布置的特点，结构设计中对支撑选型进行了优化，不再一味对巨型支撑、水平横杆截面以及楼板约束构造进行加强，而是将普通支撑优化为屈曲约束支撑，不但可以解决超长支撑的稳定问题，同时还可以避免水平横杆在跨中承受竖向力。

考虑到大震不屈服、建筑外形以及施工吊装可行性等要求，屈曲约束支撑（BRB）分段示意图如图 1.4-9 所示。BRB 核心断面尺寸为箱形截面 1426mm × 826mm × 90mm × 90mm，用低屈服点钢 BLY100 和 Q345 作为核心材料，屈服承载力为 37300kN。芯材屈服段总长度为 10m，分 5m 两段分别布置在两端，其余为弹性段。套筒截面尺寸为 1500mm × 900mm × 35mm × 35mm。

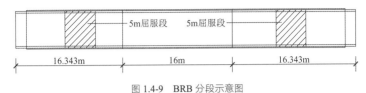

图 1.4-9　BRB 分段示意图

上海同济建设工程质量检测站采用 1∶4 缩尺模型试件来验证支撑的性能。试验共计 2 个试件，设计屈曲承载力和极限承载力分别为 2200kN 和 3500kN。试验结果表明，构件承载力、变形滞回性能等指标均能满足设计要求。

1.4.3　巨型复杂节点设计

本项目巨型支撑与次框架相互脱开，形成独立的抗侧和传力体系，这种布置方式避免了巨型支撑与次框架之间相互传力导致传力不清晰，也避免了巨型支撑与次框架的连接（图 1.4-10）。

但巨型支撑、环带桁架与巨柱连接节点相对复杂，节点区杆件多，板件之间间距小、节点传力路径复杂，节点制作和加工困难（图 1.4-11）。设计中采用了有限元分析对该复杂节点进行分析的同时，通过缩尺试验对节点受力进行了验证。

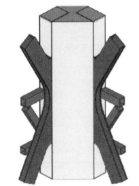

图 1.4-10　巨型支撑与转换桁架及次框架相互脱开示意图

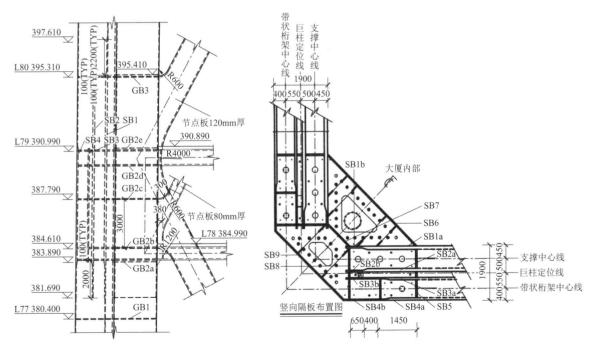

图 1.4-11　巨型复杂节点示意图

有限元分析结果表明，节点内钢结构及混凝土部分均在强度允许范围内（图 1.4-12）。后续节点缩尺试验也验证了这一结论。

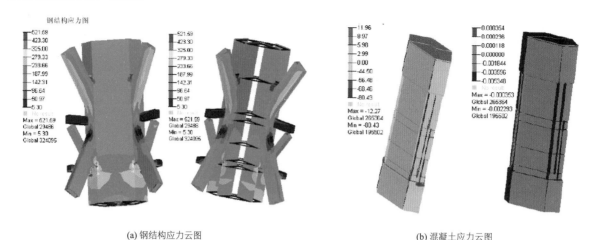

(a) 钢结构应力云图   (b) 混凝土应力云图

图 1.4-12 巨型节点应力云图

1.4.4 地基基础设计

1. 桩型选择

概念设计阶段曾对三种桩型方案，即灌注桩、钢管桩以及矩形桩进行了研究。从设计、审批、施工可行性以及经济性等方面综合考虑，决定采用灌注桩方案。

详细岩土工程勘察报告建议采用⑩₅或⑫₁粉砂层作为桩基持力层。因天津地区土层有明显的粉砂、粉质黏土、粉土互层的特点，采用桩侧与桩底后注浆技术以加强桩与土层之间的摩阻力和端阻力，并同时作为控制沉降的一种手段。桩基直径为 1000mm，梅花形布桩，桩中心距 3m，桩身混凝土强度等级 C50。

由于场地存在地下承压水，桩基础必须靠近地面处施工，加上持力层⑩₅层/⑫₁层的埋置深度较深，有效桩长 76m/96m 的桩基入土深度达到 100m/120m。当地超长钻孔灌注桩的应用较少，所以对施工工艺要求较高。为此进行了两组破坏性试桩（共 8 根），目的是取得更具体的桩基设计与施工参数，从而确定最终桩基方案，试桩参数如表 1.4-2 所示。

试桩参数   表 1.4-2

试桩方案	试桩数	持力层	注浆	试桩最大加载/kN
第一组	S1/S2	⑩₅	桩底 + 桩侧	42000
	S3/S4	⑫₁	桩底 + 桩侧	42000
第二组	S1/S2	⑩₅	桩底 + 桩侧	42000
	S3/S4	⑩₅	桩底	42000/39000

从试桩结果来看，除第二组 S4 号桩在单桩竖向抗压静载试验第二循环中压至 39000kN 时发生破坏外，其余试桩均压至最大荷载 42000kN 且未发生破坏。综合两组试验试桩结果，可知单桩承载力由桩身强度控制，桩顶沉降量主要是超长桩的桩身压缩引起，不同桩长的桩基承载力和桩基沉降差异不大。考虑施工质量的控制以及造价因素，设计最终采用⑩₅层粉砂层作为桩基持力层。

塔楼上部结构荷载分布不均，核心筒区域和 4 根巨柱竖向荷载较大；在罕遇地震作用下，角部巨柱下桩基桩出现拉力，桩基设计中考虑了罕遇地震作用下桩基不发生受拉破坏，基于土与基础共同作用的桩顶反力分析结果，工程桩采用 3 种不同纵筋配置的桩型，有效桩长均为 76.5m，详见表 1.4-3。

桩型	桩数量	配筋	承载力特征值/kN
1	277	24ϕ40	16500
2	468	18ϕ40	15000
3	196	12ϕ40	13000

在现场筏板钢筋施工时，筏板的底部纵筋采用机械连接，与锚入筏板的桩基纵筋冲突较为严重，给施工速度和施工质量带来较大影响。总结下来主要有以下原因：

（1）桩基纵筋直径 40mm，锚入筏板长度达 1200m，不易弯折和避让；

（2）工程桩配筋量大；

（3）梅花形布桩形式，且环形分布的桩纵筋间距和分布与筏板纵筋的间距分布差异很大；

（4）塔楼筏板的底部纵筋配筋量达到 20 层（双向），钢筋较多。

因此，在超高层建筑基础设计中，桩型选择、配筋构造以及布桩方式应综合考虑场地地质状况、上部荷载需求、施工可行性以及结构造价因素，慎重确定。

2. 基础筏板抗冲切设计

本工程初步设计基础筏板厚度 7.5m，经过优化设计后厚度减少至 6.5m。由于桩基和围护施工已先期完成，因此基础筏板底面标高保持不变（否则需接桩）。筏板面 1m 高差用来布置地下 3 层的大量集水坑（集水坑深度 1m），避免了筏板厚度由于集水坑的削弱作用需要在板底进行补强。筏板板底和板面没有任何高差变化，筏板高度内无深坑（电梯井道至 B3 层），工程桩等的桩头处理以及基础建筑防水层施工得以大大简化，既节约了施工周期，又确保了施工质量。

基础筏板厚度一般由筏板冲切或筏板弯矩等承载力要求控制。在超高层建筑中，由于竖向构件的轴力巨大（竖向荷载或倾覆力矩作用），前者更多占主导因素。因此，合理确定有关冲切承载力的相关参数就显得非常重要。以下以巨柱冲切为例，说明相关参数的合理取值和理解。

（1）冲切有效高度

根据《混凝土结构设计规范》GB 50010—2010 规定，冲切有效高度h_0应为纵向钢筋合力点至截面受压边缘的距离。我们认为，规范h_0取值对截面抗弯计算或者基础筏板配筋层数较少时抗冲切是合理的。本工程塔楼筏板底部纵筋直径 50mm，共 20 层（双向），纵筋高度接近 2000mm，纵筋合力点至截面受压边缘距离为 1000mm。如果机械地按照规范理解，冲切有效高度相差整整 1000mm。从概念角度，抗冲切承载力主要是由冲切锥体混凝土的抗拉承载力提供的，与配置钢筋无直接关系，另外，配置的钢筋可作为抗冲切钢筋，起加强作用。因此，冲切有效高度取$h - 100mm$（h为筏板厚度）是合理可靠的。

另外影响冲切有效高度的是柱脚的构造方式。本工程巨柱柱脚采用露出式柱脚，最大限度地利用了基础筏板的有效厚度，对抗冲切也是有利的。

（2）冲切体

本工程在地下室范围内巨柱周边布置翼墙，既可以有效扩大巨柱的冲切锥体范围，又增加抵抗冲切力的工程桩桩数，可显著提高筏板的抗冲切承载力。

（3）其他措施

适当提高筏板混凝土强度等级也是加强筏板抗冲切承载力的有效措施，为了减小水化热，筏板混凝土强度可采用 90d 后期强度。另外，在冲切锥体范围内配置一定数量的竖向布置的柱状抗冲切钢筋也是对筏板抵抗巨柱冲切力的有益补充。

3. 基础筏板内力分析

采用《建筑桩基技术规范》JGJ 94—2008 的等效实体深基础法对桩基沉降进行估算，考虑沉降经验系数后，竖向荷载长期效应组合下基础的最大沉降量约为 140mm。按照位移协调条件，根据筏板节点对应的关系，将桩土刚度矩阵、筏板上墙体刚度矩阵叠加到筏板刚度矩阵上，求解出底板上各节点的位移，继而求得底板的内力以及桩顶反力。以下主要讨论上部结构刚度对筏板内力的影响。

为研究上部结构对筏板变形和内力的影响，建立了 3 个有限元模型，筏板应力图如图 1.4-13 所示。筏板下桩基础采用竖向弹簧模拟，弹簧刚度取为 $7.27 \times 10^4 kN/m$。模型中实体单元和板单元交接位置完全耦合。筏板和结构楼盖采用壳单元模拟，剪力墙和巨柱采用实体单元模拟。

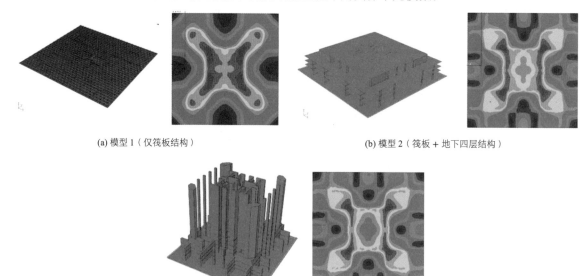

(a) 模型 1（仅筏板结构）　　　　　　　　　　(b) 模型 2（筏板 + 地下四层结构）

(c) 模型 3（筏板 + 地下四层 + 地上六层结构）

图 1.4-13　不同模型的筏板应力图

从计算分析结果来看，3 个模型的筏板最大沉降值分别为 162mm、132mm 和 129mm，模型 1 的最大沉降值以及沉降差（不均匀沉降）是 3 个模型中最大的，模型 2 和模型 3 的筏板沉降曲线分布和最大沉降值差异较小。图 1.4-13 的筏板 Mises 应力图（红色最高，蓝色最低）对比也表明模型 2 和模型 3 比较接近，且核心筒区域的筏板应力比模型 1 小。上述 3 个模型的计算对比分析表明，对本项目塔楼的筏板沉降内力分析时，宜考虑上部结构刚度的影响。由于地下室布置翼墙且筏板厚度较厚，考虑地下室范围的结构刚度已可以达到足够精度。

4．实际沉降观测结果

为了获悉塔楼基础的沉降性状，本项目在塔楼及邻近的裙楼基础底板上共布设了 43 个沉降实测点（C1～C43），涵盖底板中部核心筒、周边巨柱等典型结构位置，对基础底板沉降进行了长期系统实测（图 1.4-14）。

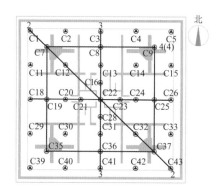

图 1.4-14　基础沉降实测点布置

分析的实测沉降从 2012 年 3 月塔楼基础底板施工完成至 2020 年 3 月，共历时 8 年。其中 2015 年 9 月结构封顶，完成的荷载约占结构自重荷载的 90%；2015 年 9 月至 2020 年 3 月结构封顶后 4.5 年间，施工缓慢、基本处于停滞状态，荷载仅有约 5% 的增加。典型工况的基础沉降实测时间见表 1.4-4。

基础沉降实测成果　　　　　　　　　　　　　　　　表 1.4-4

观测时间 （年-月-日）	进度/d	施工进度/层	最大沉降量 /mm	测点	最小沉降量 /mm	测点	差异沉降量 /mm
2012-08-06	147	±0	6.5	C36	−5.5	C31	12.0
2013-09-05	542	24	4.0	C21	−10.5	C32	14.5
2014-01-02	661	40	18.6	C21	−7.9	C26	26.5
2014-05-16	795	60	27.9	C21	−5.4	C26	33.3
2014-08-30	901	81	37.8	C21	−0.3	C26	38.1
2015-01-08	1032	100	57.6	C21	12.3	C43	45.3
2015-09-11	1278	117（封顶）	72.2	C21	21.4	C26	50.8
2017-09-22	2020	—	89.4	C21	28.9	C43	60.5
2020-03-23	2941	—	100.6	C21	31.6	C43	69.0

结构封顶时的基础最大沉降量为 72.2mm，位于核心筒区域的 C21 测点处；最小沉降量为 21.4mm，位于基础东侧外边中部区域 C26 测点处；最大差异沉降量为 50.8mm。结构封顶后 4.5 年，由于约 5% 荷载增量及地基流变，基础沉降进一步发展，最大沉降量增加至 100.6mm，仍位于核心筒区域的 C21 测点处；最小沉降量为 31.6mm，位于基础东南侧角点 C43 测点处；最大差异沉降量为 69mm。可以看到塔楼整个建造期间，随着建筑层数的增加（建筑荷载的增加），基础最大沉降量、最小沉降量均不断增大，且最大沉降量增加的速率大于最小沉降量增加的速率，导致差异沉降量随沉降的发展也进一步加大。最大沉降量随建筑层数增加并非简单线性关系。从最大沉降拟合曲线发展趋势看，最大沉降发展至 108mm 才会趋于稳定。如果将该拟合值视为基础最终沉降，塔楼结构封顶时基础最大沉降约占最终沉降的 67%。

实测基础总沉降呈现中心"盆形"沉降模式，即核心筒内沉降最大，核心筒外沉降快速减小，周边沉降最小。核心筒内部差异沉降、巨柱之间差异沉降都较小。核心筒区域荷载集度更大、群桩刚度更小是形成基础中心"盆形"沉降的主要原因。核心筒沉降最大，但核心筒刚度大有效约束了基础弯曲变形，核心筒内沉降较均匀，具有"平底"特征，其形状与核心筒平面轮廓近似一致。差异沉降主要发生在核心筒以外，刚度和荷载集度变化较大的区域，核心筒范围内基础差异沉降较小，核心筒与巨柱范围间基础差异沉降较大，核心筒和巨柱与其他区域的基础差异沉降进一步加大。

1.5　试验研究

本项目建筑高度超高，结构构件尺度及承载力巨大，构件及节点构造复杂，为了给结构设计提供更为有效的依据及参考进行了整体结构模拟地震振动台试验、巨柱缩尺模拟试验、复杂巨型节点试验、巨柱焊缝试验及抗火试验等一系列试验保证结构、构件及节点的各项性能。

1.5.1　117 大厦巨型柱试验

为研究多腔体钢管混凝土巨柱在轴压及偏压状态下的受力性能及在往复拉压时刚度退化情况，建设方委托北京工业大学进行了 117 大厦巨型柱试验，其中多腔体钢管混凝土巨型柱模型试件缩尺比例为 1：12（图 1.5-1），试验主要有以下结论：

（1）计算分析所得的巨柱承载力与模型试件轴心受压承载力实测结果较为接近。

（2）设计中应在多腔体钢管混凝土巨型柱的腔体内配置一定数量的钢筋，以提高腔体内混凝土的工作性能，特别是在弹塑性变形阶段的工作性能。

（3）多腔体钢管混凝土巨型柱的钢管之钢板间的连接多采用焊接方式，处于截面棱角处的钢板连接焊缝应力集中现象易于发生，往往导致钢板焊缝首先损伤乃至开裂破坏，一旦截面周边钢板焊缝开裂，其巨型柱的工作性能将较快地退化。因此，提高异形截面多腔体钢管混凝土巨型柱钢板间连接的焊接质量十分必要，必须予以足够重视。

（4）在多腔体钢管混凝土巨型柱的腔体内钢板上焊接一定数量的栓钉，可明显提高钢管与腔体内混凝土共同工作的性能，特别是弹塑性变形阶段的工作性能。

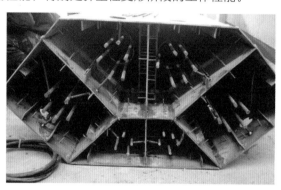

图 1.5-1　巨柱缩尺试验试件及试验结果照片

1.5.2　巨型钢管混凝土柱组装焊缝试验

基于巨柱截面形式复杂、组装焊缝较多，且北京工业大学进行的 117 大厦巨型柱试验表明巨柱截面角部焊缝对受力性能影响大。在保证焊缝受力性能的前提下，为了减小焊接变形、焊接残余应力以及施工难度，对巨型钢管混凝土柱的截面组装焊缝性能进行了试验与数值分析研究，得到了不同焊缝形式的钢管混凝土柱在不同工况下的承载力、变形及残余应力分布（图 1.5-2）。主要结论归纳如下：

（1）纵向外部焊缝部分熔透的形式对试件的承载力影响较小，但是对试件的焊缝性能及试件的延性有明显影响；纵向内部焊缝部分熔透的形式对试件的极限承载力、焊缝性能和试件的延性影响较小，可以忽略不计。

（2）残余应力的存在会使试件的刚度降低稍微提前，但试件的承载能力、软化段性能、破坏形态、焊缝性能不受影响；残余应力的影响即使在较高的水平下也可以忽略。

（3）通过有限元分析验证，建议巨柱组装焊缝采用以下方案：横向焊缝均采用全熔透，纵向外部焊缝采用全熔透，仅对影响较小的纵向内部焊缝采用部分熔透形式（巨型节点区除外）。

（4）采用上述组装焊缝建议方案，通过有限元分析验证，在最不利荷载组合下，巨柱 MC1A 钢材最大应力点刚刚屈服，其他巨柱均处于弹性阶段；所有巨型钢管混凝土柱均满足天津 117 大厦的承载力要求。

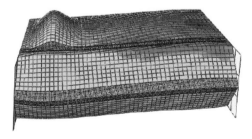

图 1.5-2　巨柱组装焊缝试验及有限元分析结果对比（角部焊缝撕裂）

1.5.3　巨型钢管混凝土柱抗火性能研究试验

117 大厦巨型钢管混凝土柱的耐火极限要求为 3.0h。由于内填混凝土，钢管混凝土柱的抗火性能与纯钢柱有较大不同。117 大厦钢管混凝土柱截面巨大及截面形式复杂，在现行规范中对此类柱的抗火性能尚未有明确规定和计算方法。为了了解火灾下巨型钢管混凝土柱的受力性能，确定安全可靠、经济合理的防火保护措施，有必要对其抗火性能进行研究，为设计提供相关依据（图 1.5-3）。主要结论归纳如下：

1）无防火保护的巨型钢管混凝土柱 MC1~MC8 的耐火极限值达到 3.0h，可不进行防火保护。

2）无防火保护的巨型钢管混凝土柱 MC9~MC10 的耐火极限值达到 3.0h，但考虑到其截面尺寸相对较小，因此建议采用非膨胀型钢结构防火涂料，涂层厚度按标准钢梁耐火试验 3.0h 确定。

3）为了保证节点在火灾下不失效，需要对节点周边区域进行防火保护。节点区域应按下列方法进行防火保护：

（1）巨型柱 MC1~MC8 节点的防火保护应与相连钢梁相同，节点区域的防火保护范围为从连接节点的外边缘起，不小于 400mm；

（2）巨型柱 MC9~MC10 节点区域的防火保护应与 MC9~MC10 柱相同。

图 1.5-3　巨柱耐火试验照片

1.5.4　巨型节点试验

巨型斜支撑及环带桁架作为整个结构中的抗侧力构件起着特别重要的作用，它们与巨型柱的有效连接及可靠传力是整体结构体系能够共同工作的基础；它们在节点构造、传力机制、材料组成等方面都非常复杂，且数值模拟难度大，故有必要对此连接进行试验研究。结构整体计算分析结果表明，79 层处巨型斜支撑和环带桁架的截面利用率较高，两者的内力较大，而此处柱截面相对于其他的巨型柱截面而言较小，支撑和桁架对此处柱的影响相对较大，该节点受力情况较为不利，因此选取此处节点作为典型节点进行试验研究，从而为结构设计提供可靠的依据（图 1.5-4）。试验主要结论如下：

（1）大震水平往复加载时，两个节点均未有明显的宏观破坏现象发生，其荷载-位移曲线与荷载-应变曲线均呈线性，表明试件基本处于弹性状态，节点设计符合大震不屈服的要求，大震时受力安全。在支撑、桁架与巨柱连接处个别测点应力较大，即出现应力集中现象。

（2）试件弹塑性滞回加载时，采用位移控制，加载至支撑轴向变形 6mm，即轴向变形 0.85%，对应

《建筑抗震设计规范》GB 50011—2010 要求的框架-核心筒结构弹塑性层间位移角限值 1/100 时的支撑轴向变形。支撑的荷载-位移曲线呈饱满的梭形，说明节点区域耗能性能良好。

（3）弹塑性滞回加载时，支撑端部荷载超过支撑屈服内力后，支撑翼缘和腹板发生不同程度的局部失稳，最后阶段出现面外失稳，此时巨柱节点未有明显现象，说明结构设计符合"强节点弱构件"的抗震设计要求。

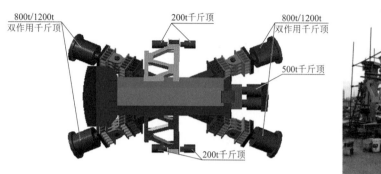

图 1.5-4　巨型节点试验加载装置示意及试件照片

1.6 结语

天津高银 117 大厦建筑高度约 597m，结构大屋面高度为 596m，高宽比 9.7，是目前国内高地震烈度区最细长的超高层建筑之一，结构大屋面高度及高宽比等数值均远远超过了规范限值，对结构设计提出了巨大的挑战。结构设计中采用了高效的巨型框架支撑筒-核心筒抗侧力结构体系，体现了抗侧力结构巨型化、周边化等设计理念。

在结构设计过程中，主要完成了以下几方面的创新性工作：

1. 巨型结构构件及节点研究应用

结构设计中通过巨型结构构件及节点（巨柱、巨型支撑、外露式高强锚栓巨柱柱脚节点、巨型复杂节点等）的研究应用，高效地满足了项目抗侧刚度及承载能力的需求，保证了构件内力在节点处的可靠传递。

2. 超长屈曲约束支撑（BRB）的研究应用

长度为 48m 的超长、超大承载力屈曲约束人字支撑在建筑底部大堂空间的应用在保证建筑功能、结构刚度及承载力要求的同时，有效防止人字支撑自身发生屈曲破坏及其屈曲破坏后对顶部水平横杆造成的破坏，在结构设计中起到了"保险丝"的作用。

3. 超长灌注桩及超厚基础筏板的研究应用

塔楼桩基采用直径为 1000mm 的钻孔灌注桩，基础筏板厚度为 6.5m，塔楼基础筏板混凝土一次浇筑成形，为一次浇捣混凝土方量最大的工程之一，并对基础筏板抗冲切、上部结构刚度对基础变形及内力的影响进行了一系列的研究，目前项目实测沉降变形约为 100mm，与沉降计算值较为吻合。

结构设计期间进行了整体结构模拟地震振动台试验、巨柱缩尺模拟试验、复杂巨型节点试验、巨柱焊缝试验及抗火试验等一系列结构、构件及节点试验研究，试验结果对类似超高层建筑结构设计具有指导意义。

参考资料

[1] ARUP, 华东建筑设计研究院有限公司. 高银 117 大厦超限设计专家审查报告[R]. 2010.

[2] 包联进, 汪大绥, 周建龙, 等. 天津高银 117 大厦巨型支撑设计与思考[J]. 建筑钢结构进展, 2014, 16(2): 43-48.

[3] 周建龙, 包联进, 童骏, 等. 天津高银 117 大厦基础设计研究[J]. 建筑结构, 2012, 42(5): 19-23.

[4] 包联进, 童骏, 陈建兴, 等. 天津高银 117 大厦塔楼结构设计综述[J]. 建筑结构, 2022, 52(9): 10-16.

[5] 吴江斌, 王卫东, 王阿丹, 等. 天津高银 117 大厦塔楼基础沉降实测与分析[J]. 建筑结构, 2022, 52(9): 10-16.

[6] 刘鹏, 殷超, 李旭宇, 等. 天津高银 117 大厦结构体系设计研究[J]. 建筑结构, 2012, 42(3): 1-8.

[7] 北京工业大学. CBD 一期 117 大楼之多腔体钢管混凝土巨型柱[R]. 2011.

[8] 同济大学土木工程学院建筑工程系. 117 大厦巨型钢管混凝土柱抗火性能研究[R]. 2012.

[9] 同济大学. 巨型钢管混凝土柱截面组装焊缝性能试验报告[R]. 2012.

[10] 同济大学土木工程学院建筑工程系. 天津 117 大厦巨型节点试验报告[R]. 2015.

设计团队

结构设计单位：华东建筑设计研究院有限公司（初步设计 + 施工图设计）
　　　　　　　奥雅纳工程咨询（上海）有限公司（方案 + 初步设计）

结构设计团队：汪大绥，周建龙，陆道渊，包联进，陈建兴，童　骏，徐小华，李　瑞

结构试验团队：同济大学，北京工业大学，中国建筑科学研究院有限公司

执　笔　人：包联进，童　骏

第 2 章

天津周大福金融中心

2.1 工程概况

2.1.1 建筑概况

天津周大福金融中心项目位于天津市滨海新区经济技术开发区内，总建筑面积约 39 万 m²，地上由集办公、服务式公寓和酒店等功能于一体的塔楼和商业裙楼两部分组成。塔楼建筑造型独特，其结构竖向抗侧力构件与形态自然起伏、具有流畅曲线的建筑外幕墙体系融为一体（图 2.1-1）。

塔楼建筑总高度为 530m，地上 97 层，大屋面结构高度约 443m，核心筒顶高 471.5m，塔楼顶冠钢结构高约 87m，结构体系为带陡斜撑和环带桁架的钢管（型钢）混凝土框架-核心筒结构。地上裙房与塔楼之间设结构抗震缝。地下室共 4 层，埋深约 23.3m，地下室结构不设缝，主要功能为人防、停车库及设备用房。本项目于 2019 年 9 月 29 日竣工。

本工程方案设计和塔楼初步设计由美国 SOM（Skidmore, Owings & Merrill LLP）公司完成，华东建筑设计研究总院（简称华东院）负责咨询及裙楼与地下室的初步设计；塔楼的抗震超限审查由 SOM 公司和华东院共同完成，施工图设计由华东院完成。

(a) 天津周大福金融中心建成照片

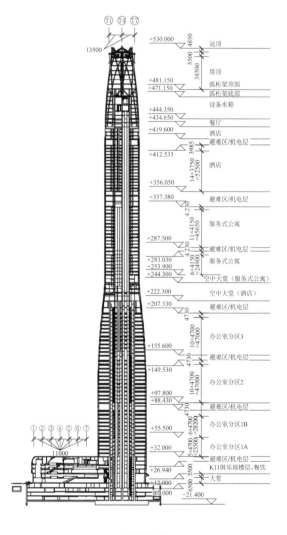

(b) 主楼剖面图

图 2.1-1　天津周大福金融中心建成照片及剖面图

2.1.2　设计条件

1. 主体控制参数

结构设计控制参数见表 2.1-1。

结构设计基准期	50 年	建筑抗震设防分类	重点设防类（乙类）
建筑结构安全等级	塔楼重要构件（核心筒，角柱，斜柱，环带桁架）：一级（结构重要性系数 1.1） 塔楼次要构件（除重要构件外的其他构件）：二级（结构重要性系数 1.0）	抗震设防烈度	7 度（0.15g）
地基基础设计等级	一级	设计地震分组	第二组
建筑结构阻尼比	0.04（小震）/0.05（大震）	场地类别	IV 类

2. 嵌固层

文献[1]认为结构抗侧刚度巨大的超高层建筑，计算模型嵌固端放在±0.000 层不合理，当地下室周边土体为土质较差的软土时，模型的嵌固端宜设置在基础筏板顶面。结合本项目结构高度、抗侧刚度和地质情况，周边土体对塔楼的约束作用较小，如果将嵌固端设置在基础筏板顶面，结构计算高度增加结构变柔，地震作用会相应减小，对于下部特别是原±0.000 嵌固处的构件内力可能会减小。因此，塔楼结构整体指标按嵌固在±0.000 的结果进行控制，而构件承载力设计则取嵌固层设置在±0.000 和基础底板两种情况的包络结果。

3. 风荷载

结构变形验算时，风荷载按 50 年一遇取基本风压为 0.55kN/m²，承载力验算时按基本风压的 1.1 倍，场地粗糙度类别为 B 类。项目进行了风洞试验，模型缩尺比例为 1：500。施工图按照风洞试验结果进行设计。风洞试验结果显示，10 年回归周期的顶部加速度为 0.075m/s²，远小于《高层建筑混凝土结构技术规程》JGJ 3—2010 中酒店 0.25m/s² 的限值；1 年回归周期的顶部加速度为 0.037m/s²，也小于国际标准 ISO 10137 中住宅 0.1m/s² 的要求。结果表明，本建筑的舒适度较好，满足我国规范以及国际通用标准的要求。

2.2　建筑特点

2.2.1　下大上小的流线形建筑形体

塔楼的建筑表现形式和设计灵感来源于艺术和自然中的流线形造型，采用自下而上逐渐减小的锥形形体。各区段建筑平面角部倒圆角，四面中间内凹，角部外鼓与中间内凹交接处在立面上形成 8 根脊线，从塔楼底部角部蜿蜒上升，不断变化，给整体圆润的形态增加挺拔感。建筑同时要求结构外框尽量贴合外幕墙，以尽可能减少结构构件与外幕墙之间的无用空间。外框从塔楼底部四边分别蜿蜒上升，直至塔顶形成塔冠，陡斜撑、角柱、边柱以及外框钢梁连系在一起，空间协同受力，形成带"柔性"陡斜撑框架-核心筒结构体系，未设伸臂桁架。

塔楼下部办公区域，为提升内部视野及施工方便，同时因外框随立面空间曲率变化较大，柱截面选择圆形；在中上部区域，建筑功能为酒店和公寓，为避免斜撑对房间内部视野的影响，陡斜撑与角柱合并形成异形组合角柱，同时为便于房间户型分隔且外框基本为单向内斜，柱截面采用方形，边框柱间距加密为 4.5m，形成近似密柱外框筒体系（图 2.2-1）。

整个结构体系与建筑造型高度融合，在竖向和侧向荷载作用下，表现出明显的空间受力特征。

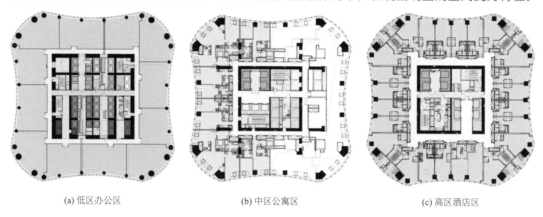

(a) 低区办公区　　　　　　　(b) 中区公寓区　　　　　　　(c) 高区酒店区

图 2.2-1　塔楼典型建筑平面图

2.2.2　随高度多次收分的核心筒

建筑整体立面为锥形造型，从下至上逐渐收小，结合办公、公寓、酒店三个主要功能分区的平面布局不同，对核心筒的需求也不同。整个核心筒从下至上随高度多次收分以充分利用有效空间，核心筒由底部的 33.2m × 33m 收小至顶部的 18m × 18m。

2.2.3　顶部 87m 高塔冠

塔冠钢结构从大屋面算起高约 87m，是本项目的一大亮点。混凝土核心筒从大屋面标高延升至471.15m，作为设备机房和屋顶水箱间。核心筒顶设置 10m 高帽桁架，连接外框与核心筒。塔冠顶部设置擦窗机和卫星天线两个功能层，通过中间的楼电梯交通核到达。塔冠高度范围内，核心筒外通高未设置楼层板，其中在帽桁架以下的空间二内各层外框与核心筒之间设置水平支撑梁，帽桁架以上至擦窗机层以下的空间一均为通高中空（图 2.2-2）。为减小风荷载，塔冠外幕墙采用百叶状透空。

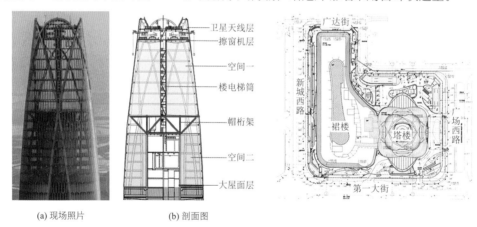

(a) 现场照片　　　　　　(b) 剖面图

图 2.2-2　塔冠造型　　　　　　　　　　图 2.2-3　项目总平面图

2.2.4　塔楼偏置于地下室一角

如建筑总平面图（图 2.2-3）所示，塔楼被设置在尽量靠近项目所在的现代服务产业区（MSD）的中轴线位置，即项目整个场地的右下角。这导致场地四周地下连续墙到塔楼核心筒的距离不一样，水土压力传递到核心筒路径长短不一，而由于塔楼核心筒的刚度巨大，两侧不平衡的水平力将由核心筒来承担。

核心筒设计考虑了上部结构传递下来的水平力和地下室水土压力差导致的剪力。

2.2.5　入口大悬挑拉索雨篷

　　塔楼南北入口均设置雨篷，悬挑长度约 20m，作为办公和酒店的主要入口，建筑师不同意落柱，故结构采用拉索形式。弧形主承索两端连接于角部斜柱上，通过次索挂住雨篷端部水平环梁，同时为抵抗上吸风，雨篷下方设置弧形稳定索，同样通过次索与水平环梁连接。通过对自重、预应力、风荷载以及积雪荷载等不同工况进行充分考虑和分析，确保雨篷结构安全可靠。最终完成的入口大悬挑拉索雨篷也成为项目又一个亮点（图 2.2-4）。

  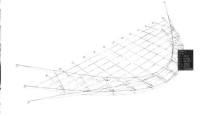

(a) 效果图　　　　　　　　　(b) 现场照片　　　　　　　　(c) 结构计算模型

图 2.2-4　入口大悬挑拉索雨篷

2.3　体系与分析

2.3.1　方案对比

1. 结构形态优化与对比

　　风荷载是超高层建筑主要的水平荷载之一，合理的建筑体型与立面造型可以有效减小风荷载。本项目所在地为天津滨海新区，风荷载比较大，100 年一遇的基本风压为 $0.65kN/m^2$。为尽量减小风荷载特别是横风向作用的影响，方案设计阶段，通过与风洞试验单位（BMT）密切配合，对建筑体型和立面处理进行多种方案的对比分析和试验优化。

　　第一，在建筑平面上，采用在方形平面基础上倒圆角的平面，将方形与圆形平面的优点结合，实现缓慢产生漩涡脱落、漩涡脱落只存在 4 个主要方向、产生漩涡脱落能量低等有利效果。

　　第二，在建筑立面上，采用了开风槽、塔冠开孔、立面逐层缩小等方法来减小受风面积，减小风荷载作用。风洞试验模型照片见图 2.3-1。初步的对比结果见表 2.3-1 和图 2.3-2。从对比结果可知，通过优化塔楼建筑体型、立面上采用下大上小的造型、平面由低区角部倒圆角的方形平面逐渐过渡为高区圆形平面、塔冠采用透空百叶幕墙等措施，建筑物 1 年期和 10 年期的风致加速度峰值减小了 15%～17%。

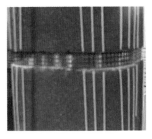 

(a) 设备层开风槽细节　　　　　　(b) 封闭与开孔塔冠

图 2.3-1　风洞试验早期局部模型照片

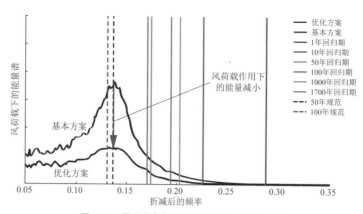

图 2.3-2　两种方案在风荷载作用下的频谱图比较

（优化方案为：塔冠 50% 开孔率 + 设 2 个开通风孔的设备层）

不同立面造型对风荷载作用影响的比较　　　　　　　　　　表 2.3-1

方案类别	基本方案	塔冠 50% 开孔率	设 1 个开通风孔的设备层*	设 2 个开通风孔的设备层*	塔冠 50% 开孔率 + 设 2 个开通风孔的设备层**
100 年一遇风载作用下的基底弯矩	100%	75%	95%*	88%*	72%**
横风向共振峰值	100%	80%	76%*	63%*	64%**

注：*为风洞模型中未设置立柱或屏栅；**为风洞模型中设置了立柱或屏栅。

根据以上试验对比结果可知，立面上在设备层设置通风孔和塔冠开孔 50% 可以使结构在相同风荷载作用下的基底剪力及弯矩减少，也可使风荷载频谱曲线的共振峰值有效降低。

在超限专家预审会上，由于担心风槽可能带来噪声问题，专家建议取消设备层的风槽，经过风洞试验单位重新试验发现，舒适度会有所降低，但仍然满足国内规范限值要求。最终塔楼模型仅考虑在塔冠开孔，开孔率为 40%～60%。

2．陡斜撑（斜柱）作用分析及比选

设计前期对办公区、酒店区、办公区上半部分的陡斜撑（斜柱）作用以及办公区陡斜撑（斜柱）交叉的作用进行分析对比，如图 2.3-3 所示的 5 个方案，办公区下半部分和酒店区的陡斜撑对结构的刚度、外框剪力分担比影响均较大；办公区上半部分的陡斜撑对相应区段的外框剪力分配有 10% 的提高，可分担一部分角柱及边柱的荷载，且考虑建筑外幕墙脊线支撑的需要，这些区段陡斜撑都保留。而办公区陡斜撑交叉对结构刚度、外框剪力分担比有一定增大，但基底剪力也相应增加，高区位移角反而有所增大。经综合比较，设计团队结合建筑造型需要选择结构效率最高的方案 1，并在其基础上对部分截面做适当优化。

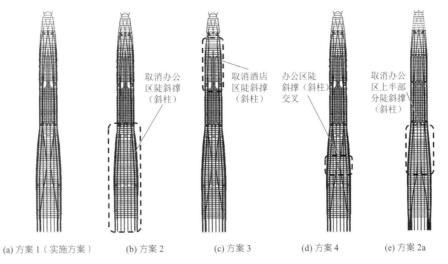

(a) 方案 1（实施方案）	(b) 方案 2	(c) 方案 3	(d) 方案 4	(e) 方案 2a

图 2.3-3　不同陡斜撑布置方案

2.3.2　结构布置

1. 上部主体结构

结构整体采用带陡斜撑和环带桁架的钢管（型钢）混凝土框架-核心筒结构的结构体系，结合塔楼流线形的建筑外立面，沿着建筑外轮廓脊线设置陡斜撑（斜柱），从塔楼底部四角分别蜿蜒上升，直至塔顶形成塔冠；办公区每侧另设 4 根边柱，间距 9m，随立面升至中部环带桁架。在塔楼结构的中上部区域，建筑功能为酒店和公寓，为避免斜撑对房间内部视野的影响，陡斜撑与角柱合并形成异形组合角柱，边柱每侧 5 根，柱间距则由下部办公区的 9m 转变为 4.5m，形成密柱框架。由于建筑形体关系，整体结构刚度较好，不需要设置伸臂桁架。为提高中上部结构侧向刚度，在塔楼形体收进的中部 L48M～L51 设置第一道环带桁架，同时也利用该桁架实现上下两种柱距的转变，在 L71～L73、L88～L89 再分别设置两道环带桁架，并在核心筒顶部（471.15m）设置一道帽桁架（图 2.3-4）。环带桁架与加强层楼板一起协调核心筒和外框的变形差异，楼板起到了虚拟伸臂的作用[3]，承受较大的面内剪力。为提高楼板的抗剪刚度，三道环带桁架的上下弦楼板均加厚至 225mm，并加强配筋，同时在 L48M～L51 环带桁架的上下弦的楼面内设平面支撑，增强桁架平面外稳定性。

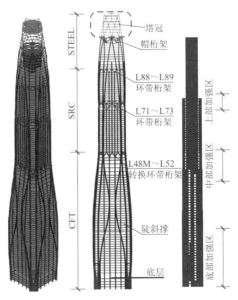

图 2.3-4　塔楼计算模型及立面简图

塔楼核心筒由内外两圈剪力墙组成，为减轻结构自重和实现刚度均匀变化，外圈墙随高度逐步退合收进，依次从 L13 收进西南角→L33 收进东北角→L44 收进西北和东南两个角→L46 完全收掉外圈墙，核心筒过渡为公寓区的"井"字形→L73 开始过渡为酒店区的仅剩内圈核心筒（图 2.3-5）。为提高下部核心筒的延性和抗剪切破坏的能力，底部加强区高度提高至 L23 层（107.125m），对中部（L44～L54 层）以及上部（L71～L75 层）的核心筒收进楼层按加强区处理，收进楼层的筒内楼板加厚至 300mm，以提高楼板传递楼层剪力的能力；核心筒全高设置约束边缘构件；核心筒底部和中部加强区均采用内藏钢板和型钢的组合剪力墙，墙肢型钢和钢板含钢率不低于 3%。在底部、中部及上部加强区约束边缘构件以及中震下出现拉力的墙肢均设置型钢，并将型钢分别向上下楼层各延伸 1～2 层，角部暗柱内型钢延伸至核心筒顶部。

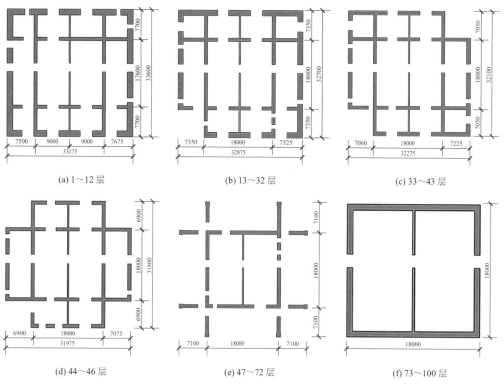

(a) 1～12 层　　　　　　(b) 13～32 层　　　　　　(c) 33～43 层

(d) 44～46 层　　　　　　(e) 47～72 层　　　　　　(f) 73～100 层

图 2.3-5　不同楼层的核心筒布局

楼面梁为钢梁，核心筒外楼板采用压型钢板组合楼板，筒内为钢筋混凝土楼板。塔楼典型标准层结构平面如图 2.3-6 所示。

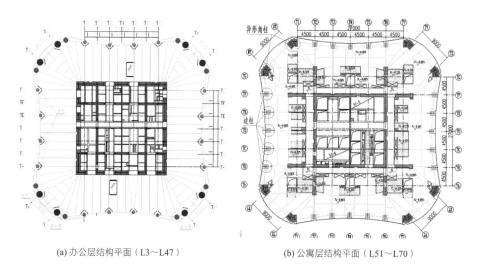

(a) 办公层结构平面（L3～L47）　　　　　　(b) 公寓层结构平面（L51～L70）

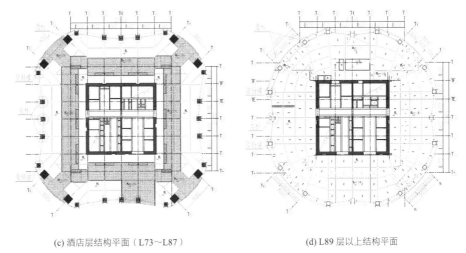

(c) 酒店层结构平面（L73～L87）　　　　(d) L89 层以上结构平面

图 2.3-6　典型标准层结构平面图

塔冠结构外框由下部 8 根陡斜撑向上延伸形成，中间楼电梯核心筒设置钢支撑形成内支撑筒支承于帽桁架上，塔冠顶部两层设置擦窗机层和卫星天线层（图 2.3-7），并结合斜撑将外框与内支撑筒相联系起到类似伸臂的作用。为减少顶部风荷载，塔冠幕墙开孔率为 40%～60%。

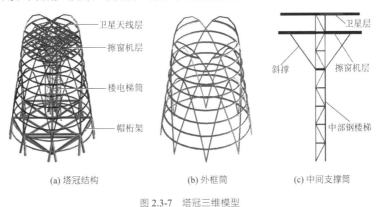

(a) 塔冠结构　　　　(b) 外框筒　　　　(c) 中间支撑筒

图 2.3-7　塔冠三维模型

2. 主要构件截面

（1）核心筒

塔楼核心筒采用 C60 混凝土，为减轻结构自重和实现刚度均匀变化，外圈墙厚由底部 1500mm 随高度逐层收进并减薄至 900mm，内圈墙厚 800mm。

（2）外框

为控制截面同时又获得较高承载能力，塔楼外框柱在下部办公区（基础～L48 层）采用内灌 C80 高强混凝土的钢管混凝土柱（CFT），直径 1200～2300mm，为提高下部外框的剪力分担比，在底部 1～6 层的角柱之间设置支撑和钢板（图 2.3-8）；在上部公寓区和酒店区外框柱过渡为 C60 型钢混凝土柱（SRC），含钢率 4%～5%，其中边柱截面边长 1100～1200mm，角柱为异形组合截面，边长为 1800×（2500～4000）（图 2.3-9）。L89 层以上外框柱再过渡为边长或直径为 1000mm 的钢管柱。

（3）环带桁架和帽桁架

L48M～L51 的环带桁架总高约 12.6m，弦杆、腹杆均 1200mm×1200mm 采用焊接箱形截面，钢材为 Q390GJC。为增加结构刚度并便于下部 CFT 柱到上部 SRC 柱的过渡，斜腹杆和直腹杆均内灌 C80 混凝土。L71～L73 的环带桁架总高约 19.5m，上下弦杆采用焊接 H 形钢，斜腹杆采用 500～600mm 边长的焊接箱形截面，钢材为 Q345GJC。L88～L89 的环带桁架总高约 7.7m，为便于实现由下部 SRC 柱过渡为上部的箱形钢柱,上弦采用 750mm × 1000mm 宽扁箱形截面,下弦采用焊接 H 形钢,斜腹杆采用 600mm 边长的焊接箱形截面,钢材为 Q345C。帽桁架总高约 10.1m,通过 8 根立柱锚入下部核心筒,立柱过渡为暗柱内型钢。上下弦杆、斜腹杆和直腹杆均采用 500~800mm 的焊接箱形截面,钢材为 Q345GJC。

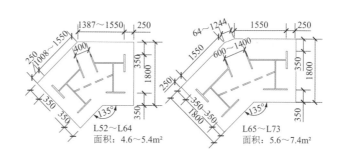

图 2.3-8 L1~L6 层角部支撑和加强钢板   图 2.3-9 公寓区异形角柱截面

3．基础及地下结构设计

塔楼桩基选用直径 1000mm 桩端、桩侧复式后注浆钻孔灌注桩,桩身混凝土设计强度等级 C45,桩端持力层为天津滨海新区的⑭₄粉砂层,桩端埋深 97.5m,有效桩长 71.2m,单桩竖向抗压承载力设计值 12700kN。基础沉降计算采用 Mindlin 公式,并依据 Reissner 厚板理论进行有限元分析,考虑桩-桩、桩-土、土-土相互作用,得到核心筒底最大沉降变形 115mm(图 2.3-10)。截至 2021 年 5 月,实测核心筒最大沉降约 93mm,外框柱下最大沉降约 85mm。

塔楼范围筏板采用 C50 混凝土,底板厚度为 5500mm,外框边柱下筏板减薄至 5000mm,基底标高 −26.900~−27.400m。其他区域筏板厚 1.4m,局部柱下设置柱墩抗冲切。结构基础平面布置如图 2.3-11 所示。

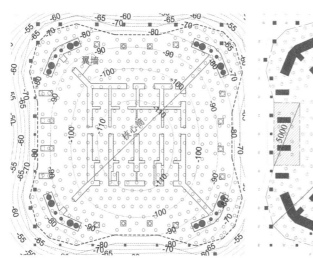

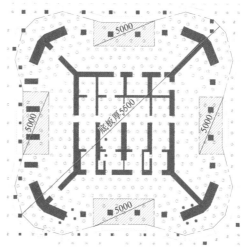

图 2.3-10 塔楼沉降计算结果   图 2.3-11 结构基础平面布置图

塔楼范围以外的地下室采用框架结构体系,外墙采用两墙合一的 1000mm 厚 C40 地下连续墙。为便于与地下室梁板连接,地下室的塔楼外框柱均采用钢管外包混凝土的型钢混凝土柱,四角的角柱及陡斜撑通过钢板连系并外包混凝土形成 3m 厚角部组合剪力墙。为提高筏板的刚度和抗冲切能力,协调外框角柱与核心筒之间的沉降变形,加强对塔楼的嵌固作用,在角柱与核心筒角部之间设置 1700mm 厚翼墙。同时,为提高地下室各层楼板对塔楼的嵌固作用,将地下 1 层和首层的塔楼及其周边范围内的楼板分别加厚至 200mm 和 350mm(图 2.3-12、图 2.3-13),并将核心筒外圈剪力墙厚度加厚至 1700mm。

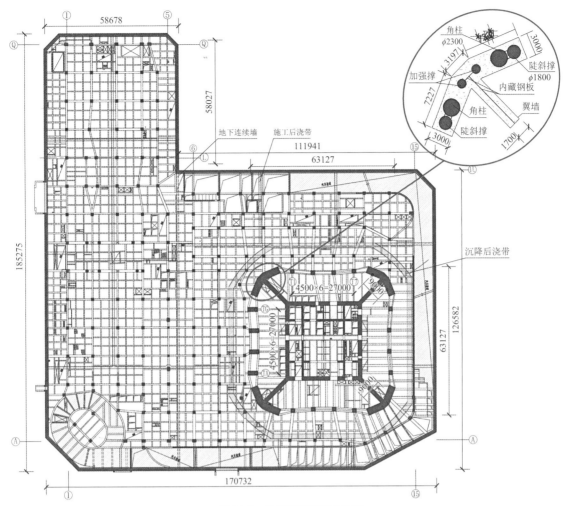

图 2.3-12 地下室典型结构平面图

图 2.3-13 塔楼地下室施工现场

2.3.3 性能目标

由于建筑形态和功能布局的要求和限制,塔楼结构主要存在高度超限、L20 层楼板开洞面积超 30%、

L20 和 L89 层侧向刚度不规则、L51 层竖向构件不连续等超限情况。针对这些结构特点及超限情况，采取的主要抗震加强措施如下：

（1）采用周边陡斜撑（斜柱）以增加刚度；

（2）在塔楼的 3 个位置设置周边带状桁架以增加结构刚度及抗倒塌能力；

（3）L48M～L51 中部带状桁架的上下弦楼面内设平面支撑；

（4）屋顶设置帽桁架层；

（5）核心筒底部和中部加强区采用型钢和钢板组合剪力墙，以增加墙肢强度及延性；

（6）对 L45～L53 以及 L71～L75 收进明显处的核心筒按加强区处理，约束边缘构件中设置型钢；

（7）中震下拉应力大于混凝土抗拉强度的部位设置型钢承担拉力；

（8）在地上底部 6 层的框架角柱、陡斜撑之间设置钢支撑和钢板；

（9）在楼板不连续的 20 层，楼板将作适当加强，穿层柱按同层短柱剪力（调整后）复核抗剪承载能力，并复核计算长度；

（10）对典型外框抗侧力构件、带状桁架杆件、帽桁架杆件等考虑抗连续倒塌设计；

（11）塔楼构件承载力设计取嵌固层设置在 ±0.000 和基础底板两种情况的包络结果。

塔楼除满足小震弹性外，中、大震抗震设防性能目标归纳如表 2.3-2 所示。

结构抗震性能目标 表 2.3-2

抗震烈度（抗震等级）		设防烈度地震	罕遇地震
性能水平定性描述		可修复损坏	结构不倒塌
层间位移角限值		—	$h/100$
核心筒底部加强区，L44～L54，L71～L75（特一级）	压弯	弹性	可形成塑性角，破坏程度轻微，可入住：$\theta < IO$
	拉弯	弹性	
	抗剪	弹性	不屈服
核心筒普通楼层（特一级）	压弯	不屈服	其他楼层可形成塑性角，破坏程度可修复并保证生命安全：$\theta < LS$
	拉弯	不屈服	
	抗剪	不屈服	破坏程度轻微，可入住：$\theta < IO$
核心筒连梁（特一级）		允许进入塑性	最早进入塑性：$\theta < CP$
外框角柱、陡斜撑、帽桁架（特一级）		弹性	不屈服，或极少数屈服但 $\theta < IO$
转换环带桁架（特一级）		弹性	不屈服
外框普通柱、普通环带桁架（特一级）		不屈服	可形成塑性角，$\theta < LS$
外框梁（一级）		允许进入塑性	可形成塑性角，破坏程度可修复并保证生命安全：$\theta < LS$

2.3.4　结构分析

1. 小震弹性计算分析

塔楼采用 PKPM2010 SATWE 模块进行小震分析和中震、大震拟弹性分析，并用 ETABS 软件进行校核。考虑扭转耦联，采用反应谱法进行抗震分析，计算时考虑前 45 个振型数，周期折减系数 0.8，分别考虑了偶然偏心、双向地震扭转效应和 P-Δ 效应的影响。在多遇地震下的弹性分析时，阻尼比取 0.04。小震下结构的 SATWE 主要计算结果如表 2.3-3 所示。

塔楼主要整体计算结果　　　　　　表 2.3-3

主要参数		数值	备注
总重量/kN		5018281	
基本周期/s	T_1	8.3	45°方向平动
	T_2	8.02	135°方向平动
	T_3	3.65	扭转
基底总剪力 （地震作用）/kN	X向	86073	剪重比 1.72%
	Y向	87963	剪重比 1.75%
基底总剪力 （100 年风荷载）/kN	X向	52436	
	Y向	48098	
基底总弯矩 （地震作用）/（kN·m）	X向	1.859×10^7	
	Y向	1.856×10^7	
基底总弯矩 （100 年风荷载）/（kN·m）	X向	1.496×10^7	
	Y向	1.347×10^7	
层间位移角 （地震作用）	X向	1/500	45°方向，80 层
	Y向	1/502	135°方向，80 层
层间位移角 （50 年风荷载）	X向	1/629	81 层
	Y向	1/640	81 层
顶点位移 （地震作用）/mm	X向	545.3	1/815，94 层大屋面
	Y向	537.6	1/827，94 层大屋面
顶点位移 （50 年风荷载）/mm	X向	467.5	1/951，94 层大屋面
	Y向	456.7	1/973，94 层大屋面

2. 大震动力弹塑性分析

塔楼分别用 ABAQUS 和 LS-DYNA 进行了大震动力弹塑性时程分析，分析均采用 7 组地震波进行计算，其中天然波 5 组、人工波 2 组，且每组地震波均含 3 个分量。在罕遇地震下，结构两个方向的最大剪重比分别为 9.9% 和 10.5%，平均剪重比分别为 7.9% 和 8.2%。塔楼 X 向和 Y 向 7 条波的平均顶点位移分别为 2020mm（1/217）和 1937mm（1/227），在两个方向 7 条波的最大层间位移角的平均值为 1/100 和 1/102。

构件性能参数评价参考 FEMA 273（或 FEMA 356 和 ASCE 41-06）的延性构件抗震性能等级，即"立即入住"（IO）、"生命安全"（LS）和"倒塌防止"（CP）三个性能水平。为方便数值结果的表述，采用 IO = 1、LS = 2 和 CP = 3 建立对应关系，如图 2.3-14 所示。有关构件的塑性变形能力分别采用 ASCE 41-06 关于钢结构构件、钢筋混凝土构件或组合构件的指标。

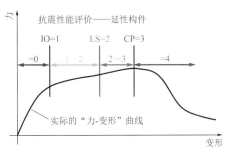

图 2.3-14　延性构件的性能参数

在早期方案中，核心筒仅 L23 层以下设置钢板，第一次大震弹塑性动力时程分析显示在核心筒 L45 层和 L73 层两次断面收进处的剪力墙损伤严重。后对 L44～L54、L71～L75 层核心筒收进位置采取增加钢板、加大钢骨含钢率、暗柱配筋率等措施，同时对核心筒角部墙肢开洞情况进行优化，避免角部墙肢两向同时开洞。再次分析显示塔楼核心筒的钢筋/钢骨总体处于弹性，混凝土总体上未出现明显的不利受压状态，等效单轴压应变一般在 1200με 以下。其中，底层加强区：仅底层墙肢和异形钢板墙的局部区域出现轻微的塑性变形，最大塑性应变约在 200με 内，约为钢筋屈服应变的 0.1 倍，混凝土压应变在 1800με 以下；中部加强区：出现轻微的塑性变形，最大塑性应变一般在 500με 内，约为钢筋屈服应变的 0.25 倍，且塑性区域总体较小；上部加强区：两个楼层范围内出现轻微的塑性变形，各地震工况下的最大塑性应变在 2000με 以内，约为钢筋屈服应变的 1.0 倍。局部墙肢角点的压应变较高，接近 2500με。出现明显开裂的楼层为 L71～L75，开裂应变在 1000～2000με，开裂程度总体不高。核心筒总体性能评价是处于弹性，未出现明显不利的混凝土受压状态，不致出现混凝土保护层剥落或压溃现象。从 FEMA 性能评价角度看，基本可满足"立即入住"（IO）的预期性能目标。

核心筒连梁普遍出现明显的塑性铰，FEMA 性能参数多在 1.0～2.0，部分连梁（占 20%～30%）的 FEMA 性能参数在 2.0～3.0，即满足"倒塌防止"（CP）的性能水平，个别连梁（占 1%～3%）的 FEMA 性能略超出 3.0。从 FEMA 性能评价角度看，连梁充分形成塑性铰并可满足"倒塌防止"（CP）的预期性能水平。

外框柱总体处于弹性范围，L29～L32 楼层的个别陡斜撑和边柱汇合处出现塑性，部分框架柱略超过"生命安全"（LS）水平；顶层靠近环带桁架处的框架柱普遍出现塑性，总体上满足"生命安全"（LS）的性能水平。而个别陡斜撑和边柱的轴压比和轴拉比相对较高，如图 2.3-15 所示。在最终施工图设计过程中，对以上位置进行加强，加厚相应钢管混凝土柱管壁。

框架梁较多处于弹性，50 层以下楼层以及 72 层以上楼层的部分框架梁出现塑性铰，且 FEMA 性能参数多在 1.5 以内，个别梁端接近 2.0，均满足"生命安全"（LS）的性能水平。

第一道转换环带桁架和帽桁架基本处于弹性，其余两道环带桁架出现明显的塑性，其中最大 FEMA 性能参数接近 1.6，即满足"生命安全"（LS）的性能水平。

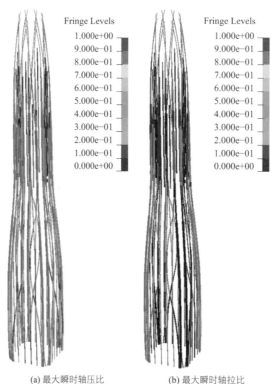

(a) 最大瞬时轴压比　　　(b) 最大瞬时轴拉比

图 2.3-15　框架柱最大瞬时轴压、轴拉比分布图

2.4 专项设计

2.4.1 考虑侧向水土压力影响的地下室核心筒抗剪设计

由于塔楼偏置于整个地下室的东南角，核心筒和翼墙的刚度远大于周边框架的刚度，地下室四周水土压力传递到塔楼核心筒的路径长短不同，传力路径较长的一侧部分水土压力被梁板的轴向压缩变形和框架柱弯曲变形消耗掉，导致两侧不平衡的水土压力由塔楼核心筒和翼墙共同承担（图2.4-1、图2.4-2）。经计算发现，其中 B3、B4 层水土压力已达到塔楼底层小震剪力的 40%～55%。从表 2.4-1 的计算结果不难发现，X 向水土压力引起的核心筒剪力要大于 Y 向，这是由于 X 向塔楼两侧的传力路径长度差要大于 Y 向。因此，地下室核心筒剪力墙设计时需考虑水土压力产生的剪力和地震剪力的叠加。

水土压力与地震作用基底剪力对比表　　　　　　　　　　　　　　　　　　　表 2.4-1

楼层	X向			Y向		
	水土压力产生的核心筒剪力V_{1x}/kN	小震作用下核心筒基底剪力V_{0x}/kN	占比V_{1x}/V_{0x}/%	水土压力产生的核心筒剪力V_{1y}/kN	小震作用下核心筒基底剪力V_{0y}/kN	占比V_{1y}/V_{0y}/%
B1	3366.51	86073	4	2531.86	87963	3
B2	15131.3	86073	18	5892.79	87963	7
B3	34437.95	86073	40	24698.03	87963	28
B4	46988.7	86073	55	33173.38	87963	38

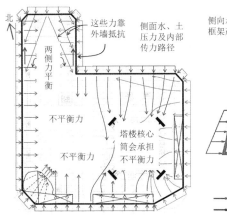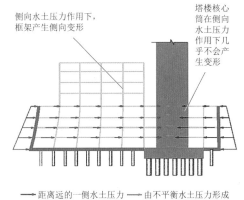

图 2.4-1　侧向水土压力传递路径示意　　　　　图 2.4-2　地下室侧向水土压力作用的立面示意

2.4.2 考虑轴力影响的外围框架梁及楼层梁设计

由于建筑的曲面造型，塔楼下部楼层外鼓，加上曲线形的陡斜撑、角柱和边柱实际加工由空间折线拟合，在竖向荷载作用下，所有转折点的构件水平分力差需依靠外框架梁和连接外框与核心筒的楼层梁的轴力来平衡，水平构件的设计需考虑整体空间作用，利用类似环箍效应及空间拱效应（图 2.4-3）。

考虑到楼板开裂刚度退化，在计算梁轴力时，偏安全地不考虑楼板的轴向刚度。图 2.4-4 给出了风荷载组合、小震组合以及中震组合工况与角柱相连的楼层梁轴力分布，从图中可以看出，在塔楼上部外框柱曲率变化不大的楼层，楼层梁内轴力较小，而在中下部楼层，楼层梁内轴力较大，最大达到了 3300kN 左右。

楼面梁设计过程中，腹板按照承受全部小震和风荷载工况下的轴力包络值进行设计，楼面梁与外框柱之间的连接节点和螺栓按照中震下的包络值进行设计，以体现"强节点弱杆件"的设计理念。验算螺栓时综合考虑剪力、轴力以及螺栓群的附加偏心距影响。

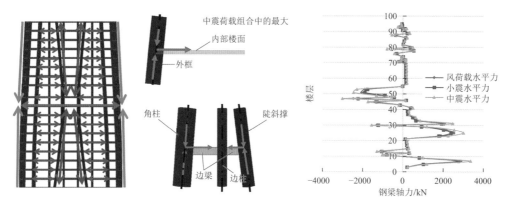

图 2.4-3 塔楼外框与楼层梁轴力传递示意图

图 2.4-4 与角柱相连的楼层梁轴力分布图

044

经典回眸 华东建筑设计研究院有限公司篇

2.4.3 带耗能陡斜撑的新型外框结构体系设计

利用支撑框架概念，根据建筑立面体型，沿建筑的立面脊线设置陡斜撑，不设伸臂桁架，结合环带桁架、帽桁架、抗弯框架组成带陡斜撑的框架-核心筒超高层组合结构体系。陡斜撑介于框架柱与常规支撑之间，角度较陡，为 70°～80°，从底层角柱开始倾斜向上，分别与角柱、边柱相交，陡斜撑与角柱、边柱及楼层梁连系在一起，结合环带桁架提高了外框的整体性和抗侧刚度，使外框承担的地震剪力达到底部总剪力的 10%，能起到"二道防线"的作用。

因建筑立面的限制，陡斜撑在塔楼中下部区域（29～32 层）无法交叉，但正好与中间段水平框架梁、竖直的边柱形成延性支撑框架，水平框架梁起到了拟连梁的作用，陡斜撑具有偏心支撑的特点。通过研究陡斜撑（29～32 层）之间的连梁的内力发现，与其他周边框架边梁相比，中间段水平框架梁承受了更大的弯矩，梁截面在小震下可维持弹性，在中震下不屈服（图 2.4-5）。

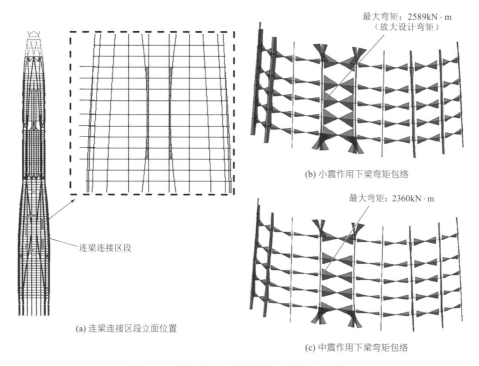

(a) 连梁连接区段立面位置

(b) 小震作用下梁弯矩包络

(c) 中震作用下梁弯矩包络

图 2.4-5 小震及中震下连梁连接区段框架梁弯矩值

大震动力弹塑性分析结果显示（图 2.4-6），偏心段框架梁在大震作用下部分进入屈服，起到一定耗能作用。陡斜撑与边柱渐近相交，使其水平分力能在尽可能多的楼层框架梁内分散传递。在塔楼底部，陡斜撑与角柱平缓合并，也使陡斜撑中的力可通过多个楼层传递至其他柱。由于陡斜撑倾角比较陡峭，将承担较多重力荷载，从而抵消框架柱在地震作用下的部分拉力。陡斜撑的设置使得外框的性能介于斜撑体系和框架体系之间，兼具了斜撑体系在小震中刚度较好和框架体系在大震中延性较好的优势。

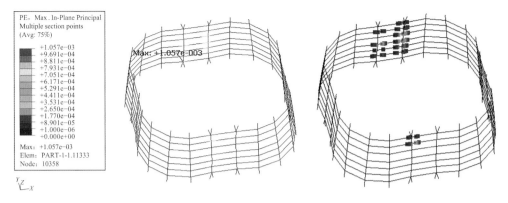

图 2.4-6 大震下连梁连接区段框架梁塑性发展情况

2.4.4 关键节点设计

由于陡斜撑沿建筑双曲立面不断蜿蜒上升，与角柱、外边柱、中边柱分别相交，从而导致与陡斜撑相关的外框连接节点多样复杂，形成不同类型和截面形式的组合构件空间相交节点，譬如窄外环板＋内加劲板的钢管混凝土柱-钢梁连接节点、17～21 层的非共面双管"X"形交叉变径钢管混凝土组合柱节点、28～36 层的双变径钢管混凝土组合柱节点、45～47 层的扭转变径钢管混凝土组合柱节点等。复杂节点均通过节点试验和有限元分析验证了其受力性能，下面对本项目中的两种非常规典型节点进行介绍。

1. 钢管混凝土边柱-钢梁连接节点

办公区楼层外框边柱的柱边距离外围楼板边最小仅 200mm 左右，钢梁与钢管混凝土柱连接时，无法采用常规的外环板连接形式，而常规内隔板式连接节点中因为内隔板宽度较宽，内隔板下表面与管壁交界位置往往容易产生空腔，影响管内混凝土的浇灌质量。本项目此节点采用内、外加劲环板相结合的方式，外环板尽可能做到楼板边，确保钢框架梁弯矩传递，内环板则设置 100mm 宽用于加强管内混凝土与管壁的内力传递，见图 2.4-7。

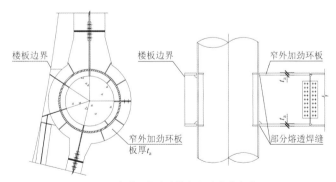

图 2.4-7 钢管混凝土边柱-钢梁连接节点详图

2. L17～L21 层陡斜撑钢管混凝土柱相交节点

外框陡斜撑在立面上不断变化，在 L17～L21 层与边柱中心线空间上交叉，形成"X"形节点，且不共面，节点由异形椭圆形钢管混凝土组合柱过渡为两根直径不一的圆钢管混凝土柱。异形组合柱中间设置一道纵向劲板，将椭圆形钢管分隔成两个腔，纵向劲板两头分别伸入过渡段，过渡段在两根钢管混凝土柱之间设置 4 道纵向过渡板将组合柱内外两侧板内力传递给钢管柱管壁上，同时钢管内部还设置 T 形纵向加劲板和栓钉，以保证混凝土与钢管壁之间的内力传递。该连接节点详见图 2.4-8，其余各层（L28～

L36、L45~L47）的陡斜撑连接节点构造相同。

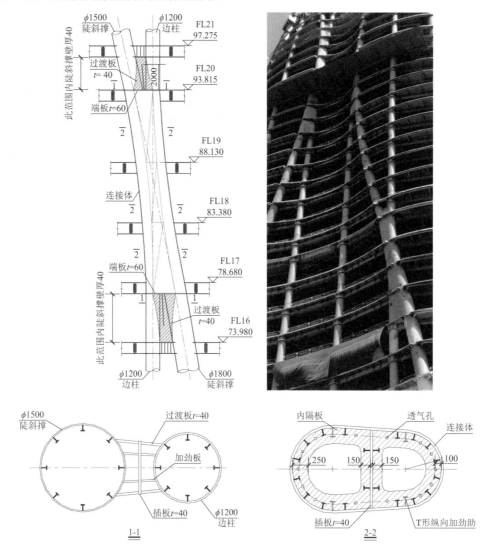

图 2.4-8　L17~L21 层陡斜撑连接节点及现场照片

2.5　试验研究

塔楼属于大于 350m 的超限超高层建筑且项目位于高地震烈度且风荷载较大的区域，同时采用新颖的带陡斜撑和环带桁架的钢管（型钢）混凝土框架-核心筒结构的结构体系，外框柱节点做法不常见，为验证整体结构、构件及节点的安全性，故进行了多项试验研究，包括振动台试验、斜交钢管混凝土柱节点试验和多管相交铸钢节点试验等。

2.5.1　模拟振动台试验

本工程按模型缩尺比例 1∶40 进行了模拟地震振动台模型试验（图 2.5-1）。模拟地震振动台模型试验在小震阶段的试验选用与设计计算相同的 7 组地震波；中震阶段的试验从大震弹塑性时程分析所用的 7 组地震波中选择位移反应及基底反力较大的 3 组地震波；大震阶段则选择位移反应最大的 1 组地震波，分别做了 7.5 度和 8 度大震。

图 2.5-1　振动台试验模型

根据观察的试验现象及测量的试验数据，经过分析有以下结论：

（1）在弹性阶段，模型的动力特性与原型计算结果符合较好，能满足本次振动台试验设计相似比的关系。

（2）结构的加速度反应表明，动力系数最大值均出现在顶层，顶部有明显的鞭梢效应。

（3）7.5度小震作用下，两个方向层间位移角均在结构顶部较大，分别为1/670和1/668。

（4）7.5度中震作用后，模型X、Y方向频率略降，结构发生轻微损伤。结构的关键构件基本保持弹性。

（5）7.5度大震作用后，结构发生一定损伤，但仍保持较好的整体性。X方向及Y方向最大层间位移角出现在顶层，分别为1/93及1/106。

（6）8度大震作用后，结构损伤增加，结构最大层间位移角约为1/69，但结构仍保持较好的整体性，关键构件基本完好，说明结构具有良好的变形能力和延性，具有一定的抗震储备能力。

（7）位移结果表明，外框倾斜柱的设置，不仅增加了结构的侧向刚度，使刚度沿竖向的分布更均匀，而且同时增加了结构的抗扭刚度。

（8）构件的破坏现象及动应变测试结果显示，结构下部部分钢管混凝土角柱出现刚度退化现象及钢管受压外鼓现象；结构中上部型钢混凝土柱出现较多轻微受拉裂缝。上述损伤大多出现在超设防烈度工况作用下，从结构损伤及频率降低情况看，结构整体损伤不严重，关键构件可满足设计性能指标的要求。部分模型试验损伤图见图2.5-2～图2.5-4。

试验表明本塔楼结构设计合理，能够满足规范要求，原结构总体可达到预设的抗震设计性能目标。同时，基于以上试验结果，最终施工图设计时对13～17层倾斜柱、48层边柱、结构中上部型钢混凝土柱进行了加厚钢管壁厚、加大型钢柱配筋率以及含钢率等加强措施。

图 2.5-2　典型型钢混凝土外框边柱损伤图　　图 2.5-3　钢管混凝土柱损伤图1（48层）

图 2.5-4 钢管混凝土柱损伤图 2（13~17 层倾斜柱）

2.5.2 斜交钢管混凝土柱节点试验

试验模型尺寸为按 1：4 缩尺后的试验模型。试件和原型结构相比，只在尺寸上进行缩减，钢材以及混凝土材料的强度不变。

为了对该巨型交叉节点的受力性能进行试验分析，试验在设计荷载工况和 3 个不利荷载工况下进行加卸载。按照 V_1：V_4：$V_3 = 1$：2：6 的加载比例逐级施加荷载（图 2.5-5）。

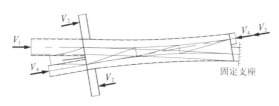

图 2.5-5 试件安装及加载简图

加载至设计荷载时，试件没有发生可见变形，整个试件处于弹性阶段。在不利工况 1，并未出现明显的变形；在不利工况 2，卸载过程中，试件由压剪受力状态转换为拉剪受力状态，北侧加载端部的部分螺栓被拔出，端部连接段法兰盘出现明显变形（图 2.5-6）；在不利工况 3，北侧加载端部与试验架的连接段逐渐密合，加载至 $V_1 = 19350$kN 时试件在斜柱的两端出现局部鼓起（图 2.5-7），节点试件的破坏模式最终表现为斜柱构件的受压屈曲变形，破坏时节点区域完好，没有肉眼可见的破坏现象。

图 2.5-6 卸载过程中螺栓被拔出　　　　　图 2.5-7 试件加载结束后斜柱端部出现局部鼓起

表 2.5-1 为有限元模拟分析与试验结果的对比表。由于对边柱的加载能力有限，因此表中仅给出了斜柱的初始屈服承载力 V_{1y} 和极限承载力 V_{1u}。有限元分析得到的初始屈服承载力与试验测的结果基本一致；但是其极限承载力低于试验值，原因是试件在节点区域设置了很强的加劲措施，这些措施对混凝土形成很强的约束作用，远大于通常钢管对混凝土的约束作用，表明现有理论模型对该约束作用考虑得偏

于保守，导致有限元计算的极限承载力偏低。

有限元分析与试验结果对比　　　　　　　　　　　　　　　表 2.5-1

V_{1y}/kN			V_{1u}/kN		
Test	FEM	FEM/Test	Test	FEM	FEM/Test
10000	9600	0.96	19350	17203	0.89

试验表明，在设计荷载作用下，该巨型交叉节点整体处于弹性阶段（图 2.5-8、图 2.5-9）。在各不利工况下，节点区域未因不平衡力导致纵向剪切破坏，表明该节点采用的纵向内隔板和加劲环板的构造合理，可以使钢管与混凝土协同工作。节点设计符合我国规范"强节点、弱构件"的设计原则。

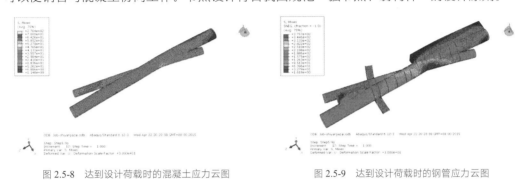

图 2.5-8　达到设计荷载时的混凝土应力云图　　　　　图 2.5-9　达到设计荷载时的钢管应力云图

2.5.3　多管相交铸钢节点试验

塔楼帽桁架下节点杆件交汇密集，几何形式复杂，设计采用铸钢节点，整体浇筑成型，如图 2.5-10 所示。该节点在多种荷载工况下的受力状态复杂，缺少适用的完整设计方法且铸造质量受工艺的影响大，故需对该节点受力性能开展分析和研究，从而验证设计的安全性和合理性。

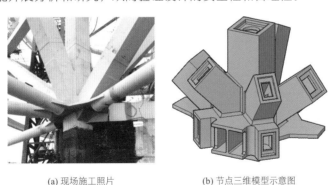

(a) 现场施工照片　　　　　　　　(b) 节点三维模型示意图

图 2.5-10　帽桁架铸钢节点

由于原型铸钢节点自重 23.54t、分肢多、承载力高，难以直接进行多轴同时加载试验。因此，针对足尺试件选取受力较为不利的 3 个分肢进行加载试验，试件如图 2.5-11 所示。依据试验条件分别制作 12mm、20mm 两种厚度的材性试件，试件材料采用 G20Mn5QT 铸钢。参考《金属材料 拉伸试验 第 1 部分：室温试验方法》GB/T 228.1—2010，不同厚度分别加工 3 个比例试件，然后开展静力拉伸试验。

试验加载装置，如图 2.5-12 所示。综合考虑试验条件和加载设备，对试验中施加的荷载进行调整，如表 2.5-2 所示。

加载过程中，各分肢的截面实测平均应力远小于屈服强度，荷载-变形曲线呈线性变化，各柱肢均处于弹性工作状态，试验达到最大荷载后，各肢总体变形很小。试验中测量的各相贯线位置处最大 Von Mises 应力约 55MPa。各测点的整体应力水平仍较低，未达到材料的屈服强度，且应力集中现象不显著。

材性试验结果表明，材料性能满足《铸钢节点应用技术规程》CECS 235：2008 中的要求。

图 2.5-11　试验现场图

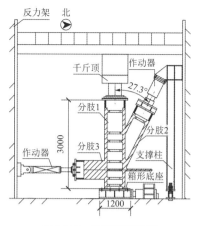

图 2.5-12　加载装置示意图

实际荷载工况和试验荷载对比　　　　　　　　　　　　　表 2.5-2

编号	实际工况		试验加载	
	最大轴压力/kN	截面应力/MPa	轴压力/kN	截面应力/MPa
分肢 1	1396	4.99	16000	57.14
分肢 2	28552	118.97	1500	6.25
分肢 3	1276	6.70	1500	7.88

有限元分析结果显示，节点基本处于低应力水平的弹性受力状态，承载力储备高。但由于节点中复杂的几何和受力关系，各肢相贯位置可能产生较大的应力集中，使局部单元进入塑性状态，从而影响节点的安全性，典型的整体和局部柱肢的应力云图如图 2.5-13 所示。

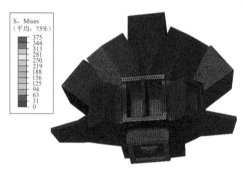

(a) 整体应力分布

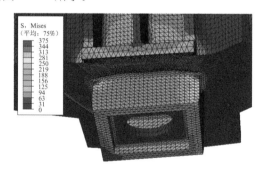

(b) 局部柱肢应力分布

图 2.5-13　典型应力云图

汇总各工况下、各危险位置的最大应力，如表 2.5-3 所示。其中，编号 9、10 的位置存在局部塑性发展，编号 11、12 和柱肢 3 部分位置已接近屈服，其余位置均处于低应力水平的弹性状态。

各受力不利位置最大应力　　　　　　　　　　　　　表 2.5-3

位置编号	1	2	3	4	5
最大应力/MPa	92.0	160.7	176.5	144.1	142.7
位置编号	6	7	8	9	10
最大应力/MPa	170.3	189.7	184.7	388.4	378.4
位置编号	11	12	柱肢 1	柱肢 2	柱肢 3
最大应力/MPa	287.5	297.5	219.6	176.7	284.2

试验表明，在各荷载工况下，节点基本处于弹性工作状态，仅在应力集中位置存在较小的塑性发展，总体上节点可以满足本工程的承载力需求。有限元分析给出了节点中出现显著应力集中现象的柱肢相贯位置，建议采用减小应力集中的构造措施，如平滑倒角过渡或在柱肢内部设置加劲肋局部加强。材性试验表明 G20Mn5QT 铸钢材料的力学性能满足《铸钢节点应用技术规程》CECS 235∶2008 的要求。足尺节点加载试验中，铸钢节点试件在设定荷载下处于弹性工作状态，应力水平低，承载力储备高。

2.6 健康监测

本工程构建了包含施工和运营阶段的健康监测系统，对结构性态进行实时在线监测，对超出设计范围的结构性态进行预警和报警，最终确保其建造和运营全过程的安全性和适用性。

2.6.1 监测简介

根据本工程结构特点以及荷载作用、环境特点，将监测项目和内容分为荷载作用和结构响应两大类，荷载作用包括风荷载、地震、环境温湿度等，结构响应包括结构关键部位的变形和位移、结构振动（加速度、模态和阻尼）、关键构件和节点的应力应变等。结构健康监测系统界面如图 2.6-1 所示，健康监测测点和监测项的总体布置见图 2.6-2，汇总如表 2.6-1 所示。

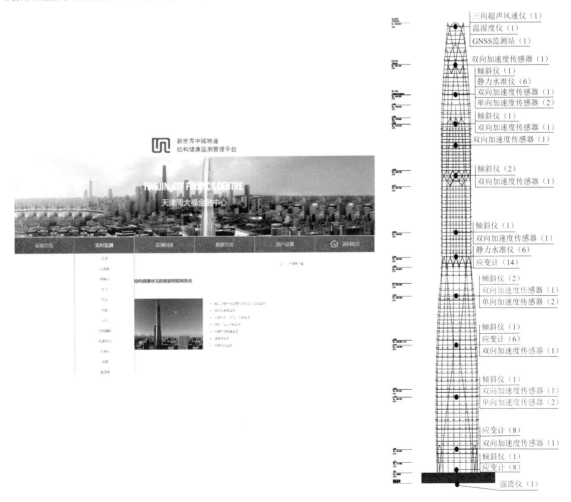

图 2.6-1   结构健康监测系统   图 2.6-2   健康监测测点和监测项布置

结构健康监测测点和监测项统计汇总

表 2.6-1

序号	传感器类型	单位	数量
1	三向超声风速仪、温湿度仪、强震仪	台	各 1
2	GNSS 系统	个	2
3	梁式倾斜仪、双向加速度计	台	各 10
4	静力水准仪	台	12
5	振弦应变计	个	36
6	单向加速度计	台	6
总计		59	

2.6.2 模态识别

建筑结构的实际模态可以直接反映建筑结构的健康状态。基于结构健康监测获取的一手监测数据进行动力特性模态识别,与结构设计模型进行比较,可以对结构模型进行实时修正,使之符合实际的工作状态。

摘取某 1 周的加速度结构性态健康监测数据的对比分析,分别采用峰值法和随机子空间法对结构的各阶振型和周期进行识别和评价。相关结果与计算值的比较在表 2.6-2 列出。图 2.6-3 所示为采用峰值法对加速度时程进行模态识别获取的前 4 阶结构自振频率,图 2.6-4 所示为采用随机子空间法基于加速度时程获取的前 5 阶振型。

峰值法和随机子空间法对塔楼动力特性识别的结果对比表

表 2.6-2

阶数	1	2	3	4	5
自振频率计算值/Hz	0.120	0.125	0.274	0.362	0.376
峰值法/Hz	0.140	0.148	0.287	0.398	0.412
子空间法/Hz	0.146	0.233	0.298	0.438	0.456

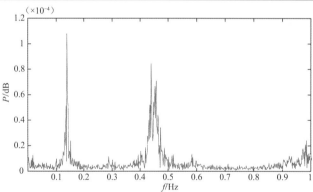

图 2.6-3 峰值法识别塔楼自振周期

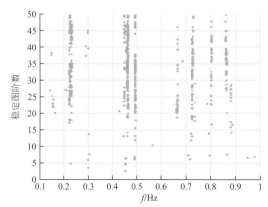

图 2.6-4 随机子空间法识别塔楼自振周期

2.6.3 监测结果样例

结构健康监测系统布设以来,对塔楼进行了长期的结构性态跟踪和评价。图 2.6-5～图 2.6-7 分别列举了 2022 年冬季 48M 层巨柱及 49 层环带桁架的应力增量变化、10 月份不均匀沉降监测值、10 月份风速最高时大屋面层的加速度时程曲线。

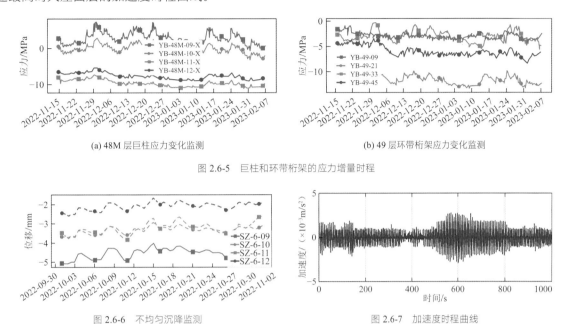

(a) 48M 层巨柱应力变化监测　　　　　　　　　　(b) 49 层环带桁架应力变化监测

图 2.6-5　巨柱和环带桁架的应力增量时程

图 2.6-6　不均匀沉降监测　　　　　　　　　　图 2.6-7　加速度时程曲线

2.7　结语

天津周大福金融中心项目作为天津滨海新区地标性建筑,以其独特新颖的建筑造型、隽秀挺拔的超高姿态成为目前已建成的中国北方最高建筑,中国第 4 高建筑,世界第 7 高建筑。结合塔楼流线形的建筑外立面与建筑形态一体化结构设计,采用带陡斜撑和环带桁架的钢管(型钢)混凝土框架-核心筒结构的结构体系,无伸臂桁架,充分体现了该结构体系的优良抗震性能,实现了建筑雕塑般的造型效果。

在设计过程中,主要完成了以下几个方面的创新性工作:

(1)基于风洞试验的高层建筑形态优化技术

建筑形态基于风洞试验进行多轮优化调整,最终得到立面逐步收进、平面由低区角部倒圆角的方形逐渐过渡为高区圆形的建筑外形,塔冠幕墙采用 40%～60% 的开孔率。在实现建筑流线形外表造型的同时,也最大限度减小了风荷载。

(2)与建筑形态一体化的结构体系设计

结合塔楼流线形的建筑外立面,沿着建筑外轮廓布置结构外框,陡斜撑从塔楼底部四角分别蜿蜒上升,直至塔顶形成塔冠,与角柱、边柱、外框钢梁、楼面梁形成竖向空间结构,协同受力。在满足结构整体侧向刚度和外框剪力分担比需求的同时,避免了因设置伸臂桁架加强层而导致结构侧向刚度在加强层和其相邻楼层之间的刚度突变,使结构侧向刚度平滑过渡。

(3)带新型柔性陡斜撑系统的组合结构超高层外框结构体系设计与分析

利用建筑外轮廓脊线设置变斜度柱,每个立面上的两根变斜度柱之间在中部通过框架梁相连从而形成新型柔性陡斜撑系统,其中斜柱提高结构抗侧刚度,框架梁大震下耗能提高结构的抗震性能。柔性陡斜撑系统结合环带桁架、帽桁架、抗弯框架组成的外框与核心筒一起形成高效的抗侧体系，省去了类似高度的超高层通常采用的伸臂桁架。通过多个软件对结构进行详细的弹性、弹塑性计算分析，并采取一系列加强措施，确保了结构满足整体抗震性能目标和规范要求。对陡斜撑的受力特点进行深入分析，并对由于体型的独特性而导致的框架梁及楼层梁的轴力进行详细分析，并依据多工况内力组合值对钢梁截面以及连接节点进行设计。

（4）不同类型和截面形式的组合构件空间相交节点设计与试验研究

由于陡斜撑沿建筑双曲立面不断蜿蜒上升，与角柱、外边柱、中边柱分别相交，从而导致与陡斜撑相关的外框连接节点多样复杂，形成不同类型和截面形式的组合构件空间相交节点。复杂节点均通过节点试验和有限元分析验证了其受力性能。通过对构件内力的准确把控，在复杂节点设计时既考虑了内力的有效传递，又兼顾施工操作的便利性，并通过节点试验验证了节点的安全性和可靠性。

（5）考虑塔楼偏置于地下室一侧导致水土压力不平衡效应的核心筒设计

由于塔楼偏置于整个地下室一角，通过分析塔楼核心筒与周边框架的刚度，研究地下室四周水土压力传递路径，计算分析由于不平衡水土压力产生的核心筒内附加剪力，对地下室部分的核心筒进行详细设计。

天津周大福金融中心项目，通过整体结构和构件抗震性能目标的合理确定，详细的计算分析，结合一系列加强措施，确保了多道抗震设防和设定耗能机制的实现，实现了"小震不坏、中震可修、大震不倒"的设计目标。该项目已经建成投入使用，建筑结构完成度高，获得业界好评。

2.8 延伸阅读

扫码查看项目照片、动画。

参考资料

[1] Skidmore Owings, Merrill LLP, 华东建筑设计研究院. 天津周大福中心项目塔楼超限高层抗震设防专项审查报告[R]. 2012.

[2] 汪大绥，周健，王荣，等. 天津周大福金融中心塔楼结构设计[J]. 建筑钢结构进展, 2017, 19(5): 1-8.

[3] 周建龙，包联进，童骏，等. 天津高银117大厦基础设计研究[J]. 建筑结构, 2012, 42(5): 19-23.

[4] 刘大海，杨翠如. 高层建筑结构方案优选[M]. 北京: 中国建筑工业出版社, 1996.

[5] Pier Paolo Rossi. A design procedure for tied braced frames[J]. Earthquake Engineering and Structural Dynamics. 2007, 36:2227–2248.

[6] 包联进. 南亚之门塔楼结构初步设计[J]. 建筑结构, 2012, 42(5): 38-42.

[7] 中国建筑科学研究院建研科技股份有限公司. 天津周大福金融中心模拟地震振动台模型试验报告[R]. 2013.

[8] 孙飞飞, 冉明明, 周健, 等. 钢管混凝土柱巨型交叉节点受力性能研究[J]. 建筑结构学报, 2017, 38(5): 69-76.

[9] 施刚, 赵华田, 荣成骁, 等. 天津周大福金融中心复杂铸钢节点性能分析[J]. 建筑结构, 2022, 52(4): 81-85.

设计团队

结构设计单位：华建集团华东建筑设计研究院有限公司（地下室与裙楼初步设计＋全部施工图设计）
SOM 建筑设计事务所（方案＋塔楼初步设计）

结构设计团队：汪大绥，周 健，王 荣，刘晴云，方 卫，陆文妹，丁 霖，邹 滨，原培新，李彦鹏

执 笔 人：周 健，王 荣

获奖信息

2021 年度 全国行业优秀勘察设计奖建筑设计二等奖

2021 年度 上海市优秀工程勘察设计奖优秀建筑工程设计一等奖

2021 年度 上海市优秀工程勘察设计奖优秀建筑结构专业一等奖

2020 年度 CTBUH 最佳高层建筑（400 米及以上）、最佳结构工程、最佳建造施工三项杰出大奖

2021 年度 英国结构工程师学会奖 IStructE Structural Awards 2021 The Award for Tall or Slender Structures Winner

第 3 章

上海环球金融中心

3.1 工程概况

3.1.1 建筑概况

上海环球金融中心位于上海陆家嘴金融贸易区。此建筑为多功能摩天大楼，主要功能为办公，也有一些楼层用作商贸、宾馆、观光、展览、零售和其他公共设施。该工程于 1997 年初开工建设，原设计建筑高度 460m，96 层，其间受亚洲金融危机影响，曾一度停工。2004 年恢复建设后调整为目前的高度 492m，地上 101 层，地下 3 层，主楼基础埋深为 18.85m，地上部分建筑面积为 316186m²，地下部分建筑面积为 65424m²。

塔楼主体结构采用外围为巨型支撑筒结构、内部为钢筋混凝土核心筒的筒中筒体系，裙房为四层框架结构。±0.000 以上，塔楼与裙房设防震缝断开[1,2]。建成照片和建筑剖面图如图 3.1-1 所示，建筑典型平面图如图 3.1-2 所示。

经典回眸 华东建筑设计研究院有限公司篇

(a) 建成照片

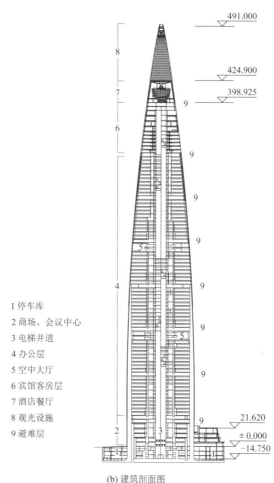

1 停车库
2 商场、会议中心
3 电梯井道
4 办公层
5 空中大厅
6 宾馆客房层
7 酒店餐厅
8 观光设施
9 避难层

(b) 建筑剖面图

图 3.1-1　上海环球金融中心大厦建成照片和建筑剖面图

3.1.2 设计条件

1. 主体控制参数

控制参数见表 3.1-1。

(a) 办公标准平面图	(b) 宾馆标准平面图	

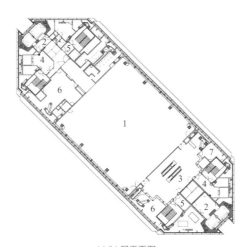

(c) 94 层平面图

图 3.1-2　建筑典型平面图

控制参数表　　　　　　　　　　　　　　　　　　　　　　　表 3.1-1

结构设计基准期	50 年	建筑抗震设防分类	重点设防类（乙类）
建筑结构安全等级	一级（结构重要性系数 1.1）	抗震设防烈度	7 度（0.10g）
地基基础设计等级	一级	设计地震分组	第一组
建筑结构阻尼比	0.04（小震）/0.05（大震）	场地类别	IV 类

2. 结构抗震设计条件

塔楼核心筒剪力墙抗震等级为特一级，巨型柱、巨型斜撑抗震等级为特一级，裙房及裙房以下地下室剪力墙抗震等级为二级，主楼及裙房范围以外地下室的剪力墙抗震等级为三级。基本地震烈度为 7 度，确定抗震构造措施采用的抗震设防烈度为 8 度。不同地震作用下构件强度校核时分项系数的考虑见表 3.1-2。

不同地震作用下构件强度校核时分项系数的考虑　　　　　　　　表 3.1-2

地震	多遇地震（0.035g）	多遇地震长周期振型反应（0.05g）	基本烈度地震（0.1g）	罕遇地震（0.22g）
荷载系数	考虑	考虑	考虑	不考虑
构件内力放大系数	考虑	考虑	不考虑	不考虑
材料安全系数	考虑	考虑	考虑	不考虑

3．性能化设计理念

本工程首次在设计中采用了性能化设计思想，根据工程的重要性、使用功能及体系和构件的重要性确定不同的抗震性能目标，并采取必要的抗震措施，为超限高层建筑采用性能化设计方法开创先河。

4．风荷载

本工程委托加拿大西安大略大学边界层风洞实验室进行了高频测力天平、建筑表面常态及动态的压力试验、风环境的分析测试及气弹试验。根据《上海环球金融中心风工程技术论证会意见》的要求，设计中对风荷载的考虑如下：

（1）正常使用状态设计：100年一遇的风荷载（风速为43.7m/s），阻尼比为2%，选用将来周边环境设定。

（2）结构强度设计：200年一遇的风荷载（风速为46.3m/s），阻尼比为2.5%，选用将来周边环境设定。此外在进行结构构件的强度设计时，风荷载将乘以1.1的放大系数。

3.2 结构体系

3.2.1 基础形式

本工程的基础形式为桩筏基础，其中塔楼核心筒区域采用$\phi700 \times 18$的钢管桩，有效桩长为59.85m，承载力特征值为5750kN。塔楼核心筒以外区域采用$\phi700 \times 15$的钢管桩，有效桩长为41.35m，承载力特征值为4250kN。

主楼部分的桩基已于1997—1998年施工完成，而2004年重新开始施工时，建筑高度由原来的460m增加为492m，建筑层数由96层增加为101层；但桩数不能增加，为此采取了下列措施：

（1）塔楼外周由密柱框筒改为巨型支撑筒，减轻结构重量。

（2）核心筒在79层以上由钢筋混凝土墙体改为钢支撑筒。

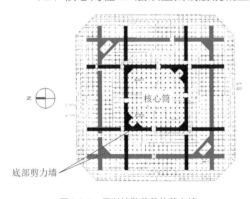

核心筒

底部剪力墙

图 3.2-1 用以扩散荷载的剪力墙

（3）在地下室范围内，采用了周边剪力墙、交叉剪力墙和翼墙组成的传力体系，将核心筒剪力墙承受的荷载尽可能多地传递至主楼范围以外（图3.2-1）。

本工程基坑围护采用"主楼顺作、裙房逆作"的方式，其中塔楼施工时采用直径为100m左右的圆形钢筋混凝土地下连续墙作为临时围护，在地下连续墙高度方向设四道钢筋混凝土围檩，由于中部无其他支撑，大大加快了地下结构的施工进度。裙房区采用逆作法施工工艺减小了对周边环境的影响，符合绿色环保及可持续发展的理念。

3.2.2 塔楼抗侧力体系

为对抗来自风和地震的侧向荷载，塔楼同时采用以下3种结构体系（图3.2-2）：

（1）由巨型柱（主要的结构柱）、巨型斜撑（主要的斜撑）和带状桁架构成的巨型框架结构；

（2）钢筋混凝土核心筒与带混凝土端墙的钢支撑核心筒体系；

（3）构成核心筒和巨型结构柱之间相互作用的伸臂桁架（图3.2-3）。

以上 3 个体系共同承担了由风和地震引起的倾覆弯矩，前两个体系承担了由风和地震引起的水平剪力。

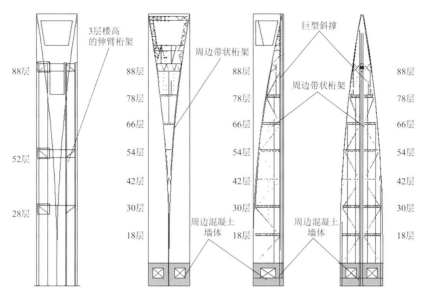

图 3.2-2　结构体系示意图

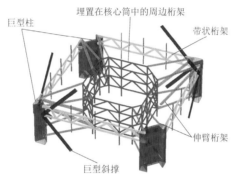

图 3.2-3　伸臂桁架体系（埋置在核心筒剪力墙中的周边桁架）

混凝土核心筒外周墙体的厚度由下部 1600mm 变化至上部的 500mm，墙、柱混凝土强度等级最高为 C60，巨型斜撑及外伸臂桁架（图 3.2-4）的构件尺寸见表 3.2-1、表 3.2-2。

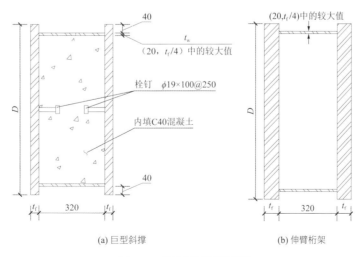

图 3.2-4　巨型构件截面形状图

标准办公层及酒店层楼面采用普通混凝土与压型钢板组成的组合楼盖，全厚 156mm（其中压型钢板部分厚 76mm，混凝土厚 80mm）。压型钢板仅用作模板使用，故不做防火喷涂。周边带状桁架下弦所在楼层采用 10mm 的钢板加 190mm 厚的混凝土板进行加强，设计中考虑了钢梁与混凝土楼板的组合作用。

巨型斜撑构件的钢板尺寸   表 3.2-1

楼层	t_f/mm	D/mm
88～98 层	20～60	800
78～88 层	40～80	1000
66～78 层	80～100	1000
54～66 层	60～100	1200
42～54 层	80～100	1200
18～42 层	60～100	1400
6～18 层	50～80	1600

伸臂桁架的构件尺寸   表 3.2-2

楼层	弦杆		斜杆	
	t_f/mm	D/mm	t_f/mm	D/mm
88～91 层	60	600	60	800
52～55 层	50	1000	90	800
28～31 层	50	1000	90	800

塔楼结构体系有如下特点：

（1）巨型柱、巨型斜撑、周边带状桁架构成的巨型结构具有很大的抗侧刚度，在建筑底部外周的巨型桁架筒体承担了 60%以上的倾覆力矩和 30%～40%的剪力，而且与密柱框筒结构相比，避免了剪力滞后效应，也适当减轻了建筑的自重。

（2）伸臂桁架在本工程中所起的作用较常规框架-核心筒或框筒结构体系已大为减少，使得采用非贯穿核心筒体的外伸臂桁架可行。

（3）位于建筑角部的巨型柱可起到抵抗来自风和地震作用的最佳效果，型钢混凝土的截面可提供巨型构件需要的高承载力，也能方便与钢结构构件进行连接，同时使巨型柱与核心筒竖向变形差异的控制更为容易。

（4）巨型斜撑采用内灌混凝土的焊接箱形截面，不仅增加了结构的刚度和阻尼，而且也能防止斜撑构件钢板的屈曲。

（5）每隔 12 层的一层高的周边带状桁架不仅是巨型结构的组成部分，同时也将荷载从周边小柱传递至巨型柱，解决了周边相邻柱子之间的竖向变形差异的问题。

3.2.3 立面支撑方案选型

在初期方案中，对垂直面上采用交叉斜撑（图 3.2-5）还是单向斜撑（图 3.2-6）进行了对比研究。主要比较了风荷载作用下层间位移的分布。为了对材料的最佳分布进行合理比较，在两个方案中运用了同等重量的斜撑。

分析结果显示，两个方案在 X 及 Y 方向风荷载作用下的层间位移几乎一致（图 3.2-7）。采用交叉斜撑明显增加构件和节点的数量，而增加的抗侧力效果微乎其微。采用单向斜撑的方案对材料的运用更为有效，并且也提供了更理想的室内视野和更优美的建筑外貌。

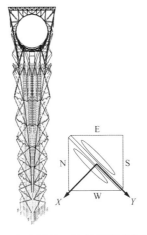
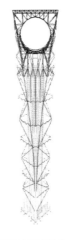

图 3.2-5　在垂直面上采用交叉斜撑的分析模型　　图 3.2-6　在垂直面上采用单向斜撑的分析模型

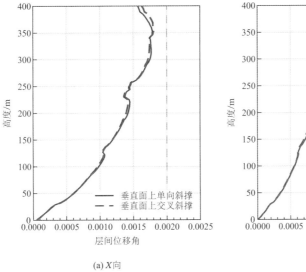

(a) X向　　　　　　　　　　　　　　(b) Y向

图 3.2-7　100 年一遇风荷载作用下层间位移角比较

3.2.4　上部核心筒采用钢结构选型

最终的核心筒方案中 79 层以上采用钢支撑核心筒，并于其端部墙外包钢筋混凝土（图 3.2-8）。这与前期设计中全部采用钢筋混凝土的上部核心筒不同，79 层以上采用钢支撑核心筒的优点可归纳如下：

（1）减少结构自重，进而减少现有桩基的荷载。

（2）由于建筑物的周期处于振型反应谱曲线的加速度平直段范围，采用钢结构上部核心筒而引起的质量减少有利于提高建筑物的抗震特性。

（3）由于重量的减少和钢桁架的大跨度能力，采用钢支撑核心筒将大大增强中部和上部核心筒之间的荷载传递能力。

（4）通过加强楼板的作用，将上部钢支撑核心筒与巨型结构的外支撑框架连接在一起，有效增强了 79 层以上的巨型结构的外支撑框架，显著提高了其整体性。

（5）在与建筑物倾斜面平行的上部核心筒剪力墙上有许多建筑和设备的开洞，采用钢支撑核心筒是一个合理的解决办法。

通过对上部钢支撑核心筒进行仔细设计，使其达到或超越原混凝土核心筒设计中的刚度和承载。以下为两种方案结构扭转性能、层间位移和楼层刚度比的比较。

1. 扭转性能

表 3.2-3 为结构周期对比情况。相比混凝土上部核心筒方案，带混凝土端墙的钢结构核心筒方案的第 1 和第 2 平动周期都有所减小，主要是由于巨型柱和核心筒墙体中含钢量的增加。二者的扭转周期基本一致，扭转振型在两个设计之间只有很小的变化（图 3.2-9）。这表明，上部采用带混凝土端墙的钢结构核心筒不会削减建筑物的抗扭能力和扭转刚度。

经典回眸 华东建筑设计研究院有限公司篇

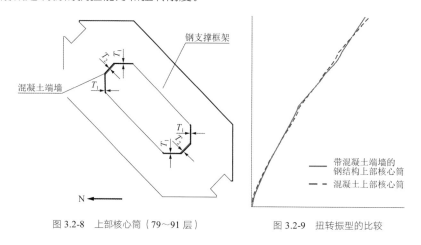

图 3.2-8　上部核心筒（79~91 层）　　　图 3.2-9　扭转振型的比较

扭转周期的比较　　　　　　　　　　　　　　　　　　表 3.2-3

项目	混凝土上部核心筒	带混凝土端墙的钢结构核心筒
第 1 平动周期/s	6.75	6.52
第 2 平动周期/s	6.52	6.34
扭转周期/s	2.47	2.55
扭转周期和第 1 平动周期之比 R_1	0.37	0.39
$R_1 < 0.8$	OK	OK
扭转周期和第 2 平动周期之比 R_2	0.38	0.40
$R_2 < 0.9$	OK	OK

2. 层间位移

图 3.2-10 显示了两种核心筒方案在 100 年重现期的 X 和 Y 方向风荷载作用下的层间位移比较。在所有情况下，建筑物皆没有超越 1/500 的层间位移角限值。并且钢支撑筒方案的 X 方向的层间位移比混凝土筒体方案有所减小，主要由于在巨型柱和核心筒剪力墙中采用了更高的含钢量，使建筑物的刚度得以提高。

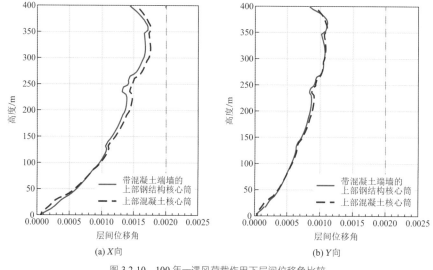

(a) X 向　　　　　　　　　　　　　　(b) Y 向

图 3.2-10　100 年一遇风荷载作用下层间位移角比较

3. 楼层刚度比

楼层刚度计算结果表明，上部采用带混凝土端墙的钢结构核心筒实际上缓和了顶部的刚度变化，使根据我国规范所定义的不规则楼层的数目有所减少。设计按照我国规范的要求，设计中对不规则楼层地震剪力乘以放大系数 1.15。

3.2.5 顶部钢结构

大楼顶部的钢结构采用了空间桁架结构体系（图 3.2-11），不仅满足了建筑外形的需要，而且起到了将整个巨型结构连接在一起的重要作用。

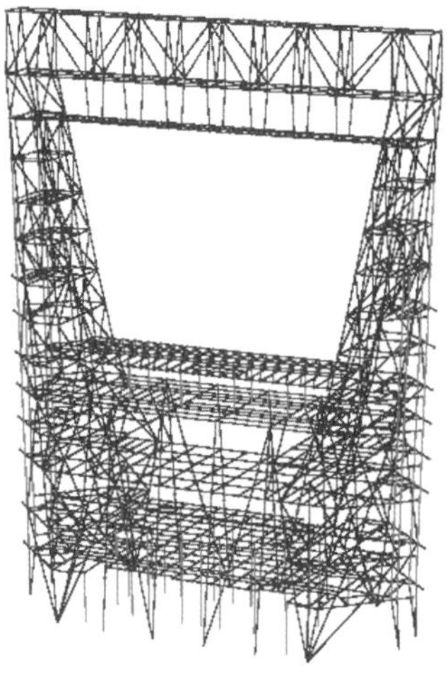

图 3.2-11 顶部钢结构示意图

3.3 计算分析

本工程进行了完备的结构计算分析，并采用性能化设计思想。主要计算分析内容包括：

（1）静力分析；

（2）反应谱分析；

（3）动力弹性时程分析；

（4）非线性静力推覆分析；

（5）施工过程分析；

（6）节点及构件的有限元分析。

3.3.1 动力特性分析

采用 ETABS、SATWE 和 SAP2000 三种程序进行动力特性分析，前 5 阶周期列于表 3.3-1。表 3.3-1 内数据显示三种程序的结果相似。值得注意的是，SATWE 模型的周期比 ETABS 和 SAP2000 模型的周期稍短。这是因为在计算周期时，在 ETABS 和 SAP2000 模型中采用了美国混凝土协会（ACI）的短期混凝土模量。在 SATWE 模型中，采用的是程序内定的我国规范所给的混凝土模量。由于 ACI 短期混凝土模量低于我国规范所规定的模量值，相应的建筑物的动态特性更柔。

结构自振周期 表 3.3-1

振型	ETABS/s	SATWE/s	SAP2000/s
1	6.52	6.24	6.62
2	6.34	5.93	6.47
3	2.55	2.17	2.52
4	2.09	1.84	2.14
5	1.99	1.72	2.00

3.3.2 风荷载与多遇地震分析

由 ETABS、SATWE 和 SAP2000 程序分析得出的大楼在不同荷载情况下的反力列于表 3.3-2，表中地震作用下的反力为多遇地震下的结果。结构位移对比见表 3.3-3。值得注意是，200 年一遇的风荷载已乘以 1.1 的放大系数。

在风荷载和地震作用下三种程序的剪力和弯矩分布都非常相似。在X向,200 年一遇风荷载作用下的倾覆力矩和剪力均显著大于多遇地震作用下的结果。在Y向,风荷载作用和地震作用下的倾覆力矩和剪力则相当。

塔楼基底反力 表 3.3-2

荷载	剪力/kN			倾覆力矩/(kN·m)		
	ETABS	SATWE	SAP2000	ETABS	SATWE	SAP2000
X向风荷载(200 年一遇)	87000	88700	87000	25282000	25605000	25322000
Y向风荷载(200 年一遇)	56200	57000	56200	14957000	15112000	14976000
X地震作用(反应谱分析)	52300	55200	51500	10136000	9529000	10036000
Y地震作用(反应谱分析)	56400	59200	55700	9882000	9613000	9812000
X地震作用(时程分析)	54200	65300	53500	9348000	8398000	9239000
Y地震作用(时程分析)	66500	66700	64300	10390000	8765000	10200000

结构位移对比 表 3.3-3

项目		ETABS	SATWE	SAP2000
风荷载 (100 年一遇)	X向在 91 层的位移	$H/754$	$H/718$	$H/733$
	Y向在 91 层的位移	$H/1279$	$H/1215$	$H/1248$
	X向层间位移	$h/581$	$h/526$	$h/559$
	Y向层间位移	$h/901$	$h/870$	$h/877$
地震作用 (多遇地震)	X向在 91 层的位移	$H/1574$	$H/1520$	$H/1552$
	Y向在 91 层的位移	$H/1530$	$H/1549$	$H/1508$
	X向层间位移	$h/1099$	$h/1250$	$h/1220$
	Y向层间位移	$h/962$	$h/1124$	$h/1064$

注:H = 大楼在 91 层的高度;h = 层高。

图 3.3-1 和图 3.3-2 所示为X向 200 年一遇风荷载作用下和多遇地震作用下,由 ETABS 程序得出的倾覆力矩在核心筒和巨型结构之间的分布,图 3.3-3 和图 3.3-4 显示了该两种荷载工况下剪力在核心筒和巨型结构之间的分布。这些图显示了三层高的外伸臂桁架如何将荷载传递至巨型结构,体现了巨型结构和核心筒的相对抗侧贡献。图 3.3-5 和图 3.3-6 分别为 100 年一遇风荷载作用下和多遇地震作用下两个方向的层间位移角曲线,最大位移角满足 1/500 限值要求,尤其在地震作用下位移有较大富余,说明多遇地震下结构侧向刚度不起控制作用。

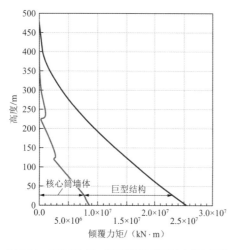

图 3.3-1 X向 200 年一遇风荷载作用下核心筒与巨型结构间倾覆力矩的分布

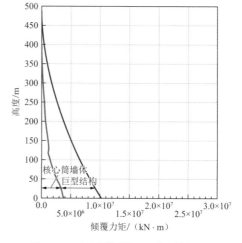

图 3.3-2 X向多遇地震作用下核心筒与巨型结构间倾覆力矩的分布

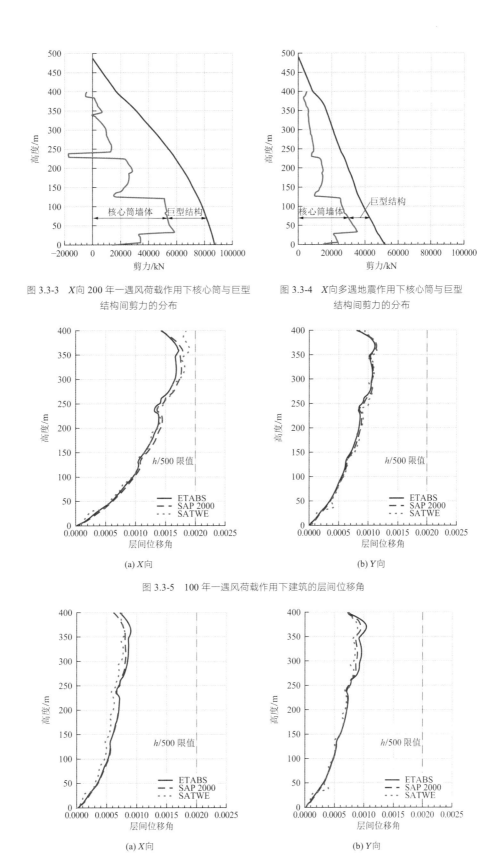

图 3.3-3　X向 200 年一遇风荷载作用下核心筒与巨型结构间剪力的分布

图 3.3-4　X向多遇地震作用下核心筒与巨型结构间剪力的分布

(a) X向

(b) Y向

图 3.3-5　100 年一遇风荷载作用下建筑的层间位移角

(a) X向

(b) Y向

图 3.3-6　多遇地震作用下建筑的层间位移角

3.3.3　静力推覆分析

为了解塔楼在地震作用下潜在的薄弱层和塑性铰形成机制，并估算罕遇地震下的塑性位移，采用非线性版本的 ETABS 建立三维模型进行非线性静力推覆分析。

在框架构件中设定合适的塑性铰来模拟材料的非线性性能，塑性铰的特性基于混凝土、型钢和组合构件的截面特性。采用 FEMA-273 内有关塑性铰的资料来估算塑性铰的荷载与变形的关系。图 3.3-7～图 3.3-11 展示了用于各种结构构件中主要的塑性铰的类型和相关荷载-变形关系。巨型柱的轴向铰被设定于每一层巨型柱构件的跨中，巨型斜撑和伸臂桁架的轴向铰被设定于每一层巨型斜撑构件的跨中。钢筋混凝土核心筒体的剪力和弯矩铰被设定于每一层钢筋混凝土核心筒体构件的两端。

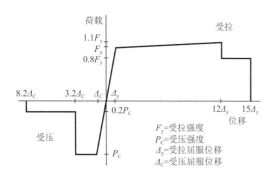

图 3.3-7　巨型柱轴向铰的荷载-变形特性

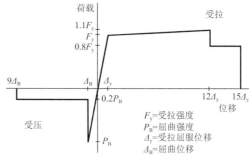

图 3.3-8　巨型斜撑轴向铰的荷载-变形特性

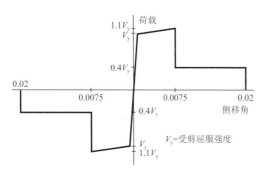

图 3.3-9　钢筋混凝土核心筒剪切铰的荷载-变形特性

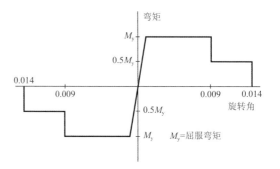

图 3.3-10　钢筋混凝土核心筒弯曲铰的荷载-变形特性

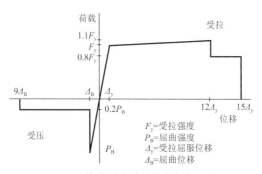

图 3.3-11　伸臂桁架轴向铰的荷载-变形特性

采用三种侧向力分布形式作用于塔楼不同的方向进行静力推覆分析，包括按质量比例分布的荷载、按第一振型比例分布的荷载和均布荷载（图 3.3-12），图 3.3-13 显示了相应的楼层剪力分布。图 3.3-12 和图 3.3-13 中荷载分布和剪力分布均已除以分布中的最大值。用按质量比例分布的荷载得出的楼层剪力分布与动态反应谱分析得出的楼层剪力分布最为接近，每个静力推覆分析均以结构重力荷载作用作为初始条件。

图 3.3-14～图 3.3-16 分别显示了荷载作用在 X 方向的推覆曲线、整体轴线符号规定以及塑性铰形成的过程。在推覆分析过程中发生的主要事件（特征点）已在推覆曲线上注明。图 3.3-16 中只显示了建筑物两个立面上的支撑框架。由于对称关系，在 X 方向荷载作用下，北立面上的塑性铰形式几乎和西立面上的一样，而南立面上的塑性铰形式又和东立面上的几乎一样。

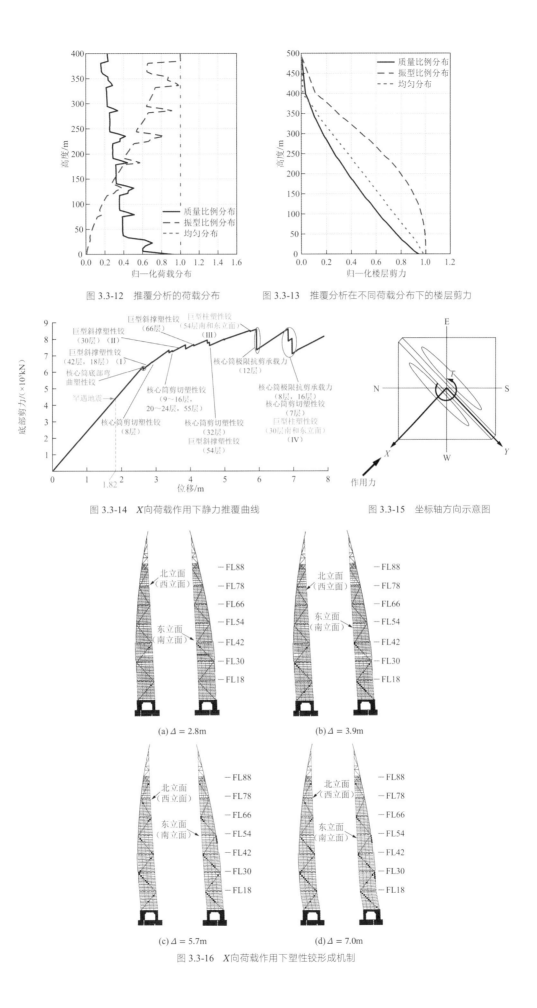

图 3.3-12 推覆分析的荷载分布　　图 3.3-13 推覆分析在不同荷载分布下的楼层剪力

图 3.3-14 X向荷载作用下静力推覆曲线　　图 3.3-15 坐标轴方向示意图

(a) Δ = 2.8m

(b) Δ = 3.9m

(c) Δ = 5.7m

(d) Δ = 7.0m

图 3.3-16 X向荷载作用下塑性铰形成机制

推覆曲线上第一个特征点是在核心筒底部形成弯曲塑性铰，接着是巨型斜撑上的轴向塑性铰和核心筒墙体上的剪切塑性铰的形成。巨型斜撑上的塑性铰首先出现在 42 层以下楼层和 18 层以下楼层（在位移大约 2.8m 的时候）；然后是在 30 层以下巨型斜撑形成塑性铰。随着位移的增加，在 66 层和 54 层以下楼层也出现巨型斜撑塑性铰。

核心筒墙体剪切塑性铰在位移大约 3m 的时候于 8 层处开始形成，接着出现的是在 8 层和 16 层之间、20 层和 24 层之间以及 55 层核心筒墙体的剪切塑性铰。在位移大约 6m 的时候，由于核心筒墙体达到极限抗剪承载力，建筑物底部剪力有所下降。但因为结构体系中存在很高的冗余度，荷载得以重分布，而底部剪力亦随之恢复到下降以前的水平。在位移大约 7m 的时候，由于 8 层和 16 层的核心筒墙体达到极限抗剪承载力，建筑物底部剪力再次下降。

巨型柱塑性铰只在位移相当大的时候出现：在位移大约 5.8m 的时候，巨型柱塑性铰（由受拉屈服引起）开始在 54 层以下形成；在位移大约 6.7m 的时候，巨型柱塑性铰（也由受拉屈服引起）在 30 层以下楼层形成。

建立在推覆分析基础上的强度反应谱分析显示，罕遇地震作用下，性能控制点对应的建筑顶点位移 X 方向为 1.85m，Y 方向为 2.14m，最大层间位移角 X 方向为 1/217，出现在 69 层，Y 方向为 1/183，出现在 71 层，均小于规范规定的 1/120 的要求，同时远小于结构开始出现塑性铰时的位移（图 3.3-17）。

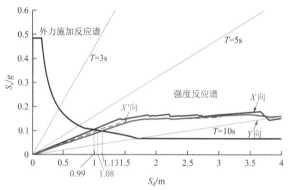

图 3.3-17 建筑的结构强度反应谱及外力施加反应谱

总体塑性铰出现的顺序为：底部核心筒的弯曲铰、周边带状桁架下部巨型斜撑的轴向铰、核心筒的剪切铰、巨型柱的塑性铰。表 3.3-4 为不同方向推覆工况下巨型斜撑的塑性铰形成顺序。上述结果表明，在罕遇地震下，结构有较好的防倒塌能力，也具有足够的延性。

采用静力推覆分析巨型斜撑塑性铰的形成顺序 　　　　　　　　　　　　　　　　　表 3.3-4

荷载作用方向	巨型斜撑塑性铰的形成顺序
X	（1）在 42 层及 18 层以下楼层； （2）在 30 层以下楼层； （3）在 66 层及 54 层以下楼层
Y	（1）在 30 层以下楼层； （2）在 42 层以下楼层； （3）在 18 层及 54 层以下楼层； （4）在 66 层和 31 层以下楼层
X' 和 Y'	（1）在 42 层及 30 层以下楼层； （2）在 18 层及 66 层以下楼层； （3）在 54 层 88 层以下楼层； （4）在 78 层以下楼层及 31 层和 42 层以上楼层

3.3.4 关键受力节点有限元分析

研究的巨型柱和巨型斜撑节点位于 66 层，模型由巨型斜撑、巨型柱的型钢钢骨和带状桁架的下弦三部分组成。模型中包括的巨型斜撑（为轴向构件）的长度最小为巨型斜撑截面高度的两倍；模型中带状桁架下弦的长度取决于在重力荷载、风荷载和地震作用下弦杆的反弯点。图 3.3-18、图 3.3-19 分别显示了节点模型的网格划分和在计算中的边界条件。

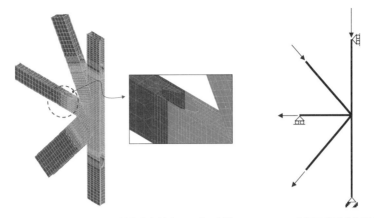

图 3.3-18　连接巨型柱和巨型斜撑节点的有限元单元划分　图 3.3-19　有限元模型的边界条件

节点区域内采用比连接构件本身更高强的钢板。有限元模型中考虑了节点与连接构件钢强度的差异。详细的三维有限元模型也模拟了腹板在构件现场拼接部位的切口。

有限元模型的输入荷载基于 ETABS 建筑整体模型所得，重力荷载、风荷载连同地震作用组合都被考虑。

图 3.3-20～图 3.3-22 显示了在重力荷载、风荷载连同地震作用组合下由节点有限元分析得出的应力等值线。结果显示节点的性能良好，并且没有出现明显的应力集中区域。通过优化节点的角部半径，使得应力集中现象降至最低。节点区的应力比（其$F_y = 450$MPa）和连接构件的应力比的水平相类似。

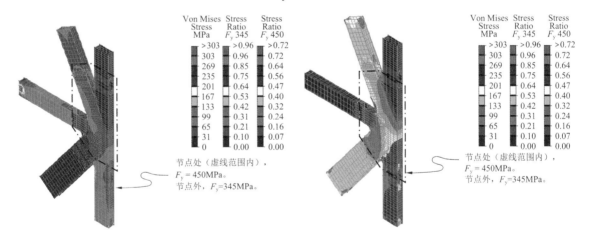

图 3.3-20　重力荷载组合下节点的应力等值线图　　　　图 3.3-21　200 年风荷载组合下节点的应力等值线图

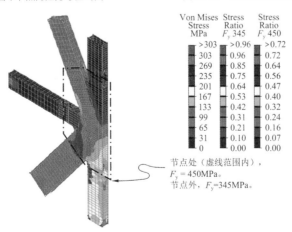

图 3.3-22　多遇地震作用组合下节点的应力等值线图

图 3.3-23 为带状桁架的有限元单元划分，图 3.3-24 显示在重力荷载、风荷载连同地震作用组合下带状桁架节点有限元分析得出的应力等值线。结果显示节点的性能良好，并且没有出现明显的应力集中区域。节点区的应力比（其$F_y = 450$MPa）和连接构件的应力比水平相类似。

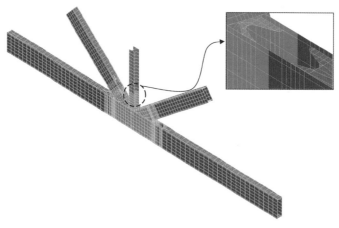

图 3.3-23　带状桁架节点有限元单元划分

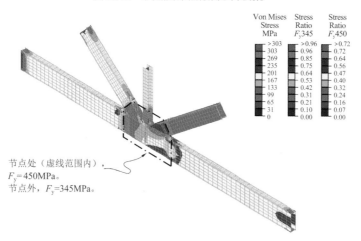

节点处（虚线范围内），
F_y=450MPa。
节点外，F_y=345MPa。

图 3.3-24　带状桁架的应力等值线图

图 3.3-25 和图 3.3-26 为核心筒内钢板转换桁架的有限元应力分析结果，由图可知最大应力值小于 200MPa。

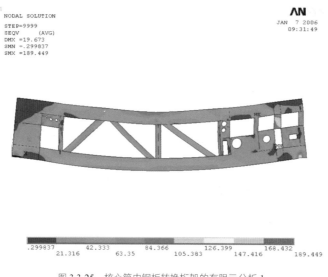

图 3.3-25　核心筒内钢板转换桁架的有限元分析 1

经典回眸　华东建筑设计研究院有限公司篇

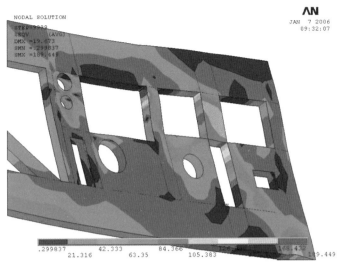

图 3.3-26 核心筒内钢板转换桁架的有限元分析 2

3.4 专项设计

3.4.1 核心筒的转换

由于受到建筑平面的限制,大楼的核心筒在 57～61 层及 79 层进行了转换,57～61 层核心筒的转换通过上部核心筒倒插三层的方式解决,同时对搭接部位楼层的楼板厚度进行了加强（图 3.4-1）,考虑到这些楼板受力的复杂性,根据有限元分析结果,在这些部位楼板底部设置了 10mm 厚的钢板。为改善筒体的延性,在平面形状变化的角部设置了型钢柱及边缘约束构件并延伸至搭接层以下至少 12 层。第 79 层核心筒的转换通过埋置于上部核心筒延伸至中部核心筒的钢柱完成,另一个次要的荷载传递途径为支承在中部核心筒之上的上部核心筒两端的混凝土墙体。上部核心筒中的钢结构柱延伸至中部核心筒至少 12 层,以确保竖向荷载得以完全传递（图 3.4-2）。

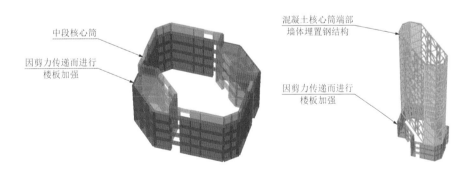

中段核心筒

因剪力传递而进行楼板加强

混凝土核心筒端部墙体埋置钢结构

因剪力传递而进行楼板加强

图 3.4-1 57～61 层核心筒转换示意图   图 3.4-2 79 层核心筒转换示意图

3.4.2 非穿过式外伸臂桁架设计

由于建筑布局的限制,要使伸臂桁架直接通过核心筒是不可行的。然而埋置在核心筒体周边墙体中的三层高的桁架与伸臂桁架的连接可以提供传力途径,从而形成一个完整的体系（图 3.4-3）,尽管该伸臂桁架的效率较贯通式有所降低。埋置在核心筒角部伸臂桁架的柱子上下延伸,贯穿整个筒体高度以改善其连续性。

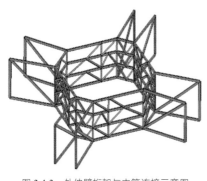

图 3.4-3　外伸臂桁架与内筒连接示意图

伸臂桁架的上下弦与巨型结构均有连接，以增加冗余度。为了减小由于筒体和巨型结构之间差异沉降引起的应力，伸臂桁架的斜撑和巨型柱子之间的连接安装延迟至整体结构完成后进行。为了提供多重传力途径，对伸臂桁架的上下弦所在楼层的楼板均进行了加强。采用此方法，即使周边桁架受到破坏，伸臂桁架的作用仍能继续发挥。

3.4.3　构件截面形式及节点处理

SRC巨型柱内型钢、周边桁架及巨型斜撑均采用了焊接箱形截面，截面由两块竖向翼缘板和两块水平连接腹板组成。翼缘板的设计使其能承受节点处的所有设计荷载。为此，所有节点连接可仅通过翼缘板平面内相连接，箱形截面的腹板不与节点连接，而是在腹板上留了所示的切口，这样大大简化了巨型结构的节点连接，连接处的几何关系也非常简单，这些连接部位（图3.4-4、图3.4-5）可视为单层的钢板被切割成钢桁架的形状，连接处的焊缝不会出现横向应力。此外，该种连接方式施工更为简便，质量也易于保证。

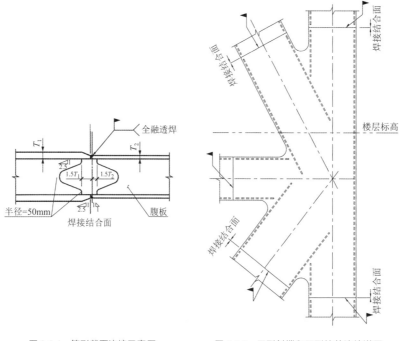

图 3.4-4　箱形截面连接示意图　　　　图 3.4-5　巨型斜撑和巨型柱的连接详图

3.4.4　带状桁架与周边斜撑设计

带状桁架的设计使其能够承受避难层之间周边柱子传来的全部重力荷载。尽管如此，巨型斜撑也同时被设计用以承受周边柱子传来的部分重力荷载。此设计意图为结构提供多重内力传递途径及增加结构的冗余度（图3.4-6）。周边柱子的设计也考虑了巨型斜撑不存在的情况。同样，此设计意图也为结构提供多重内力传递途径。周边柱子的设计也考虑了任何一根周边柱或一道带状桁架失效的情况。冗余度的增加也大大加强了结构在偶然荷载作用下的防倒塌能力。

本工程每隔12层设置一道周边带状桁架，尽管周边带状桁架及周边小柱单独均足以承受12层楼层的荷载，但如果在施工中周边小柱上端与上部带状桁架立刻固定，随着上部楼层荷载的增加，会使周边

经典回眸　华东建筑设计研究院有限公司篇

桁架产生变形，进而在下部的周边小柱中产生附加内力，严重时可使底部小柱产生屈曲，整体振动台试验的结果也证实了这点（图 3.4-7、图 3.4-8）。为此，考虑施工中周边小柱上端与上部带状桁架采用长圆孔临时固定，待上部周边桁架在竖向荷载作用下的变形基本完成后再永久固定。该处理方法将竖向荷载作用下周边带状桁架与周边小柱受力的相互影响降至最小。

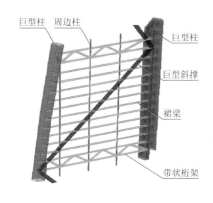
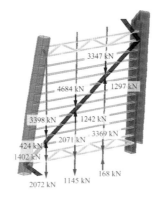
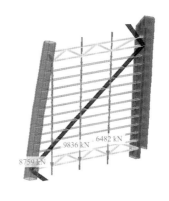

图 3.4-6　周边带状桁架与周边小柱及巨型　　图 3.4-7　部分重力荷载传递至巨型斜撑　　图 3.4-8　所有重力荷载传递至带状桁架
　　　　　斜撑示意

3.4.5　非荷载效应与施工控制

和其他超高层建筑一样，在重力作用下相邻柱和墙之间的不均匀压缩是很重要的。当重力支撑构件采用不同材料时，此问题将更为严重。纽约世贸中心设计首次克服了这个问题，设计原理是采用不同屈服点材料的柱子。

在工程设计中，通过采用单元组合的设计原理减轻了不均匀压缩效应。就核心筒内结构钢柱来说，其承担的荷载通过每 12 层一道的桁架转换到外围混凝土核心筒墙体，由于竖向高度只有 12 层楼高，小钢柱和混凝土墙体之间的不均匀压缩只相当于一幢 12 层楼高的建筑，这样小钢柱和核心筒墙体之间的不均匀压缩问题便随之减轻；类似地，由外围钢柱承担的荷载通过每 12 层一道的带状桁架转换到混凝土巨型柱，由于竖向高度只有 12 层楼高，小钢柱和混凝土巨型柱之间的不均匀压缩只相当于一幢 12 层楼高的建筑，这样钢柱和混凝土巨型柱之间的不均匀压缩问题也随之减轻；相同的道理也适用于巨型斜撑和巨型柱的关系，巨型柱在每 12 层楼与巨型斜撑和带状桁架连接，因此巨型斜撑和巨型柱之间的不均匀压缩问题便随之减轻。尽管如此，以上不均匀变形影响还是被适当地考虑进设计中。

此外，不均匀压缩的一个重要来源发生于巨型柱和核心筒墙体之间。在任何一层，核心筒体的浇筑将先于巨型柱混凝土的浇筑，因此核心筒体的混凝土会比巨型柱的混凝土龄期长。为了减小不均匀压缩，在巨型柱和核心筒墙体之间的伸臂桁架的连接件将延迟到结构施工将完成时才安装。尽管如此，由于材料特性的不同，巨型柱和核心筒墙体之间的变形会有所不同，故不均匀变形会在一段很长的时间内持续，不过该效应会随时间逐渐减小。

为了研究不均匀压缩的影响，针对长期重力荷载作用进行静力分析，这些分析考虑了混凝土的长期性能。由于混凝土竖向受力构件都配了大量钢筋且尺寸庞大，混凝土实际强度的预测和受压状态下短期和长期弹性模量的预测将存在一定程度的不确定性。现场浇捣的混凝土的强度和弹性模量通常会比施工合同中所标明的强度和弹性模量更高。因此，预测弹性和非弹性收缩将会有相当程度的误差，而徐变和收缩亦不能很精确地预测，因此长期效应是很难准确预测的。相反地，钢柱的弹性模量能比较准确地预测，并且非线性表现较小。钢截面最大的不确定性来自于其实际面积，面积的误差大约是 3%。以上所有各种混凝土和钢的效应，都已经被适当地考虑进设计之中。

为了确定结构实际的竖向变形，在施工过程中会进行现场测量。这些测量会于基础筏板和建筑的不同高度进行。当安装施工伸臂桁架的永久连接时,通过这些现场测量数据,将可更清楚地了解混凝土长期弹性模量、核心筒墙体的实际竖向变形、巨型柱的变形以及筏板的变形的设计假定。

当伸臂桁架与核心筒墙体连接后,伸臂桁架将对巨型柱和核心筒墙体之间的竖向位移构成一定程度的约束。这种作用构成巨型柱和核心筒墙体之间竖向荷载的传递,由此在伸臂桁架中产生应力和应变。为了限制伸臂桁架中由重力引起的荷载,巨型柱和核心筒墙体之间的伸臂桁架的连接将延至施工将完成时才安装。

为了适当地计算施工过程中可能产生的荷载,考虑在不利用由伸臂桁架所提供的刚度的情况下,把结构体系设计至能承受某段时期内一定程度的侧向力。从概念上讲,设计考虑的情况如下:

(1)在施工阶段,当结构体系不需依靠伸臂桁架达到所需强度时,伸臂桁架的斜杆将不被连接至巨型构架中。

(2)伸臂桁架尚未连接时,保证结构达到承受50年一遇的台风的能力。

(3)假使预测将有一个强烈的台风,其强度超过20年一遇,伸臂桁架的斜杆将被临时连接至巨型构架。当台风过后,再把伸臂桁架的连接拆除。

(4)混凝土核心筒和巨型结构的组合,在没有伸臂桁架的有利作用下(在伸臂桁架尚未连接前),被设计以承受多遇地震。这种情况下,位移的限值将取决于$P\text{-}\Delta$效应,而非取决于规范限值。

(5)当结构施工完成后,伸臂桁架斜杆再进行永久连接。

通过以上提出的方法将使伸臂桁架的设计荷载显著降低,与此同时亦将结构体系的可靠度提高。

3.4.6 半主动质量阻尼器

为减少建筑物顶部的加速度,在90层设置了两个各300t的有动力减振装置(VPE,见图3.4-9),该装置主要用于减小正常使用状态下大楼顶部的晃动,并可根据大楼顶部晃动的幅值及加速度决定采用静止、有动力、无动力或锁止状态。经初步分析,采用减振装置后,在风速26.3m/s时,大楼顶点的加速度可减少35%。

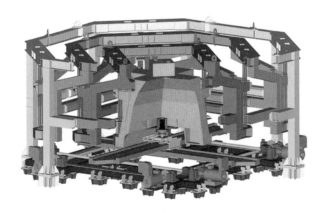

图 3.4-9 减振装置模型

3.5 试验研究

3.5.1 振动台试验

本工程进行了比例为1:50的整体模拟地震振动台试验[3],模型照片见图3.5-1。试验按照7度多遇、7 度基本烈度、7 度罕遇及 8 度罕遇不同的加速度水平进行试验，振动台试验的内容包括：

（1）测定结构模型的动力特性：自振频率、振型和阻尼比，研究它们在不同水准地震作用下的变化；

（2）测定模型结构在分别遭受多遇、设防、罕遇不同水准地震作用下的反应，检验结构是否满足"三水准"的抗震设防要求；

（3）观测、分析整体结构薄弱环节；

（4）研究分析结构在地震作用下的破坏部位以及破坏模式、破坏机理。

试验结果表明：结构在 7 度多遇及 7 度基本烈度下基本处于弹性状态，最大层间位移角为 1/539 及 1/707；在 7 度罕遇地震下，结构出现较小开裂，最大层间位移角为 1/127 及 1/151，原型结构能够满足我国规范"小震不坏、大震不倒"的要求；在 8 度罕遇地震下，A 型巨型柱的尖角部位出现压碎的现象，底部周边小柱有压屈的现象，但模型完整性良好，前几阶自振频率与 7 度罕遇相比仅有 20% 左右的下降，说明结构仍具有较大的抗震潜力。

图 3.5-1　振动台试验照片

3.5.2　风洞试验

该工程委托加拿大西安大略大学边界层风洞实验室进行了高频测力天平、建筑表面常态及动态的压力试验、风环境的分析测试及气弹试验[4]，模型照片见图 3.5-2。结合上海当地的气候环境对采用的风速进行了专门的研究：将上海的风气候分为非台风气候和台风气候，前者根据上海龙华气象站和闵行气象站的多年地面风记录数据建立，并根据我国荷载规范提供的指数律方法推算出 500m 高度上的风速值；后者则根据 Monte Carlo 方法通过模拟上海地区的热带气旋来建立，在模拟的过程中用到了已经记录在案的西北太平洋台风海盆区域所发生过的台风的特性参数，该方法可以直接预测高层建筑上的风速，分析过程不受假设的当地地貌情况影响。一旦梯度高处的风速被确定，地貌粗糙程度对建筑物的风荷载和风响应的影响可以在风洞中合理地进行模拟，相反，如果利用传统方法和 10m 高度上的地面风的数据，对于高层建筑来讲，通过插值计算来预测高层上的风速会掺进去过分的保守因素。另外，风气候和非台风气候对不同概率事件产生的影响大小不同，实际工程中需要考虑混合气候的综合影响。结果表明，从风标准中所推算出的梯度高度处的风速大大超过了用 Mont Carlo 模拟方法预测的风速值，50 年回归期的 10min 平均风速在 500m 高度上的模拟预测值为 40m/s，而规范外推值为 54.9m/s。此方法和最终采用的风速已于 2002 年 4 月 3 日上海环球金融中心风工程技术论证会中得到认可，详情见《上海环球金融中心风工程技术论证会意见》（上海市建委科学技术委员会，2002 年 4 月）。

图 3.5-2　风洞试验照片

正常使用状态设计及结构强度设计的风荷载，考虑了当前及将来建筑物的周边环境设定（环境设定1和2），另外考虑结构的周期在长期使用过程中可能发生变化，采用了两组周期数值：

（1）周期组A：$T_1 = 7.9s$，$T_2 = 7.6s$，$T_3 = 2.9s$

（2）周期组B：$T_1 = 7.2s$，$T_2 = 6.8s$，$T_3 = 2.6s$

100年及200年重现期的等效风荷载的分布见图3.5-3、图3.5-4。

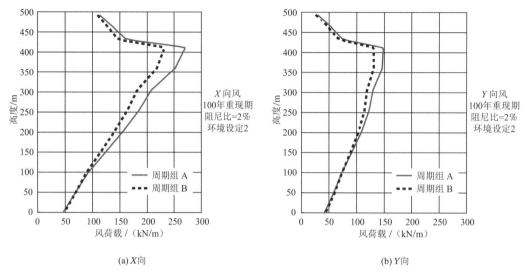

(a) X向   (b) Y向

图3.5-3　X、Y方向等效风荷载的分布（100年重现期）

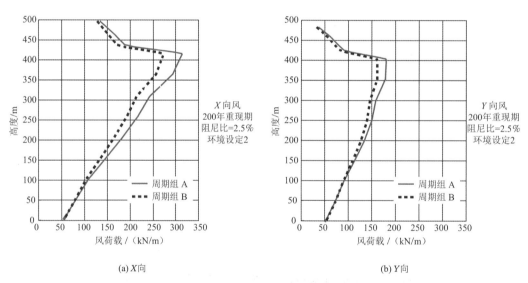

(a) X向   (b) Y向

图3.5-4　X、Y方向等效风荷载的分布（200年重现期）

3.5.3　节点试验

选择了受力最为复杂的连接巨型柱与巨型斜撑及周边桁架弦杆的钢骨钢筋混凝土节点进行试验研究[5]（图3.5-5、图3.5-6），以考察在罕遇地震下节点是否进入塑性及对进入塑性的程度进行判断，试件的比例为1：7。试验结果表明，在7度罕遇地震作用下，该节点基本保持弹性，在上述荷载水平下，按照弹性计算是可行的；在1.33倍7度罕遇地震下，节点内仅有个别点应变发生少量超屈服应变，由于在实际设计中节点区域的钢板强度等级较杆件提高一个等级，故节点还可期望有更大的保持弹性的能力，因而具有更大的安全度。

图 3.5-5　节点试验部位示意　　　　　　　　　图 3.5-6　节点试验照片

3.6　结语

作为浦东陆家嘴金融中心的标志性建筑之一，上海环球金融中心在设计上被要求为一幢跨世纪的、具有国际一流设施和一流管理水平的智能型、超大型建筑。结合建筑特征，结构体系选用了外筒为巨型桁架筒与内部钢筋混凝土核心筒组成的筒中筒结构体系，受力明确、抗风抗震性能优良，而且经济高效。

在结构设计过程中，主要完成了以下几方面的创新性工作：

（1）高效的结构体系

对采用的巨型框架 + 钢筋混凝土核心筒 + 伸臂桁架的多重抗侧力体系进行充分论证，将钢筋混凝土核心筒在 79 层以上转换为钢支撑筒，显著减小结构重量，提高抗侧效率；通过有效措施解决外伸臂桁架与核心筒之间的非穿过式设计传力难题。

（2）独特的构件截面形式及节点连接形式

工程巨型柱、周边桁架及巨型斜撑均采用了焊接箱形截面，截面由两块竖向翼缘板和两块水平连接腹板组成。所有节点连接可仅通过翼缘板平面内相连接，箱形截面的腹板不与节点连接，而是在腹板上留了所示的切口，这样大大简化了巨型结构的节点连接，连接处的焊缝不会出现横向应力，避免了厚钢板出现层状撕裂。

（3）性能化设计思想的采用

本工程首次在设计中采用了性能化设计思想，根据工程的重要性、使用功能及体系和构件的重要性确定不同的抗震性能目标，并采取必要的抗震措施，为超限高层建筑采用性能化设计方法开创先河。

（4）半主动质量阻尼器的采用

采用制震装置后，在风速 26.3m/s 时，大楼顶点的加速度可减少至 1/3，从而有效地改善了建筑顶部的使用舒适性。该形式制震装置在国内超高层建筑中为首次采用。

（5）可靠的施工验算及措施

通过对施工阶段周边桁架、核心筒中部转换桁架、外伸臂桁架、核心筒截面形状变化处转换结构、竖向构件变形差异的分析验算及采取合理的施工措施，有效保证了施工期间结构的安全。

（6）深入的试验研究

进行了风洞试验和 1∶50 的地震振动台试验以及重要节点的模型试验，这些试验研究为工程的实施及安全设计提供了重要的数据支撑和验证。

通过本工程的设计，有如下体会[6]：

（1）结构体系效率是影响其受力和经济性的重要因素；（2）超高层建筑结构设计采用性能化的抗震设计思想非常必要；（3）风荷载是超高层结构设计的控制荷载，其合理取值对结构经济性有较大影响；（4）超高层钢-混凝土混合结构在竖向荷载作用下竖向构件间的变形差异应予关注，此外对各阶段施工工况的模拟计算也会对设计有一定影响；（5）合理的节点形式是确保结构体系完整性及充分发挥体系受力性能的关键；（6）工程设计应以力学概念为基础，根据体系的受力特点采取措施，而不应机械地照搬规范的条文进行设计；（7）在超高层建筑结构设计中，采用减振制震措施是发展趋势。

该项目在2008年建成时为中国最高建筑，也是当时全世界可上人位置最高的建筑。迄今正常投入使用15年，业界口碑良好。该项目在中国乃至世界超高层建筑发展过程中具有举足轻重的地位。

经典回眸 华东建筑设计研究院有限公司篇

3.7 延伸阅读

扫码查看项目照片、动画。

参考资料

[1] 汪大绥, 周建龙, 袁兴方. 上海环球金融中心结构设计[J]. 建筑结构, 2007, 37(5): 8-12.

[2] LESLIE E. Robertson Associates, R.L.L.P. 上海环球金融中心抗震审查报告书[R]. 2003.

[3] 同济大学土木工程防灾国家重点实验室. 上海环球金融中心大厦结构模型模拟地震振动台试验研究报告[R]. 2004.

[4] 加拿大西安大略边界层风洞实验室. 上海环球金融中心风洞试验报告[R]. 2004.

[5] 同济大学土木工程防灾国家重点实验室. 上海环球金融中心大厦节点试验研究报告[R]. 2004.

[6] 周建龙. 超高层建筑结构设计与工程实践[M]. 上海: 同济大学出版社, 2017.

设计团队

结构设计单位：华东建筑设计研究院有限公司（顾问＋施工图设计）
Leslie E. Robertson Associates, R.L.L.P（方案＋初步设计）

结构设计团队：汪大绥，周建龙，袁兴方，徐朔明，郎　婷，邹　瑾，张一锋，郑　利，赵　静，钱承中，王　洁，邢文磊

执　笔　人：周建龙，安东亚

获奖信息

2015 年　全国优秀工程勘察设计金奖

2010 年　全国优秀工程勘察设计行业奖一等奖

2009 年　上海市优秀工程设计一等奖

2009 年　全国优秀建筑结构设计一等奖

2008 年　CTBUH 全球最佳高层建筑奖

第 4 章

武汉中心

4.1 工程概况

4.1.1 建筑概况

武汉中心项目位于武汉市汉口城区，是在王家墩机场原址上规划建造的武汉市"新心脏"，是王家墩中央商务区内第一座地标性建筑，含总高度为 438m 的 88 层塔楼和高 22.5m 的 4 层裙楼，地下室为 3～4 层。地上建筑面积约 26 万 m²，地下建筑面积约 8 万 m²。

武汉中心塔楼造型状若帆船，取其名为帆都，仿佛迎风张满风帆的航船满载希望与力量（图 4.1-1）。塔楼功能包括办公、公寓、酒店、观光，裙房为商业和酒店配套设施，塔楼办公层层高 4.4m，公寓、酒店层层高 4.2m，设备/避难层层高 6.3m 和 6.6m。

武汉中心是第一座由国内设计院原创设计的 400m 以上超高层建筑，华东建筑设计研究院有限公司承担了全部专业的全过程设计。本工程在 2015 年 4 月结构封顶、2018 年 12 月外幕墙完成封闭，也是已完成的由国内原创设计的最高超高层项目。

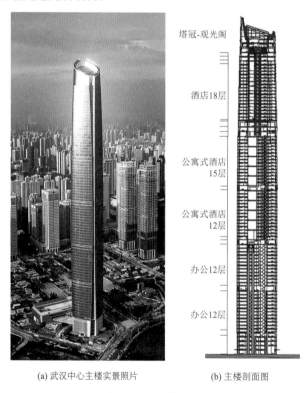

(a) 武汉中心主楼实景照片   (b) 主楼剖面图

图 4.1-1 武汉中心实景照片和主楼剖面图

4.1.2 设计条件

1. 主体控制参数

控制参数表

表 4.1-1

结构设计基准期	50 年	建筑抗震设防分类	重点设防类（乙类）
建筑结构安全等级	重要构件一级（核心筒、外框柱、伸臂桁架等），其余二级	抗震设防烈度	6 度（0.05g），小震 $a_{max} = 0.076$*
地基基础设计等级	一级	设计地震分组	第一组
建筑结构阻尼比	0.04（小震）/0.05（大震）	场地类别	Ⅲ类

注：*水平地震影响系数按当地地震安评报告取值。

2. 风荷载

本工程开展了风洞试验，模型缩尺比例为 1：300。本工程结构承载力验算时基本风压按 100 年一遇取 0.40kN/m²。

4.2 建筑特点

4.2.1 从零开始的全专业原创设计

超高层建筑结构体系的选型是一个结构与建筑交互协作的过程，需要在初步选定的建筑形态基础上，对结构效率、功能布置、立面效果等各种因素进行综合平衡。而建筑形态的选择也需要遵循结构受力的基本原则。作为一栋全原创的超高层建筑，本工程经历了从无到有的设计过程。

在概念方案设计阶段，建筑、结构进行了密切配合。建筑师在平面形状上先后考虑了品字形、三角形、正方形三种基本形式 [图 4.2-1（a）～图 4.2-1（c）]，结构工程师对从这三种基本形状衍生出来的不同建筑方案进行结构体系确定和初步建模计算，并基于周期、层间位移角等主控结构指标对建筑方案进行评判。

经过多轮比选，建筑方案最终确定采用基于正方形的平面形状：平面四边由弧度较小的平弧线与弧度较大的角弧线构成，并在两个对角开槽；方案立面呈纺锤形，底部微收进，中部以上内倾角度稍大，顶部呈花瓣形 [图 4.2-1（d）]。

| (a) 品字形方案 | (b) 三角形方案 | (c) 方形方案 | (d) 选用方案 |

图 4.2-1　概念方案及选用方案

在形态确定过程中，结构主要从减小水平作用力的角度给建筑师以建议，最终采用的形体对减小水平作用力非常有效：将方形平面变异成柔和的鼓边轮廓，可以减小迎风面荷载；在鼓形平面对角位置的两条边做开槽处理，扰乱了风场，可以降低结构的横风向振动效应；沿高度切割外轮廓的弧线在上部略为内收，使得顶部区域平面变小，减小建筑上部的受风面，又减少了建筑上部的质量从而降低地震作用，而作用于上部的水平力的减小对提高结构整体稳定性和减小构件内力都是最为有效的。

4.2.2 各功能区段对柱网的不同需求

武汉中心功能分区以避难层为界分为低区办公、中区酒店式公寓及高区酒店（图 4.2-2、图 4.2-3）。低区办公建筑平面上以 9.45m 开间为模数，存在大小分隔的布置方案以满足市场需要；中区酒店式公寓按约 4.73m 开间进行公寓套间布置；在高区酒店，建筑师提出了限制酒店客房结构柱尺寸的要求以保证客房品质。从建筑功能上可以看出，武汉中心低、中、高功能区段的柱网布置有不同需求，结构体系在选择时需要有针对性的应对。

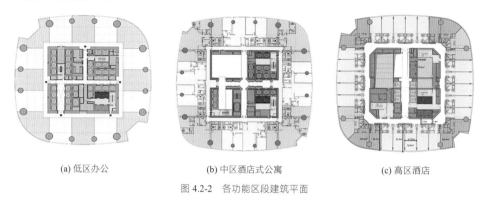

(a) 低区办公　　　　　　　(b) 中区酒店式公寓　　　　　　(c) 高区酒店

图 4.2-2　各功能区段建筑平面

4.2.3　核心筒内收实现高得房率

核心筒内的竖向交通采用低、中、高分区设置，在高区酒店，核心筒内因为低区及中区电梯退出使用而出现盈余建筑面积，为实现高得房率需要在高区选择合适方式将盈余面积利用或释放出来。

武汉中心外观呈现中区略外凸、低区与高区略内收的外观形态，在高区核心筒内通过布置机电设备芯的方式利用了大部分盈余面积。为进一步减小高区酒店客房可使用面积的折损，提高高区得房率，采用了核心筒内收的方案：酒店区域核心筒在四个角部各收进 2.8m 形成切角的方形筒体，在 68 层处，核心筒外墙整体再向内退进 500mm（图 4.2-4）。

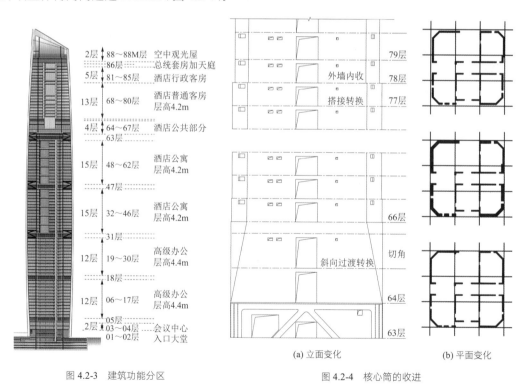

2层	88～88M层	空中观光屋
	86层	总统套房加天庭
5层	81～85层	酒店行政客房
13层	68～80层	酒店普通客房 层高4.2m
4层	64～67层	酒店公共部分
	63层	
15层	48～62层	酒店公寓 层高4.2m
	47层	
15层	32～46层	酒店公寓 层高4.2m
	31层	
12层	19～30层	高级办公 层高4.4m
	18层	
12层	06～17层	高级办公 层高4.4m
2层	05层	
	03～04层	会议中心
	01～02层	入口大堂

图 4.2-3　建筑功能分区

外墙内收　79层
搭接转换　78层
77层
66层
斜向过渡转换　64层
切角
63层

(a) 立面变化　　　　　　　(b) 平面变化

图 4.2-4　核心筒的收进

4.2.4　塔冠观光区的立面通透需求

本工程塔楼大屋面标高为 393.9m，大屋面以上核心筒继续上升至 410.0m，并与其上部钢结构共同构成塔冠结构，达到 438.0m 的最高点。

本工程塔顶为室内观光层，沿幕墙一侧另布置了可在高空远眺的弧线形观光廊，室内空间最高处近 40m。外立面需要完全通透，不设结构支撑构件。为最大限度地实现视觉的通透性，塔冠结构与幕墙结构进行了一体化设计（图 4.2-5）。

(a) 建成外景　　　　　　　　　　　　　　　(b) 弧形观光廊

图 4.2-5　塔冠

4.3　结构体系与分析

4.3.1　方案比选

1）外框

对于 400m 以上的超高层，中部采用钢筋混凝土核心筒是基本确定的选择，结构比选首先是针对外框的形式。本工程对巨型框架、部分带支撑的巨型框架、部分带支撑的普通框架、普通框架这 4 种外框形式进行了比选（图 4.3-1）。

(a) 巨型框架-核心筒　(b) 部分带斜撑的巨型框架-核心筒　(c) 部分带斜撑的框架-核心筒　(d) 框架-核心筒　(e) 高区为巨型框架的框架-核心筒

图 4.3-1　外框比选方案

（1）巨型框架-核心筒结构：外框结构由 8 个巨柱及 4 道伸臂桁架 + 5 道环带桁架组成，在环带桁架之间布置次结构。此方案优点是各次结构区段结构布置自由，缺点是柱尺寸巨大，且按地震剪力分担比例评价时其抗震第二道防线偏弱。

（2）部分带支撑的巨型框架和部分带支撑的普通框架-核心筒结构：外框结构增加柱间支撑，能有效提高外框刚度，抗震第二道防线效果明显；但立面上的支撑对建筑效果影响大，较难被普遍接受。

（3）框架-核心筒-伸臂桁架结构：此为最常规的结构方案，外框结构由 16 个外框柱及 3 道伸臂桁架 + 6 道环带桁架组成。本工程在抗震设防烈度和风荷载均相对较小的环境条件下，此方案可以在建筑布置自由度、柱截面尺寸、结构抗侧刚度间达成较好的平衡。

综合考虑各种因素，最终选用了框架-核心筒-伸臂桁架结构体系，并结合功能需求在高区转化为巨型框架-核心筒结构〔图4.3-1（e）〕。

2）伸臂桁架

在伸臂桁架数量和位置选择过程中，除了判断其对结构层间位移、周期、刚重比等刚度指标的影响效率和施工工期影响之外，还遵守了下列原则：多道、均匀布置于抗侧效率高的部位，以减少对某一道伸臂桁架的特别依赖、减小刚度和应力突变程度；每一道伸臂桁架承受的内力适当，避免过大的截面需求，以保证伸臂桁架与外框柱及核心筒墙连接节点的安全可靠和可实施性；保证伸臂桁架分隔的各段外框架分担倾覆力矩的比例及均衡性；伸臂桁架用钢量适当。结合设备层布置情况，对两种设置三道伸臂桁架和一种设置两道伸臂桁架的布置方案（方案1为位于18～19层、47～48层和63～64层的三道伸臂桁架；方案2为位于31～32层、47～48层和63～64层的三道伸臂桁架；方案3为位于31～32层和63～64层的两道伸臂桁架）进行了深入比较（图4.3-2）。

通过计算分析可知，适当调整伸臂构件截面，上述三种方案都可以达到设定的刚度目标。其中三道伸臂桁架的方案能够有效建立均衡的二道防线，层间位移余量适当，能满足规范对刚重比的控制要求，周期值对保证结构风振下的舒适度较为有利，并能从底部区域获得较大的框架抗倾覆弯矩分担比。尽管由于道数增加其用钢量会略大于两道伸臂桁架的方案，但每道的用钢量小于两道伸臂桁架的方案，通过进一步优化，可以使二者的用钢量较为接近。在两个三道伸臂桁架的方案中，中部连续三道伸臂桁架的方案2有更高的效率，最终被采用。另外，在上述伸臂桁架所在楼层和18层、86层这两个设备层中各布置了高度为一层的环带桁架。

为提高每道伸臂桁架的效率和降低伸臂杆件的轴力需求，本工程采用了每道伸臂桁架占用两个楼层的结构方案：其中一层为设备层，另一层占用办公或公寓功能空间。两层高的伸臂桁架常用形式有K形、V形、单斜杆形等。考虑了建筑平面布置、弦杆力臂长短、与环带桁架节点关系等因素，最终下部两道伸臂桁架采用了K形立面形式，最上一道伸臂桁架采用了单斜杆立面形式（图4.3-3）。

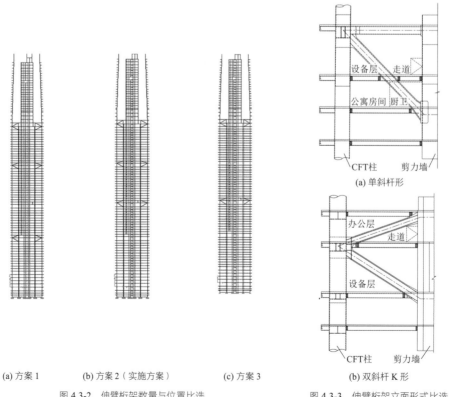

(a) 方案1 　　(b) 方案2（实施方案）　　(c) 方案3

图4.3-2　伸臂桁架数量与位置比选

(a) 单斜杆形

(b) 双斜杆K形

图4.3-3　伸臂桁架立面形式比选

4.3.2　结构布置

1．地上结构

本工程塔楼结构体系为框架-核心筒-伸臂桁架体系（图4.3-4），其抗侧力体系由三部分组成：部分楼层内置钢板或型钢的钢筋混凝土核心筒、设置5道环带桁架加强层的由钢管混凝土柱和钢梁形成的框架、连接核心筒和框架的3道伸臂桁架。其中，核心筒为主要抗侧力体系，框架和伸臂桁架为次要抗侧力体系，伸臂桁架将框架与核心筒相连，增强了外框柱对结构整体抗侧的贡献。

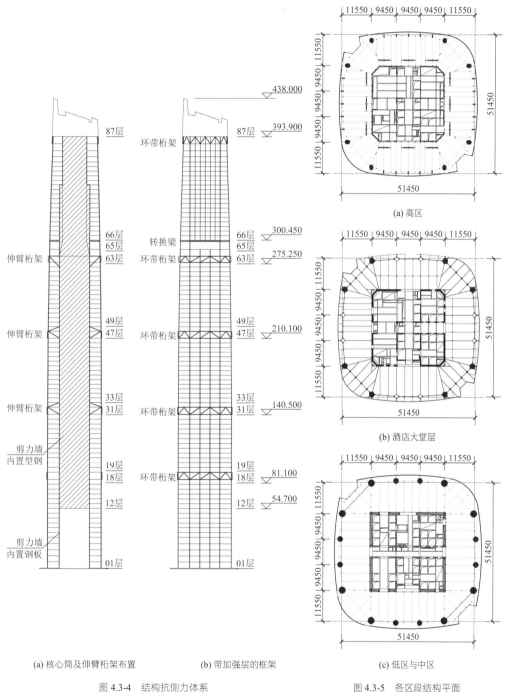

(a) 核心筒及伸臂桁架布置　　(b) 带加强层的框架

图4.3-4　结构抗侧力体系

(c) 低区与中区

图4.3-5　各区段结构平面

均匀布置的16个钢管混凝土框架柱在办公区和公寓区形成了匀质空间，对建筑平面布置和立面效果的影响最小〔图4.3-5（a）〕。框架柱在底部的对边距离为50.25～52.65m，在64层开始框架柱约以2°向内微微倾斜，与建筑物顶部平滑内收的外立面相适应。在65层酒店空中大堂层，4个景观面的中间柱取消，仅保留 8 个角部柱，从而营造视野通透的景观［图 4.3-5（b）］。66 层以上的酒店区外框为巨型框架体系［图 4.3-5（c）］，其次结构由顶部转换桁架和 66 层的转换梁分别以下挂和上承方式共同承担（图 4.3-6）。每个立面设置 5 个截面为 300mm×600mm 的次结构钢柱，钢柱可以被隐藏在隔墙中，不影响建筑布置。次结构柱与框架梁刚接形成了密柱框架，也提高了巨型框架区段的抗侧刚度。钢管混凝土柱最大截面为直径 3m，对于直径大于 1.8m 的柱，均内设了钢筋笼以提高管内混凝土的受力性能和抗收缩能力（图 4.3-7）。

经典回眸 华东建筑设计研究院有限公司篇

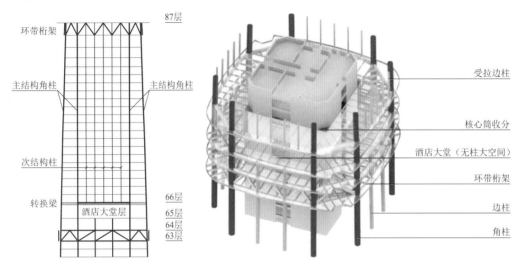

图 4.3-6 高区巨型结构

核心筒在底部为平面尺寸约 28.3m 的正方形平面，为控制墙厚，从基础至 12 层的剪力墙内设置了钢板以满足轴压比要求。为适应酒店高区房型要求并提高建筑得房率，在 64～66 层该正方形核心筒切角 2.8m 变换为八边形，此处的变换通过 64～66 层间 3 个层高的平缓斜向过渡实现［图 4.3-8（a）］；在 68 层处，核心筒外墙整体再向内退进 500mm，此处内收通过整层剪力墙搭接转换完成［图 4.3-8（b）］。

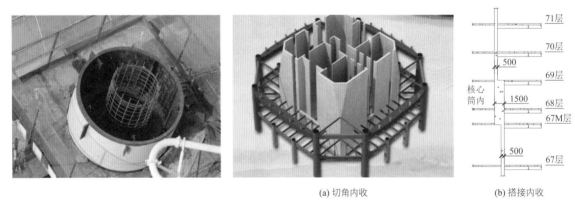

(a) 切角内收　　　　　　　　　(b) 搭接内收

图 4.3-7 大直径钢管混凝土柱　　　　　　图 4.3-8 核心筒的内收

楼盖体系采用钢梁与压型钢板组合楼板体系，普通楼层楼板厚度 120mm，加强楼层及其相邻楼层楼板厚度 150～200mm。外框柱之间采用钢框架梁连系，外框柱与核心筒之间采用两端铰接的组合钢梁。

塔冠是构成本工程顶部形象的点睛部位，为了营造一个四周完全通透的屋顶观光空间，塔冠钢结构的构件由从中部核心筒往外悬挑的 4 榀带有平面分叉的桁架和角部凹槽边的 4 个格构柱支撑［图 4.3-9（a）］，它们和塔冠腰桁架、顶桁架及竖向连系桁架一起形成了一个空间受力体系［图 4.3-9（b）］，同时提供四周玻璃幕墙的顶部支承点、屋面围护系统的承载面和顶部擦窗机的行走轨道平台。幕墙结构采用悬挂钢柱和水平钢环梁形式支承在塔冠结构上，悬挂钢柱最高约 40m，为控制其尺寸以尽量减少对视线的遮挡，另设置了水平向的面外撑杆［图 4.3-9（c）］。

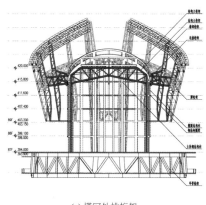

(a) 塔冠外挑桁架

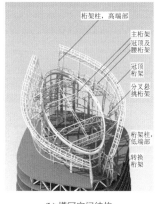

(b) 塔冠空间结构

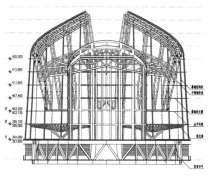

(c) 幕墙支承结构

图 4.3-9　塔冠结构示意图

本工程核心筒混凝土强度等级为 C60，外框柱混凝土强度等级为 C50～C70，外框柱钢管及楼面钢梁采用 Q345B 钢，伸臂桁架、环带桁架以及钢板剪力墙采用 Q390GJC 钢。剪力墙厚度结构体系主要构件的截面尺寸如表 4.3-1 所示。

剪力墙厚度及钢管混凝土柱截面尺寸　　　　　　　　　表 4.3-1

楼层号	剪力墙厚度/mm		柱直径/mm	
	外墙	内墙	角柱	边柱
79～89 层	400		ϕ1500(C50)	300×600（次结构）
78 层	900			
74～77 层	400	250		
67～73 层	500		ϕ1800(C50)	无
66 层				
50～65 层	600	350	ϕ2000(C60)	ϕ1400(C60)
34～49 层	700	400		ϕ1600(C60)
26～33 层	800	450	ϕ2300(C60)	ϕ1800(C60)
21～25 层	900	500		
13～20 层	1100	550	ϕ2500(C70)	ϕ2000(C70)
7～12 层	1100（内置钢板）	550（内置钢板）	ϕ2800(C70)	ϕ2000(C70)
地下3～6 层	1200（内置钢板）	550（内置钢板）	ϕ3000(C70)	ϕ2000(C70)

2．基础及地下结构

本工程地下部分共 4 层，局部 3 层，埋深约 22m，采用桩筏基础。桩型为直径 1000mm 的旋挖成孔灌注桩，采用后注浆工艺，有效桩长约 46m，桩端以微风化泥岩为持力层，入岩深度按桩顶计算反力需求区分为核心筒区域的 3.0m（桩 A）和其他区域的 1.5m（桩 B）（图 4.3-10），桩 A、桩 B 计算承载力特征值分别为 13000kN、12000kN。桩身混凝土强度等级为 C50。

塔楼下筏板厚度为 4m，塔楼以外底板厚度 1.2m，混凝土强度等级为 C40。群桩在筏板下已基本满布，通过设置地下室全高的"井"状翼墙提高筏板刚度（图 4.3-11），从而调整桩反力的均匀度和传力途径。翼墙同时也有助于加大地下室抗侧刚度，增强对塔楼的嵌固作用。

为减少基坑开挖，协调建筑平面、剖面的布置，塔楼范围地下室减少一层，筏板面抬高 1.5m（图 4.3-12）。

地下室首层采用十字次梁的肋梁楼盖体系，其余楼层除塔楼范围局部楼梯及机电机房区域外，主要以无梁楼盖布置为主。地下室外墙与基坑支挡墙各自独立，未采用两墙合一方式。

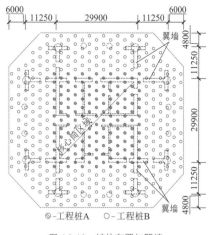

图 4.3-10　桩位布置与翼墙

图 4.3-11　翼墙施工现场

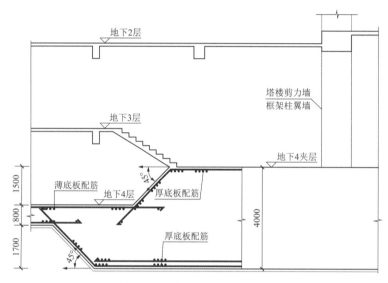

图 4.3-12　塔楼筏板与塔楼周边筏板交接关系

4.3.3　性能目标

1. 抗震超限分析和采取的措施

本工程塔楼为超 B 级高度结构，主要超限内容包括：个别楼层楼板不连续；若干楼层有抗侧刚度小于上一层的 70% 或上三层平均值的 80% 的刚度突变；沿高度有伸臂桁架和环带桁架加强层；外框架柱在 68 层楼面以上有主次柱转换、核心筒外墙有斜接和搭接转换，属构件不连续；另有斜柱和局部穿层柱。以上均属一般不规则，无严重不规则。

针对超限问题，设计中主要采取了如下应对措施：

（1）提高结构抗震性能目标，细化关键构件抗震设防性能目标及构件抗震等级；关键构件的抗震等级如表 4.3-2 所示。

（2）本结构体系针对二道防线中的框架部分，采取了提高外周框架抗侧刚度、框架剪力按 $0.2V_0$ 调整等方式进行加强。

（3）增强核心筒延性，如底部加强区采用内置钢板剪力墙，控制墙压比不大于 0.5（重力荷载代表值下）；伸臂及环带加强区剪力墙抗震等级按特一级设计。

（4）对加强层区域的环带桁架、核心筒及外框柱均按中震弹性进行验算。要求外伸臂桁架与外框柱及剪力墙的连接在塔楼封顶后方可最终连接，减少恒荷载引起的附加内力。

（5）对重要构件及节点进行论证及研究，如伸臂桁架入墙节点、外框梁柱节点等。

关键构件的抗震等级　　　　　　　　　　表 4.3-2

核心筒	底部加强区	特一级
	伸臂或环带加强区	特一级
	其他区域	一级
外框柱	底部加强区、伸臂或环带加强区	特一级
	其他区域	一级

2．抗震性能目标

根据抗震性能化设计方法，确定了主要结构构件的抗震性能目标，如表 4.3-3 所示。

关键构件的抗震性能目标　　　　　　　　表 4.3-3

	地震水准	设防烈度地震（中震）	罕遇地震（大震）
	层间位移角限值	—	$h/100$
关键构件	底部加强区及加强层区域核心筒墙	抗剪弹性，压弯及拉弯弹性	满足抗剪截面控制条件；可形成塑性铰，破坏程度轻微，即 $\theta < IO$
	伸臂桁架	不屈服	形成塑性铰，破坏程度可修复并保证生命安全，即 $\theta < LS$
	环带桁架、顶部转换桁架	弹性	不屈服
	外框柱	底部加强区及加强层区域、顶部巨型结构区域：弹性；其余区域：不屈服	形成塑性铰，破坏程度可修复并保证生命安全，即 $\theta < LS$
一般构件	一般部位核心筒墙	抗剪弹性，压弯及拉弯不屈服	满足抗剪截面控制条件；可形成塑性铰，破坏程度可修复并保证生命安全，即 $\theta < LS$
	连梁	允许进入塑性	最早进入塑性，允许弯曲破坏
	外框架，顶部次框架	允许个别进入塑性	形成塑性铰，允许弯曲破坏

注：伸臂或环带加强区含伸臂或环带层及其上下各一层。

4.3.4　结构分析

本工程结构分析主要进行了如下工作：采用 ETABS、MIDAS、SATWE、SAP2000 等多种计算程序验算质量、周期等重要指标，计算结果相互验证；进行弹性及弹塑性时程计算，了解结构在地震时程下的响应过程及结构薄弱部位；控制结构楼层加速度，满足舒适度要求；对重要构件及节点进行论证及研究，如伸臂桁架入墙节点、大直径钢管混凝土柱及梁柱节点；进行了施工模拟变形分析，并据此指导伸臂桁架等构件施工；针对酒店区支承次结构框架的转换兼环带桁架进行了防连续倒塌分析。

1．小震弹性计算分析

采用 ETABS 和 MIDAS BUILDING 分别计算，总体计算指标见表 4.3-4～表 4.3-6。

总质量与周期　　　　　　　　　　　　　表 4.3-4

	ETABS	MIDAS	MIDAS/ETABS/%	说明
质量/t	4.12×10^5	4.21×10^5	102.19	
T_1/s	8.64	8.63	99.88	X 平动
T_2/s	8.35	8.41	100.72	Y 平动
T_3/s	4.06	4.24	104.43	Z 扭转

基底剪力   表 4.3-5

作用方向	ETABS/kN	剪重比/%	MIDAS/kN	剪重比/%	MIDAS/ETABS/%
X向小震E_X	28720	0.71	30713	0.74	106.94
Y向小震E_Y	29410	0.73	30909	0.75	105.10
X向风荷载 Wind X	44924	—	44924	—	—
Y向风荷载 Wind Y	391218	—	391218	—	—

层间位移角   表 4.3-6

作用方向	ETABS	MIDAS	MIDAS/ETABS/%
X向小震E_X	1/963	1/968	99.48
Y向小震E_Y	1/1043	1/1007	103.57
X向风荷载 Wind X	1/660	1/697	94.69
Y向风荷载 Wind Y	1/846	1/880	96.14

2．大震弹塑性时程分析

本工程采用 LS-DYNA 程序进行结构大震弹塑性时程分析与抗震性能评价，纤维单元及相关构件评价程序均采用华东建筑设计研究院有限公司独立开发成果。

（1）分析模型与构件模拟

弹塑性分析模型建入地下室以更准确地模拟嵌固效应；采用双向地震进行计算；主要采用与频率无关类型（非瑞利阻尼）的阻尼参数；考虑结构几何非线性及重力二阶效应的影响。

框架柱、框架梁、连梁以及伸臂和环带桁架构件采用纤维单元模拟，钢材、混凝土及钢筋均采用接近材性的本构曲线。框架柱、框架梁和连梁分析模型中对杆端采用弹塑性纤维单元，跨中段采用弹性单元。伸臂构件和环带构件以受轴力为主，分析模型中对构件的端部和跨中部分同时细分，并沿全长均作为弹塑性单元，剪力墙采用完全积分壳单元模拟。钢管混凝土柱不考虑钢管对混凝土的有力约束作用。普通楼层的楼板采用弹性楼板建模，加强层的楼板采用弹塑性楼板建模。

（2）地震波选取与输入

本工程大震下甄选了含三向地震分量的 5 组天然波和 2 组人工波。水平主向、次向及竖向的加速度峰值根据《建筑抗震设计规范》GB 50011—2010 的要求按 1∶0.85∶0.65 进行调幅。

（3）主体结构的整体结果与主要指标

各组地震波下的基底最大剪重比为 2.73%（X向）和 2.97%（Y向），平均值为 2.19%（X向）和 2.37%（Y向），与采用 SAP2000 进行的大震弹性时程分析结果相比，弹塑性基底剪力降低 10%～30%，如图 4.3-13 所示。

各楼层的剪力分布及框架与核心筒的剪力分担情况如图 4.3-14 所示。部分地震工况下层间剪力沿楼层高度分布很不均匀，在伸臂与环带桁架处外框明显加大。此外，框架部分承担的层剪力分担比在多数楼层中达到 10%～20%，个别楼层略低于 10%。

根据塔楼各楼层四个角点统计的最大层间位移角为 1/216（X向）和 1/228（Y向），各组平均值为 1/285（X向）和 1/291（Y向），如图 4.3-15 所示。出现最大层间位移角的楼层主要为 55～57 层和 89 层，其中 88～91 层存在局部转换构件，其薄弱层特征明显。

（4）类似于 FEMA 的构件抗震性能评价方法

为有效评价构件的塑性变形以及抗震性能，根据构件"受拉为主""受压为主""受弯为主"以及"拉弯"和"压弯"等不同受力特点，将纤维单元的有关塑性变形结果转换为弦线转角等指标，分别建立了基于"轴拉应变""轴压应变"和"塑性铰"等几类构件的抗震性能评价指标，通过比较延性需求和延性能力，建立了类似于 FEMA 273 或 ASCE 41 的延性构件抗震性能方法，即"立即入住"（Immediate Occupancy, IO）、"生命安全"（Life Safety, LS）和"倒塌防止"（Collapse Prevention, CP）3 个性能水平。为方便数值结果的表述，采用 IO = 1、LS = 2 和 CP = 3 建立对应的构件延性评价关系，并对弹性构件补充进行承载力验算，同时独立开发了相关评价程序。

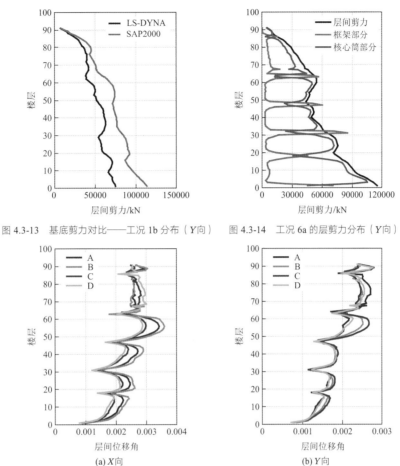

图 4.3-13　基底剪力对比——工况 1b 分布（Y向）　　图 4.3-14　工况 6a 的层剪力分布（Y向）

(a) X向　　　　　　　　　　　(b) Y向

图 4.3-15　地震工况 6a 的层间位移角分布

（5）主要抗侧力构件的抗震性能评价

本工程主要抗侧力构件的损伤、塑性和抗震性能评价如下（图 4.3-16）：

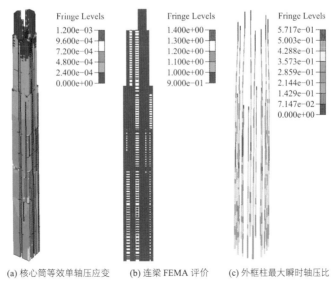

(a) 核心筒等效单轴压应变　　　(b) 连梁 FEMA 评价　　　(c) 外框柱最大瞬时轴压比

图 4.3-16　主要抗侧力构件的抗震性能评价

核心筒混凝土总体上处于受压状态。核心筒内钢筋、63层以下的内插型钢及底部加强区内的钢板都未进入塑性。连梁较多地出现了梁端塑性铰，但塑性程度总体不高，FEMA性能参数不超过1.4，即介于"立即入住（IO）"与"生命安全（LS）"之间。外框钢管混凝土柱在各地震工况下均未屈服，瞬时最大轴压比在0.65以内。框架梁、环带桁架以及伸臂桁架均处于弹性范围，满足预期的抗震性能目标。次结构总体上处于弹性范围，满足预期的抗震性能目标。88～91层存在突出的层间变形，薄弱层特征明显。

（6）主要结论

本工程抗震设防烈度为6度，地震作用相对较小。从大震弹塑性时程分析结果看，除核心筒出现轻微损伤和连梁进入塑性耗能外，其他主要抗侧力构件均未出现明显的塑性变形，结构基底剪力相比弹性结果有所降低，外框剪力分担比也有所增长，说明主体抗侧刚度有所退化但总体上较低。局部楼层出现一定的薄弱特征，可通过采取有效措施予以加强。

4.4 专项设计

4.4.1 利用施工顺序调整结构内力的设计

1. 内力分布调整的需求

酒店大堂层位于65层，其顶部为承托高区酒店次结构的转换大梁，获得开阔的视线和尽可能高的景观面高度，建筑师将28.35m跨度的转换梁的最大高度限制为1.2m（图4.4-1）。初步的分析结果显示，如果按常规的施工工序，首先在66层转换梁下设置临时支撑，然后由下往上安装外框结构至87层桁架完成，再拆除临时支撑，上挂下承式转换结构的刚度一次形成，按刚度比例分配到转换梁的荷载将大于其承载能力；如果改用将全部荷载悬挂于86～87层转换桁架的方案，结构的冗余度又偏小。本工程找到了一种能够在现有结构布置条件下减小转换梁荷载分担的设计方法：通过对施工过程的设定，来主动控制和调整结构内力分布，减小传递到转换梁上的荷载，从而使其承载力满足要求。

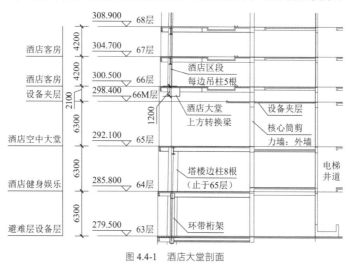

图4.4-1 酒店大堂剖面

2. 施工顺序的确定

本工程采用后装一层结构柱的方式来调整次结构的荷载在转换梁和顶部转换桁架间的分配比例，减小转换梁承担的荷载。在确定限高1.2m转换梁的合理截面宽度和适当梁翼缘板厚的基础上，以转换梁的强度能够满足要求且能充分发挥承载作用为原则确定"后装"段的位置，即将"后装"层尽可能上移。"后装"层尽量上移也可以保证"后装"层下方有更多的楼层能进行顺作施工。通过反复试算比较，选择

"后装"楼层为 77 层，此条件下传至转换梁的竖向荷载可以减少 23%。

"后装"的过程通过下述方法实现：按照常规的顺序施工至转换桁架合拢；然后将希望后装的楼层柱"切断"，强迫被切断柱以上楼层的荷载向转换桁架传递；最后再用焊接"接上"被"切断"柱，使得后续作用的荷载按整体刚度关系分配。

用于"切断"次结构柱的是通常用于临时支撑卸载的千斤顶（图 4.4-3）。常规顺序施工时，千斤顶被安装于将要"切断"的次结构柱位置，使之承压，正常传递柱的压力；待需进行切断操作时，只要松开千斤顶，压力传递路径自然消失。

最终本工程确定的外框施工顺序要求如下（图 4.4-2）：①主体按正常施工顺序施工至 65 层，65～66 层间在原边柱柱顶位置安装临时支撑柱；继续施工至 76 层，在 76～77 层间安装次结构柱后装段，此时后装段柱分成两段，中间通过千斤顶临时传递轴压力（图 4.4-3）；按正常施工顺序施工 77～87 层，核心筒外楼面混凝土暂缓浇筑；②在 86～87 层间环带桁架施工完毕并与次结构柱连接完成后，释放 76～77 层间后装段柱的千斤顶，荷载传递路径改变；③进行 77～87 层核心筒外的混凝土浇筑；对 76～77 层间后装段柱进行焊接连接；移除 66 层转换梁下的临时支撑柱。

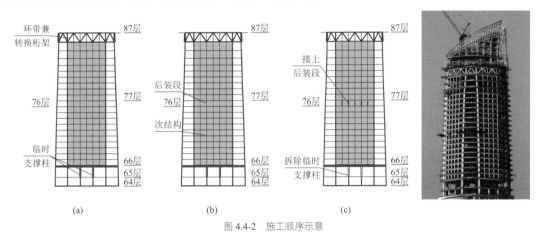

图 4.4-2 施工顺序示意

3．施工模拟计算及监测

为准确反映设定的施工顺序对结构内力分布的影响，进行了施工模拟分析。通过对 66 层转换梁、次结构柱、与巨柱相连的外框梁梁端、第 5 道环带桁架关键杆件等进行内力和位移的跟踪计算比较，确认可以保证较多的荷载传递到 87～88 层的环带桁架上，从而使 66 层转换梁能够满足使用阶段下的负荷要求。

本工程按照设计要求的施工顺序进行施工，并对 77 层后装段卸载、77 层以上混凝土浇筑、77 层后装段终固以及 66 层转换大梁卸载 4 个关键施工步进行了监测和验证分析，监测内容包括转换大梁的变形及应力、66 层次结构柱的柱脚轴力等，总体而言，监测结果均小于模拟计算结果，结构的安全能够得到保证。

次结构柱 GZ1～GZ3（5 个次结构柱由角柱向跨中对称编号，跨中处为 GZ3）的柱脚轴力监测值显示其变化规律与计算模拟相似，个别数值差异较大者在根据施工过程中实际附加恒荷载调整分析模型后，模拟计算值与监测值在关键施工步骤上的差异明显减小，见图 4.4-4。

图 4.4-3 用于"切断"次结构柱的千斤顶

图 4.4-4 66 层次结构柱 GZ3 轴力监测与计算模拟值

4.4.2 伸臂桁架与核心筒剪力墙连接节点

本工程共布置3道伸臂桁架，两个方向的伸臂桁架交汇于核心筒角部一点，该处的应力集中、构造处理困难，本工程对其进行了专门研究（图4.4-5）。

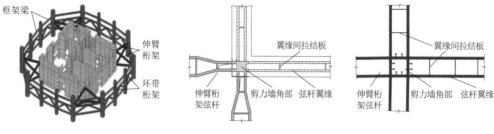

图4.4-5 伸臂桁架与环带桁架的空间布置形式　　图4.4-6 伸臂内嵌式　　图4.4-7 伸臂外包式

1. 伸臂桁架入墙节点设计

综合考虑核心筒墙厚、墙配筋、伸臂杆件截面等条件，本工程采用了两种伸臂桁架入墙节点方式：下部两道对应墙体厚度800mm，伸臂入墙采用内嵌式；上部一道对应墙厚600mm，伸臂入墙采用外包式。

考虑与剪力墙内钢骨连接的需求，伸臂杆件主要依靠截面两侧的翼缘板传力。内嵌式伸臂桁架的翼缘板于核心筒边收窄，然后嵌入墙内，双向伸臂相交处采用实心锻件（材质Q390GJC，图4.4-6）；外包式的伸臂杆件宽度调整至与核心筒外墙同宽，伸臂杆件的侧翼缘板直接伸进核心筒并外包于墙体的内外两侧，伸臂高度范围的核心筒角部墙体也全部采用钢板外包（图4.4-7）。两种方式伸臂杆件的腹板均不伸入墙中。

内嵌式构造转角处外包混凝土较薄，往复作用下相对易于开裂剥落，角部增加了薄钢板包边；入墙处截面的内收对伸臂杆件的面外稳定也稍有影响。外包式构造可以避免上述不利，但由于钢筋混凝土剪力墙竖向受力钢筋需连续布置而导致钢板需要略微外凸于剪力墙墙面，同时还需考虑防火问题。图4.4-8、图4.4-9为施工期间两种方式的节点状态。

针对伸臂的入墙节点，采用通用有限元软件进行了非线性有限元分析，分析结果显示，当下弦杆基本全截面进入塑性时，节点板及节点区尚未进入塑性，可实现强节点弱构件。

(a) 节点出厂分段

(b) 墙角包钢保护

(c) 墙内延伸段钢骨

图4.4-8 伸臂桁架内嵌式入墙节点

(a)

(b)

图4.4-9 伸臂桁架外包式入墙节点

经典回眸 华东建筑设计研究院有限公司篇

2. 伸臂桁架墙内区段杆件布置

伸臂桁架上下弦杆一般需贯通核心筒，从而将轴力通过入墙区段的杆件传递到剪力墙内。上下弦杆的轴力通过剪力墙的抗剪相互平衡，墙内的斜腹杆可视作对剪力墙抗剪能力的加强。墙内水平弦杆主要起扩大轴力传递至剪力墙工作面的作用，其截面可以沿轴力方向往内逐渐减小。结合剪力墙开洞的情况，本工程伸臂构件入墙区段的杆件布置如图 4.4-10～图 4.4-12 所示。

图 4.4-10　K 形伸臂完整立面　　　　　图 4.4-11　单斜伸臂完整立面

图 4.4-12　伸臂入墙段立面照片

图 4.4-13、图 4.4-14 为第一道 K 形伸臂桁架入墙段的有限元分析结果，荷载取值为风与小震组合、中震组合中的大者。由于在应力集中区域进行了局部增强，钢板应力最大值 344MPa（小于钢材屈服强度），混凝土最大压应力 37.1MPa（外包层，小于混凝土轴心抗压强度），均满足设计要求。

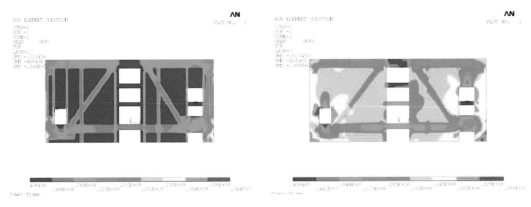

图 4.4-13　钢板层 Mises 应力　　　　　图 4.4-14　中间混凝土 Mises 应力

4.4.3　相邻幅钢板螺栓连接内置钢板剪力墙

为满足核心筒底部加强区墙体轴压比的要求，在 12 层楼面以下区域采用了内置单层钢板的混凝土-钢板组合剪力墙。受运输条件限制，工厂制作的单幅墙内钢板宽度最大为 3.5m，混凝土墙体内钢板在现场需要有较多的幅间连接。连接方式有焊接或栓接两种选择，焊接连接可实现等强，但施工速度慢、幅间焊接变形控制困难；栓接强度相对较低，但施工方便且容易控制变形。本工程墙内设置钢板的主要目的是分担轴向力以降低墙体的轴压比，因此上下钢板的连接需要钢板充分发挥强度。对于首层 30mm 厚的内置钢板，实现受压等强连接的高强螺栓连接约需要每侧 5M24@100，连接区域过长、材料用量过大、螺栓穿孔率的保证也有困难，栓接原有的优势不再存在，因此选择了焊接。上下钢板焊接时，钢板上端处于无约束状态，焊接变形也容易控制。

相邻钢板之间的连接在轴向力的作用下对力传递要求较低，并不需要等强，这使得螺栓连接成为可能。钢板的存在必然也会分担剪力墙的剪力，因此需要评估螺栓连接对钢板抗剪承载能力的影响。本工程选择受剪需求最大的底层 W-V1 墙体对带螺栓连接的墙内钢板进行有限元分析，墙内钢板连接位置及连接螺栓布置情况见图 4.4-15（a）。计算模型中在相邻钢板间竖向每间隔 200mm 设置刚度无限大的连接单元，图 4.4-15（b）为设防地震作用下钢板内应力分布及各连接点的剪力。计算结果表明，相邻钢板之间采用每侧 2M22@150 的高强度螺栓连接可以保证连接点的弹性工作状态。

为加强混凝土墙与钢板间的变形协调与整体性，钢板表面设置了抗剪栓钉、板内开孔供拉筋穿过拉结板两侧钢筋，钢板内另设置连通孔以便于混凝土浇筑时钢板两侧混凝土的自由流淌。

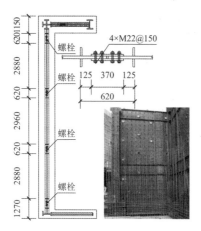

(a) W-V1 墙体预埋钢板连接位置及螺栓布置图　　　　(b) 钢板应力分布及各连接处剪力（单位：kN）

图 4.4-15　钢板剪力墙构造

4.5　试验研究

4.5.1　模型振动台试验

为研究本工程结构的整体抗震性能，在中国建筑科学研究院进行了 1：40 缩尺模型的振动台试验。混凝土构件用微粒混凝土模拟，钢筋用镀锌铁丝模拟，钢板用紫铜模拟。模型包括底座总高约为 11.1m，总重 390kN（图 4.5-1）。试验主要相似关系和振动台主要性能参数见表 4.5-1、表 4.5-2。

模型相似关系　　　　　　　　　　表 4.5-1

物理量	几何缩尺、位移	弹性模量、应力	质量	周期、时间
相似关系	1/40	1/4	1/9600	0.129

物理量	基底剪力	倾覆力矩	加速度	
相似关系	1/6400	1/256000	1.5	

振动台主要性能指标			表 4.5-2
台面尺寸/m	工作频率/Hz	承载能力/kN	最大倾覆力矩/（kN·m）
6×6	0.1～50	600	1800
最大偏心力矩/（kN·m）	台面加速度（横向）/g	台面加速度（纵向）/g	台面加速度（竖向）/g
600	±1.5	±1.0	±0.8

本试验共选取 7 组多遇地震波和 2 组罕遇地震波进行加载，原型结构 6 度多遇、6 度设防和 6 度罕遇地震的加速度峰值分别为 30cm/s²、70cm/s² 和 140cm/s²。试验时依据动力相似关系做 1.5 倍放大调整。6 度多遇地震试验阶段选用 7 组多遇地震波输入，进行水平单向、水平双向激振试验；6 度设防地震试验阶段选用 2 组罕遇地震波输入，进行水平单向、水平双向激振试验；6 度罕遇地震试验阶段选用 1 组罕遇地震波输入，进行三向激振试验。试验时根据现场情况，增加了 7 度罕遇地震工况，台面输入峰值按规范取 7 度罕遇 220cm/s² 放大 1.5 倍后得到（图 4.5-2）。

图 4.5-1 模型完工后照片

试验结果显示：

（1）根据模型实测结果，按照相似关系换算，原型结构前两阶自振周期为 7.28s 和 7.13s，原型结构采用 PKPM 计算的周期为 8.44s 和 8.34s，试验测定值与模拟分析值较为接近。

（2）模型在经历 6 度多遇及 6 度设防地震试验阶段后，X 向频率下降约 4%，Y 向频率下降约 6%，基本处于弹性状态。经历 7 度罕遇试验阶段后，X 向频率下降 14%，Y 向频率下降约 7%。

（3）模型经历 7 度罕遇地震试验阶段后未倒塌，核心筒墙体未发现裂缝，中上部环带桁架（HHJ-4、HHJ-3）部分腹杆屈曲，外框梁、柱等其他构件未见明显破坏。

（4）模型在地震波激励下，87 层以下楼层加速度反应较小，屋顶层加速度放大系数达到 2～3 倍，塔冠顶部加速度放大系数达到 5～6 倍。

（5）模型的位移峰值包络反应基本上呈弯曲-剪切型分布。

（6）模型随着激励作用增大，扭转效应加剧，6 度罕遇试验阶段，84 层的模型扭转角为 1/147；7 度罕遇试验阶段，84 层的模型扭转角为 1/99。

（7）试验测定的基底剪力值与模拟分析值较为接近。

（8）应变测试结果显示，模型紫铜构件和混凝土构件的最大应变均出现在底层柱根部及墙根部。

通过振动台模型试验，证明原型结构能够满足设定的性能化设计目标。

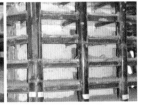

(a) 78 层核心筒未发现裂缝　　(b) 下部核心筒未发现裂缝　　(c) 环带桁架 3 腹杆屈曲　　(d) 环带桁架 1 腹杆屈曲

图 4.5-2 7 度罕遇试验后模型现象

4.5.2 伸臂桁架与核心筒节点试验

本工程伸臂桁架与核心筒剪力墙相连处的节点区域为传力的关键点，其在节点构造、传力机制、材料组成等方面都非常复杂，且数值模拟难度大。为了深入了解本工程采用的内嵌式、外包式两种形式节点的抗震性能，考察其在设计内力/抗震性能目标下的工作情况，委托清华大学进行了缩尺节点试验研究，试验采用拟静力低周往复加载的方式。

试验研究的工作内容包括：

（1）测试两种节点的滞回曲线，得到其初始弹性刚度、弹性极限承载力，验证小震是否保持弹性，中震及大震下是否具有良好的耗能能力。

（2）研究两种伸臂桁架典型节点的承载能力和破坏模式。

对于内嵌式节点（OTJ-2），详细研究伸臂桁架入墙钢板部分与混凝土剪力墙的共同作用情况、钢板与混凝土之间内力的传递情况；对于外包式节点（OTJ-1），详细研究伸臂桁架与双钢板剪力墙钢板部分连接的可靠性、双钢板剪力墙钢板与混凝土共同工作情况、钢板与混凝土之间内力传递情况。

考虑到两榀桁架垂直相交，其空间相互作用不可忽略，试件取与混凝土核心筒角部相交的两榀伸臂桁架及两个方向一定范围的墙体和钢管混凝土柱。墙体长度取为 10.4m（对应原型），并在节点区远端设端柱进行加强，高度为伸臂桁架所占两层范围的基础上再各向上向下延伸一层，最下部与地梁进行刚接锚固；钢管混凝土柱的长度为略大于伸臂桁架所占的两层层高。试件缩尺比例为 1:8。

剪力墙的轴力加载通过锚地的预应力钢筋施加；伸臂桁架的加载方式为在柱顶通过 100t 拉压千斤顶施加往复荷载，两榀伸臂桁架对应的柱采用同步加载，先按力控制加载，屈服后再按位移控制加载，直至试件破坏无法继续加载。试验现场见图 4.5-3。

(a)、(b) 试验装置整体布置　　　　　　　　　　　　　　(c) 梁端加载装置

图 4.5-3　试验现场

两个节点试验的破坏过程总体描述如下，其中括号外为两种节点共同现象，[ ]内为外包式节点 OTJ-1 特有现象，（）内为内嵌式节点 OTJ-2 特有现象：

墙体双向斜裂缝出现→裂缝数量增多，最大 [0.15mm]/（0.2mm）→（内嵌钢板处出现较多横向和竖向裂缝，下弦杆与墙节点处下部墙体出现较多横向受拉裂缝）→荷载位移曲线进入屈服阶段→裂缝基本出齐，最大 [0.2mm]/（0.3mm）（下弦杆与墙节点处下部墙体有大块混凝土脱落，基本覆盖节点下部全部区域）→伸臂桁架弦杆出现轻微的整体面外弯曲→荷载位移曲线基本达到水平→伸臂桁架弦杆整体屈曲发展→荷载位移曲线出现下降→伸臂桁架弦杆整体屈曲明显，伴随翼缘局部鼓曲→节点处焊缝撕开→ [翼缘经多次反复拉压后拉断，相邻腹板处也拉断]/（屈曲严重，承载力降至峰值承载力的 80% 以下）→试验结束。

两个试件的两榀桁架梁端荷载-位移滞回曲线如图 4.5-4 所示，两组节点的滞回曲线比较接近，均比较饱满，表现出良好的耗能能力和延性。试件在整个加载过程中刚度退化明显，但持续、均匀、稳定。

通过试验和相应的有限元分析，可得出如下结论：

（1）两种节点均表现出良好的承载力、延性、变形恢复能力以及耗能能力，抗震性能满足设计要求。

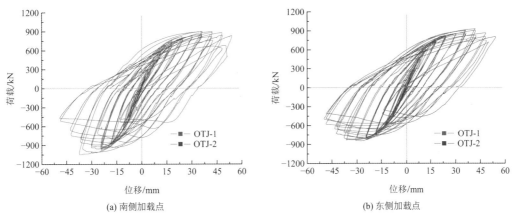

(a) 南侧加载点　　　　　　　　　　　(b) 东侧加载点

图 4.5-4　梁端荷载-位移滞回曲线

（2）两种节点均表现出良好的传力能力，最终均以桁架弦杆屈曲破坏为主要破坏模式，体现出"强节点、弱构件"的设计原则。

（3）OTJ-2 节点区出现局部混凝土脱落，墙体裂缝也较 OTJ-1 明显增多。

（4）OTJ-2 受桁架弦杆与墙体相连位置截面缩小的影响，更容易发生杆件的整体失稳。

（5）根据模型制作过程的比较，OTJ-1 施工更方便。

（6）将本试验伸臂桁架弦杆内力情况与设计各工况对比，在风荷载、小震、中震、大震的各组合工况下桁架均未屈服，分别有 30%、50%、40%、25% 的安全储备。

本试验证明伸臂桁架结构设计合理，达到了设计目标。根据试验结果，本工程通过构造方式对伸臂桁架弦杆的防整体屈曲能力进行了加强。

4.5.3　大直径钢管混凝土柱试验

本工程底部钢管混凝土柱的直径为 3.0m，大于常用钢管混凝土柱的尺寸。在此直径下，由连接于外钢管的钢梁和桁架传来的各种荷载能否有效传递至钢管内部的混凝土并沿着柱高度在混凝土内有效扩散，从而保证外包钢管与内部混凝土在轴压条件下的共同工作是设计关心的问题，为此委托同济大学进行了带多层框架梁的钢管混凝土柱的试验研究。

本试验试件原型为直径 3.0m、壁厚 60mm 的钢管混凝土柱，总高 18.4m，中间设三层、每层两根刚接钢梁［图 4.5-5（a）、图 4.5-6］；管壁内部设置内加劲环、加劲肋及栓钉（图 4.5-6）；钢管内部浇筑为带钢筋笼的混凝土。试件的缩尺比例取为 1：4，即钢管直径 750mm。考虑到混凝土的离散性、混凝土内应力应变测量的不定性，试件数量为 2 件。

试验时对各层梁施加顺柱轴向的剪力及对柱顶钢管施加轴向荷载，通过测试钢管纵向、轴向应变和混凝土内应变来判断轴力在混凝土内的扩散情况，同时也监测框架梁翼缘腹板及对应的竖向加劲肋和环板的应变。对于钢结构应变的测量，主要使用电阻应变片；对于混凝土内应变的测量，采用了在混凝土内埋设贴有电阻应变片的钢筋笼和直接布设高精度光纤应变传感器两种方法［图 4.5-5（b）］，两者布置于邻近位置相互校准。

加载装置为一个带多个内伸牛腿的自平衡加载框及端头连接件，将钢管混凝土柱及其框架梁内置于该加载框中［图 4.5-5（c）］。加载工况共三种；工况一为仅梁端加载；工况二为仅柱端钢管轴向加载；工况三为梁端加载维持稳定后再柱端钢管加载。柱顶设有两个 630t 千斤顶，梁端分别设有 4 个 100t 和两个 160t 千斤顶（图 4.5-6）。

由于试件上的测点布置有限，因此另补充采用非线性有限元软件 ABAQUS 对各工况的加载情况进行模拟，以考察传力路径及应力扩散规律（图 4.5-7）。

(a) 试件整体　　(b) 贴有电阻应变片的钢筋笼　　　　　　　(c) 加载装置

图 4.5-5　试验现场照

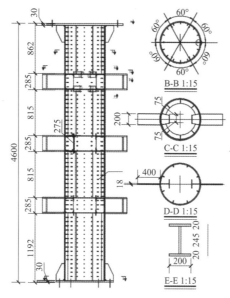

图 4.5-6　试件构造示意图

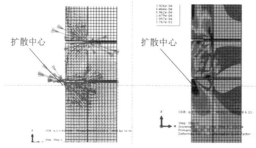

图 4.5-7　应力扩散示意图

根据试验和数值模拟结果，得到如下结论：

（1）仅在柱顶钢管施加轴向荷载时，经一个层高的距离，钢管上的荷载即可均匀传递至混凝土。

（2）梁端荷载经由梁腹板→钢管壁→柱内竖向加劲肋→内环板→混凝土的路径向核心混凝土传递，荷载随着传递距离的增加而逐渐扩散均匀，对试验尺度的构件其扩散角约为 40°。由楼层梁传来的剪力可以在约 2 倍柱直径的高度范围均匀地扩散至钢管混凝土全截面。

（3）梁端荷载在钢管壁中的分布比在混凝土中的分布更加不均匀，所需的传递距离也更长。有限元分析结果表明，钢管壁内力扩散角约为 29°。

试验结果表明，本工程直径为 3.0m 的钢管混凝土柱可以保证外包钢管与内部混凝土在轴压条件下共同工作。

4.6 结语

作为一栋超 400m 原创超高层建筑，需要结构工程师以全专业和全过程的视角审视结构设计，以应对建筑综合性的功能需求和建筑师对建筑造型的执念追求。本工程在结构设计过程中，主要完成了以下几方面的创新性工作：

（1）基于整体的结构体系选型

根据各功能区建筑平面需求，结合项目所在地武汉市的地震和风荷载均较小的特点，结构在塔楼低、中区采用了常规的框架-核心筒-伸臂结构体系；在塔楼高区根据酒店功能要求则利用微内倾的角部巨柱采用了巨型框架-核心筒体系，该结构体系的可靠性通过模型振动台试验得到验证，并且具有较好的经济性。

（2）兼顾受力需求与施工便利的构件和节点设计

外框柱采用最大直径为 3m 的钢管混凝土，本工程对钢管与混凝土间的传力机制、钢梁与钢管混凝土柱连接节点构造等问题进行了试验研究，并提出了针对性构造做法；核心筒在 12 层以下采用了内置单层钢板的混凝土-钢板组合剪力墙以减小墙体厚度，钢板幅间铅直方向拼接采用高强螺栓连接以方便现场施工；两个方向的伸臂桁架交汇于核心筒角部，设计了内嵌式和外包式两种连接方式分别用于墙体不同厚度处，试验显示两种方式均具有良好的传力性能。

（3）利用施工顺序调整结构内力分布的设计方法

高区酒店区域的巨型框架结构同时设置转换桁架和转换梁用于承托次结构，以提供多道传力途径从而增加结构冗余度。本工程利用特定的施工顺序调节次结构铅直方向荷载在转换桁架与转换梁之间的分配，从而满足建筑对转换梁的高度限制要求。

参考资料

[1] 中国建筑科学研究院. 武汉中心结构模型模拟地震振动台试验报告[R]. 2012.

[2] 清华大学土木工程系. 武汉中心伸臂桁架-核心筒剪力墙、钢管混凝土柱节点试验[R]. 2012.

[3] 同济大学土木工程学院. 武汉中心钢管混凝土柱及柱梁连接节点试验研究[R]. 2012.

[4] 孔祥雄, 史铁花, 程绍革, 等. 武汉中心振动台试验与数值模拟比较研究[J]. 建筑结构, 2013, 43(14): 44-47.

[5] 聂建国, 丁然, 樊建生, 等. 武汉中心伸臂桁架-核心筒剪力墙节点抗震性能试验研究[J]. 建筑结构学报, 2013, 34(9): 1-12.

[6] 周健, 陈锴, 张一锋, 等. 武汉中心塔楼结构设计[J]. 建筑结构, 2012, 42(5): 8-12.

[7] 周健, 陈锴. 利用施工过程调整内力分布的设计方法在武汉中心的应用[J]. 建筑结构, 2016, 46(24): 27-31.

[8] 陈锴, 周健. 武汉中心伸臂桁架设计与研究[J]. 建筑钢结构进展, 2017, 19(5): 9-14.

设计团队

结构设计单位：华东建筑设计研究院有限公司（全过程）

结构设计团队：汪大绥，周　健，周建龙，陈　锴，张一锋，施红军，王洪军，吴江斌，方锐强，姜东升，蒋科卫，
　　　　　　　季俊杰，赵　静

执　笔　人：周　健，陈　锴

获奖信息

CTBUH 2021 年　400m 以上最佳超高层——杰出奖

CTBUH 2016 年　中国高层建筑创新奖——荣誉奖

第 5 章

天津津塔

5.1 工程概况

天津津塔项目由金融街控股股份有限公司投资开发，位于兴安路北侧，海河岸边，基地面积22257.9m²，由一幢75层高的办公主塔楼和一幢30层高的公寓楼组成，所有单体下部均设4层地下室，并共享同一基础层。其中办公主塔楼高度为336.9m，建成后成为天津市中心最高的建筑之一，如图5.1-1所示，其外立面造型寓意中国折扇，在简练的造型中融入优雅的材料质感和细部设计，塑造出现代一流的国际化高层建筑所特有的品质；平面呈椭圆状，最大平面层面积3162m²，最小平面层面积2002m²，平面独特的折面可捕捉最充足的日照，也为室内提供最大视角的城市景观。

天津津塔主塔楼采用了先进的钢板剪力墙技术系统，成为迄今为止采用钢板剪力墙技术建造的全世界最高的大楼，如图5.1-2所示。钢板剪力墙抗震性能良好，提升了超高层塔楼的安全度；由于钢板剪力墙的应用，核心筒剪力墙钢板的厚度不超过50mm，为大楼提供了更多的使用空间，大大提高了办公塔楼的使用效率和实用价值；同时，钢板剪力墙的应用大大减少了超高层塔楼的自重，也有利于桩基础的优化设计。

图 5.1-1 工程竣工照片　　　　图 5.1-2 工程施工照片

5.2 设计条件

5.2.1 主体结构基本设计参数

结构设计中不仅满足中国规范、规程和标准，同时参考了《钢结构极限状态设计》CANCSA S16—01（加拿大），《新建建筑与其他结构的抗震推荐规定》NEHRP 2003（FEMA 450）（美国），《钢结构建筑抗震规定》AISC 341—05（美国）等进行钢板剪力墙设计。

具体设计参数，详见表5.2-1。

设计参数表　　　　　　　　　　　　　　　　　表 5.2-1

结构设计基准期	50 年	建筑抗震设防分类	标准设防类（丙类）
建筑结构安全等级	二级（结构重要性系数1.0）	抗震设防烈度	7 度（0.15g）
地基基础设计等级	甲级	设计地震分组	第一组
建筑结构阻尼比	0.035（小震）/0.05（大震）	场地类别	Ⅲ类

依据天津市勘察院的《金融街津塔（天津）置业有限公司津塔（Ⅰ）岩土工程详细勘察报告》（勘察号：2006—173）描述，钻孔桩桩基参数表见表5.2-2。

钻孔灌注桩桩基参数表 表 5.2-2

力学分层号	大致标高/m	岩性	q_{sik}/kPa	q_{pk}/kPa
3a	人工填土及坑底淤泥底板~−4.10	黏土为主	45	
3b		粉质黏土	43	
4	−4.10~−11.70	粉质黏土	34	
5	−11.70~−13.00	粉质黏土	48	
6		粉质黏土	55	
7a	−13.00~−27.60	粉土	65	
7b		粉质黏土	57	
7c		粉土	73	
8a	−27.60~−43.90	粉质黏土	57	
8b		粉土	75	850
8c		粉质黏土	60	600
9	−43.90~−47.30	黏土、粉质黏土	68	
10a	−47.30~−50.00	粉质黏土	62	
10b	−50.00~−54.00	粉土	80	950
10c	−54.00~−64.50	黏土、粉质黏土	76	1000
10d	−64.50~−69.30	粉砂、粉土	80	1100
11a	−69.30~−74.00	黏土、粉质黏土	78	
11b	−74.00~−84.80	粉砂、粉土	80	1100

注：钻孔灌注桩q_{pk}值仅适用于孔底回淤土厚度≤10cm。

场地标高按照±0.000相当于大沽高程4.5m标高；本工程场地最高水位可按大沽高程3.00m考虑，最低水位可按大沽高程0.5m考虑。本场地的地下混合水钢筋混凝土结构中的钢筋均无腐蚀性，本场地对建筑抗震属不利地段。抗震设防烈度为7度，本场地属非液化场地。

5.2.2 地震作用

天津津塔主塔楼核心筒剪力墙抗震等级为特一级，框架抗震等级为一级。由于正负零地面存在较大错层且嵌固层刚度比不足，采用地下二层顶板作为上部结构的嵌固端。

参考国内已建和在建的类似超高层钢-混凝土混合结构案例，最终天津津塔主塔楼在多遇地震作用下结构阻尼比确定为0.035。

考虑到中震下结构大部分构件仍处于弹性，因此中震下结构阻尼比仍取0.035；罕遇地震下结构阻尼比取0.05。

5.2.3 风荷载

天津津塔项目的风洞试验由BMT Fluid Mechanics Limited（BMT公司）完成。风洞试验设计和建造一个比例为1:400的塔楼刚体模型，进行高频力天平边界层风洞测试，如图5.2-1所示。考虑到风荷载为低周振动荷载，其阻尼比比地震作用下取值小。根据规范规定和国际设计惯例，在计算 50 年和 100 年重现期风荷载时阻尼比取 0.02，验算 10 年重现期风荷载时阻尼比取 0.01。

图 5.2-1　风洞试验图片

在风洞试验与结构设计中，天津津塔主塔楼结构的风荷载取值原则如下：

（1）强度设计采用 100 年重现期风荷载，风洞试验中采用 100 年基本风压（0.6kN/m²）对应风速及气象数据。

（2）位移控制采用 50 年重现期风荷载，风洞试验时若气象数据风速低于规范对应风速，则采用 50 年重现期风速。

（3）舒适度和风环境研究采用 10 年重现期风荷载，风洞试验时若气象数据低于规范对应风速，则应采用规范 10 年重现期风速。

5.2.4　抗震性能目标

本项目各阶段的性能目标如表 5.2-3 所示。

抗震性能目标表　　　　　　　　　　　　　　　　　　　　　　表 5.2-3

地震水平	多遇地震（小震）	设防地震（中震）	罕遇地震（大震）
性能水平	不损坏	中震可修	大震不倒
层间位移角限值	1/300	—	h/50
核心筒内钢板剪力墙（SPSW）	保持弹性，不发生平面外屈曲	发生平面屈曲，出现拉力场效应	拉力场效应明显，结构具有很好的延性，但不发生受拉破坏
钢板剪力墙竖向边缘构件（VBE）	保持弹性	中震不屈服	16 层以下钢管柱大震不屈服，其余可以出现塑性铰，但不得出现破坏或严重的强度损失
钢板剪力墙水平边缘构件（HBE）	保持弹性	可以出现塑性铰，但不得出现破坏或严重的强度损失	可以出现塑性铰，但不得出现破坏或严重的强度损失
伸臂桁架与腰桁架	保持弹性	中震不屈服	可以出现塑性铰，但不得出现破坏或严重的强度损失
外框柱	保持弹性	外框柱中震不屈服	16 层以下周边钢管柱大震不屈服，其余可以出现塑性铰，但不得出现破坏或严重的强度损失
上部核心筒内斜撑	保持弹性	中震不屈服	可以出现塑性铰，但不得出现破坏或严重的强度损失

5.3　结构体系与结构分析

5.3.1　结构体系与布置

天津津塔主塔楼房屋高度为 336.9m（室外地面到主要屋面），结构高宽比为 7.88∶1，采用"钢管混凝土柱框架＋核心钢板剪力墙体系＋伸臂桁架"的抗侧力结构体系，如图 5.3-1、图 5.3-2 所示，其中钢板剪力墙（Steel Plate Shear Wall）为抗侧力体系的重要组成部分，是本工程的主要结构设计特点之一。

天津津塔主塔楼的外框部分由钢管混凝土柱和宽翼缘钢梁组成，周边典型柱距约为 6.5m。钢板剪力墙核心筒由钢管混凝土柱和内填结构钢板的宽翼缘钢梁组成，钢板剪力墙位于结构的核心筒区域，主要设置于载客与服务电梯以及楼梯和设备室的周围。15 层、30 层、45 层、60 层设置伸臂桁架加强层，在钢板剪力墙核心筒与外框之间布置大型钢桁架，在外框内布置腰桁架。根据计算需求，不同位置的钢板剪力墙单元在不同高度收进为钢框架-钢支撑体系。

天津津塔主塔楼的基础体系为桩筏基础，钢筋混凝土筏板厚度为 4m，桩型为钻孔灌注桩，典型直径为 1m，延伸至筏基底面以下 60m，桩端持力层为 11 层；基础混凝土强度等级为 C40。在塔楼的低区，首层地面及地下室的钢筋混凝土楼面将侧向剪力传递到地下室周边钢筋混凝土侧壁上。

塔楼的重力系统由传统的宽翼缘钢框架和组合楼板组成。典型的组合楼板为 65mm 闭口型压型钢板，加 55mm 混凝土面层，总板厚为 120mm。大部分宽翼缘组合钢梁高 450mm，从核心筒钢板剪力墙一直到周边延性抗弯框架。钢板剪力墙和周边延性抗弯框架处的钢管混凝土柱也用于承担重力荷载。

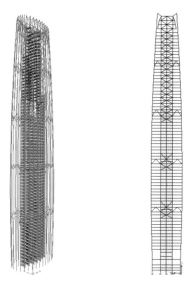

图 5.3-1　主楼整体模型简图　图 5.3-2　主塔楼结构立面简图

上部结构的抗侧力和重力系统一直向下延伸到基础结构。钢管混凝土柱最大直径为 1700mm。典型结构平面布置图如图 5.3-3、图 5.3-4 所示，典型钢板剪力墙剖面如图 5.3-5、图 5.3-6 所示。

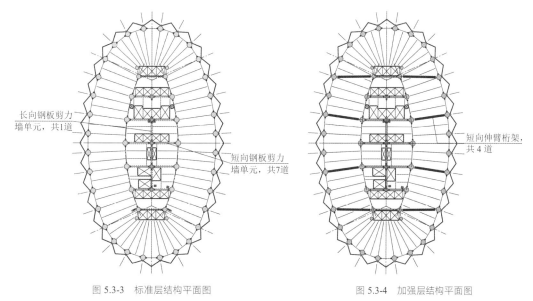

图 5.3-3　标准层结构平面图　　　　　　　　图 5.3-4　加强层结构平面图

经典回眸 华东建筑设计研究院有限公司篇

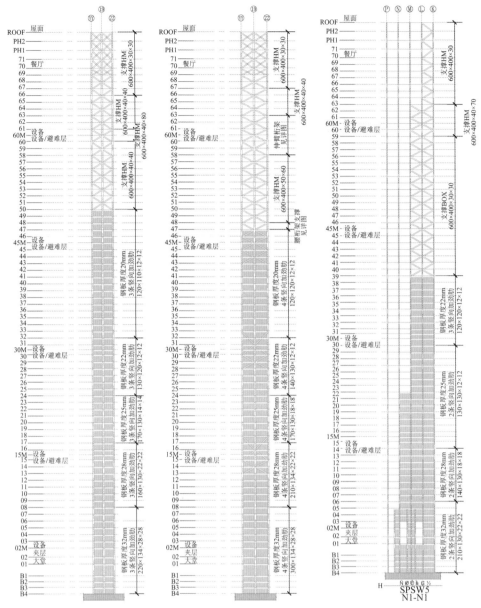

图 5.3-5　主楼钢板剪力墙典型剖面图

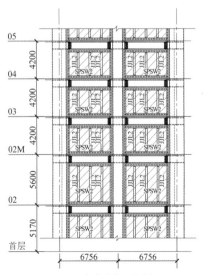

图 5.3-6　钢板剪力墙局部剖面图

5.3.2 结构分析

由于工程的复杂性和结构体系的特殊性，计算分析采用了多种软件和自行开发的程序。整体弹性分析中以 ETABS 为主，MIDAS 为辅进行（图 5.3-7、图 5.3-8）；采用 ABAQUS 和 SAP2000 软件进行弹塑性时程分析，用以验证结构在中震和大震下的性能。

图 5.3-7　ETABS 模型　　　　图 5.3-8　MIDAS 模型

主要弹性分析结果见表 5.3-1～表 5.3-3，由此可知两种软件的分析结果基本吻合，且均能够满足规范的要求。

结构周期　　　　　　　　　　　　　　　　　　　　　　　　表 5.3-1

项目		ETABS		MIDAS		规范限值
		周期	振型	周期	振型	
结构基本自振周期/s	T_1	7.60	Y向	7.76	Y向	—
	T_2	7.08	X向	6.83	X向	
	T_3	5.90	扭转	5.58	扭转	
	T_4	2.53	Y向	2.42	Y向	
	T_5	2.19	X向	2.22	X向	
	T_6	2.14	扭转	2.06	扭转	
计算振型数及有效质量系数	X	18	94.3%	18	94.3%	>90%
	Y					
扭转与平动第一自振周期之比		$T_3/T_1 = 0.78<0.85$		$T_3/T_1 = 0.72<0.85$		$T_3/T_1 <0.85$

结构质量与层间位移角　　　　　　　　　　　　　　　　　　表 5.3-2

		ETABS	MIDAS	规范限值
层间位移角	X向地震作用	1/462	1/431	1/300
	Y向地震作用	1/406	1/397	1/300
	X向风	1/1250	1/1042	1/400
	Y向风	1/400	1/403	1/400
结构总重量（恒荷载＋0.5×活荷载）/t		3.08×10^5	3.08×10^5	

工况		ETABS		MIDAS	
		X向	Y向	X向	Y向
风洞风 100 年	基底剪力/kN	21290	61250	21291	61247
风洞风 50 年	基底剪力/kN	16950	47910	16949	47912
反应谱	基底剪力/kN	36921	35775	39764	36547
	剪重比/%	1.52	1.48	1.59	1.46

5.4 专项设计

5.4.1 钢板剪力墙设计与研究

1. 钢板剪力墙结构组成与优势

钢板剪力墙结构是 20 世纪 70 年代发展起来的一种新型抗侧力结构体系。钢板剪力墙单元由内嵌钢板和竖向边缘构件（柱或竖向加劲肋）、水平边缘构件（梁或水平加劲肋）构成。当钢板沿结构某跨自上而下连续布置时，即形成钢板剪力墙体系，如图 5.4-1 所示。

钢板剪力墙按板高厚比分为厚板和薄板；按墙板是否设置加劲肋分为非加劲板和加劲板。

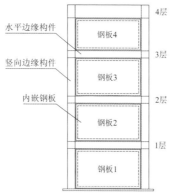

图 5.4-1　典型钢板剪力墙示意图

作为抗震建筑中的重要抗侧力构件，同钢筋混凝土剪力墙及其他形式剪力墙相比较，钢板剪力墙具有许多优点：

（1）能提高结构的刚度、强度和延性；

（2）具有稳定的滞回特性，塑性耗能能力强；

（3）钢板剪力墙相比钢筋混凝土剪力墙自重轻、可增加建筑使用空间、施工速度快；

（4）钢板剪力墙自重轻，对超高层结构基础设计经济性较好，节省投资和时间；

（5）易于对现有建筑进行抗震加固改造。

由于钢板剪力墙具有上述许多优良的抗震性能，一些发达国家已将这种新型剪力墙结构用于某些抗震建筑中，使其成为多发地震区高层建筑应用前景十分广阔的一种新型抗震结构；到目前为止，全球采用钢板剪力墙作为抗侧力结构的建筑已达数十幢，主要分布于北美和日本等高烈度地震区。

2. 天津津塔主塔楼钢板剪力墙结构设计基本原则

我国《高层民用建筑钢结构技术规程》JGJ 99—98 附录四明确了钢板剪力墙的计算准则和方法，其设计角度是从避免钢板发生屈曲破坏切入的，即以弹性屈曲强度作为钢板剪力墙的设计极限状态，没有利用板件弹性局部屈曲后强度，通常称之为厚钢板剪力墙。而厚钢板剪力墙用钢量大成本较高，发展受到一定限制。

天津津塔主塔楼核心筒开间较大,钢板剪力墙的宽厚比也较大,如果采用厚钢板剪力墙理念进行设计,那么成本将大幅度上升。天津津塔主塔楼采用的是目前国际上比较流行的薄钢板剪力墙设计理念,即允许钢板在水平力作用下发生屈曲并利用钢板屈曲后强度产生的张力场效应继续抵抗水平力作用。

天津津塔主塔楼核心筒钢板剪力墙结构与构件设计中,不仅满足国内标准,同时参考了大量国际规范的相关条文规定,如:

（1）《高层民用建筑钢结构技术规程》JGJ 99—98;

（2）《钢结构极限状态设计》CANCSA S16—01（加拿大）;

（3）《新建建筑与其他结构抗震推荐规定》NEHRP 2003（FEMA 450）（美国）;

（4）《钢结构建筑抗震规定》AISC 341—05（美国）;

其中,（2）～（4）有适用于无加劲肋的薄钢板剪力墙条文。

根据上述国内外规范的条文,经过设计团队和专家的反复研究讨论,制定了如下钢板剪力墙设计原则（图 5.4-2、图 5.4-3）:

（1）框架结构设计不考虑钢板剪力墙参与承重,以确保在地震时,即使钢板因张力场效应而出现屈曲,建筑框架体系也有足够的能力承受重力荷载。

（2）钢板剪力墙的尺寸设计将满足《高层民用建筑钢结构技术规程》JGJ 99—98 的要求,在常遇地震的地震作用及设计风荷载作用下保持弹性,而不会出现张力场效应。

（3）在中震和罕遇地震中,张力场效应将成为钢板剪力墙中抵抗侧向力的主要机制。

（4）钢板剪力墙的水平向和竖向边界单元是根据弹性分析确定的设计荷载进行设计的,以满足我国规范的要求。

（5）在中震和罕遇地震要求的荷载作用下,水平向边界单元端部可以出现塑性铰,但不得出现破坏或严重的强度损失。

（6）在罕遇地震要求的荷载作用下,竖向边界单元端部不得出现塑性铰。

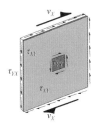 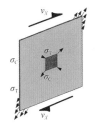

图 5.4-2　小震下的钢板剪力墙　图 5.4-3　中大震下的钢板剪力墙

3. 常遇地震和设计风荷载下的弹性性能

钢板剪力墙中的钢板厚度不应小于下列规定:

（1）厚度应满足常遇地震/设计风荷载位移限值的要求;

（2）厚度应满足在常遇地震的折算荷载和设计风荷载下不出现屈曲的要求,即满足《高层民用建筑钢结构技术规程》JGJ 99—98 中提出的下列公式要求:

$$\tau \leqslant f_{\mathrm{v}} \tag{5.4-1}$$

$$\tau \leqslant \tau_{\mathrm{cr}} = \left[123 + \frac{93}{(l_1/l_2)^2}\right]\left(\frac{100t_{\mathrm{w}}}{l_2}\right)^2 \tag{5.4-2}$$

式中: τ——钢板中的实际剪应力;

f_{v}——钢板的允许设计应力;

l_1、l_2——分别为所计算的柱和楼层梁所包围区格的长边和短边尺寸;

t_{w}——钢板厚度。

（3）厚度应满足 FEMA 450 和 AISC 341—05 的下列公式要求,并保证（根据张力场效应确定的）

设计强度比规范要求的组合荷载大，即$V_u \leqslant \phi V_n$（图 5.4-4）。

$$V_n = 0.42 F_y t_w L_{cf} \sin 2\alpha \qquad \phi = 0.9 \tag{5.4-3}$$

上式可根据我国规范的设计原理转换成下式：

$$V_n = 0.5 f t_w L_{cf} \sin 2\alpha \qquad \phi = 1 \tag{5.4-4}$$

式中：t_w——钢板厚度；

$\quad\quad L_{cf}$——竖向边界单元翼缘的净距；

$\quad\quad F_y$——钢板屈服抗拉强度；

$\quad\quad f$——钢板允许设计抗拉强度；

$\quad\quad \alpha$——钢板剪力墙张力场与竖向轴线的夹角。

$$\tan^4 \alpha = \frac{1 + \dfrac{t_w L}{2 A_c}}{1 + t_w h \left(\dfrac{1}{A_b} + \dfrac{h^3}{360 I_c L} \right)} \tag{5.4-5}$$

式中：h——水平向边界单元中距；

$\quad\quad A_b$——水平向边界单元截面面积；

$\quad\quad A_c$——竖向边界单元截面面积；

$\quad\quad I_c$——与钢板剪力墙平面垂直的竖向边界单元惯性矩；

$\quad\quad L$——竖向边界单元中距。

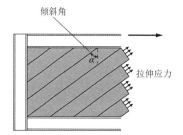

图 5.4-4 典型钢板剪力墙中理想化的张力场作用

4. 钢板剪力墙的力学性能分析

美国钢结构设计规范 AISC 和欧洲钢结构设计规范 ECCS 均规定钢板剪力墙结构的设计准则为钢板墙剪切弹性屈曲应力（加劲肋间的局部屈曲、框架梁柱间的整体屈曲）须高于剪切屈服应力，这存在两个问题：

（1）不能充分利用钢板的屈曲后强度造成钢板墙须采用厚板或设计强大的加劲体系，导致剪力墙板结构经济性降低。

（2）以弹性屈曲指标衡量结构进入弹塑性阶段的工作性能是不合理的，这是因为在抗震设计第二阶段，结构不仅要有足够的承载力，更要有足够的延性；而采用薄钢板剪力墙，允许剪力墙产生屈曲，则可以充分利用钢板屈曲后的强度，达到较好的经济效果，钢板的屈曲亦有利于耗散地震能量。

设计过程中，以无加劲肋钢板剪力墙结构为研究对象，建立 4 个独立计算模型（图 5.4-5，表 5.4-1）。对不同模型变化参数进行比较，研究内容包括钢板剪力墙屈曲后强度和相应的破坏模式等。

分析模型尺寸　　　　　　　　　　　　　　　表 5.4-1

模型编号	H_0/mm	L_0/mm	层数	钢板厚 t_w/mm	模拟小震作用施加荷载/kN	模拟中震作用施加荷载/kN	模拟大震作用施加荷载/kN	与钢板墙相连的钢框架构件尺寸/mm
模型 1	3800	8000	3	20	4000	11200	22400	工字形钢梁 H750×350×14×30；钢管柱：ϕ1400（外径）×32（壁厚）
模型 2	4000	5000	3	20	3500	10000	20000	
模型 3	3800	8000	5	20	4000	11200	22400	
模型 4	3800	8000	10	20	4000	11200	22400	

注：符号含义详见图 5.4-5。

以模型 4 为例，经过网格划分后的模型见图 5.4-6，柱梁在各层楼板施加侧向约束，顶部在钢板墙面内施加水平荷载。

在开展大挠度弹塑性有限元分析时，考虑了初始缺陷的影响。文献调研表明，钢板剪力墙是对初始几何缺陷很不敏感的构件。为了更加真实地模拟实际情况：该分析模型的初始缺陷均以弹性屈曲分析中所得到的第一阶屈曲模态为基础，并考虑 10mm 的安装偏差。

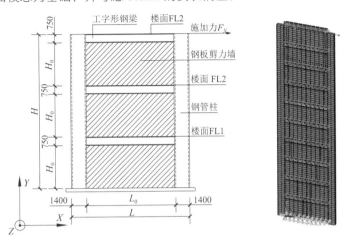

图 5.4-5　分析模型尺寸示意图　　　图 5.4-6　有限元分析模型

1）小震作用下弹塑性有限元分析

在柱顶施加小震作用下的水平荷载 4000kN，计算结果如图 5.4-7 所示。

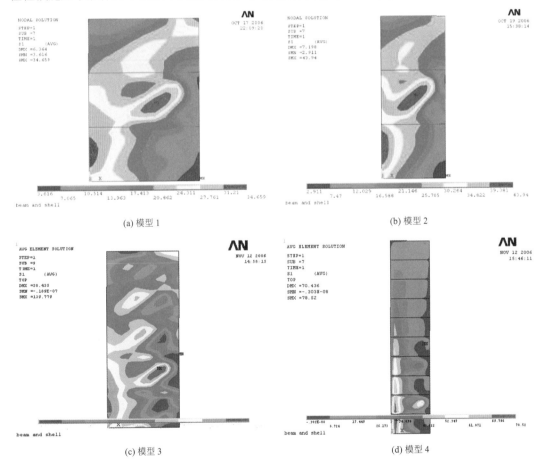

(a) 模型 1　　　　　　　　　　　　(b) 模型 2

(c) 模型 3　　　　　　　　　　　　(d) 模型 4

图 5.4-7　小震作用下钢板主拉应力分布

如表 5.4-2 所示，模型 1～模型 4 中钢板剪力墙在小震及常遇荷载下钢板内剪应力在弹性范围内，满足规范要求。

	模型 1	模型 2	模型 3	模型 4
临界屈曲应力/MPa	40.0	45.6	40.0	40.0
钢板剪力墙最大剪应力/MPa	27.8	35.1	27.3	39.1
是否满足《高层民用建筑钢结构技术规程》JGJ 99—1998 要求	满足	满足	满足	满足

小震作用下，各模型主要由板的剪应力参与抵抗整体水平力作用，5 层结构模型（模型 3）的应力分布情况基本遵循 3 层的分布规律，对于 10 层结构模型（模型 4）由于整体高宽比差别，长细比较大，整体的弯曲变形受力特点比较明显。钢板主拉应力均较小且主拉应力向量方向较为一致，分布均匀，未形成较大的拉力场。此时板的抗剪能力主要由板的剪应力提供。

2）中震作用下弹塑性有限元分析

在柱顶施加中震作用下的水平荷载 11200kN（取小震的 2.8 倍），计算结果如图 5.4-8 所示。

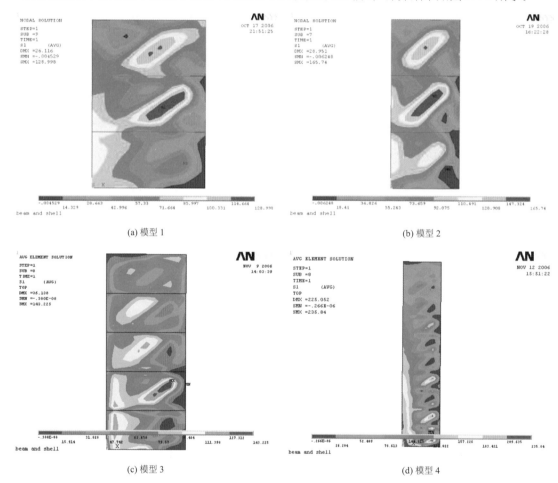

(a) 模型 1   (b) 模型 2

(c) 模型 3   (d) 模型 4

图 5.4-8 中震作用下钢板主拉应力分布

由中震作用下各模型的应力分布可以看出，钢板剪力墙基本都已进入"拉力场"作用效应阶段。随着楼层的增高，剪应力分布愈加均匀，钢板的水平刚度贡献主要由中间楼层的钢板提供，即体现出整体"剪切变形"的受力形态，即使对于 10 层结构模型（模型 4），虽然仍有整体弯曲变形效应，但是也能清楚看到钢板的拉力场效应。

由图 5.4-9、图 5.4-10 可知，在钢板周边框架构件中，中间层的框架梁受力最小，柱子受力较大，顶层框架梁其次。

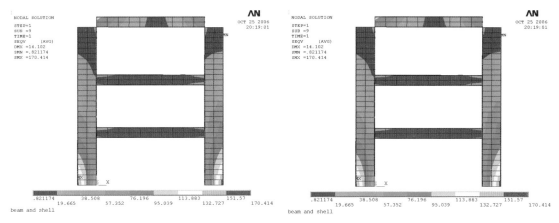

图 5.4-9　中震作用下模型 1 钢板周边框架 Mises 应力分布　　　图 5.4-10　中震作用下模型 2 钢板周边框架 Mises 应力分布

在中震作用下，每块钢板中部已出现一条明显的拉力场（图 5.4-8），且向周围框架构件延伸，从主拉应力向量分布图可以清晰地看到拉力场与竖向轴线呈一定角度。主拉应力向量方向与竖向轴线之间的夹角理论计算公式为：

$$\tan^4 \alpha = \frac{1 + \dfrac{t_w}{2A_c}}{1 + t_w h \left(\dfrac{1}{A_b} + \dfrac{h^3}{360 I_c L} \right)} \tag{5.4-6}$$

式中：α——钢板剪力墙拉力场与竖向轴线的夹角；

　　　　h——水平向边界单元中距，本例中取 4550mm；

　　　　A_b——水平向边界单元截面面积，本例取值为 30660mm²；

　　　　A_c——水平向边界单元截面面积，本例取值为 117504mm²；

　　　　I_c——与钢板剪力墙平面垂直的竖向边界单元惯性矩，本例取值为 2.769×10^{10}mm⁴；

　　　　L——竖向边界单元中距，本例中取值为 9400mm。

将以上数据代入式(5.4-6)，计算可得本例中钢板剪力墙拉力场与竖向轴线的夹角 $\alpha = 39.4°$。

以模型 3 为例，将钢板内主拉应力较大且明显分布于拉力场范围内的节点取出，计算其主拉应力向量方向与竖向轴线之间的夹角，如图 5.4-11 所示。从图 5.4-11 中可以看出，由有限元分析拉力场与竖向轴线夹角基本围绕按式(5.4-6)计算夹角上下波动，钢板剪力墙的拉力场角度分析值与公式值的差异随着楼层的增高逐渐减小，即更加接近理论结果，而底层由于约束较大而变异性较大。

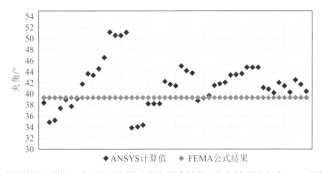

图 5.4-11　中震作用下模型 3 有限元分析拉力场与竖向轴线夹角与按理论公式(5.4-6)计算夹角对比

考虑屈曲时节点受力不均匀，对所取节点法向量方向与竖向轴线夹角求和取平均值分别为 $\alpha' = 41.2°$（3 层模型模型 1），$\alpha' = 41.6°$（5 层模型模型 3），$\alpha' = 38.7°$（10 层模型模型 4）与按式(5.4-6)计算理论值相差 5% 以内，验证了拉力场角度公式的正确性。

3）模拟大震作用下有限元分析

在柱顶施加大震下的水平荷载 22400kN（取小震的 5.6 倍），模拟大震下的有限元分析。其中 10 层模型（模型 4）由于在相同约束条件下整体刚度太小，作用相同的侧向力时模型已经提前整体失稳破坏，与 3 层模型（模型 1 和模型 2）和 5 层模型（模型 3）的计算结果没有可比性，所以大震下的结果就只对模型 1、模型 2 和模型 3 进行比较分析，计算结果如图 5.4-12～图 5.4-14 所示。从模型 1～模型 3 大震作用下的受力分析应力云图可以看到钢板剪力墙的拉力场效应发挥得非常明显，大震阶段钢板剪力墙在形成拉力场后，钢板应力发挥充分，部分已进入钢板拉力屈服状态，能很好地进行"耗能"作用。

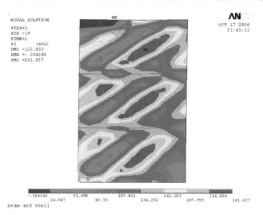

图 5.4-12　大震作用下模型 1 钢板主拉应力分布（拉力场）

由图 5.4-15、图 5.4-16 可知，在模拟大震作用下，模型 1 和模型 2 钢板周边框架构件中，柱子根部均已经发生屈服，最大 Mises 应力均已超过屈服强度。从整体 Mises 应力分布来看，仍然是中间层的框架梁受力最小，顶层梁受力次之。

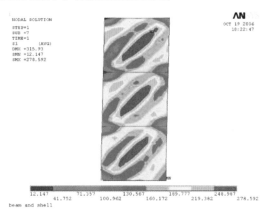

图 5.4-13　大震作用下模型 2 钢板主拉应力分布（拉力场）

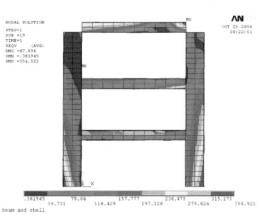

图 5.4-15　大震作用下模型 1 钢板周边框架构件 Mises 应力分布

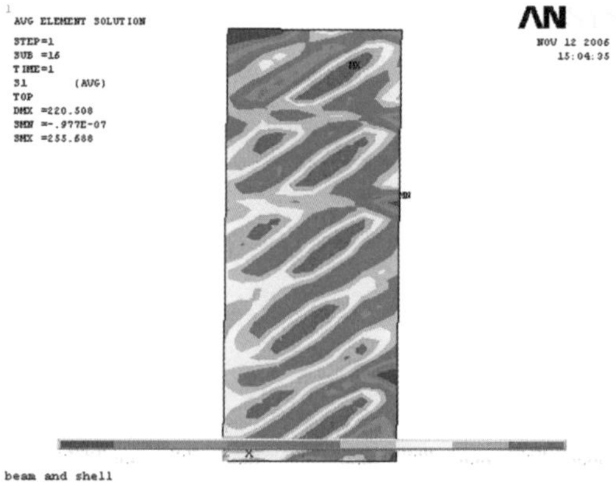

图 5.4-14　大震作用下模型 3 钢板主拉应力分布（拉力场）

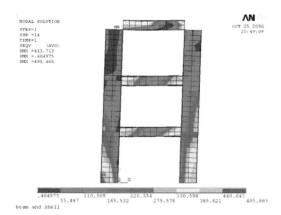

图 5.4-16　大震作用下模型 2 钢板周边框架构件 Mises 应力分布

大震作用下，每块钢板中部出现两条明显的拉力场，且向周围框架构件延伸，从主拉应力分布图可以清晰地看到拉力场与竖向轴线呈一定角度。以模型3为例，将模型3模型中钢板内主拉应力较大且明显分布于拉力场范围内的节点取出，计算其主拉应力向量方向与竖向轴线之间的夹角，与式(5.4-6)理论计算结果对比如图5.4-17所示。

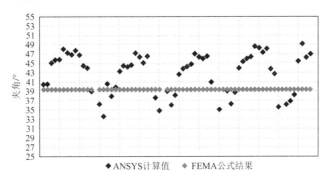

图5.4-17　大震作用下模型3有限元分析拉力场与竖向轴线夹角与按理论公式(5.4-6)计算夹角对比

由图5.4-17可知，由有限元分析拉力场与竖向轴线夹角基本围绕按理论公式(5.4-6)计算夹角上下波动。考虑屈曲时节点受力不均匀，对所取节点法向量方向与竖向轴线夹角求和取平均值分别为$\alpha' = 41.7°$（模型1），$\alpha' = 42.8°$（模型3），与按式(5.4-6)计算理论值相差10%以内，与理论计算结果基本吻合。

4）小结

基于上述研究结果可以得出以下结论：

（1）拉力场在中震及大震作用下较为明显，与竖轴呈一定角度，与理论公式进行对比发现有限元分析值在公式理论值附近波动。总的来说，随着荷载的增大（中震→大震），拉力场的角度有变大趋势，考虑拉力场受力不均匀等因素，采用平均值衡量对比，其差值在10%以内，这证明拉力场角度公式与数值有限元分析结果在不同的钢板剪力墙尺寸下均能很好地吻合。

（2）随着侧向力的增大，钢板剪力墙的局部变形逐渐增大，拉力场的条数有逐渐增多的趋势，在大震情况下各模型拉力场的条数平均可发展为2~3条。

（3）拉力场由中间层钢板（模型1和模型2）或中下部钢板（模型3和模型4）的中心最先出现，随着侧向荷载的不断加大，不断向上下层钢板及钢板四周框架构件延伸，拉力场范围越来越大，最后上下两层钢板的拉力场分布连续、均匀、与竖轴呈一定角度。

（4）拉力场形成后，需要靠周边框架构件对拉力场形成锚固，周边框架构件受到明显的"内拉"。中间层水平构件（框架梁）在其上下均有钢板拉力场作用，拉力相互抵消。故而顶层水平构件（框架梁）和竖向构件（框架柱）受力更加不利。若钢板剪力墙厚度较薄，其整体性能由钢板的拉力场屈服来控制；若钢板剪力墙厚度较厚，最终可能在竖向构件的根部形成塑性铰，整体性能由柱子的稳定性和强度来控制。

（5）与高宽比小的钢板剪力墙（模型1）相比，高宽比大的钢板剪力墙（模型2）极限荷载小，但延性更好。

（6）随着楼层的增高，拉力场产生的规律相同，且层数高的模型，钢板的整体剪力分布更加均匀，各层拉力场分布更加明显有序，体现出钢板剪力墙良好的抵抗水平力性能。

5. 国内外钢板剪力墙构造设计要求

（1）钢板剪力墙长宽比：$0.8 \leqslant L/(h \leqslant)2.5$（AISC 341—05，FEMA 450）。

（2）钢板剪力墙面最大长细比：$25\sqrt{E/F_y} \approx 800(Q235)$（FEMA 450）。

（3）钢板剪力墙面最小长细比：200。

（4）钢板剪力墙面连接节点：钢板剪力墙面与水平向和竖向边界单元连接的节点强度，应与实际的腹板抗拉屈服强度相同。计算腹板抗拉屈服强度时，腹板所受张力与竖向的夹角为α（AISC 341—05，

FEMA 450）。

（5）竖向边界单元：要求提供的竖向边界单元强度应包括钢板的效应。钢板的张力与竖向的夹角为 α。I_c 不应小于 $0.00307 t_w h^4/L$，以防止柱子发生严重的"内拉"现象。

（6）水平向边界单元：要求提供的竖向边界单元强度应大于预计的腹板张力场效应或适用建筑规范中规定的荷载组合。其中，与适用建筑规范中规定的荷载组合进行比较时，应假设钢板不参与承受重力荷载。与竖向边界单元类似，I_b 不应小于 $0.00307 \Delta t_w h^4/L$。其中，Δt_w 指水平向边界单元上方与下方的钢板厚度差。屋顶和基础层的水平向边界单元必须为屈服的钢板提供锚固连接（AISC 341—05，FEMA 450）。

（7）水平向边界单元与竖向边界单元之间的连接节点：宜考虑钢板在 α 角方向上屈服时的屈服强度造成的剪力（AISC 341—05，FEMA 450）。

（8）抗侧力支撑：水平向边界单元与竖向边界单元的所有交点均应有抗侧力支撑，且跨度不超过 $0.086 r_y E/F_y$。其中，r_y 是水平边界单元绕 Y 轴旋转的回转半径（AISC 341—05，FEMA 450）。

（9）梁柱连接节点：梁柱之间的连接节点为刚性抗弯节点（AISC 341—05，FEMA 450）。

（10）钢板中的洞口：钢板中的洞口四边均应有与钢板长、高相等的通长水平向边界单元和竖向边界单元围合（AISC 341—05，FEMA 450）。

6. 钢板剪力墙竖向加劲肋设计

在初步设计阶段，天津津塔主塔楼结构设计的主要设计原则是不考虑钢板剪力墙参与竖向承重，仅由框架柱承受竖向荷载，以确保在地震时，钢板因张力场效应而出现屈曲。

钢板剪力墙的设计满足《高层民用建筑钢结构技术规程》JGJ 99—98 附录四和板壳理论中三向应力公式作用的要求，在常遇地震的地震作用及风荷载组合下只有弹性变形，而不会出现张力场效应。

对简单的四边受简支的板来说，顶端受到弯曲和直接应力，加上剪力，可采用三向应力公式（Gerard 和 Becker，1957/1958）估计临界荷载：

$$\frac{\sigma_c}{\sigma_c^*} + \left(\frac{\sigma_b}{\sigma_b^*}\right)^2 + \left(\frac{\tau}{\tau^*}\right)^2 = 1 \tag{5.4-7}$$

式中：σ_c^*、σ_b^*、τ^*——纯轴压、纯弯曲和纯剪切临界屈曲应力；

σ_c、σ_b、τ——钢板所受的纯轴压、纯弯曲和纯剪切应力。

需要注意，根据结构的实际受力情况，结合施工步骤来考虑，即使钢板剪力墙完全后装（主体结构框架安装完毕、混凝土浇捣完成后开始安装钢板剪力墙），主体结构的钢管混凝土柱也会因为附加恒荷载和活荷载等正常使用荷载发生竖向压缩变形；在水平荷载（风荷载和地震作用）作用下，钢管混凝土柱也会发生一拉一压相应的变形。钢板剪力墙与柱紧密联合在一起，因为位移协调的关系，柱子的竖向压缩变形会带动钢板剪力墙产生竖向变形，从而导致钢板剪力墙内出现压应力。经过计算分析，由于柱子的压缩变形导致钢板内产生的压应力数值较大，这直接会导致钢板在正常使用阶段和常遇地震时发生屈曲和鼓曲变形，无法忽略其影响，因此需要采取添加竖向加劲肋的措施保证钢板的稳定性。

由于加劲肋刚度需要和建筑要求，津塔工程中钢板剪力墙的加劲肋采用双面槽型钢与钢板剪力墙角焊缝连接，如图 5.4-18 所示。

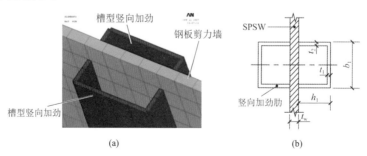

图 5.4-18　钢板剪力墙的槽型竖向加劲肋

为了达到加劲肋只提高单片钢板剪力墙在中震以及风荷载作用下的屈曲临界应力而不影响中大震情况下拉力场的形成的目的，针对加劲肋进行了一定的构造措施改进，即加劲肋两端与钢板剪力墙周边的框架构件脱开，如图 5.4-19 所示，而加劲肋两端与周边框架构件的具体脱开距离需要具体分析，设计过程中针对不同缝隙进行了敏感性分析，并确定了最终的加劲肋与周边构件的缝隙。

图 5.4-19　分析所采用的单层单跨局部计算模型

有限元模型的主要参数为钢板剪力墙横向净跨度L_0：7438mm；钢板剪力墙净高度H_0：3400mm；钢板剪力墙厚度：32mm（Q235 钢）；两侧钢管混凝土柱截面：ϕ1700mm×65mm（Q390GJ 钢，C60 混凝土）；上下楼层梁截面：H800mm×400mm×25mm×35mm（Q345 钢）；加劲肋截面：箱形 300mm×300mm×28mm×28mm（双槽钢拼接，Q235 钢）；钢管混凝土柱竖向荷载：设计轴力 121000kN（约 0.7 倍柱轴压比）；钢板剪力墙竖向应力：110MPa；初始几何缺陷：5mm（1.5‰），施加于加劲肋分隔后的各块钢板剪力墙中心。

有限元分析加载步骤为：在柱顶和顶部钢梁上施加竖向荷载之后，在墙顶缓慢施加水平位移，直至顶部位移达到 35mm（相当于层间位移角 1/100）。

为充分考虑加劲肋缝隙和初始应力对结构的影响，分析中共考虑如表 5.4-3 所示的 4 种情况。

1～4 号模型初始条件比较　　　　　　　　　　　　　　　　表 5.4-3

模型编号	加劲肋与楼层梁缝隙/mm	钢板剪力墙初始竖向应力/MPa
1	0	110
2	100	110
3	200	110
4	400	110

图 5.4-20 是模型 1～模型 4 的有限元分析侧移变形形态比较，变形形态中的彩色云图表示平面外位移大小。

(a) 模型 1 变形形态（缝隙 0mm）

(b) 模型 2 变形形态（缝隙 100mm）

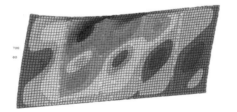

(c) 模型 3 变形形态（缝隙 200mm）

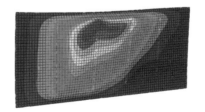

(d) 模型 4 变形形态（缝隙 400mm）

图 5.4-20　不同缝隙对钢板剪力墙变形形态影响的对比分析

由图 5.4-20 可以看出，当侧移 1/100 时：

对于模型 1，钢板剪力墙平面外最大位移 9.6mm，出现轻微屈曲，以竖向加劲肋分界，各区格内钢板剪力墙都形成了 3 道明显的 45°角拉力杆。

对于模型 2，钢板剪力墙平面外最大位移 13.9mm，较缝隙为 0 时增大 50%，仍处于轻微屈曲状态，其变形形态与模型 1 基本相同。

对于模型 3，钢板剪力墙平面外最大位移达到 46.6mm，且各区格平面外变形已贯穿竖向加劲肋连成一片，加劲肋端部出现了明显的平面外位移；变形状态已不再是理想状态，但结构仍具有侧向刚度。

对于模型 4，侧移仅 1/425 时（顶端水平位移 8mm），钢板剪力墙平面外位移就已达到 39.4mm，结构基本丧失侧向刚度，呈现明显的压屈破坏，完全看不到拉力杆。

从图 5.4-21 可以看出，随着加劲肋与楼层梁间缝隙加大，结构侧移刚度逐渐下降至缝隙 400mm 时发生质变。

经典回眸 华东建筑设计研究院有限公司篇

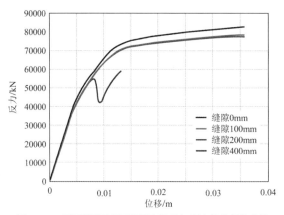

图 5.4-21 不同缝隙情况下模型底部反力-顶点位移相关曲线

从上述研究与分析中可以得到如下结论：

（1）对于钢板剪力墙的稳定性来说，竖向压应力起控制作用，施加加劲肋是必须且有效的保证钢板剪力墙稳定的措施；另外，也需要尽量减少竖向加劲肋的施加，避免对钢板剪力墙在中大震拉力场的形成过程中有过大影响；

（2）结合以上 1～4 号模型有限元计算分析，加劲肋与周边框架构件脱开 100mm 是一个合理的数值，这为设计团队在施工图设计过程中提供了重要理论依据。

5.4.2 施工模拟分析

天津津塔主塔楼作为具有伸臂桁架、钢板剪力墙的超高层复杂建筑结构体系，其结构力学特征具有较大的施工相关性。通过对不同的施工工况进行对比分析，钢管柱和钢板墙等构件的内力有非常大的差异，并且由于钢板施工进度不同，在施工过程中钢板会产生不同程度的压应力，这对钢板的屈曲分析影响也是十分重要的，因此天津津塔主塔楼设计过程中必须进行施工模拟分析。在分析过程中主要考虑以下几个方面的因素：

（1）钢板剪力墙的安装顺序：钢板剪力墙较早安装，有利于保证施工过程中不同阶段的结构整体刚度，有利于施工进度，但容易导致钢板剪力墙本身承担较大的竖向荷载；较晚安装则情况相反。

（2）伸臂桁架安装顺序：伸臂桁架较早安装，有利于提高施工过程中不同阶段的结构刚度及整体性，有利于施工进度，同时能够将更多的内部荷载通过伸臂桁架卸载到外筒柱，减小内筒柱在恒荷载下的压力值，但不利于内筒柱大震下的抗拉设计。

施工模拟分析采用 ETABS 软件，将全部安装过程划分为 21 个阶段，每个阶段具有不同的结构状态及荷载状态，施工过程中考虑 P-Delta 效应。可给出每一个施工阶段的变形及内力状态，将施工模拟完成后的状态作为恒荷载对结构作用状态的反映，在后续设计中与活荷载、风荷载、地震作用组合（小震设计阶段），或作为中、大震弹塑性分析的起始状态。

设计过程中对上述各因素进行了对比分析，最终确定了"钢板剪力墙系统及伸臂桁架滞后 15 层安装"的施工方案，具体如下：

（1）钢板剪力墙滞后主体结构（柱、梁、楼板混凝土）15 层安装；

（2）钢板剪力墙上方内筒支撑，作用类似钢板剪力墙，同样滞后主体结构 15 层安装；

（3）伸臂桁架：斜杆滞后主体结构（柱、梁、楼板混凝土）15 层安装。

主要施工模拟顺序如图 5.4-22 所示。

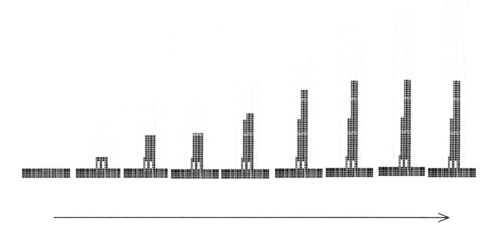

图 5.4-22　主要施工模拟顺序示意图

上述施工模拟分析达到了如下效果：

（1）钢板剪力墙滞后一定楼层安装，在施工进度、结构整体刚度及钢板剪力墙自身竖向应力之间取得平衡，即钢板剪力墙设计在满足承担一定竖向恒荷载的前提下，满足"小震不屈曲"，同时对结构整体刚度及施工进度较为有利；

（2）伸臂桁架滞后一定楼层安装，在内外筒柱压力之间获得平衡，使得大震下内筒柱脚拉力设计较为合理。

5.4.3　柱脚设计

由于天津津塔主塔楼工程的重要性，其钢管柱性能设计目标为"大震不屈服"。分析表明，柱脚在大震和风荷载等工况下均出现较大拉力。设计中对于承受拉力的柱脚采用埋入式拉压双底板柱脚（图 5.4-23）。当柱脚受拉时，拉力通过柱脚埋入段柱传递至柱脚下底板，并满足下底板与筏板之间的抗冲切要求。当柱脚受压时，压力通过柱脚上底板传至筏板面，依靠筏板顶面的局部承压扩散至整个筏板，并满足筏板的抗冲切要求。

为了方便施工，对于柱脚反力不出现拉力的柱脚，采用承台式柱脚，钢管不插入基础底板。对于柱脚反力出现拉力的柱脚，采取埋入式柱脚。钢管混凝土柱脚按下列原则设计：

（1）柱脚按刚性柱脚设计；

（2）柱脚按基本组合 + 小震组合和大震（不乘调整系数）设计，两者取大值；

（3）先按钢管混凝土柱中钢骨抗压承载力与柱底混凝土抗压（柱底板顶面有混凝土压应力，因此柱底板底面按混凝土抗压承载力计算而不按混凝土承压承载力计算）相等的原则确定柱脚底板尺寸，底板面积为S；再按柱脚反力验算底板。

（4）柱脚剪力由柱底抗剪键承受。考虑结构在中震至大震情况下很难保证水平摩擦力，因此，柱脚底板上的压力产生的水平摩擦力不予考虑。外框架柱及内筒外周的柱脚剪力较小的钢管混凝土柱，柱脚剪力全部由抗剪键承担；核心筒中部的柱脚按墙设计，剪力较大，柱脚剪力由埋入钢骨承受。

（5）柱脚轴向压力由柱脚底板面积S承受，按混凝土受压计算，柱脚锚栓不承受压力；部分柱在大震作用下，出现较大拉力及弯矩，对于无法按地脚螺栓抗拉的外露柱脚设计，将钢管柱埋入基础承台，轴向拉力由埋入钢管承担。

（6）柱脚弯矩对承台式由柱脚底板承受，对埋入式由埋入钢管柱承压面承担。

（7）锚栓拉力由柱脚靴梁承担。

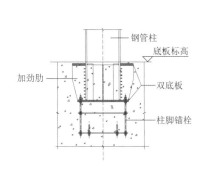

图 5.4-23　埋入式拉压双底板柱脚

5.4.4　钢管混凝土柱设计

关于钢管混凝土柱的设计，国内研究者从不同角度对组成钢管混凝土的钢管和核心混凝土之间的相互作用进行了大量研究，由于采用的研究方法和计算理论不同，得到的设计公式及结果差异很大。目前，国内关于钢管混凝土柱的设计主要包括以下两种方法：

（1）套箍指标设计法，如《钢管混凝土结构设计与施工规程》CECS 28∶90；

（2）组合强度设计法，如《钢管混凝土结构技术规程》DBJ 13—51—2003，《钢-混凝土组合结构设计规程》DL/T 5085—1999；

通过轴压承载力计算结果表明，DL/T 5085—1999 得到的柱轴压承载力最大，CECS 28∶90 次之，接着为 DBJ 13—51—2003；DL/T 5085—1999 和 DBJ 13—51—2003 计算结果相对比较接近，CECS 28∶90 差异较大（图 5.4-24）；DL/T 5085—1999 和 DBJ 13—51—2003 提供了完整的轴压、轴拉、压弯、拉弯、受剪计算公式，CECS 28∶90 仅提供轴压承载力计算。

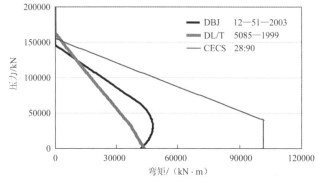

图 5.4-24　不同规范钢筋混凝土柱（1700mm×35mm）压弯承载力计算曲线

对于天津津塔主塔楼结构的内框柱，需要考虑水平拉力场作用下对钢管混凝土柱"套箍作用"的影响，会削弱实际结构中钢管混凝土柱的承载力。结构设计中为此进行了专门的试验研究，得到了在水平拉力作用下，钢管壁的应力应变分布规律，为钢管柱承载力计算提供了依据。

由于天津津塔主塔楼结构外框柱均为斜柱，其平面外的计算长度系数取值是工程设计面临的一个重要问题。构件的计算长度系数与该构件所受周围构件的约束作用以及荷载分布模式有关，通过整体结构线性屈曲分析，得到了斜柱的屈曲临界荷载，由构件计算长度系数的物理意义得到斜柱的欧拉临界力N_{cr}，反算出斜柱的计算长度系数。

在考虑上述因素影响的基础上，设计中对 ETABS 施工模拟分析后得到的钢管柱内力进行复核，使之满足上述规范对承载力的要求。

5.4.5　连接节点设计

1. 钢板剪力墙与周边框架构件连接节点

钢板剪力墙是天津津塔主塔楼结构中最主要的抗侧力构件，其连接方式是否合理，对实际工程与设计假定的吻合性、制作安装难度、施工进度以及投资的经济性有着非常重要的影响。常用的连接方式有三种，即螺栓连接、焊接连接和栓焊混合连接，天津津塔结构设计团队针对这三种连接方式均作了细致充分的研究，详细地比较了这三种连接方式的优缺点，经过包括试验研究在内的多方面比选，最后选择了全焊接的连接方式，如图 5.4-25 所示。

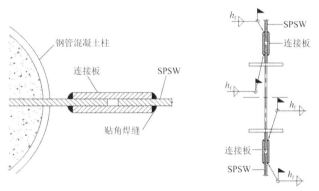

图 5.4-25　贴角焊缝节点示意图

2. 伸臂桁架与核心筒连接节点设计

天津津塔主塔楼抗侧力体系为框架核心筒体系，周边抗弯框架为钢管混凝土框架，内筒为钢管混凝土-钢板剪力墙核心筒体，内筒-外框之间设有4道伸臂桁架。伸臂桁架核心筒连接处节点构造非常复杂。鉴于该节点的重要性，为了确保其安全，设计团队选取第一道伸臂桁架（45层）在核心筒连接处节点（钢管混凝土柱、钢梁以及3根工字形支撑汇交）进行有限元专项分析，如图 5.4-26 所示。在最不利荷载组合下的工作状况分析结果表明：该节点除在节点板局部应力集中外，其他部位基本都处于弹性工作阶段，节点的承载力有一定安全储备。

3. 钢框架梁柱节点设计

天津津塔主塔楼上部结构由结构钢框架与组合金属模板浇筑楼板组成。部分钢管混凝土柱与钢框架梁连接节点中，为保证混凝土的浇筑质量，节点横隔板加劲肋上布置了一定量的排气孔。由于节点内力较大，连接安全性非常重要，故有必要对连接节点进行有限元分析，以考察节点处的应力，保证结构的连接满足结构承载力的要求。对 3 个典型的钢框架梁柱节点进行弹塑性分析，如图 5.4-27～图 5.4-29 所示。通过观察和分析加劲肋 Mises 应力分布云图，为排气孔的开取位置避开钢梁翼缘与钢柱相交的一定范围的设计原则提供了依据，钢梁翼缘的拉压力通过横隔板加劲肋很好地达到平衡且在柱上应力扩散不显著，节点设计安全合理。

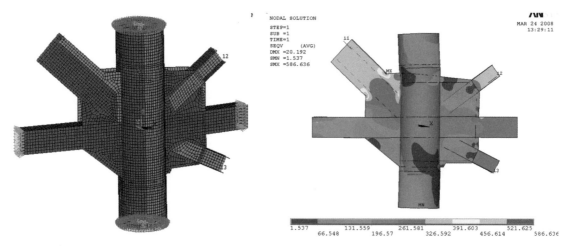

图 5.4-26　伸臂桁架节点的有限元分析模型及结果

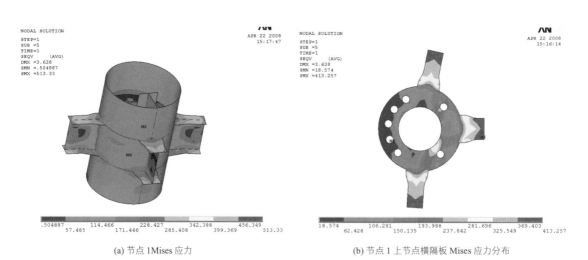

(a) 节点 1Mises 应力　　　　　　　　　(b) 节点 1 上节点横隔板 Mises 应力分布

图 5.4-27　钢框架梁柱节点 1 有限元分析模型及结果

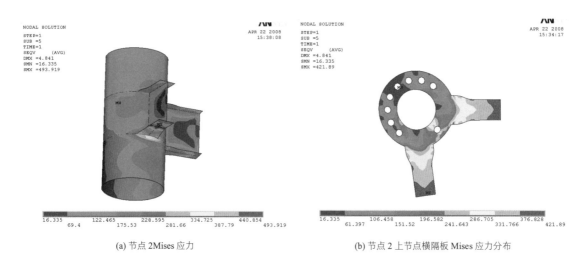

(a) 节点 2Mises 应力　　　　　　　　　(b) 节点 2 上节点横隔板 Mises 应力分布

图 5.4-28　钢框架梁柱节点 2 有限元分析模型及结果

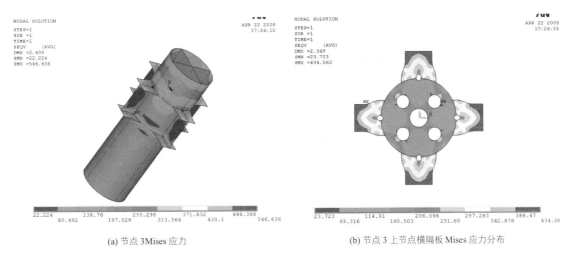

| (a) 节点 3Mises 应力 | (b) 节点 3 上节点横隔板 Mises 应力分布 |

图 5.4-29 钢框架梁柱节点 3 有限元分析模型及结果

5.5 试验研究

5.5.1 钢板墙局部模型试验研究

为了更好地了解钢板剪力墙抗侧力结构体系的受力特性，并验证天津津塔钢板剪力墙结构的安全性和合理性，需要进行必要的试验研究，本工程的试验研究在清华大学实验室和中国建筑科学研究院实验室完成。

局部模型试验按照原结构中 4 层 2 跨钢板剪力墙（SPSW）1：5 缩尺比例进行，共进行两个试件的试验。

试件一为螺栓连接，钢板墙厚度取 5mm，钢材采用 Q235B 等级，对于螺栓连接的试验模型，螺栓孔采用与扩初设计相同的长圆孔（图 5.5-1）。

| (a) 试验前 | (b) 试验后 |

图 5.5-1 试件一试验照片

试验一完成后，根据试验和工程的实际情况，钢板剪力墙在整个施工和工作状况下会承受一定的竖向荷载，试验对试件二进行了适当调整，钢板与边缘构件进行焊接连接，并为了提高钢板的临界屈曲应力设计增加了槽型加劲肋（图 5.5-2）。

试验研究的主要内容及需要达到的目标为：

（1）SPSW 不承受除自重以外的其他重力荷载，以保证 SPSW 不会因竖向变形而屈曲。

(a) 试验前   (b) 试验后

图 5.5-2　试件二试验照片

（2）SPSW 的三阶段设计原则，即小震下钢板剪力墙保持弹性，钢板墙不发生平面外屈曲，满足结构正常使用和强度要求；中震下钢板剪力墙发生平面屈曲，出现拉力场效应，满足"中震可修"的要求；大震下钢板剪力墙拉力场效应明显，结构具有很好的延性，但钢板不发生受拉破坏，能够满足"大震不倒"的要求。

（3）在中震作用下，水平边缘构件可以出现塑性铰，但不得出现破坏或严重的强度损失；竖向边缘构件可以出现屈服现象，但不得出现塑性铰。在大震作用下，竖向边缘构件可以出现塑性铰，但不得出现破坏或严重的强度损失。

通过试验研究，得到了如下结论：

（1）钢板墙结构具有较高的承载力，试件 2 具有较好的滞回性能、良好的延性及耗能能力；

（2）试件 1 试验过程中，螺栓连接钢板墙在弹性阶段即发生较大且密集的噪声，噪声主要是由高强螺栓连接发生滑移而引起，该声响将可能影响结构的正常使用；

（3）试件 2 试验过程中，焊接连接钢板墙在弹性阶段几乎没有噪声，满足正常使用的要求；

（4）试件 1 在反复荷载下抗侧移刚度退化较快；试件二设置加劲肋有利于提高结构在弹性阶段的刚度及稳定性。

5.5.2　钢板墙合理连接方式对比试验研究

SPSW 与周边边缘构件之间的连接通常是通过连接板实现的，两侧连接板同周边边缘构件通常采用焊缝连接的连接方式，而 SPSW 同两侧连接板之间可以采用高强螺栓连接或焊接连接两种方式(图 5.5-3、图 5.5-4)。

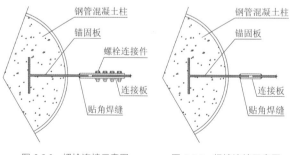

图 5.5-3　螺栓连接示意图　　　　图 5.5-4　焊接连接示意图

共完成了 3 个钢板墙与钢管混凝土柱连接试件的静力加载试验。其中，试件 1 的一侧柱与钢板带采用螺栓连接，另一侧柱与钢板带通过焊缝连接，螺栓均为摩擦型高强螺栓，开长槽孔；试件 1a 在试件 1

的基础上进行改造，其中钢板带一侧与钢管柱采用连接板加双面角焊缝连接，另一侧采用对接焊缝连接。试件 2 中钢板带一侧与钢管柱采用双面角焊缝连接，另一侧采用对接焊缝连接。图 5.5-5 与图 5.5-6 是试验前后的对比照片。

(a) 试验前   (b) 试验后

图 5.5-5　试件 1 试验照片

(a) 试验前   (b) 试验后

图 5.5-6　试件 2 试验照片

主要试验结论如下：

（1）钢板带与钢管混凝土柱采用开长圆孔的摩擦型高强螺栓连接时，在钢板带受拉屈服前螺栓群出现滑移，并进而在连接部位出现净截面破坏。

（2）钢板带与钢管混凝土柱采用对接焊缝或者双面贴角焊缝连接时，钢板带受拉出现颈缩现象时，焊缝连接仍未见破坏。

（3）钢板带与钢管混凝土柱采用焊缝连接比螺栓连接受力更为可靠，可以保证连接强度。焊缝形式可采用对接焊缝或者双面角焊缝。钢板带在钢管混凝土柱内的锚固形式是可靠的。

（4）钢板剪力墙对钢管混凝土柱管壁的环向拉应力产生一定影响。钢板带中少部分拉应力直接通过焊缝传递到钢管壁上，大部分拉应力传递到钢管内连接板上，通过连接板与混凝土的粘结力及端头横板传递到混凝土中。钢板带中的拉应力不会导致钢管壁受拉屈服。

（5）在钢管混凝土受竖向轴力作用下，钢板剪力墙引起的环向拉应力可能会导致钢管混凝土壁局部提前屈服，但是对钢管混凝土塑性极限承载力的影响很小。有无钢板剪力墙的拉力影响，钢管混凝土管壁的套箍效应都能够充分发挥。

5.5.3　复杂节点试验研究

为了保证节点能够满足"强节点，弱构件"的要求，进行了伸臂桁架的复杂节点试验研究。节点设计中，钢梁、斜撑和伸臂桁架均采用 H 型钢截面，竖向构件采用圆钢管截面。试件的破坏形式表明节点满足"强节点，弱构件"的要求，节点区的结构设计安全合理；有限元分析结果与试验结果基本吻合。说明试验结果合理，也表明分析方法合理，可用于其他类似节点的计算分析（图 5.5-7）。

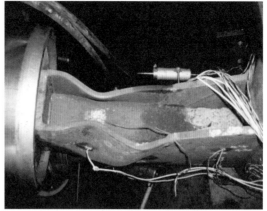

(a) 试验前　　　　　　　　　　　　　　(b) 试验后

图 5.5-7　节点试验照片

5.6　结论

天津津塔主塔楼，采用新颖的结构体系，没有可以借鉴的经验和规范依据。设计过程中，进行大量的理论研究、计算分析、规范比较和试验对比研究，主要完成了以下几方面的创新性工作：

（1）在设计薄钢板剪力墙时应先根据钢板在小震和风荷载下钢板的三向应力状况，确定相应的钢板板厚，以保证在正常使用状态下钢板不屈曲，满足使用功能的要求；通过弹塑性分析，确保中震下钢板墙出现拉力场效应，并且钢板不会在大震下出现受拉破坏；只有通过这样两阶段的分析方法才能保证结构在各种工况下满足既定的性能目标。

（2）通过比较分析，不同的施工顺序下钢板剪力墙和内外柱的内力差异非常大，因此对于这类超高层复杂结构设计，一定要进行施工模拟分析，这样才能保证结构的安全可靠。

（3）不同工况下柱脚会出现不同的拉压受力状况，针对这种情况设计的埋入式拉压双底板柱脚能够有效解决柱底拉压力问题。

（4）在考虑了如规范计算的差异、钢板拉力场对核心筒柱承载力的影响、计算长度确定对外框斜柱承载力的影响等因素后，得到的津塔钢管柱设计方法是比较全面可靠的。

相关的试验研究对结构设计的安全、合理性也进行了验证。经过近 10 年项目运营表明，整体结构使用性能良好，钢板剪力墙的应用还大幅提升了建筑品质，缩小了核心筒尺寸。这也充分说明了，天津津塔项目在结构设计中所采用的一整套设计方法、试验手段是科学、合理的，钢板剪力墙这一新型结构体系具备非常好的推广应用价值。

5.7　延伸阅读

扫码查看项目照片、动画。

参考资料

[1] SOM 建筑设计事务所, 华东建筑设计研究院有限公司. 天津津塔超限高层抗震审查报告[R]. 2007.

[2] 周建龙. 超高层建筑结构设计与工程实践[M]. 上海: 同济大学出版社, 2017.

[3] 汪大绥, 陆道渊, 黄良, 等. 天津津塔结构设计[J]. 建筑结构学报, 2009, 30(S1): 1-7.

[4] 徐麟, 陆道渊, 黄良, 等. 天津津塔结构的钢管混凝土柱设计[J]. 建筑结构, 2009, 39(S1): 812-816.

[5] 朱俊, 陆道渊, 黄良, 等. 天津津塔结构钢板剪力墙力学性能分析[J]. 建筑结构, 39(S1): 431-435.

设计团队

结构设计单位：华东建筑设计研究院有限公司（方案、初步设计顾问 + 施工图设计）
　　　　　　　SOM 建筑设计事务所（方案 + 初步设计）

执　笔　人：黄　良，徐　麟，季　俊

结构设计团队：黄　良，汪大绥，陆道渊，徐　麟，朱　俊，王　建，路海臣，韩　丹，陈雪梅

本章部分图片由 SOM 建筑设计事务所和清华大学提供

获奖信息

2013 年　中国建筑设计奖（建筑结构）金奖

2013 年　第八届全国优秀建筑结构设计一等奖

2013 年　全国优秀工程勘察设计行业奖建筑工程公建一等奖

2013 年　全国优秀工程勘察设计行业奖建筑结构专业一等奖

2014 年　中国建筑学会建筑创作奖银奖（公共建筑类）

第 6 章

南京金鹰世界项目

6.1 工程概况

6.1.1 建筑概况

南京金鹰世界项目位于南京市河西新商业中心南端,是集高端百货、酒店、办公等为一体的城市大型综合体。占地面积约 5 万 m²,总建筑面积约 90 万 m²。地上部分由 9～11 层裙楼及 3 栋超高层塔楼组成,其中塔楼 A 地上 76 层,建筑高度 368m;塔楼 B 地上 67 层,建筑高度 328m;塔楼 C 地上 60 层,建筑高度 300m。塔楼 B 在平面上与塔楼 A、C 呈 19°夹角。3 栋塔楼在 192～232m 的高度范围内通过 6 层高的平台连为整体,空中连接体最大跨度超过 70m。3 栋塔楼与裙房间设置防震缝,使 3 栋塔楼分为独立的结构单元。建筑效果图与主楼剖面图见图 6.1-1,连体楼层平面图见图 6.1-2。该项目的建筑方案由上海新何斐德建筑规划设计咨询有限公司(法国)完成,结构方案到施工图均由华东建筑设计研究院完成。

(a) 建筑效果图   (b) 主楼剖面图

图 6.1-1 建筑效果图和主楼剖面图

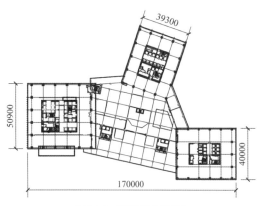

图 6.1-2 连体楼层平面图

6.1.2 设计条件

1. 主体控制参数

控制参数见表 6.1-1。

控制参数表			表 6.1-1
结构设计基准期	50 年	建筑抗震设防分类	重点设防类（乙类）
建筑结构安全等级	二级（重要构件一级）	抗震设防烈度	7 度
地基基础设计等级	一级	设计地震分组	第一组
建筑结构阻尼比	0.04（小震）/0.05（大震）	场地类别	Ⅲ类

2. 结构抗震设计条件

本项目抗震设防烈度为 7 度，基本地震加速度峰值 0.10g，设计地震分组第一组，场地类别Ⅲ类，抗震设防类别为乙类。根据《金鹰南京所街 6 号地块工程场地地震安全性评价报告》（简称安评报告）和《建筑抗震设计规范》GB 50011—2010（简称抗震规范）要求，地震动参数按以下原则采用：小震作用地震影响系数最大值 $\alpha_{\max} = \beta A_{\max}$，其中，$\beta$ 为动力放大系数，取 2.25；$A_{\max}$ 为安评报告提供的地震最大加速度峰值，反应谱曲线的相关形状参数按抗震规范规定取值，见图 6.1-3。计算中震与大震作用时，均参照抗震规范相关要求。采用地下室顶板作为上部结构的嵌固端。

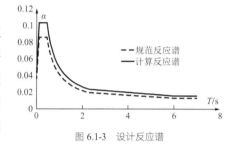

图 6.1-3　设计反应谱

3. 风荷载

结构变形验算时，按 50 年一遇取基本风压为 0.40kN/m²，承载力验算时按基本风压的 1.1 倍，场地粗糙度类别为 B 类。项目开展了风洞试验，模型缩尺比例为 1∶350。结构计算分析时，风荷载及响应按照风洞试验结果确定。

6.2　结构特点

6.2.1　非对称高空连体结构

超高层连体结构近年来得到了越来越多的关注和应用，这种结构形式给予了建筑师在立面和平面上充分的创造空间，独特的造型带来强烈的视觉效果。在使用功能上，通过在不同塔楼间设置连接体将各塔楼连在一起，一方面为解决超高层建筑的疏散问题提供了新的思路，另一方面，连接体部分有良好的采光和广阔的视野，具有巨大的使用价值。目前已建成的超高层连体建筑，大多成了一个国家或地区的标志性建筑，如吉隆坡彼得罗纳斯大厦、CCTV 主楼、东方之门，新加坡金沙酒店，重庆来福士广场等。

超高层连体结构形式极其复杂，影响结构抗震性能的因素众多，且很多因素的作用机理尚不明确，这给设计工作带来了极大挑战。目前已经建成和在建的超高层连体结构多为双塔连体结构，相关的研究工作也主要集中在双塔连体结构。虽然连体结构已有向多塔连体方向发展的趋势，但是这类建筑往往采用滑动或隔震支座的方式进行连接，连廊仅为建筑功能上的连接，而非结构层面的连接，因此各塔楼之间的相互影响较小，各塔楼的动力特性与独立塔楼基本相当。

南京金鹰世界项目由 3 栋高度均超过 300m 的超高层建筑在高空连体而形成，是目前世界在建的高度最高、连体跨度最大的非对称三塔强连接连体结构，工程设计方面的相关理论和实践鲜见于文献。本章对该项目在力学特性、分析与设计上的关键问题进行阐述。

6.2.2　整体结构之复杂力学特性

本工程结构体型复杂，连接体的存在使各塔楼相互约束，相互影响。结构在竖向和水平荷载作用下的受力性能的影响因素众多，力学特性也更加复杂，归纳起来主要有以下几个方面：（1）动力特性复杂；（2）扭转效应显著；（3）风荷载的研究资料极少，相关计算方面尚"无章可循"；（4）竖向刚度突变严重，连接体受力状态复杂。

当结构受到风荷载或地震作用时，结构除产生平动变形外，还将产生扭转变形，扭转效应随多塔楼不对称性的增加而加剧；连接体的存在改变了整体结构的振动特性，各塔楼的平动振型与整体结构的扭转振型耦合并发生响应，使得连接体受力较为不利。

连接体一方面要协调两侧结构的变形，在水平荷载下承受较大的内力；另一方面本身跨度较大，除承担自身竖向荷载外，竖向地震作用效应也较为明显。连接体部分的桁架、梁特别是楼板必须进行全面且详细的有限元分析，并采取稳妥的构造措施。

6.2.3　特殊的连体结构施工方案

本工程3栋塔楼在一个主轴方向建筑立面造型为折线形，各塔楼在裙房屋顶标高位置外挑4.5m，至27层左右外挑减小为零，然后再逐渐增大，塔楼A顶部外挑8.2m；塔楼B和塔楼C顶部外挑4.5m；建筑立面倾斜角度均在2°左右；重力荷载作用下的附加偏心弯矩将使塔楼产生水平向位移。

本工程连接体转换桁架层采用于裙房屋面拼装完成后整体提升的施工方案。由于高空连体结构的存在，施工顺序对整体结构的刚度及内力分布有一定影响。连体结构受力与施工过程密切相关，施工过程完成后结构构件内力（即恒荷载作用下的结构内力）与一次性加载条件下的结构内力具有较大差别，需要通过施工模拟得出准确的恒荷载内力以与其他工况内力组合进行构件设计；施工过程中的变形等因素也应根据施工模拟的结果考虑，需按连体结构施工的较不利工况进行构件施工阶段验算，前述重力荷载产生的塔楼水平向变形也需结合整体提升时的加载情况综合分析。

同时，三塔楼之间的竖向变形差将会在连体结构构件中产生次内力，也需根据施工模拟分析结果采取合理的措施解决。

6.3　结构体系分析

6.3.1　方案对比

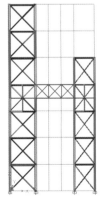

图 6.3-1　简化模型示意图

连接体的合理设计对于连体结构的整体性能起到至关重要的作用。对超高层连体结构进行合理设计，首先应准确掌握连接体对整体结构动力特性的影响，本节建立了非对称连体结构简化分析模型，从连接体的位置、连接体和主体塔楼的相对刚度两个方面对该问题进行探讨。简化模型示意图见图6.3-1，主要参数：左侧A塔，高度350m，宽度50m；右侧B塔高250m，宽度40m；两塔之间的连廊长度为75m，高度为25m。

图6.3-2～图6.3-4为单独塔楼和连体结构的前三阶模态信息，由图可以看到，连接体的引入协调了各塔楼的变形，使得连体结构的振动模态较普通单塔结构发生了根本性改变，各塔楼的同向和相向运动成为主控振型。同时由于连接体的协调作用，增大了结构的整体刚度，减小了结构变形。

经典回眸　华东建筑设计研究院有限公司篇

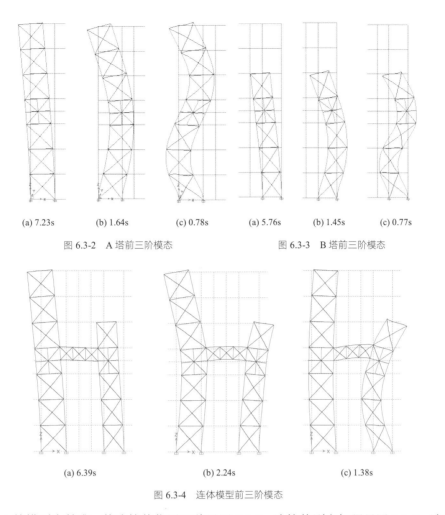

| (a) 7.23s | (b) 1.64s | (c) 0.78s | (a) 5.76s | (b) 1.45s | (c) 0.77s |

图 6.3-2　A 塔前三阶模态　　　　　　图 6.3-3　B 塔前三阶模态

| (a) 6.39s | (b) 2.24s | (c) 1.38s |

图 6.3-4　连体模型前三阶模态

　　以图 6.3-1 的模型为基准,将连接体位置下移见图 6.3-5;连接体刚度加强见图 6.3-6;连接体刚度减弱见图 6.3-7,并对修改后的结构分别进行动力特性分析。

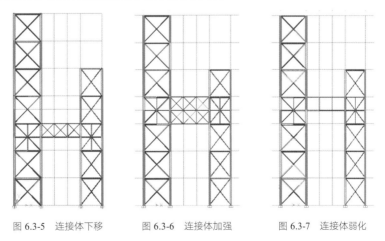

图 6.3-5　连接体下移　　　图 6.3-6　连接体加强　　　图 6.3-7　连接体弱化

1. 连接体位置对整体结构性能的影响

　　当连接体位置下移时,结构整体刚度下降,基本周期增大,在水平风荷载作用下,较高的 A 塔层间最大位移增大,B 塔减小;在水平地震作用下,整体最大层间位移增大。在水平风荷载和地震作用下,A 塔的最大顶点位移均增大,B 塔最大顶点位移均减小。在水平风荷载作用下,较高的 A 塔底层柱轴力和基底剪力增大,B 塔减小;在水平地震作用下,两塔的底层柱轴力和基底剪力均减小。对于基底倾覆弯矩,在水平风荷载作用下,A 塔的"局部弯矩"增加,B 塔减小,结构总底部倾覆力矩不变;在水平地震作用下，两塔的"局部弯矩"均减小，且由于整体抗侧刚度的下降，总的底部倾覆力矩也有所减小。此外，连接体位置的变化对结构的振幅影响明显，当连接体处于结构中上部时，塔楼振幅最小，但连接体以上的塔楼部位鞭梢效应增强。随着连接体位置的降低，扭转成分也逐渐加大，因此连体处于中上部时，对结构抗扭更为有利。

2．连接体刚度变化对整体结构性能的影响

（1）当连接体刚度加强时，结构整体抗侧刚度增大，基本周期减小，在水平风荷载和地震作用下的最大层间位移和顶点位移均减小，底层各柱轴力减小。在水平风荷载作用下，A 塔基底剪力减小，B 塔相应的增加，即连接体的加强可影响风荷载作用下总基底剪力在两塔之间的分配，高度较小的 B 塔承担的基底剪力增大。对底部倾覆力矩的计算发现，A 塔和 B 塔分别承担的"局部弯矩"均有所减小，但由于结构的整体性加强，两塔共同承担的"整体弯矩"部分增大，因此风荷载作用下的基底总倾覆力矩不变，而在地震作用下的基底总倾覆力矩增加。

（2）当连接体减弱时，结构整体抗侧刚度减小，基本周期增大，在水平风荷载和地震作用下的各参数变化规律与连接体加强的情况相反，不再赘述。

3．塔楼刚度变化对整体结构性能的影响

（1）当塔楼刚度降低时，结构整体抗侧刚度减小，基本周期增大，在水平风荷载和地震作用下的最大层间位移和顶点位移均增大，除 B 塔右侧底柱外，风荷载作用下的底层各柱轴力均减小。

（2）在水平风荷载作用下，A 塔基底剪力减小，B 塔相应的增加，塔楼的刚度变化可影响风荷载作用下总基底剪力在两塔之间的分配，高度较小的 B 塔承担的基底剪力增大。这与连廊加强的变化规律是相同的，即通过调整连廊与塔楼的相对刚度，可以使水平风荷载作用下的两塔底部剪力重新分配。对底部倾覆力矩进行计算发现，A 塔和 B 塔分别承担的"局部弯矩"均有所减小，两塔共同承担的"整体弯矩"部分增大，风荷载作用下的基底总倾覆力矩不变，而在地震作用下的基底总倾覆力矩减小。

（3）塔楼刚度的减小还会使连廊部分的斜杆和弦杆轴力显著增加。

6.3.2 结构布置

1．结构体系

3 栋塔楼均采用框架-核心筒混合结构体系，整体结构体系如图 6.3-8 所示。空中平台周边通过 5 层高的钢桁架（简称连体主桁架）与主塔楼相连（图 6.3-9），连体主桁架环绕贯通 3 栋塔楼，确保有效协调 3 栋塔楼在侧向荷载作用下的变形，发挥连体结构的整体抗侧作用。空中连接体最下层设置双向交叉转换桁架（简称连体转换桁架），以承担空中平台的竖向荷载。连接体主要受力构件均采用 Q390GJC，截面形式为箱形截面，最大截面尺寸为 800mm × 600mm，最大板厚为 100mm。

为了降低墙体厚度和结构自重，并提高核心筒的延性，3 栋塔楼在底部部分楼层采用内夹钢板的混凝土剪力墙，见图 6.3-10，主要竖向构件截面与材料见表 6.3-1。

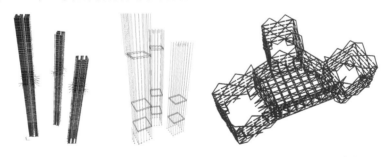

(a) 混凝土核心筒 + 伸臂桁架　　(b) 框架 + 环带桁架　　(c) 空中连接体主桁架 + 转换桁架

图 6.3-8　连接体结构布置

塔楼	框架柱			钢板混凝土剪力墙			
	最大截面/mm	混凝土强度等级	型钢含钢率/%	截面/mm		最高材料等级	
				剪力墙最大厚度	钢板最大厚度	混凝土强度等级	钢材牌号
A	2100×2100	C70	5～7	1300	35	C60	Q345B
B	1800×1800	C70	5～7	1200	20	C60	Q345B
C	1700×1700	C70	5～7	1100	20	C60	Q345B

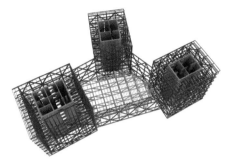 

图 6.3-9　空中平台结构布置　　　　　　图 6.3-10　钢板混凝土剪力墙核心筒

在建筑设备层与避难层处，各塔楼沿高度方向均匀布置环带桁架作为加强。伸臂桁架在提高外框与核心筒协同工作方面可以显著发挥作用，但同时也增大了构件加工与施工难度，对工期有较大影响。本项目采用了刚性强连接的连接体方案，连接体主桁架有效实现了 3 栋塔楼的共同作用，极大提高了整体结构的抗侧刚度。通过效率分析也结合空中连接体底层转换桁架的布置需要，仅在各塔楼的转换桁架层设置了一道伸臂桁架，如图 6.3-11 所示，极大降低了施工难度。

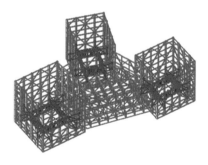

图 6.3-11　伸臂桁架

2．地基基础及地下室设计

根据勘察报告，该工程场地地貌单元为长江漫滩。抗浮设计水位取设计室外地面高程下 0.5m，属轻微液化场地。

该工程采用钻孔灌注桩基础，为了减小塔楼间不均匀沉降可能带来的连接体附加内力，3 栋塔楼均选择变形模量较大的中风化泥岩层作为桩基持力层，桩端进入持力层不小于 7 倍桩径，并采用桩底后压浆技术。塔楼桩径为 1000mm，有效桩长为 46m，塔楼桩身（水下）混凝土强度等级为 C45。计算表明，3 栋塔楼最大沉降差约为 10mm。

本工程设 4 层地下室，基础底板板面标高为−21.650m，对于纯地下室部位需布置抗拔桩。地下室连为整体，不设永久伸缩缝。以地下室顶板作为上部结构的嵌固端，为使地下室刚度满足嵌固要求，地下室在主楼相关范围内适当增设剪力墙。基坑周边采用"两墙合一"方式，地下连续墙既作基坑围护体，同时兼作地下室结构外墙。

6.3.3 性能目标

综合结构方案的特殊性，根据结构各类构件的重要性，本项目参考"C"级制定了针对构件的详细性能目标，如表 6.3-2 所示，使得重要性不同的构件分别满足不同抗震设防水准下的相应性能目标。

构件性能目标

表 6.3-2

地震烈度			多遇地震	设防烈度	预估的罕遇地震
			（小震）	（中震）	（大震）
层间位移角限值			$h/500$ $h/2000$（底部）	—	$h/100$
构件性能	核心筒墙肢（底部加强区、连接体楼层与加强层及其上下各一层主要墙肢）	正截面	按规范要求设计，弹性	中震不屈服	允许进入塑性，控制混凝土压应变和钢筋拉应变在极限应变内
		抗剪	按规范要求设计，弹性	中震弹性	抗剪截面不屈服
	核心筒墙肢（除上述以外的一般部位）	正截面	按规范要求设计，弹性	中震不屈服	允许进入塑性，控制混凝土压应变和钢筋拉应变在极限应变内
		抗剪	按规范要求设计，弹性	中震不屈服	抗剪截面不屈服，允许少量进入塑性
	连梁		按规范要求设计，弹性	允许进入塑性	最早进入塑性，$\theta \leqslant CP$
	连接体楼层框架柱		按规范要求设计，弹性	中震弹性	允许进入塑性，钢筋应力可超过屈服强度，但不能超过极限强度，$\theta \leqslant LS$
	伸臂桁架		按规范要求设计，弹性	中震不屈服	允许进入塑性，钢材应力可超过屈服强度，但不能超过极限强度，$\varepsilon \leqslant LS$
	环形桁架		按规范要求设计，弹性	中震弹性	允许进入塑性，钢材应力可超过屈服强度，但不能超过极限强度，$\varepsilon \leqslant LS$
	连接体主桁架		按规范要求设计，弹性	中震弹性	允许进入塑性，钢材应力可超过屈服强度，但不能超过极限强度，$\varepsilon \leqslant LS$
	连接体转换桁架		按规范要求设计，弹性	中震弹性	按大震不屈服验算
	普通框架柱		按规范要求设计，弹性	中震不屈服	允许进入塑性，不倒塌，$\theta \leqslant CP$
	节点			迟于构件破坏	

6.3.4 结构分析

1. 塔楼与连接体耦合效应分析

与普通单体结构相比，刚性连体结构分析与设计的最大特点是塔楼与连接体的耦合效应对结构整体性能的影响。本项目中，连接体的位置分别接近塔楼 B、C 高度的 2/3 和 3/4，对于塔楼 A 则在高度的 1/2～2/3 之间，总体上均位于各塔楼的中上部位。通过对刚性连体结构中连接体位置的参数化分析，可知随着连接体位置的降低，连体结构整体抗侧刚度降低，塔楼的扭转效应增加，且连体以上部分的鞭梢效应增强，因此当连接体处于各塔楼的中上部位时，结构的整体抗震性能较好。

表 6.3-3 为单塔与连体结构刚重比的对比，合理的连接体位置显著提高了结构的整体稳定性。利用这一有利条件，各塔楼最终仅在连体首层设置了一道伸臂桁架，即可满足结构的刚度需求。

单塔与连体结构刚重比对比

表 6.3-3

方向	塔楼 A	塔楼 B	塔楼 C	三塔连体
X	1.58	1.76	1.74	3.90
Y	1.62	1.58	1.80	3.23

通过对单塔以及连体结构基底倾覆弯矩的对比分析（表 6.3-4 和图 6.3-12）发现，在水平地震作用下，各塔楼作为连体结构的柱所承担的局部倾覆弯矩减小，3 栋塔楼承担的整体倾覆弯矩在 X，Y 向分别达到总倾覆弯矩的 24.4% 和 26.5%，表明连体后的结构整体效应明显，这是判断连体结构连接强弱的重

要指标。进一步分析还表明，由于在承担水平荷载时，轴向受力构件的工作效率大于受弯构件，因此连体后各塔楼竖向构件的内力也较独立塔楼有所减小。

连体结构倾覆弯矩（单位：$\times 10^7 kN \cdot m$）　　　　　　表 6.3-4

	总倾覆弯矩	局部抗倾覆弯矩	整体抗倾覆弯矩	整体抗倾覆弯矩/总倾覆弯矩
X	1.986	1.500	0.486	24.4%
Y	1.806	1.327	0.479	26.5%

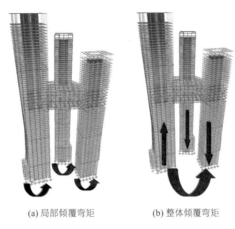

(a) 局部倾覆弯矩　　　　　　(b) 整体倾覆弯矩

图 6.3-12　连体结构局部倾覆弯矩和整体倾覆弯矩

2. 连体结构扭转效应分析

刚性连接体虽然增加了连体结构的整体抗侧刚度，但是刚度不同的塔楼被连接体协调变形后，也使连体结构的平扭耦合效应明显，见表 6.3-5，因此在动力荷载作用下，结构较易发生整体扭转现象。在设计指标上反映为以扭转为主的第一周期T_t提前或与平动为主第一周期T_1之比难以满足规范要求且整体扭转位移比超限。

连体结构振动周期　　　　　　表 6.3-5

振型	周期/s	平动质量/%		
		X向	Y向	Z向
1	6.84	6.46	54.15	6.34
2	6.52	62.33	7.15	6.42
3	5.84	1.16	6.99	66.41

由图 6.3-13 可知，连体结构的整体扭转中心位于各塔楼范围以外，因此刚性连体结构的扭转模态实质是由各塔楼的平动相位差所引起。进一步分析发现，由于刚性连接体的约束作用，连体结构中各塔楼的扭转模态难以发生，塔楼 A、B、C 的扭转周期分别出现在第 6、11、15 阶，与第一平动周期之比分别仅为 0.32、0.21、0.17；图 6.3-14 为连体结构中塔楼 A 的扭转位移比，除底部几层外，绝大部分楼层的扭转位移比均小于 1.1。刚性连体结构中的各主塔楼的扭转效应较独立单塔结构有了较大改善，刚性连接体实际增强了塔楼的抗扭刚度。对扭矩相对较大的主要竖向构件进行承载力校核，可以发现在中震作用下，构造钢筋即可满足抗扭承载力要求；大震作用下，也仅需配少量抗扭钢筋即可满足要求，构件不会由于扭转原因发生破坏。

已有的时程分析和振动台试验均显示：扭转周期比和扭转位移比并不能真实反映连体结构由于扭转造成的损伤。现行规范的结构扭转效应的限制条件（扭转周期比和扭转位移比）对于满足刚性楼板假定的单塔结构是适用的。但连体结构不满足整体刚性楼板假定，同时刚性连体结构的整体刚度较大，扭转位移超限的楼层水平变形一般较小，如金鹰天地广场项目整体结构扭转位移比超过 1.4 的楼层位移角均小于 1/1400。

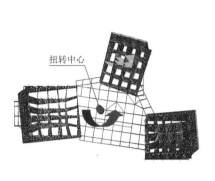

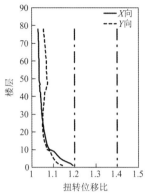

图 6.3-13　连体结构整体扭转　　　　图 6.3-14　单塔楼扭转位移比

综上分析，提出以下建议：（1）适当放松整体结构的扭转周期比限制条件，尽量减小平动模态的扭转质量参与比；（2）降低整体结构的扭转位移比要求，重点控制连体结构各塔楼自身的扭转位移比；（3）合理调整各塔楼间的刚度关系，尽量减小水平荷载作用下连接体楼层的变形差是连体结构设计的关键。

3. 多模态正弦波激励法

《建筑抗震设计规范》GB 50011 规定，在进行动力时程分析时，可取 3 组或 7 组地震波，并对计算结果取包络或均值进行设计。但实际地震动的随机性较大且超高层连体结构的动力特性复杂，有限数量的地震波输入往往难以全面反映结构的抗震性能。为了对复杂连体结构的振动特性进行更全面的分析，本项目采用多模态正弦波激励法进行补充分析。由于正弦波激励可强化结构在各阶模态下的共振响应，能够全面揭示结构的薄弱部位，因此可作为常规地震波时程分析的有效补充。分析方法如下：

（1）对结构进行模态分析，得到结构各阶振动周期。

（2）建立多模态正弦波函数。正弦波的周期与各振型周期对应，峰值加速度根据抗震设防烈度确定，波长取 5～10 个周期。

（3）确定各模态正弦波的平动角

$$\theta_{jx} = \tan^{-1}(p_{jy}/p_{jx}) = \tan^{-1}\sqrt{Y_{jm}/X_{jm}}$$

其中，$p_j = -\phi_j^T M$，X_{jm}、Y_{jm} 为第 j 阶模态 x、y 向的质量参与比。

4. 利用多模态正弦波对结构进行动力时程分析

图 6.3-15 给出了前 10 阶正弦波分析所得到的三塔 X 向层间位移角分布，结合表 6.3-4 可以看到，由于本项目仅在连接体的首层设置伸臂桁架，其他加强层只采用环带桁架，因此楼层刚度突变主要集中在连接体部位，其他加强层的刚度突变得到改善。

对于塔楼 B 和 C，刚性连接体处于 2/3～3/4 高度处，对两塔楼的约束较强，结构的动力反应贡献以前 3 阶模态为主，受高阶模态的影响较小，同时除连接体外的楼层刚度均匀，结构无明显的薄弱部位；对于塔楼 A，连接体的位置相对较低，结构的变形除受前 2 阶模态影响较大外，连接体以上结构还在部分高阶模态正弦波的激励下，表现出显著的鞭梢效应，形成抗震设计的相对薄弱部位。

根据多模态正弦波激励分析结果，设计时采用了如下对应加强措施：

（1）结合地震波时程分析结果，塔楼 A 连接体以上的楼层剪力在反应谱分析结果的基础上放大 1.4 倍，用以进行主要抗侧力构件的承载力设计；

（2）对连接体以上楼层的结构外框架柱及外框架梁进行加强，提高其性能目标至"中震弹性"；

经典回眸　华东建筑设计研究院有限公司篇

（3）对连接体楼层及上下相邻层的核心筒配筋和型钢予以加强，提高构件延性。

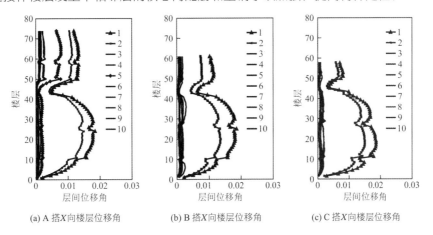

(a) A 搭 X 向楼层位移角　　　　　(b) B 搭 X 向楼层位移角　　　　　(c) C 搭 X 向楼层位移角

图 6.3-15　正弦波激励下的各塔楼层间位移角分布

5. 动力弹塑性时程分析

本项目采用大型有限元分析程序 LS-DYNA 进行结构弹塑性时程分析，共计算 5 组天然波和 2 组人工波。

大震作用下的弹塑性时程分析表明，结构的层间位移角、构件性能等各项指标均满足规范要求，塔楼主体结构的抗震性能总结如下：

在罕遇地震作用下，结构两个方向的最大剪重比分别为 5.9% 和 5.9%，A 塔楼在两个方向的最大剪重比分别为 5.0% 和 5.8%，B 塔楼在两个方向的最大剪重比分别为 7.0% 和 5.3%，C 塔楼在两个方向的最大剪重比分别为 6.2% 和 6.7%。弹塑性时程下的基底剪力相比弹性结果有一定程度的降低。

在罕遇地震作用下，A 塔楼在两个方向的最大层间位移角之平均值为 1/145 和 1/130，B 塔楼在两个方向的最大层间位移角之平均值为 1/140 和 1/148，C 塔楼在两个方向的最大层间位移角之平均值为 1/177 和 1/157，均满足抗震规范关于该类体系 1/100 的限值要求。

本工程 3 栋塔楼的核心筒总体上处于弹性，底部嵌固层区域的局部墙肢出现轻微的钢筋塑性变形，连体上、下部分楼层的墙肢出现轻度的塑性变形，未出现大范围的受压区混凝土压溃或保护层剥落等现象。核心筒可满足预期的性能目标。

核心筒连梁总体上出现明显的塑性铰，多数连梁满足"生命安全（LS）"的性能，部分连梁塑性铰程度较高，但也总体上满足"倒塌防止（CP）"的预定性能目标。

框架梁总体处于弹性范围，部分梁端出现轻微的塑性铰。框架梁满足"生命安全（LS）"的预定性能目标。

框架柱总体处于弹性范围，个别框架柱出现轻微的塑性铰。框架柱满足"生命安全（LS）"的预定性能目标，且最大瞬时轴压比在 0.75 以内，最大瞬时轴拉比在 0.4 以内。

环带桁架的部分构件端部出现明显的塑性变形，并满足"生命安全（LS）"的预定性能目标，其中最大瞬时轴压比和最大瞬时轴拉比均在 0.85 以内。

伸臂桁架构件处于弹性范围，满足"立即入住（IO）"的性能水平，其中最大瞬时轴压比和最大瞬时轴拉比均在 0.45 以内。

连体结构在向相邻塔楼过渡传力的部分斜撑构件受力较大，并出现明显的塑性变形，其余构件则总体处于弹性范围内。连接结构区域内的构件总体满足"生命安全（LS）"的性能水平，其中部分构件的最大瞬时轴压比和最大瞬时轴拉比接近 1.0。连体范围内楼板混凝土未出现明显不利的受压或受拉状态。

连体区域底部的转换桁架受力总体不高，最大瞬时轴压比和最大瞬时轴拉比在 0.6 以内，个别构件在杆端弯矩下的 FEMA（Federal Emergency Management Agency）性能参数达到 0.94，也仍未出现屈服现象。连体转换桁架满足"大震不屈服"的性能目标。

6.4 专项设计

6.4.1 应对刚度突变的策略

由于刚性连接体的存在，连接体与相邻楼层存在较大的刚度突变，但由于本项目中除连接体以外的加强层仅设置环带桁架，因此这些楼层附近的刚度突变问题得到改善，见图 6.4-1。图 6.4-1（a）还给出了塔楼 A 动力时程分析得到的楼层位移角曲线，通过与反应谱计算结果的对比可以看到，在连接体以上，反应谱计算结果偏小，在连接体以下则相反。对于刚性连体结构，连接体以上楼层存在较明显的鞭梢效应，反应谱计算结果会偏于不安全，因此动力时程分析是必要的补充计算手段。

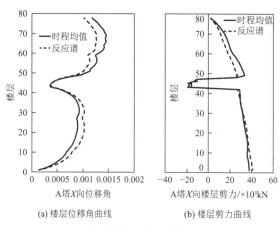

(a) 楼层位移角曲线 (b) 楼层剪力曲线

图 6.4-1 楼层位移角曲线及楼层剪力曲线对比

根据该分析结果，设计时采用如下加强措施：（1）连接体以上楼层剪力在反应谱计算结果的基础上进行适当放大；（2）三塔楼在连接体上下各两层的范围内增设环带桁架，减轻连接体与上下相邻楼层的刚度突变，如图 6.4-2 所示；（3）关键构件按时程分析结果复核承载力要求。

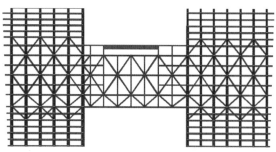

图 6.4-2 连接体及相邻楼层桁架立面示意图

6.4.2 连体结构风荷载分析

连体结构的风荷载受塔楼刚度、形状、距离、角度以及连体形状、位置、与塔楼耦合关系等因素的综合影响，其作用机理较单塔结构有显著不同。该项目委托同济大学土木工程防灾国家重点实验室进行了风洞试验（图 6.4-3），模型缩尺比为 1：350，地面粗糙度类别为 B 类，风压分别为 0.40kN/m²（对应 50 年重现期）、0.45kN/m²（对应 100 年重现期）。

图 6.4-3　风洞试验模型

　　根据风洞试验结果，对各塔楼连体前后的楼层剪力进行对比分析，以 Y 向为例（图 6.4-4）：塔楼 C 的首层剪力连体后较连体前增加了 13095kN，塔楼 A 的首层剪力连体后较连体前减小了 264kN，塔楼 B 的首层剪力连体后较连体前减小了 7468kN，同时连体部位传递到塔楼 C 的风荷载为 5363kN，这表明 3 栋塔楼刚性连接以后，塔楼 A，B 通过连接体将部分风荷载传递至塔楼 C，各塔楼在风荷载作用下的楼层剪力分布规律发生了改变。

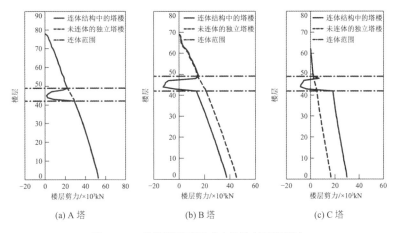

图 6.4-4　3 栋塔楼楼层剪力分布曲线（风洞试验）

　　此处对按照《建筑结构荷载规范》GB 50009 计算得到的风荷载进行同样分析，结果如图 6.4-5 所示。由图可知，规范方法计算得到的连体结构中各塔楼风荷载与未连体方案基本一致，并未反映出连体前后各塔楼在风荷载作用下的楼层剪力重分布现象，因此对于连体结构是不适用的。

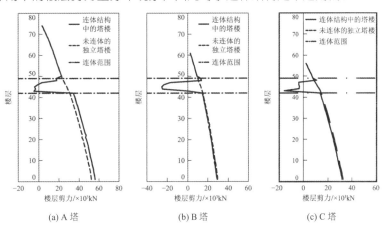

图 6.4-5　3 栋塔楼楼层剪力分布曲线（规范方法）

6.4.3 连接体设计

连接体不仅承担重力荷载，还起到协调塔楼变形差异以及不同步振动、提高结构整体刚度及改善整体稳定性的作用。由于3栋塔楼体型与主方向角各有差异，使得连接体在风荷载和地震作用下的受力状态较为复杂。此外，塔楼间的不均匀沉降亦会在刚性连接体内产生附加内力。基于这些因素，连接体遵循了以下设计思路并采取了相应的加强措施。

（1）塔楼的刚度差异越大，连接体的内力也越大，通过调整3栋塔楼的刚度比，优化各单塔在连体高度处的变形差，不仅能够有效控制连体结构的平扭耦合效应，也会显著改善连接体在协调塔楼不均匀变形时的受力状况。

（2）对连接体进行抗震性能化设计，提高重要构件的抗震性能目标，见表6.3-2。对连接体主桁架上下弦杆所在的楼层板进行加强，厚度取200mm（图6.4-6），并根据风荷载和地震作用下的楼板应力分析结果进行配筋，并在应力最大的连接体与塔楼相邻跨设置楼板面内水平支撑，见图6.4-7、图6.4-8。

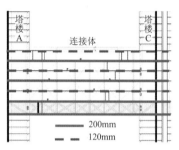

图6.4-6 连接体楼板厚度

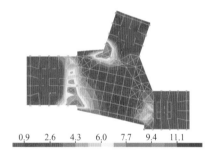

图6.4-7 中震作用下连接体底层楼板应力云图（单位：MPa）　图6.4-8 连接体底层楼板水平加强支撑示意图

（3）根据施工模拟分析结果确定合理的施工顺序，对竖向变形差敏感性较高的连接体杆件采用延迟安装方案，从而有效减小或消除附加内力的影响。

6.4.4 钢板混凝土剪力墙设计

经过计算，塔楼A、B、C分别在底部20层、6层、6层采用内夹钢板的混凝土剪力墙，剪力墙端部约束边缘构件内埋设实腹式钢柱，同时设置型钢混凝土暗梁与连梁，形成带有钢边框的型钢混凝土剪力墙，进一步提高核心筒延性，也提高钢板在施工过程中的稳定性，见图6.4-9。

为了确保钢板混凝土剪力墙的混凝土浇筑质量，控制钢板与混凝土的差异变形裂缝，在设计方面，在钢板上每隔一定距离设置灌浆孔，确保一定数量的箍筋贯穿钢板，同时根据剪力墙的应力分布设置抗剪栓钉，实现钢板与混凝土的共同工作。在施工方面，混凝土配比应采取措施减少水化热，后期加强混凝土的养护。本项目实地观测发现，面积较大的钢板混凝土剪力墙上，仅有极少量细微收缩裂缝，裂缝控制效果较好。

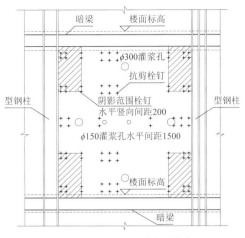

图 6.4-9　钢板混凝土剪力墙构造

6.4.5　钢结构关键节点设计

由于构件类型（型钢混凝土柱、型钢混凝土剪力墙、钢桁架等）和钢结构截面形式（箱形、H 形等）的多样性，加之结构体型，尤其是连接体的结构布置不规则，使得本项目中存在大量复杂的钢结构连接节点。在构件截面设计和构件布置时，结合节点构造，遵循以下原则：（1）不同截面形式构件节点，采取措施确保节点连接的可靠性；如各塔楼与连接体相邻位置处的柱型钢截面，在连接体范围内由十字形或工字形过渡为箱形，确保与周边箱形和 H 型钢构件的连接，见图 6.4-10。（2）型钢混凝土构件内，首先保证混凝土浇筑密实；如伸臂桁架中外伸臂构件与剪力墙内型钢连接时，外伸臂的箱形截面翼缘在混凝土内开洞，剪力墙内部构件均采用 H 型钢且腹板沿水平方向放置，见图 6.4-11（a）。又如型钢混凝土柱与周边钢桁架连接时，采用蝶形节点连接方式，H 形构件仅翼缘与钢柱连接，箱形构件仅腹板与钢柱连接，见图 6.4-11（b）。需要注意的是，在计算确定构件的翼缘与腹板厚度时，应预先充分考虑这种节点的构造特点。

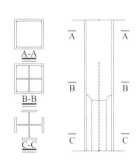

(a) 伸臂桁架节点　　　　(b) 蝶形节点

图 6.4-10　型钢混凝土柱内型钢截面过渡　　　图 6.4-11　伸臂桁架节点及蝶形节点

6.4.6　空中连接体施工方案影响分析

相较普通单塔楼建筑，超高层连体建筑的结构体系更为复杂，在施工过程中，尤其是连接体施工前后，结构基本的力学模型也完全不同，从某种程度来讲，对于超高层连体结构，按照实际施工方案进行全过程分析应该视为结构设计的"强制性条文"。施工模拟分析也是结构弹塑性计算分析的初始条件。空中平台转换桁架于 2017 年 10 月整体提升就位，见图 6.4-12。提升的转换桁架重约 2800t，提升高度

130.3m，提升速度平均 2m/h，总耗时约 9d，创造了钢结构施工安装的新纪录。施工阶段监测数据与理论分析结果吻合较好。

图 6.4-12　空中连接体提升就位实景图

空中连接体总高度超过 40m，共 6 层，跨度超过 70m，是目前世界已建成高度最高、连体跨度最大的超高非对称三塔强连接连体结构。空中平台周边通过 5 层高的钢桁架（简称连体主桁架）与主塔楼相连［图 6.4-13（a）］，连体主桁架与环绕 3 栋塔楼的环形桁架连通［图 6.4-13（b）］，确保 3 栋塔楼在侧向荷载作用下共同工作，发挥连体结构的整体抗侧作用。空中连接体底部设置双向正交转换桁架层（简称连接体转换桁架）［图 6.4-13（c）］，以承担空中平台的竖向荷载。转换桁架上承托的 5 层次要结构采用钢框架体系，最终形成完整的空中连接体。

由于空中平台位于 200m 左右高空，且跨度大、空中组拼难度很高，为保证钢结构整体安装的质量和精度，经过多轮技术分析、讨论及比较，最终确定了空中平台与裙楼屋面拼装完成后整体提升的施工方案。该方案将空中平台转换桁架构件以及部分钢次梁在塔楼主体结构施工的同时，于裙楼屋面拼装完成后，3 栋塔楼在 45 层框架柱上安装提升钢牛腿进行整体提升。整体提升完毕以后，即可把转换桁架层作为施工操作面，完成空中平台其余 5 层的钢结构安装。

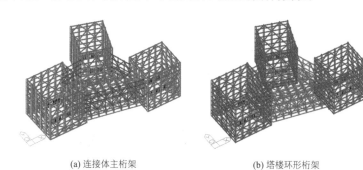
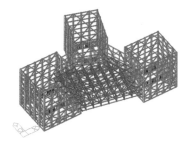

(a) 连接体主桁架　　　　　(b) 塔楼环形桁架　　　　　(c) 连接体转换桁架

图 6.4-13　连体楼层钢结构桁架示意图

1. 施工方案介绍

空中平台的施工方案主要分为三个阶段，施工流程详见图 6.4-14。阶段一为转换桁架层的拼装。结合施工进度与现场实际情况，待裙楼封顶后，在空中平台的垂直投影屋面位置设置拼装胎架，进行转换桁架的安装。阶段二为转换桁架层的整体提升。3 栋塔楼完成至少 46 层（转换层以上 2 层）时，采用 12 台穿心式千斤顶对转换桁架进行整体提升，千斤顶主要布置在楼面标高处的框架柱上，如图 6.4-15 所示，提升点的平面布置见图 6.4-16。阶段三为转换层以上的钢结构安装。转换层桁架提升到位并嵌固后，浇筑转换层楼面混凝土。待混凝土达到设计强度后，形成完整的工作面，再进行上部钢框架和主桁架的散拼施工。

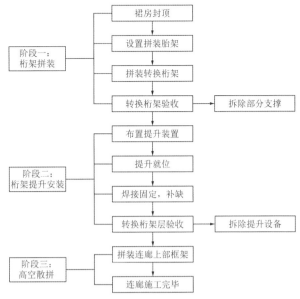

图 6.4-14 空中连接体施工流程

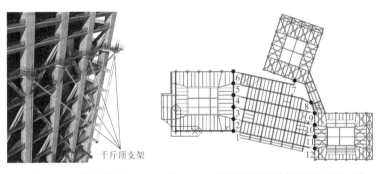

图 6.4-15 千斤顶支架   图 6.4-16 提升点平面布置（加粗点为提升点）

2. 裙房主体结构验算

整体提升的转换桁架部分总重量约 2800t，在裙房屋面进行拼装时，共设置 40 根临时支撑，所有临时支撑均设置在框架柱或框架梁上，为了避免部分支撑落在裙房报告厅屋面大跨度钢梁上，该范围内的支撑向下延伸落在相邻下一层的框架柱或框架梁上，见图 6.4-17。

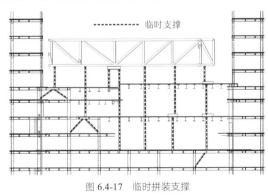

图 6.4-17 临时拼装支撑

初步验算发现，部分框架梁承载力不满足拼装工况要求，需在这些框架梁下方增设斜支撑，将竖向荷载直接传导至相邻的框架柱上。计算结果表明，裙房部分相关的主体结构构件承载力均满足施工阶段要求。

3. 转换桁架两阶段受力分析

在初始设计阶段，转换桁架为一阶段受力，桁架两端与主塔楼刚性连接，楼面刚度完全形成，所有设计荷载一次性施加，如图6.4-18所示，其中g为竖向恒荷载，q为竖向活荷载。而根据实际施工方案，桁架处于两阶段受力状态，如图6.4-19所示。在整体提升过程中，桁架受力状态为两端铰接，无混凝土楼板，荷载仅为钢结构自重g_1；在桁架提升就位并嵌固安装以后，形成两端刚接的最终状态，增加的荷载为后期附加恒荷载g_2与使用活荷载q。在这两种受力状态下，转换桁架的变形与应力状态有着显著的差异。

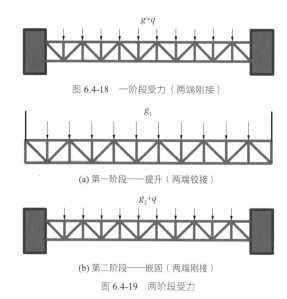

图6.4-18 一阶段受力（两端刚接）

(a) 第一阶段——提升（两端铰接）

(b) 第二阶段——嵌固（两端刚接）

图6.4-19 两阶段受力

转换层桁架竖向挠度　　　　　　　　　　　　　　　　表6.4-1

工况	自重		使用阶段	
	桁架1	桁架2	桁架1	桁架2
一次性加载/mm	20	34	42	74
施工模拟/mm	48	40	72	92

表6.4-1为其中两榀桁架在不同工况下的竖向挠度，其中桁架1为提升点1和提升点12之间的桁架，桁架2为提升点2和提升点11之间的桁架，从表中可以看到，考虑整体提升的施工模拟后，两榀桁架在正常使用阶段挠度分别增加30mm、18mm；图6.4-20为结构自重作用下的转换层桁架在不同工况下的变形云图，结果显示，考虑了施工过程以后，桁架1的挠度为48mm，反而超过了桁架2的挠度（40mm），这与一次性加载方案有着本质的区别。在确定桁架预起拱值时，较理想的状态是自重作用下楼面保持水平，确保混凝土的实际浇筑厚度较为均匀，因此必须准确考虑施工全过程的影响。

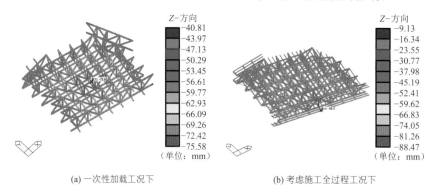

(a) 一次性加载工况下　　　　　　　　(b) 考虑施工全过程工况下

图6.4-20 一次性加载工况和考虑施工全过程工况下桁架挠度

图6.4-21为转换层桁架在一次性加载工况和考虑施工全过程工况下的应力云图，通过对比可以发现，在考虑了实际施工工况以后，桁架构件的最大拉应力由119MPa增大到183MPa，最大压应力由

126MPa 增大到 143MPa。因此对于转换桁架的部分构件，不进行施工全过程分析是偏于不安全的。

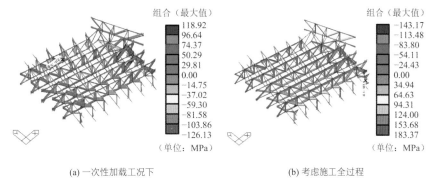

(a) 一次性加载工况下　　　　　　　　(b) 考虑施工全过程

图 6.4-21　一次性加载工况和考虑施工全过程工况下桁架应力

本项目在桁架的实际设计中，考虑了两阶段受力的特性。图 6.4-22（a）为提升阶段的桁架应力状态，此应力为转换桁架安装就位时的初始应力比。图 6.4-22（b）为后期增加的桁架应力，后期增加的荷载主要为除结构自重外的其他附加恒荷载以及活荷载，两者之和为转换桁架最终的受力状态。总体来看，相较一次性加载方案，考虑施工过程影响的桁架跨中部位构件应力普遍增大，靠近支座处的构件应力略有减小。

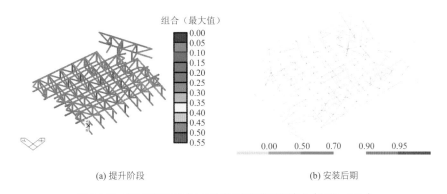

(a) 提升阶段　　　　　　　　　　　(b) 安装后期

图 6.4-22　提升阶段桁架应力和安装后期桁架增加应力（单位：MPa）

4．转换桁架的嵌固

本项目中整体提升的转换桁架双向交叉，嵌固点数量多，对施工精度的要求较高。采用同步控制提升，12 个提升点共 24 个提升器，每个提升器配有行程传感器，计算机通过传感器反馈进行荷载与位移双重控制与自动校正，确保各提升器之间的最大高差不超过 10mm。此外，为了消除最终提升到位后的误差，各榀桁架端部均预留嵌补段，同时在吊点位置对应增设临时杆件，以在提升过程中形成完整的桁架，见图 6.4-23。

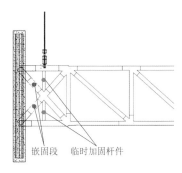

嵌固段　临时加固杆件

图 6.4-23　桁架端部构造

为了确保桁架安装就位以后与主塔楼的可靠连接，在设计时各转换桁架均向塔楼范围内延伸一跨，最终连接到核心筒,如图 6.4-24 所示。核心筒剪力墙与各桁架连接处,上下弦杆仍需进一步锚入混凝土(图 6.4-25),尤其是对于连接部位核心筒无翼墙的情况,图 6.4-25 所示锚固长度($a+b$)根据使用阶段弦杆的设计轴力计算确定。

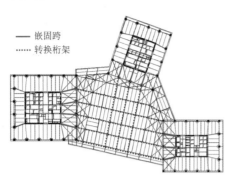

图 6.4-24 转换桁架在塔楼内的嵌固 　　图 6.4-25 转换桁架在核心筒内的嵌固

5. 整体提升对主塔楼的影响

根据实际施工进度,转换桁架整体提升时,各塔楼处于相对独立的状态。其中,塔楼 A 外框施工至 46 层(楼板浇筑完毕,且达到设计强度),塔楼 B、塔楼 C 结构封顶,整体提升过程中的分析模型见图 6.4-26。此时各吊索拉力对塔楼产生一定的附加倾覆力矩,各提升点最大支座反力见表 6.4-2,支座编号位置见图 6.4-16。图 6.4-27 为各塔楼的水平位移情况,其中(a,b)分别代表X向和Y向的变形值,可以看到,提升过程中各塔楼主要产生X向变形,使得塔楼间的距离减小,最大水平变形值为 5mm 左右。该水平变位需在施工方案与构件深化制作中予以考虑,确保提升过程中拉索的垂直度与提升就位后的安装精度。

各提升点最大支座反力　　　　　　　　　　　　　　　表 6.4-2

提升点编号	1	2	3	4	5	6	7	8	9	10	11	12
支座反力/kN	3431	3771	2905	2489	2275	2072	3638	1625	2114	3196	3159	3570

 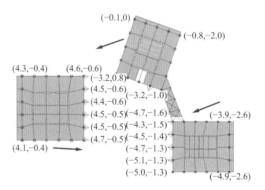

图 6.4-26 整体提升过程主体结构分析模型　　图 6.4-27 提升过程中塔楼水平变形(单位:mm)

同时,各千斤顶的实际作用点与塔楼框架柱中心距离为 3.78m(图 6.4-28),为减小对应框架柱的附加偏心弯矩,千斤顶三角支架的上下作用点均设置在楼面位置,使水平荷载首先传递至楼板。转换桁架整体提升过程中,主体结构构件产生的内力在施工完成后不可消除,相较未考虑提升影响的施工图设计工况,此初始内力应附加到设计内力中。表 6.4-3 为塔楼 A 的搁置千斤顶支架的某框架柱内力分析结果,表中 E、F 代表轴力的受拉和受压,对于剪力 1、剪力 2 和弯矩 1、弯矩 2 代表X,Y两个方向。计算结果显示,在结构自重作用下,提升工况中框架柱不会出现受拉的情况。同时相较施工图设计,该施工方案对框架柱轴力的影响很小,但是会增加接近 20% 的剪力和弯矩。经计算复核,结合施工图设计工况下的各框架柱具有足够的安全储备，考虑整体提升方案的附加内力后，承载力仍满足设计要求。

塔楼 A 框架柱内力分析 表 6.4-3

工况		轴力/kN	剪力 1/kN	剪力 2/kN	弯矩 1/（kN·m）	弯矩 2/（kN·m）
提升工况	E	430	501	343	2196	1656
	F	−3313	−351	−589	−2100	−2124
提升 + 自重	E	−471	509	320	2204	1696
	F	−6971	−301	−617	−2169	−2047
原设计	E	—	2684	3680	20218	12659
	F	−82612	−2955	−4814	−22735	−11977
提升工况/原设计	E	—	18.7%	9.3%	10.9%	13.1%
	F	4.0%	11.9%	12.2%	9.2%	17.7%

6．施工监测

为保证施工过程的安全并检验施工模拟分析结果，本项目对桁架主体构件、临时加固构件以及提升支架进行了应力和变形监测，测量设备分别为振弦式应变计、倾角计以及全站仪。主体结构每根杆件跨中对称布置 4 个应变计，应力测点共 12 个，主要为提升过程中桁架受力较大的典型竖腹杆、斜腹杆以及上下弦杆，监测桁架位置见图 6.4-29。

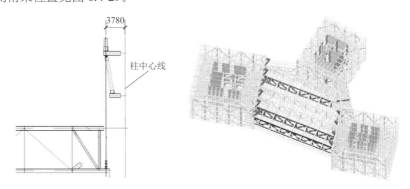

图 6.4-28　提升点对框架柱的偏心作用　　图 6.4-29　监测桁架位置示意图

现场数据采集传输至监控系统，可实时查看任意测点的指标变化状态，并可与预警上下限比较。当监测数据超过安全预警值时，监测系统将及时报警。预警阈值根据以下原则确定：（1）通过结构设计规范、有限元模拟分析、工程经验等确定应力应变预警阈值；（2）设定两级预警，预警指标分为黄色和红色两级，黄色时为预警阈值的 50%、红色时为预警阈值的 70%；本工程的预警指标如表 6.4-4 所示。表 6.4-4 中 t 为钢板厚度，单位 mm。需要注意的是，若构件为压杆，预警阈值应为杆件稳定临界应力，表中预警值应乘以相应的稳定系数 φ。

预警指标范围 表 6.4-4

监测内容		绿色	黄色	红色	阈值
Q345B	$t \leqslant 16$	[0, 155]	[155, 217]	[217, 310]	310
	$16 < t \leqslant 35$	[0, 147.5]	[147.5, 206.5]	[206.5, 295]	295
	$35 < t \leqslant 50$	[0, 132.5]	[132.5, 185.5]	[185.5, 265]	265
Q390GJC	$16 < t \leqslant 35$	[0, 167.5]	[167.5, 234.5]	[234.5, 335]	335
	$35 < t \leqslant 50$	[0, 157.5]	[157.5, 220.5]	[220.5, 315]	315
	$50 < t \leqslant 100$	[0, 147.5]	[147.5, 206.5]	[206.5, 295]	295
提升支架竖向变形/mm		<5	5	7	10

6.5 试验研究

为了检验结构的抗震能力，并对相关设计方法进行校核，该项目在中国建筑科学研究院振动台实验室进行了模拟地震振动台试验。试验模型长度相似比为 1/40，模型总高度为 9.2m（不含底板），自重为 9.16t，加配重 45.14t，为欠质量强度模型，见图 6.5-1。经计算，试验水平加速度放大系数为 3.0。

经典回眸 华东建筑设计研究院有限公司篇

图 6.5-1 振动台试验模型

小震阶段选用 7 组地震波（5 组天然波 + 2 组人工波）进行三向输入；为减小试验过程中损伤累积的影响，中震阶段的试验从 7 组大震弹塑性分析地震波中选取位移和基底反力较大的 3 组波进行三向输入；大震阶段，再从中震试验的 3 组地震波中选择反应最大的 1 组地震波进行三向输入，更多试验信息见文献[9]。

试验对结构的自振特性变化、加速度及位移响应、关键构件（核心筒、框架柱、伸臂桁架、连接体主桁架等）的应力进行了全面监测。试验结果显示：

（1）在 Y 向小震作用下，三塔振动相位一致，振幅的差异表现出平扭耦联振动现象，结构最大平均位移角为 1/580；

（2）随着地震输入的加大，塔楼 A 在连接体以上部位的振动明显超过其他两栋塔楼，且三塔出现不同相位的平动，造成整体结构的扭转，但整个试验过程均未出现单塔的扭转现象，结构的损伤主要出现在连梁、部分墙肢和底层框架柱，扭转造成的结构损伤较小；

（3）在 7 度大震作用下，结构损伤增加，层间位移角基本都小于 1/100，刚性连接体保证了结构较好的整体性，满足抗震设防目标要求。同时，连接体及上下相邻楼层未出现明显的损伤，表明该位置的结构布置及加强措施是合理的；

（4）模型还进行了超设计设防标准的 7.5 度大震检验，最大层间位移角达到 1/66，但结构的整体变形幅度远小于常规单塔结构，结构保持了较好的整体性且关键抗侧力构件损伤不严重，说明结构具有良好的变形能力和充足的延性，具有一定的抗震能力储备。

6.6 结语

通过对该项目在结构布置、动力特性、抗震性能、风荷载特点、重要构件设计等方面的分析和探讨，得到了如下结论：

（1）对于刚性连体结构，当连接体处于塔楼的中上部位时，结构的整体抗震性能较好，合理的连接体位置能够显著提高结构的整体刚度，提高抗侧力构件的效率。

（2）刚性连体结构的整体扭转效应显著，但这种整体扭转实质是由各塔楼的平动相位差所引起的，塔楼的抗扭刚度实际是增大的，现行《建筑结构荷载规范》GB 50009 对于扭转周期比和扭转位移比的限值对连体结构并不适用。合理调整各塔楼间的刚度关系，尽量减小水平荷载作用下连接体楼层的变形差是连体结构设计的关键。

（3）刚性连体结构由于存在较大的刚度突变，鞭梢效应显著，反应谱计算结果对于部分楼层会偏于不安全，需要补充动力时程分析并根据分析结果进行相应的设计加强。

（4）由于连体结构各塔楼的相互影响，风荷载效应在塔楼间存在重分布现象，现行《建筑结构荷载规范》GB 50009 中的计算方法没有考虑这种影响，因此对于连体结构是不适用的。

（5）刚性连体结构的连接体实现了各塔楼的共同工作，受力状态较为复杂，是结构设计的关键点。一方面要采取措施减小连接体在水平荷载作用下的内力，另一方面对连接体结构进行针对性的加强，保证水平力的有效传递，并提高重要构件的安全度。

（6）由于结构体系的特殊性，空中连接体采用了裙楼屋面拼装完成后整体提升的施工方案。在整个桁架层的拼装和提升以及嵌固的全过程中，主体结构和转换桁架的受力状态发生较大的改变，必须在设计中予以准确分析。

（7）本项目在中国建筑科学研究院进行了模拟地震振动台试验，振动台试验结果显示：主要抗侧力构件的实际抗震性能与设计目标相吻合，相关的设计方法与加强措施是合理、准确的，结构的整体抗震能力满足设计要求且具有一定的安全储备。

6.7 延伸阅读

扫码查看项目照片、动画。

参考资料

[1] 汪大绥, 姜文伟, 包联进, 等. CCTV 新台址主楼结构设计与思考[J]. 建筑结构学报, 2008, 29(3): 1-9.

[2] 严敏, 李立树, 芮明倬, 等. 苏州东方之门刚性连体超高层结构设计[J]. 建筑结构, 2012, 42(5): 34-37, 18.

[3] 李春锋. 高层连体结构动力特性及地震响应分析[D]. 兰州: 兰州理工大学, 2008.

[4] 吴晓涵, 韦晓栋, 钱江, 等. 双塔连体结构弹塑性时程分析[J]. 地震工程与工程振动, 2011, 31(3): 51-58.

[5] 中国建筑科学研究院. 高层连接体结构关键技术研究[R]. 北京, 2013.

[6] 同济大学土木工程防灾国家重点实验室. 南京金鹰天地广场项目风荷载研究[R]. 上海, 2012.

[7] 包联进, 姜文伟, 孙战金, 等. CCTV 主楼外筒关键节点设计与构造[J]. 建筑结构学报, 2008, 29(3): 82-87.

[8] 汪大绥, 姜文伟, 包联进, 等. CCTV 新台址主楼施工模拟分析及应用研究[J]. 建筑结构学报, 2008, 29(3): 104-110.

[9] 中国建筑科学研究院. 南京金鹰天地广场塔楼模拟地震振动台模型试验报告[R]. 北京, 2014.

设计团队

结构设计单位：华东建筑设计研究院有限公司

结构设计团队：汪大绥，姜文伟，芮明倬，张　聿，刘明国，于　琦，洪小永，李广伟，孙　侃，张　岚，黄　缨，
张冰杰，边俊杰，张玉波

执　笔　人：刘明国，于　琦

本章部分图片由上海新何斐德建筑规划设计咨询有限公司、上海建工集团和中国建筑科学研究院提供。

第 7 章

苏州东方之门

7.1 工程概况

7.1.1 建筑概况

苏州"东方之门"项目位于苏州工业园区 CBD 轴线的东端，东邻星港街及金鸡湖，由上海至苏州的轻铁线穿过本项目。项目总基地面积为 24319m²，总建筑面积约为 45 万 m²，其中地上建筑面积约 33.7 万 m²，地下建筑面积为 21.16 万 m²。

"东方之门"是由两栋超高层建筑组成的双塔连体建筑，分南、北塔楼和南、北裙房等主要结构单元，塔楼总高度为 281.1m，裙房总高度约 50m，塔楼和裙房之间设抗震缝。两栋塔楼地上最高分别为 66 层和 60 层，其建筑层高、平面布置和使用荷载都不相同，因而作为连体双塔的南、北两座楼的结构刚度、结构重量存在明显差异，双塔顶部在 230m 高空相连，顶部连体部分为五星级酒店，最顶部为层高达 16.6m 的总统套房。本工程集合了五星级酒店、酒店式公寓、商住公寓、办公、商场、停车库和设备用房等诸多功能，发展成为一个综合性多功能的超大型单体公共建筑。

作为一个大型超高层连体建筑，"门"的造型是"东方之门"项目的立意基础。该方案创意在意向上源自中国传统的花瓶门及月洞门，将它们的曲线进行提取和整合，既表达独特的中式神韵又体现现代的科技语言。这一外形立意也在一定程度上决定了本项目整体的功能布局、结构体系和机电策略，整个项目的设计围绕这一立意展开。"东方之门"项目建成照片与业态分布如图 7.1-1 所示，连体部分建筑平面图如图 7.1-2 所示。

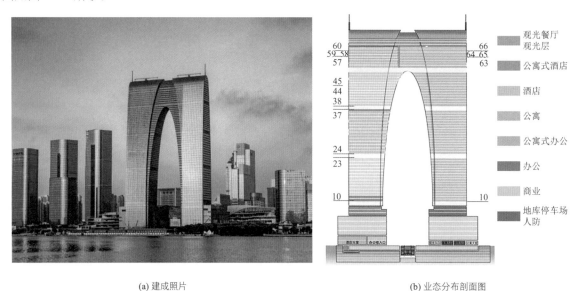

(a) 建成照片   (b) 业态分布剖面图

图 7.1-1 "东方之门"建成照片与业态分布剖面图

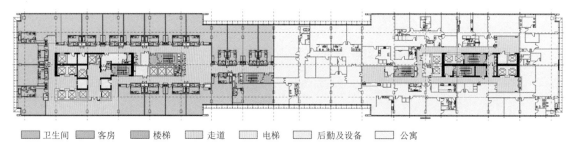

图 7.1-2 "东方之门"南、北塔楼连体部分建筑平面图

7.1.2 设计条件

1. 主体控制参数

"东方之门"项目的主体控制参数如表 7.1-1 所示。

<table>
<tr><td colspan="4" align="right">主体控制参数表　　　　　　　　　　表 7.1-1</td></tr>
<tr><td>结构设计基准期</td><td>50 年</td><td>建筑抗震设防分类</td><td>重点设防类（乙类）</td></tr>
<tr><td>建筑结构安全等级</td><td>二级（结构重要性系数 1.0）</td><td>抗震设防烈度</td><td>6 度（抗震措施符合 7 度设防要求）</td></tr>
<tr><td>地基基础设计等级</td><td>一级</td><td>设计地震分组</td><td>第一组</td></tr>
<tr><td>建筑结构阻尼比</td><td>0.04（小震）/0.05（大震）</td><td>场地类别</td><td>III 类</td></tr>
</table>

2. 结构抗震设计条件

连接体及与连接体相邻层（标高为 225.85m）以上剪力墙和框架结构构件为特一级；塔楼从嵌固端到第二加强层以上两层的竖向抗侧力构件为特一级；标高在 53.6m、115.2m、176.8m 处加强层及其相邻层的框架柱和核心筒剪力墙构件为特一级；轴线 7 至轴线 14 之间的全体框架柱为特一级；其余部位的剪力墙、框架的抗震等级均为一级；地下一层的抗震等级按上部结构采用；地下一层以下的抗震等级按三级考虑。

3. 风荷载

当控制整体结构的抗侧力刚度时，按 50 年重现期采用，基本风压为 0.50kN/m²；当控制结构的强度时，按 100 年重现期采用，基本风压为 0.55kN/m²（与地震作用组合），风压高度变化系数根据地面粗糙度类别为 B 类取值。本项目于南京航空航天大学空气动力研究所 NH-2 低速风洞中（模拟大气边界层流场）进行了测压试验及动态测力试验，模型缩尺比例为 1∶350。风洞试验模型如图 7.1-3 所示。最终本工程风荷载取风洞试验结果和规范值包络设计。

图 7.1-3　风洞试验模型图

7.2 建筑特点

本工程为双塔、连体和带加强层及转换层的复杂超高层建筑结构，属于特别不规则的超高层建筑。其结构正立面示意图如图 7.2-1 所示，具有以下几方面的建筑特点。

7.2.1 多次斜向分叉柱传力

为适应建筑外形楼层逐层变化而形成连体双塔的造型，南、北塔楼中心框架柱采用了柱子多次斜向分叉的结构形式。斜向柱直伸到顶部连体部分的第四结构加强层，使连体部分竖向荷载能够更直接有效地向下传递，减少连体部分所面对的复杂受力状况。

7.2.2 双塔高位连体

双塔在 229.2m 处连成一体，连体部分共 10 层，占总高度的 18.6%（<20%）。连体下的两个塔楼层

数、层高和核心筒体布置不对称，层刚度和整体刚度均有差异，从而形成竖向不规则结构。主体结构的连接体部分在第四加强层外边缘设置空间桁架，与该层的其他双向桁架形成有效的结构体系，提高连体结构的抗扭能力。连体的横向设置柱间支撑形成竖向桁架，增强连体结构中间部位的横向刚度。

7.2.3 带结构加强层及高位转换层

在标高 53.6m、115.2m、176.8m 和 229.2m 设置四个结构加强层。混凝土核心筒四个角部与外围框架之间设置了八榀刚度较大的伸臂桁架，同时沿该层的外围框架设置了带状桁架，共同发挥抗侧作用，如图 7.2-2 所示。

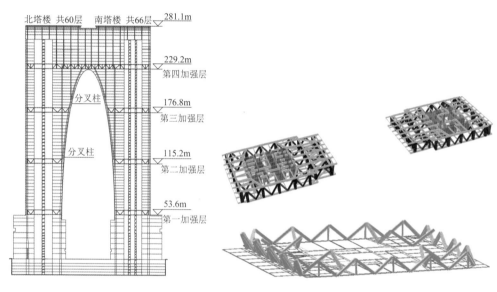

图 7.2-1　结构正立面示意图　　　　　图 7.2-2　加强层典型结构布置

7.2.4 裙房弱连接大跨天桥

在裙楼的西侧 6～8 层位置，天桥跨越南北，形成裙楼的空中连廊，跨度为 60m。空间连廊高度约20m，平面呈弧形，立面外倾，为减小南、北裙楼结构之间在地震作用下相互影响，天桥与裙楼之间采用水平约束作用较小的弱连接形式。同时，为约束天桥的侧向变形和避免可能出现的倾覆问题，采用了隔震型支座和抗倾覆措施。

7.3 体系与分析

7.3.1 方案对比

1. 连体部分承重结构方案的比较

在方案设计阶段，对连体结构有如下三种方案。

方案 1：在连体底层设置转换桁架；方案 2：除设置转换桁架外，另设置斜拉杆；方案 3：除设置转换桁架外，结合建筑造型将凹口部分处理成拱结构。各方案如图 7.3-1 所示，其优缺点分析如下。

（1）方案1

优点：结构简洁，南北塔楼层数不同，基础的不均匀沉降不会造成上部结构很大的应力集中。

缺点：①桁架刚度和强度难以保证。对于承托了10层建筑重量的桁架，其高跨比为1∶9，偏小。该桁架弦杆的截面估算为H1050mm×800mm×70mm×70mm，钢板偏厚，节点处理困难。②该桁架为连续三跨，其中间支座为起于第3加强层的柱，该柱承受了连体的大部分重力荷载，其柱脚（加强层处）传力不平顺。③在罕遇地震作用下，该桁架与混凝土核心筒的连接节点以及中间支座均有可能出现刚度退化或产生破坏，而转换桁架是连体部分唯一的承重结构，因此结构在大震下可靠度较差。

（2）方案2

优点：①通过斜拉杆和转换桁架共同承重，竖向刚度有较大提高，桁架截面可以相应减小。②拉杆的水平分力可以由连体自身平衡，不会对塔楼造成不利影响。

缺点：①影响建筑布置。②穿过数层楼板，与楼板及梁相交处节点处理困难。

优点：①结构与建筑造型结合较好。②上部结构的重力可以通过柱较均匀地向拱传递，拱在第3加强层处传力连续，因此整个结构受力均匀平顺。③拱结构对刚度贡献很大，转换桁架可以设计得相对较柔，从而对支座的反力亦较小。④大震时局部节点的刚度退化和破坏不致对连体部分造成灾难性破坏。

缺点：①当两塔楼出现不均匀沉降时，或者当结构受到X向水平力时，拱受力较大，拱顶出现应力集中。②拱顶的应力集中与拱顶的细部处理有关，拱与桁架相交所成的角度对其内力影响较大，确定最优的相交角将是下一步的工作。不过，无论此角度为多大，在X向大震作用下，拱中内力都要增加好几倍。

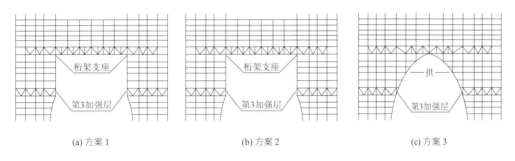

| (a) 方案1 | (b) 方案2 | (c) 方案3 |

图 7.3-1　连体部分承重结构方案对比

2．拱结构方案（方案3）的改进

在方案三的基础上，为了减小拱顶应力集中，考虑将拱在转换桁架处不交于一点，两拱臂拉开一定的距离，从而形成一个非完整拱，如图7.3-2所示。此为连体结构承重部分方案四。

从抵抗重力荷载的角度看，该结构类似于斜腿刚架桥；从抵抗水平荷载的角度看，该结构类似于偏心支撑框架。因而该结构有如下优点：与方案一相比，斜柱作为水平桁架的支点，大大减小了桁架的跨度；与方案三相比，斜柱之间的水平桁架有较大的变形能力，可以将不均匀沉降消化于此；在极罕遇地震时，这段水平桁架即为消能梁段。

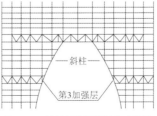

图 7.3-2　连体部分承重结构方案四

7.3.2 结构布置

1. 上部结构布置

"东方之门"项目上部结构采用钢筋混凝土核心筒 + 钢骨混凝土框架柱、钢梁的混合结构受力体系。标准层结构平面图如图 7.3-3 所示，连体部分结构平面图如图 7.3-4 所示。结构构件的主要尺寸参数如表 7.3-1 所示。

（1）加强层

加强层桁架弦杆和斜腹杆采用焊接工字钢，部分斜腹杆受力较大，为提高平面外稳定，采用中段箱形钢管、两端与弦杆连接处为工字截面的变截面形式。

（2）框架柱

第 3 加强层以下东西侧外围框架柱采用矩形钢骨混凝土柱，钢骨含钢率为 6%～10%；第 3 加强层以上为矩形钢管柱。第 2 加强层以下北塔楼的南侧、南塔楼的北侧采用矩形钢管混凝土柱和圆形钢管混凝土柱（用于角柱），钢管填充混凝土为高抛免振自密实混凝土，强度等级从下到上为 C60～C50，从第 2 避难层开始往上分叉，分叉后采用矩形钢管柱和圆形钢管柱（用于角柱）。

（3）核心筒

钢筋混凝土核心筒，第 4 避难层以下北塔的核心筒平面占比为 24.4%；南塔核心筒平面占比为 22.8%。墙体厚度随高度分段缩小，混凝土强度等级从下到上为 C60～C40，第 4 避难层以上（连体部位）核心筒内收。筒体四个角部和与框架梁相连的墙体中设钢骨混凝土暗柱。避难层处伸臂桁架的弦杆伸入核心筒并贯通，斜杆伸入核心筒内一跨。核心筒连梁高度为 700mm，部分受力较大的连梁内置型钢。

（4）楼板

核心筒内楼面采用现浇钢筋混凝土楼板，板厚 150mm。核心筒外楼层梁采用焊接工字钢或型钢钢梁，楼板采用钢筋桁架楼承板，楼板厚度 130mm，部分楼层楼板加强处板厚为 150mm、180mm。

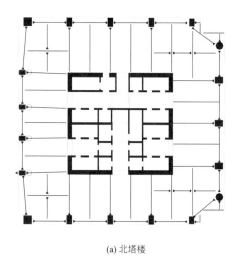

(a) 北塔楼

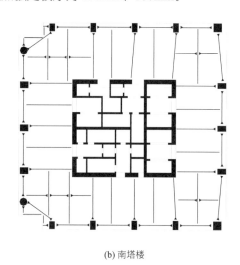

(b) 南塔楼

图 7.3-3　标准层结构平面图

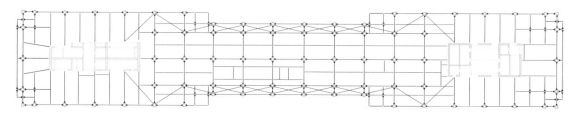

图 7.3-4　连体部分结构平面图

经典回眸　华东建筑设计研究院有限公司篇

项目		尺寸信息
核心筒剪力墙截面		950mm/850mm/750mm/500mm/300mm
框架柱截面	东西外围柱	1200mm×2200mm（型钢混凝土柱） 1000×1500mm（型钢混凝土柱） 600mm×1000mm×60mm（钢管柱） 600mm×800mm×30mm（钢管柱）
	中部矩形钢管（内拱）	1400mm×1800mm×80mm（钢管混凝土柱） 1000mm×1000mm×80mm（钢柱） 600mm×800mm×30mm（钢柱）
	中部圆钢管（内拱）	1600mm×80mm（钢管混凝土柱） 1200mm×60mm（钢柱） 600mm×800mm×30mm（钢柱）
钢梁截面		外框梁：550mm×400mm×15mm×25mm 外框-芯筒间梁：500mm×300mm×15mm×25mm

2. 地下室结构与基础结构布置

（1）地下室

本项目地下部分共5层，整个基坑深度超过20m，分为南、北两大区域。在南、北区域中间有地铁轻轨车站通过，地铁车站与地下室结构之间设永久性沉降缝，沉降缝宽800mm。

（2）基础

本工程南、北塔楼桩基础采用桩底后注浆工艺的混凝土钻孔灌注桩，直径1000mm，桩尖持力层为⑬$_1$层土，桩长约72m。根据工程前试桩结果，主楼桩单桩承载力设计值可提高至12000kN。

裙房桩基础采用直径800mm的钻孔灌注桩，桩尖持力层为⑪$_2$层土，桩长约49m，单桩承载力设计值约4500kN。抗拔桩采用直径700mm的钻孔灌注桩，桩长约49m，深入土层⑪$_2$层，单桩抗拔承载力设计值约1950kN。

塔楼基础形式采用大底板＋均匀布置的群桩方式，桩距约3.0m，南、北塔楼地下室底板厚约4.0m，塔楼下底板局部加厚；裙房地下室底板约1.5m厚，承台部分局部加厚。

基础设计中，为避免由于塔楼和裙房不均匀沉降而产生的较大底板内力，在塔楼和东、西裙房之间设施工后浇带，后浇带封闭时间根据塔楼的沉降趋于稳定后确定。

7.3.3 性能目标

1. 抗震超限分析和采取的措施

1）结构超限情况

本工程为双塔、连体和带加强层及转换层的复杂高层建筑结构，对照《建筑抗震设计规范》GB 50011—2010和《高层建筑混凝土结构技术规程》JGJ 3—2010存在以下超限情况，属多项特别不规则的超限高层建筑。

（1）高度超限：塔楼总高度为281.1m，超过混合结构适用的房屋最大高度220m，超高26.4%。

（2）连体建筑：双塔在229.2m处连成一体，连体部分共10层，占总高度的18.6%（<20%）。连体下的两个塔楼层数、层高和核心筒体布置不对称，层刚度和整体刚度均有差异，从而形成竖向不规则结构。

（3）带结构加强层及高位转换层：整体结构在标高53.6m、115.2m、176.8m和229.2m设置4个结构加强层，连体结构竖向结构转换层位于标高229.2m的第4加强层处，本工程因竖向刚度有突变而形成竖向不规则结构。

2）超限高层审查意见

本工程分别经过江苏省抗震设防专项审查委员会和全国超限高层建筑工程抗震设防专家委员会的

专项审查，审查意见分别如下。

（1）江苏省抗震设防专项审查组专家关于"苏州东方之门工程扩初设计抗震设防专项审查初审意见"如下：

①核心筒部分墙体的轴压比仍比较大，应进一步采取适当措施；

②支撑连体桁架的斜柱按中震弹性计算，斜柱的应力比过大；

③应进行施工模拟分析，考虑上部连体未合拢时的最不利状态；

④进一步慎重选择桩基持力层并进行群桩沉降计算，可调整核心筒下桩长以减少沉降差；

⑤结构时程分析应满足规范要求。

（2）全国专家审查委员会关于"苏州东方之门工程初步设计抗震设防专项审查意见"如下：

①该工程小震地震影响系数最大值按"安评"报告采用；时程分析的输入波形应与"安评"报告协调。中震和大震的设计参数仍按规范采用。

②该工程总高度较大、Y 向层间位移较大。竖结构（连梁除外）承载力应按中震弹性复核；底部尚应按大震复核受剪承载力，主要墙体的轴压比应严格控制。

③连体及其支撑部位（7～14 轴最上分叉以上）宜按大震不屈服复核。

④伸臂桁架应与筒体的墙肢贯通。加强层和柱分叉处的楼面水平支撑应延伸至内筒；顶部拱脚的楼层应设置水平支撑。

⑤底部扭转位移比大的框架柱，应采取特一级或其他加强措施。

⑥内力组合应以施工全过程完成后的静载内力为初始状态。

2．结构超限对策

1）选用三个不同力学模型的三维空间分析软件 SATWE、ETABS 和 ANSYS 进行连体结构的整体内力位移分析计算，复核不同模型的计算结果，总体信息满足规范要求，计算结果接近。

2）采用 ETABS 程序进行了多遇地震下弹性时程分析，选用 3 条天然波和 1 条人工模拟的加速度时程曲线，4 条波的峰值加速度为 $28cm/s^2$，地震波的持续时间为 30s。计算显示在 150m 高度处反应谱法结果小于时程分析结果，在施工图设计中予以考虑。

3）控制墙柱轴压比。核心筒剪力墙的轴压比按一级抗震等级的要求不宜超过 0.5，在受力较大的外圈剪力墙中设置型钢混凝土端柱和暗柱，型钢混凝土柱设置在核心筒的四个角部和与框架梁相接的剪力墙中。型钢混凝土的剪力墙可以提高其抗震性能（抗弯、抗剪承载能力）、增加延性，剪力墙在重力荷载代表值作用下的轴压比可以满足规范要求。钢骨混凝土框架柱的轴压比均控制在 0.65 以内，特一级框架柱轴压比控制在 0.6 以内。

4）加强薄弱层。针对结构在第 6 层由于层高突变引起的竖向不规则的情况，计算中考虑第 6 层的地震剪力乘以 1.15 的增大系数，并按大震不屈服工况进行该楼层的核心筒剪力墙和框架柱的抗剪承载力设计。增加该楼层核心筒的强度，提高暗柱内的钢骨含钢率，增加交叉钢支撑（60mm×1100mm）来减少与上层的侧向刚度及抗剪强度差异。通过加强后的，抗侧刚度比最小值 0.53，小于 0.7，抗剪强度比最小值由 0.61 提高至 0.79，大于 0.75。

5）其他抗震措施：塔楼从嵌固端至第 2 加强层之上两层抗侧力构件按特一级设计。墙体约束边缘构件延伸到轴压比为 0.25 和第 2 加强层以上两层的较高处。

3．抗震性能目标

根据抗震性能化设计方法，制定了结构整体性能目标和结构薄弱部位（关键部位）的性能目标。

1）第一水准地震（小震）作用下结构满足弹性设计要求，即整体结构的周期、位移等指标满足规范要求，全部构件的抗震承载力均满足规范要求；

2）第二水准地震（中震）作用下结构全楼（连梁除外）弹性；

3）第三水准地震（大震）作用下极关键部位构件（即转换构件）大震不屈服，底部复核抗剪承载力，连体及其支撑部位（7～14轴最上分叉以上）按大震不屈服复核。

7.3.4 结构分析

1. 分析程序的选用

（1）"东方之门"项目结构体型较为复杂，分析工具选用 ETABS、ANSYS 和 SATWE 三种程序。

（2）三个模型的各种结构构件的截面特性、材料特性与布置、施加在结构上的各种荷载（恒荷载、活荷载、风荷载等）完全一致，计算地震作用所取用反应谱参数也同样根据有关规范要求并结合场地的"安评"报告实测数据进行合理取值。

（3）三种程序计算结果之间的异同完全是由程序的力学模型不同带来的，这也符合建设部《超限高层建筑工程抗震设防管理规定》对选择计算程序的要求。

（4）采用 NosaCAD 有限元软件建立整体结构分析模型，分析结构在 7 度罕遇地震下的弹塑性时程反应，得到结构在地震作用下的变形、内力和破坏情况的变化过程。

2. 三种程序振型分解反应谱法结果比较

基于 SATWE、ETABS 和 ANSYS 三种程序，对主体结构进行振型分解反应谱法计算，其结果如表 7.3-2 所示。三种程序计算得到的结构在地震作用下和风荷载作用下的层间位移角、最大位移、剪力和层剪力基本一致，均满足规范要求。SATWE 程序计算的结构前三阶振型如图 7.3-5 所示。

主体结构振型分解反应谱法计算结果　　　　　　　　　　　　　　　表 7.3-2

电算数据		软件类型		
		SATWE	ETABS	ANSYS
自振周期/s	T_1	5.974	5.722	5.9804
	T_2	5.308	5.054	5.4748
	T_3	5.036	4.730	5.2449
	T_4	2.271	2.094	2.4586
	T_5	2.176	1.997	2.2777
	T_6	1.931	1.809	2.2484
	T_7	1.802	1.706	1.8435
	T_8	1.632	1.521	1.6568
	T_9	1.502	1.397	1.6426
地震作用	X方向基底剪压比	0.95%	1.005%	1.005%
	Y方向基底剪压比	0.85%	0.822%	0.918%
	X向最大层间位移角	1/1700	1/1736	1/1366
	Y向最大层间位移角	1/1328	1/1115	1/1191
风荷载作用下楼层最大位移	X向层间位移角	1/2137	1/2358	1/1669
	Y向层间位移角	1/593	1/625	1/603
活荷载产生的总质量/t		37192	37192	37220
恒荷载产生的总质量/t		430615	431400	430612
结构的总质量/t		467807	468592	467832

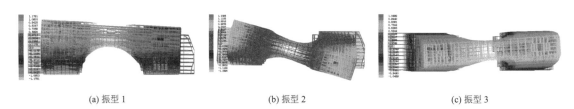

| (a) 振型 1 | (b) 振型 2 | (c) 振型 3 |

图 7.3-5　结构振型图（SATWE 程序计算）

3．多遇地震作用下弹性时程分析

根据规范要求，本工程结构设计用 ETABS 程序进行了多遇地震下弹性时程分析，选用 3 条天然波 Usaca014、Usaca169、Sanf-X 波和 1 条人工模拟的加速度时程曲线 A31 波，4 条波的峰值加速度为 $28cm/s^2$，地震波的持续时间 30s，计算结果如表 7.3-3 所示。计算结果表明：由于本工程为超过 150m 的高层建筑，弹性动力时程反应较大，建筑物的上部由 4 条时程波平均值产生的层间剪力大于由 CQC（Complete Quadratic Combination）法计算的层间剪力，结构计算分析应参考动力分析的结果。结构体系无明显薄弱层，最小的时程曲线所得的结构底部 X 向剪力由 Usaca014 地震波产生，Y 向剪力由 Usaca0169 地震波产生，但均不小于由 CQC 法求得的底部剪力的 65%，4 条时程曲线计算所得的底部剪力的平均值均大于由 CQC 法求得的底部剪力的 80%，弹性时程计算满足规范要求。

多遇地震作用下弹性时程分析结果　　　　　　　　　　　　　表 7.3-3

底部剪力	北楼		南楼	
	X 向地震作用	Y 向地震作用	X 向地震作用	Y 向地震作用
A31	27441	25202	31475	24913
Usaca014	15984	22087	17744	19438
Usaca0169	23088	20030	22682	15776
Sanf-X	34865	19489	29508	20040
4 条波平均反应	25344	21702	25352	20042
CQC 法	24435	24413	23204	20092
CQC 法的 65%	15883	15868	15083	13060
CQC 法的 80%	19548	19530	18563	16074

4．罕遇地震作用下弹塑性时程分析

采用 NosaCAD 有限元分析软件进行 7 度罕遇地震作用下的时程分析。选用 3 组地震加速度时程作为输入地震波，其中 2 组天然地震波，1 组人工模拟地震波，天然地震波分别为 El Centro 波和 Pasadena 波，人工模拟地震波为南京波一（简称南京波）。动力方程的阻尼采用瑞利阻尼，按混合结构考虑，阻尼比取 0.04，采用 Newmark 法进行时程计算。

（1）结构变形情况

选取结构顶部四个点（$N_1 \sim N_4$）作为记录点（图 7.3-6）。罕遇地震下结构的最大层间位移角为 1/268 满足规范小于 1/100 的要求。图 7.3-7 所示为结构 N_1、N_2、N_3、N_4 位置处在 7 度罕遇 El Centro 地震波作用下的层间位移角包络图。由于设置了 4 层加强层，伸臂桁架和腰桁架有效地协调内筒和外框架之间的变形，从而降低了水平外荷载产生的侧向位移。从图 7.3-7 中可以看出，各种水平荷载下的层间位移角在加强层处都被有效地限制，避免了结构总位移累积过大的问题。

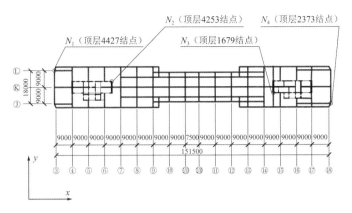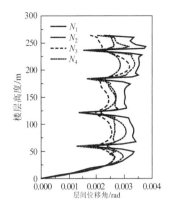

图 7.3-6 北塔楼 59 层、南塔楼 65 层结构平面图　　　　图 7.3-7　El Centro 波作用下结构层间位移角包络图

（2）结构损坏情况

在罕遇地震作用下，结构损坏主要出现在核心筒，楼面梁均未出铰，柱中钢和钢筋均未屈服，柱中混凝土没有压碎。因在 El Centro 地震波作用下结构的反应最大，图 7.3-8 给出了 7 度罕遇 El Centro 地震波作用下北塔楼和南塔楼核心筒的破坏情况。核心筒的大部分连梁端部出铰，部分连梁端部达到极限强度，混凝土被压碎。下部几层核心筒墙体开裂，在第 4 加强层核心筒与上部核心筒连接处，由于核心筒内收，刚度变化较大，受力集中，墙体开裂较多。此外，在各加强层处的筒体墙体也有一定程度的开裂。

7 度罕遇 El Centro 地震波作用下，从 NosaCAD 中给出的结构破坏顺序来看，北塔楼下半部核心筒部分连梁端部首先出铰，同时北塔楼和南塔楼第 4 加强层核心筒与上部核心筒连接处墙体开裂。随后，南塔楼下半部核心筒部分连梁端部出铰，同时北塔楼顶部几层核心筒部分连梁端部出铰。伴随地震动的持续，北塔楼和南塔楼从下至上，核心筒连梁端部相继出铰，下部几层核心筒墙体和各加强层处的筒体墙体陆续开裂。因南塔楼层高较低，受连梁和楼板约束较多，变形整体性较好，刚度较大，受地震作用也较北塔楼大，筒体底部墙体开裂程度比北塔楼要大。在 7 度罕遇 Pasadena 和南京波作用下，结构的破坏顺序基本与 El Centro 地震波的相同，但结构损坏程度较轻，Pasadena 地震波作用下，筒体底部墙体未出现开裂。

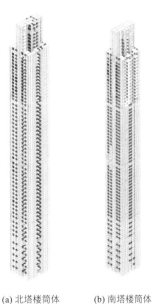

(a) 北塔楼筒体　　　(b) 南塔楼筒体

——混凝土开裂　●——出铰或钢筋屈服　■——极限或混凝土压碎

图 7.3-8　7 度罕遇 El Centro 地震作用下结构损坏情况

（3）南北塔楼基底剪力对比

表 7.3-4 所示为最大基底剪力及剪重比。X 方向的基底剪力在南京波作用下最大，Y 方向的基底剪力在 El Centro 波作用下最大。由于南北塔楼刚度不一致，南塔楼刚度要大一些，在大多数工况下，其承受基底剪力也要大一些。

最大基底剪力及剪重比　　　　　　　　　　　　　表 7.3-4

地震波及方向		北塔楼基底剪力/kN	所占比例/%	南塔楼基底剪力/kN	所占比例/%	整体基底剪力/kN	剪重比/%
X 向	El Centro	6.14×10^4	47.35	6.83×10^4	52.65	1.30×10^5	4.18
	Pasadena	5.14×10^4	47.56	5.67×10^4	52.44	1.08×10^5	5.91
	南京波	1.01×10^5	47.31	1.13×10^5	52.69	2.14×10^5	6.90
Y 向	El Centro	7.33×10^4	40.05	1.10×10^5	59.95	1.83×10^5	5.91
	Pasadena	4.70×10^4	48.45	5.00×10^4	51.55	9.70×10^4	3.12
	南京波	6.94×10^4	41.76	8.68×10^4	58.24	1.56×10^5	5.02

（4）支撑连体结构的拱形钢管柱和连体桁架的性能

支撑连体结构的拱形钢管柱（从第 2～第 4 结构加强层，如图 7.3-9 所示）按中震弹性验算，内力组合按"1.2 × 恒荷载 + 0.6 × 活荷载 + 0.28 × 风荷载 + 1.3 × 地震作用"进行。结果表明：Z-1 柱的第 3 加强层附近和 Z-2 柱的第 2 加强层附近杆件的应力比可控制在 0.85 以内。

同时，对其进行 7 度罕遇地震作用下的验算。图 7.3-10 给出在 7 度罕遇 El Centro 地震波作用下钢管柱的轴力-弯矩时程迹线和杆件截面轴力-弯矩强度包络图。图 7.3-10 中，2 轴和 3 轴为杆件计算模型的局部坐标，2 轴为截面高度方向，3 轴为截面宽度方向。从轴力-弯矩时程迹线在截面轴力-弯矩强度包络图中位置来看，同样具有一定的承载富余量。其他的拱形支撑受力状况基本相同，支撑体系可有效保障上部连体结构的安全。

第 4 加强层桁架，即连体部位的桁架，在跨中受力相对较为复杂。在 7 度罕遇地震作用下，J 轴（图 7.3-6）跨中上弦杆轴力在 −3677～5175kN 之间（受压为正），腹杆轴力在 −4147～10001kN 之间，下弦杆轴力在 −5383～4271kN 之间，这些桁架构件的屈服力为 42129kN，桁架构件能满足强度要求。

7 度罕遇地震作用下，支撑上部连体结构的钢管柱未出现破坏且具有较多安全储备，可有效保证上部连体部分的结构安全。

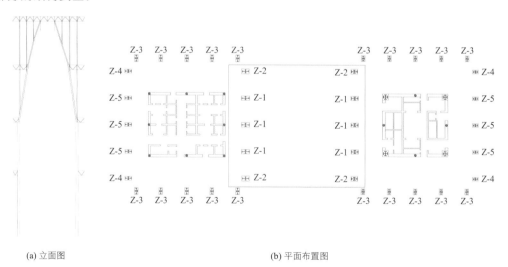

(a) 立面图　　　　　　　　　　　　　　(b) 平面布置图

图 7.3-9　支撑连体结构的拱形钢管柱

经典回眸·华东建筑设计研究院有限公司篇

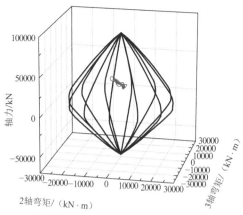

图 7.3-10 支撑连体结构的拱形钢管柱轴力-弯矩时程迹线和截面轴力-弯矩强度包络图

7.4 专项设计

7.4.1 分叉柱设计

本结构内拱由第 1 避难层开始向内倾斜,角度逐渐加大,第 2 避难层以下采用梁悬挑形成内斜,第 2 避难层以上由于悬挑过大,采用柱子分叉方式减小悬挑长度,第 2 避难层及上 1 层为第一次分叉,每个内拱柱分叉为一直柱和一斜拱柱向上延伸,同时斜柱与直柱之间的跨度不断增大,跨度达到 9m 附近时,相当于斜拱柱延伸至第 3 避难层以上 3 层处,斜柱再次分叉成一直柱和一斜柱,一直延伸至第 4 避难层连体处。分叉柱施工照片如图 7.4-1 所示。

(b) 分叉柱立面放大 1

(a) 分叉柱立面   (c) 分叉柱立面放大 2

图 7.4-1 分叉柱施工照片

分叉柱作为上部连体的支点,减小了连体的跨度,也承担了连体的竖向作用传递,分叉柱除承担垂直荷载作用下的内力外,在水平作用下由于斜柱的抗侧刚度较大,斜柱将承担比直柱更多的地震作用,分叉斜柱的重要性更高。因此,设计时除中震弹性复核外,还进行了大震下不屈服复核。同时,对关键节点进行试验验证和有限元模拟,具体见第 7.5 节试验研究。

7.4.2 连体部分设计

1. 结构布置特点

两塔楼在 229.2m 高度处连成一体，连体以上共有 10 层，总高约 51.9m，该连体部分布置有如下特点：

（1）主体结构的连接体部分在第 4 加强层外边缘设置空间桁架，与该层的其他双向桁架形成有效的结构体系，提高连体结构的抗扭能力。连体的横向设置柱间支撑形成竖向桁架，增强连体结构中间部位的横向刚度，连体结构剖面图如图 7.4-2 所示；

（2）第 4 避难层相邻层、其上连体部位两层和顶层楼板加厚，且在其平面内设置水平支撑以增强楼板水平刚度，提高连体结构抗扭能力，协调双塔的变位，如图 7.4-3 所示。

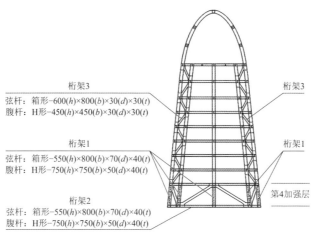

桁架3
弦杆：箱形-600(h)×800(b)×30(d)×30(t)
腹杆：H形-450(h)×450(b)×30(d)×30(t)

桁架3

桁架1
弦杆：箱形-550(h)×800(b)×70(d)×40(t)
腹杆：H形-750(h)×750(b)×50(d)×40(t)

桁架1

第4加强层

桁架2
弦杆：箱形-550(h)×800(b)×70(d)×40(t)
腹杆：H形-750(h)×750(b)×50(d)×40(t)

图 7.4-2　连体结构剖面示意

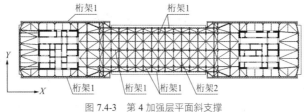

图 7.4-3　第 4 加强层平面斜支撑

2. 计算分析

1）连体部分整体分析

在设计基准期内超越概率 10% 水平的地震作用下，连体结构主要桁架杆件应保持弹性，即"中震下弹性设计"（性能水准 2：结构的薄弱部位或重要部位构件的抗震承载力满足弹性设计要求），为此，取地震影响系数为 0.182 进行整体结构反应谱分析，分析模型中连体桁架上下层设为弹性板，并忽略楼板分担桁架杆件的内力，即不考虑第 4 避难层楼板的作用，取带有中震的效应组合进行连体桁架结构的设计。连体结构 ETABS 模型如图 7.4-4 所示。计算结果表明，连体桁架在中震下能保持弹性工作状态。连接体桁架主要杆件的杆件号如图 7.4-5 所示，各杆截面尺寸、内力（N、M、V）及截面验算如表 7.4-1 所示。

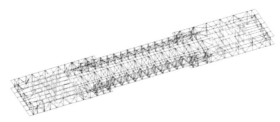

图 7.4-4　连体结构 ETABS 计算模型

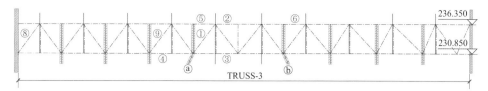

图 7.4-5　连体结构杆件编号

第 4 加强层钢桁架内力验算表（按中震弹性设计、结构阻尼比 0.02 验算）　　　　表 7.4-1

转换桁架杆件号	内力类型	恒荷载 /kN	活荷载 /kN	X风荷载 /kN	Y风荷载 /kN	X地震作用 /kN	Y地震作用 /kN	组合内力1.2×恒荷载 +0.6×活荷载+0.28×风荷载+1.3×地震作用/kN	杆件断面/mm	钢强度/（N/mm²）	应力比
1 号杆	N	-3795	-576	-1936	43.7	-13464	-11461	-22944.88	800×800×50×50	270	0.61
2 号杆	N	-3544	-936	-138	22	-308	276	-5253.44	800×800×50×50	270	0.74
	$M_{左}$	-5	-40.7	432	14.6	4574	-3894	6036.74	800×800×50×50	270	
	$M_{右}$	189	71.5	-85	-3.9	-1192	-1439	-1303.7	800×800×50×50	270	
	$M_{中}$	193.8	30.6	173.6	5.4	1691	1014	2497.828	800×800×50×50	270	
3 号杆	N	1080	285	1254	31.1	4429	-3778	7575.82	800×800×50×50	270	0.33
	$M_{左}$	372	58.9	22.2	1.5	274.8	-234.5	845.196	800×800×50×50	270	
	$M_{右}$	74.4	3.3	-78.8	-3.3	-1107.4	942.7	-1370.424	800×800×50×50	270	
	$M_{中}$	314.3	69	-28.2	-0.9	-416.2	354.1	-130.396	800×800×50×50	270	
4 号杆	N	2547	963	674	80	3422	2916	8271.52	800×800×50×50	270	0.33
	$M_{左}$	-815.5	-182.3	79.5	5.9	757	654.5	-81.62	800×800×50×50	270	
	$M_{右}$	572.2	92.6	30.1	2.1	368.7	315.3	1229.938	800×800×50×50	270	
	$M_{中}$	-43.5	-12.8	54.7	4	562	485	686.036	800×800×50×50	270	
8 号杆	N	-5798	-3610	585	-848	5279.8	-4663.3	-16224.78	800×800×50×50	270	0.43

2）连接体部分独立分析

整体分析的同时，为研究方便，取出了连接体部分及相邻的以下几层，采用 SAP2000 进行了独立分析。计算连接体部分在竖向荷载作用下和两塔楼不同沉降差影响下的结构内力，并以轴力为主进行了考虑楼板不同厚度影响（$h=130mm$、$h=200mm$）的比较。

（1）不同板厚下桁架杆件内力

各种板厚度下桁架杆件内力如表 7.4-2 所示。

各种楼板厚度下桁架杆件内力　　　　表 7.4-2

转换桁架杆件号	楼板厚度类型	组合内力1.2×恒荷载+1.4×活荷载/kN	转换桁架杆件号	楼板厚度类型	组合内力1.2×恒荷载+1.4×活荷载/kN
1 号杆	不考虑楼板（0mm）	-4503	3 号杆	不考虑楼板（0mm）	974
	板厚为130mm	-4490		板厚为130mm	850
	板厚为200mm	-4400		板厚为200mm	832
2 号杆	不考虑楼板（0mm）	-4046	4 号杆	不考虑楼板（0mm）	1342
	板厚为130mm	-2500		板厚为130mm	900
	板厚为200mm	-2117		板厚为200mm	784

（2）考虑楼板参与作用的应力图

考虑楼板的参与作用，其在竖向荷载作用下的应力云图如图 7.4-6 所示。

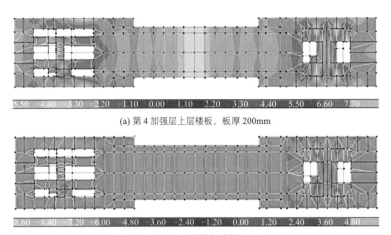

5.50　−4.40　−3.30　−2.20　−1.10　0.00　1.10　2.20　3.30　4.40　5.50　6.60　7.70

(a) 第 4 加强层上层楼板，板厚 200mm

−8.60　−8.40　−7.20　−6.00　−4.80　−3.60　−2.40　−1.20　0.00　1.20　2.40　3.60　4.80

(b) 第 4 加强层下层楼板，板厚 200mm

图 7.4-6　竖向荷载作用下应力云图

（3）地震作用下第 4 加强层上、下层楼板应力图

考虑板厚 200mm，第 4 加强层上、下层楼板在地震作用下应力云图如图 7.4-7 所示。

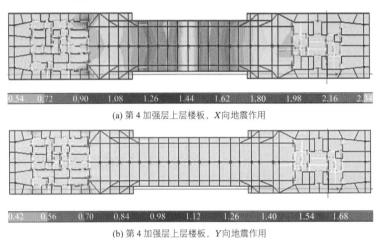

0.54　0.72　0.90　1.08　1.26　1.44　1.62　1.80　1.98　2.16　2.34

(a) 第 4 加强层上层楼板，X 向地震作用

0.42　0.56　0.70　0.84　0.98　1.12　1.26　1.40　1.54　1.68

(b) 第 4 加强层上层楼板，Y 向地震作用

图 7.4-7　地震作用下应力云图

（4）风荷载作用下第 4 加强层上、下层楼板应力图

考虑板厚 200mm，第 4 加强层上、下层楼板在风荷载作用下应力云图如图 7.4-8 所示。

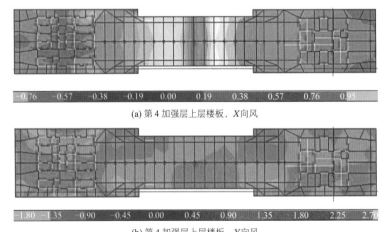

−0.76　−0.57　−0.38　−0.19　0.00　0.19　0.38　0.57　0.76　0.95

(a) 第 4 加强层上层楼板，X 向风

−1.80　−1.35　−0.90　−0.45　0.00　0.45　0.90　1.35　1.80　2.25　2.70

(b) 第 4 加强层上层楼板，Y 向风

图 7.4-8　风荷载作用下应力云图

（5）不同沉降差引起的内力

本工程南、北塔楼核心筒中心距约 100m，两塔楼内边柱距离约 60m，两塔楼的沉降差对在 230m 高

空相连的连接体桁架将产生较大影响，部分结构的内力随着沉降差的增大而增大，尤其是连体桁架的上弦杆。因此，控制建筑物绝对沉降和两栋塔楼的沉降差（包括基础的沉降和结构竖向压缩变形）是本工程的关键点，同时受沉降影响较大的杆件要求有适当的安全储备，不同沉降差的桁架构件应力比见图 7.4-9。

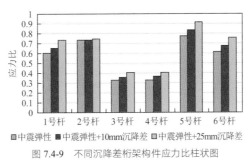

图 7.4-9 不同沉降差桁架构件应力比柱状图

（6）中间斜柱失效时连体桁架杆件验算

在桁架设计过程中，考虑避难层桁架部分支座（最中间两个斜柱）失效时的不利状况（图 7.4-5 中ⓐ杆和ⓑ杆失效），这样桁架最大跨度由 17m 变为 34m。在竖向荷载（恒荷载 + 活荷载）作用下，桁架的内力产生重分配，原来受力较小的杆件内力变大，经验算仍能保持弹性。表 7.4-3 为桁架杆件在支座失效时的内力计算结果。

桁架杆件在支座失效时内力计算结果　　　　　　　　　　　　　　　　　表 7.4-3

杆件编号	17m 跨度（考虑楼板作用）/kN	17m 跨度（不考虑楼板作用）/kN	34m 跨度（考虑楼板作用）/kN	34m 跨度（不考虑楼板作用）/kN
2 号杆	−1258	−2863	−4393	−8087
3 号杆	+730	+1366	+3832	+7161
5 号杆	−79	−612	−2991	−5282
9 号杆	−2199	−2142	−11122	−10551

7.4.3　施工模拟分析

由于本工程为双塔连体的超高层建筑且双塔顶部在 230m 的高空相连，因此施工工况的控制、施工过程的模拟计算尤其重要。施工模拟分析模型如图 7.4-10 所示。

（1）考虑到两栋塔楼的不均匀沉降和单塔变形对顶部连体结构的受力影响很大，如何减少两单塔的沉降差、变形差是施工过程控制的出发点。

（2）钢筋混凝土核心筒将领先外钢框架施工 7～9 层。

（3）混凝土楼板和框架柱的混凝土部分可以在钢结构施工到上部以后再施工。

（4）钢筋混凝土核心筒及主体部分的钢框架（除斜柱部分）、混凝土楼板、钢骨混凝土柱施工到结构顶标高，外墙围护及内墙施工至第 3 结构加强层，大部分的恒荷载可先传至基础，使地基沉降尽早稳定。

（5）斜柱部分钢框架逐层施工，但为减少施工期间外挑部分的重量，此部分混凝土楼板以后施工。

（6）斜柱部分钢框架逐层施工至第 4 结构加强层，单塔在未合拢前处于最不利工况，这是需要进行验算的工况之一。

（7）第 4 结构加强层的桁架形成，连接体下部斜柱部分的混凝土楼板尚未形成刚度，连接两单塔的连接体处于最弱环节，这是需要验算的工况。

（8）连接体上部中间部分钢框架逐层施工，连体结构施工到顶，形成结构的整体刚度和整体计算模型。

（9）施工模拟计算时考虑 $1.0 kN/m^2$ 的施工荷载，外墙及内墙施工到一定高度，取 10 年重现期的风荷载 $0.42 kN/m^2$，和 10 年重现期的相应设防烈度（6.5 度）的地震作用，最大地震影响系数 $\alpha_{max} = 0.0386 \times 0.062 = 0.0239$。

计算结果表明：连体桁架构件在施工过程中的内力总体较小，远小于地震作用影响；考虑施工模拟与否，对于桁架斜腹杆影响较小，对于上、下弦杆的轴力影响不大，但弯矩明显增大；考虑连体桁架层楼板刚度与否，对桁架构件在风和地震等水平作用下的内力影响非常显著；桁架构件在考虑施工模拟后，承载力校核满足大震不屈服的设计要求。

经典回眸 华东建筑设计研究院有限公司篇

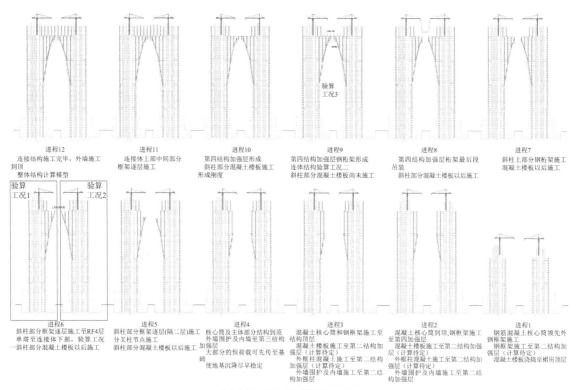

图 7.4-10 结构施工模拟设计模型

7.4.4 裙房弱连接大跨天桥设计

1. 裙楼天桥结构特点

裙楼高度为 50m，地上 9 层，采用钢筋混凝土框架结构，塔楼和裙楼之间设置防震缝脱开。在裙楼的西侧 6～8 层位置，天桥（图 7.4-11）跨越南北，形成裙楼的空中连廊。天桥跨度为 60m，离地高度为 31.8m，桥身高度约为 20m，桥面宽度 7.7～9m 不等，天桥共分 2 层并在二层内有一夹层。桥身平面的外轮廓线为圆弧曲线，桥身横断面为向外倾斜的不规则四边形，如图 7.4-12 所示。天桥的结构形式为空间钢桁架，桥面为钢筋桁架楼承组合板，两端与裙楼的边跨相连（图 7.4-13）。天桥偏于裙楼一侧，跨度大，自身刚度有限，为减小南、北裙楼结构之间在地震作用下的相互影响，天桥与裙楼之间采用水平约束作用较小的弱连接形式。常用支座方式为一端设置不动铰支座，另一端设置滑动支座，同时采取支座限位措施。而本工程室内天桥离地高度大，迎风面积较大，建筑物前面为开阔湖面，为抵抗风荷载，两侧支座均需要适当的刚度来约束天桥的侧向变形，并且弧形及外倾的天桥形状导致内外支座反力不均匀，可能会出现倾覆问题。为解决上述问题，天桥支座采用组合隔震型支座（橡胶支座和 U 形钢阻尼器），并采取抗倾覆措施。

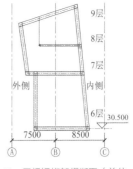

图 7.4-11 天桥实景照片 图 7.4-12 天桥钢桁架横断面（单位：mm）

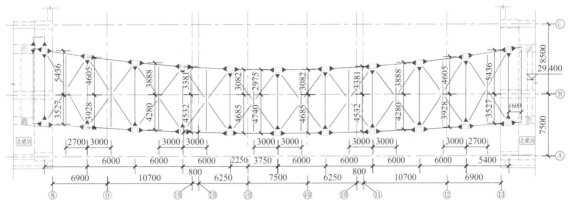

图 7.4-13 天桥 6 层结构平面图（单位：mm）

2．隔震支座的类型及选用

隔震支座一般由竖向支座和阻尼器构成，叠层橡胶支座由于具有较大的抗压强度和良好的水平变形能力，通常用来承担竖向荷载。阻尼器的类型包括铅芯支座（也可橡胶中内置）、黏滞型阻尼器和金属阻尼器等。铅芯支座会对环境造成污染，耗能及变形能力有限；黏滞型阻尼器通常为速度型阻尼器或速度位移混合型阻尼器，在静止荷载下不具有刚度或刚度较小，油压型的阻尼器不易维护；金属 U 形钢阻尼器属于位移型阻尼器，在弹性阶段具有适当的刚度，同时在罕遇地震下具有更大的变形适应能力及塑性耗能，无方向性且安装方便，易于更换。本工程隔震层选用叠层橡胶和 U 形钢阻尼器联合支座，支座模型如图 7.4-14 所示。

(a) U 形阻尼（NSUD55X8）+ 隔震橡胶支座   (b) U 形阻尼（NSUD55X4）+ 隔震橡胶支座

图 7.4-14 隔震支座模型

在选取支座性能参数过程中，按照"橡胶支座在最不利内力组合下的设计面压小于支座基本面压；U 形阻尼器在风荷载作用下保持弹性；橡胶支座在 100% 剪切变形下的弹性恢复力大于 U 形阻尼器的屈服强度"3 条原则进行设计，通过天桥和裙楼主体结构联合隔震体系的抗震性能分析，判断隔震支座是否满足多遇和罕遇地震作用下的承载力、变形及延性要求，并通过隔震性能分析结果进行反馈和优化。

对天桥桁架结构进行初步计算，根据支座反力结果，天桥支座选用以下 3 种隔震支座型号（该支座为成品）：隔震支座 1（U 形阻尼器（NSUD55×4）+ 隔震橡胶支座（R60-1100））、隔震支座 2（U 形阻尼器（NSUD55×4）+ 隔震橡胶支座（R60-1300））、隔震支座 3（U 形阻尼器 NSUD（55×8）+ 隔震橡胶支座（R60-1300））。相应的消能隔震元件性能参数分别如表 7.4-4、表 7.4-5 所示。天桥底层平面的两端分别设置 4 个联合隔震支座，计算分析时简化为 SRB-1 和 SRB-2 两种单元类型：内侧 SRB-1（隔震支座 1 ＋ 隔震支座 3），外侧 SRB-2（隔震支座 2 ＋ 隔震支座 3），如图 7.4-15 所示。

U 形阻尼器的性能参数 表 7.4-4

阻尼器型号	初始刚度/（kN/m）	屈服后刚度/（kN/m）	屈服强度/kN	屈服位移/mm
NSUD55 × 4 型	9600	160	304	31.7
NSUD55 × 8 型	19200	320	608	31.7

橡胶隔震支座的性能参数 表 7.4-5

参数		R60-1100	R60-1300
弹性模量/MPa		0.60	0.60
橡胶总厚/mm		215.8	254.8
极限位移比（应力不大于基本面压）/%		400	400
抗压极限强度/MPa	$\gamma \leqslant 200\%$	60	60
	$\gamma = 400\%$	30	30
垂直刚度 K_v/（×10^3kN/m）		5230	6190
基本面压/MPa		15.0	15.0
抗拉强度（位移比 100%）/MPa		1.0	1.0
水平刚度 K_h/（kN/m）		2640	3120
水平位移比/%		100	100

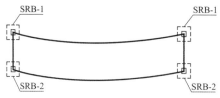

图 7.4-15 天桥支座平面布置示意

3．支座隔震性能分析

采用有限元程序 ANSYS 进行主楼-天桥联合隔震体系的动力特性分析，计算模型如图 7.4-16 所示，并就以下内容进行研究：

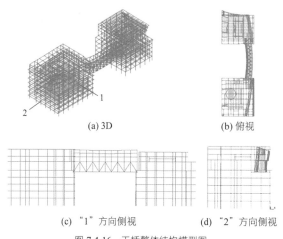

(a) 3D　　　　　(b) 俯视

(c)"1"方向侧视　　　　(d)"2"方向侧视

图 7.4-16 天桥整体结构模型图

（1）分析整体结构的振动模态；

（2）计算整体结构在多遇地震作用下的反应，分析隔震支座的受力特性及其裙楼与天桥的相互影响；

（3）天桥在罕遇地震作用下的抗倾覆稳定性；

（4）天桥采用隔震支座设计的减震效果。

通过对东方之门天桥叠层橡胶和 U 形钢阻尼器联合支座的设计以及建立整体结构模型进行非线性动力时程分析得到的结果，可以得出以下主要结论：

（1）根据单体结构的模态分析和整体结构的模态分析可知，联合隔震支座的参数设置合理。

（2）在设计风荷载和多遇地震作用下，隔震支座的变形较小，支座水平受力处于弹性范围内，人行天桥安全，无倾覆危险。

（3）天桥离地面高度约为 31.8m，属于高位连体结构，采用隔震支座的柔性连接方案，有效减弱了整体结构不规则性的不利影响，与滑动型支座的附加地震作用相当。

（4）罕遇地震作用下天桥隔震支座的最大侧向变形为 65.3mm，相对屈服变形 31.7mm 时的位移比为 206%，刚刚超过隔震支座产品 400% 的位移比限值的一半，有较大余量，天桥无滑脱危险。通过设置 300mm 的隔震缝，在构造上确保了天桥与裙楼之间不会发生碰撞破坏。

（5）罕遇地震作用下各隔震支座的最小反力为重力场下反力的 38%，未出现支座受拉现象，能够避免天桥发生倾覆，天桥附加抗倾覆设计给天桥的安全提供了第二道保护。

4．关键节点设计

天桥单个支座的最大竖向荷载超过 10000kN，选择将其直接搁置在 6 层的裙楼结构钢筋混凝土大梁上，大梁梁面落底，留足支座高度的空间，并使桥面与裙楼楼面标高一致。为避免天桥在罕遇地震作用下与主体结构楼面发生碰撞，在桥面结构与裙楼楼板间预留 300mm 的间隙，以满足隔震需要。天桥端部的内外 2 个承担垂直荷载的支座对中放置于天桥架的端部竖杆下，其余 2 个复位及阻尼器联合支座位于内外 2 个支座当中，为避免 U 形阻尼器相互碰撞，将其适当错开布置，支座上部设置一根箱形宽梁，4 个支座通过它连在一起，确保水平方向共同工作。隔震支座与上、下结构间通过高强螺杆连接，为保证安装精度，螺杆的套筒在预先埋设时都采取了特别固定措施。

天桥在罕遇地震作用下的验算满足抗倾覆要求。尽管如此，考虑到天桥的重要性及其特殊的外倾弧形造型所带来的天然易倾性，为保证极端情况下天桥的安全，在天桥内侧支座旁附加设置了直径为 120mm 的钢拉杆来增强天桥的稳定性，钢拉杆上端连接在桥面大梁上，下端通过钢梁分散锚入下部钢筋混凝土大梁中，如图 7.4-17 所示。

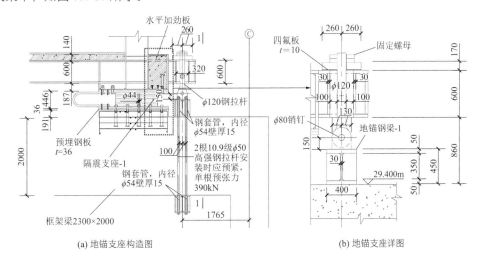

(a) 地锚支座构造图　　　　　(b) 地锚支座详图

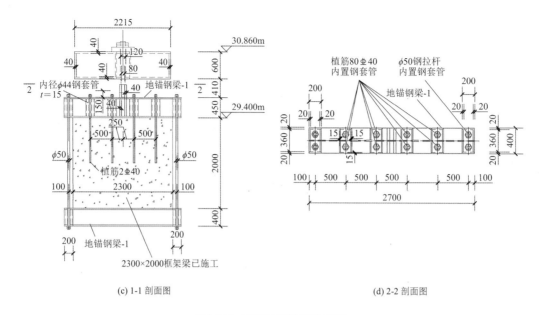

(c) 1-1 剖面图   (d) 2-2 剖面图

图 7.4-17 支座抗倾覆构造节点设计

7.4.5 地基沉降分析

本工程为超高层的连体结构，顶部连接体部分的受力对建筑沉降差相当敏感。如何有效控制建筑物的绝对沉降和沉降差是本工程结构设计的关键点之一，为此，进行了整体结构的沉降分析。本工程基础底板计算分析软件采用华东建筑设计研究院有限公司编制的"高层建筑桩筏、桩箱底板沉降和内力计算高精度有限元分析程序"PWMI。该程序在弹性范围内对桩-土、筏板箱基内的墙体分别采用群桩相互作用理论、厚板理论、地基模型模拟进行分析，经过了上海市建委科技委的鉴定，并在华东建筑设计研究院有限公司的建筑基础设计中长期使用，得到了大量工程实践的验证并积累了丰富的经验。

地基沉降分析采用上部结构计算结果，结构总重量约 46.8 万 t，按基础设计布置的桩位图进行，同时考虑桩底后注浆的因素。图 7.4-18 的计算结果表明，本工程的地基附加应力大，群桩下深层土压缩影响较大，从 ⑫₂ 层土为桩基持力层时，南、北塔楼沉降差约 25mm。通过调整桩长将桩基持力层调整至 ⑬₁ 层土时，最终沉降值不超过 100mm 且沉降差缩小至小于 5mm。

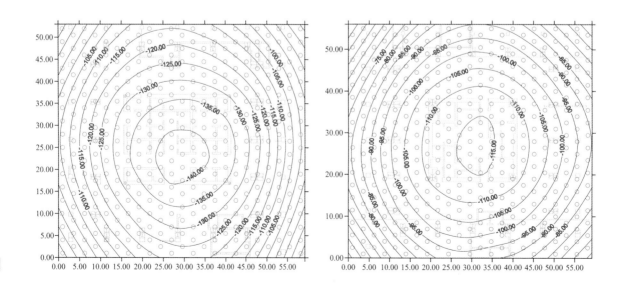

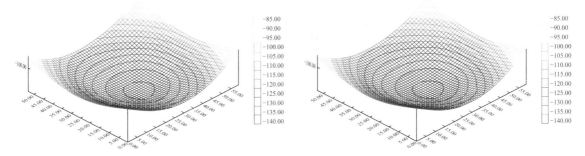

图 7.4-18 沉降变形图

7.5 试验研究

7.5.1 试验目的

本次节点试验的主要目的设定如下:(1)根据节点实际构造与内力条件,对3类关键节点进行加载试验,考察其破坏模式、承载能力及抗震性能;(2)通过试验结果对采用通用有限元软件进行的节点数值模拟分析结果进行验证,以进一步明确其受力性能;(3)基于试验和分析结果检验节点构造的合理性,对节点安全性做出评价,提出相关设计建议。

7.5.2 试验设计

基于结构内力传递的关键位置并考虑节点构造的复杂性和特殊性,从北塔楼加强层 RF2 中选取以下3 类节点作为主要研究对象:(1)伸臂桁架与矩形钢管-钢管混凝土分叉柱的连接节点(节点编号 N-KZ1A);(2)矩形钢管-钢管混凝土分叉柱节点(节点编号 N-KZ1B);(3)圆形钢管-钢管混凝土分叉柱节点(节点编号 N-KZ2)。它们在北塔楼结构中的实际位置如图 7.5-1 所示,其加载试验如图 7.5-2~图 7.5-4 所示。

7.5.3 试验现象与有限元分析验证

分叉柱在分叉节点处产生较大的应力集中,为减小其影响,将分叉柱的搭接段设计成两层高度并通过试验结果对采用通用有限元软件进行的节点数值模拟分析结果进行验证,以进一步明确其受力性能,控制其最大应力。分叉柱节点试验和有限元分析如图 7.5-5 所示。

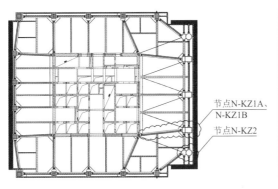

图 7.5-1 试验节点在北塔楼结构中的位置

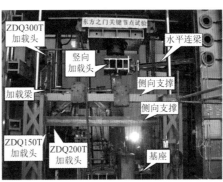

图 7.5-2 N-KZ1A 节点加载试验

图 7.5-3　N-KZ1B 节点加载试验　　　　　图 7.5-4　N-KZ2 节点加载试验

(a) N-KZ1A 节点试验现象　　　　(b) N-KZ1B 节点试验现象　　　　(c) N-KZ2 节点试验现象

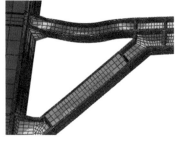  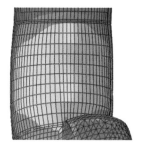

(d) N-KZ1A 节点有限元分析　　　(e) N-KZ1B 节点有限元分析　　　(f) N-KZ2 节点有限元分析

图 7.5-5　分叉柱节点试验和有限元分析

　　分叉柱在分叉相邻层将产生水平分力，设计时对分叉相邻层楼板加厚至 150mm，双层双向配筋加强，按弹性板计算并复核其大震下的楼板应力。同时，在该楼板下部设置水平钢支撑，钢支撑连接到核心筒上，增强分叉层的楼板水平刚度和强度，提高楼板整体性。

7.5.4　试验结论

1. N-KZ1A 节点

　　试件的极限承载力达到最不利设计荷载的 2.17 倍。当达到极限承载力时，试验桁架靠近加载梁的上弦、下弦以及弦杆与腹杆的连接节点域进入塑性，但其余桁架构件、分叉柱、桁架与分叉柱的连接节点区域均保持弹性，表明结构设计达到了强节点弱构件的抗震要求。试件的破坏模式最终表现为试验桁架近加载梁的上弦杆（对应工程中的下弦杆）变截面处翼缘受拉断裂以及荷载反向后的弦杆压曲变形。

2. N-KZ1B 节点

试件的极限承载力达到最不利设计荷载的 3.89 倍。当达到极限承载力时，矩形钢管混凝土柱、空心矩形钢管柱进入塑性，但两部分的连接节点只有局部进入塑性，大部分位置仍然保持弹性，表明结构设计达到了强节点弱构件的抗震要求。试件的破坏模式最终表现为空心矩形钢管柱受压屈曲变形。

3. N-KZ2 节点

试件的极限承载力达到最不利设计荷载的 4.18 倍。当达到极限承载力时，圆形钢管混凝土柱、空心圆形钢管柱进入塑性，但两部分的连接节点只有局部进入塑性，大部分位置仍然保持弹性，表明结构设计达到了强节点弱构件的抗震要求。试件的破坏模式最终表现为圆形钢管混凝土柱双向压弯破坏。

7.6 结语

"东方之门"项目采用框筒双塔刚性连体结构方案，较好地实现了建筑新颖的造型，使结构与建筑的形态完美结合。

在结构设计过程中，主要完成了以下几方面的创新性工作：

（1）多次斜向分叉柱传力体系的设计分析与试验验证

为适应建筑外形楼层逐层变化而形成连体双塔的造型，南、北塔楼中心框架柱采用了柱子多次斜向分叉的结构形式，使连体部分竖向荷载能够更直接有效地向下传递，减少连体部分所面对的复杂受力状况。同时，对分叉斜柱进行节点试验验证和有限元模拟分析，为工程设计的安全性和可靠性提供依据。

（2）双塔高位连体结构设计

双塔在 229.2m 处连成一体，对连体部分承重结构方案进行比选，采用"桁架 + 拱结构"方案。连体部分共 10 层，占总高度的 18.6%（<20%）。双塔连体结构设计不同于单栋塔楼的设计，其连接体设计需重点关注提高自身的竖向刚度、抗侧刚度和抗扭刚度，协调双塔的内力和变形。在实际设计中，对受力较大的关键构件予以截面和材料性能的加强。

（3）施工模拟分析

考虑到两栋塔楼的不均匀沉降和单塔变形对顶部连体结构的受力影响很大，在顶部连接体整体刚度形成前应使由于竖向恒荷载引起的下部单塔的变形趋于稳定，减少由于恒荷载作用对连接体构件产生的初始应力。进行施工模拟分析时，考虑上部连接体未合拢时的最不利状态，结构构件的内力组合应以施工过程完成后的静载内力为初始状态。

（4）裙房弱连接大跨天桥支座设计

本工程的天桥离地高度大，迎风面积较大，建筑物前面为开阔湖面，为抵抗风荷载，两侧支座均需要适当的刚度来约束天桥的侧向变形，并且弧形及外倾的天桥形状导致内外支座反力不均匀，可能会出现倾覆问题。为解决上述问题，天桥支座采用组合隔震型支座（橡胶支座和 U 形钢阻尼器），并采取抗倾覆措施。

"东方之门"项目已经建成投入使用多年，结构体系与建筑形体完美相称，业界评价良好，是超高层门式建筑结构的成功案例。

7.7 延伸阅读

扫码查看项目照片、动画。

参考资料

[1] 苏州"东方之门"超限高层抗震设计可行性分析报告[R]. 上海: 华东建筑设计研究院有限公司, 2005.

[2] 严敏, 李立树, 芮明倬, 等. 苏州东方之门刚性连体超高层结构设计[J]. 建筑结构, 2012, 42(5): 34-37.

[3] 李立树. 东方之门天桥隔震支座设计[J]. 建筑钢结构进展, 2020, 22(4): 120-128.

[4] 吴晓涵, 刘东泽, 芮明倬, 等. 非对称刚性连体超高层结构弹塑性时程分析[J]. 建筑结构学报, 2011, 32(6): 1-9.

[5] 周建龙. 超高层建筑结构设计与工程实践[M]. 上海: 同济大学出版社, 2017.

[6] 东方之门大厦关键节点试验研究报告[R]. 上海: 同济大学, 2012.

[7] 苏州市"东方之门"模型动态测力风洞试验报告[R]. 南京: 南京航空航天大学, 2004.

[8] 《建筑结构优秀设计图集》编委会. 建筑结构优秀设计图集12[M]. 北京: 中国建筑工业出版社, 2022.

设计团队

结构设计单位: 华东建筑设计研究院有限公司（初步设计＋施工图设计）

奥雅纳工程咨询（上海）有限公司（方案设计）

结构设计团队: 芮明倬, 汪大绥, 严　敏, 李立树, 黄　健, 胡　佶, 洪小永, 徐慧芳, 陈　栋, 李自强, 王　华, 葛　雯, 贺军利, 张家华, 章　勇, 陈光远, 申杰豪

执　笔　人: 严　敏, 李立树

获奖信息

2021年　第十八届中国土木工程詹天佑奖

2019—2020年　中国建筑学会建筑设计奖结构专业一等奖

2019年度　中国勘察设计协会行业优秀勘察设计奖优秀建筑结构一等奖

2019年度　中国勘察设计协会行业优秀勘察设计奖优秀（公共）建筑设计二等奖

2019年　上海市勘察设计行业协会优秀工程设计一等奖

2019年　上海市勘察设计行业协会优秀工程设计建筑结构专业一等奖

第 8 章

中央电视台新台址 CCTV 主楼

8.1 工程概况

中央电视台新台址工程地处北京市朝阳区东三环中路东，距天安门6km，距中央电视台（CCTV）现台址12km，在北京市中央商务区（CBD）规划范围内。用地面积19万m²，总建筑面积约60万m²，包括CCTV主楼、电视文化中心以及服务楼三个单体。

2002年4月，中央电视台新台址建设工程建筑方案国际招标拉开帷幕。来自国内外的10个投标单位参加竞标，荷兰大都会建筑事务所的建筑设计方案以唯一的专家全票通过而名列第一。其设计理念可以概括为：为了避免在建筑高度上的无谓竞争，设计提出以独特的建筑形式活跃地结合到城市空间之中，由此成为首都北京的标志性建筑并向全世界展示中央电视台新的面貌。两个塔楼从一个共同的平台升起，在上部汇合。此结构形成了真正的三维体验，突破了摩天楼常见的竖向特征表现，体现了当代标志性建筑的品质。复杂的建筑功能包容在内部紧密连接的环路中，体现了一个相互合作、相互依存的链条和自身组织的有序和协调。

专家评审会对此建筑方案的评价：这是一个不卑不亢的方案，既有鲜明的个性，又无排他性。作为一个优美、有力的雕塑形象，它既能代表北京的形象，又可以用建筑的语言去表达电视媒体的重要性和文化性，其结构方案新颖、可实施，会拉动中国高层建筑的结构体系、结构思想的创造。这一方案的实施，将不仅能树立CCTV的标志性形象，也将翻开中国建筑界新的一页。

8.1.1 建筑概况

CCTV主楼由两座塔楼、裙楼及基座组成（图8.1-1），地下3层，地上总建筑面积40万m²。结构体型由底边边长为160m、高度为760m的正四角锥通过几何切割而成（图8.1-2）。塔楼1及塔楼2平面均为矩形，边长分别为43m×58m以及43m×50m。两座塔楼均呈双向6°倾斜，分别为51层和44层，在37层（塔楼2为30层）以上部分用14层高的L形悬臂结构连为一体。结构斜屋面最大高度234m，塔楼1悬挑长度67m，塔楼2悬挑长度75m。裙楼平面亦为L形，地上9层，与塔楼、悬臂结构形成一个环状结构。

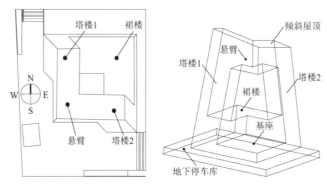

图 8.1-1 CCTV 主楼组成

中央电视台新台址内工作人员约10000人。主楼将电视制作的所有组成环节，包括行政管理与综合办公、新闻制作与播送、节目制作等要素结合在一个内部紧密连接的环路状建筑整体中。主楼内共分为5个区域（图8.1-3）：A区（行政管理区）、B区（综合业务区）、C区（新闻制播区）、D区（播送区）和E区（节目制作区）。两个塔楼从一个共同的6m平台基座升起，分别担负了新闻制作和综合办公的功能，并在上部汇合后构成了管理会议等功用的顶部空间。

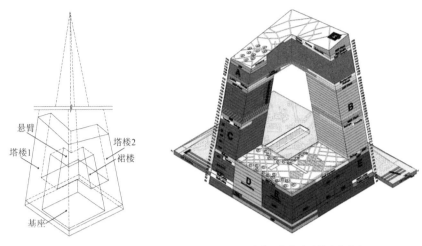

图 8.1-2　建筑形体构成　　　　　　　　　　图 8.1-3　建筑形体构成建筑功能分布

主楼及裙楼的屋面共安装 35 座卫星接收天线。主楼塔楼 1 顶部设置一个直升机停机坪。幕墙设计基于对主体支撑钢结构的室外视觉表达效果原则，采用菱形斜肋钢结构系统以及其支撑的单元式玻璃幕墙系统，突出建筑外皮的凹凸韵律。

8.1.2　结构设计参数及控制标准

结构设计参数见表 8.1-1。

结构设计参数表　　　　　　　　　　　　　　表 8.1-1

结构设计基准期	50 年	结构设计使用年限	100 年
建筑抗震设防分类	重点设防类（乙类）	建筑结构安全等级	一级（结构重要性系数 1.1）
抗震设防烈度	8 度（0.20g）	地基基础设计等级	一级
设计地震分组	第一组	基本风压	$0.50kN/m^2$（100 年一遇）

1．抗震性能

考虑到结构体系特殊、体型复杂、严重超限以及工程的重要性、设计使用年限为 100 年等因素，采用了基于性能的抗震设计，确定地震参数如下：地震加速度峰值参照地震安全评估报告，即小震 $95cm/s^2$（一般 8 度区 $70cm/s^2$），中震 $265cm/s^2$，大震 $400cm/s^2$，其他参数参照现行《建筑抗震设计规范》GB 50011。

在振动台模拟试验的基础上，经与抗震专家组多次研讨与论证，最终确定了如下抗震设防目标：

（1）在多遇地震作用下按反应谱设计，外筒结构处于弹性状态，在主楼与裙楼交界处、30 层附近的外筒柱及支撑按弹性时程分析，使其处于弹性状态；

（2）在中震作用下外筒柱、悬臂与塔楼连接附近的支撑、柱脚以及悬臂端区域内外筒支撑不屈服（荷载作用以及材料强度均取标准值）；

（3）在罕遇地震作用下，按动力弹塑性时程分析验算结构的层间位移和构件极限变形，结构重点部位如转换桁架、柱脚等不屈服。

2．位移控制

在多遇地震作用下最大层间位移角为 1/300，在罕遇地震作用下最大层间位移角为 1/50；
在水平风荷载作用下顶部位移< $H/500$（H 为塔楼结构高度），结构最大层间位移角为 1/400。

3．舒适度

按 10 年一遇的风荷载取值计算或风洞试验确定，顺风向及横风向最大加速度不应超过 $0.25m/s^2$。

4. 基础沉降

基础筏板最大沉降 100mm。

8.2 结构设计特点与挑战

由于本工程项目定位和独特的建筑造型，其结构设计及工程施工实施中所面临的挑战是前所未有的。

8.2.1 结构重要性和安全等级高

本工程为中国国家电视台所建，且地处设防烈度 8 度高烈度地震区，重要性极高，对结构设计提出了很高的要求。因此，结构设计使用年限、结构安全等级、防腐使用年限等均为民用建筑最高等级。受美国"9·11 事件"的影响，主体结构还补充了防恐防爆设计、抗连续倒塌等专项设计。考虑到地处北京东三环的车流复杂环境，对塔楼悬臂端的楼面舒适度以及货车等地面振动对塔楼的影响也进行了专门分析。

8.2.2 倾斜塔楼 + 巨型 L 形连体特殊体形

双向倾斜塔楼与高位大体量悬挑的结构特征决定了塔楼需要远较一般工程强的抗侧力刚度。悬臂部分最大悬挑长度 75m，悬挑部分最大高度共 14 层，从标高 163m 至结构斜屋面最大高度 234m，5 万 t 的总重量足以相当于一般的中型规模建筑结构。悬臂部分重力荷载需要通过转换系统传递至塔楼、基础。

倾斜、连体、高位大体量悬挑等特殊体形要求结构工程师给出清晰的竖向荷载传递路线，多次转换不可避免。

双向倾斜使得两塔楼有互相靠近的趋势，连体结构除承担悬挑荷载（重力、地震作用）外，还承担两塔楼之间的相互作用力，需要精确分析与设计。

8.2.3 竖向荷载水平相关性

独特的建筑体形引起竖向荷载在水平方向产生许多结构行为，包括水平变形、连接体水平内力，为常规工程中所没有。塔楼的刚度在施工过程中不断变化，不同的施工方案对结构内力分布影响显著。在设计阶段需考虑上述影响，并合理控制结构水平变形和悬臂段竖向变形。

8.3 结构体系与布置

CCTV 主楼采用钢支撑筒体结构体系。带斜撑的钢结构外筒体提供结构的整体刚度，部分钢结构外筒体表面延续至筒体内部，以加强塔楼角部及保持钢结构外筒体作用的连续性（图 8.3-1）。外筒体由水平边梁、外柱及斜支撑组成，筒体在两个平面都倾斜 6°。外筒柱采用钢柱、型钢混凝土柱。斜支撑截面尺寸及分布根据受力需要而变化。外筒体由两层高的三角形模块构成，即每隔两层柱、边梁和支撑交于一点，因而楼面结构分为"刚性层"和"非刚性层"（图 8.3-2）。

所有核心筒及塔楼内柱都是竖直的，与外筒柱一起作用，为"刚性层"之间的楼板提供稳定性。塔楼核心筒为钢框架结构体系，核心筒体横向布置一定数量的柱间支撑，而纵向主要依靠抗弯框架的作用。核心筒内两个"刚性层"楼层平面之间的侧向支撑可以保证"非刚性层"楼层的侧向稳定，并传递层间水平荷载。楼板将作为横隔板，把风荷载以及地震的惯性力转移到主要的抗侧力系统上。

塔楼内设置了一系列转换桁架，以支承由于垂直内筒与倾斜外筒之间的跨距加大而增加的内柱。这些转换桁架通常布置于机电层，将内柱的荷载传递到核心筒和外部筒体上。两塔楼之间悬臂部分的底下两层也设有转换桁架，悬臂部分的柱荷载通过这些桁架传递至周边筒体。在裙楼处，为了形成演播厅和中央控制区的开敞空间，也设有转换桁架用以支承上部楼面的内柱。

地下室结构在塔楼及裙楼范围内为上部结构的延伸，包括外筒支撑等均延伸至基础底板，楼面采用钢-混凝土组合楼盖。其余区域为地下车库及设备用房，采用钢筋混凝土框架结构。为了加强地下室整体刚度，在纯地下室区域设置了若干剪力墙结构。为了与周边混凝土结构可靠连接，主楼及裙楼外筒边梁以及外筒柱采用了型钢混凝土（SRC）柱或SRC梁。

主楼基础采用桩筏基础。桩型为钻孔灌注桩，桩径1.2m，桩端持力层为⑨层细中砂层，采用了桩端及桩侧（⑤层卵砾层及⑦层卵砾层以上 1.5m 处作 2 道）后注浆工艺，单桩竖向抗压承载力极限值为20000kN。塔楼下筏板厚度为3～7m，主要为抗剪（冲切）承载力控制。

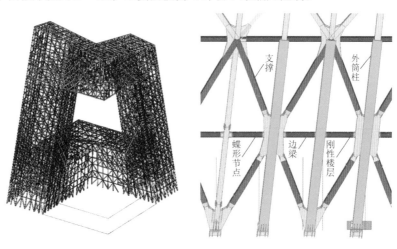

图 8.3-1　CCTV 主楼外筒结构　　　　　　图 8.3-2　外筒典型结构单元

8.3.1　外筒结构

1. 外筒斜柱

外筒柱采用钢柱以及型钢混凝土柱。外筒柱的截面形式及尺寸主要依据结构内力分布而确定，同时考虑尽可能减小外筒柱截面面积，增加建筑有效使用空间以及外立面的景观视野。外筒在竖向荷载作用下的结构分析表明，塔楼1、塔楼2的内侧外筒柱承受轴向压力较大，其中塔楼1东南角处的角柱最大值可达到1MN，反之，塔楼1、塔楼2外侧的外筒柱承受轴向压力最小，尤其靠近悬臂支座处的外筒柱几乎为零，甚至出现轻微拉力。因此，钢柱主要布置在斜筒体的外侧，发挥抗拉承载力高的特点；型钢柱主要分布在斜筒体的内侧，发挥抗压承载力高的特点。

钢柱以及 SRC 柱的钢骨均采用箱形截面。SRC 柱的钢骨从单箱到三箱变化，第一箱截面尺寸基本模数 600mm 保持不变（图 8.3-3），主要是考虑与外筒支撑宽度保持一致，便于节点连接。SRC 混凝土保护层厚度 250mm，箱体钢骨内为空腔，主要考虑空腔内浇捣混凝土较为困难且面积较小。SRC 柱最大钢骨面积为 0.62m²，含钢率为 28%（混凝土有效面积）。

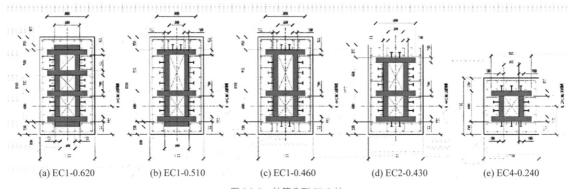

| (a) EC1-0.620 | (b) EC1-0.510 | (c) EC1-0.460 | (d) EC2-0.430 | (e) EC4-0.240 |

图 8.3-3　外筒典型 SRC 柱

钢柱箱形截面采用单箱或双箱，第一箱截面尺寸与 SRC 柱钢骨相同保持 600mm 不变。其中角柱箱形截面并非矩形，而是 89°，主要也是外筒柱双向 6°倾斜引起。角柱截面尺寸为 1000mm² 时，为了与两侧斜撑连接，增加了内部竖向加劲肋。

2. 外筒斜撑

斜撑截面尺寸及分布根据受力需要而变化，其演变过程如图 8.3-4 所示。在结构方案设计中，假设对若干初始截面、支撑均匀布置的外筒结构模型进行计算分析，然后根据斜撑构件的应力和结构刚度需要进行调整，如高应力区域加密支撑或加大截面，合适应力区域支撑保持不变，低应力区域减小支撑截面面积或去除支撑变为稀疏布置。如此反复调整计算模型和分析结果，直至基本满足设定的应力以及结构刚度目标。

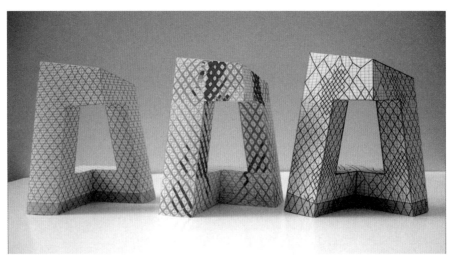

图 8.3-4　外筒斜撑的演变

支撑的分布及截面不仅满足了结构受力需要，并与建筑立面效果吻合，体现了结构的受力美学。支撑截面均采用箱形截面，高度以 600mm 为主，宽度从 600～1000mm 变化。在裙楼底部区域、大堂与塔楼交界处，由于建筑空间需要，取消了局部楼层形成了跨多层支撑（3 层或 4 层），支撑由于受力较大且计算长度较长，高度采用 1000mm。

3. 外筒边梁

外筒边梁作为楼面承重结构，又是外筒结构体系的重要组成部分，传递节点的水平轴力，只在"刚性楼层"布置。外筒边梁的钢结构截面形式分为两类：典型楼层的外筒边梁采用 H 型钢；在外筒周边部位，如悬臂底部、顶部以及裙楼顶部，采用箱形截面，如图 8.3-5 所示。为了便于箱形截面两侧腹板与蝶形节点板的连接，箱形截面的腹板与翼缘并不相互垂直，而是呈一定的夹角，其中上下翼缘同楼板面平行，而两侧腹板平行于外筒柱的倾斜角度。每层刚性层周边均设置了外筒边梁，外筒边梁在节点处与外筒柱、支撑通过蝶形节点连接。外筒边梁截面除地下室部分采用了钢骨混凝土梁的形式外，其余均采用钢结构形式，材性主要为 Q345C，局部受力较大部位的支撑采用了 Q390D 的高强钢。

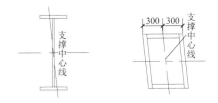

(a) A 类截面（H 形截面）　　(b) B 类截面（箱形截面）

图 8.3-5　外筒边梁典型截面形式

4. 外筒延迟安装构件

结构初步分析结果表明，外筒结构中的某些支撑、斜柱以及边梁如果与主体结构其他构件同步安装，由于施工顺序的影响，在结构自重作用下将产生较大的锁定内力，与地震以及风荷载等组合后，这些构件的内力将大大超过其承载力。如果简单地增加这些构件的截面尺寸（如角柱），将增加结构抗侧刚度，从而吸收更多的地震内力。反之，在实际施工过程中，这些构件暂时"取消"，在结构封顶后延迟安装，称为"延迟构件"。外筒延迟构件主要分布在外筒转折处（如悬臂根部），以及裙楼与塔楼交界处，如图 8.3-6 所示。延迟构件的设置可以改变结构的传力路线和时间，使结构的构件应力重分布，达到构件应力均匀的目的，也使裙楼在施工阶段避免过多分担倾斜塔楼传递的倾覆力矩和水平推力。

(a) 塔楼 1 南侧　　　　　　　　(b) 塔楼 1 西侧

图 8.3-6　延迟构件分布

8.3.2　内筒结构

内筒结构是塔楼重要的承重结构体系之一，由若干核心筒和塔楼内柱组成。其中核心筒容纳了建筑电梯、疏散楼梯等附属建筑功能。塔楼 1 的核心筒结构布置如图 8.3-7 所示，所有核心筒及塔楼内柱都是竖直的，与外筒柱一起作用，为"刚性层"之间的楼板提供稳定性。从前述外筒结构布置可以看出，刚性楼层（图 8.3-7）与非刚性楼层（图 8.3-8）间隔布置。由于外筒双向倾斜，塔楼内任一层楼面布置都是不同的。

内柱与周边楼面梁采用铰接连接。刚性楼层及非刚性楼层的楼面均采用组合楼盖，楼面梁采用钢-混凝土板组合梁，跨度较大处采用组合桁架楼盖体系，设备管道从钢梁腹板开孔或桁架腹杆间穿过，保证建筑有效楼层净高满足 2700mm 要求。楼板采用组合楼板，为压型钢板上铺混凝土楼板，总厚度 150mm，压型钢板采用缩口型，肋高 65mm。

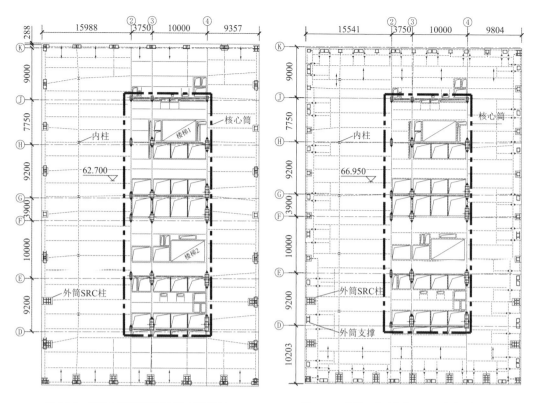

图 8.3-7 塔楼 1 典型结构平面图（刚性层）　　　图 8.3-8 塔楼 1 典型结构平面图（非刚性层）

塔楼核心筒为钢框架结构体系，核心筒体横向布置一定数量的柱间支撑，而纵向主要依靠抗弯框架的作用。核心筒内两个"刚性层"楼层平面之间的侧向支撑可以保证"非刚性层"楼层的侧向稳定，并传递层间水平荷载。在塔楼施工阶段，由于内筒需要布置塔式起重机，先于其他主体结构施工。为了保证内筒在施工阶段的稳定，在纵向增设了临时支撑。内筒框架柱以及内柱采用钢柱，框架梁采用 H 型钢，支撑采用双角钢组合截面。

由于内筒和内柱是垂直的，而外筒是倾斜的，因此塔楼的每一个楼面布置是不同的。外筒斜柱与内筒的跨距沿高度一直变化，内侧跨距逐渐减小，外侧跨距逐渐增大，需要增设内柱来减小楼层梁的跨度，从而设置了一系列的转换桁架以支承内柱或悬挂内柱，如图 8.3-9 所示。转换桁架布置于两层高的机电层内部，上部承托或下部悬挂若干层，将内柱的重力荷载传递到内筒和外筒上。

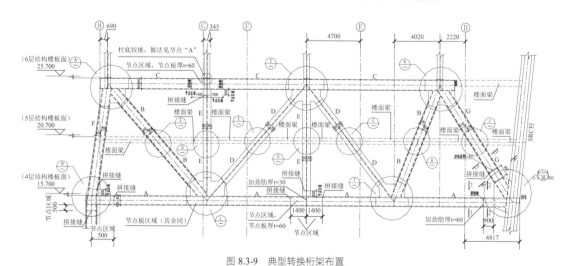

图 8.3-9 典型转换桁架布置

两塔楼之间悬臂部分的底下两层以及裙楼的大跨演播室上方也设有转换桁架，用以支承上部楼面的内柱。悬臂区域的转换桁架分布如图 8.3-10 所示，15 榀转换桁架跨越 37～39 层，支承于外筒结构，主要承担悬臂结构荷载。塔楼 1 南侧和塔楼 2 西侧分别为 2 榀、3 榀转换桁架单向支承，悬臂端部 5 榀转换桁架为双向支承。

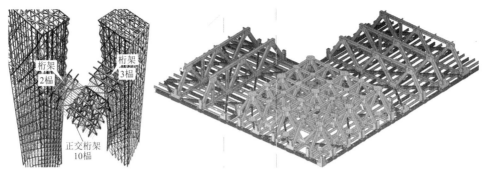

图 8.3-10　悬臂区域的转换桁架示意

8.3.3　楼盖结构

与一般结构不同，塔楼在静荷载作用下楼板就有应力产生，而一般超高层结构只有在水平风荷载或地震作用下才有楼板应力的存在，这就使得本工程的楼盖结构设计与一般工程不同。就楼板受力状态来讲，本工程可分为三段：裙楼（1～10 层）、塔楼中段（11～36 层）、悬臂部分（37～52 层）。而裙楼以 10 层楼面应力最为复杂，悬臂部分以 37 层、39 层应力最为复杂。

根据各楼层使用功能、周边结构形式、楼面应力状态等，结构设计时采用不同的楼盖形式，详见表 8.3-1 和图 8.3-11、图 8.3-12。

楼盖结构形式　　　　　　　　　　　　　　　　　　　　　　表 8.3-1

位置	楼层	楼板厚度/mm	结构形式	备注
塔楼及悬臂部分	地下 3 层～地下 1 层	150	现浇混凝土楼板 + 钢梁组合结构	
	1 层	200	现浇混凝土楼板 + 钢梁组合结构	
	2～36 层、38 层、40～52 层	150	混凝土楼板 + 压型钢板 + 钢梁组合结构	部分为钢桁架代替钢梁的非组合结构
	地下 3 层～地下 1 层	150	现浇混凝土楼板 + 钢梁组合结构	
塔楼及悬臂部分	37 层、39 层	150	混凝土板 + 钢板 + 钢梁	钢板厚度 6～20mm 不等
裙楼	地下 3 层～1 层	200	现浇混凝土框架梁板结构	局部楼板 300mm
	2～10 层	150	混凝土楼板 + 压型钢板 + 钢梁组合结构	

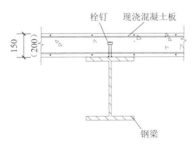

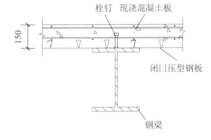

图 8.3-11　现浇混凝土板 + 钢梁结构形式　　　图 8.3-12　压型钢板 + 现浇混凝土板 + 钢梁结构形式

主体结构形式决定塔楼、悬臂在 37 层、39 层有很大的楼板应力，单纯按照混凝土板内配钢筋的形式已经不能满足受力要求，需要用钢板代替钢筋来加强楼板平面内的承载能力（图 8.3-13）。钢板的作用除承受平面内的力外，还可以作为现浇混凝土的模板以及承受竖向荷载时组合板的板底钢筋，在设计时需确保施工阶段钢板的承载力及变形。设计中，通过设置钢板加劲肋来满足施工阶段钢板的承载力和挠度要求。

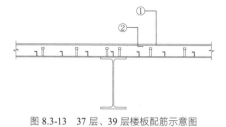

图 8.3-13 37 层、39 层楼板配筋示意图

8.4 结构分析

8.4.1 弹性分析

计算分析采用了多种软件及自行开发程序工具，整体计算以 SAP2000 为主、ANSYS 为辅进行线性计算，用于恒荷载施工模拟分析、活荷载、风荷载等其他静力分析、反应谱分析、弹性时程分析；采用 ABAQUS 进行弹塑性时程分析，用以验证结构在中震及大震下的性能。分析模型以杆单元为主，楼板按弹性楼板参与计算。结构风荷载采用了规范风荷载与风洞试验风荷载的包络结果用于构件承载力设计，风洞试验共 14×2 组荷载，每组包括两个正交方向的水平分量、竖向分量及扭转分量。竖向地震采用了反应谱和时程分析结果。结构主要周期及振型见表 8.4-1 及图 8.4-1，主要荷载信息见表 8.4-2。

结构主要周期 表 8.4-1

振型号	周期/s	振型说明
T_1	3.87	第 1 水平振型，135°方向
T_2	3.10	第 2 水平振型，45°方向
T_3	2.61	第 1 扭转振型
T_8	1.22	第 1 竖向振型

(a) 第 1 振型 (b) 第 2 振型 (c) 第 3 振型 (d) 第 8 振型

图 8.4-1 结构主要振型

结构主要荷载信息 表 8.4-2

荷载工况	X向	Y向	Z向
恒荷载/kN	—	—	4782652
活荷载/kN	—	—	1483296
风荷载/kN	35893	38533	16798
水平地震（小震）/kN	233374	239299	—
竖向地震（小震）/kN	—	—	365526

主楼悬臂部分的竖向振动放大效应在设计中得到了充分重视。在地震作用下结构悬臂部分有较大程度的竖向振动放大，振动台试验和时程分析结果均表明，悬臂部分竖向加速度相对地面输入最大放大为

8.8 倍，这是地面输入水平分量和竖向分量共同作用的结果。

8.4.2 弹塑性时程分析

采用 ABAQUS 软件对 CCTV 主楼进行了弹塑性时程分析以考察结构在罕遇地震下性能。ABAQUS 弹塑性模型采用对构件全长细分的纤维塑性区模型，钢材采用考虑 Bauschinger 效应的随动强化模型，混凝土材料采用弹塑性损伤模型，在材料层面上模拟结构弹塑性行为，较之一般的塑性铰模型具有更好的精度。地震输入考虑了 3 组天然波（加州 San Fernando 波 3 组）和 1 组人工波，采用不同于常规隐式算法的显示算法，可以有效克服收敛问题并获得精度较好的结果。同线性分析类似，在经历了施工模拟后的结构上施加地震加速度，主要分析结果如下：

（1）最大层间位移角（29 层）：1/58，满足规范 1/50 要求；

（2）构件变形限值：钢柱最大塑性应变−0.0042，钢斜撑最大塑性应变−0.0215，SRC 柱塑性损伤很小，SRC 柱混凝土部分的最大抗压弹性模量退化 11%，参照 FEMA356，满足要求。

（3）基底剪力时程：最大基底剪力出现在前 10s，即构件尚未进入塑性时。10s 以后，由于部分构件进入塑性，使得结构刚度下降，地震反应也随之减弱，基底剪力随之下降，这一现象在 Y 向基底剪力时程中尤其明显。

8.4.3 施工模拟分析

CCTV 主楼兼具倾斜与连体结构的特点，施工过程中的结构形式与完成后的最终结构体系具有较大差别。施工过程中逐步形成的结构构件内力（即恒荷载作用下的结构内力）与一次性加载条件下的结构构件内力具有很大差异，必须通过精确的施工模拟才能得出准确的恒荷载内力，以便与其他工况的内力组合进行构件设计，施工过程中的变形等因素也应根据施工模拟的结果加以考虑。

运用 SAP2000 软件和 ANSYS 软件分别进行了施工过程模拟。施工模拟的计算原理是对结构的中间过程分别计算（变刚度分析、内力锁定、叠加），各个施工阶段的结构形式分别承担一定水平的荷载，过程中的不可恢复内力在施工过程中锁定，并反映在施工完成后的结构模型中，经历施工模拟后的结构构件内力是比较真实的。

1）施工阶段

（1）阶段 1（图 8.4-2）：塔楼施工至悬臂段连接前。此时，塔楼与裙楼分开施工，塔楼与裙楼之间设置施工缝。塔楼施工进度变化引起的结构荷载变化通过荷载的上、下限来反映。上限模拟施工进度最快的情况，下限反之。施工进度的快慢主要影响塔楼竖向构件和悬臂段水平内力：施工进度快时，塔楼独立成为结构时承担荷载较大，塔楼竖向构件承担的内力较大；施工进度慢时，更多的荷载作用在塔楼连接之后的结构上，悬臂段水平内力较大。上限、下限施工阶段综合考虑上述因素，实际施工阶段可能在上述上限、下限之间，当采用其他施工方案时，要求结构构件内力应在上述上限、下限包络内力之间。

图 8.4-2　施工阶段 1

（2）阶段 2（图 8.4-3）：悬臂段开始连接、塔楼与裙楼施工缝连接完毕，悬臂段连接完毕后开始悬臂段上部结构安装，此时尚有少数延迟杆件未安装。结构竖向荷载大部分已施加完成。

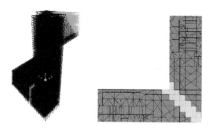

图 8.4-3　施工阶段 2 悬臂段连接（部分延迟杆件未安装）

（3）阶段 3（图 8.4-4）延迟构件完成安装，恒荷载施加完毕，施工活荷载撤出，大楼内楼面使用活荷载开始作用。施工模拟计算过程中，考虑了几何非线性并进行了构件承载力校核。

图 8.4-4　施工阶段 3

2）施工模拟

锁定内力与一次性加载明显不同，主要体现在外筒构件内力的变化，在竖向荷载下倾斜塔楼两侧具有明显的拉压变化（表 8.4-3）。

施工模拟分析与一次性加载分析结果对比　　　　　　　　　　　　　　表 8.4-3

说明		施工模拟分析		一次性加载
		上限	下限	
		施工进度较快	施工进度较慢	
外筒竖向构件、柱脚内力	倾斜内侧	相对下限更大压力	相对一次性加载更大压力	全部受压
	倾斜外侧	相对下限更大拉力	较小拉力	全部受压
内筒竖向构件、柱脚内力		差别很小		
悬臂段承担的水平推力		最小	较小	最大

总的来说，下限荷载施加较慢，塔楼竖向构件内力较小，悬臂连接水平推力较大，即对塔楼竖向构件有利，对悬臂连接水平构件不利，反之亦然。

实际施工阶段介于上、下限之间，结构实际力学特征也介于上、下限分析结果之间。施工过程的最终状态作为构件恒荷载内力依据与其他荷载进行组合以设计结构构件。

施工模拟对结构刚度及内力分布具有显著影响，主要表现在：（1）部分柱在使用荷载下永久受拉，而一次性加载无法反映上述受力特点；（2）不同施工过程造成结构基底反力变化；（3）不同施工过程会导致底板荷载中心的变化，对布桩及基础设计都会产生较大影响。施工过程中设置了部分延迟安装构件，通过这一措施改变恒荷载在施工阶段传力路径、改善结构受力。延迟构件在施工阶段 3 中安装，主要分布在塔楼与悬臂段、塔楼与裙楼连接处。

8.4.4　其他计算分析

考虑到结构的重要性，主楼设计过程中还进行了其他方面的计算分析：

（1）施工过程安全性评价

考虑到施工过程中的结构形式与最终结构形式有所不同，对施工过程中最不利情况，即对塔楼独立时（与裙楼脱开）进行了单独设计，保证结构强度（考虑恒荷载、施工活荷载、地震作用、温度作用的不利影响）、刚度和稳定性安全。

（2）整体结构防连续倒塌分析

对关键构件的弹性坚固性进行分析，使用弹性分析方法来确定周边支撑筒体的关键构件发生重大破坏时对结构整体的不利影响。将主楼重要结构构件如外筒柱、支撑在关键区域去除，进行重力荷载作用下的结构分析。分析表明，结构显示出很高的冗余度，在拟定的局部破坏发生时都能很好地将内力重新分布，从而保证结构的安全。

（3）悬臂部分的振动与舒适度研究

考虑在37层悬臂最外端角部50人同时随一节奏跳跃，而此节奏与主楼的某一自振频率一致，考察此时结构的动力反应。分析表明人运动导致悬臂段竖向加速度值很小，远远低于舒适度所要求限值；水平加速度值约为上述竖向加速度的60%，也在限值以内。通过频率分析表明，人运动导致的悬臂段最大竖向加速度为5.5Gal，最大水平加速度为4.4Gal，均在可接受范围之内。

8.5 专项设计

8.5.1 基础设计

倾斜塔楼和悬臂连体造成的巨大倾覆弯矩以及连体结构受力对地基基础变形非常敏感，导致基础设计有如下几大难题：

（1）需通过合理调整基础底板中心与上部结构荷载合力重心的重合以及采用变刚度布桩方式控制各塔楼基础底板的差异沉降和倾斜，减小地基基础变形对上部连体结构的影响。

（2）上部结构荷载中心的确定需考虑不同施工顺序加载的影响，即应采用按施工模拟的结构底层内力包络值。

（3）基础厚筏板沉降变形以及承载力分析。

（4）主楼与裙楼的差异沉降控制。

1）桩基布置

塔楼桩基础采用钻孔灌注桩，桩径1.2m，采用了桩端桩侧（⑤层卵砾层及⑦层卵砾层以上1.5m处做2道）后注浆工艺。

因塔楼上部在2个方向各倾斜6°，倾斜内侧（角）的柱底荷载远大于外侧柱底荷载，即荷载中心与结构几何中心存在严重偏心。为了减小基础偏心，基础底板往塔楼内侧倾斜方向延伸且在该范围内桩间距较密，在塔楼倾斜外侧桩间距较疏（图8.5-1）。最终布桩使得桩中心与上部荷载合力中心的偏心率小于1.5%（图8.5-2）。

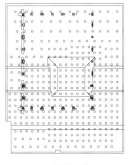
图8.5-1　塔楼1桩位布置

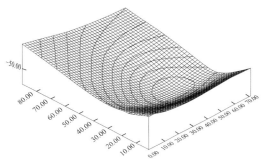
图8.5-2　塔楼1筏板沉降变形示意

2）桩基持力层优化

为选择合理的桩端持力层，提高桩的利用效率，对⑨层和⑫层两个可能的持力层作了对比分析。根据以上两种不同持力层的桩型，在施工前进行了单桩承载力测试，以取得桩基承载力取值依据。试桩结果见图 8.5-3。两种方案试桩极限荷载均可达 33000kN，注浆效果非常明显。从荷载-桩顶沉降曲线可以看出，两种方案的桩顶位移基本相等，但是从桩身周力分布可以看出，以⑨层土作为桩端持力层时更能发挥桩侧阻力，桩身强度利用率更高。另外根据试桩现场试成孔的实际情况，在⑨层和⑫层土之间的黏质粉土由于吸水崩解出现严重的塌孔，形成 2m 左右厚的沉渣，经反复清孔效果仍不理想，所以若以⑫层为桩端持力层，势必由于过厚的沉渣乃至断桩而给工程埋下严重隐患。综合以上各种情况，最终桩端持力层定为⑨层细中砂层。

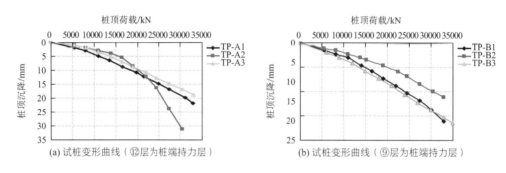

(a) 试桩变形曲线（⑫层为桩端持力层）　　　(b) 试桩变形曲线（⑨层为桩端持力层）

图 8.5-3　试桩变形曲线

3）超厚筏板设计

根据竖向荷载工况下底板的弯矩和剪力分布，筏板按照变厚度原则进行设计，筏板的最大厚度由筏板抗剪（冲切）承载力控制。在剪力最大处筏板最大厚度分别达到 7m（塔楼 1）和 6m（塔楼 2），对上述剪切面还进行了中震下的承载力验算。在柱脚荷载最大的地方筏板内设了抗剪钢筋（沿筏板厚度方向布置）。为最大限度地减少主楼与裙楼之间的变形差异引起的筏板内力，在主楼与裙楼筏板之间设置了铰接连接构造，且在上部结构设置沉降后浇带，裙楼范围靠近塔楼处整跨支撑延迟安装。

塔楼筏板在各种工况下的内力、变形及桩顶沉降采用"高层建筑底板沉降、内力计算高精度有限元分析程序（PWMI）"进行计算。图 8.5-2 为竖向荷载工况下塔楼 1 筏板变形图，内力和变形最大处发生在东南角，桩顶沉降达到了 64mm，最小沉降达到 17mm，位于塔楼西北角。根据计算得到的弯矩分布和实际板厚，对筏板分区域进行受弯承载力验算。

8.5.2　高含钢率 SRC 柱设计

（1）SRC 柱受力特点

由于塔楼倾斜以及高位悬臂结构的影响，外筒斜柱在竖向荷载作用下轴力分布很不均匀，相差悬殊，如塔楼 1 受压侧东南角角柱的最大轴向压力达到 230000kN（设计值），而塔楼 1 西北角角柱出现轴向拉力 15000kN。如果外筒柱自重内力与设防烈度地震作用内力叠加，角柱最大轴向压力达到 300000kN。由于建筑师严格控制外筒柱的建筑截面大小，考虑减轻结构自重以及建筑防火等因素，受压侧外筒柱采用 SRC 柱。其中轴力最大的 SRC 柱钢骨截面面积达到 0.6m²，采用多腔箱形截面，如图 8.5-4 所示，截面特征如表 8.5-1 所示。扣除空腔，钢骨最大含钢率达到 30%，远大于《型钢混凝土组合结构技术规程》JGJ 138—2001 中的相关规定。SRC 柱截面形状复杂，空腔内不灌混凝土，钢骨周边以约束混凝土包裹。高含钢率 SRC 柱的承载力计算与延性指标的判断成为设计中的难点。

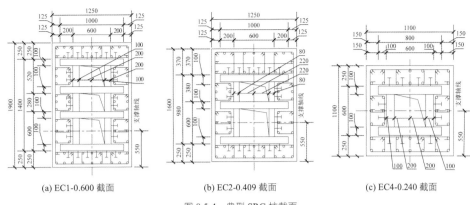

(a) EC1-0.600 截面　　　　　(b) EC2-0.409 截面　　　　　(c) EC4-0.240 截面

图 8.5-4　典型 SRC 柱截面

典型 SRC 柱截面含钢率与纵筋配筋率　　　　　　　　　　表 8.5-1

截面编号	混凝土面积A_c/mm²	纵筋面积A_s/mm²	钢骨面积A_a/mm²	全截面面积A_t/mm²	含钢率$\rho_a = A_a/A_t$	纵筋配筋率$\rho_s = A_s/A_c$
EC1-0.600	1317094	57906	600000	1975000	30.4%	4.4%
EC2-0.409	1243745	48255	408800	1700800	24.0%	3.9%
EC4-0.240	781043	28957	240000	1050000	22.9%	3.7%

（2）高含钢率 SRC 柱承载力计算

现行规范对于钢骨混凝土柱截面的承载力计算，一般有两种方法：强度叠加法——《钢骨混凝土结构技术规程》YB 9082—2006 和变形协调法——《型钢混凝土组合结构技术规程》JGJ 138—2001。一般叠加法的计算结果与按平截面假定为基础的理论分析结果吻合较好，但计算较为复杂，不便于设计时的实际操作。变形协调法是沿用钢筋混凝土构件计算中常用的钢筋与混凝土变形协调一致的假定，构件截面始终保持为平面，钢骨与混凝土能够共同工作，可适用于任意截面的 SRC 柱。除上述规范中给出的手工计算方法外，国外发展了很多专用截面承载力计算软件，如 CSI 系列 Section Builder、XTRACT 等，这些软件原理是利用有限单元法得出截面的理论承载力，优点是精确度高，缺点是无国内规范配套。目前，国内尚无基于国内规范的相应软件。外筒 SRC 柱型钢与纵筋不对称布置，强度叠加法将得到过于保守的设计结果；变形协调法计算繁琐，对于设计过程中截面的反复调整，重复计算的效率低且难以保证计算的准确性。

由于上述原因，设计方基于截面纤维模型的积分算法及平截面假定，按照有限元原理，利用 EXCEL 强大的数据处理能力和 VBA 程序方便的编程能力编制了计算 SRC 柱承载力的通用程序，将截面离散成小的单元，在每个单元上根据材料本构关系由应变计算出应力，通过对每个单元应力的积分得出截面承载力参数及 N-M 相关曲线。

利用上述程序计算出的典型 SRC 柱 N-M 相关曲线见图 8.5-5。在此曲线基础上，设计时按照 N-M 线形相关曲线进行了构件承载力的校核。

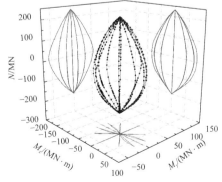

图 8.5-5　典型 SRC 柱截面 N-M 相关曲线

从承载力 N-M 曲线中可看出（图 8.5-6），曲线为纺锤形的外凸曲线，且截面的受拉部分曲线与受压部分曲线基本对称，这点与钢筋混凝土构件的 N-M 曲线有明显不同，因此可按照上述曲线进行线性简化以得到 SRC 柱承载力校核的设计公式：

$$\frac{N}{N_{\mathrm{p}}} + \frac{M_x}{M_{xp}} + \frac{M_y}{M_{yp}} \leqslant 1 \tag{8.5-1}$$

式中：N、M_x、M_y——SRC 柱的设计轴压（拉）力、强轴弯矩与弱轴弯矩；

N_{p}、M_{xp}、M_{yp}——根据 N-M 相关曲线得到的轴压（拉）承载力、强轴受弯承载力与弱轴受弯承载力。

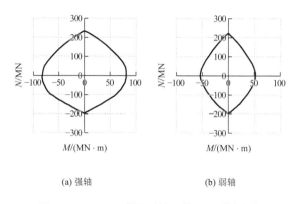

(a) 强轴　　　　　　　　(b) 弱轴

图 8.5-6　EC1-0.600 截面强轴与弱轴 N-M 承载力曲线

图 8.5-7 给出了 EC1-0.600 截面的绕强轴承载力 N-M 曲线与其简化设计曲线，从图中的两曲线比较可看出：上述简化公式既偏于安全又未过分保守，极大地方便了结构设计中的承载力校核。

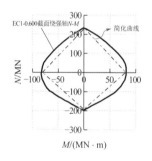

图 8.5-7　EC1-0.600 截面绕强轴 N-M 曲线与其简化设计曲线

通过改进 SRC 柱的构造措施，如栓钉布置、钢骨截面调整以及箍筋构造等，高含钢率的 SRC 柱的延性也能得到保证，试验研究也验证了在设计轴压比 $n = 0.7$ 时的延性系数大于 3，满足抗震时的延性要求。

8.5.3　蝶形节点设计

典型的外筒蝶形节点如图 8.5-8 所示，该节点设计有以下特点：

（1）SRC 柱及斜撑截面由钢板焊接组合而成，钢板厚度大多在 60mm 以上，钢材强度等级采用 Q390-D 及以上高强度钢。

（2）箱形截面支撑上下翼缘在节点区外截断，通过扩大支撑截面的腹板形成节点板过渡，避免在 SRC 柱内设置水平加劲肋以及柱钢骨钢板沿板厚方向受拉，同时保证 SRC 柱纵筋在节点区连续。

（3）在节点区 SRC 柱混凝土外边设置钢模板，方便 SRC 柱混凝土施工。

（4）在节点板转折处采用圆弧光滑过渡，符合节点区应力扩散要求，缓和应力集中现象。

蝶形节点尺寸设计原则如下：

$$2L \cdot t_{f_{\mathrm{c}}} \geqslant \gamma_{\mathrm{s}}(2b_f t_f + 2h_{\mathrm{w}} t_{\mathrm{w}}) \quad \alpha \leqslant 30° \tag{8.5-2}$$

式中： t_{f_c}——节点板的厚度；

  h_w、t_w——分别为支撑截面腹板的高度及厚度；支撑截面如在节点处有调整，按调整后截面取值；

  b_f、t_f——分别为支撑截面翼缘的宽度及厚度；支撑截面如在节点处有调整，按调整后截面取值；

  γ_s——为满足"强节点，弱支撑"要求所取的节点区超强系数，取1.2。

1. 蝶形节点有限元分析

选取了几种典型的蝶形节点类型进行弹塑性板壳单元的有限元建模计算，分析在不利支撑荷载工况下节点板的Von.Mises应力分布。

在水平荷载作用下，蝶形节点两个方向上的支撑杆一般呈一压一拉的受力形式，如图8.5-9所示，为了达到强节点弱杆件的设计原则，所施加的支撑杆轴力考虑为其拉、压屈服承载力。梁柱的反弯点一般在其中点位置，边界条件取在梁柱的中点。在有限元模型中，型钢混凝土柱组合柱的长度为10m，取刚性层柱中点到中点的距离，柱两端的边界条件为铰支座；梁的长度为7.5m，取梁跨中到跨中的距离，梁端边界条件为铰支座。

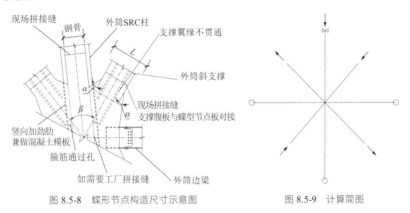

图 8.5-8 蝶形节点构造尺寸示意图   图 8.5-9 计算简图

根据有限元分析的结果，蝶形节点基本为平面受力，在高支撑杆件内力作用下，蝶形节点板存在高应力区（图8.5-10），图中灰色区域为Von.Mises应力超过钢材屈服强度（该节点为400MPa）的区域。从图8.5-10中可看出，节点板的高应力区主要分布在两个部位，一个部位是节点板与支撑、柱等板件的转折连接处，此部位一般为应力集中范围，区域较小；另一部位则是节点板的核心区，节点板核心区的Von.Mises应力主要是支撑构件拉、压应力的合成。

双向支撑杆件的主拉、压应力为σ_1、σ_2，支撑轴线间夹角为β时，核心区的Von.Mises应力可用下式表示：

$$\sigma_{Mises} = \sqrt{\sigma_1{}^2 + \sigma_2{}^2 + \sigma_1\sigma_2\frac{1+3\cos(2\beta)}{2}}$$ (8.5-3)

从上述式(8.5-3)中可看出，节点区的Mises应力远高于支撑杆件的应力。

2. 蝶形节点安全性评价

根据《钢结构设计规范》GB 50017—2003以及《建筑抗震设计规范》GB 50011—2010，节点应该比杆件具有更高的设计承载力，也就是要保证节点不能先于杆件破坏。在本工程节点有限元分析中，支撑杆件的轴向力取其屈服承载力，并考虑材料的弹塑性。当蝶形节点应力云图中Von.Mises应力屈服区域的宽度小于1/2支撑截面的宽度时，设计认为节点是安全的，能够满足"强节点、弱杆件"的设计原则（图8.5-11）。根据这一原则，图8.5-10中的节点构造不能满足设计要求，需采取措施加强节点。为了达到上述节点设计原则，保证节点设计安全，采用了以下几种构造措施。

（1）扩大节点板外形尺寸。有限元计算表明，节点板的形状和尺寸会在很大程度上影响节点区应力的分布。由于蝶形节点构造中支撑杆的腹板在伸入节点区一定长度即中断，不影响SRC柱纵筋布置，伸入的长度会影响支撑杆内力在节点中的传递，也影响节点板最终形状。

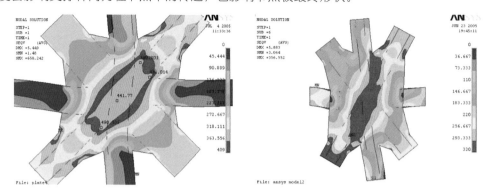

图 8.5-10　典型蝶形节点 Von.Mises 应力云图（弹性）　图 8.5-11　典型蝶形节点 Von.Mises 应力云图（加强后）

（2）加强蝶形节点板的板厚和钢材等级。当节点板尺寸扩大后，节点承载力还得不到保证时，提高节点板的板厚或钢材强度等级也是对节点加强的有效措施。工程的外框蝶形节点的节点板最大板厚达到100mm，最高的钢材等级达到 Q460。

图 8.5-11 为该节点区板厚加强后的应力云图，图中灰色区域为节点板钢材进入屈服的应力区域，从图中可看出屈服区域仅集中在左下角支撑与节点板连接等截面变化的部位。支撑截面进入屈服时，蝶形节点区的屈服区域很小，甚至没有屈服区。

在支撑截面与节点板连接处以及 SRC 柱钢骨与节点板连接处等截面变化的地方存在应力集中现象，但最大的应力与平均应力之比的应力集中系数都小于 2。工程实践中常见的应力集中系数一般都在 2～3 的范围，因此本工程的节点设计应力集中问题不是很明显，而且应力集中也集中分布在支撑与节点板的连接部位，在该区域的较高应力值不会影响"强节点"的原则。再者，节点板的受力以平面受力为主，应力超过屈服应力后，即形成钝化区域，较小的钝化区域不影响节点的功能。由于应力集中大多集中在支撑与节点板连接等截面变化的部位，根据工程经验，在节点设计中，在板件转折处采用圆弧的截面过渡可以明显改善应力集中现象。

缩尺节点模型的试验结果也表明，节点的破坏最终表现为斜撑的破坏即压屈或拉断，节点板区域有部分测点进入塑性，节点区的应力分布与有限元分析结果基本一致。

8.5.4　柱脚节点设计

1. 柱脚节点受力特点

CCTV 主楼由于塔楼双向 6°倾斜且在塔楼 1 的 37 层和塔楼 2 的 30 层出挑巨大的 L 形连体结构，造成部分外筒 SRC 柱柱脚在竖向荷载作用下就承受较大的拉力。在地震、风等水平荷载作用下，出现拉力的柱脚范围进一步扩大。由于水平荷载的不同方向性，这些柱脚亦可能承受较大的压力作用。外筒支撑的水平分力引起柱脚的水平反力也较大。因此，外筒柱脚节点受力有以下特点：

（1）柱脚可能出现较大拉力和压力的作用

在恒荷载作用下，塔楼 1 西北角以及塔楼 2 东南角的几根柱的柱脚就会产生较大拉力。在小震以及设防烈度地震作用下，受拉柱脚的范围进一步扩大（图 8.5-12）。在不同方向的罕遇地震作用下，几乎所有的外筒柱脚均会产生拉力。由于地震作用方向的不确定性，外筒柱柱脚在某一方向地震作用下可能承受较大拉力，而在另一方向地震作用下也可能承受较大的压力。如塔楼 1 西北角的角柱在设防烈度地震作用下柱脚最大拉力可达 83629kN，最大压力可达 59249kN；塔楼 1 西南角的角柱中震下柱脚最大拉力可达 46309kN，最大压力可达 220025kN。

（2）柱脚的水平反力较大

由于外筒支撑在柱脚处不再延伸至基础底板，柱脚部位需承受由支撑产生的水平分力作用，而相应柱脚弯矩较小。在设防烈度地震作用下，外筒支撑平面内最大水平分力可达48072kN。

（3）柱底板下混凝土局部承压应力较大

由于主楼为双向6°倾斜且有高位连体结构，使塔楼承受较大的倾覆力矩，造成外筒柱脚在恒荷载作用下受力不均匀，塔楼1东南角的角柱在恒荷载、活荷载作用下最大轴力设计值达232521kN，柱脚底板尺寸为2210mm×2800mm，底板下混凝土承压应力达38MPa。

2．柱脚设计原则

与上部外筒结构的抗震性能目标相一致且贯彻"强节点、弱杆件"的设计原则，柱脚设计采用了以下原则：

（1）在恒荷载、活荷载以及小震作用下柱脚保持弹性（荷载设计值对应材料设计值，地震组合考虑地震影响系数）；

（2）在设防烈度地震作用下柱脚不屈服（荷载标准值对应材料标准值）。

3．柱脚节点构造

针对外筒柱脚的受力特点，对不同拉力水平的柱脚分别采用埋入式柱脚（双底板构造）以及高强预应力锚栓外包柱脚等构造措施。

（1）埋入式柱脚（双底板构造）

外筒柱脚设计中对在恒荷载作用下可能产生或接近产生拉力的13根外筒柱脚采用了埋入式柱脚的构造，柱底埋至筏板底部钢筋的上方。图8.5-13为该类柱脚的分布范围。

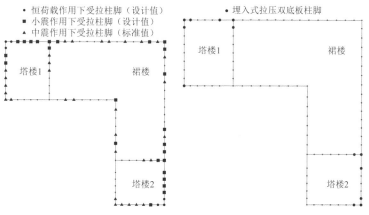

图 8.5-12 外筒受拉柱脚示意图　　　图 8.5-13 外筒埋入式柱脚分布

由于该类柱脚在不同方向地震作用下也可能产生较大的压力，所以在设计中采用了双底板措施。当柱脚受拉时拉力通过柱脚埋入段传递至柱脚下底板，并满足下底板与筏板之间的向上抗冲切要求；当柱脚受压时压力通过柱脚上底板传至筏板面，依靠筏板顶面的局部承压扩散至整个筏板，并满足筏板的抗冲切要求。图8.5-14、图8.5-15为埋入式柱脚的工厂加工以及现场安装的图片。

图 8.5-14 埋入式柱脚工厂加工　　　图 8.5-15 埋入式柱脚现场安装定位

（2）外包露出式柱脚 + 高强预应力锚栓

对于其余受拉绝对数值较小的柱脚采用外包式柱脚附加高强预应力锚栓的形式（图 8.5-16），图 8.5-17 为高强预应力锚栓的现场安装以及定位。

图 8.5-16　外包式柱脚节点　　　　图 8.5-17　高强预应力锚栓现场安装定位

高强预应力锚栓材料的力学性能以及尺寸如表 8.5-2、表 8.5-3 所示。

高强锚栓材料力学性能　　　　　　　　　　　表 8.5-2

等级	屈服强度	抗拉强度	伸长率	冲击韧性		
	MPa	MPa		+20℃	0℃	−20℃
I	870	1070	≥12%	50J	35J	25J
II	1080	1250	≥10%	50J	30J	25J

常用高强预应力锚栓尺寸　　　　　　　　　　　表 8.5-3

型号	直径	螺纹	截面积	单位长度重量
mm	mm	mm	mm²	kg/m
φ35	33.3	M35 × 4.0	871.44	6.84
φ44	41	M44 × 4.5	1320.25	10.36
φ55	51.3	M56 × 5.5	2066.92	16.23
φ77	73.5	M80 × 6.0	4242.92	33.3

高强预应力锚栓的直径从 10～140mm 不等，本工程选用的是等级 I 直径 77mm 的高强预应力锚栓。该预应力锚栓采用的是无粘结张拉系统，锚栓上下的两端分别为张拉端以及锚固端，两端分别设置有与锚栓尺寸相对应的配套锚板，并在锚固端配置钢筋网片以保证锚固端筏板混凝土的局部抗压强度。在锚栓的外侧设置有比锚栓直径略大的套筒，在套管上设置有灌浆孔。在进行预应力张拉时套筒内不灌浆，采用专业张拉设备对预应力锚栓进行无粘结张拉，待张拉结束后再进行套筒内灌浆（图 8.5-18）。在本工程中高强预应力锚栓预张拉力取 30% 的锚栓抗拉强度。该预张拉力基本上与柱脚在小震下的拉力设计值相当。图 8.5-19 为高强预应力锚栓的现场张拉装置。

高强锚栓埋入至筏板底部最上皮钢筋的表面处，在中震作用下基本仅靠高强锚栓抗拉就能满足柱脚中震不屈服的要求。在大震作用下，需靠高强锚栓以及柱脚外包混凝土钢筋抗拉才能满足大震不破坏的要求。

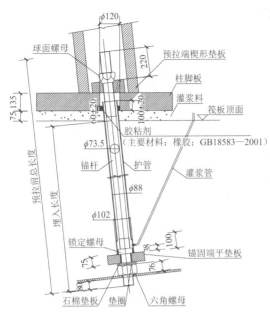

图 8.5-18　高强预应力锚栓构造示意图　　　　　　　　图 8.5-19　高强预应力锚栓的张拉

（3）柱脚抗剪键及剪力墙

外筒柱脚水平力的特点为沿支撑平面内的水平力较大，针对这一特点在设计中采用了主要依靠柱底抗剪键并辅以柱脚剪力墙的受力模式。在柱脚底板下沿外筒平面内设置抗剪件，并在底板上的设备层内设置约 2m 高 1.5m 宽的剪力墙。在抗剪键上布置了栓钉以加强抗剪件与混凝土之间的相互作用。在局部柱脚水平力较大的区域加强了剪力墙的配筋，满足中震下的受力要求。

（4）高强灌浆材料

小震组合下，最不利荷载工况的局部柱脚底板下混凝土承压应力达到 50MPa，大于基础筏板 C40 的混凝土抗压强度，在设计中考虑了柱脚底板下混凝土局部受压强度提高系数（在柱脚范围四周筏板没有缺失或高差的情况下，混凝土局部受压强度提高系数为 2.7 左右）。柱脚底板下，采用了高强灌浆材料。灌浆料采用紧密、无收缩的水泥砂浆，灌浆料的抗压强度 7d 不低于 50MPa，28d 不低于 80MPa。当柱脚底板较大时，采用分区灌浆并保证混凝土接触面平整、密实。

8.6　结构试验研究

8.6.1　振动台模拟试验

为了直观地验证 CCTV 主楼结构在不同烈度地震作用下的结构性能，进行了 1/35 模型振动台模拟试验。试验在中国建筑科学研究院振动台实验室进行（图 8.6-1）。

模型主要采用紫铜制作，裙楼部分的钢筋混凝土筒、型钢混凝土柱用水泥砂浆制作。结构主要的受力构件尽可能按模型缩尺比例进行设计，局部连接构造在做不到完全几何相似时力求做到强度上等效。对次要构件（主要指楼盖系统）适当进行简化，以降低模型制作难度并能缩短模型制作工期。考虑到铜材的焊接工艺与质量要求，模型制作采用工厂焊接与实验室组装相结合的方法，以保证模型加工质量，试验模型见图 8.6-2。

模型分别用 2 组天然波（Real1、Real2）和 1 组人工波（L1-art）对模型进行激振试验，三向输入地震波加速度值按 1∶0.85∶0.65 比例调整。

图 8.6-1 压弯试验加载装置   图 8.6-2 结构试验模型

试验结果表明随着台面输入地震波加速度峰值的提高，模型刚度退化、阻尼比增大，结构出现一定程度的损伤后，结构薄弱层的位置会发生转移，动力放大系数有所降低；连接两座斜塔顶部的悬臂结构对两座塔楼具有明显的约束作用。根据实测结果按模型试验相似律换算，原型结构X、Y、Z三向基本自振周期分别为 3.198s、2.257s、0.663s，与原型结构设计计算结果较为接近，说明计算模型选取合理，原设计计算结构可靠。

在相当于设防地震作用下（加速度峰值 784Gal），结构层间位移角最大值为：X方向 1/495，Y方向 1/768，扭转角 1/156，结构基本处于弹性阶段；悬挑部分的竖向加速度放大倍数尤为显著，最大达到 9.18 倍。在相当于罕遇地震作用下（加速度峰值 1120Gal），结构从弹性状态进入弹塑性状态，结构层间位移角最大值为：X方向 1/405，Y方向 1/489，扭转角 1/110，远小于规范的 1/50 层间位移角要求。振动台试验结果验证了结构设计达到"三水准"抗震设防要求。

8.6.2 高含钢率 SRC 柱试验研究

为验证上述数值分析方法计算承载力的可靠性，考察高含钢率 SRC 柱构件在高轴压比下的延性，把握其破坏机理，业主与设计方委托清华大学与同济大学进行了相关试验。

试验包括了轴压、纯弯和压弯试验，根据试验结果得到下述试验结论：

（1）按上述数值方法求得的大含钢率 SRC 柱的N-M承载力曲线与试验结果的比较表明，实测的截面极限轴力N_p、截面极限弯矩M_p、不同轴压比时的最大弯矩点均位于理论N-M曲线之外，且高于理论值 20%以上（图 8.6-3），因而可采用数值方法求得的N-M曲线作为计算大含钢率组合柱截面强度的依据。

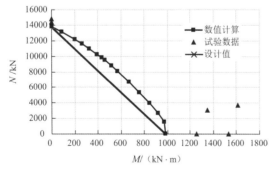

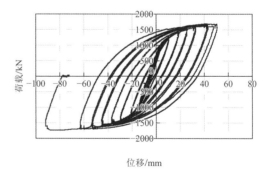

图 8.6-3 试验与理论、设计N-M曲线的比较   图 8.6-4 SRC 柱试件滞回曲线

（2）SRC 组合柱在轴心受压和不同轴压比的压弯作用下的荷载-位移（或滞回）曲线表明，整个加载过程中，构件的承载能力没有明显下降，构件刚度没有明显退化，SRC 组合柱试件具有良好的延性（图 8.6-4），图中试件的轴压比为 0.7，纵坐标为试件跨中横向力P，横坐标为对应的横向位移Δ。根据此

滞回曲线的骨架曲线,按照上述计算延性比的几种方法,可得到 SRC 柱的延性比$\mu_\Delta > 3$,满足设计要求。

8.6.3　蝶形节点试验研究

试验对象为外框筒体系中的两种重要节点:关键节点(图 8.6-5)和典型节点(图 8.6-6)。模型按照 1∶10 的缩尺比,试验的主要目的如下:

(1)考察节点板在静力荷载作用下的应力分布和变形情况。

(2)研究节点在往复荷载作用下的承载性能,包括在承受往复荷载作用下节点的塑性发展与应力重分布、节点域变形等。

(3)考察节点板在逐级增加的循环荷载作用下的最终破坏模式,包括节点板的极限承载力、节点板的破坏形态和过程,如构件破坏、节点区破坏以及焊缝开裂发展情况等。

(4)根据节点承载性能及破坏情况判断节点的薄弱部位、检验计算分析结果等,为抗震设计提供改进意见。

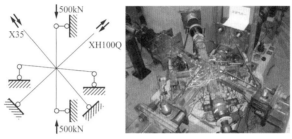

图 8.6-5　关键节点试验加载

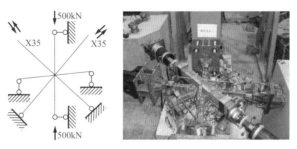

图 8.6-6　典型节点试验加载

通过试验可以得到如下结论:

(1)模型试验的最终加载值超过了原设计值,而且超出幅度均较大。

(2)节点的破坏最终表现为斜撑的破坏:压屈或拉断。本次试验中三个试件的支撑破坏表现为压屈,一个试件的支撑破坏表现为拉断。

(3)在加载过程中,节点板区域始终未发生局部屈曲现象。

(4)关键节点试验中,节点板区域有部分测点进入塑性,而且大多集中在斜撑与节点板相交的区域,这些地方也最容易出现应力集中现象。

(5)典型节点试验中,节点板也有部分测点进入塑性。试验结果显示,两种节点(关键节点和典型节点)突出了"强节点、弱斜撑"的设计理念,满足承载力的设计要求。

8.7　结语

CCTV 主楼采用的特殊建筑体型,给结构设计及工程施工均带来了极大挑战。通过本工程的设计研究，可以得到以下结论：

（1）倾斜双塔楼连体结构选用带斜撑外框筒结构体系是合适的，其抗侧刚度以及抗扭刚度均较强，有利于结构抗震。针对此种结构体系所进行的结构分析、构件节点试验以及振动台模型试验均表明结构的安全是有保证的。

（2）此种结构的施工模拟计算非常重要，准确模拟结构刚度形成与荷载施加过程中杆件受力与变形的真实情况，可以为构件设计与施工变形控制提供可靠依据。

（3）高含钢率 SRC 柱以及复杂节点设计可以采用有限元分析与试验研究相结合的方法，本工程所采用的高含钢率 SRC 柱的延性是满足抗震设计要求的。

（4）罕遇地震下弹塑性动力时程分析与振动台模拟试验表明，该结构的层间变形满足大震不倒的要求。抗连续倒塌分析表明，个别构件的损坏不致引起整个结构的连续倒塌。

作为 21 世纪初中国结构和施工最为复杂的超高层建筑之一，也有几点思考供同行参考。

（1）对人体量倾斜连体高位悬挑结构设计

CCTV 主楼作为罕见的大体量倾斜连体高位悬挑结构，其竖向荷载水平相关性等结构体系力学特点与一般结构明显不同，解决该类问题在很多方面需要超出工程常规、规范常规，针对类似工程需要工程师在设计过程中充分了解结构原理并灵活运用设计规范，更多地从结构力学本身以及概念设计来处理问题，在解决问题思路上为结构工程师开辟了新的思路。另外，特殊体型建筑对施工技术、施工手段的应用也提出更高的要求。

（2）理解规范内在原理并在设计中灵活运用，从而推动规范发展

CCTV 主楼多处结构抗震超限，并最终在抗震专家的指导、协调下完成设计与施工的客观事实为结构工程师提供了如下启发：超限结构有其内在的结构机理，在设计过程中对超限内容需要更多地运用一般的结构设计理念并结合结构分析、试验与工程经验完成结构设计，对结构工程师提出了较高要求；超限工程的设计与总结同时也是对规范内容的丰富。

（3）对复杂形体建筑设计应在设计初期加大结构参与力度

好的建筑方案的实现是规划、建筑、结构和机电等各专业有机的结合。复杂建筑体形可能会导致结构设计具有较大难度甚至不合理性，应该在建筑方案阶段加大结构设计的参与力度，从更广泛的视角考虑建筑方案在结构设计、施工等各方面的可行性、合理性，特别注意预判由于新颖建筑体形可能会产生的新结构问题，例如施工过程相关性。

参考资料

[1] CCTV 新台址工程结构设计、理论分析与试验研究系列课题报告[R]. 上海: 华东建筑设计研究院有限公司, 2007.

[2] 中国中央电视台新台址 CCTV 主楼建筑结构超限设计可行性报告[R]. 上海: ARUP, 2003.

[3] 汪大绥, 姜文伟, 包联进, 等.CCTV 新台址主楼结构设计与思考[J]. 建筑结构学报, 2008, 29(3): 1-9.

[4] 包联进, 姜文伟, 孙战金, 等.CCTV 新台址主楼外筒关键节点设计与构造[J]. 建筑结构学报, 2008(3): 1-9.

[5] 汪大绥, 姜文伟, 包联进, 等.CCTV 新台址主楼施工模拟分析及应用研究[J]. 建筑结构学报, 2008(3): 82-87.

[6] 汪大绥, 姜文伟, 包联进, 等. 中央电视台(CCTV)新主楼的结构设计及关键技术[J]. 建筑结构, 2007(5): 1-7.

[7] 中央电视台新台址 CCTV 主楼结构模型模拟地震振动台试验研究[R]. 北京: 中国建筑科学研究院, 2005.

[8] 中国中央电视台新台址 SRC 组合柱试验报告[R]. 上海: 同济大学, 2005.

[9] 中国中央电视台新台址钢结构连接节点试验研究报告[R]. 北京: 清华大学, 2005.

设计团队

结构设计单位：华东建筑设计研究院有限公司（初步设计 + 施工图设计）
英国奥雅纳工程顾问公司（ARUP）（方案 + 初步设计）

结构设计团队：汪大绥，姜文伟，包联进，王卫东，王　建，童　骏，张富林，徐小华，傅晋申，孙战金，孙玉颐，吴江斌，黄永强

执　笔　人：汪大绥，包联进

本章部分图片由 OMA 建筑设计事务所和 ARUP 工程顾问公司提供。

获奖信息

2013 年　CTBUH 全球最佳高层建筑奖

2013 年　英国结构工程师学会结构大奖

2013 年　第八届全国优秀建筑结构设计一等奖

2015 年　中国建筑学会建筑创作奖金奖（公共建筑类）

第 9 章

浦东国际机场 T2 航站楼

9.1 工程概况

浦东国际机场 T2 航站楼是第一座由国内设计单位原创完成的超大型航站楼建筑,华东建筑设计研究院有限公司作为设计总包承担了全过程设计工作,内容包含:前期咨询—方案设计—扩初设计—施工图设计—招标技术文件—专项设计分包管理—现场施工配合控制。

9.1.1 建筑概况

浦东国际机场二期工程建设总目标是建设东亚地区国际枢纽型航空港,建筑面积 48 万 m²,主楼部分可以处理年旅客量约为 4000 万人次,长廊部分为 2200 万人次。旅客流线清晰,国际与国内采取上下层安排,国内出发与到达同层混流,国内首创的"三层式可转换机位模式"能够更佳地适应航空公司的枢纽运作需要,提高可转换机位的使用效率。T2 航站楼内集中设置中转中心,可完成多达 20 种中转流程,便于旅客识别,大大提高效率,便于集中管理,有利于实现枢纽运作。

T2 航站楼与 T1 航站楼相向而建(图 9.1-1),包括航站主楼、候机长廊及其间连接体三部分(图 9.1-2、图 9.1-3)。其中主楼三层,出发层楼面高度为 13.6m,屋面高度 40.0m;候机长廊长 1414m,宽 41~63m,混凝土楼面标高 13.6m,钢屋面高度 31.65m;连接体部分七层混凝土结构,高度 37.2m。主楼和候机长廊标高 13.6m 以上为大空间,以下的空间则为相对较小的柱网,均采用钢筋混凝土结构与钢结构屋盖相结合的混合结构体系以适应这一建筑特点。

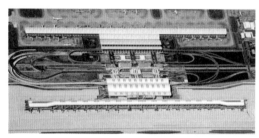

图 9.1-1 相向而建的浦东 T1 与 T2 航站楼　　　　图 9.1-2 浦东机场 T2 航站楼立面照片

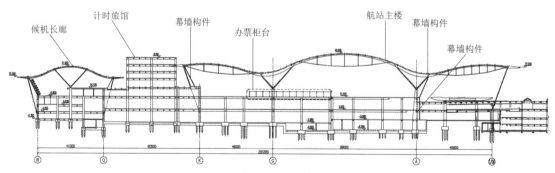

图 9.1-3 浦东机场 T2 航站楼横剖面图

整个航站楼基础部分连成一体,基础面以上由结构缝划分为 31 个独立单元,楼前高架与主楼脱开。主楼和长廊标高 13.6m 以上的空间,分别由两种不同形式的大跨度空间钢屋盖结构覆盖,很好地满足了建筑功能要求和效果体现(图 9.1-4)。

暴露结构体系、关注结构受力要求与建筑效果的有机融合是浦东机场 T2 航站楼设计的一个明显特点,构件、节点的形式与尺度都经过了仔细的推敲和精细的分析,关键处进行了足尺试验。首次创造性地将机械零件"向心关节轴承"融入柱顶万向铰接节点的设计,形成"钢结构杆端万向铰接节点装置"

专利技术，为钢结构铰接节点设计提供了新思路，该技术目前已被大量重要工程借鉴使用。登机桥结构的设计也是一大亮点，TMD 减振技术的巧妙应用保证了旅客行走在轻巧的登机桥上的舒适性。

图 9.1-4　主楼效果图与实景照片

9.1.2　设计条件

本工程建筑结构安全等级为一级，建筑抗震重要性分类为乙类，抗震设防烈度为 7 度，设计地震分组为第一组（0.1g），地震影响系数最大值为 0.08，场地土为上海Ⅳ类场地土，特征周期 T_g =0.9s。本工程基本风压按 100 年重现期考虑，即 0.6kN/m²，地面粗糙度为 A 类。钢筋混凝土结构部分的风荷载体形系数按规范取值；对大跨度钢结构屋面及幕墙，则进行风洞试验和数值模拟相结合，获取对应的风荷载设计参数。

9.2　建筑特点

9.2.1　"翱翔"形态的大跨屋盖

T2 航站楼建筑立面造型与 T1 协调呼应，延续了整个航站区朴素庄重而又充满时代感的气质：下部采用清水混凝土或花岗石实墙面，上部为通透的玻璃幕墙和轻盈的钢结构屋面，上下虚实对比，效果强烈。建筑轮廓由上部的钢结构屋面勾画：T1 航站楼为 3 道简洁的弧线，阳刚而充满力度，宛如展翅欲飞的鲲鹏；T2 航站楼则由 2 条波浪线组成，柔和而灵动，更似一只大鸟气定神闲自由翱翔（图 9.2-1）。T1、T2 航站楼二者刚柔并济，共同组成浦东机场的门户形象，同时象征着腾飞的浦东正飞向更广阔的未来。与建筑物的外形相呼应，航站楼的内部空间也独树一帜，从车道边到办票大厅，直至联检区，整个室内空间由一个总长 217m 的波形屋面覆盖，连续完整，视线畅通，一气呵成。

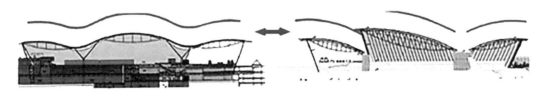

图 9.2-1　T2 与 T1 主楼的建筑形态

与建筑形态相适应，航站楼主体标高 13.6m 以上大空间采用 18m 开间树状钢立柱，支撑 9m 间距的曲线连续钢梁，承担屋面荷载。连续梁使整个建筑空间成为一个整体，为屋盖下旅客活动提供了通透、宽敞的使用空间；连续梁在波谷处闭合、波峰处张开，波峰段采用刚柔结合的张弦体系，波谷段采用刚性的箱形实腹梁，符合结构受力逻辑，富有变化、开合有致。

9.2.2 结构外露作为建筑表达

将结构外露作为建筑表达，舍弃繁复装饰，是本工程的一个特点。通过对结构构件的比例、尺度和细节的精心设计，使之成为与使用者对话的重要建筑语汇，直接展示力量之美，暗合交通建筑高效、现代的精神内核。

与采光天窗形状相互契合，主楼张弦梁上弦在天窗范围做成了梭形，结构直接作为建筑天窗的边界，构造层次简洁。木纹效果的吊顶对结构的外露部分进行了取舍，使得最终看到的结构更清晰地展示了结构逻辑（图 9.2-2）；外露的箱形梁截面根据力学分析的结果不断改变截面高度尺寸，形成粗细有致的视觉效果，与整个波浪形外观相得益彰。张弦梁下弦钢棒与腹杆的连接没有采用常规的叉耳式接头，而是通过铸钢件以螺纹咬合方式连接，以减少连接层次使节点尽可能紧凑，从而强化表现钢棒纤细轻盈的效果。

(a) 局部暴露的主结构　　　　　　　　(b) 被吊顶遮盖的次结构与管线

图 9.2-2　主楼屋盖的局部外露

独具特色的Y形分叉柱既是支承屋面结构的唯一竖向构件，又成为室内、室外独特的景观（图 9.2-3）。主楼室外部分为独立的Y形钢立柱，与 T1 航站楼的双斜柱遥相呼应；室内则为不同方向的两个Y形单元相拼合，形成树状。考虑结构合理性，Y形柱的分叉点大约位于靠近柱脚 1/3 处，柱子的截面尺寸随着高度的增加逐渐变小；最低点与混凝土支座刚接，最高点采用铰接点与屋面梁相连；下部稳健有力，上部轻巧精致，在合理的结构布置和新颖的建筑造型之间取得平衡，体现了技术与艺术的和谐之美。Y形柱的柱顶为理想的销轴式铰接节点，通过扭转铸钢件解决柱分肢与张弦梁的夹角问题，柱的顶、底处均采用了铸钢件以实现美观的造型需求（图 9.2-4）。

 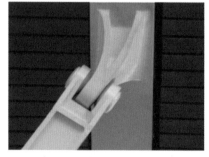

图 9.2-3　支承屋盖的Y形柱序列　　　　　图 9.2-4　柱顶铰接节点和扭转铸钢件

9.2.3 位于海边大风环境的挑战

上海属亚热带季风性气候，浦东国际机场位于浦东川沙南汇交界处，T2 航站楼候机长廊空侧邻近海边，受沿海区台风影响较为突出。T2 航站主楼屋盖为大跨度钢结构，由于其阻尼小、柔度大、质量轻，结构自振周期约为 2.1s，和风的长卓越周期比较接近，加之波浪形的外形，对风荷载十分敏感，风荷载是屋盖结构设计的主要控制荷载之一。

　　T2 航站主楼与 T1 航站楼的屋盖均为张弦结构，对张弦梁而言保持下弦始终处于受拉状态是结构存在的必要条件，台风风吸作用下风吸力均大于屋面自重将使屋架下弦拉力消失而退出工作，可能导致结构整体失效的后果。对下弦施加足够的预应力是一种有效的措施，但在施工阶段实施张拉结构就会反拱产生过大变形，能施加的张拉力不可能很大，预拉力不足以抵抗风吸力。T1 航站楼楼前高架上方的屋盖就在道路分隔带中央的短柱上设置了抗风锚索，而 T2 航站楼设计中建筑师希望能找到其他解决海边大风环境挑战的方法。

　　为此，开展了模型风洞试验，并采用数值风洞模拟技术研究风荷载，屋盖振动引起的风振效应由进一步的等效静力风荷载分析获得并采取了本项目独有的抗风吸措施。

9.3　体系与分析

9.3.1　方案的形成

　　建筑师对 T2 屋盖外形的设想是如海鸥翱翔于天空般的一条舒展曲线 [图 9.3-1（a）]，钢屋盖结构方案基于这条曲线展开，跟随力流的逻辑和建筑师的需求，逐步演化出基本的结构体系 [图 9.3-1（b）]：曲线的最低点是力流的汇聚处，是理想的设柱位，也不影响下部平面的布局；两侧内收的斜柱可以凸显两翼上升的趋势，赋予建筑以动感；拱形曲面结构固有的水平推力使得屋面往外的变形难以控制，需要柱顶间设置拉杆平衡；而过低的拉杆会影响室内空间，于是将拉结点上移并设置撑杆使之形成张弦梁；中间的直柱需改成 V 形斜柱以减小柱顶部位梁的弯矩，并增加该段的截面高度以承担这一弯矩；V 形柱的下端增加直段以使旅客能够靠近柱边不受阻挡。张弦范围的钢梁结合建筑天窗造型在平面上分叉成梭形，相应的张弦撑杆也采用 V 形，形成空间张弦梁。所有斜柱都在面外方向做成 Y 形以实现下部结构 18m 柱网与张弦梁 9m 榀距的转换，同时提供纵向抗侧刚度。Y 形斜柱支撑的张弦连续梁这一看似复杂的结构体系至此自然形成 [图 9.3-1（c）]。

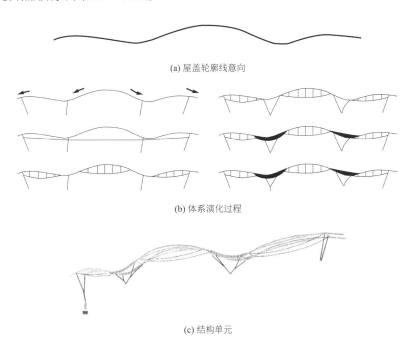

(a) 屋盖轮廓线意向

(b) 体系演化过程

(c) 结构单元

图 9.3-1　斜柱支撑的张弦连续梁结构体系的形成

　　T2 航站楼寓意"高空翱翔"的形象柔和灵动，与 T1 航站楼"展翅欲飞"阳刚而充满力度的形象遥相呼应，二者刚柔并济，共同组成了浦东机场完整的门户形象（图 9.3-2）。

图 9.3-2　浦东机场完整的门户形象

9.3.2　结构布置

1．下部主体结构设计

航站楼下部主体结构共分为 31 个独立单元（图 9.3-3），结构缝兼作防震缝及伸缩缝。其中航站主楼平面尺寸：长 414m，宽 135m，下部主体结构分为 10 个单元，单元平面尺寸最大为 108m×95m、最大为 108m×95m；候机长廊平面尺寸：长 1414m，宽 41～63m，下部主体结构分为 18 个单元，单元长度最大 108m、最小 54m；主楼和长廊之间的连接体平面尺寸：长 288m，宽 45.5m，分为 3 个单元。

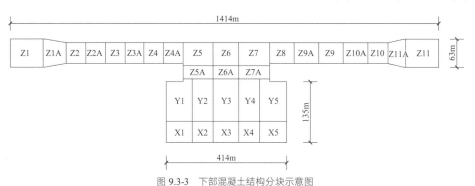

图 9.3-3　下部混凝土结构分块示意图

航站楼主体混凝土结构部分均为现浇钢筋混凝土框架结构体系，主楼结构和连接体的典型柱网尺寸为 18m×18m，候机廊典型大跨柱网尺寸为 18m×（12.5m、8.0m）。18m 跨的框架梁采用预应力技术，合理减小梁高，利于布置设备管道及增加建筑净高并改善结构抗裂性能。典型柱直径 1300mm，典型预应力框架梁截面 600mm×1200mm。

受登机桥坡度等条件限制，候机廊三个楼层的标高分别为 4.2m、8.4m 和 13.6m，为了尽可能提升净高、改善旅客的空间感受，结构和建筑设计从优化构件布置、引入自然采光等方面采取了以下手段：沿着行进方向间距 3m 均匀布置外露混凝土梁，表现结构韵律；控制 8.0m 跨次梁截面 200mm×450mm、框架梁 400mm×450mm；建筑处理上，将标高 8.4m 楼层在自动步道上方的范围设置采光天窗，上部标高 13.6m 楼层也采用类似手法，从而改善了自动步道上空的自然采光，空间感受也更丰富（图 9.3-4）。

图 9.3-4　登机廊净高改善做法

建筑外立面及部分室内立面大量采用了清水混凝土，以取得特定的装饰效果。在结构设计中根据最终效果需求的不同，将其分为不作着色处理的"A"类清水构件（图9.3-5）和可作着色处理的"B"类清水构件（图9.3-6），分别对混凝土原材料的选择、保护层厚度、模板及其支撑系统的设计、养护方法等方面都进行了专题研究和试验，取得了良好的效果。

图 9.3-5　外立面"A"类清水混凝土　　　　　图 9.3-6　室内"B"类清水混凝土

2. 主楼钢屋盖结构

航站主楼的钢屋盖同时覆盖楼前的入口高架道路，平面投影尺寸为 414m × 217m。其纵向支承点的间距为 18m，横向支承点的间距为 46m、89m、46m。沿纵向设置结构缝将整个屋盖分成 5 个区段，与混凝土结构缝对应；在横向，由于屋盖的波浪外形对于温度变形具有很好的适应能力，因此全跨均不设缝，217m 的长度跨越了 3 个混凝土结构单元。

屋盖的上弦为五跨连续的变截面箱形梁，截面高度由 Y 形斜柱支承点最大处的 600mm × 2200mm 逐渐向跨中减小至 400mm × 800mm，跨中分叉的上弦与下弦钢拉杆形成梭形的张弦梁结构，上下弦间以竖直平行布置的腹杆相连。张弦梁下弦采用单根屈服强度为 550MPa 的高强度钢棒，截面直径为 100mm 和 130mm，以铸钢锚具与上弦及腹杆相连（图9.3-7）。

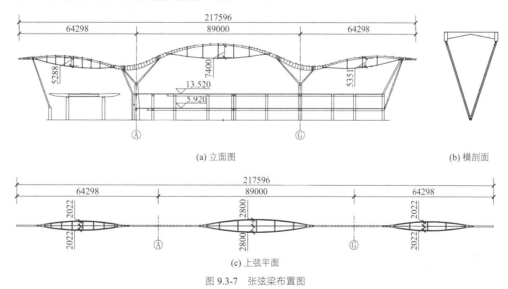

图 9.3-7　张弦梁布置图

根据张弦梁各跨风吸荷载与屋盖重量的关系，三跨结构分别采用不同的腹杆布置密度（图 9.3-8）。在最不利情况下，各跨屋面承受的风吸力设计值均大于屋面自重，张弦梁下弦钢棒会失稳压屈。对于位于室内位置二者差值不大的张弦结构，T1 航站楼使用过的通过配重使下弦钢棒始终处于受拉状态是个简单易行的解决方法。对于覆盖楼前车道的第一跨张弦结构，三边均为开敞，在迎风荷载作用下，其上表面因流动分离而产生负压，而下表面因气流被玻璃幕墙阻挡而淤塞在屋盖下方而产生正压，二者之和较钢屋盖自重大得多，单纯依靠增加配压重平衡风荷载需要增加的重量过大从而对重力和地震主导工况十分不利，同时又没有条件如 T1 般在跨中设置下拉索。设计通过适当加大钢棒截面、加密腹杆间距，将下弦钢棒的长细比控制在压杆允许的范围内，下弦钢棒与上弦箱梁一起形成梭形空腹桁架，从而解决了其抗风失稳问题。

(a) 室内跨，腹杆间距 8.4m

(b) 室外跨，腹杆间距 4.8m

图 9.3-8　不同的腹杆密度布置

与张弦梁截面形式相呼应，Y 形钢柱也采用箱形截面，柱上端均铰接于张弦梁下翼缘，下端或埋入钢筋混凝土悬臂柱，或铰接于下部框架柱侧边（图 9.3-9）。Y 形的中柱、边斜柱与横向张弦梁、纵向连续梁共同形成屋架完整的抗侧力体系，以确保屋盖结构具有足够的侧向刚度。

(a) 高架外侧柱　　　　(b) 幕墙位置柱　　　　(c) 中柱　　　　(d) 空侧柱

图 9.3-9　不同位置的 Y 形柱

主楼单元式布置的屋盖为钢结构施工带来便利，大大节约施工工期。约 220m 宽的钢屋架沿跨度分为三段进行安装（图 9.3-10）：中间跨宽约 110m，采用"地面节间拼装，跨端节间组合，分块整体同步滑移到位"的方法；两个边跨宽度各约 55m，采用大型塔式起重机跨内综合吊装。三段均分两条作业线由中间向两端同步顺序安装，安装速度由中间跨滑移段控制。

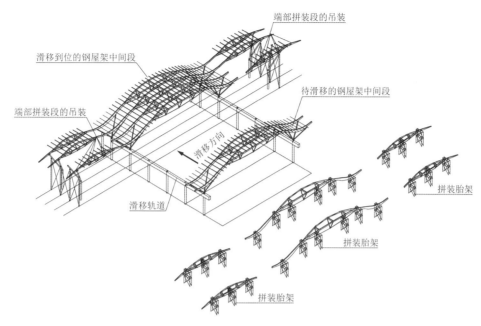

图 9.3-10 主楼钢屋架拼装及安装示意

3. 长廊钢屋盖结构

覆盖候机长廊的钢屋盖沿纵向总长 1432m，共分为 11 个 72～108m 的结构单元，每个单元与单个或两个下部混凝土结构单元对应。中部标准段宽度 60m，两个端头扩大为 90m。屋盖采用变截面 Y 形斜柱支承的曲线形三跨连续箱梁结构体系，Y 形斜柱支承钢屋盖竖向荷载的同时，与设置在幕墙平面内的交叉拉杆共同组成整个结构的抗侧体系（图 9.3-11）。

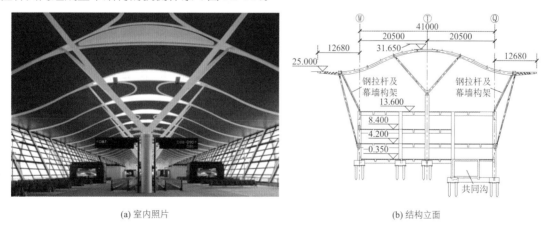

(a) 室内照片　　　　　　　　　　　　(b) 结构立面

图 9.3-11 候机长廊标准段

9.3.3 地基基础设计

1. 地质条件

场地位于长江入海口南面的滨海地带，其地貌类型属河口、砂嘴、砂岛。勘察所揭露深度 85.16m 范围内的地基土分别属第四纪全新世、上更新世沉积物，主要由饱和黏性土、粉性土和砂土组成，根据地基土的特征、成因年代及物理力学性质的差异可划分为 6 个主要层次，并进一步分成若干亚层和次亚层，其中⑦₂层砂层是理想的桩基持力层。

受古河道切割，项目场地划分为古河道沉积区（Ⅱ区）及正常沉积区（Ⅰ、Ⅲ区），航站主楼及连接廊基本全部处于古河道沉积区内，登机长廊跨越古河道沉积区，两端位于正常沉积区内〔图 9.3-12（a）〕。该古河道宽约 600m，最大埋藏深度约 65.1m，底部分布形状较为复杂，其总体规律为北侧较陡峭，在水平距离 40.0m 范围内⑦层层面高差达 36.0m，南侧呈台阶状地层分布，相对较平缓。通过对古河道沉积区内一柱一孔的勘探，得到持力层⑦₂层面分布等高线〔图 9.3-12（b）〕。

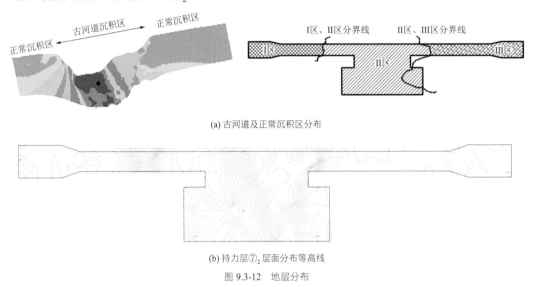

(a) 古河道及正常沉积区分布

(b) 持力层⑦₂层面分布等高线

图 9.3-12　地层分布

2. 桩型选择

本工程场地大部分区域现状为空地，有条件采用经济性好的锤击预制桩。由于需穿越砂质土层，故穿透性较好的 PHC 管桩成为首选。接头数过多时施工质量通常不易控制，在先期施工的登机长廊中，桩长 45m 以下均选用 PHC 管桩单桩以将总节数控制在 3 节以内，桩长 45m 以上选用预制方桩。根据对桩的施工情况的监测和动测结果，发现只需加强施工控制，4 节 PHC 管桩的沉桩质量也能得到保证，因此在后期施工的主楼中，桩长 45m 以上也选用了 PHC 管桩，并将单节桩长增加到 16m，最长单桩用到了 4 节 16m 的 PHC 管桩，桩径 600mm，长细比接近 110。

3. 桩基持力层选择

正常沉积区（Ⅰ、Ⅲ区）选择⑦₂₋₁层作为桩基持力层，入持力层深度 1m，桩长约 33m，单桩承载力设计值基本由土体控制，为 2800～3200kN。

古河道沉积区（Ⅱ区）受"古河道"切割，⑦层层面变化较大，层顶埋深高差约 30m，采用分布较广的⑦₂₋₂层作为桩基持力层，入持力层约 2m，桩长 34～64m，单桩承载力基本由桩身强度控制，设计值 3280kN。由于持力层高低起伏较大加上结构地下室的深度不同，桩顶桩底标高情况非常复杂，为保证沉桩效果，对每一柱下的桩长进行了精细划分，桩底标高共有 35 种，桩顶标高 13 种，分别以数字和字母组合对每一桩进行命名。根据施工单位提供的记录，最终未送达设计标高的桩数约为总桩数的 12.5%，且未送达设计标高的桩离设计标高均在 1m 左右，沉桩效果与相似地质条件下的 T1 航站楼相比大为提高。

9.3.4　抗震设计与结构分析

1. 抗震设计

由于航站楼结构为钢筋混凝土框架与钢结构的混合体系，对该类结构的抗震等级规范没有明确规定，设计参照《建筑抗震设计规范》GB 50011—2001中对钢混框架结构的判断标准进行划分，其结构高度算至钢结构柱顶标高。根据各单元不同的结构高度，抗震等级分别为一级和二级。其中主楼范围及连接体范围的结构单元的框架抗震等级为一级，指廊范围单元的框架抗震等级为二级。

由于建筑功能的需要，部分结构单元均有不同程度的楼板缺失、局部错层和立面收进等情况，楼层最大弹性层间位移与两端平均位移的比值大于1.2，从而引起结构平面不规则和竖向刚度的不均匀变化。设计中除了尽可能通过结构的布置调整刚度外，还从构造上采取措施以改善结构的抗震性能，主要是提高框架柱的延性：严格控制首层柱的轴压比；部分钢筋混凝土框架柱加配芯柱，提高体积配箍率。

工程设计时尚未明确提出抗震性能化设计的概念，但为了实现"大震不倒""强柱弱梁"等设计思想，进行了中震作用下的校核和罕遇地震弹塑性分析。一般结构构件主要以小震组合作用下的内力进行设计，对于Y形柱以及柱顶理想铰等关键部位重点考察水平地震中震组合作用下的受力性能，同时也考虑了竖向地震作用下结构的反应。

2. 结构分析

典型区段的混凝土结构的主要计算结果见表9.3-1，其中X1、X5、Y1、Y5为主楼下部主体结构，Z6A为连接体部分的结构。

典型区段主体结构计算结果 表9.3-1

结构单元号			X1、X5	Y1、Y5	Z6A
高度（钢混凝土楼面/钢屋盖柱顶）			13.6/～35.0	21.6/～35.0	37.2/29.8
层数（钢混部分）			2	3	9
周期	第一周期T_1（扭转比例）		0.8992（0.22）	0.7461（0.21）	1.603（0.28）
	第二周期T_2（扭转比例）		0.8537（0.02）	0.7123（0.00）	1.48（0.00）
	第三周期T_3（扭转比例）		0.7376（0.64）	0.6460（0.62）	1.126（0.71）
	T_t/T_1		0.82	0.86	0.702
位移	地震作用	最大层间位移角 X-方向	1/607	1/967	1/655
		最大层间位移角 Y-方向	1/720	1/983	1/618
		最大水平位移/平均层间位移 X-方向	1.44	1.31	1.39
		最大水平位移/平均层间位移 Y-方向	1.47	1.47	1.08
	风荷载作用	最大层间位移角 X-方向	1/5153	1/2025	—
		最大层间位移角 Y-方向	11/2154	1/1747	—
		最大水平位移/平均层间位移 X-方向	1.40	1.28	—
		最大水平位移/平均层间位移 Y-方向	1.47	1.23	—
质量参与系数		X-方向	99.1%	92.31%	99.53%
		Y-方向	99.2%	94.32%	99.37%
地震剪力/重力荷载代表值		X-方向	5.24%	12.234%	3.16%
		Y-方向	6.03%	10.881%	3.94%
最大轴压比		柱	0.74	0.59	0.79

典型区段的钢屋盖结构的主要计算结果见表9.3-2，其分析模型为带有钢屋盖和下部混凝土结构的整体结构。

典型区段屋盖结构计算结果 表9.3-2

			航站主楼	候机长廊	
			标准单元	边单元	标准单元
周期	T_1/s		2.13	1.49	1.87
	T_2/s		1.28	1.44	1.41
	T_3/s		1.17	1.17	1.14
位移	地震作用	Y向位移/柱高	1/623	1/220	1/495
		X向位移/柱高	1/298	1/330	1/286
	风荷载作用	Y向位移/柱高		1/955	
		X向位移/柱高	1/856	1/665	1/336

注：以上均为采用SAP2000计算结果，其中柱高均指位移采样点所在位置的斜柱长度。

主楼标准段C段的整体结构前三阶振型如图9.3-13～图9.3-15所示，第一振型为沿钢屋架跨度方向的横向水平振动及由此带动的钢屋架梁反对称竖向振动，各榀屋架的振动幅度一致；第二振型为屋盖平面沿钢屋架跨度方向的横向水平错动，各榀屋架的振动方向呈反对称分布；第三振型以近车道边跨及中跨的垂直于钢屋架跨度方向的纵向水平振动为主。

为了研究下部混凝土结构对上部钢屋盖结构地震反应的影响程度，采用SAP2000对包含下部混凝土结构的整体结构模型和仅包含钢柱下一段混凝土柱的纯钢结构模型进行计算对比，得到A、C区结构相应地震作用方向钢结构部分所受的总水平地震剪力见表9.3-3，整体结构模型钢结构部分受到的总水平地震剪力比钢结构模型的水平地震剪力大很多，两者的比例关系接近2倍，可以看出下部混凝土结构对上部钢结构的地震反应影响较大，两者之间相互影响的关系比较复杂。在计算分析中采用纯钢结构模型将低估钢结构所受的地震作用，其地震作用放大系数也难以估计，因此采用整体结构模型进行地震作用计算是必须的，在弹性动力时程分析和弹塑性动力时程分析中，也都采用整体结构进行地震作用的计算。

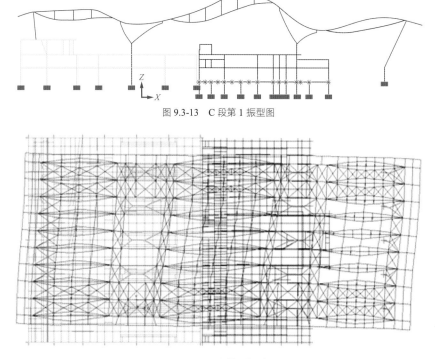

图9.3-13　C段第1振型图

图9.3-14　C段第2振型图

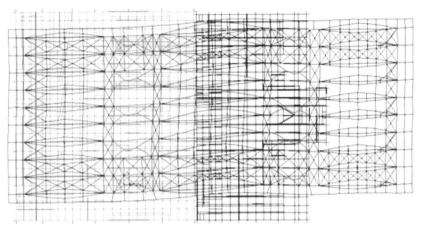

图 9.3-15　C 段第 3 振型图

两种计算模型钢结构部分受水平地震剪力的对比　　　　　表 9.3-3

区段及水平地震方向		整体结构模型		钢结构模型	
		钢结构部分地震剪力/kN	钢结构部分剪重比/%	钢结构部分地震剪力/kN	钢结构部分剪重比/%
边单元 A 段（钢结构部分重力荷载代表值 59274kN）	X 向地震	$F_x = 4843$	8.2	$F_x = 2365$	4.0
	Y 向地震	$F_y = 5327$	9.0	$F_y = 2710$	4.6
标准单元 C 段（钢结构部分重力荷载代表值 45368kN）	X 向地震	$F_x = 4701$	10.4	$F_x = 1772$	3.9
	Y 向地震	$F_y = 6125$	13.5	$F_y = 3135$	6.9

9.4　专项设计与研究

9.4.1　张弦结构抗风吸设计

1. 风荷载取值研究

委托同济大学土木工程防灾国家重点实验室在 TJ-3 大气边界层风洞中进行了 1∶200 的刚性模型风洞试验（图 9.4-1）。试验对包含一期航站楼在内的实际环境进行了准确反映，并对当时规划中的 T3 航站楼对 T2 航站楼风压分布的影响进行了模拟。

图 9.4-1　刚性模型风洞试验

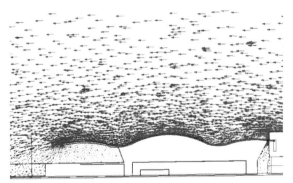

图 9.4-2　风洞数值模拟分析

在试验模型制作时，对结构抗风设计的一些关键部位进行了适当的测点加密。例如：航站主楼车道边屋面类似开敞式大挑篷结构，考虑到其上表面因流动分离而产生负压，下表面由于气流被玻璃幕墙阻挡而淤塞在挑篷下方而产生正压,净风压较大;对屋面挑檐、屋架跨中和边角部位等风压梯度变化比较剧烈的区域也进行了适当的测点加密。

此外,主航站楼和候机廊东、西两侧檐口分别布置有遮阳百叶,屋面大量采用突起梭形天窗,由于百叶、天窗尺寸和整个模型尺寸相差悬殊,风洞试验的缩尺模型制作和测压非常困难,无法获得有效的试验数据,因此还采用了数值风洞模拟技术,通过计算流体力学的方法在计算机上对结构周围风场的变化进行模拟并求解结构表面的风荷载(图 9.4-2)。

2. 抗风吸措施

张弦结构抗风设计的关键是大跨度屋面在负风压下的稳定问题。根据风洞试验和 CFD 数值风洞模拟的数据,屋面局部区域在最不利风向角下的风吸力大于屋面自重,这对于多跨连续实腹梁结构的候机长廊屋盖基本不成问题。但是,为满足建筑室内造型需要,主航站楼屋架的多跨连续张弦梁的下弦设计为小截面钢棒;所以一旦屋面风吸力大于屋面自重,屋架下弦将反向受压。极端情况下弦杆有可能被压屈,整体张弦梁结构将失效。为此,设计中采取了配压重、调整车道边屋架腹杆与下弦等措施,保证了张弦梁下弦杆始终处于有效的工作状态(图 9.4-3)。

通过配压重使下弦钢棒始终处于受拉状态,其作用机理简单明确,施工简便。本工程航站主楼屋盖设计中,主要采用这种方式解决因风吸作用而造成的屋架下弦可能反向受压的问题。具体做法是:根据计算确定配压重量,在屋架跨中区域的上弦箱形钢管内灌注配压重设计需要的水泥砂浆。抗震设计时充分考虑了这一部分配压重产生的水平力对竖向构件的不利影响。总的来说,此法对抗震的不利影响有限,却从根本上解决了屋架体系在负压下的稳定问题。

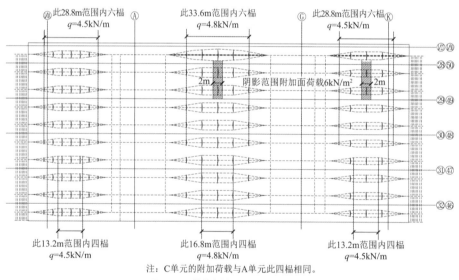

图 9.4-3 航站主楼屋面配重荷载图示

航站主楼车道边屋盖部分类似开敞式挑篷结构,在迎风荷载作用下,其上表面因流动分离而产生负压,而下表面因气流被玻璃幕墙阻挡而淤塞在屋盖下方而产生正压,净风压方向向上、数值为两者绝对值之和,而钢屋盖自重较轻,故下弦钢棒大多处于受压状态。由于此处净风压作用较大,若单纯依靠增加配压重来平衡风荷载,势必大大增加屋盖负担,对结构十分不利。方案设计阶段曾拟设置类似于 T1 航站楼的抗风锚索,将大部分风荷载直接传至地面,因不能符合建筑设计意图且涉及屋架张弦梁结构受力状态改变而未果。

进一步分析研究发现:当屋面上弦刚度足够时,空间三角形张弦梁的每一对腹杆可作为下弦钢棒的平面外支点(图 9.3-7)。通过适当加大车道边屋架张弦梁的腹杆截面、加密腹杆间距,可将下弦钢棒的长细比控制在压杆允许的范围内,下弦钢棒与上弦箱梁一起形成梭形空腹桁架,具备反向受力能力,有效地解决车道边屋面的抗风设计问题。

3．等效静力风荷载取值

关于考虑动力效应的等效静力风荷载，现行国家规范中的风振系数针对的主要是以第一振型为主的悬臂型结构。但是，大跨度柔性钢屋盖结构与高层、高耸结构相比，其频谱往往十分密集，必须考虑多阶振型的影响，而不能直接套用现行规范关于悬臂型结构风振系数的规定。

本工程采用阵风响应因子法来确定等效静力风荷载。阵风响应因子法把结构的监测目标特征量的峰值响应与平均响应之比定义为阵风响应因子，形式上类似于风振系数。根据航站主楼和候机长廊不同的结构特点，分别选用 Y 形斜柱轴力、柱顶位移和张弦梁下弦内力等作为监测目标特征量的响应。刚性模型风洞试验中得到屋面各测点的脉动风压时程数据，在频域内将其输入整体结构模型，对结构作随机振动分析，得到脉动风作用下均方根响应。按概率统计考虑峰值因子把这个均方根响应放大后，再加上平均响应即为峰值响应。由于阵风响应因子随风向角变化较为敏感，在本工程中试验分析结果显示：监测目标特征量的最大阵风响应因子一般在 1.5~2.0；个别监测目标特征量的阵风响应因子远远超出 2.0 的，由于其最大响应值本身较小，对结构的影响可以忽略；平均风压较小的风向角所对应的阵风响应因子往往较大。

在结构抗风设计中，以阵风响应因子和平均风压的乘积最大的风向角作为控制风向，取其对应的风荷载数值，对结构关键部件和节点进行校核验算，均能较好地满足工程设计要求。

9.4.2 钢屋盖和 Y 形柱的整体稳定性研究

钢屋盖结构为复杂大跨度空间结构，支撑钢屋盖的 Y 形柱也是复杂的变截面构件，屋盖张弦梁、Y 形柱、纵向系梁之间相互提供约束。对于这样的大型复杂结构很难确定梁柱的计算长度和长细比、进而采用规范的计算长度系数法对构件进行强度和稳定性验算，且单根杆件的稳定验算也不能代替整个复杂结构的稳定验算，对结构进行整体稳定性分析是十分重要且必需的。

工程采用 ANSYS 软件对结构进行恒荷载 + 活荷载下的线性整体稳定性分析、带几何缺陷结构的考虑几何非线性的整体稳定性分析、考虑材料非线性和几何非线性的弹塑性整体稳定性分析，以对钢屋盖整体和 Y 形柱的稳定性有全面的认识。计算模型包含下部混凝土结构，并将整体杆系模型中的一组 Y 形柱细化为实体板壳模型（图 9.4-4）。

计算的结果显示，主楼钢屋盖带缺陷（最大跨度的 1/300）结构弹性几何非线性分析所得结构整体稳定系数为 6.88，考虑几何、材料双非线性时的结构弹塑性稳定系数为 2.96；对于登机长廊，该两个数值分别为 4.80 和 3.56。

(a) 整体模型   (b) 实体板壳柱

图 9.4-4 整体稳定分析模型

恒荷载 + 活荷载组合作用下的屋盖整体稳定性分析表明，钢屋架梁先于 Y 形柱出现失稳，因此没能得到各组 Y 形柱的稳定性能和极限承载能力。由于 Y 形柱同时抵抗竖向荷载和水平地震作用，是整个结构中的关键构件，尤其在地震组合下受力较大且比较复杂，因此在整体结构中再专门研究柱在竖向和水平共同作用下的极限承载能力。

　　Y 形柱在平面外地震下的弹塑性大位移稳定性分析方式是：以所考察柱对应的屈曲模态为变形模式施加 1/300 的初始缺陷，然后在屋面恒荷载＋活荷载的基础上，再在柱分肢的 4 个顶点施加竖向集中荷载，以模拟在 Y 形柱平面外地震作用下的受力情况，考虑双非线性，递增该集中荷载直至柱发生破坏。结果显示，Y 形柱达到极限承载力时，柱内轴力相当于中震下柱承受总轴力值的 2～2.5 倍，柱在该方向地震下有良好的稳定性能。

　　在 Y 形柱平面内地震作用下，Y 形柱上部两个分肢的轴力一肢增大、另一肢减小甚至出现拉力，采用的加载方式是：先对整体屋面施加 1.2 倍的重力荷载代表值，然后逐渐增大 Y 形柱平面内方向的惯性力，直至柱发生破坏。计算中为了实现 Y 形柱分肢轴力持续增大，柱顶附近的纵向钢系梁均按弹性考虑。结果显示，Y 形柱达到极限承载力时，底部进入塑性发生内力重分布引起的平面内弯矩增大，而非由于压弯构件的大变形附加弯矩引起，没有压弯构件整体失稳的明显特征，柱内分肢的轴力均超过其在中震弹性组合下的轴力值。实际上，中震下横向连系梁先于 Y 形柱屈服，柱内力比弹性计算值小，能满足中震性能要求。

9.4.3　整体结构罕遇地震下的抗震性能研究

　　T2 航站楼抗震的复杂性主要表现在以下几个方面：首先，屋盖支承结构本身的超静定次数不多，少量 Y 形钢柱的失效便可能引起整个屋盖结构的破坏，而 Y 形柱作为屋面结构全部抗侧刚度的提供者和竖向荷载的承担者，对地震反应敏感，仅按规范对结构进行大震下的弹塑性位移控制并不足以确保实现"大震不倒"的抗震目标，必须对这些关键构件在大震下的应力进行控制，方能确保抗震目标的实现；其次，主楼屋面钢结构柱支承于多个混凝土结构单元上，并且下部混凝土框架结构的刚度有限，结构计算分析时必须将二者共同建模方能准确反映结构的动力特性。针对这些特点，分别开展了多点地震输入下的动力分析、整体结构弹塑性时程分析。

　　弹塑性动力时程分析模型为包含下部混凝土框架及其上部钢屋盖的整体结构。钢屋架梁、Y 形柱的截面均为变截面构件，在计算模型中以分段等截面杆件模拟。考虑到钢屋架下弦高强钢棒受轴向力的同时也承受一定的弯矩作用，钢棒采用梁单元进行计算（图 9.4-5）。由于 Y 形柱柱顶连接于钢屋架梁下翼缘，偏离钢屋架梁形心轴，所以在钢屋架梁和柱顶之间增加一段刚性杆件来模拟梁柱偏心连接，经过对比分析验证是精确可行的（图 9.4-6）。此外，计算模型中还反映了纵向钢系梁、屋面支撑构件与钢屋架梁之间的偏心位置关系。

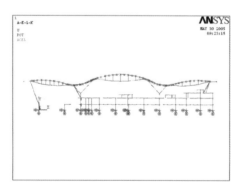
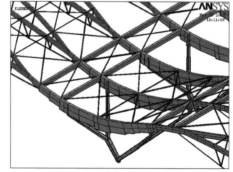

图 9.4-5　整体结构 ANSYS 计算模型　　　　　　图 9.4-6　模型中的局部杆件

　　在整体结构动力弹塑性时程分析中，专门对 Y 形柱的应力进行了跟踪。鉴于计算量的考虑，先通过反应谱分析对可能进入塑性的构件及区域进行鉴别，然后在动力弹塑性时程分析时仅考虑这些构件的弹塑性，其弹塑性特性以塑性区模型来模拟（图 9.4-7）。由钢屋盖结构的塑性发展进程可见，在罕遇地震作用下，钢屋盖结构先后发生边跨横向连系梁及相邻交叉支撑、中跨横向连系梁及相邻交叉支撑进入塑性的现象。总体而言，结构进入塑性的构件数量较少，塑性发展程度较弱。主承重构件基本保持弹性状态，没有发生过大的位移，不会发生整体坍塌。

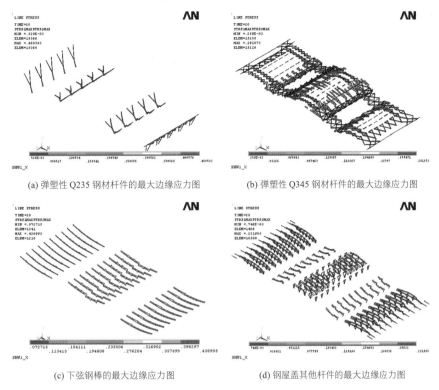

(a) 弹塑性 Q235 钢材杆件的最大边缘应力图   (b) 弹塑性 Q345 钢材杆件的最大边缘应力图

(c) 下弦钢棒的最大边缘应力图   (d) 钢屋盖其他杆件的最大边缘应力图

图 9.4-7　弹塑性时程分析杆件最大边缘应力图（单位：$\times 10^3$MPa）

Y 形柱顶部的部分横向连系梁进入塑性后，结构仍是几何不变体系，消耗地震能量，Y 形柱轴力不再增大，体现了"强柱弱梁""多道防线"等抗震概念设计的意图（图 9.4-8）。弹塑性时程分析在一定程度上对"大震不倒"的第三水准设防要求进行了量化和补充。

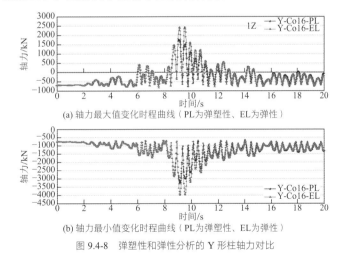

(a) 轴力最大值变化时程曲线（PL为弹塑性、EL为弹性）

(b) 轴力最小值变化时程曲线（PL为弹塑性、EL为弹性）

图 9.4-8　弹塑性和弹性分析的 Y 形柱轴力对比

9.4.4　登机桥舒适度研究

T2 航站楼的登机桥共 42 座，其中 19 座为 V 形登机桥的斜段跨度为 43～53m 不等，采用钢桁架形式，受建筑使用功能和整体造型效果限制，桁架高度均统一为 3m，结构刚度偏小，实测自振频率仅为 2Hz 左右，这个基本频率与行人步频十分接近，极易引起登机桥发生共振，行人舒适度较差（图 9.4-9）。

(a) 立面　　　　　　　　　　　　　　　(b) 悬挂点

图 9.4-9　从楼层悬挂的登机桥

　　为了提高长跨登机桥的竖向刚度，较为有效的方法是增加桁架高度，计算表明，要使一阶竖向振动的固有频率达到 3Hz，桁架高度需要 7m，无法满足建筑效果要求，因此对于本工程这些跨度较大的登机桥需要采取一定的制振减振措施，并采用"分析和测试相结合"的研究技术路线（图 9.4-10），以满足行人的舒适度要求。本小节介绍分析和设计内容，测试部分内容详见后文。

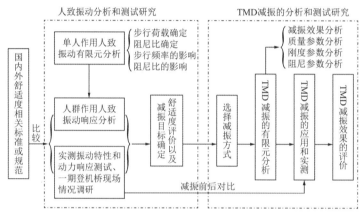

图 9.4-10　人致振动研究技术路线图

　　分析采用 MIDAS 程序中 IABSE 提供的荷载模式，其步行荷载曲线与 Bachmann 和 Ammann 等提出的单步和多步落足曲线均比较接近。根据现场调研的行走实测估算，行走步幅取为 0.60m 左右，不同步行频率下近似取相同的步幅。国外大量的人行桥实测数据显示，人行桥的阻尼比较小，特别是钢结构的竖向振动阻尼比大多数在 1%以下，因此，阻尼比取值根据本项目登机桥安装后实测结果取为 0.5%～0.6%。计算得到的单人以结构固有频率步行时结构上产生的最大加速度峰值为 24cm/s²（图 9.4-11）。步行荷载的频率是影响人致振动的一个重要因素，对 1.6～2.4Hz 的不同频率的步行荷载进行了计算，在共振区范围内的结构动力响应较大，共振区范围以外动力反应迅速减小，共振点为 2.1Hz 左右，在 2.1Hz±0.1Hz 以外的加速度峰值和速度峰值已经分别减小为共振点最大值的 30%和 20%以内（图 9.4-12）。

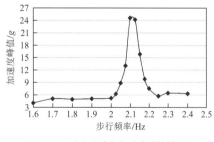
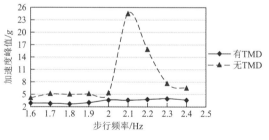

图 9.4-11　步行频率与加速度峰值关系图　　　　　图 9.4-12　减振前后加速度峰值对比

　　国外规范或标准进行舒适度评价时所取的步行荷载大多是针对单人步行的，一般比较容易满足要求，但实际上仅按单人步行荷载验算舒适度是不够的。本工程有别于国外标准或规范，提出了设计中应按结构实际使用情况考虑人数较多时或人群步行作用下的舒适度问题，对人群步行作用下的结构动力响应计算方法进行了初步探讨，采用蒙特卡洛抽样法，结合单人步行计算结果进行人群步行作用下的结构动力响应估算。当计算人群数量达到 150 人时，95%置信加速度峰值为 260Gal，与单人行走最大加速度峰值的比值为 10.8。对多个国际国内航班的观测表明，人群的分布密度约为 1 人/m²，登机桥长桥人群作用下 150 人步行的 95%置信加速度峰值应该满足我国《人体全身振动暴露的舒适性降低界限和评价准则》GB/T 13442—1992 的最大加速度限值要求，对应 2.2Hz 的频率和 1min 暴露时间，因此减振目标取为小于 125Gal，即减振率需大于 60%。

进而对采用被动调谐质量阻尼器（TMD）进行减振的效果进行了研究，有、无 TMD 的单人步行加速度峰值对比结果显示减振效果很好。通过对 TMD 质量、弹簧刚度、阻尼系数等参数的计算比较，全面分析了影响 TMD 减振效果的主要因素和影响程度，结果表明：较小的 TMD 质量就能够达到较好的减振效果；TMD 的弹簧刚度、阻尼系数可以参考单自由度体系的参数优化结果确定；TMD 弹簧刚度的变化对减振效果的影响较大，也就是说实际的减振效果对 TMD 调频误差较敏感，需要在实际应用中加以注意。

由于每一座登机桥都是不同的，因此对每座登机桥都先进行动力测试，然后确定 TMD 的参数，并且在实验室预先调整到需要的状态，在现场经过进一步精确调试后安装完成。最终确定的 TMD 减振器的质量比控制在 2%左右，分为 4 个完全相同的小的 TMD，以方便运输和安装，TMD 的底座固定在与桁架下弦杆相连的钢梁上（图 9.4-13）。TMD 的弹簧刚度和阻尼系数根据最小位移优化目标确定。

图 9.4-13　下弦安装 TMD 后的照片

9.4.5　外露节点设计

1. 柱顶理想铰接节点设计

Y 形斜柱柱顶与钢屋架梁相接处根据建筑造型要求需采用铰接节点。基于杆件间的几何位置关系，Y 形柱顶与钢屋架梁的变形协调要求柱顶铰在沿屋架跨度方向和垂直于跨度方向都有一定的转动能力，同时需要传递沿柱肢方向的轴力和两个方向的剪力。

传统的单向销铰连接在一个方向的转动能力较大，在另一个方向的转动能力有限，在变形情况复杂时可能会导致耳板的破坏。此外，单向销铰连接的耳板刚度较小，无法有效传递垂直于耳板平面的剪力。因此，传统的单向销铰连接不能满足本工程 Y 形柱柱顶铰接的要求。

关节轴承是一种球面滑动轴承，其滑动接触表面是一个内球面和一个外球面，运动时可以在任意角度旋转摆动。本工程中创造性地将机械领域应用较为成熟的向心关节轴承融入节点设计，在满足受力需求和安全性的前提下，节点造型精致美观，本节点设计已获国家专利。

整个柱顶理想铰节点主要由以下几个部分组成：与钢屋架梁相连的上部扭曲面铸钢件，与 Y 形柱上肢柱顶相连的柱顶支座铸钢件，内嵌在扭曲面铸钢件的向心关节轴承，穿过扭曲面铸钢件、柱顶支座铸钢件和向心关节轴承的销轴，此外还有焊接封口环、销轴帽组件等。典型节点详图如图 9.4-14 所示。

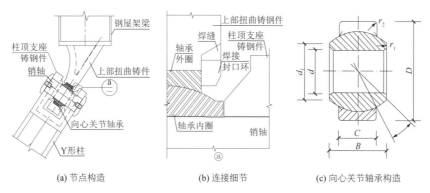

| (a) 节点构造 | (b) 连接细节 | (c) 向心关节轴承构造 |

图 9.4-14　柱顶理想铰节点详图

　　向心关节轴承由带有内球面的外圈和带有外球面的内圈构成一对滑动摩擦副，内外圈之间的接触面可以传递较大的径向荷载和较小的轴向荷载。本工程中使用的向心关节轴承材料为不锈钢，根据柱顶受力大小的不同，分别采用内圈直径大小为 140mm、120mm、80mm 三种规格的向心关节轴承，其中内圈直径 140mm、120mm 的轴承用于航站楼主楼钢屋盖，内圈直径 80mm 的轴承用于长廊钢屋盖。

　　由于 Y 形柱上肢柱与钢屋架梁呈空间夹角，且每一种 Y 形柱与钢屋架梁的夹角都不同，所以上部铸钢件为带有不同扭曲面的异形铸件。图 9.4-15 为上部扭曲面铸钢件典型节点的详图和示意，在保证安全有效传力的同时，为了减轻铸钢件的体量并满足建筑外观效果，根部靠近钢屋架梁处掏空、分叉成为两片厚度较大的扭曲面，并在底板部分区域设置浇铸孔。钢屋架梁下翼缘与扭曲面铸钢件底板焊接连接。

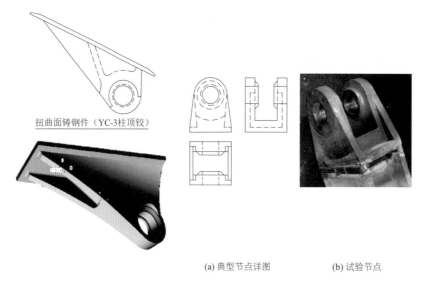

扭曲面铸钢件（YC-3柱顶铰）

| (a) 典型节点详图 | (b) 试验节点 |

图 9.4-15　上部扭曲面铸钢件典型节点　　　　图 9.4-16　柱顶支座铸钢件典型节点

　　柱顶支座铸钢件典型节点如图 9.4-16 所示，两侧厚度较大的耳板作为销轴的支座，内侧设置变高度的凸出圆环以减小销轴的自由长度，以更好地承受上部结构的荷载。该支座铸钢件的底板与柱顶焊接连接。

2. 屋架下弦钢棒与腹杆连接节点设计

　　钢屋架腹杆与下弦钢棒的连接是整个结构另一个关键节点，直接影响视觉效果和受力安全。常规的设计采用叉耳式钢棒连接接头，斜腹杆设置耳板与钢板连接，安装方便，但节点尺寸较大且数量很多，不利于表现钢棒纤细轻盈的效果。

　　为了使节点尽可能紧凑，减少不必要的连接部件，腹杆与下弦钢棒间通过铸钢件以螺纹咬合方式连接，采用如图 9.4-17 所示的外螺纹连接方式。主楼钢屋盖下弦钢棒直径有 100mm、130mm、150mm、

160mm、180mm 五种，其中大多数直径为 100mm 和 130mm，其余直径的钢棒节点连接形式与图 9.4-17 相似。

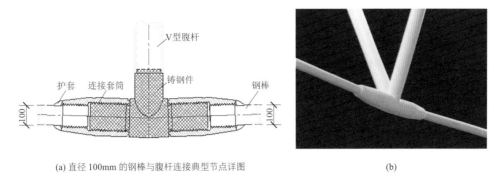

(a) 直径 100mm 的钢棒与腹杆连接典型节点详图   (b)

图 9.4-17　下弦节点设计和室内实景

连接套筒分为两种，即预留连接空隙用于安装过程中调整钢棒长度的可调节套筒和不能用于调节的普通套筒，如图 9.4-18 所示。可调节套筒在连接钢棒和铸钢件的两个区域的内螺纹为正反螺纹，旋紧套筒时钢棒和铸钢件之间的空隙减小，反之则空隙增大；普通套筒内螺纹在两个区域内螺旋方向相同。

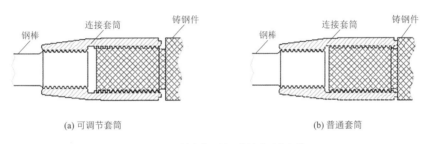

(a) 可调节套筒   (b) 普通套筒

图 9.4-18　可调节套筒和普通套筒典型节点详图

钢棒和铸钢件上均为敦粗螺纹，采用梯形螺牙，除了直径 100mm 的钢棒上螺牙规格为 Tr14LH-8H 外，其余螺牙均为 Tr16LH-8H。直径 130mm 及以上的钢棒截面不是由受拉承载能力控制的，所受拉力不会大于直径 100mm 的钢棒，所以套筒和钢棒、铸钢件连接范围内螺牙的有效工作压数按其极限承载能力不小于直径 100mm 的钢棒受拉极限承载能力确定。

根据机械设计中梯形螺牙的经验公式计算得到的结果表明，直径为 130mm 的钢棒与套筒连接的有效工作牙数为 8 个，达到设计要求的极限承载能力时螺牙的应力相对较大，所以对此进一步采用 ANSYS 进行弹性和弹塑性有限元分析，钢棒直径为 130mm，材料屈服强度 460MPa，极限抗拉强度 610MPa。取 1/4 模型计算，对称边界处采用对称约束，对螺牙进行简化，用等距的圆环来替代螺旋线，弹塑性分析结果表明，螺纹有效工作牙数为 8 个时，直径为 130mm 的钢棒与套筒的连接满足极限承载能力要求（图 9.4-19、图 9.4-20）。

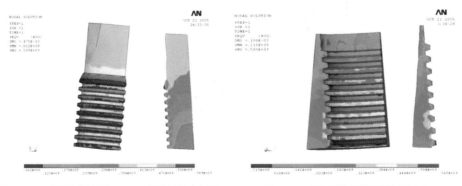

图 9.4-19　弹塑性分析直径 130mm 钢棒等效应力图   图 9.4-20　弹塑性分析套筒等效应力图

9.5 试验研究

9.5.1 带向心关节轴承柱顶万向铰接节点试验与优化

由于向心关节轴承此前在大型结构工程中尚无应用先例，其连接构造和受力性能对结构设计和结构安全有重大影响。同时铸钢节点构造复杂，带有空间扭曲面，受力复杂，无法用常规方法进行计算校核。设计委托同济大学对这一关键节点进行了节点足尺模型试验，对其轴向、径向受力性能和应力应变发展规律和安全储备情况进行了全面考察，通过反复"分析—试验—改进"，成功地实现了屋架梁与 Y 形柱顶的理想铰（图 9.5-1）。

图 9.5-1 柱顶理想铰节点足尺试验

先期试验的 4 组试件在压剪组合荷载下的破坏模式为轴承内圈边缘的断裂破坏和销轴的明显弯曲变形进入塑性，节点承载力满足要求但余量不大。结合试验现象和有限元分析结果可以判断，由于销轴变形，轴承内圈球面悬挑部分受销轴挤压后产生较大的环向拉应变，当销轴进入塑性变形进一步加大时，对轴承内圈的挤压也越大，内圈主拉应变不断增大，最终发生破坏（图 9.5-2）。

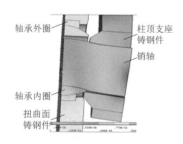

(a) 轴承内圈边缘断裂　　　　(b) 销轴弯曲　　　　(c) 节点受压变形有限元模型

图 9.5-2 节点破坏模式

针对这一情况，从减小销轴变形情况下对轴承内圈的挤压和增加轴承内圈抗拉能力出发，将位于轴承内圈端部的销轴区段直径减小 2mm，使销轴和轴承内圈在此区段内留有空隙从而延缓销轴因弯曲变形与轴承内圈开始接触的时间，同时在保证向心关节轴承有足够自由转动能力的前提下，尽量加大轴承内圈边缘的厚度，以提高轴承的极限承载能力（图 9.5-3）。

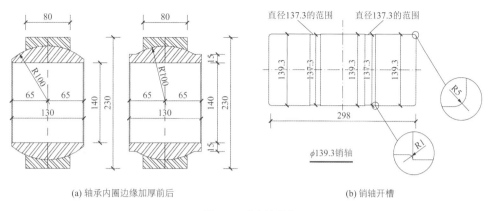

(a) 轴承内圈边缘加厚前后　　　　　　　(b) 销轴开槽

图 9.5-3　节点的改进

对改进后的柱顶理想铰节点再次进行了足尺模型试验，其径向极限承载能力得到了明显提高（表 9.5-1），实际工程中都按此采用。

改进前后的节点承载力对比　　　　　　　　　　　　　　　　表 9.5-1

轴承型号	额定径向载荷/kN	试验径向极限承载能力		
		优化前/kN	优化后/kN	提高比例/%
GEG120XS/XK	5350	5580	9600	72
GEG140XS/XK	6800	9010	10992	22

9.5.2　张弦梁腹杆与下弦钢棒连接节点试验

腹杆与下弦钢棒通过铸钢件以螺纹咬合连接的方式连接也没有可参考先例，因此也进行节点足尺模型试验，试验目的是确认连接的可靠性和确定咬合螺纹数量（图 9.5-4）。

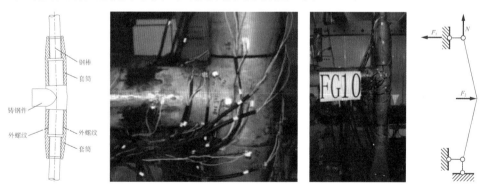

图 9.5-4　下弦钢棒-腹杆螺纹连接节点试验

选取典型节点进行足尺试验，如图 9.5-5 所示。实际工况加载至 1.0 倍设计荷载时，即竖向荷载 1800kN、横向荷载 106.75kN 时，连接节点区 Mises 应力最大点外套筒厚度变化处 Ta6 测点应力为 113.0MPa（图 9.5-5），U 形、O 形接头的最大应力为 120.1MPa，所有测点均处于弹性状态，应变值很小，说明试件在设计荷载下是安全的。加载至 1.5 倍设计荷载时，连接节点区 Ta6 测点 Mises 应力为 105MPa，U 形、O 形接头的最大应力为 184.9MPa，所有测点仍处于弹性状态，说明试件有足够的安全余度。实际工况加载完毕，无破坏现象。

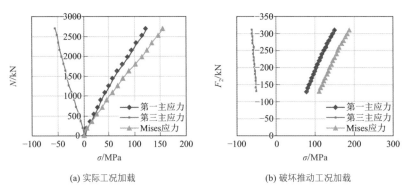

(a) 实际工况加载　　　　　　　　　(b) 破坏推动工况加载

图 9.5-5　FG10 测点 Ta6 荷载-应力曲线

破坏推动工况加载至 1.2 倍设计荷载后，保持竖向荷载不变，增加横向荷载至 288kN 时，钢棒端部应变较大的测点应变接近材料屈服应变 2840με，此时钢棒端部受到的弯矩接近 50kN·m。横向荷载加至 310kN 时，连接节点区外套筒 Ta6 的 Mises 应力接近 200MPa，仍处于弹性状态；钢棒端部 S7 测点处的最大应变为 3116με，材料进入屈服阶段，试件发生明显弯曲。试验结果表明，试件有较强的抗弯能力。

9.5.3　登机桥 TMD 减振效果测试

登机桥人致振动的现场试验显示，TMD 减振措施应用前后，1～2 人的跨中跳跃激励和 1～75 人的步行激励的跨中最大加速度峰值至少减小了 65% 左右，行人振动感觉明显减轻，减振效果显著。

实测时间选择在钢结构与楼板安装完成、屋面封闭、幕墙安装前的时段内进行，此时有较多的测试空间和时间。由于幕墙、面层等施工尚未完成，现场测试时，在桥上放置沙袋以模拟幕墙及其他非结构构件重量，登机桥实测频率为 2.25Hz。激励工况选择了 1 人、4 人、8 人、16 人、24 人分别以 1.6Hz、1.9Hz、2.2Hz 三种频率步行同步激励和 1 人、4 人、8 人、16 人、24 人、50 人、75 人随意乱步行走激励（图 9.5-6）。测试结果是，同步激励加速度响应的最大值出现在 8 人 2.2Hz，为 0.598m/s²（更多人数的同步激励由于实际无法达到同步性反而明显降低），此时在长桥跨中站立的人振动感觉明显，参加步行激励的行人中有个别人感觉比较明显，但仍可接受；随意乱步行走激励加速度响应的最大值出现在 50 人，达 1.10m/s²（同样人数另一次测试结果仅 0.16m/s²），此时在长桥跨中站立的人感觉振动非常明显，振动时间长了感觉不舒适，参加步行激励的行人中较多的人感觉振动明显，稍感难行走，会有脚下踩空的感觉。

图 9.5-6　TMD 安装前实际人行激励测试

上述最大加速度峰值能够满足当时我国唯一对舒适性有量化要求的国家标准《人体全身振动暴露的舒适性降低界限和评价准则》GB/T 13442—1992 中 1.25m/s² 的限值要求；与英国 BS 5400 规范

（0.74m/s²）、美国 AISC 设计指南（0.63m/s²）的基于单人步行荷载进行验算的要求相比，除了一次 50 人人群步行结果超出外，其他工况均满足。

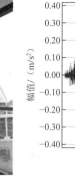

(a) 现场试验照片　　　　　　　　　　　(b) 75 人自由行走跨中竖向加速度时程

图 9.5-7　TMD 安装后实际人行激励测试

虽然满足国内外相关规范的要求，但是从登机桥的重要性和舒适性角度出发，结合实际测试中人员的感受，特别是考虑到行走人数较多时的结构响应，我们认为应该提高设计要求，设置了 TMD 进行减振（图 9.5-7），这是国内首次在登机桥上采用 TMD 进行振动控制。TMD 质量取 2% 结构自重（3.05t），弹簧刚度 519N/mm，阻尼系数 6.69N·s/mm，理论减振效果可达 69%。安装 TMD 时，对锁定和释放 TMD 两种情况进行了 1 人、2 人、4 人的 2.2Hz 跨中跳跃激励测试，TMD 释放工作后结构跨中最大加速度峰值至少减小了 65% 左右。安装 TMD 后再次进行行走测试，1 人、4 人、8 人共振行走激励下多次测试最大响应的减振效果在 60%～70% 之间；3 次 50 人随意行走激励下测到的加速度峰值最大值为 0.276m/s²，减振效果达 75%；75 人随意行走激励下的加速度峰值最大值为 0.34m/s²，减振效果为 55%。人员振动感受明显改善，达到了预期的效果。

9.5.4　铸钢节点 Y 形混合柱抗震性能试验

支撑屋盖的 Y 形柱下端锚在悬臂的混凝土柱中，综合考虑柱子受力需求和施工便利性，钢骨并未继续往下穿过楼面，因此在同济大学进行了静力往复试验以验证节点抗震可靠性（图 9.5-8）。

图 9.5-8　Y 形柱锚固试验研究

试验结果表明，试件在中震下仍维持在弹性阶段且在大震下仍具有较大承载力储备。按设计要求配置栓钉后，不会导致型钢与混凝土间明显滑移。加载过程中，钢柱位移角 1/60 时，混凝土表面裂缝从 RC（钢筋混凝土）柱顶面开始，约 20mm 位移循环，沿加载面纵筋外侧最终贯穿整 RC 柱顶截面，并向

RC 柱下端延伸 10~20cm，此类裂缝最大宽度 2~3mm（图 9.5-9）。另外一类裂缝出现相对较晚，从铸钢角部开始，一直裂向 RC 柱顶边缘，与第一类裂缝在柱边汇合，在往复荷载作用下，汇交裂缝在 RC 柱非加载面形成可见的交叉裂缝，交角约 90°，这类最大裂缝宽 1~2mm。

图 9.5-9　RC 柱顶裂缝图

9.5.5　结构模型模拟地震振动台试验

对典型区段 X3、Y3 段进行结构模型模拟地震振动台试验[9]，以检测原型结构的抗震性能。通过试验，达到了以下目的：（1）获得自振频率、振型和阻尼比等结构动力特性，研究它们在不同水准地震作用下的变化；（2）评估结构在分别遭受设防多遇、基本、罕遇不同水准地震作用下的位移、加速度反应和破坏情况，以检验该结构是否满足不同水准的抗震要求；（3）发现整体结构的薄弱环节；（4）了解结构地震下的破坏部位以及破坏模式、破坏机理；（5）在综合分析结构试验成果的基础上，提出相应的设计建议或改进措施。

试验加载工况按照设防烈度 7 度多遇、7 度基本和 7 度罕遇的顺序分 3 个水准阶段对模型结构进行模拟地震试验（图 9.5-10）。在不同水准地震波输入前后，对模型进行白噪声扫频，测量结构的自振频率、振型和阻尼比等动力特征参数。在进行每个试验阶段的地震试验时，由台面依次输入 El Centro 波、Pasadena 波、SHW2 波和 Sim-T2。地震波持续时间按相似关系压缩为原地震波的 1/5.92，输入方向分为双向或单向水平输入。

图 9.5-10　试验模型照片

在 7 度设防烈度地震完成后，模型结构仍有一定的抗震承载能力，增加进行了模拟 8 度罕遇地震试验（图 9.5-11）。

（1）7 度多遇地震试验阶段

各地震波输入后，模型表面未发现可见裂缝。地震波输入结束后用白噪声扫描，未发现模型自振频率下降，说明结构尚未发生微小裂缝，本试验阶段模型结构处于弹性工作阶段。

（2）7 度基本地震试验阶段

各地震波输入下，模型结构的反应规律与 7 度多遇地震试验阶段基本相似，从外观观察未发现明显的破坏现象，但结构在 Y 方向的自振频率略有下降，下降幅度为原始自振频率的 4.17%，可以认为结构基本完好，总体上仍处于弹性工作阶段。

（3）7 度罕遇地震试验阶段

各地震波输入下，外观观察还未发现明显的破坏现象，结构的自振频率继续下降，X 方向自振频率下降 14.29%，Y 方向自振频率下降 16.67%。模型结构满足设防烈度地震下"大震不倒"的抗震设防要求。

(a) 钢结构屋盖曲线屋架梁产生屈曲

(b) 上层混凝土屋架柱底端出现裂缝　　　(c) 混凝土屋架柱与钢结构 YC 柱连接处出现裂缝

(d) 上层混凝土梁、柱出现剪切裂缝

图 9.5-11　模型结构振动台试验过程局部部位破坏现象照片

（4）8 度罕遇地震试验阶段

模型结构遭遇 7 度罕遇地震作用后，进行了 8 度罕遇地震试验。各地震波输入下，结构自振频率下降较为严重，X 方向自振频率下降 28.57%，Y 方向自振频率下降 37.5%。上部钢结构屋盖的部分曲线屋架梁、腹杆和弦杆发生破坏，下部钢筋混凝土框架结构的框架梁和框架柱出现明显裂缝，这些部位是结构的薄弱点，需重点加强。

根据模拟地震振动台试验现象和数据分析，整体结构满足现行规范 7 度抗震设防要求。但考虑到在特大地震作用时，结构频率下降较快、层间位移角增长较快且某些部位发生较严重的破坏，建议针对此类混合结构体系进行抗震设计时，需重视作为竖向支撑系统的钢斜柱与屋架柱连接处节点的延性设计，以改善结构的抗震性能。

9.6 结语

　　浦东国际机场 T2 航站楼工程规模大、重要性高，钢屋盖结构体系新颖、节点构造复杂，建筑原创方案对结构建筑一体化设计要求高。对工程进行了包含混凝土结构的整体结构弹性分析、整体结构弹塑性时程分析、弹塑性稳定性分析以及详细的节点分析，对登机桥人致振动和减振进行了深入研究。开展了风洞试验、模拟地震振动台试验、登机桥 TMD 减振实测、Y 形柱锚固试验等系列研究；对具有创新性的柱顶理想铰关键节点以及钢棒连接关键节点进行了足尺试验研究，根据试验结果优化和改进节点设计，并对改进后的节点再次进行了试验验证。理论和试验研究工作的成果对于浦东国际机场 T2 航站楼独创性钢结构的设计和顺利建成是至关重要的，取得良好的社会效益和经济效益。

9.7 延伸阅读

扫码查看项目照片、动画。

参考资料

[1] 郭建祥. 比翼齐飞: 记浦东国际机场二期工程建筑设计[J]. 建筑创作, 2006(4): 56-63.

[2] 同济大学土木工程防灾国家重点实验室. 上海浦东国际机场二期工程航站楼风荷载试验和分析研究[R]. 2005.

[3] 上海现代建筑设计集团建筑风工程仿真技术研究中心. 上海浦东国际机场二期工程平均风压分布数值风洞模拟[R]. 2006.

[4] 徐春丽, 罗永峰, 周健. 上海浦东机场二期航站楼钢屋盖结构稳定性分析[J]. 建筑结构, 2007(2): 18-21.

[5] 赵宪忠, 王帅, 陈以一, 等. 单向载荷作用下向心关节轴承球铰节点的受力性能[J]. 轴承, 2009(9): 27-31.

[6] 赵宪忠, 马越, 陈以一, 等. 浦东国际机场 T2 航站楼张弦梁弦-杆连接节点试验研究[J]. 建筑结构, 2009, 39(5): 59-62.

[7] 骆文超. 铸钢节点 Y 型混合柱抗震性能研究[D]. 上海: 同济大学, 2007.

[8] 吕西林, 刘锋, 卢文胜. 上海浦东机场 T2 航站楼结构模型模拟地震振动台试验研究[J]. 地震工程与工程振动, 2009, 29(3): 22-31.

设计团队

结构设计单位：华东建筑设计研究院有限公司（方案＋初步设计＋施工图设计）

结构设计团队：汪大绥，周　健，刘晴云，张富林，项玉珍，张耀康，施志深，裘宗德，周　伟，许　静，孙春明，
　　　　　　　刘燕敏，刘剑飞，梁广伟，张　峰，王　冬，简骏华，裴豪杰，毕小平，蔡向芸，杨　晔

执　笔　人：周　健，张耀康

获奖信息

第十四届全国优秀工程勘察设计金奖（2015 年）

第六届全国优秀建筑结构设计一等奖（2009 年）

第10章

虹桥综合交通枢纽

10.1 工程概况

10.1.1 建筑概况

上海虹桥综合交通枢纽位于上海市长宁区和闵行区，以原有虹桥机场为基础向西拓展而成，包括航空、城际铁路、高速铁路、磁浮（预留）、轨道交通、长途客运、市内公交等多种换乘方式，总占地面积 26km²，日旅客规模 110 万人次，是当前世界上换乘模式最多和规模最大的综合交通枢纽。虹桥机场的跑道将枢纽分为东西两区，跑道以西为枢纽核心区，以东为机场东航站区，二者间可通过轨交 10 号线直接相连（图 10.1-1）。

枢纽核心区共有五大功能主体，由东向西依次为虹桥 T2 航站楼、东交通广场、磁浮车站、虹桥高铁站、西交通广场（图 10.1-3），东西、南北向总长分别约 1600m 和 1700m，总建筑面积约 142 万 m²。其中东交通中心主要服务机场 T2 航站楼和磁浮车站，并作为上部商业设施和下部换乘人流的联系纽带；西交通中心主要服务高铁车站，并连通西面的虹桥国际商务区地下开发。东航站区包含虹桥机场 T1 航站楼及 T1 交通中心（图 10.1-2），总建筑面积约 21 万 m²。各功能主体的基本情况见表 10.1-1。

图 10.1-1　虹桥综合交通枢纽全域图

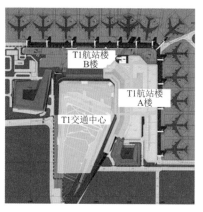

图 10.1-2　东航站区总平面

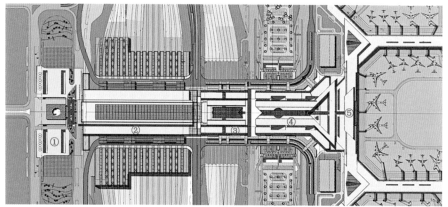

①西交通广场 ②高铁站 ③磁浮虹桥站 ④东交通广场 ⑤T2 航站楼

图 10.1-3　枢纽核心区主要功能主体平面布局

各功能主体基本情况　　　　　　　　　　　　　　　　　　　　　　表 10.1-1

所在区域	功能主体名称	层数（地上/地下）	建筑面积/万 m²	高度（地上/地下）/m
枢纽核心区	T2 航站楼	10	34.8	42.85/0
	东交通广场	11/2	31.0	42.85/−16.85
	磁浮站	11/2	16.6	42.85/−16.85
	高铁站	5/2	28.10	40/−16.85

续表

所在区域	功能主体名称	层数（地上/地下）	建筑面积/万 m²	高度（地上/地下）/m
枢纽核心区	西交通广场	0/3	17.4	0/~−22.00
东航站区	T1 航站楼	3/2	12.73	23.78/−10.50
	T1 交通中心	1/2	7.28	5.4/−9.25

　　虹桥综合交通枢纽的项目业主包括上海机场集团公司、铁道部、申通公司、申虹公司等，枢纽核心区由华东建筑设计研究院有限公司作为设计总控并原创设计了其中的 T2 航站楼、东交通广场、磁浮车站三个功能主体，铁三院与华建集团现代建设联合体设计了虹桥高铁站，上海市政工程设计研究总院设计了西交通广场，2006 年 2 月开始设计，2010 年 3 月投入运营。东航站区由华东建筑设计研究院有限公司（华东院）原创设计，2012 年 7 月开始设计，2018 年 10 月投入运营。本章主要介绍由华东院设计的功能单体。

10.1.2　设计条件

1．主体控制参数

控制参数表　　　　　　　　　　　　　　　　表 10.1-2

项目	标准	
设计使用年限	50 年（耐久性 100 年）	
建筑结构安全等级	T2 航站楼、磁浮站、T1 航站楼	一级
	东交通广场、T1 交通中心	二级
建筑抗震设防分类	T2 航站楼、磁浮站、T1 航站楼	重点设防类
	东交通广场、T1 交通中心	标准设防类
地基基础设计等级	甲级	
设计地震动参数	抗震设防烈度	7 度（0.1）
	设计地震分组	第一组
	场地类别	IV类（上海）
	小震特征周期	0.9s
	大震特征周期	1.1s
建筑结构阻尼比	多遇地震	0.05
	罕遇地震	0.06

注：由于本结构地震作用下的楼层剪力按规范谱计算结果均大于安评谱，故均采用规范地震参数。

2．风荷载

基本风压按 100 年一遇取值为 0.60kN/m²。

10.2　建筑特点

10.2.1　多种交通形式集聚及非交通功能的叠置

　　虹桥综合交通枢纽集聚了航空、铁路、磁浮（预留）、轨交、公交、出租等多种交通形式，并在交通功能上部复合了商业、办公等非交通功能，因此空间需求非常多样，导致枢纽内的建筑空间形式非常丰富，结构也以灵活多样的形式以适应这一特点。

相比叠置于顶部的办公，下部交通功能空间的柱网和层高需求都明显要大，因此会在交通功能的顶层出现柱网转换的需求，结构侧向刚度也会出现不均匀，在结构设计中分别采用了转换梁和转换桁架、设置普通钢支撑和屈曲约束支撑等方式解决这些问题。

轨交的接入也给结构设计带来难题。首先，由于地铁车站位于东交广场地下，2号线、10号线的盾构需先穿越T2航站楼基础以下再进入车站边的盾构接收井，而盾构接入的施工时间晚于T2航站楼，因此在航站楼基础的设计中考虑相关预留条件。其次，在磁浮车站位置，磁浮列车轨道直接设置在首层结构上，地铁轨道位于地下二层结构上，轨交和磁浮运行的振动对结构安全、人员舒适度的影响以及两种运行车辆间的相互影响也需要深入研究。

伴随多种交通形式的复杂空间关系和巨大的客流量，使虹桥枢纽对地震、火灾、洪涝、台风以及恐怖袭击等各种自然、人为灾害高度敏感。本工程中，除了常规的抗震、抗风、抗火设计外，将防恐怖爆炸设计也纳入结构设计范畴。

10.2.2 平实方正的形态下丰富的室内空间

虹桥交通枢纽的建筑以"功能性即标志性"为设计定位[1]，没有刻意追求建筑造型上的标志性，而是紧密结合交通建筑追求便捷、人性化特点，以功能布局合理化为先导，造型服从和真实反映内部功能。枢纽核心区造型方案寓意为"城"（图10.2-1）：整体以直线条为主，简洁平和，方正大气；每个功能单体都自有形象，条理分明同时又相互协调。

东航站区T1航站楼是既有航站楼，随着枢纽核心区T2航站楼的建成投运，对虹桥T1航站楼有了新的功能布局要求，因此进行了全面改造，改造后的建筑空间和形态均以与西航站区的风格相匹配为目标（图10.2-2）。

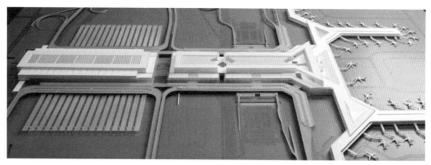

(a) 核心区整体模型

(b) 鸟瞰照片

(c) 侧立面照片

图 10.2-1 枢纽核心区整体造型

图 10.2-2 改造后的 T1 航站楼外立面照片

在平实外形的前提条件下，复杂多元的功能对丰富空间的需求是不变的，对空间品质的追求是建筑师关注的重点，建筑结构一体化设计成为本工程的一个重点。结构设计在这一整体原则下，没有进行宏大的结构体系展示，而是配合建筑功能的需求选择高效的结构形式和布置方式，同时力求通过细节的打磨展示结构的理性与精致之美，实现建筑与结构润物无声地融合。

10.2.3 各功能主体东西向大连通

枢纽核心区地下结构总体为两层，局部三层。其中地下一层（标高 −9.35m）的大通道是连接五大功能主体的三大换乘通道中最重要的一条，除了连通功能外还是地铁与其他交通方式的换乘界面，在东、西交通中心另有外扩的地下车库（图 10.2-3、图 10.2-4）；地下二层（标高 −16.85m）及局部三层主要作为地铁站台层和地铁区间功能，结构也是全长贯通，枢纽规划的"二纵三横"5 条地铁线路分别在东交通广场和高铁站地下设站（图 10.2-5）。

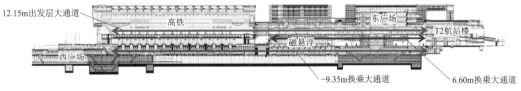

图 10.2-3 枢纽核心区纵剖面

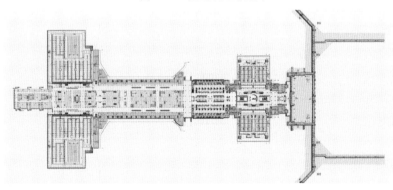

图 10.2-4 地下一层平面

连通的地下二层结构从 T2 航站楼西端延伸至西交通广场东端，总长度约 700m；地下一层楼面结构继续往西延伸连通不属于本工程范围的虹桥枢纽西延伸段和西西延伸段，总长近 2000m。由于功能需要，地下室全长不设缝，形成了超长的地下结构，防水抗裂成为结构设计关键问题。

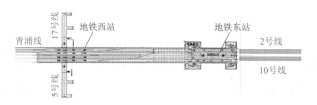

图 10.2-5　地下二、三层平面

地面以上，标高 6.6m 和 12.15m 的步行通道贯通 T2 航站楼至高铁。由于楼内存在多个通高中庭，各功能单元也均设缝断开，因此设置了众多连桥贯通各个通道，这些连桥也成为结构设计的关注点。

10.2.4　清水混凝土的广泛使用

枢纽核心区中较多区域采用了清水混凝土，以契合其追求的简洁平和、朴实无华气质。主要使用的部位包括结构柱、部分的梁底梁侧、陆侧立面以及敞开式车库（图 10.2-6）。

(a) T2 航站楼主楼清水混凝土柱

(b) T2 航站楼登机廊清水混凝土梁柱

(c) T2 航站楼陆侧立面

(d) 东交广场南北开敞式车库立面

图 10.2-6　清水混凝土使用部位

10.2.5　不同年代建筑共存的待改造既有航站楼

东航站区 T1 航站楼始建于 20 世纪初，经历了近百年的发展与演变。现存的 A 楼、B 楼、楼前高架等功能单元，是经 1960、1980、1990 等不同年代多次扩建、改造而成。本次改造需要综合考虑结构现状情况、后续使用需求和再次改造可能性、经济成本等各项因素，确定各个结构单体的拆改情况及改造设计的使用年限，并针对性地选择加固方式。

10.3　体系与分析

由于航空限高的要求，虹桥枢纽建筑的高度都控制在 45m 以下，各单体的建筑外形总体协调统一，采用的结构体系都是在混凝土框架结构基础上结合特定功能和空间需求、组合其他类型的结构而形成。枢纽核心区地上结构（华东院设计部分）单元划分见图 10.3-1。

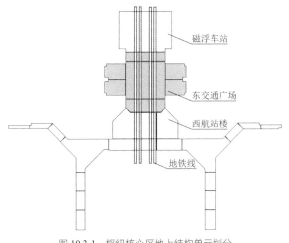

图 10.3-1 枢纽核心区地上结构单元划分

10.3.1 地基基础和地下结构

1. 丰富的桩型

本工程场地地貌类型为滨海平原，综合考虑不同功能区域承载力需求、地下工程挖深情况、地铁与磁浮区域沉降控制要求、后穿入地铁盾构对桩基影响和工期、成本等因素，采用了包括 PHC 管桩、钻孔灌注桩、扩底灌注桩等多种桩型，总桩数约 2.3 万根。抗压桩分别以⑦₂层灰色粉细砂和⑨层灰色粉细砂夹中粗砂为桩基持力层，各单体的桩基情况统计见表 10.3-1、表 10.3-2。

抗压桩情况统计　　　　　　　　　　　　　　　　　　　表 10.3-1

功能主体名称		抗压桩型	持力层	有效桩长/m	特征值/kN
T2 航站楼	一般区域	ϕ600PHC 管桩	⑦₂	38~67	2720~3040
	盾构穿越区	ϕ850 钻孔灌注桩，桩端后注浆	⑨	66~74	3500
东交通广场	地铁东站	ϕ850 钻孔灌注桩，桩端后注浆	⑨	53~68	5500
	南北车库	ϕ600PHC 管桩	⑦₂	40~47	3100
磁浮车站		ϕ850 钻孔灌注桩，桩端后注浆	⑨	53~75	5500
T1 航站楼新建部分		ϕ650 钻孔灌注桩，桩端后注浆	⑦₂	43~50	3200
T1 交通中心		ϕ900 灌注桩与围护立柱桩共用	⑤₂与⑦₂	55~59	5400

抗拔桩情况统计　　　　　　　　　　　　　　　　　　　表 10.3-2

功能主体名称		抗拔桩型	持力层	有效桩长/m	特征值/kN
东交通广场	地铁东站	ϕ600 钻孔灌注桩	⑦₂	30	1000
	南北车库	ϕ400PHC 管桩	⑤₃₋₁	40	580
T1 交通中心		ϕ500PHC 竹节管桩	⑤₂	30~40	900

2. 超长地下结构设计

东交广场和磁浮站区域地下二层的地下室底板均采用独立承台加厚板形式，外墙采用与基坑支护地下连续墙二墙合一的叠合墙；地下一层南北车库区采用了独立承台加防水板的形式，周边开敞无外墙。从使用功能和防水角度考虑，全部地下室连成一体不设结构缝，是典型的超长地下结构。

针对混凝土收缩和温度应力问题，设计方面主要采用了设置低温封闭后浇带、钢筋连续拉通并适当提高配筋率、部分区段添加高性能混凝土膨胀剂和抗裂纤维、部分区段留设诱导缝等措施，同时地下二层外墙在叠合墙的基础上，内侧再设置一道砌体墙。施工方面采用了各功能主体掺加缓凝抗裂材料、延长后浇带封闭时间、跳仓浇筑、夜间浇筑低温入模减少温差、加强养护等措施。根据建成 10 余年的持续观察，除早期在地下二层外墙段出现一定开裂渗漏外，经修补后未再发现明显渗漏。

枢纽基坑总面积高达 350000m²，开挖深度最深处达 29m，属超大超深基坑工程。本基坑工程各单体施工在平面、时间和空间上相互重叠，且工期十分紧迫。针对基坑中部深、南北两侧浅的阶梯形分布特点，东交通中心、磁悬浮以及南北侧地下车库基坑工程中创新性采用了多级梯次联合支护体系，即二级放坡 + 重力坝 + "两墙合一"地下连续墙 + 两道钢筋混凝土水平支撑系统的围护形式[2]（图 10.3-2～图 10.3-4），浅部基坑采用经济性显著的卸土放坡结合重力坝的围护形式，深部基坑为安全可靠的地下连续墙形式。

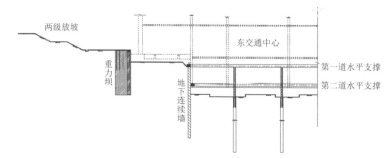

图 10.3-2 多级梯次联合支护体系典型剖面图

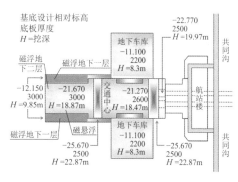

图 10.3-3 东交广场、磁浮站基坑深度分布 　　　　图 10.3-4 基坑支护施工现场

为加强分槽段施工的地下连续墙的防渗漏性能，设计中采取如下几项技术对策：槽段间采用构造简单、施工适应性较强的圆形锁口管接头；在地下连续墙内侧另外现浇一道钢筋混凝土内衬墙，构成叠合墙体；地下连续墙在与顶板及底板接缝位置采取留设止水条、刚性止水片等措施改善接缝防水。

10.3.2　T2 航站楼主楼结构体系

T2 航站楼由主楼、登机长廊及集中布置于主楼上部的机场办公楼组成（图 10.3-5）：其中航站主楼长 270m，宽 108m，高 24.650m，分为 B1、B2、B3 三个结构单体，主体均为钢筋混凝土框架结构，屋面标高 24.00m；其上办公楼顶标高 42.25m，为钢框架结构；登机长廊为"л"形，总长约 1740m，宽 45m，高 18m，局部 20.65m/27.65m，分为 17 个单体，全部为钢筋混凝土框架结构。不同于国内绝大多数大型航站楼以大跨钢结构作为公共区域屋盖的做法，本航站楼屋盖以混凝土结构为主，仅在局部区域点缀了跨度适中、形式收敛的钢结构轻型屋面，以契合整个枢纽简洁平和的气质。有两处采用中等跨度钢屋盖结构的区域，一处是主楼 B1、B2、B3 办票大厅

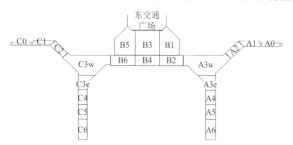

图 10.3-5 T2 航站楼结构单元分布

最大跨度 36m 的大跨钢梁屋盖；另一处是位于登机长廊南北三角区 A3、C3 结构单元的 VIP 休息厅，屋顶为底边 90m 的直角三角形无柱空间，采用了双向张弦梁结构，详见第 10.3.5 节介绍。

B1、B2、B3 各混凝土结构单体的典型柱网尺寸为 18m × 15m、15m × 15m，较多地采用双向后张预应力梁以控制梁高，部分单体标高 4.20m 以下柱网进一步减小至 7.5m × 7.5m 的小柱网。由于建筑布置需要，各单体存在相邻上下楼层层高变化大、立面收进、不同程度的楼板缺失、局部错层等情况，从而引起结构竖向刚度不均匀、楼层受剪承载力突变和结构平面不规则。在 0.00～12.00m 的楼层之间布置了少量钢支撑，以改善上述不规则影响，柱间钢支撑按中震不屈服性能目标设计，与钢支撑相连接的梁、柱均采用型钢混凝土结构。

为控制上部办公楼的层高，上部钢结构的柱网由下部混凝土结构的 18m × 18m 转换成横向 7.5m + 3m + 7.5m、纵向 6m + 6m + 6m，结构转换层利用办公首层设置 18m 跨的钢桁架（图 10.3-6）。为避让走道，桁架的斜腹杆作了偏心布置，通过节点处的加强处理抵抗局部的偏心弯矩。在转换层中桁架下弦及与桁架相连接的框架柱（框支柱）均采用型钢混凝土，以确保钢结构与混凝土结构过渡的可靠性，框支柱也按中震不屈服性能目标设计。

办公楼的中部单体 B3 立面开洞形成连体结构，连体部分的平面为等腰梯形，顶边跨度 18m、底边跨度 54m，采用与两端刚接的钢桁架跨越（图 10.3-6）。

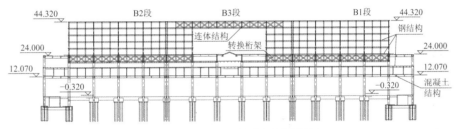

图 10.3-6 T2 航站主楼南北向结构剖面图

办公楼 B1、B3 单体在标高 36.65m 处与东交通广场主楼间各设有一座跨度约为 104m 的高空连接廊（图 10.3-7、图 10.3-8）。连接廊采用大跨度钢桁架结构，由于连廊尺度相对两端建筑体量较大，与两端采用搁置方式弱连接于两端的结构单体上，采用黏滞阻尼器减震支座连接，详见第 10.3.4 节的介绍。

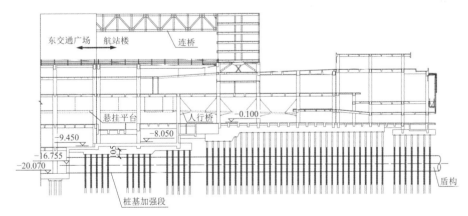

图 10.3-7 T2 航站主楼东西向结构剖面图

(a) 中轴线视角

(b) 24.00m 屋面标高视角

图 10.3-8 T2 航站楼 B1、B3 单体与东交通广场间的高空连接廊

10.3.3 东交广场与磁悬浮站结构体系

1. 东交通广场

东交通广场包括中部主体结构和两侧的车库,均为钢筋混凝土框架结构。主体结构总高 45m,车库顶层标高 12.8m(图 10.3-9、图 10.3-10)。典型柱网尺寸为 18m × 18m,采用双向后张有粘结预应力梁。在 12.00~24.00m 的楼层之间布置柱间钢支撑,以改善该层抗侧刚度的突变和提高该层楼层抗剪承载力(图 10.3-11)。两侧 24m 标高处在大通道屋顶采用 36m 跨的大跨钢梁屋盖结构,结合轻型屋面系统(图 10.3-12),结构形式同 T2 航站楼的办票大厅屋盖。标高 20.65m 以上功能为商业,柱网与下部相同为 18m,混凝土框架往上延续,直至顶层采用双向网格钢梁支撑玻璃屋面(图 10.3-13)。

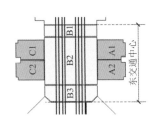

图 10.3-9 东交通广场结构单元分布

图 10.3-10 东交通中心南北向剖面图

图 10.3-11 12.00m 标高楼层的柱间钢支撑

图 10.3-12 36m 跨钢结构轻型屋面

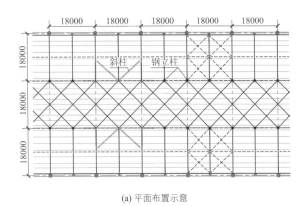

(a) 平面布置示意

(b) 室内实景

图 10.3-13 顶层双向网格钢梁

为了给地下空间创造通透舒适的环境,东交通广场地下室设置了大量通至地面或屋面的采光、通风天井和边庭。其南北车库各 5 层,一半位于地面标高以下,其一侧与东交通广场主楼共享中部地下庭院,其余三侧设置了下沉式绿化庭院,地下车库成为建在一个深度为 8.6m 的下沉式广场里的地上建筑。车库本身的结构变成了常规的全地上结构,下沉式广场的设计成了结构设计主要问题。下沉式广场的挡土墙采用带三角内斜撑的结构形式,堆成斜坡的绿化种植土覆盖住了内斜撑,同时为挡土墙提供了被动土压力并可兼作抗浮配重。沿挡土墙下和车库外的空旷处另布置了预应力管桩 PHC400 作为抗拔桩，进一步平衡基础底板承受的水浮力和加强挡墙的底部约束刚度（图 10.3-14）。

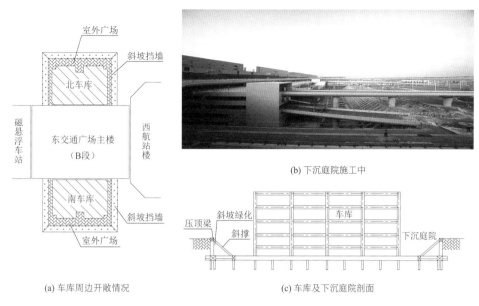

(a) 车库周边开敞情况　　　(b) 下沉庭院施工中　　　(c) 车库及下沉庭院剖面

图 10.3-14　东交广场开敞式地下车库

2．磁浮车站

磁浮虹桥站主体结构平面尺寸 162m × 170m，标高 24.55m 以下采用钢筋混凝土框架，基本柱网为 18m × 13.8m，18m 跨框架采用了后张预应力梁；标高 24.55m 以上开发用房采用钢框架，柱网转换成 10m × 6.10m，通过钢筋混凝土梁转换。标高 12.05～24.55m 的高架站厅层单向设置了屈曲约束支撑，以提高该层侧向刚度，并在地震下耗能减小地震响应，部分屈曲约束支撑外露于公共空间（图 10.3-15）。在标高 24.55m 办公用房的内庭院，设置了膜结构的遮阳棚（图 10.3-16）。

图 10.3-15　12.05m 楼层的柱间屈曲约束支撑

图 10.3-16　标高 24.55m 膜结构遮阳棚

10.3.4　三塔弱连体结构抗震分析

连接 T2 航站楼与东交通广场之间的两座高空连廊与主体结构呈 45°放置，离地面高度约 40m，跨度约 104m，单体重量约 1000t。连廊的平面和立面位置如图 10.3-17 所示。基于连廊与两端主体结构的体量关系和相对位置关系，若采用强连接方式将导致各支承单体结构在刚度分布上存在严重突变现象，对结构抗震设计非常不利，因而采用隔震设计的思想将连廊两侧的主体结构水平运动隔离开来。连廊两端分别搁置于 T2 航站楼和交通广场主体结构并可顺桥向相互滑动，同时在顺桥向刚度相对稍大的交通中心侧设置了黏滞阻尼器和弹性复位装置，从而形成非封闭形的三塔弱连体结构。T2 航站楼侧由于顺桥向刚度太小，仅设置单向滑动支座以尽可能减小连桥的影响，即使地震作用下连廊搁置端产生残余相对位移，设计预留了进行外力复位的条件。连廊的横桥向设置限位用以避免连廊在大风环境下发生变位。

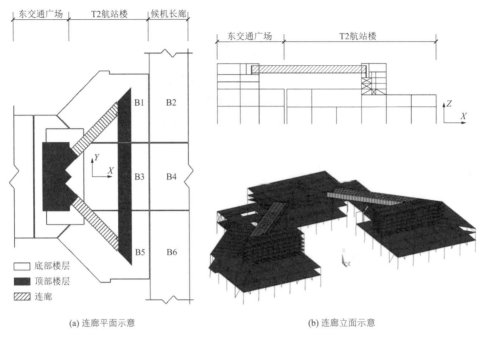

(a) 连廊平面示意   (b) 连廊立面示意

图 10.3-17 高空连廊与两端建筑关系

由于当时对成熟的隔震支座产品了解有限，设计按照概念"散拼"了一套隔震支座：承重和滑动功能由顺桥向单向滑动钢支座提供，控制摩阻系数在 2%～3%；黏滞阻尼器提供阻尼耗能；纯橡胶支座用于控制位移并提供复位能力，不承受竖向力（图 10.3-18、图 10.3-19）。

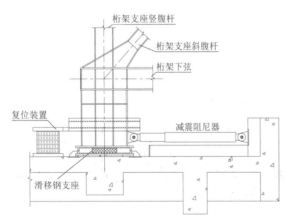

图 10.3-18 连廊隔震支座构造组成   图 10.3-19 连廊隔震支座现场照片

根据葫芦串简化模型的初步参数设计（图 10.3-20），黏滞阻尼器选用 $C = 120\text{kN/(mm/s)}^{0.3}$ 的非线性阻尼器。设计基于 LS-DYNA 程序和二次开发建立的结构动力弹塑性时程分析方法进行了地震分析，计算结果显示，隔震支座在大震下的最大变形约 360mm，黏滞阻尼器最大速度 1000mm/s，最大出力 1000kN。图 10.3-21 为连廊支座反力（含阻尼力、摩阻力和复位弹簧力）和东交通中心楼层剪力（连廊坐落处）的时程比较，可以看出：连廊支座反力的方向大体是与结构层间剪力相反的，这种反向作用关系占整个振动过程的 75%～80%，从而可建立起类似于 TMD 的减震机制；但由于连廊反力的量值低于结构层间剪力一个数量级以上，因此对主体结构的减震效果是有限的。

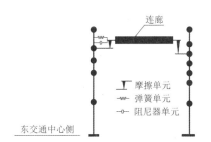

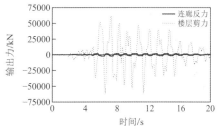

图 10.3-20 弱连体结构的葫芦串模型　　　图 10.3-21 连廊支座反力和东交通中心楼层剪力时程

10.3.5　大跨钢屋盖结构的方案形成与体系

1. T2 航站楼办票大厅屋盖：钢柱-钢梁结构

T2 航站楼办票大厅屋盖结构采用了最简单的钢结构梁柱体系，支承柱主要沿幕墙边和内部墙面布置，仅在总平面两侧拐角处各设置了三根中柱，将整个屋面的最大结构跨度控制在 36m 以内。建筑师希望对结构进行一定的展示以表达一种本真的趣味。由于所在的空间尺度不大，外露结构构件处于旅客可接近范围，构件和节点的设计就显得特别重要。

结构设计采取了两个策略，一是将水平与竖向荷载分开传递，使外露竖向构件仅承受竖向力，截面可以做到最小；二是将梁柱铰接，创造表达节点的机会。

钢屋盖的水平抗侧刚度由位于屋盖东西两侧的混凝土结构提供（图 10.3-22），通过将屋面平面内的刚度加大，全部的钢柱从抗侧的需求中解放出来，截面能够控制在 450mm 直径，接近 100 的长细比在空间中可以表现出细高的感觉（图 10.3-23）。

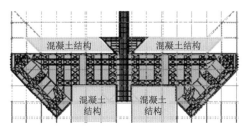

图 10.3-22　混凝土结构提供抗侧刚度　　　图 10.3-23　支承大跨屋盖的细高中柱

大跨钢梁的端部截面收小使之视觉上轻量化，梁端采用销轴节点与外立面位置的钢柱顶及东、西侧混凝土结构铰接，外立面位置的柱同时为幕墙提供侧向支撑。对梁柱节点、屋面支撑及其节点进行了专门设计，结构的精致性通过节点得到呈现（图 10.3-24）。屋面吊顶设在梁间并在端部提前收至天窗边，将主梁下翼缘和梁柱节点区域完整且真实暴露，结构体系整体也得到了完整展示（图 10.3-25）。

东交通广场、磁浮车站的标高 12m 大通道的 36m 跨屋盖也采用了类似的基于普通钢梁-钢柱的朴素结构体系，其柱面内的抗侧刚度通过钢柱间设置纤细的拉索支撑提供 [图 10.3-24（c）]。

(a) T2 航站楼办票大厅全景

(b) 混凝土侧梁端节点   (c) 同时支撑幕墙的结构柱   (d) 东交广场梁-柱-支撑节点

图 10.3-24   T2 办票大厅及东交、磁浮大通道屋盖节点

图 10.3-25   办票大厅室内空间   图 10.3-26   VIP 休息厅大跨屋盖

2．T2 航站楼贵宾休息厅屋盖：减少对指向干扰的双向张弦结构

T2 航站楼最大跨度的屋盖在登机廊三角区出发层贵宾休息厅的顶部，其平面是一个 90m × 45m 的等腰直角三角形，建筑师在屋顶设置了一个箭头状的天窗，试图作为对此处主要人流方向的一个指引（图 10.3-26）。从受力角度而言，结构存在图示的多种布置可能性（图 10.3-27），能否强化对箭头状天窗的展示，成为了选择方案的一个主要因素。最终选择沿三角形底边和高两个方向布置下弦的双向张弦梁结构，经建模比较发现此布置可最大限度减少对天窗指向性的干扰。张弦腹杆采用格构式，便于双向张弦交叉处索的穿越；下弦杆端索锚具中设置了锚索测力计实时监测索力变化（图 10.3-28）。

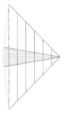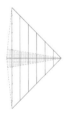

(a) 选项 1   (b) 选项 2   (c) 选项 3   (d) 选项 4   (e) 实施方案

图 10.3-27   屋盖结构方案比选（红线为主结构布置方向）

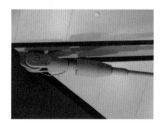

(a) 双向张弦布置   (b) 格构式腹杆   (c) 实时索力监测

图 10.3-28   VIP 屋盖双向张弦结构

256

经典回眸 华东建筑设计研究院有限公司篇

3. 东航站区 T1 航站楼办票大厅屋盖：屋面、立面及雨篷一体化结构方案

T1 航站楼 A 楼出发大厅屋盖的改造需求包括：原标高 15.8m 的混凝土屋面抬高至 24.0m，形成高大室内空间；悬挑雨篷由 5m 左右加大至 12m 以将挡雨范围由一个车道扩大至两个车道 [图 10.3-29（a）]。

楼前高架结构因使用功能和承载力限制，无法在其上增设支点减小雨篷悬挑；入口处间距 22.5m 的原结构柱子被保留利用以支承屋盖，该柱承受荷载较大，受下部结构条件限制，承载力可提高程度受限。因此，减小入口处支承柱的受力成为选择结构方案的重要考量因素。

结构采用了将屋盖、立面、雨篷三者一体化的整体方案，使得悬挑雨篷的弯矩与大跨屋盖的弯矩自平衡，一体化结构与混凝土柱间采用铰接从而简化和减小传至原有混凝土柱的受力，并呈现出稳定的混凝土基座支托轻盈屋盖的漂浮感 [图 10.3-29（b）]。

新增一体化钢结构在地震和风荷载作用下的面内水平力由门厅入口组合柱和右侧原有单跨框架结构共同承担，该单跨框架通过增设屈曲约束支撑增加其抗侧刚度以分担更多的水平力，进一步减轻门厅入口组合柱的水平向负担。

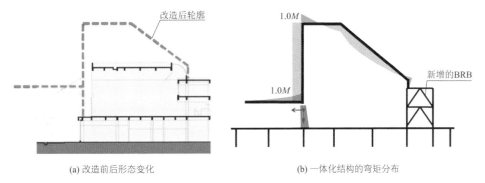

(a) 改造前后形态变化　　　　　　　(b) 一体化结构的弯矩分布

图 10.3-29　屋面、立面、雨篷三者一体化结构方案

在空间不大的办票大厅中，24.7m 的屋盖跨度和 12m 的悬挑雨篷若采用实腹钢梁会显得过于笨重，沿立面宽度方向 22.5m 的柱距也使柱间水平向抗风构件的截面需求过大。为减小杆件截面实现精致的空间效果，设计将钢梁离散为梁-杆组合的空间格构式单元（图 10.3-30）：单元的外轮廓构件选择了小截面的矩形截面连续钢梁，以方便与幕墙、天窗及屋面板等围护系统的连接；其他支撑杆件均两端铰接，以精细的铰接节点显示其仅承受轴力的特点。其中下挂拉杆在竖向荷载作用下受力不大，但在水平地震作用下存在较大的压力，为实现 180mm 直径的纤细效果，此杆件采用了圆截面的 BRB 支撑。外轮廓连续钢梁被支撑杆分为在竖向荷载作用下弯矩大小接近的 5 跨（图 10.3-31），截面高度可以统一控制在 500mm 以内。

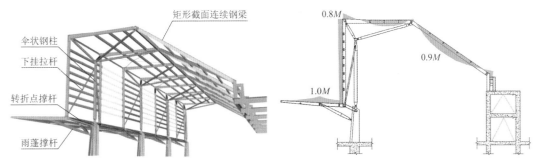

图 10.3-30　空间格构式单元体系构成示意图　　　　图 10.3-31　外轮廓连续梁弯矩分布

为了与 A 楼一体化立面保持统一的外观效果，同时一定程度上保留原有结构印记，B 楼基本保留了原多跨连续钢桁架结构，仅将原桁架悬挑端拆除，改为标高降低并悬挑更大的雨篷，同时在入口一跨增加了局部抬高的屋面以提升办票大厅空间高度。由于保留了入口第一小跨的桁架，对桁架内部各跨受力的影响大大减小，避免了更大范围的拆除并减少了加固量（图 10.3-32）。那一小跨原有桁架在挑高的空

间中穿过，也为保留历史发展印记创造了机会（图 10.3-33）。由于原有桁架外观效果不理想，最后实施时还是遗憾地进行了外包处理。

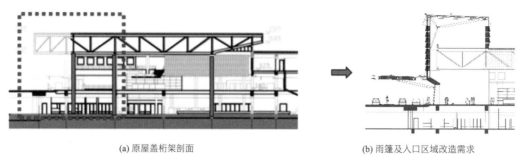

(a) 原屋盖桁架剖面　　　　　　　　　　　(b) 雨篷及入口区域改造需求

图 10.3-32　B 楼立面改造

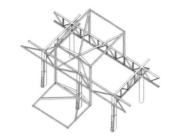

图 10.3-33　保留原有历史印记的设想　　　　图 10.3-34　与 A 楼形式接近的一体化结构体系

　　悬挑雨篷、立面构架和局部抬高的屋面采用了与 A 楼形式接近的一体化结构体系，外轮廓构件为一个完整的构架，通过伞形组合钢柱立在原有混凝土柱上，伞形组合柱的斜撑及立柱均两端铰接，钢架后方新建钢柱支承在保留的屋面横向钢桁架上，钢架下方的雨篷悬挑梁端部通过斜杆支撑在原结构混凝土柱上（图 10.3-34）。

(a) 柱节点　　　　　　　　　　　(c) 雨篷

(b) A 楼办票厅内侧立面

图 10.3-35　T1 航站楼办票厅改造后效果

　　A、B 楼出发大厅的伞形柱、支撑、V 形屋面梁等结构以简洁的三角形稳定体系、清晰的受力逻辑、适宜的杆件尺度、精致的节点处理，成为空间中的表现要素，营造出精致简约、内敛含蓄的建筑风格（图 10.3-35）。

10.3.6 无处不在的"虹桥"元素

根据建筑流线需要并结合虹桥枢纽"彩虹桥"的主题，枢纽内设计了各种形式的人行桥，每一座桥都结合所在位置的环境和边界条件以建筑结构一体化为目标进行设计。

其中连接 T2 航站楼和东交通广场顶部两层的两个大跨连桥是组成虹桥综合枢纽总体形象的最重要元素（图 10.3-8），其他包括 T2 到达大厅无行李通道桥、东交通广场中庭连桥、车库步行桥、办票大厅连桥等。

T2 航站楼行李提取大厅上方的无行李到达通道桥直接连通到达层和东交通广场，桥总长约 78m、宽 3.5m，顺桥方向与柱网呈 45°夹角，桥身位于柱列中间位置［图 10.3-36（a）］。采用了两侧斜拉的梁式钢桥，钢拉杆从钢筋混凝土框架柱沿斜向拉在桥身钢梁跨中，间距 10～15m，除了斜向上的吊索外，还布置了若干向下的反向拉索以减小桥体的摆动［图 10.3-36（b）～图 10.3-36（d）］。

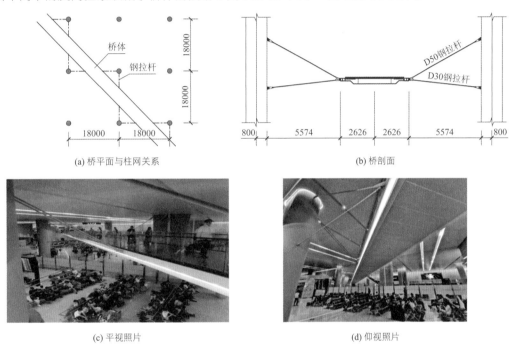

(a) 桥平面与柱网关系　　　　　　　　　(b) 桥剖面

(c) 平视照片　　　　　　　　　(d) 仰视照片

图 10.3-36　T2 航站楼行李提取大厅连桥

T2 航站楼小票大厅上空，一座跨度 30m 的鱼腹形桁架桥横跨而过，连通到贵宾休息区和室外观景平台。桁架断面为三角形，两根上弦杆采用焊接箱形截面，上翻箱梁的梁面略高于建筑完成面，使桥身侧面高度显得更加轻薄。下弦杆为钢棒，在桁架端部节间一分为二，分别与两根上弦杆连接。桁架斜腹杆按受拉规律布置，设计为纤细的钢拉索。桁架下弦钢棒节点处有微小的折角，其与钢拉索和直腹杆的连接节点采用了铸钢节点（图 10.3-37）。

图 10.3-37　T2 航站楼办票大厅连桥

东交通广场圆形中庭通高达 50m，中庭上方一座轻薄的钢连桥横穿而过。桥总长 54m、宽约 3.3m，采用整体焊接箱形截面，从中庭周边楼面结构斜拉 4 根拉索至连桥跨中。为了解决大跨度连桥的振动舒适度问题，在桥身 1/4 跨度位置布置了 2 组 TMD 阻尼器（对应连桥的第一阶振型模态幅值位置），以消减一阶振型的竖向振动加速度。同时，对桥身进行了锥形化处理，以减小其外形尺度（图 10.3-38）。

(a) 桥整体效果   (b) 桥身锥形化处理

图 10.3-38　东交通广场中庭连桥

东交通广场南北车库室外下沉式庭院上的人行天桥是连接车库与室外地面停车场的通道，采用单列摇摆柱承担连桥的重力，摇摆柱上下两端均为铰接节点，构件仅承受轴压力。从两侧车库楼面混凝土梁伸出的钢拉索拉结桥身钢梁为连桥提供抗侧刚度，精致轻巧的钢结构细节与车库粗犷厚重的混凝土墙面形成鲜明对比（图 10.3-39）。

图 10.3-39　南北车库室外人行天桥

10.4　关键技术问题及对策

10.4.1　T2 航站楼地铁盾构后穿越

地铁 2 号线和 10 号线需东西向从地下穿越新建的 T2 航站楼，到达设于东交通广场地下的地铁车站（图 10.3-7）。根据整个项目的建设规划，虹桥机场西航站楼设计施工在先，地铁盾构穿越在后。在此背景下，航站楼设计时，需要解决地铁隧道与航站楼二者之间的相互关系及影响。

地铁对航站楼的影响一是地铁运行时的振动和噪声等对航站楼使用时舒适度的影响，二是地铁盾构施工穿越时，对航站楼已施工的桩基、底板及整体的沉降影响；航站楼对地铁的影响在于航站楼使用时产生的沉降对地铁隧道的影响。

针对以上几个问题，航站楼结构设计时采取了以下对策：

（1）在 T2 航站楼范围，地铁通道与主体结构基础完全脱开，采用盾构穿越，从而大幅减少地铁运行时的振动和噪声对航站楼使用舒适度的影响。盾构接收井设在东交通广场内。

（2）在盾构穿越区域的桩型选择上作了专门考虑。航站楼设计时，由于拟建场地大部分区域现为空地，周边较开阔，从施工进度及经济角度考虑，基桩主要采用较经济且施工质量易于控制的高强混凝土预应力 PHC 管桩。但由于 PHC 管桩单节长度小于 15m，每根 PHC 管桩会存在 2 个以上的单桩接头。地铁盾构施工穿越时，会对周边土体产生一定的挤压扰动，而 PHC 管桩接头处承受水平侧压力的能力较差。因此，在地铁盾构穿越柱网相邻两侧时专门选用了抵抗水平侧压力能力强的钻孔灌注桩，850mm 直径，桩底后注浆，并适当提高桩身配筋率，进一步增强桩身强度。

（3）对桩位的布置专门调整，相邻柱下桩布置调整为 2 列并由条形承台梁连接整体协同工作，给盾构的穿越留出足够的空间［图 10.4-1（a）］。同时在邻近盾构的桩侧设置一排水泥掺量 20%的φ850 三轴水泥土搅拌桩，以减小盾构穿越时对土体的扰动而影响主体结构桩基承载力。在盾构进洞处往外 10m 长度范围内，土体全截面采用水泥掺量 18%的三轴水泥土搅拌桩进行加固［图 10.4-1（b）］。

（4）在盾构顶与基础板底净距小于 3m 的区域，板底与盾构间采用了水泥掺量 13%的双轴水泥土搅拌桩加固。

（5）不同加固体或基坑围护体与加固体之间的空隙均设置了压密注浆。

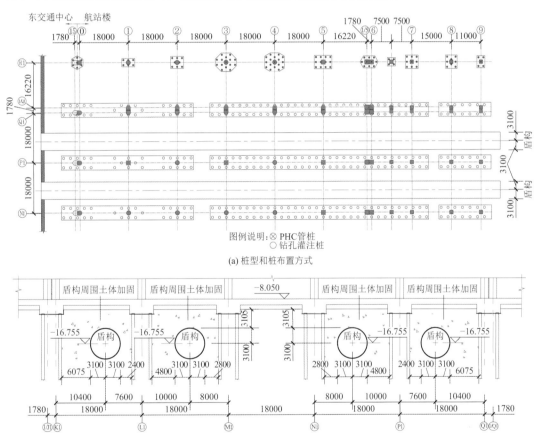

(a) 桩型和桩布置方式

(b) 土体加强

图 10.4-1 盾构穿越处的基础处理

另外，在地铁盾构钻进通过西航站楼时，采取严格控制钻进速度、加强监测等手段，以减小地铁盾构施工穿越时对航站楼的沉降影响。

盾构西端接收井设在东交通中心地下室内。考虑到交通中心主体施工与盾构出井施工的先后顺序关系，端头井范围内地下室二层楼板预留吊装孔，待盾构出井后再进行混凝土浇捣封闭。盾构设备出井利用上部已施工结构框架进行提升和平移，以最大限度减小对上部结构施工进程的影响。盾构进井位置的地下连续墙围护体也针对盾构掘进需要进行了相应处理，两个槽段的分缝位置对准盾构隧道的中心线，在洞口周边设置加强钢筋，在单幅槽段内布置（图 10.4-2）。

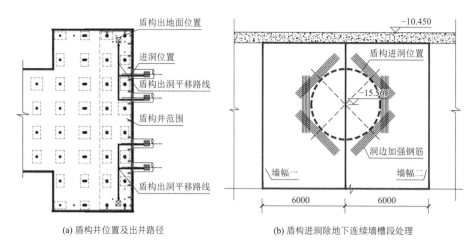

(a) 盾构井位置及出井路径　　　　　　(b) 盾构进洞除地下连续墙槽段处理

图 10.4-2　盾构接收井

10.4.2　磁浮站三合一结构一体化设计的研究

预留磁浮车站地面层为磁浮列车站台层，地下一层为换乘人流通道和磁浮站厅，局部地下二层为垂直于磁浮轨道方向的地铁运行轨道，地上二层为换乘人流通道和站厅，二层顶板之上为局部 4 层的办公用房。

磁浮列车荷载先作用于车站框架结构，然后通过基础传入地基；地铁在地下二层的车站基础底板上运行，框架结构同时承受地铁运行中的动力作用；磁浮虹桥站结构成为磁浮列车与地铁列车支承、导向以及牵引和制动的轨道基础，即上部框架结构、磁浮支承结构、地铁支承结构三者合一（图 10.4-3）。在磁浮列车、地铁列车行驶过程中的动荷载作用下，三合一结构的动力响应非常复杂，磁浮列车和地铁列车能否正常行驶、上部结构能否正常使用、楼内人员的舒适度能否保证是进行磁浮站结构一体化设计中需要解决的问题。

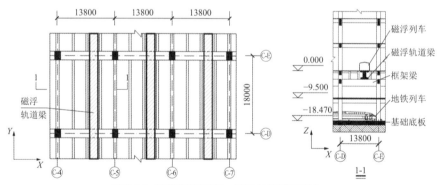

图 10.4-3　建筑结构和磁浮、地铁支承结构三者合一

设计对如下关键技术问题进行了研究：（1）磁浮列车、地铁列车对三合一结构的动态激励作用确定，此项通过实测获得；（2）三合一结构边界条件的精确模拟，关键是确定合理的桩土边界，提出了"弹簧-阻尼"桩土边界模型模拟；（3）磁浮与地铁列车动力荷载作用下三合一结构的动力响应分析，主要采用有限元软件 ANSYS 进行分析；（4）对动力响应分析结果的判断，确定三合一结构满足车行、结构和人员的正常使用要求。

经动力响应分析，得到以下结论：在磁浮和地铁列车的单工况及组合工况下，磁浮轨道梁结构在竖直方向上的弹性变形小于 $L/6000$ 的限值，地铁轨道梁下部建筑结构的弹性位移引起轨面不平顺的变化率小于 0.1%，均在系统规定的变形范围内，能够保证两者的正常运行；在磁浮和地铁列车的动力作用下，房屋结构的承载力和变形均能满足要求；部分位置的竖向振动加速度限值为 0.12～0.21m/s²，略超过限值，地铁激励起主要作用，通过对地铁轨道采取减振措施可以降低至限值内；将磁浮支承结构、地铁支承结构、建筑结构三者合一进行磁浮站结构一体化设计是可行的。

地铁道床位于地下二层的基础底板上，为减小地铁运行对上部结构的振动影响，最终轨道下增设了浮置道床，并沿地铁轨道额外布置了一排抑制底板振动的桩。

10.4.3 防恐抗爆设计在工程中的应用探索

虹桥枢纽庞大的体量、复杂的功能和巨大的客流量使其在政治经济方面的重要意义不言而喻，一旦遭受恐怖爆炸袭击，造成的后果也将不可设想。将防恐怖爆炸的理念引入到虹桥综合交通枢纽结构工程的设计工作中，是在大型交通类建筑设计中的初次尝试，当时在国内也无先例。

1. "防""抗"并举的防恐策略

依据国内外恐怖袭击事件的历史经验，虹桥综合交通枢纽这类的巨型交通类公用设施所面临的恐怖袭击威胁包括如下类型：爆炸威胁（汽车炸弹、背包炸弹、邮包炸弹）、劫持、纵火、车辆撞击暴力进入、武器远程攻击、生化威胁、网络恐怖和威胁。其中爆炸威胁造成的人员财产损失和社会影响最大，是设计关注的重点。

近距离恐怖爆炸袭击作用于建筑物的冲击波荷载非常高，足以对建筑物主体结构造成损伤，严重的甚至会造成结构的连续倒塌；冲击波超压作用于建筑物的围护结构时，其产生的大量门窗、幕墙玻璃碎片高速飞溅，也会造成大量的人员伤亡。

虹桥枢纽应对恐怖爆炸威胁的技术措施分为"预防"与"抵抗"两类。前者通过有针对性地部署防恐安保、监测软硬件系统，提高防恐水准，不仅可以加强枢纽抗恐怖袭击能力，还可以因其威慑作用而对潜在的恐怖事件进行阻吓。后者则是对虹桥枢纽建筑结构本身进行抗爆分析研究，加强高风险区域的结构抗爆能力，提升整体结构抵抗恐怖爆炸威胁的防护水平。

2. 安全区域的分级

鉴于虹桥交通枢纽庞大的体量，对所有结构进行抗爆设防的代价过于巨大，而不同功能区域的重要性、可到达性、保安人员和安防设备的密度都不一样，可能遭受的恐怖袭击风险也不相同，因此必须在整体结构中找出关键的部位和构件进行针对性的重点分析和抗爆加强，从而以最合理的代价使整个交通枢纽防恐怖爆炸袭击的能力达到一个较好的水平。

为此，首先对整个虹桥交通枢纽功能区进行分级安全区域划分，采取不同的措施分层防线，使整个交通枢纽形成设防水平渐次增高的不同安全区域，各级安全分区分别面临不同的最小安全距离和相应的爆炸物当量。

第一级安全区域，为交通枢纽外围到建筑物室外路边。该区域设防目标为进场车辆，在进入交通枢纽的道路上设置了检查站对车辆进行人工检查，以排除超过设防当量的爆炸物进入的可能。本次设计对该级区域所需要的各项条件做了预留，运营方将根据应急安全预案在必要时启用。

第二级安全区域，为建筑物室外路边到室内公共活动区。该区域为主要设防区域，针对不同的袭击手段设置各种防护设施，包括防撞栏杆、行李扫描设备、爆炸物嗅探装置等，以保证设防关键构件的最小安全距离（图10.4-4），防撞墩均按预设的车辆吨位和速度进行了碰撞动力分析，以确定墩体及其基础的设计。

第三级安全区域，是安检后的空侧候机区。

第四级安全区域，主要是机场运营方使用的办公室、控制调度室、机电设备用房等场所。该部分区域需设置门禁系统和智能监控系统，严格防止恐怖分子携带爆炸物进入。

(a) 施工状态   (b) 完成效果

图 10.4-4　虹桥枢纽防撞墩布置

3．高效的防恐安保、监测系统

安保、监测系统是交通枢纽本身防范恐怖袭击的第一道、也是最重要的一道防线，此部分不属结构内容，此处不作展开。

4．结构防爆炸能力的提升

虹桥枢纽结构自身的防恐怖爆炸设计目标设定为两点：一是防止各单体的整体结构在局部受袭后出现连续性倒塌；二是避免结构柱在设计防爆炸荷载下出现难以修复的破坏。

1）抗连续倒塌的设计

结构抵抗连续倒塌的设计方法一般可归为事件控制、间接设计和直接设计三类，本工程中结合了上述三种方法进行抗连续倒塌设计，即原结构按抗震设计，已具备较好的整体性和延性（间接设计）；通过安全区域的划分减小载有大当量炸弹的汽车可能靠近的区域范围（事件控制），再对该范围内关键柱采用构件拆除法进行结构连续倒塌分析（直接设计），最后根据分析结果对可能造成不可接受的连续倒塌后果的柱进行防爆加强设计（直接设计）或防撞礅布置的调整（事件控制）；上部楼层公共人员可到达区域，按背包炸弹当量进行结构验算，对不满足要求的柱进行防爆加强设计（直接设计）。本工程的结构连续倒塌分析采用非线性动力分析数值模拟方法。

2）关键柱的防爆分析和加强

对于通过连续倒塌分析找出的失效后可能引发连续倒塌的关键柱，结合安全分区确定的安全防护距离和爆炸荷载当量，采用有限元方法进行了抗爆分析。对于第一级安全区域和紧邻一、二级界线的第二级安全区域柱，爆炸物当量视车辆可及情况分别取车载级别和手持级别，一般称为汽车炸弹和背包炸弹。综合分析结果，最终得出以下结论并应用于实际设计工作中：

（1）汽车炸弹：当最小安全距离为 1.5m 和 1.1m 时，未经加固的结构柱在爆炸冲击荷载作用下损伤很大，其竖向承载力的损伤系数为 0.35～0.55，即竖向残余承载力为爆炸前的 45%～65%，超出了可接受范围。而外包一定厚度的钢套时，相同最小安全距离情况下结构柱的残余承载力可达到 80% 以上，在可接受的范围。

（2）背包炸弹：尽管背包炸弹当量较小，但是若在距离柱子非常近（200mm）的地方爆炸也会对柱子造成很大损害。对于未经防护的结构柱，抵近爆炸的背包炸弹很容易造成混凝土的崩塌，试算结果表明，部分柱的承载力损伤系数达到 0.19～0.25，刚度损伤系数甚至达到了 0.31。对于外包一定厚度钢套的结构柱，背包炸弹的破坏大大削弱，承载力损失降低至 10% 以内，刚度损伤则几乎可以忽略。

最终，结合防撞墩的布置优化调整，T2 航站楼共对 58 根结构柱采取了防爆加固措施，均使用 16mm 厚度的钢套外包（图 10.4-5），各柱的钢套外包高度也不相同，最低为 2.6m，最高为柱全高。

5．玻璃幕墙抗爆防护

玻璃幕墙系统防护的主要目的是防止玻璃碎片飞溅对密集人群造成伤害，设防的对象包括幕墙支撑系统和玻璃本身。由于虹桥交通枢纽各子项立面大量采用玻璃幕墙，且其中部分入口处、车道边受汽车炸弹威胁较大，本工程通过设置防撞墩提供足够的安全防护距离、幕墙玻璃贴 SGP 膜防止飞溅、幕墙支撑系统内穿索耗散爆炸能量的方式进行防护（图 10.4-6）。

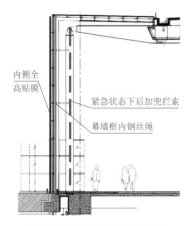

图 10.4-5　虹桥枢纽车道边的防爆加固柱　　　　图 10.4-6　车道边幕墙防护方式

6．重要设施伪装

对关键和重要的设施进行伪装，使其不易被恐怖分子辨识，从而降低其成为恐怖袭击目标的可能性符合防患于未然的原则，也是防恐设计中的一种手段。此部分不属于结构内容，也不作展开。

10.4.4　不同年代共存的结构改造设计

1．拆、改的确定及改造单体后续设计使用年限的确定

东航站区的 T1 航站楼是不同年代共存的结构，结构形式也各不相同：A 楼 20 世纪 60 年代建造部分，主体为混凝土框架，屋盖为钢桁架，柱距较小，对建造改造方案的制约较大；A 楼 20 世纪 80 年代建造部分为地上两层的钢框架结构。A 楼 A、D 段均为 1994 年设计，为地上两层的钢筋混凝土框架结构。

B 楼于 1989 年设计，1991 年建成，钢筋混凝土框架结构，中部屋盖为钢桁架结构。楼前高架桥与 B 楼同期设计建造（图 10.4-7）。

经综合评估，确定拆除 A 楼的 20 世纪 60 年代和 20 世纪 80 年代建成部分及紧邻 A 楼的虹港酒店进行新建，A 楼的其余部分（A 段和 D 段）及 B 楼、楼前高架均为加固改建（图 10.4-8）。其中，A 楼、B 楼立面及办票大厅均进行一体化改造，提升外观形象。

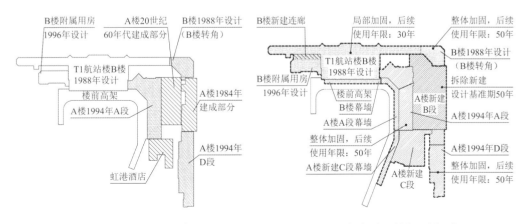

图 10.4-7　原结构各单体建成年代　　　　图 10.4-8　新建、加固单体后续使用年限

在确定改建结构的后续使用年限时，综合考虑了规范最低要求、同一功能区域内邻近单体后续年限的统一性、改造成本差异等因素，与业主共同商量确定。最终 B 楼总体按规范最低要求 30 年进行加固，A、B 楼转角处单元提高至 50 年标准以与 A 楼各单元统一（图 10.4-8）。

2. B 楼原有结构缝的处理

B 楼改造确定了尽可能保留原结构、减少拆除重建的改造原则。原结构每 40～50m 设置变形缝，将整体划分为多个结构区段。由于 1988 年的设计均未考虑抗震要求，变形缝宽度为 20mm 或 50mm，均为牛腿搁置形式，宽度不满足抗震缝要求，同时各结构区段结构刚度差异大 [图 10.4-9（a）]。

由于各区段的结构刚度差异很大，地震下变形缝两侧结构变形差异也很大。对设缝的原结构进行罕遇地震下的弹塑性分析，得到图 10.4-9（b）中 A 点变形缝两侧的变形历程，最大达到 150mm 左右（图 10.4-10），一般也为 100mm 左右。由此结果判断，即使在设防地震下，缝两边结构的相互碰撞不可避免，对原结构的变形缝进行处理是必需的。

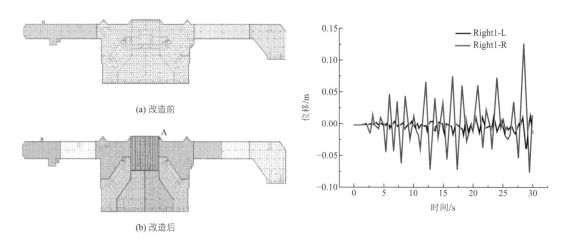

(a) 改造前

(b) 改造后

图 10.4-9　B 楼改造前后分缝方式　　　　图 10.4-10　A 点变形缝左右两边节点的位移-时间关系

考虑到混凝土结构的收缩已基本完成，本次改造通过灌浆和拉结的方式将中部 7 个分缝的单体以及左右各 2 个单体分别连成相对规则的整体 [图 10.4-9（b）]，仍旧保留的 3 条缝均通过设双柱的方式加大至 150mm，此宽度可确保大震下相邻单体也不发生碰撞。

3. B 楼中心区结构抗震性能提升

B 楼原结构虽然满足"A 类建筑"的标准，允许采用折减的地震作用进行抗震承载力和变形验算及采用现行标准调低的要求进行抗震措施的核查，但考虑到其中心区结构相对复杂且有一定的不规则性，航站楼结构人员密集、重要性程度高，改造设计中采取了进一步措施以尽可能考虑提升其抗震性能。

原结构是按框架结构体系设计，左右两个区域各分布有三个楼梯间的剪力墙未按抗震墙进行考虑（图 10.4-11）。在进行变形缝改造后，这些剪力墙正好处于整体结构相对对称的位置，有条件承担部分地震作用，减小框架结构的地震作用，一定程度上弥补原框架柱箍筋构造措施不足的弱点。由于原剪力墙未进行抗震设计，因此对这些剪力墙进行了抗震加固。

考虑到平面中部没有剪力墙，改造设计在不影响建筑功能的前提下，在首层和二层布置了一些承载-耗能型防屈曲支撑（图 10.4-11），支撑与剪力墙共同承担抗侧作用，进一步减小框架柱所受的地震作用，支撑比剪力墙更早屈服，提高结构阻尼比并实现多道抗震设防。

整体抗震能力的提高，减少了对局部构件加固的需求，使得一些位于公共区域有特色的构件可以不需要加固而保留原有特点，比如办票大厅的八边形混凝土柱（图 10.4-12）。

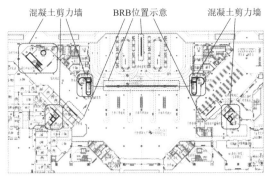

图 10.4-11　抗震加强的剪力墙与增设的防屈曲支撑（BRB）

图 10.4-12　B 楼办票大厅八边形柱

10.5　结语

虹桥综合交通枢纽规模巨大、交通形式众多、空间关系复杂，是多个不同结构形式单体组成的结构群。针对不同单体的空间需求和结构特点，结构设计主要完成了以下几方面的创新性工作：

（1）通过建筑结构一体化的设计手段，将结构作为建筑室内表达的重要部分。针对建筑外观平直方正、内部空间规则的特点，结构的表达采取了内敛的方式，在没有使用形态夸张、效果强烈的结构体系的情况下，通过结构构件的合理组合和节点的精致刻画，以及各类连桥等附属结构，全面展示结构的理性和逻辑之美，对建筑空间品质的提升起到关键作用。

（2）首次尝试将防恐怖爆炸袭击引入到结构设计工作中，通过安全区划分、防撞墩布设、柱抗爆分析和加强、结构防连续倒塌分析、幕墙抗爆分析和加强等工作，加强高风险区域的结构抗爆能力，提升整体结构抵抗恐怖爆炸威胁的防护水平。

（3）采用隔震的方法，解决了由两座百米大跨连桥带来的 T2 航站楼和东交广场三塔弱连体结构的抗震问题。

（4）针对磁浮、地铁与车站结构三者桥建合一的复杂情况，通过仔细的分析和综合的措施，解决了车辆运行、结构安全和人员舒适的问题。

（5）针对不同年代结构混合的既有 T1 航站楼，通过设计使用年限的合理确定和加固方法的灵活应用，有效控制了改造加固量并实现了空间效果的极大提升。

（6）基坑、基础与结构的一体化设计。在永久性的主体结构设计中，充分利用作为临时围护措施的支护结构，在围护体系结构的设计中利用主体结构并在设计与施工中充分考虑各方面之间的相互影响和关系，尽可能做到永临结合、确保安全、保证质量、节约工程投资、加快工程进度。

参考资料

[1]　郭建祥, 郭炜. 交通枢纽之城市综合体　上海虹桥综合交通枢纽规划理念[J]. 时代建筑, 2009(5): 44-49.

[2]　翁其平, 王卫东. 多级梯次联合支护体系在上海虹桥综合交通枢纽基坑工程中的设计与实践[J]. 建筑结构, 2012, 42(5): 172-176.

[3] 江晓峰, 周健, 苏骏, 等. 弱连体结构抗震设计方法在虹桥综合交通枢纽工程中的应用[J]. 建筑结构学报, 2010, 31(5): 167-173.

[4] 周健, 汪大绥. 结构师视角的"结构建筑学"[J]. 建筑学报, 2017(4): 28-31.

[5] 汪大绥, 刘晴云, 周建龙, 等. 上海虹桥交通枢纽磁浮站结构一体化设计研究[J]. 建筑结构学报, 2010, 31(5): 160-166.

[6] 王冬, 周健, 苏骏, 等. 防恐怖爆炸设计在虹桥交通枢纽结构工程中的应用[J]. 建筑结构, 2009, 39(S1): 394-398.

设计团队

结构设计单位: 华建集团华东建筑设计研究院有限公司

结构设计团队:

虹桥 T2 航站楼: 汪大绥, 周 健, 徐志敏, 陈红宇, 张富林, 项玉珍, 季俊杰, 许 静, 陆 屹, 王 冬, 陈小平, 张 峰, 江晓峰, 刘建飞, 寿朝晖, 毕晓平, 施志深

东 交 通 广 场: 汪大绥, 周 健, 苏 骏, 周 伟, 张富林, 项玉珍, 施志深, 王瑞峰, 刘燕敏, 谈莉娟

磁 浮 车 站: 汪大绥, 刘晴云, 闫 峰, 常 耘, 葛红滨, 王 洁, 赵 静

虹桥 T1 航站楼与交通中心: 周 健, 张耀康, 蔡学勤, 许 静, 王 帅, 周 慧, 顾乐明, 陆 屹

执 笔 人: 周 健, 张耀康

获奖信息

上海虹桥国际机场 T1 航站楼改造及交通中心工程

2019 年 全国优秀工程勘察设计行业奖优秀公共建筑设计一等奖、优秀结构一等奖

2018 年 中国建筑学会建筑设计奖结构专业二等奖

虹桥国际机场扩建工程 T2 航站楼及附属业务管理用房

2011 年 全国优秀工程勘察设计行业奖优秀公共建筑设计二等奖

2011 年 中国建筑学会建筑设计奖结构专业二等奖

第11章

乌鲁木齐地窝堡国际机场 T4 航站楼

11.1 工程概况

11.1.1 建筑概况

乌鲁木齐作为"一带一路"的重要节点城市，乌鲁木齐国际机场是我国面向中亚、西亚地区的重要枢纽，是我国八大区域国际航空枢纽门户机场之一。机场新建的北航站区包括 T4 航站楼、楼前交通中心及停车库、能源中心、旅客过夜用房等工程，按照近期满足年旅客吞吐量 3500 万人次规划，T4 航站楼建筑面积 50.4 万 m²，楼前交通中心及停车库建筑面积 35 万 m²。

新建的 T4 航站楼平面布局为几何逻辑感较强的直线性造型设计，有较强的导向性，分为 1 个主楼和 3 个平行指廊。主楼面宽约 684m，进深约 215m，三根指廊宽度最大 42m、最长 815m。北航站区总体效果图以及 T4 航站楼平面主要功能分区分别如图 11.1-1、图 11.1-2 所示。

图 11.1-1　乌鲁木齐国际机场北航站区总体效果图

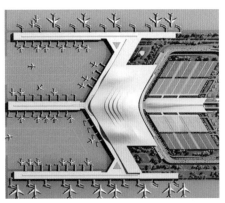
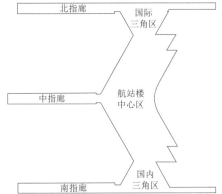

图 11.1-2　航站楼俯视及平面主要功能分区示意图

航站楼主楼中心区地下 1 层、地上 4 层（含夹层），自上而下分别是出发商业夹层（标高 20.50m）、出发值机办票及国际出发候机层（标高 13.30m）、国内混流及国际到达层（标高 5.50m）、站坪层（标高 0.0m）、地下机房及设备管廊层。中心区尺寸为 285m×510m，最大建筑高度为 55.0m。

位于中心区南北两侧的三角区地上 3 层，主要功能为商业、餐饮以及贵宾休息等，最大建筑高度为 21.0m。航站楼指廊主要功能为出发候机、到达，最大建筑高度为 22.46m，北指廊地上 3 层，中指廊和南指廊地上 2 层。

航站楼中心区下部有地铁通道穿过，在国际三角区和国内三角区有市政通道从底板以下穿越，如图 11.1-3 所示。

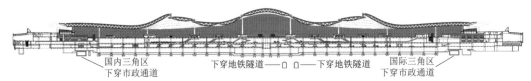

图 11.1-3　地铁、市政通道与航站楼关系

本项目由华东建筑设计研究院有限公司原创设计。

11.1.2 设计条件

1. 主体控制参数

项目		标准	项目	标准
结构设计使用年限		50 年	建筑抗震设防分类	重点设防类（乙类）
建筑结构安全等级		竖向构件、转换构件、大跨钢屋盖及关键节点：一级；其余：二级	抗震设防烈度	8 度（0.20g）
结构重要性系数		一级时：1.1；二级时：1.0	设计地震分组	第一组
地基基础设计等级		甲级	场地类别	II 类
建筑结构阻尼比	整体计算时	采用材料阻尼比：混凝土 0.045（考虑预应力作用），钢 0.02；采用一致阻尼比：0.035	水平地震影响系数最大值*	0.184（多遇地震）、0.525（设防地震）、0.90（罕遇地震）
	仅钢屋盖计算	0.02	地震峰值加速度	80cm/s²（多遇地震）

注：*表示多遇地震加速度峰值取安评的加速度峰值，设防地震加速度峰值按多遇地震加速度放大倍数进行等比例调整，罕遇地震加速度峰值按规范采用；其余反应谱参数和反应谱形状曲线均按规范取值。

2. 特殊设计荷载

雪荷载

乌鲁木齐地区冬季降雪量大且风荷载较大，雪荷载是其结构设计的控制荷载之一。在风荷载作用下，雪颗粒在屋面将发生迁移，根据现行的《建筑结构荷载规范》GB 50009 很难确定大型复杂屋盖表面的雪压分布。因此，委托同济大学土木工程防灾国家重点实验室采用 CFD 技术进行数值模拟，考虑屋盖外形及风荷载对雪颗粒的漂移影响，分析主要风向下屋盖表面雪荷载的分布规律，并得出可用于结构设计的雪荷载分布，屋面积雪分布系数如图 11.1-4 所示。

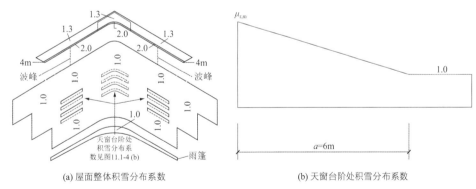

(a) 屋面整体积雪分布系数   (b) 天窗台阶处积雪分布系数

图 11.1-4　雪荷载均匀分布时屋面积雪分布系数

注：侧天窗台阶高度 h 不小于 1.6m 时，邻近天窗处最大积雪系数 $\mu_{r,m}=4.0$；天窗台阶高度 h 小于 1.6m 时，邻近天窗处最大积雪系数 $\mu_{r,m}=2.5\times h/1.6$，且不小于 1.0。图（b）中 a 为侧天窗积雪线性变化范围的宽度。

11.2 建筑特点

11.2.1 三高环境条件

本项目的设计条件特征为：高烈度抗震设防、高寒大温差环境以及高填方场地。

1．高烈度抗震设防

新疆处于印度板块和欧亚板块碰撞的前沿地带。T4航站楼工程位于北天山地震带，多条活动断层从场区穿过。场地设防烈度为8度（0.2g），属于高烈度抗震设防区。

2．高寒大温差环境

乌鲁木齐市昼夜温差大，寒暑变化剧烈。根据1971—2000年这30年间的气象资料，月平均最高温度和最低温度分别为30.4℃、−16.7℃，极端最高温度和最低温度分别为40.5℃、−28.5℃。

3．高填方场地

拟建的航站楼用地范围原状场地海拔高程为617～630m，地势东南角高、西北角低，总体地势由东南向西北倾斜。根据跑道等场地竖向规划要求，航站楼主楼和中指廊首层标高为640.1m，南指廊首层标高为641.1m，而北指廊标高为639.1m，考虑增设隔震层后航站楼场地设计标高为637～641m。因此，航站楼用地范围须进行回填，回填厚度大，最大填方高度约25m，平均填方高度约14m。回填情况如图11.2-1所示。

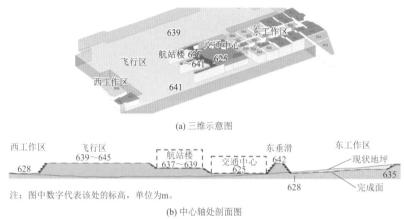

(a) 三维示意图

注：图中数字代表该处的标高，单位为m。

(b) 中心轴处剖面图

图11.2-1　场地回填标高示意图

11.2.2　带条状侧天窗的超长大跨曲面屋盖

航站楼以"丝路天山"为主题，打造西域特色人文机场。航站楼中心区屋盖造型为双向自由曲面（图11.2-2），其中南北向（屋盖长方向）为连续光滑的自由曲面，最高点标高约55m；东西向根据采光需求，局部区域呈高低错落的台阶状用以布置建筑侧天窗，侧天窗为最大高度6m的月牙形。条状的天窗曲线形成丝带飘动般的起伏效果，让人联想到"丝路"。"通透"的侧天窗让条状的丝路体块更加清晰、突出（图11.2-3）。

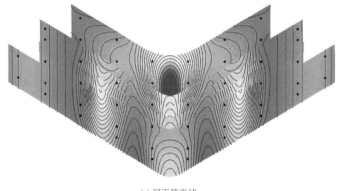

(a) 屋面等高线

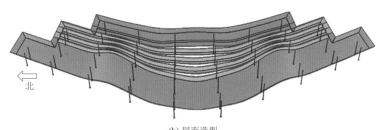

(b) 屋面造型

图 11.2-2　屋面等高线及造型

图 11.2-3　办票大厅条状的屋面效果

11.2.3　层次丰富的室内空间

　　建筑师从大漠、雪山等地域景观中提取元素，屋面的三个起伏隐喻"天山"，形成了连绵起伏的壮丽景象（图 11.2-4、图 11.2-5）。屋面的起伏也形成了建筑室内空间的高低错落，出发值机办票及国际出发候机层（标高 13.30m）的室内空间净高在 13～35m 不等，整个航站楼的室内空间层次丰富多样，位于到达层的西侧候机长廊采取两层通高 12m；位于到达层的入口迎客厅，顶部设置采光天窗；国内和国际三角区为满足功能需求，设置了多处夹层；因站坪层的不同地面标高，上部楼层不同功能区段设置连接坡道等（图 11.2-6～图 11.2-8）。富有层次感的室内空间，也产生了结构平面和立面的多项不规则。

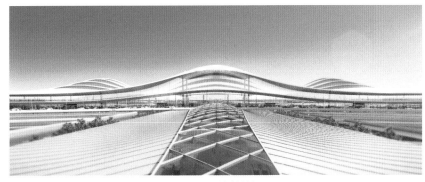

图 11.2-4　屋盖建筑效果图

图 11.2-5　屋盖建成效果

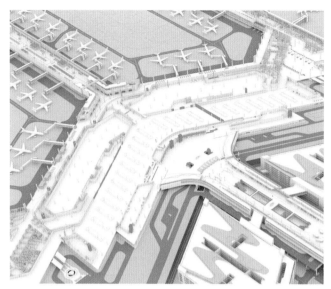

图 11.2-6　航站楼中心区建筑平面图

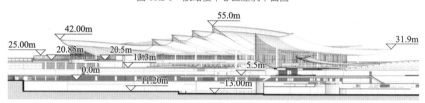

图 11.2-7　航站楼中心区中轴线建筑剖面

图 11.2-8　出发层办票大厅室内空间

11.2.4　高大立面幕墙

　　幕墙顶部因屋面形状的高低起伏,其立面高度为 20～28m 不等。幕墙上下部边界条件复杂,根据不同区域的情况,分别采用了吊挂式幕墙结构体系、站立式幕墙体系以及悬臂式幕墙体系。陆侧迎客厅顶部为采光天窗,采光天窗与立面幕墙连成一体,形成 L 形的吊挂结构 (图 11.2-9)。

(a)效果图

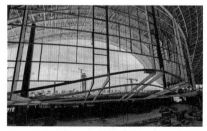

(b)结构现场照片

图 11.2-9　陆侧迎客厅 L 形吊挂幕墙

11.3 体系与分析

11.3.1 主体结构方案与选型

1. 不同区域减隔震措施的确定

T4 航站楼工程设防烈度高，中心区平面尺寸大，建筑功能紧凑，采用减震设计概念存在较多困难和劣势，主要表现为：为消除平面尺寸大带来的温度作用的不利影响，需要设置较多的变形缝兼防震缝，分割了建筑功能的完整性；中心区一层为站坪层，二层为到达大厅层，均为大开敞区域，减震构件外露影响建筑效果及功能布置，而可设置非外露减震构件的位置很少；经初步分析，在条件允许的区域均布置减震构件的情况下，附加的阻尼比为 0.6%～1.2%，减震效果很不明显。

航站楼中心区人员密集度较高、设备系统昂贵，是航站楼的关键区域，相较于减震技术，采用隔震技术更有优势。经验算，隔震方案可以明显降低上部结构的地震响应，不仅减小结构本身的损伤，而且能大幅度减小上部结构和机电设备等设施的加速度响应，从而提高生命线系统关键设备的抗震能力。航站楼均位于高填方范围，增设的隔震层还可以减小土方的回填量。

航站楼南北三角区平面尺寸相对小，因为建筑功能需要，局部夹层引起平面开洞或错层、结构扭转不规则、抗侧刚度突变等情况，建筑平面上墙体相对较多，为减震设计提供了有利条件。

指廊范围由于主体结构及其屋盖结构相对规则、简单，楼内设备重要性低，采用传统抗震设计可以满足较高的性能目标要求。

基于上述特点，本工程在航站楼主楼中心区采用隔震技术；主楼南北两个三角区采用减震技术；指廊范围不采用减隔震技术。

2. 隔震层位置选择

主楼中心区较大范围存在地下室，地下室层高为 8m，如果隔震层布置在首层楼板底部，地下室为设备机房，管线均需输送至上部各层，会造成大量机电管线穿越隔震层，选择首层底作为隔震部位对使用功能影响较大。如果对无地下室区域采用基底隔震，对有地下室区域采用层间隔震，由于层间隔震范围的下立柱柱高近 7m，地震作用下，该下立柱需要承受隔震支座传来的上部结构水平剪力，截面尺寸需求过大。

因此，本工程选择将隔震层跨层设置，部分隔震层位于首层底板以下，地下室区域隔震层则位于地下室底板以下（图 11.3-1）。航站楼下部有地铁盾构穿过（图 11.1-3），盾构顶距隔震层底板最小约 5m，选择隔震层跨层设置是可行的。

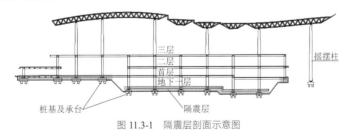

图 11.3-1　隔震层剖面示意图

3. 结构单元划分

结构单元划分主要基于以下因素：（1）满足建筑使用功能及效果要求；（2）温度应力可承受的单元尺度；（3）单元平面和竖向的规则性；（4）兼顾混凝土结构单元与屋盖结构单元。

航站楼中心区屋盖为完整的自由曲面且为一个独立的整体，支承柱在长度方向的距离约 620m，基本在温度应力可承受范围。考虑到屋盖的整体性以及建筑功能布局的完整性，屋盖结构对应的下部混凝土隔震结构范围的选取主要为两种方案：（1）中心区与两侧的三角区均为隔震设计范围，即中心区屋盖结构不断缝，对应的下部结构均为隔震设计；（2）中心区为隔震设计范围，三角区为非隔震设计范围，此方案中心区屋盖结构仍不断缝，但屋盖跨越隔震区与非隔震区。

方案（1）混凝土结构长度达到了近760m，经计算分析，一方面，在正常使用阶段隔震层环境温度变化15℃的情况下，两侧支座的水平变形约58mm，再叠加施工过程中累积的混凝土收缩温度变形后，使用阶段其水平变形值达到近72mm。另一方面，在温度作用下其楼板温度应力与长度约250m的非隔震设计结构单元的应力值基本相当，混凝土楼板的温度应力也偏大。另外，此情况下平面的长宽比值更大，结构平面的扭转效应偏大。

方案（2）混凝土结构长度约510m，在上述同等条件下，使用阶段两侧隔震支座的水平变形值约52mm。另外，采取隔震设计后，在温度作用下其楼板温度应力与长度约150m的非隔震设计结构单元的应力值基本相当，楼板温度应力在可接受范围。但该方案将使得屋盖结构跨越隔震区与非隔震区。通过将非隔震区范围内支承屋盖柱上下端均采用铰接处理形成摇摆柱的方式，可解决非隔震区主体结构与隔震屋盖结构之间较大水平变形差的问题。

根据上述分析，隔震设计范围采用方案（2），中心区主体结构和屋盖结构为一个结构单元，屋盖结构跨越隔震区与非隔震区。

考虑到三角区功能布局的完整性且三角区长度基本在200m左右，在混凝土结构温度应力可承受的尺寸范围，故三角区为一个结构单元。指廊混凝土及主体结构单元划分原则为控制单元长宽比不超过4，分段后的各混凝土结构单元长度基本在120m以内；考虑到指廊屋盖天窗布置的完整性，同时控制屋盖的单元尺寸在温度应力可接受范围，将指廊屋盖单元的长度控制在220m以内。

航站楼结构单元划分如图11.3-2所示。

11.3.2　带条状侧天窗的屋盖方案选型

中心区钢屋盖南北长696m，东西宽238m，结构表皮与建筑完全对应（图11.3-3）。南北向（屋盖长方向）为连续光滑的自由曲面，东西向根据采光需求，局部区域呈高低错落的台阶状用以布置建筑侧天窗，屋盖被侧天窗分成5片，天窗两侧结构最大高差约6m。支承屋盖柱采用变截面的钢管混凝土柱，柱顶与钢屋盖铰接连接。钢屋盖周边向外悬挑15~25m不等。钢屋盖采用自由曲面的网格结构体系，在天窗立面布置桁架结构以连系台阶两侧的网格结构，天窗桁架的斜腹杆采用钢棒按受拉方向布置，直腹杆采用箱形截面。杆件相交节点以相贯节点为主，柱顶附近双向杆件截面相近处，采用焊接球节点。

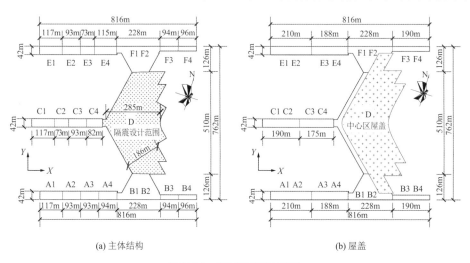

图 11.3-2　航站楼结构单元划分

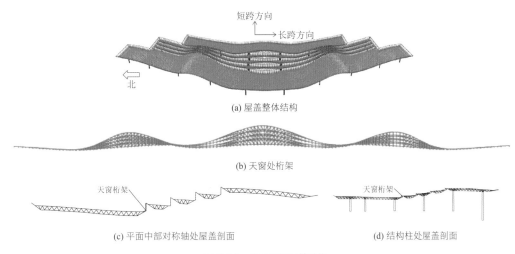

(a) 屋盖整体结构

(b) 天窗处桁架

(c) 平面中部对称轴处屋盖剖面   (d) 结构柱处屋盖剖面

图 11.3-3   中心区钢屋盖结构

南北向支承屋盖柱的柱距为 72m。为突出丝路蜿蜒连续的建筑效果，条状侧天窗布置间距约 20m；同时为了实现开敞通透的室内空间效果，建筑师希望每排柱间设置两条侧天窗，使东西向的柱距为 42m。

屋盖支承柱间设置两条侧天窗，结构设计主要有两种布置方案：方案一为柱顶天窗方案，支承柱布置在天窗下，利用侧天窗结构作为平面桁架，将屋面竖向荷载传到长跨方向的柱上；方案二为柱间天窗方案，支承柱布置在侧天窗之间，利用柱顶的整片网格结构传力（图 11.3-4）。

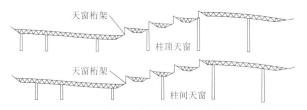

图 11.3-4   支承柱与侧天窗间关系的不同布置方案示意图

两条侧天窗间 42m 的柱距，跨度虽然不大，但是第二、第四片屋盖下部无结构柱直接支撑，中间一片屋盖脱离于整体屋盖结构悬浮存在。对于柱顶天窗方案，柱跨内共形成三个铰接位置，分别为两个柱顶及跨中，方案不可行。

对于柱顶天窗方案，竖向荷载及水平荷载作用下的传力路径如图 11.3-5 所示。

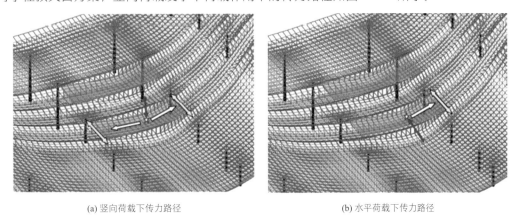

(a) 竖向荷载下传力路径   (b) 水平荷载下传力路径

图 11.3-5   柱顶天窗方案荷载传递路径

竖向荷载作用下柱顶区域的屋盖可以简化为一根"连续梁"，"连续梁"弯矩如图 11.3-6（a）所示。在"连续梁"反弯点处，对截面的抗弯需求很小，此处铰接情况下也能成立。处于反弯点附近的条形侧天窗，主要需传递"连续梁"的剪力，因此设置天窗桁架可满足屋盖竖向荷载传递需求，如图 11.3-6（b）所示。

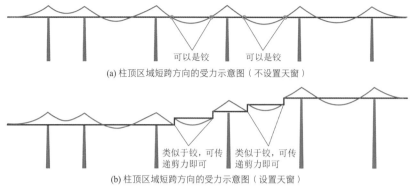

(a) 柱顶区域短跨方向的受力示意图（不设置天窗）

(b) 柱顶区域短跨方向的受力示意图（设置天窗）

图 11.3-6　设置条形侧天窗的受力分析图

水平荷载传递时，对天窗桁架面外有一定的刚度需求，在东西向柱间设置横向桁架［图 11.3-7（a）］可有效传递侧窗桁架的水平荷载。基于本工程侧天窗的立面为 3 个首尾相接的月牙形、首尾间存在一定的闭合段这一特点，横向桁架有机会藏在天窗闭合段范围而不打断条状屋盖的连续性。按这个思路，与建筑师协商调整天窗立面形状与柱位的关系，侧天窗长度尽可能控制在一个大跨柱距内，从而形成了柱间天窗结构方案，调整后建筑效果如图 11.3-7（b）所示。

(a) 天窗长度调整前　　　　　　　　　　　　　(b) 天窗长度调整后

图 11.3-7　天窗位置的优化

对于横向桁架无法隐藏的部位，则通过局部的实腹化加强，以增强天窗两侧上下错开的屋盖结构间的水平荷载传递能力（图 11.3-8），同时也尽可能弱化其对条状屋盖连续性的干扰。屋盖及天窗桁架完成效果如图 11.3-9、图 11.3-10 所示。

(a) 一大跨柱内天窗桁架　　　　(b) 柱顶附近天窗节点加强　　　(c) 中间区域天窗节点

图 11.3-8　天窗桁架及其加强处理

图 11.3-9　悬浮感的屋盖完成状态

图 11.3-10　天窗桁架完成效果

11.3.3　结构布置

1. 主楼中心区结构体系

主楼中心区主体结构为钢筋混凝土框架结构，框架柱典型截面为直径 1400mm 的圆柱，框架梁典型截面为 900mm × 1200mm；屋盖为钢管混凝土柱支承的空间曲面网格结构，钢管混凝土柱为变截面形式，底部直径 1600～2400mm 不等，顶部直径 1200～1300mm，柱顶与钢屋盖铰接连接。

主楼中心区地下 1 层，地上共 4 层。首层楼板完整，地上 2 层有大范围楼板缺失，地上 3 层平面中部局部楼板缺失，地上 4 层为夹层，各层结构平面及整体结构如图 11.3-11 所示。

由于建筑功能的需要，主楼中心区存在不同程度的楼板缺失、局部错层、平面长宽比较大等情况，从而引起结构平面不规则和竖向刚度的不均匀变化。设计中除了尽可能通过结构的布置调整刚度和从构造上采取措施以改善结构的抗震性能外，还在首层和地上 2 层南北两端设置 BRB 柱间支撑（承载型屈曲约束支撑），用以提高结构抗扭刚度，使其满足规范要求。支撑所在位置平面为设备机房和办公用房区域，不影响建筑使用功能。

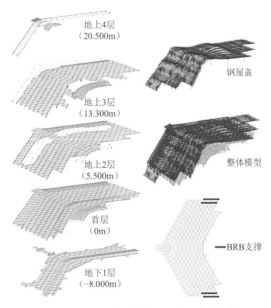

图 11.3-11　中心区各层结构平面及整体模型示意图

主楼中心区典型柱网呈等边三角形，边长约为 20.8m。主体结构采用现浇预应力混凝土框架结构体系，楼盖结构采用三角形网格框架梁＋单向次梁，其中三角形网格框架梁采用预应力技术。设计过程中比选了菱形网格框架梁＋双向次梁、三角形网格框架梁＋单向次梁两种布置方式，竖向荷载下都能满足要求，且菱形网格框架梁＋双向次梁布置方案能避免框架柱处的三向梁相交；但三角形网格框架梁＋单向次梁布置方案，框架梁对主体结构短向抗侧刚度贡献较大，结构抗扭能力也更好，因此从抗震设计的角度选择了三角形网格框架梁＋单向次梁布置方案，如图 11.3-12 所示。

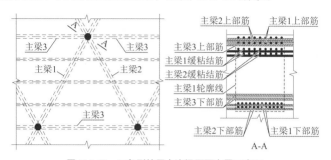

图 11.3-12　三角形柱网主次梁平面布置示意图

由于三角形网格框架梁跨度较大且次梁单向布置，大跨梁配筋量大，为解决三向汇交的梁柱节点钢筋过于密集的问题，采用缓粘结预应力技术。缓粘结预应力筋可分股布设穿越，节点施工处理方便、质量可靠。此外，施工图设计中严格控制柱内配筋数量和钢筋间距，为梁纵筋穿筋预留空间，主楼纵筋排布方式和各层钢筋数量均配合框架柱纵筋模数确定，梁柱钢筋排布如图 11.3-13 所示。

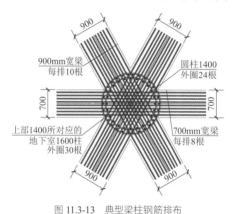

图 11.3-13　典型梁柱钢筋排布

钢管混凝土柱与混凝土梁的连接采用环梁节点，环梁节点钢筋密集，通过精细化设计严格规定各类钢筋的施工顺序（图 11.3-14），并通过环梁表面上抬 50mm 以解决环梁纵筋与混凝土框架梁纵筋交叉问题。

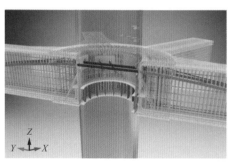

(a) 钢管混凝土柱节点 BIM 模型　　　　　　　(b) 钢管混凝土柱节点施工照片

图 11.3-14　混凝土梁-钢管混凝土柱环梁节点

2. 南北三角区局部耗能减震设计

位于主楼中心区南北两侧的国内和国际两个三角区，柱网及楼盖布置与中心区相似，平面尺寸约为 126m×228m，平面和竖向均存在不规则现象。本章仅介绍国际三角区部分，其平面及整体模型情况如图 11.3-15 所示。

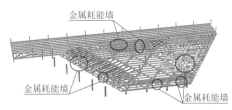

(a) 夹层耗能墙位置示意　　　　　　　　　　(b) 耗能墙的等代单元模型

图 11.3-15　国际三角区夹层金属耗能墙布置示意图

国际三角区夹层楼板缺失严重，存在大量的跃层柱，长、短柱数量比约为 3：4。地震作用下楼层剪力主要由短柱承担，在罕遇地震作用下，该楼层框架柱、框架梁损伤严重，其余楼层结构的抗震性能均能满足性能目标要求。因此，为了改善该层罕遇地震作用下的抗震性能而采用局部减震设计，在地上 3 层楼面与夹层楼面之间结合建筑墙体布置金属耗能墙，以起到"保险丝"的作用。由于耗能墙数量相对整体结构竖向构件较少，对整体结构的附加阻尼比增大很小。

金属耗能墙是将软钢作为剪切板，利用其屈服强度低、延性好等优点，与主体结构构件相比，它能更早进入屈服，从而可利用软钢屈服后的累积塑性变形来达到耗散地震能量的效果。本工程金属耗能墙芯板钢材材质为 LY160,屈服承载力为 200kN,屈服位移仅为 1mm。金属耗能墙减震装置单元如图 11.3-16 所示。弹性分析时，按刚度和变形等效原则对金属耗能墙采用等效支撑进行等效模拟 [图 11.3-16（b）]。弹塑性分析时，模型中直接建立边缘柱，边缘柱上下定义为铰接，边缘柱之间用一般连接单元相连，一般连接单元选用位移型阻尼器。

弹塑性分析结果显示，不设置金属耗能墙时，大震作用下夹层的框架柱基本为中度损坏，个别框架柱甚至出现了重度损坏；夹层框架梁基本为中度损坏，部分框架梁支座部位出现了重度损坏甚至严重损坏。设置金属耗能墙后，大震作用下夹层的框架柱基本为轻度损坏，个别框架柱为中度损坏；夹层框架梁基本为轻度损坏，局部框架梁支座部位为中度损坏。设置金属耗能墙后，罕遇地震作用下夹层构件性能水平如图 11.3-17 所示，罕遇地震作用下X向典型耗能墙构件滞回曲线见图 11.3-18。

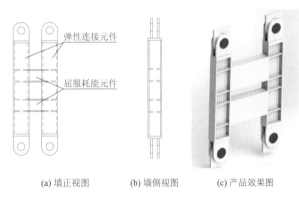

(a) 墙正视图　　　　(b) 墙侧视图　　　　(c) 产品效果图

图 11.3-16　金属耗能墙减震单元

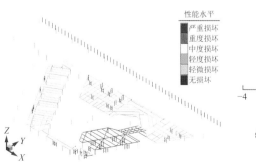

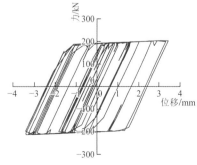

图 11.3-17　罕遇地震作用下夹层构件性能水平　　　图 11.3-18　X向典型金属耗能墙构件滞回曲线

3．指廊结构体系

航站楼指廊主要功能为出发候机、到达，最大建筑高度为 22.46m。北指廊地上 3 层，中指廊和南指廊地上 2 层，主体结构典型柱网尺寸约 12m × 10m，均采用钢筋混凝土框架结构；屋盖为钢管混凝土柱变截面钢梁。

指廊屋盖标高低于主楼钢屋盖标高，两者完全脱开。指廊钢屋盖纵向柱距 20m，最大跨度约 35m，两侧向外悬挑 3.5m，屋盖典型剖面为单跨带悬挑形式，结构采用由钢管混凝土柱支承的单向实腹变截面钢梁。变截面钢梁跨中设置了通长的三角形天窗，为了满足通透效果，设计利用钢梁悬挑端的幕墙柱作为下拉杆，以减小跨中弯矩，实现天窗范围内钢梁高度相对较小的表现需求。北指廊屋盖典型剖面如图 11.3-19 所示。

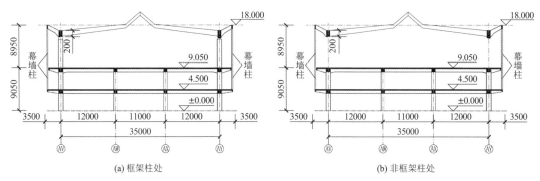

(a) 框架柱处　　　　　　　　　　　　　(b) 非框架柱处

图 11.3-19　北指廊屋盖典型剖面

11.3.4　性能目标

1．结构超限分析

航站楼主楼中心区高度略超限，另还存在扭转不规则、楼板不连续、存在穿层柱和个别构件转换等超限内容；且下部为钢筋混凝土结构体系，上部为钢结构体系；采用隔震技术；属于超限大跨空间结构。

三角区存在扭转不规则、凹凸不规则、楼板不连续、存在夹层和个别构件转换等超限内容；且下部为钢筋混凝土结构体系，上部为钢结构体系；采用了减震技术等。

指廊区域存在扭转不规则、楼板不连续、存在穿层柱和个别构件转换等超限内容；且下部为钢筋混凝土结构体系，上部为钢结构体系；一个屋盖结构单元下有多个主体结构单元。

航站楼各单体均为超限结构。

2．性能目标

根据结构自身的特殊性，针对航站楼中心区的结构体系特点及超限情况，依据抗震性能化设计方法，确定了主要结构构件的抗震性能目标，如表 11.3-1 所示。

航站楼中心区（隔震设计）抗震性能目标　　　　　　　　　　　　表 11.3-1

	地震影响	多遇地震	设防地震	罕遇地震
结构整体性能	性能水准	充分运行	基本运行	生命安全
	定性描述	完好无损，一般不需修理即可继续使用	轻度损坏，稍加修理即可继续使用	轻度—中度损坏，修复或加固后可继续使用
	位移角限值	1/550（主体结构） 1/300（指廊钢管柱框架） 1/250（中心区钢屋盖结构）	—	1/100（主体结构） 1/50（指廊钢管柱框架） 1/50（中心区钢屋盖结构）
	计算方法	反应谱分析	反应谱（不考虑抗震调整系数）、弹性时程	弹塑性时程分析

地震影响		多遇地震	设防地震	罕遇地震
框架柱	支承屋盖的钢管混凝土柱（关键构件）	弹性	弹性	抗剪不屈服；抗弯不屈服
	转换柱（关键构件）	弹性	弹性	抗剪不屈服；允许个别抗弯屈服；轻度损坏
	一般框架柱（普通竖向构件）	弹性	抗剪弹性 抗弯不屈服	抗剪不屈服；允许部分构件抗弯屈服，形成塑性铰；轻—中等损坏，部分构件中等破坏
框架梁	转换梁（关键构件）	弹性	抗剪弹性 抗弯不屈服	抗剪不屈服；允许部分构件抗弯屈服，形成塑性铰；轻—中等损坏
	一般框架梁（普通构件）	弹性	抗剪不屈服；允许部分构件抗弯屈服；轻—中等损坏	抗剪截面控制，部分构件出现塑性变形；中等破坏，个别严重破坏
屋盖钢结构	临支座构件、悬挑支承构件屋盖天窗构件（关键构件）	弹性	弹性	不屈服
	其余钢构件（普通构件）	弹性	不屈服	允许部分构件进入屈服；轻—中等损坏
隔震层	隔震层上支墩、支承隔震支座的承台（关键构件）	弹性	弹性	抗剪弹性 抗弯不屈服
跨层隔震的地下室竖向构件		弹性	弹性	抗剪弹性 抗弯不屈服
节点		不先于相连构件破坏		

注：1. 反应谱分析时，采用降一度的底部铰接模型；时程分析均为非线性分析，采用设防烈度下的隔震模型。
2. 屋盖钢结构临支座构件指邻支座 2 个区格内的弦、腹杆。
3. 屋盖钢结构悬挑支承构件指悬挑段根部 2 个区格内的弦、腹杆。
4. 本表中量词"个别"为小于 6%，"部分"为 6%～25%，"较多"为 25%～45%，"大部分"为 45%～70%，"普遍"为大于 70%。

11.3.5 结构分析

1. 隔震分析

航站楼中心区隔震设计方案要点如下：

（1）隔震目标为上部结构地震作用降低一度，满足《建筑抗震设计规范》GB 50011—2010（简称规范）隔震相关规定以及《乌鲁木齐建筑隔震技术应用规定（设计部分）》的要求；

（2）隔震装置由铅芯橡胶隔震支座、普通橡胶隔震支座、弹性滑板支座组成；

（3）铅芯橡胶隔震支座主要布置在建筑周边，以增强隔震层抵抗偶然偏心的能力；对于轴力较小的柱位置布置弹性滑板支座；

（4）主要采用直径 1100～1500mm 的隔震支座。

隔震层共布置隔震支座 736 个，其中铅芯橡胶支座 428 个，天然橡胶支座 240 个，弹性滑板支座 68 个（图 11.3-20）。隔震层 X 向和 Y 向偏心率分别为 0.39%、0.59%，均满足《建筑抗震设计规范》GB 50011—2010 3%的限值要求。布置隔震层之后，结构的第一自振周期从 1.89s 延长到 4.02s。

本工程对隔震层是否设置黏滞阻尼器进行了分析比较，阻尼器对减震系数的改善很小且由于外圈铅芯橡胶支座的比例较高，阻尼器对罕遇地震的位移影响较小，在结构南北和东西向各设置 25 套阻尼器后，罕遇地震作用下隔震层最大位移减小约 5%，从成本角度考虑，最终未设置黏滞阻尼器。

在设防烈度地震作用下，设置隔震层的结构 X 向层间剪力最大减震系数为 0.375，Y 向层间剪力最大减震系数为 0.358，均出现在屋盖层。减震系数均小于 0.4，满足预期降低一度的目标（图 11.3-21）。屋盖层以下的主体结构减震系数平均值为 0.2 左右。

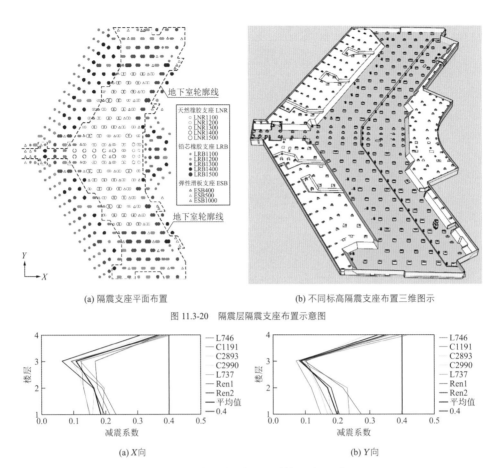

(a) 隔震支座平面布置

(b) 不同标高隔震支座布置三维图示

图 11.3-20　隔震层隔震支座布置示意图

(a) X向

(b) Y向

图 11.3-21　输入地震波作用下的各层减震系数

　　隔震支座在竖向荷载下的长期面压计算考虑了结构重力荷载代表值的作用，经计算橡胶支座的最大压应力 11.3MPa，小于规范限值的 12MPa，弹性滑板支座的最大压应力 21.2MPa，小于规范限值的 25MPa。罕遇地震作用下，橡胶支座的最大压应力 18.5MPa，小于规范限值的 30MPa，弹性滑板支座的最大压应力 38.6MPa，小于规范限值的 50MPa；所有隔震支座均未出现拉应力，满足规范规定的隔震支座拉应力小于 1MPa 的要求。

2. 钢屋盖结构非线性稳定极限承载能力分析

　　由于本工程屋盖造型特殊、雪荷载分布情况复杂，且侧天窗对整体结构竖向荷载传力有一定影响，因此进行钢屋盖结构非线性稳定极限承载能力分析时，考虑了几何非线性和材料非线性，荷载组合采用恒荷载 + 雪荷载的标准组合。考虑初始缺陷后结构的极限荷载因子不小于 2.5，在 3.0 倍荷载标准组合下进入塑性的杆件较少，侧天窗及邻近区域没有成为薄弱部位，塑性区域主要集中在悬挑根部和边跨跨中的少量部位（约 20 根构件），屋盖结构的破坏形式为局部构件首先失效，然后逐步向外扩散使局部区域破坏，但整体结构的承载能力可以继续增加（图 11.3-22～图 11.3-24）。

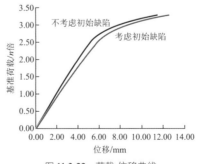

图 11.3-22　荷载-位移曲线

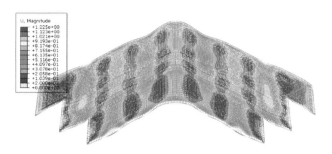

图 11.3-23　考虑初始缺陷时钢屋盖在 3.0 倍标准荷载下位移云图/m

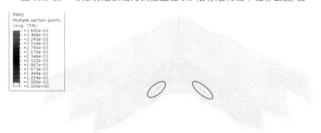

图 11.3-24　在 3.0 倍标准荷载作用下钢屋盖塑性应变云图

11.4　专项设计

11.4.1　场地回填设计及高填方场地下的桩基设计

1. 场地回填设计

航站楼区域场地回填目标为：完工后 30 年内沉降量不大于 200mm，差异沉降不大于 1.5‰，同时满足《建筑地基基础设计规范》GB 50007—2011 的相关要求。

原场地浅层填土下方为 1.2～3.8m 厚湿陷性粉土，基于建成后上部建筑结构使用需求，航站楼隔震区、挡墙区下方粉土全部清除；结构非隔震区粉土采用强夯法地基处理基本消除湿陷性。

航站楼范围大面回填区域填筑体处理目标为：压实度不小于 0.96，固体体积率不小于 0.85，干密度不小于 2.25g/cm³，承载力不小于 300kPa，变形模量不小于 60MPa。

回填料要求：根据填筑料料源勘察资料，填料主要选用圆砾（卵石），最大粒径不得大于压实层厚的 2/3，且不宜大于 100mm；圆砾（卵石）级配良好，不均匀系数 C_u ≥5，曲率系数 C_c = 1～3。

由于场地填筑土石方量巨大，沿高度结合地下室分布情况分两阶段进行填筑（图 11.4-1）。

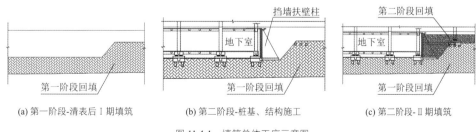

| (a) 第一阶段-清表后 I 期填筑 | (b) 第二阶段-桩基、结构施工 | (c) 第二阶段-Ⅱ期填筑 |

图 11.4-1　填筑总体工序示意图

Ⅰ期填筑采用分层振动碾压结合强夯补强的填筑工艺，单层虚铺厚度 300mm。分层振动碾压至 3m 采用强夯补强，强夯能级 3000kN·m。

Ⅱ期填筑采用级配良好填料分层碾压填筑工艺。市政地道、地下结构周边等Ⅰ期和Ⅱ期填筑交界面搭接处采用台阶式碾压，需反挖台阶后二次填筑。其中地下结构周边 5m 及其结构顶上 2m 范围采用碾压处理，单层虚铺厚度不大于 200mm。地下结构顶 2m 以上范围及其周边 5m 范围以外，当具备条件时可采用振动碾压处理，单层虚铺厚度不大于 200mm。

航站楼区域大面积填筑完成后，场地在主楼与交通中心间还存在约 13.5m 的高差，由扶壁式挡墙承担土压力，如图 11.4-2 所示。乌鲁木齐机场填方施工现场见图 11.4-3。

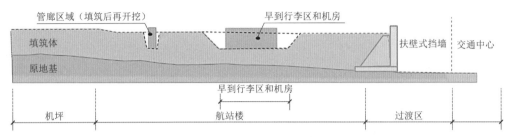

图 11.4-2　场地填方剖面示意图

图 11.4-3　乌鲁木齐机场填方施工现场

2．高填方场地下的桩基设计

航站楼结构柱距较大，局部位置承担的荷载较大，依据地勘资料及高填方实际情况，对独立基础方案和钻孔灌注桩方案进行比选，综合考虑基础与高填方、隔震、下沉穿越等关系，最终采用钻孔灌注桩基础加独立承台的形式，承台双向设基础梁拉结，桩端持力层为圆砾层。指廊区域主要采用直径 700mm 桩基，主楼范围采用直径 800mm 和 1000mm 的桩基。

由于桩基处于高填方地基上，存在负摩阻力对桩基承载力影响的问题。按当地工程经验，采用天然级配圆砾（卵石）并通过有效的地基处理后，填筑体可不考虑负摩阻力，但不宜作为桩端持力层。考虑到本工程填方厚度特别大，回填完成与桩基础施工的时间间隔很短，填筑体仍会存在一定的工后沉降，将使桩周土层产生的沉降大于基桩的沉降，负摩阻效应不能完全忽略。

基于上述考虑，桩基设计采取下列措施：（1）设计前选取与航站楼回填深度相近的砂坑回填试验段进行试桩；（2）要求选取与航站楼回填深度相近的砂坑回填试验段进行为期不小于 1 年的工后沉降监测；（3）考虑桩侧负摩阻力对桩承载力及沉降的影响，将负摩阻力作为附加下拉荷载进行桩的承载力设计。

对于桩侧负摩阻力的考虑，如果按照《建筑桩基技术规范》JGJ 94—2008 不考虑回填土固结情况的公式估算负摩阻力时，对于持力层为圆砾的情况，中性点深度比（中性点深度与回填土厚度的比值）为 0.9，对于桩径 800mm 的钻孔灌注桩，不同填土厚度下的桩基承载力特征值为 2530～3870kN（表 11.4-1）。实际上，回填土已经过分层振动碾压及强夯补强处理，其大部分固结沉降已完成，相较于《建筑桩基技术规范》JGJ 94—2008 中性点深度的建议值，实际中性点深度会明显上移。而按照日本建筑学会编写的 1974 年版《建筑基础构造设计准则》中提供的中性点公式算法，将地表沉降、桩顶荷载、桩径、土层压缩厚度和桩侧摩阻力等因素考虑后，得到的中性点深度明显小于《建筑桩基技术规范》JGJ 94—2008 计算值，桩基承载力特征值达到了 4400～4720kN（表 11.4-1）。该计算方法在位于珠江口的龙穴造船基地项目中已得到验证。本工程设计中采用后一种算法进行桩基设计，明显提高了桩基的经济性。

中性点深度系数对比   表 11.4-1

桩径/mm		800	800	800	800	800
填土厚度/m		4	9	13	17	20
桩长/m		21	23	28	33	35
《建筑桩基技术规范》JGJ 94—2008 估算	系数	0.9	0.9	0.9	0.9	0.9
	桩承载力	3870	3050	2950	2900	2530
公式算法	系数	0.1	0.22	0.4	0.51	0.55
	桩承载力	4720	4650	4650	4650	4400

11.4.2 大温差条件下上柔下刚超长结构跨层隔震设计

1. 正常使用条件下隔震支座变形控制

采用隔震设计后，航站楼结构的底部所受约束大大减弱，楼层结构内收缩和温度应力明显减小，隔震区可实现不设置温度缝的超长结构。伴随弱约束下超长结构在混凝土收缩和温度变化下相对自由的变形，隔震支座在非地震状态下的变形量也相应增大，这一变形会消耗隔震支座的部分变形能力从而减小地震下能够承受的变形，同时橡胶支座长期处于变形条件下对支座性能的影响也缺乏足够研究，支座直径越小，上述影响越显著。因此，设计中应设法尽可能减小此变形。

目前国家标准中尚没有对因混凝土收缩和温度引起的支座上下连接板水平相对位移的控制标准，云南省地方标准《建筑工程叠层橡胶隔震支座施工及验收标准》DBJ 53/T—48—2020 中对这一位移的控制要求为直径 1100~1300mm 的支座不超过 55mm，直径 1400~1600mm 的支座不超过 60mm。对于一 500m 长的航站楼隔震结构单元，如果不采取任何控制措施，标准状态下混凝土的最终自由收缩量（极限收缩应变）为 3.24×10^{-4}，平面两端的收缩变形就将达到 80mm。与隔震层混凝土结构刚度相比，支座总约束刚度很小，因而两端支座变形也基本接近这一数值。再加上正常使用状态下的季节温差影响，如按降温 20℃考虑，平面两端的温度变形为 50mm，支座总的最大变形将接近 130mm，明显超出上述云南省地方标准要求。

从支座变形发生原因考虑，可从两方面着手改善这一影响：减小混凝土收缩变形、减小环境温差变形。

混凝土的绝对收缩量取决于材料配比、养护和环境条件，当这几方面的工作已经达到最佳程度时，如何在确定的绝对收缩量下实现最小的结构最大变形是需要解决的问题。减小收缩变形的累积效应，让尽量多的材料收缩发生在结构分段长度较短的状态，即尽可能减小后浇带间距和延缓后浇带封闭时间，是一种有效可行的设计施工控制措施。由于后浇带的存在对施工总体的进度推进不利，实际工程不可能将过多的后浇带保留太久，因此可以结合施工方案，选择部分后浇带延缓至较晚封闭。延后封闭的后浇带可称作收缩控制结构后浇带，此后浇带封闭前钢筋也应全部断开以避免连通的钢筋对分段间独立伸缩的约束。

结构的环境温度变形取决于使用阶段结构的温度与结构连成整体时的温度差值。结构在使用阶段的温度变化范围主要受建筑功能分布和航站楼所在地域气候条件的影响，基本无法主动控制，能够在一定范围内控制的只有结构连成整体时的温度，即后浇带封闭时的温度。考虑到混凝土收缩的叠加影响，最不利的情况一般出现在使用阶段的降温状态，后浇带封闭应选择气温比结构使用温度范围的中间值低 5~10℃。最直接影响隔震支座变形的楼层是隔震支座以上第一个楼层，本工程中该层底面为非空调区域，顶面部分处于非空调区域（行李处理机房和其他设备机房）、部分为空调区域。根据乌鲁木齐地域气候条件，隔震层结构使用阶段的最低温度变化范围较大，约 −5～15℃，最高温度变化范围较小，约 20～25℃，因此收缩控制结构后浇带封闭时间选择为 0～15℃，一般后浇带放松至 10～25℃。

航站楼中心区为 510m 长的复杂超长隔震结构，一般后浇带设置的间距为 30～40m、封闭时间为混凝土浇筑后 2 个月左右，此时混凝土可完成 45%～60% 的绝对收缩量，约相当于等效降温 12℃；收缩控制结构后浇带间距可为 120～140m，封闭时间延后至混凝土浇筑后 12 个月左右，此时混凝土已基本完成约 95% 的绝对收缩量，约相当于在一般后浇带封闭后再进一步等效降温 13℃。使用阶段结构隔震层环境温差取降温 20℃。

考虑到隔震支座的水平刚度较小，温度变形在混凝土内建立的轴向应力也较小，不足以产生明显的徐变效应，非隔震结构温度应力计算时考虑的由徐变引起的松弛系数在上述温度变形计算中未作考虑。在混凝土收缩变形计算时，考虑到混凝土的强度正在形成中，会有一定的徐变效应，所以考虑了松弛系数。支座变形分析中，一般后浇带封闭前，松弛系数取 0.7；一般后浇带封闭后以及环境温差下均不考虑徐变系数。未设置与设置收缩控制后浇带情况下，隔震层水平变形情况示意图分别如图 11.4-4、图 11.4-5 所示。

根据分析可知，设置收缩控制结构后浇带后，在混凝土收缩基本完成时，最大水平变形由 30mm 降至 15mm；叠加环境温度变化影响后，总的最大水平变形由 70mm 降至 54mm。

综上，通过设置一般后浇带和收缩控制结构后浇带，并控制后浇带特别是收缩控制后浇带的封闭时间和温度，航站楼超长平面条件下仍可以实现支座的水平位移控制。同时，在变形最大的平面两端位置设置变形能力较大的大直径隔震支座，也可以提高结构对收缩和温度变形的消化能力。

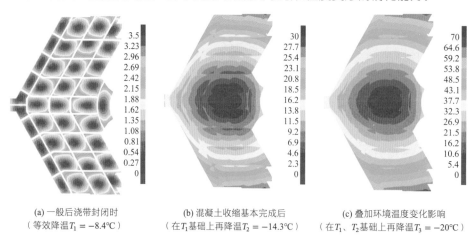

(a) 一般后浇带封闭时
（等效降温 $T_1 = -8.4℃$）

(b) 混凝土收缩基本完成后
（在 T_1 基础上再降温 $T_2 = -14.3℃$）

(c) 叠加环境温度变化影响
（在 T_1、T_2 基础上再降温 $T_3 = -20℃$）

图 11.4-4 未设置收缩控制后浇带时各阶段隔震层水平变形图（未考虑一般后浇带钢筋不断的不利影响）

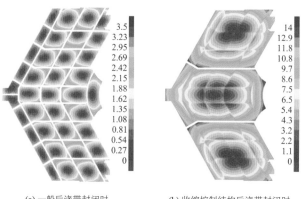

(a) 一般后浇带封闭时
（等效降温 $T_1 = -8.4℃$）

(b) 收缩控制结构后浇带封闭时
（在 T_1 基础上再降温 $T_2 = -13℃$）

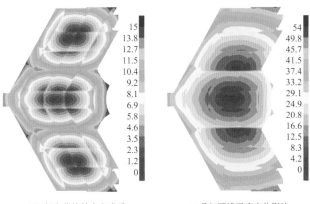

(c) 混凝土收缩基本完成后
（在 T_1、T_2 基础上再降温 $T_3 = -1.3℃$）

(d) 叠加环境温度变化影响
（在 $T_1 \sim T_3$ 基础上再降温 $T_4 = -20℃$）

图 11.4-5　设置收缩控制后浇带时各阶段隔震层水平变形图（未考虑一般后浇带钢筋不断的不利影响）

2．跨层隔震结构设计

对于跨层隔震结构，为使不同标高隔震支座更为同步地工作，设计从下述两方面进行加强：

一是加强局部地下室的水平刚度：首层以上为 $\phi1400$ 的钢筋混凝土柱，在地下室部分加大至 $\phi1600$；结合建筑功能，局部区域布置 400mm 厚的剪力墙。

二是尽量减小地下室区域的隔震支座刚度，尽可能采用无铅芯的天然橡胶支座，对局部轴力小的柱位置布置弹性滑板支座，减小地震作用下的水平力。

另外，对地下室竖向构件的抗侧刚度及强度提出了更高的性能要求（图 11.4-6）：

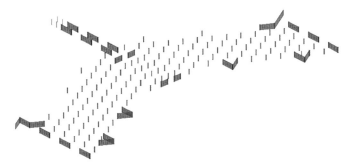

图 11.4-6　地下室剪力墙布置

（1）地下室的层间位移角要求为：设防地震作用下不大于 1/1000，罕遇地震作用下不大于 1/400；

（2）承载力要求：竖向构件抗剪满足大震弹性，抗弯满足大震不屈服。

《建筑隔震设计标准》GB/T 51408—2021 中第 4.6.2 条要求，当隔震层的隔震装置处于不同标高时，应采取有效措施保证隔震装置共同工作，且罕遇地震作用下，相邻隔震层的层间位移角不应大于 1/1000。为了满足这一要求，往往需要设置大量的剪力墙，增加的剪力墙也易造成下部的隔震支座拉应力超限。对于多标高基底隔震结构，当采用《建筑抗震设计规范》GB 50011—2010（简称《抗规》）的分部分析法时，上部结构设计时相当于强行把隔震支座处的相对变形假定为 0。为了与此假定相符，须严格控制错层部位在罕遇地震下的层间位移角是有其合理性的。而当采用《建筑隔震设计标准》GB/T 51408—2021（简称《隔标》）的整体分析法时，不同标高下隔震支座的相对变形可以在结构设计模型中直接体现，此变形在结构构件中产生的内力也都能直接考虑，建议可适当放松此限值。本工程按 1/400 控制，以缓解支座受拉的情况。

采用 SAP2000 对整体结构进行三向输入（1：085：0.65 及 0.85：1：0.65）下设防地震和罕遇地震时程分析。

设防地震下地下室未加强模型 X 向、Y 向在 3 条最大响应地震波下错层部位的平均层间位移角分别为 1/673、1/721，不满足设计目标不大于 1/1000 的层间位移角限值要求；错层部位采取上述加强措施后，X向、Y向在 3 条最大响应地震波下的平均层间位移角分别为 1/1592、1/1472，能满足设计目标不大于 1/1000 的层间位移角限值要求。

罕遇地震下地下室未加强模型X向、Y向在 3 条最大响应地震波下错层部位的平均层间位移角分别为 1/368、1/400，不满足设计目标不大于 1/400 的层间位移角限值要求；错层部位采取上述加强措施后，X向、Y向在 3 条最大响应地震波下的平均层间位移角分别为 1/777、1/778，能满足设计目标不大于 1/400 的层间位移角限值要求。

3. 上柔下刚结构隔震特点和设计对策

航站楼中心区下部主体结构的周期约 0.72s，钢屋盖结构周期约 1.89s，下部主体结构和屋盖结构的动力特性差别显著，结构刚度比与减震系数关系如表 11.4-2 所示，为典型的上柔下刚结构。

航站楼中心区结构刚度比与减震系数关系

表 11.4-2

下部混凝土结构周期	钢屋盖周期	周期比（上/下）	隔震层周期	下部减震系数	屋盖减震系数
0.72s	1.89s	2.63	4.01s	0.198	0.375

从表 11.4-2 中可知，下部主体结构与屋盖层的减震效果相差较大。在计算中还发现，在某些地震波下，还存在钢屋盖不能满足降一度要求的情况。

对类似上柔下刚结构采用隔震技术时，如何确定合适的隔震周期以兼顾下部混凝土结构和屋盖钢结构的减震效果是需要特别关注的问题。通过一些算例分析，对减震效果、隔震周期、上下结构原始刚度比等参数得出以下规律：

（1）对于下部混凝土结构，总体上隔震周期的延长倍数越大，减震系数越小。减震系数的降低曲线分为两段，存在一个界限延长倍数，当实际延长倍数小于该数值时，减震系数降低较快；当大于该数值后，减震系数趋于稳定。

（2）对于屋盖结构，如果其周期较长，当整体结构隔震后的周期接近屋盖周期时，对屋盖结构的隔震作用会明显减小，甚至可能会出现放大屋盖地震响应的极端情况。

（3）当隔震周期大于屋盖周期后，随着隔震周期的增加，屋盖结构减震系数呈快速降低趋势，该下降速度大于下部结构的减震系数。在一定隔震周期范围内，下部结构的隔震系数小于上部屋盖，但也可能出现屋盖减震效率更高的情况。

根据以上规律，设计中首先需注意控制下部混凝土和上部钢屋盖结构间的刚度关系，当该刚度比在 2 以内时，将隔震周期控制在下部结构刚度的 4 倍左右就能取得很好的隔震效果。当该刚度比达到 2.5 以上时，屋盖结构实现较高减震系数的难度增加。虽然通过延长隔震周期或提高屋盖刚度后总能使屋盖的减震系数达到预设目标，但是不宜强制将较小的屋盖减震系数作为上柔下刚隔震结构设计的主要目标。隔震层刚度减小到一定程度带来的后果是隔震层水平位移过大，采用阻尼器可以减小变形但代价较高；若强制增大钢屋盖结构抗侧刚度，则可能会对结构的外观效果带来影响，并会增大原始结构地震响应。如果屋盖在隔震后的地震作用下能够实现较好的性能目标，建议此时保证下部主体结构减震系数达到预设目标即可，设计中相应采用《隔标》的整体分析法。如果是采用《抗规》分部设计法，支承屋盖的立柱及下插框架柱、与立柱相连的主体结构顶层框架梁的设计时，其抗震措施建议在《抗规》降度设计的基础上根据内力减小程度进行适当加强。

4. 钢屋盖跨越隔震区与非隔震区的设计

航站楼中心区屋盖的南北两端平面进入三角区范围（图 11.3-2）各有两根框架柱，其上部支承屋盖结构，下部落在三角区结构上。中心区屋盖为隔震区范围，而三角区为非隔震区范围，罕遇地震作用下隔震结构水平变形大，非隔震区的变形小，这些支承屋盖柱的柱顶和柱底部位将存在较大的变形差。设计中将这些支承屋盖柱上下端均采用铰接处理，形成摇摆柱以协调柱两端较大的变形差。

根据罕遇地震作用下的弹塑性分析结果，摇摆柱顶的最大位移为750mm，三角区在摇摆柱底位置处按下部混凝土结构层间位移角限值1/50考虑最大位移为180mm，摇摆柱顶和柱底的最大水平位移差为930mm，变形示意如图11.4-7（a）所示。在此水平位移差下，屋盖会产生一定的竖向位移，从而在屋盖内产生附加内力。通过在摇摆柱底部施加水平强制位移，考虑大变形的几何非线性分析，得到结构变形和内力［图11.4-7（b）、图11.4-7（c）］。从图中可知，摇摆柱顶底位移差引起的屋盖局部内力很小，但支座设计时须预留足够的转动能力。

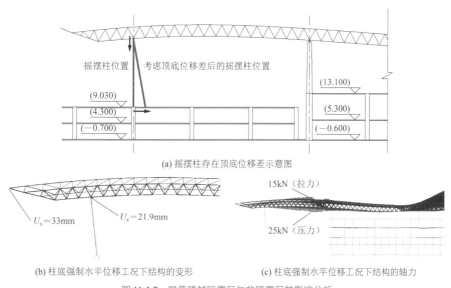

(a) 摇摆柱存在顶底位移差示意图

(b) 柱底强制水平位移工况下结构的变形　　　(c) 柱底强制水平位移工况下结构的轴力

图11.4-7　屋盖跨越隔震区与非隔震区的影响分析

对于三角区幕墙结构，底部与非隔震楼面相连，顶端与隔震屋面相连，也存在须消化这一水平位移的问题。设计采取幕墙竖杆位移整体跟随非隔震楼面的竖向抗风结构体系：竖杆为空间格构形，下部铰接于楼面，中部通过水平支撑杆连接于三角区楼面结构，上部悬挑，与屋盖竖向释放、水平可伸缩连接（图11.4-8）。

图11.4-8　隔震屋盖下的非隔震悬臂幕墙结构

5. 隔震缝构造

隔震结构的减震性能优越，但随之而来的隔震缝处理是一个不可回避的难题，不容忽视。在罕遇地震作用下，隔震缝两侧结构的相对变形通常会达到500~700mm量级，这对隔震缝本身的处理和跨缝的各种管线、设施的处理带来很高的要求，本项目中隔震缝相关的处理具有如下特点。

第一个特点是隔震单元与非隔震单元紧邻，平面功能连续、立面效果整体，需要全方位考虑室内公共区地面、立面高大幕墙和金属屋面的隔震缝处理，除满足日常防雨防水需求外，还要充分关注大变形条件下的建筑外观要求，设计难度较大。隔震缝宽度的选择是针对罕遇地震下结构水平位移的需求确定的，以主体结构不发生碰撞为目标。此时是否允许缝两边的附属结构发生碰撞及允许碰撞程度应该根据性能化的思路进行判断确定，未必机械强求附属结构的缝宽同结构缝，评判标准包括是否会对主体结构地震作用下的自由运动带来阻碍、附属结构自身碰撞发生破坏的范围、其破坏是否会带来人员伤害等。比如对于立面玻璃幕墙的隔震缝，如果过大的缝宽会对建筑效果带来明显影响，而当其所处位置旅客通常不会靠近、贴着缝两边的幕墙边框构件刚度较小而不远处又有较强支承构件阻止变形的进一步传递、玻璃也采取了夹胶等防碎落措施后，则降低该幕墙隔震缝的宽度是可行的。

第二个特点是隔震单元与外部场地的接缝情况复杂多样：行李机房出入口位置与场地为面标高平齐的连接，且有频繁行李车辆通过的需求，需要设计专门的可翻转隔震缝[图11.4-9（a）]；楼前高架段与主楼连成一体同处隔震区时，隔震缝兼作桥梁的伸缩缝，需同时满足大变形、大轮压和日常下较大伸缩的要求，实现难度更大[图11.4-9（b）]；到达层车道边（通常位于底层）与道路有150~200mm的高差，可以直接避免相对变形的位置阻挡问题，但需要解决避免车道边排水沟积水倒灌隔震层的问题[图11.4-9（c）]。各种情况都需要对地面隔震缝进行针对性的设计，并且需交圈兜通。

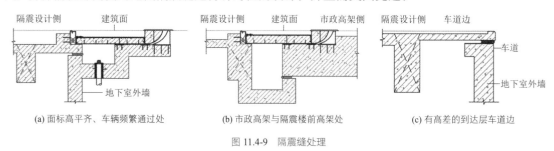

(a) 面标高平齐、车辆频繁通过处　　(b) 市政高架与隔震楼前高架处　　(c) 有高差的到达层车道边

图 11.4-9　隔震缝处理

第三个特点是机电系统和管线综合性程度高，无法单独为隔震区和非隔震区各自配备独立的系统，需水平穿越隔震缝的管线类型、数量和规格都比一般项目更多、更大。除了要为这些跨缝管道在跨缝处选择合适的柔性管道接头外，在建筑平面布置时还要为大型管道的柔性接头布置预留足够的空间，这对有轴向大变形需求的大直径动力水管尤为重要。

第四个特点是航站楼有大量的电梯、自动扶梯和自动步道，建筑布置时要尽量设法避开隔震缝；当无法避开时，自动步道只能分段设置处理，电梯需要采用悬挂的方式，自动扶梯则可以采用上端固定、下端滑移的方式处理。

11.4.3　基于风险评估的结构防恐抗爆设计

大型机场作为国家的生命线工程，人员密集，功能关键，可能成为恐怖袭击的目标。本工程进行了大型航站楼防恐专项研究和设计，内容包括：航站楼与陆侧核心区内的重要设施及区域风险源识别和风险评估、防恐安全规划、重要结构柱以及玻璃幕墙抗爆分析及防护设计等。

1. 防恐安全规划

防恐设计研究首先对航站楼与陆侧核心区内的重要设施及区域进行了风险源识别和风险水平评估

（图 11.4-10）。对于靠近车道边的区域，如航站楼出发层、出租车上客区和交通中心周边等区域，遭受汽车炸弹袭击的风险很高；另外对于人员密集的区域，如出发大厅、交通中心等区域，遭受背包炸弹及自杀式炸弹袭击风险较高；对于一些重要的功能性建筑，如塔台、信息中心和能源中心等区域，由于设置独立庭院且进入人员安检等级较高，其经受汽车炸弹或背包炸弹袭击风险则相对较低。

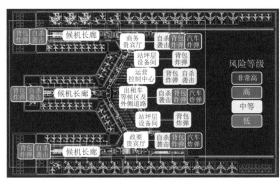 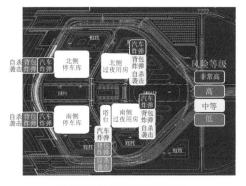

(a) 航站楼站坪层评估结果　　　　　　　　　　(b) 陆侧核心区分项工程评估结果

图 11.4-10　风险评估结果

在风险评估基础上，针对每种威胁因素给出可降低风险的措施并分析各设施或区域的特性，对可采取的安全措施提出建议。例如对于汽车炸弹风险较高的重要区域，如航站楼出发层、站坪层贵宾厅等，需设置防撞装置并进行结构柱抗爆加固设计；对于一些非常重要的功能性建筑，如塔台、能源中心和信息中心等，需要严格限制外部人员进入，并且主要建筑物要与围墙保持一定距离；对于一些人员密集区域，背包炸弹与自杀式炸弹风险较高，要加强进入人员的安全检查，及时、快速地识别并处理可能的爆炸物。另外通过对各类措施降低风险的效果及成本进行分析，对各措施的优先采用进行了分级。

2. 防连续性倒塌分析

分析偶然事件中关键杆件失效后是否会造成屋面结构的连续倒塌，采用瞬态动力时程分析方法，充分考虑关键杆件失效后结构状态改变的惯性效应。采用 ABAQUS 程序进行计算，动力积分方式为显式积分。初始荷载状态为：1.0 恒荷载 + 1.0 活荷载。

根据竖向构件的支撑跨度、受荷大小以及失效后引起倒塌可能性的大小，选择靠近车道入口的两根柱失效工况，分别进行详细的模拟分析（图 11.4-11）。

1 号柱失效后，屋盖局部区域出现挠度迅速增大现象，屋盖的悬挑角部最大位移达到 58m（此值为数值分析结果，实际应为屋盖塌落在高架上），局部区域丧失承载能力，出现局部倒塌。屋盖杆件最大塑性应变达到 0.199，约 100 倍屈服应变，达到严重破坏甚至拉断水平。除了失效柱外，邻近失效柱的一根柱柱底进入塑性，塑性应变约 5 倍屈服应变，柱中混凝土未发生受压损伤。其他柱均保持完好。说明 1 号柱失效，在局部区域造成了倒塌，但倒塌范围未大面积扩散（图 11.4-12）。

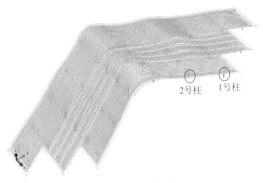

图 11.4-11　失效柱位置

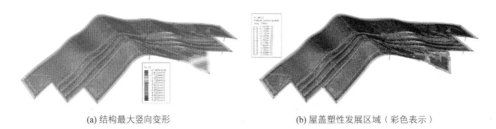

(a) 结构最大竖向变形　　　　　　　　　(b) 屋盖塑性发展区域（彩色表示）

图 11.4-12　1 号柱失效后分析结果

2 号柱失效后，屋盖局部区域出现挠度增大现象，失效柱顶上方的竖向挠度最大为 14m，局部区域丧失承载能力，出现局部倒塌。2 号柱失效后，上方屋盖出现一定程度的塑性发展，杆件最大塑性应变达到 0.1，约 50 倍屈服应变，达到严重破坏甚至拉断水平。除了失效柱外，邻近失效柱的一根柱柱底也进入塑性，塑性应变小于 1 倍屈服应变，柱中混凝土未发生受压损伤。其他柱均保持完好。说明 2 号柱失效，在局部区域造成了倒塌，但倒塌范围也未大面积扩散（图 11.4-13）。

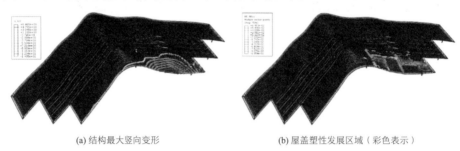

(a) 结构最大竖向变形　　　　　　　　　(b) 屋盖塑性发展区域（彩色表示）

图 11.4-13　2 号柱失效后分析结果

上述两柱的失效虽未发生有传导性的整体连续性倒塌，但考虑到其影响的面积已经很大，设计对楼前车道边关键柱进行抗爆能力分析，根据抗爆分析结果确定是否需对其进行防护。

3. 关键结构构件的抗爆设计

抗爆关键构件的抗爆性能通过非线性动力有限元分析确定，采用 LS-DYNA 通用显式有限元程序。爆炸作用下的材料模型考虑了应变率效应（图 11.4-14）。

抗爆分析主要结果如下：

（1）对于柱底爆炸情况，破坏模式为局部破坏，变形主要集中在柱脚处，大面积钢管与混凝土进入塑性，柱中部侧向位移较小。由于该柱轴压比较低，承载力冗余度较高，对于设定 TNT 当量的柱底爆炸情况，依然能够承受原柱端竖向荷载。

（2）对于柱中部爆炸情况，破坏模式为整体弯曲破坏，柱中部侧向位移较大。由于该柱承载力冗余度较高，对于设定 TNT 当量的柱底爆炸情况下仍可承受原柱端竖向荷载。

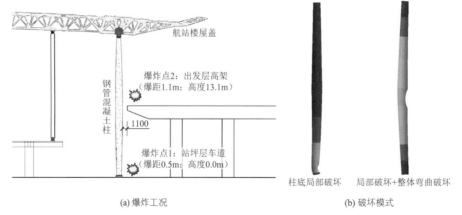

(a) 爆炸工况　　　　　　　　　(b) 破坏模式

图 11.4-14　乌鲁木齐机场 T4 航站楼楼前车道变柱抗爆分析

当抗爆关键构件的抗爆性能不能满足要求时，须采取综合的抗爆加强措施，如：加强安检措施，增大建筑防护安全距离；设置隔离阻挡装置，阻止爆炸物靠近关键结构构件；设置抗爆墙等防护设施，避免其直接承受爆炸作用；通过外包钢板、改进截面设计等措施提高关键构件的抗爆性能等。图 11.4-15 为本项目中交通中心工程采取的外包钢板现场实施照片。

图 11.4-15　本项目交通中心车道变框架柱外包钢板上

11.5　结构监测

乌鲁木齐机场 T4 航站楼主屋盖钢结构施工时设置了结构健康监测系统，对钢结构屋面施工过程、运营阶段进行健康监测。航站楼主楼采用隔震设计，设置结构健康监测系统，对隔震层运营阶段进行健康监测。

11.5.1　监测目的

（1）提供对施工过程的结构受力、位移、振动等参数的监控，基本掌握大跨空间结构的施工状态。

（2）提供结构实际风压、雪压分布、风速风向等信息。

（3）及时发现结构响应的异常、结构损伤或退化，确保结构运营安全。

（4）提供监测数据，供建设单位在大风、地震、火灾等灾难性事件后，及时提供实时信息，以实现全面有效的状态评估。

（5）为研究大跨空间结构的环境作用、受力状态、振动等提供直接的现场试验模型、系统和数据。

11.5.2　监测内容

1）航站楼主屋盖监测内容

（1）结构动力特性监测

结构动力特性是反映结构性态的一个最重要、最直接的性能指标。在关键位置布置加速度传感器不仅可以获得结构的自振周期、频率以及阻尼，而且可以实时记录结构在风荷载、地震作用下结构的反应。

（2）结构风环境监测

风荷载是结构设计中主要考虑的因素之一，也是结构动力特性的主要成因。在主屋盖高点无遮挡位置布置 1 台风速风向仪，监测风速风向；主屋盖表面布置风压传感器获得风荷载响应。

（3）屋面雪荷载监测

新疆地区寒冷多雪，航站楼主屋盖在遭遇较大雪荷载后易产生较大的残余变形，严重时会导致结构破坏。采用雪压计监测主屋盖的雪荷载。

（4）结构构件应力、构件温度监测

结构内力是反映结构受力情况最直接的参数，跟踪结构在建造和使用阶段的内力变化，是了解结构形态和受力情况最直接的途径。采用振弦式应变计监测结构关键构件的应力、应变。

（5）结构关键点位移和变形监测

在测点处设置棱镜，采用全站仪监测主屋盖在风荷载及可能产生的地震作用下的水平位移、竖向高程等。

2）航站楼隔震层监测内容

（1）地震响应监测

采用强震仪在隔震层上部和下部结构监测地震作用。地震作用监测与结构的地震响应监测相结合，建立有效的荷载-响应关系，实现地震灾害预警，以及地震作用下结构的损伤识别及性态评估。

（2）隔震层温度、湿度监测

采用温湿度计观测隔震层环境的温度、湿度变化，包括日温湿度变化和季节温湿度变化。

（3）隔震层结构构件的水平位移和竖向变形监测

采用激光位移计监测在可能产生的地震作用下的隔震层支座的水平位移。

11.6 结语

乌鲁木齐国际机场 T4 航站楼项目具有抗震设防烈度高、温差及风雪荷载大、场地条件特殊、建筑造型独特、结构安全性要求高等特点。本工程设计中，针对这些设计重点内容进行了方案优选和专题研究，航站楼中心区主体结构采用隔震设计的钢筋混凝土框架结构，屋盖为跨越隔震区与非隔震区的异形曲面大跨空间网格结构。

在结构设计过程中，主要完成了以下几方面的创新性工作：

（1）高填方场地下的桩基设计；

（2）正常使用条件下的隔震支座变形分析与控制措施；

（3）跨层隔震分析及控制指标；

（4）上柔下刚结构隔震分析和设计对策；

（5）带条形侧天窗的复杂钢屋盖分析与设计；

（6）屋盖结构跨越隔震与非隔震的分析和设计对策；

（7）结构防恐抗爆分析和设计对策。

结构设计针对项目的各种特点采取相应设计措施，使整体结构满足规范各项要求以及设定的性能目标要求，取得良好的建筑效果。

参考资料

[1] 同济大学土木工程防灾国家重点实验室. 乌鲁木齐国际机场北区改扩建工程风、雪荷载研究[R]. 2017.

[2] 华东建筑设计研究院有限公司. 乌鲁木齐国际机场北区改扩建工程(航站区工程) 航站楼超限建筑结构抗震设防专项论证报告[R]. 2017.

[3] 日本建筑学会. 建筑基础构造设计准则[S]. 1974.

[4] 陈企奋, 吴中岳, 刘荣毅, 等. 龙穴造船基地建筑桩基负摩阻力研究[J]. 建筑结构, 2011, 41(S1): 1246-1252.

[5] 同济大学. 乌鲁木齐机场北区改扩建工程风险评估和安全规划报告[R]. 2018.

[6] 同济大学. 乌鲁木齐机场北区改扩建工程重要结构柱抗爆加固分析报告[R]. 2018.

设计团队

设 计 单 位：华东建筑设计研究院有限公司

结构设计团队：周　健，汪大绥，张耀康，蒋本卫，顾乐明，吴族平，蔡学勤，许　静，王　静，杨东冶，陈小平，陆　屹，
　　　　　　　多建祥，刘及进，王　鑫，崔家春，徐自然

执　笔　人：周　健，蒋本卫，张耀康

第12章

世博轴阳光谷与索膜顶棚工程

12.1 工程概况

12.1.1 建筑概况

2010 年上海世博会世博轴及地下综合体工程，位于世博会浦东园区，世博轴两侧有中国馆、演艺中心、世博中心、主题馆，共同组成了一轴四馆的核心园区（图 12.1-1）。世博轴为浦东世博园区主入口，承担了约 23% 的客流入园，是世博会立体交通组织的重要载体。世博轴南北长 1045m，东西宽地下 99.5～110.5m，地上 80m，由地下两层、地面层和高架步道层组成，各层标高分别为 −6.5m、−1.0m、4.5m、10.5m，其中标高 −6.5m 楼层和标高 10.5m 平台层作为人流入场的主要层面。世博轴在世博会后发展成为集商业、餐饮、娱乐、交通换乘、会展服务等多功能、特大型的交通商业综合体。

世博轴顶棚结构包括两个不同类型的结构体系，即 6 个建筑造型独特的钢结构-玻璃"阳光谷"和索膜结构，6 个阳光谷提供给索膜结构 18 个支撑点，将两者结合为一体。"阳光谷"从顶棚贯通至地下二层，图 12.1-2 为世博轴索膜顶棚阳光谷结构整体模型。

顶棚方案由德国 SBA 建筑师事务所及 Knippers Helbig 结构师事务所共同完成，结构的扩初设计由 Knippers Helbig 结构师事务所与华东建筑设计院共同完成，施工图设计由华东建筑设计院承担。

图 12.1-1　建筑顶棚效果总图

图 12.1-2　索膜顶棚阳光谷结构整体模型

12.1.2 设计条件

1. 主体控制参数

控制参数见表 12.1-1。

控制参数表　　　　　　　　　　　　　　　　表 12.1-1

结构设计基准期	50 年	建筑抗震设防分类	标准设防类（丙类）
建筑结构安全等级	二级 膜面：1.0 内外钢结构桅杆、索及阳光谷计取 1.1	抗震设防烈度	7 度（0.10g）
地基基础设计等级	一级	设计地震分组	第一组
建筑结构阻尼比	钢结构阳光谷 0.02（小震） 0.05（大震）	场地类别	IV 类

2．膜结构设计依据

（1）设计规范导则：按现行国家结构设计有关标准，以及日本、美国等国标准，并且参考《欧洲张力薄膜结构设计指南》《膜结构技术标准》等。

（2）荷载组合：采用单一安全系数设计方法，膜材安全系数短期荷载组合下取 4.0，长期荷载组合下取 8.0；材料强度标准值符合 95% 的保证率。索安全系数取 2.5。

（3）膜结构荷载组合：由于膜结构几何非线性的特性，使得荷载的效应不能进行组合，因此考虑如下几类荷载组合，见表 12.1-2。

荷载组合工况 表 12.1-2

组合类别	工况
长期组合（第一类）	工况 1：恒荷载（G）+ 预张力（P）
	工况 2：恒荷载（G）+ 预张力（P）+ 雪荷载（Q）
短期组合（第二类）	工况 3：恒荷载（G）+ 预张力（P）+ 风荷载（W）
	工况 4：恒荷载（G）+ 预张力（P）+ 雪荷载（Q）+ 0.7 风荷载（W）

（4）索膜结构的位移控制参考下式，见图 12.1-3。

$$\frac{\Delta_\mathrm{M} - \Delta_\mathrm{C}}{\frac{2}{3} \cdot \min(l_1, l_2, l_3)} \leqslant \frac{1}{10}（式中符号示意见图 12.1-3）$$

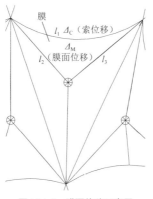

图 12.1-3 膜面位移示意图

12.2 建筑特点

12.2.1 开阔通透的视野布局

2010 年上海世博会遵循"城市，让生活更美好"主题，围绕"人、城市、自然、交流"的核心主题，世博轴通过自身的功能组织和建筑语言表现了人与人之间，人与城市、城市环境和自然环境之间通过高效的交流形成的和谐关系。从世博轴的空中平台或地下通道，参观者可以很方便地来往于中国馆、浦东主题馆群、世博中心、世博演艺中心等世博园区最重要的建筑之间；世博轴还与横穿浦东世博园区的高架步道连通，是园区内的交通枢纽，参观者进入园区后可由此通达不同的片区参观。

10m 平台索膜结构与阳光谷的结合有机而自然，充分展现了膜材料柔美起伏的空间特点，通过索膜结构支撑体系，确保了膜底部简洁的空间形态和开阔的景观视野，在实现遮阳避雨基本功能的基础上，更满足世博会中平台安检、通行集散等功能对于无柱空间的需要，实现通透大空间的景观效果（图 12.2-1）。6 个巨型圆锥状"阳光谷"分别分布在世博轴的入口及中部，它们的独特形态能够帮助阳光自然倾斜入地下，远远望去，形如蓝天下的朵朵云彩，轻盈飘逸，打破了常规建筑的沉闷感，成为整个世博园区的亮点，给世博游人留下深刻印象（图 12.2-2）。

世博轴室外两侧设斜坡绿化，从标高 4.5m 至标高 −1.0m，使地下一层空间如同地面一样充满阳光和空气，带活了宽 99m 的地下空间，延伸到地下室的阳光谷更是让地下室的游人可以共享阳光的自然生态。两侧 80～100m 跨度的顶棚外桅杆，打破了世博轴长达 1km 的平淡天际线，在夜晚照明两侧的一轴四馆。

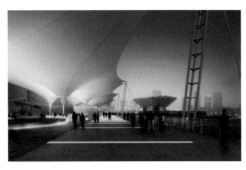

图 12.2-1　10m 平台效果图　　　　图 12.2-2　地下绿化效果图

12.2.2　节能绿色的环保理念

世博轴通过生态技术实现冬暖夏凉的宜人特点，顶棚结构在实现遮阳避雨基本功能的基础上，充分利用结构的空间特性，有组织排水，实现雨水收集利用。膜面面积占轴顶面积约 70%，开敞空间、自然通风遮挡了阳光；通过斜向绿坡、室内灰空间敞廊、阳光谷及中庭洞口等设计方法，使室内空间具有水平和竖向开敞的特点，充分利用自然通风，改善室内空气品质，也为室内空间创造了良好的自然采光，节省了人工照明带来的能源消耗。

世博轴作为世博园区的重要建筑，为体现"科技、生态"的设计理念，独特的建筑形态"阳光谷和膜结构顶棚以及大体量的地下空间"决定了雨水利用的客观必要性，膜结构顶棚雨水收集阳光谷和膜结构收集的雨水汇总到地下雨水渠中，世博轴底部设置了总长度约 800m，宽 5m、深 2.5m 集水沟，收集雨水再利用，经处理后的雨水作为部分冲厕、绿化等生活用水，自来水代替率可达到 75% 左右，世博会期间可节约自来水用水量约 7.1 万 m^3，收集的雨水在世博会后全年投入商业综合体用水体系中使用。

12.3　体系与分析

12.3.1　阳光谷结构

1. 结构体系

阳光谷钢结构类似单层网壳结构，采用的是"自由形状"的构形技术，由三角形网格组成的单层空间曲面组成结构体系，每个阳光谷的上端均为近似椭圆形的"喇叭口"。高度从 −7.00～35.00m 不等，总高度 42m。网格体系的形状复杂，悬挑跨度大，由 21～40m 不等，6 个阳光谷和索膜结构平面图、剖面图见图 12.3-1、图 12.3-2。在钢结构网格内侧面覆盖玻璃，形状为三角形单元体系。钢结构杆件大多采用矩形截面的空心焊接钢管，杆件长度 1.50～3.50m，截面宽度 65～120mm，截面高度 180～500mm，大多数截面尺寸为 65mm × 180mm，材料为 Q345B 钢。杆件在曲面内采用宽度较小的一面，整体上给人有轻盈、通透的感觉。阳光谷 SV1 平面图、立面图见图 12.3-3、图 12.3-4。

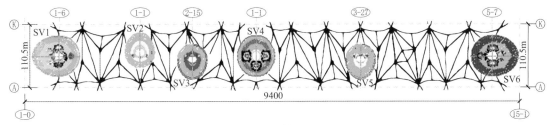

图 12.3-1　结构平面图

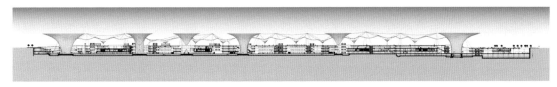

图 12.3-2　结构纵剖面图

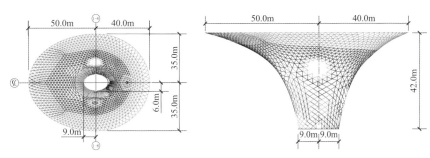

图 12.3-3　阳光谷 SV1 平面图　　　　图 12.3-4　阳光谷 SV1 立面图

阳光谷结构设计的整个过程为：采用杆件轴心中心线模型结构计算→杆件中心线到玻璃面找形→考虑每一根杆件相对于表面引起偏心距的整体计算复核→罕遇地震下的弹塑性时程分析→整体稳定的分析→节点设计分析。阳光谷整体计算分析主要采用 ANSYS 程序，用 SAP2000 程序进行复核。

计算模型基本假定：

（1）阳光谷底部的竖向构件支承于 −7.000m（或 −6.500m）混凝土底板上，沿径向和环向为弹性约束，竖向铰支连接。其中环向的弹簧系数为 $1.0 \times 10^7 N/m$，径向的弹簧系数为 $2.5 \times 10^6 kN/m$。

（2）阳光谷杆件为梁单元。

（3）不考虑阳光谷上覆玻璃幕墙的刚度，仅作为荷载作用于杆件上。

（4）弹性计算时地震影响系数最大值为 0.08，阻尼比为 0.02。

（5）阳光谷杆件的单杆计算长度 L_0 按《网壳结构技术规程》JGJ 61—2003 取值，单层网壳杆件的曲面内计算长度为 1.0L，曲面外计算长度为 1.6L（L 为杆件长度）。

2．结构计算结果与分析

1）结构的动力特征分析

结构以局部竖向振型为主，结构悬挑边的约束作用较小，相邻区域表现为间隔的上下运动；振型密集。以阳光谷 SV1 动力特征分析为例，在第 60 阶前未出现水平振型，图 12.3-5 为阳光谷 SV1 前 4 阶振型图。

2）结构的位移分析

表 12.3-1 为阳光谷计算模型的位移及位移角包络值，从表中可见，结构悬挑边的 Z 向位移满足悬挑长度 1/125 的控制要求，结构的水平位移满足高度 1/300 的控制要求。

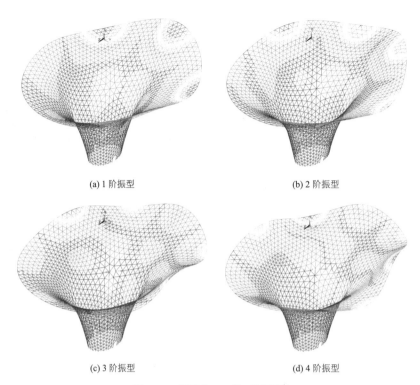

(a) 1 阶振型　　　　　　　　　　　　　　(b) 2 阶振型

(c) 3 阶振型　　　　　　　　　　　　　　(d) 4 阶振型

图 12.3-5　阳光谷 SV1 前 4 阶振型图

阳光谷计算模型的位移及位移角包络值　　　　　　　　　　　　　表 12.3-1

阳光谷编号	X向		Y向		Z向	
	位移/mm	位移角	位移/mm	位移角	位移/mm	位移角
SV1	93.7	1/438	139.1	1/292	−263.9	1/149
SV2	69.7	1/595	−64.6	1/642	−204.7	1/151
SV3	−77.7	1/534	85.7	1/484	−194.2	1/149
SV4	−75.5	1/550	75.4	1/550	−222.0	1/158
SV5	69.7	1/595	−64.6	1/642	−133.1	1/192
SV6	99.2	1/418	117.7	1/353	−306.6	1/127

注：X向为阳光谷长轴方向，Y向为短轴方向，Z向为高度方向。

3）阳光谷 SV1 在各工况下内力、应力比分析

（1）恒荷载作用下的内力分析

杆件轴力最大出现在约束较强的阳光谷底部，最大轴拉力$N_{max}=485.6\text{kN}$，最大轴压力$N_{min}=-613.9\text{kN}$。靠近阳光谷底部径向的杆件以压力为主，靠近阳光谷顶部环向的杆件以拉力为主。杆件的弱轴弯矩值、剪力值和扭矩值均较小。图 12.3-6 为恒荷载作用下的内力云图。

（2）活荷载作用下的内力分析

对活荷载进行了最不利组合，最大的拉力出现在顶部两圈的环向杆件上，$N_{max}=142.3\text{kN}$，约为恒荷载作用下拉力的 29.2%。最大的压力出现在底部的杆件，$N_{min}=-175.8\text{kN}$，约为恒荷载作用下压力的 28.6%。图 12.3-7 为活荷载作用下的轴力云图。

（3）风荷载作用下的内力分析

风荷载作用下的内力和位移计算，采用了同济大学风洞实验室提供的风压时程计算结果的峰值响应，再与其余荷载工况的计算结果直接进行荷载组合。

风荷载引起的最大轴力值为315°风荷载作用下，轴拉力$N_{max} = 1183kN$，轴压力$N_{min} = -1441kN$，为迎风面或是迎风面两侧的底部竖杆，约为恒荷载作用下的178%（轴拉力），159%（轴压力）。图12.3-8为315°风荷载作用下的轴力云图。

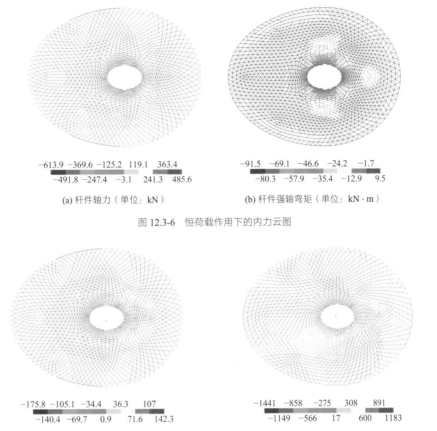

−613.9 −369.6 −125.2 119.1 363.4
−491.8 −247.4 −3.1 241.3 485.6

(a) 杆件轴力（单位：kN）

−91.5 −69.1 −46.6 −24.2 −1.7
−80.3 −57.9 −35.4 −12.9 9.5

(b) 杆件强轴弯矩（单位：kN·m）

图12.3-6 恒荷载作用下的内力云图

−175.8 −105.1 −34.4 36.3 107
−140.4 −69.7 0.9 71.6 142.3

−1441 −858 −275 308 891
−1149 −566 17 600 1183

图12.3-7 活荷载作用下的轴力云图（单位：kN）　图12.3-8 315°风荷载作用下的轴力图（单位：kN）

（4）温度作用下的内力分析

温度效应考虑升温40℃，降温20℃。杆件轴力最大出现在约束较强的阳光谷底部，最大轴拉力$N_{max} = 370kN$，最大轴压力$N_{min} = -406kN$，约为恒荷载作用下最大轴力的76%（轴拉力），66%（轴压力）。在约束较弱的阳光谷顶部，杆件轴力都非常小。图12.3-9为温度作用下的轴力云图。

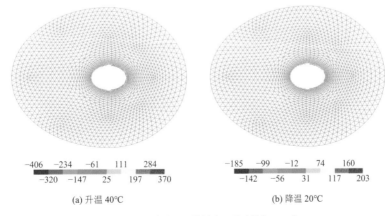

−406 −234 −61 111 284
−320 −147 25 197 370

(a) 升温40℃

−185 −99 −12 74 160
−142 −56 31 117 203

(b) 降温20℃

图12.3-9 温度作用下的轴力云图（单位：kN）

（5）地震作用下的内力分析

地震效应考虑X、Y、Z向地震作用，杆件轴力最大出现在阳光谷底部，由Y向地震作用引起，$N_{max} = 378kN$，约为恒荷载作用下拉力的77.9%。地震作用引起的杆件轴力相比风荷载作用引起的要小，大约为风荷载作用引起的20%～35%。图12.3-10为地震作用下的轴力云图。计算分析表明：X方向剪重比为5.2%，Y方向剪重比为4.5%。

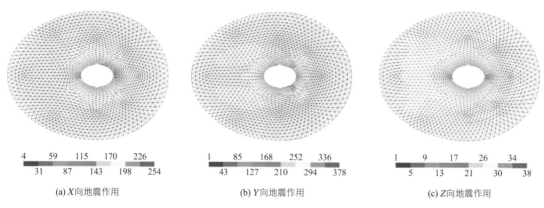

| 4 | 59 | 115 | 170 | 226 |
| 31 | 87 | 143 | 198 | 254 |
(a) X向地震作用

| 1 | 85 | 168 | 252 | 336 |
| 43 | 127 | 210 | 294 | 378 |
(b) Y向地震作用

| 1 | 9 | 17 | 26 | 34 |
| 5 | 13 | 21 | 30 | 38 |
(c) Z向地震作用

图 12.3-10　地震作用下的轴力云图（单位：kN）

（6）最大包络组合的内力及应力比分析

阳光谷是由底部向外延伸的三角形网格组成的单层钢结构壳体，杆件的受力以轴力为主，强轴（曲面的平面外）弯矩主要由索膜拉力引起，杆件的弱轴弯矩值和扭矩值均较小。图12.3-11为杆件最大包络组合内力云图。

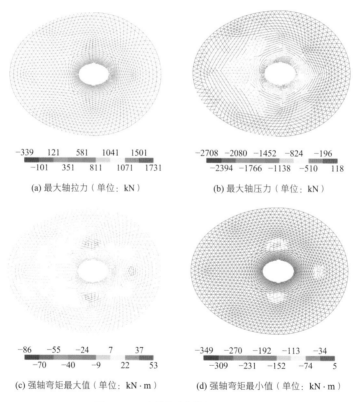

| −339 | 121 | 581 | 1041 | 1501 |
| −101 | 351 | 811 | 1071 | 1731 |
(a) 最大轴拉力（单位：kN）

| −2708 | −2080 | −1452 | −824 | −196 |
| −2394 | −1766 | −1138 | −510 | 118 |
(b) 最大轴压力（单位：kN）

| −86 | −55 | −24 | 7 | 37 |
| −70 | −40 | −9 | 22 | 53 |
(c) 强轴弯矩最大值（单位：kN·m）

| −349 | −270 | −192 | −113 | −34 |
| −309 | −231 | −152 | −74 | 5 |
(d) 强轴弯矩最小值（单位：kN·m）

图 12.3-11　杆件最大包络组合内力云图

阳光谷 SV1 最大应力比为 0.784，位于阳光谷底部竖向杆件。图 12.3-12 为杆件应力比分布云图。

通过上述分析可知，阳光谷是由底部向上向外延伸的三角形网格组成的单层曲面钢结构，杆件以受轴力为主。作为膜结构支撑点的拉索点附近位置，由于结构在平面外承受较大的集中力，其附近局部构件强轴弯矩较大。恒荷载作用下杆件轴力最大出现在阳光谷底部，杆件以压力为主，靠近阳光谷顶部环向的杆件以拉力为主。分析表明，由于结构自重较轻，迎风面积较大，风荷载工况下的杆件内力远大于多遇地震下的杆件内力，风荷载为主要控制工况。

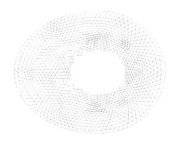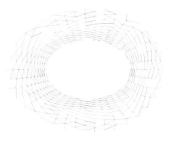

(a) 上半部分应力比　　　　　　　　　(b) 下半部分应力比

图 12.3-12　阳光谷 SV1 杆件应力比分布云图

4）考虑杆件偏心距的阳光谷计算分析

阳光谷钢结构共有 30 多种杆件截面类型，截面高度从 180～500mm 不等。整体结构分析模型中，均假定所有杆件的轴线位于阳光谷的几何曲面上，而由于安装玻璃的需要，工程中的实际情况是杆件外表面的中心线位于阳光谷的几何曲面上，这样不同截面高度的杆件之间实际上存在一定的偏心距，因此需要考察杆件偏心对结构的承载力以及整体稳定性的影响。

整体计算分析了杆件偏心距的影响，以阳光谷 SV4 在考虑恒荷载、活荷载、270°风荷载作用的情况下的应力比为例，发现考虑杆件偏心后，杆件的最大内力增加 5%～8%。SV4 的应力比最大为 0.911，为门洞两侧竖杆，其余最大为 0.792。图 12.3-13 为 SV4 考虑偏心距前后的下半部分应力比分布图。

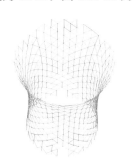

(a) 未考虑偏心应力比　　　　　　　　(b) 考虑偏心应力比

图 12.3-13　SV4 考虑偏心距前后的下半部分应力比分布云图

5）罕遇地震下的弹塑性时程分析

大震下的弹塑性时程分析采用 ANSYS + ABAQUS 软件，直接将地震波输入计算模型进行弹塑性时程分析，考虑材料非线性和几何非线性。计算选用 1 组上海人工波，7 度罕遇地震波峰值取为 200Gal，考虑三向地震作用。

以阳光谷 SV1 为例，可以发现：①在罕遇地震作用下，所有杆件均处于弹性状态，达到了大震弹性的抗震能力。②杆件最大应力达到 218MPa（受压），见图 12.3-14。阳光谷弹塑性水平位移 1/231，满足规范 1/50 的要求。

6）考虑几何材料双重非线性稳定性分析

阳光谷钢结构为复杂曲面形状的单层网格结构，悬挑跨度大，因此结构的整体稳定性非常重要。稳定分析包含 4 种荷载组合（恒荷载 + 活荷载、恒荷载 + 活荷载 + 0°风荷载、恒荷载 + 活荷载 + 90°风荷载、恒荷载 + 活荷载 + 90°风荷载 + 索力）和 3 种初始缺陷（无缺陷及以最低阶屈曲模态分布的初始缺陷，幅值 20cm、40cm），考虑几何和材料的双重非线性，分析主要分为以下几部分：

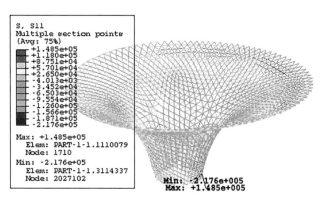

图12.3-14 应力分布云图（杆件最大应力 −218MPa，9.0s 时刻）

（1）通过特征值屈曲分析，初步了解阳光谷钢结构的整体稳定性，得到的特征值屈曲模态可作为下一步非线性分析中的初始缺陷分布形式。SV1～SV6 前 8 阶特征值屈曲临界荷载系数（恒荷载 + 活荷载）为 6.62～25.59。进行几何非线性稳定性分析，考察阳光谷单层网格结构的初始缺陷敏感性。SV1～SV6 各种荷载组合工况下几何非线性屈曲临界荷载系数为 4.26～8.85。

（2）进行几何材料双重非线性稳定性分析，进一步考察单层网格结构的初始缺陷敏感性。分析可见在各种荷载组合工况作用下，SV1～SV6 阳光谷钢结构的双重非线性分析屈曲临界荷载系数均大于 2.0，各种荷载组合工况下双重非线性屈曲临界荷载系数见表 12.3-2，整体稳定性满足要求。随着初始缺陷幅值的增大，阳光谷的稳定承载力也随之下降。但总体而言，阳光谷钢结构的非线性稳定性对初始缺陷不敏感。

各种荷载组合工况下双重非线性屈曲临界荷载系数　　　　表 12.3-2

荷载工况		恒荷载 + 活荷载			恒荷载 + 活荷载 + 0°风荷载			恒荷载 + 活荷载 + 90°风荷载			恒荷载 + 活荷载 + 90°风荷载 + 索力		
缺陷/cm		0	20	40	0	20	40	0	20	40	0	20	40
SV1	系数	6.55	5.17	4.34	7.51	5.71	4.96	6.06	5.01	4.09	5.73	5.72	5.77
	比例	1.00	0.79	0.663	1.00	0.760	0.660	1.00	0.827	0.675	1.00	0.998	1.00
SV2	系数	8.23	6.66	5.81	8.18	6.77	5.84	8.36	8.36	9.39	9.03	7.95	6.76
	比例	1.00	0.809	0.706	1.00	0.828	0.713	1.00	1.00	1.123	1.00	0.880	0.749
SV3	系数	8.89	7.40	6.52	8.84	7.45	6.58	8.37	6.94	6.10	6.99	5.53	5.54
	比例	1.00	0.83	0.733	1.00	0.843	0.744	1.00	0.829	0.729	1.00	0.791	0.793
SV4	系数	9.22	8.11	7.05	8.43	7.16	6.09	7.18	6.40	5.37	5.94	6.46	5.62
	比例	1.00	0.880	0.765	1.00	0.850	0.722	1.00	0.891	0.748	1.00	1.087	0.947
SV5	系数	8.74	7.28	6.40	8.46	7.12	6.26	9.61	8.05	7.06	8.67	7.39	6.62
	比例	1.00	0.83	0.731	1.00	0.842	0.740	1.00	0.838	0.735	1.00	0.852	0.763
SV6	系数	5.37	5.07	4.56	4.60	4.59	4.07	4.70	3.98	3.50	4.79	4.20	3.71
	比例	1.00	0.944	0.849	1.00	0.997	0.885	1.00	0.847	0.744	1.00	0.877	0.774

注：比例是指考虑初始缺陷（20cm 和 40cm）的荷载系数与不考虑初始缺陷（0cm）的荷载系数之间的比例。

12.3.2 索膜结构

1. 结构体系

索膜顶棚为连续的张拉式索膜结构体系，包括膜面系统和膜面支点系统，总长度约 840m，最大跨度约 97m，膜面总投影面积约 61000m²，展开总面积约 65000m²，单块膜最大展开面积 1800m²，膜面单元一般呈三角形，膜材采用 A 级 PTFE 膜。索膜结构边索单跨最大约 80m，脊索最大跨度约 115m，最粗的背索直径为 150mm，为大跨度柔性结构。膜顶主要由承重作用的脊索、边索和稳定作用的张拉膜构成（图 12.3-15），1 根边索、2 根脊索和膜形成了三角形为顶面的倒锥台状，膜面为双向曲面，膜焊缝主要沿经向放射形布置。整个膜顶支承于外桅杆、内桅杆及阳光谷钢结构上。

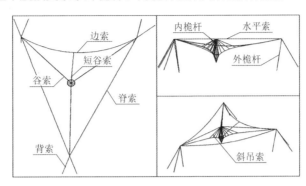

图 12.3-15 索布置示意图

索膜结构最高点由 26 组外桅杆和背索、部分阳光谷的连接点构成，最低点由 19 组内桅杆下拉点、5 组外桅杆和背索、部分阳光谷的连接点构成。外桅杆一般顶标高为 35m（高），紧邻中间 4 个阳光谷均有 1 根高度为 17m 的外桅杆（低），下拉点处，膜在标高 18m 或标高 21m 处固定在下拉钢环上（钢环直径 5m），钢环支承于内桅杆。

内桅杆主要控制风荷载下膜下拉处的水平位移及向下位移。内桅杆与外桅杆顶部由水平索连接，水平索的增设协调了内外桅杆的水平位移，由背索、外桅杆、水平索、内桅杆形成了稳定的结构体系。内桅杆顶部设斜吊索与谷索相连，以控制膜的向下位移。

2. 结构设计与分析

结构设计采用了单一安全系数的设计方法（容许应力法），安全系数短期荷载下取 3.5，长期荷载下取 7.0（膜材料强度标准值符合 95% 的保证率）。

大跨度刚性结构中，一般采用响应放大系数的方式。通过风洞试验，得到风荷载作用在结构上的时程，对结构进行计算，得到每根杆件的峰值响应和平均响应，二者的比值即为响应（内力、位移）放大系数，一般同一杆件的内力、位移响应放大系数是不相等的。再按《建筑结构荷载规范》GB 50009—2012 规定的公式，计算 $\beta_z = 1.0$ 时的结构响应，乘以相对应的响应放大系数，得到构件的内力与位移，亦可直接以峰值作为结构的响应。

在索膜结构的计算中，考虑到索膜结构的非线性，风荷载时程分析时，先对结构施加恒荷载及预应力，再施加风荷载时程进行计算，或先对结构施加恒荷载、活荷载（雪荷载）及预应力，再施加 0.7 倍的风荷载时程计算。本次计算按 $\beta_z = 1.5$ 对结构在 8 个方向风荷载作用下逐一进行了整体计算，与其中两个方向风荷载作用下的风荷载时程计算结果进行了比较。结果表明，风荷载时程计算得到的索膜应力相当于 $\beta_z = 1.5$ 的静力有限元计算结果。

计算程序采用力密度法的 Easy 软件和有限元法的 ANSYS 软件分析，ANSYS 计算中索单元为 link10，膜单元为 shell41。

（1）结构的动力特征分析

膜面初始应力取 5kN/m，因结构跨度大，膜面找形同时考虑了预应力与重力的影响（工况 1）。

结构以索的振动为主（图 12.3-16），首先出现的是边索、谷索的振动，振型密集。结构的低阶振型均为不同膜片单元中索的振动，表明了结构的强柔性与强非线性的特性。

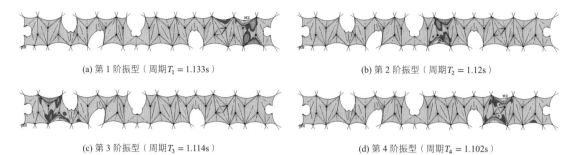

(a) 第 1 阶振型（周期 $T_1 = 1.133s$）   (b) 第 2 阶振型（周期 $T_2 = 1.12s$）

(c) 第 3 阶振型（周期 $T_3 = 1.114s$）   (d) 第 4 阶振型（周期 $T_4 = 1.102s$）

图 12.3-16　结构前 4 阶振型图

（2）长期荷载组合下膜面应力和位移（工况 2）

膜面经向应力最大值（图 12.3-17），ANSYS 计算中出现在 SV2 阳光谷附近索边一个膜片计算单元上，为 26.02kN/m；Easy 计算中出现在 SV1 阳光谷附近平坦膜处索边一个膜片计算单元上，为 25.3kN/m。三角形膜单元中，经向应力一般由高至低、由高处索边往低处膜面，逐渐减小。

纬向应力最大值（图 12.3-18）出现在阳光谷 SV4 附近索边一个膜片计算单元上，为 20.5kN/m（Easy）。三角形膜单元中，向下荷载引起离下拉环一定距离处膜面纬向应力的增大。

膜面最大向下位移出现在阳光谷 SV4 附近面积较大的两片膜面上，最大值为 1.9m（ANSYS）、2.46m（Easy）（图 12.3-18）。索膜顶棚两端 4 片四边形膜较为平坦，位移较大，为 2m（Easy）。

世博轴膜结构中膜焊缝主要沿经向放射形布置，传递环向应力。相对于焊缝的布置方式，膜结构的经向强度受膜材强度控制，膜材强度与长期荷载组合的次最大应力的比值为 8.4（单层膜）；纬向强度受焊缝强度控制，膜材强度与长期荷载组合的次最大应力的比值为 8.6（单层膜），可见膜材在长期荷载组合下具有一定的安全储备。

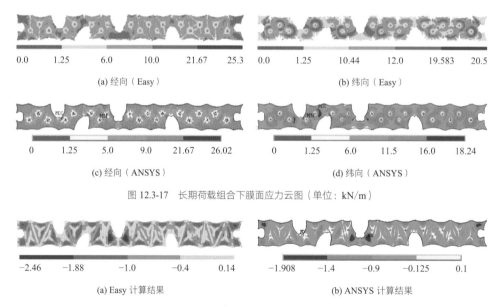

| 0.0 | 1.25 | 6.0 | 10.0 | 21.67 | 25.3 |

(a) 经向（Easy）

| 0.0 | 1.25 | 10.44 | 12.0 | 19.583 | 20.5 |

(b) 纬向（Easy）

| 0 | 1.25 | 5.0 | 9.0 | 21.67 | 26.02 |

(c) 经向（ANSYS）

| 0 | 1.25 | 6.0 | 11.5 | 16.0 | 18.24 |

(d) 纬向（ANSYS）

图 12.3-17　长期荷载组合下膜面应力云图（单位：kN/m）

| −2.46 | −1.88 | −1.0 | −0.4 | 0.14 |

(a) Easy 计算结果

| −1.908 | −1.4 | −0.9 | −0.125 | 0.1 |

(b) ANSYS 计算结果

图 12.3-18　长期荷载组合下膜面位移图（单位：m）

（3）短期荷载组合下膜面应力和位移

根据风洞试验得出的风荷载图，迎风面的膜面上承受向上的荷载，背风向的膜面上承受向下的荷载。膜面上下位移较大处均出现在边索支承的膜片单元上及两端阳光谷 SV1、SV6 旁的 4 片平坦膜上（图 12.3-19）。三角形膜单元中，膜面最大向上位移出现在迎风面与边索相连的膜片中偏上部位，膜面最大向下位移出现在背风向与边索相连的膜偏上部位。这些膜片单元都是膜面受风面积较大的区域，且刚度较弱,故位移较大。

三角形膜单元的周边支座为下拉环和索,下拉环相对索来说更接近于刚性支座且该处膜边界尺寸较小,同样的支座反力引起的应力大于膜边界尺寸较大位置的膜面应力,在上吸风作用下,易引起下拉环附近膜面经向应力的增大;在下压风作用下,离下拉环一定距离处膜面产生"环箍"效应以抵抗下压风,该处膜面环向应力增大(图 12.3-20)。

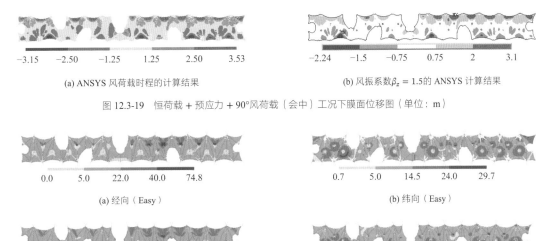

−3.15　−2.50　−1.25　1.25　2.50　3.53	−2.24　−1.5　−0.75　0.75　2　3.1
(a) ANSYS 风荷载时程的计算结果	(b) 风振系数 $\beta_z = 1.5$ 的 ANSYS 计算结果

图 12.3-19　恒荷载 + 预应力 + 90°风荷载(会中)工况下膜面位移图(单位:m)

0.0　5.0　22.0　40.0　74.8	0.7　5.0　14.5　24.0　29.7
(a) 经向(Easy)	(b) 纬向(Easy)
0.0　5.0　22.0　40.0　64.14	0.45　5.0　17.0　33.0　55.66
(c) 经向(ANSYS 风荷载时程)	(d) 纬向(ANSYS 风荷载时程)

图 12.3-20　膜面应力分布图[恒荷载 + 预应力 + 90°风荷载(会中)](单位:kN/m)

计算结果表明,在短期荷载组合时,90°、225°、270°风荷载作用下,膜面会出现较大的应力。膜面经向应力较大区域主要集中在拉到内桅杆上的下拉环附近,在吊点处有应力集中现象,对以上区域采用了双层膜加强,双层膜强度可以达到单层膜的 1.8 倍。单层和双层膜区域,材料强度与短期荷载组合的最大应力的比值在 4~5(图 12.3-21、图 12.3-22)。

膜面最大向上位移为 4.16m,扣除相应位置索变形引起的膜面位移 2.69m,膜面相对位移约为 1/18;膜面最大向下位移为 3.78m,扣除相应位置索变形引起的膜面位移 1.74m,膜面相对位移约为 1/18。

图 12.3-21　下拉点膜面焊接加强区域照片

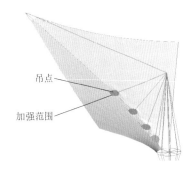

图 12.3-22　吊索点处膜加强图

采用 ANSYS 风荷载时程与风振系数 1.5 的计算结果比较,最大值均为风振系数 1.5 的计算结果,当风荷载时程的计算结果为最大值时,二者应力差值均在 3%以内。

世博轴索膜顶棚采用了连续张拉式结构体系,具有跨度大、位移大、几何非线性特征较强等特点,通过对膜材安全系数的取值、风致效应、膜面位移控制的取值方法等方面的研究和分析,明确了膜结构的设计原则。通过多个程序的计算分析比较,膜结构在长、短期荷载组合下的应力及变形满足设计要求,最大位移不影响建筑的使用功能。

12.4 专项设计

12.4.1 钢结构阳光谷

1. 考虑杆件连续破坏的钢结构整体稳定性研究

目前我国规范将构件的承载力和结构的整体稳定性各自进行校核，并不考虑构件和结构之间的耦合关系。结构设计中，通过非线性分析验算结构的整体稳定性，并不考虑在结构达到稳定承载力之前，构件存在失稳的可能性。所以，若将不考虑构件失稳的整体稳定承载力作为结构的极限承载力，实际上是偏不安全的。因此，尝试采用"杀死"失稳杆件的方法来考虑单杆失稳对结构极限承载力的影响。

以阳光谷 SV6 为例，最不利荷载工况为"恒荷载＋活荷载＋90°风荷载"，考虑 3 种缺陷，在结构整体失稳之前会发生单杆的失稳，分两个荷载步进行稳定分析，两个荷载步的分界点为结构即将发生单杆失稳的荷载系数。第一荷载步为结构未发生单杆失稳时的稳定分析；第二荷载步为考虑杆件发生失稳后的刚度退化的稳定分析，修改原模型，对结构加载分析过程中最先发生失稳的杆件进行"杀死"（刚度乘以极小数），以逐步确定结构由单杆的局部失稳到整体结构失稳的发展过程。按照结构单杆失稳的过程（表 12.4-1），把失稳杆件进行逐步"杀死"，模型 1"杀死"最先失稳的 4086 号杆件，在第一子步中有 4 根杆件进一步发生平面外的失稳；模型 2"杀死"接着失稳的 5 根杆件，进一步有 13 根杆件失稳；模型 3"杀死"首先失稳的 18 根杆件，再次得到下一步首先失稳的 25 根杆件；由此类推，模型 4"杀死"最先失稳的 43 根杆件。模型 1～模型 4 分析模型见图 12.4-1，图中红色杆件为"杀死"单元。可见这些杆件都是结构底部附近的竖向杆件，这些杆件退出工作后，原来的三角形网格变成了菱形网格，采用刚接节点时结构体系仍然成立。

对各模型进行双重非线性分析，引入以一阶弹性屈曲模态分布的初始缺陷，缺陷幅值取 40cm，荷载-位移全过程曲线见图 12.4-2。分析表明，在有 18 根杆件完全退出工作的情况下，结构的稳定承载力为原结构的 73.5%；在有 43 根杆件完全退出工作的情况下，结构的稳定承载力为原结构的 55.1%。因此，个别杆件的失稳并不会导致结构整体承载力的迅速下降，整体结构具有良好的承载性能。

SV6 在不同缺陷下的单杆失稳   表 12.4-1

缺陷形式	整体稳定荷载系数	杆件开始失稳荷载系数	杆件失稳单元	强度验算压应力/MPa	稳定验算应力弱轴/强轴/MPa
无缺陷	4.64	1.88	4086 单元	135	311/175
缺陷幅值 20mm	3.96	1.56	4086 单元	144	310/180
缺陷幅值 40mm	3.48	1.43	4086 单元	146	312/182

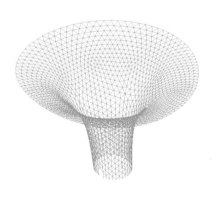
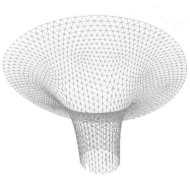

(a) 模型 1   (b) 模型 2

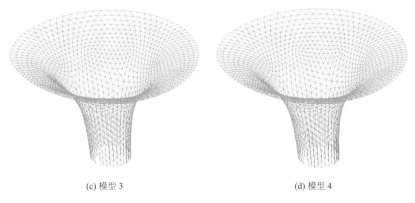

(c) 模型3　　　　　　　　　　　　　(d) 模型4

图 12.4-1　SV6 考虑单杆失稳退出工作的分析模型

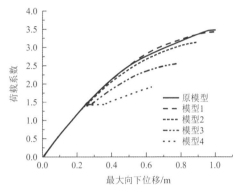

图 12.4-2　SV6 考虑单杆失稳退出工作的非线性分析结果

2．矩形杆件偏心对阳光谷受力性能的影响分析

整体结构分析模型是假定所有杆件的轴线位于中心线上，但杆件高度是不同的，将杆件外表面平移至玻璃面一侧后，实际杆件与理论计算就会出现偏心距，结构的承载力和整体稳定都需要考虑及复核由于偏心距引起的不利影响。

1）建立考虑偏心的实体计算模型

找形的过程：计算模型中 6 根相交杆件轴心中心线的交点→按 6 个面的法线合成矢量方向向外向上平移 90mm，找到杆件表面中心线的交点→将新的交点相连，形成杆件表面中心线→根据不同截面的高度找到杆件表面中心线的建筑模型，两种模型的比较见图 12.4-3。

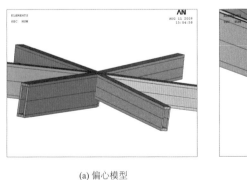

(a) 偏心模型　　　　　　　　　　　(b) 无偏心简化模型

图 12.4-3　两种模型的比较

2）偏心模型与无偏心简化模型整体分析比较

（1）两种模型在恒荷载和活荷载下的基底反力相差非常小（差别小于 0.1%），说明偏心对模型几何外形的影响非常小。

（2）因为阳光谷杆件主要受单杆稳定控制，而影响稳定的主要因素是杆件的轴力，偏心对最大杆件轴力的影响在4%以下，因此可以认为采用轴线模型进行结构设计的精度满足工程要求。

（3）虽然两种模型的最大杆件剪力和弯矩的偏差接近20%，差别较大，但是剪力和弯矩并不是控制结构设计的主要因素。

（4）由于偏心模型采用"小短梁"技巧将分散的杆件汇交于一点，从两种模型的最大位移差别（恒荷载7%、活荷载5%）可以看出，偏心模型的刚度略小于轴线模型。

（5）通过SV3和SV6阳光谷弹塑性非线性稳定性分析，杆件偏心对结构的稳定承载力几乎没有影响。这是由于阳光谷钢结构的大部分杆件具有相同的截面高度（180mm），截面高度改变的杆件主要集中于索拉点附近的局部区域，这些局部杆件的偏心对整体结构的受力性能并不会产生明显影响。

3．钢结构阳光谷新型钢管相贯节点的设计研究

由于阳光谷网壳杆件采用的是矩形截面空心焊接钢管，其杆件在曲面内采用宽度较小的一面，整体上给人有轻盈、通透的感觉。但在相交节点处有多根杆件汇交（一般为6根杆件，最多处有8根杆件），在确保刚度的同时要追求外观流畅无痕，经过研究分析，阳光谷结构采用了一种新颖的空间多向矩形钢管相贯连接节点结构形式，在节点区域只将所有杆件的上下翼缘钢板贯通，而杆件的腹板则仅主方向连续，其他方向的腹板不连续；在节点区中央设置的一块加劲钢板，将多向杆件中受力最大的两根杆件的腹板与加劲钢板通过角焊缝的焊接形式连接，上下翼缘钢板则等强焊接，保证节点区域的结构刚度（图12.4-4）。该结构形式在国内首次研发和运用，为将来类似钢结构的节点设计和制作建造提供可靠技术支撑。

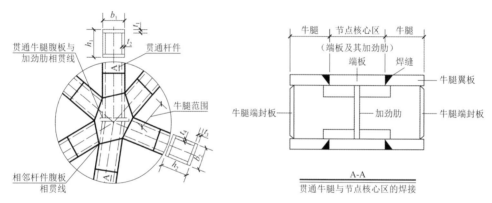

图12.4-4 节点区构造

4．阳光谷钢结构节点制作工艺的数字化研究

阳光谷杆件为箱形截面，宽度仅为180mm，属于精细钢结构，6个阳光谷共有1万多个节点，由于是异形曲面，几乎没有两个完全相同的节点，为确保现场安装控制及建成后的外观效果，需要有较高的制作精度。华东建筑设计研究院有限公司与同济大学、上海建工集团携手研发了机对机（CAD to CAM）全自动数控技术，实现了数字化、智能化制造。采用CAD/CAM技术，实现钢结构节点模板的参数化、分析处理，实现自动三维建模，自动生成钢结构构件深化加工图和各种材料统计清单，输出至Excel提供给企业管理软件，集成钢结构加工的信息（图12.4-5）。采用专用机器人技术进行数控切割（图12.4-6），专用数控转台铣进行节点精确加工，完成相贯节点的数字化制作（图12.4-7）。显著提高加工精度，合格率达到98%，更有利于结构安全和建筑美观。

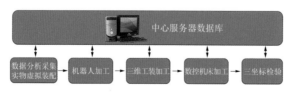

图12.4-5 数字化阳光谷节点制作加工过程

图 12.4-6　5 个自由度混联机器人相贯面切割　　　　图 12.4-7　数字化相贯节点

12.4.2　索膜结构

1. 张拉式索膜结构局部倒塌分析

张拉式索膜结构设计中应避免连续倒塌，《欧洲张力薄膜结构设计指南》中将其考虑为一种附加荷载工况，需要研究索膜结构的防倒塌性能。在局部 2 根背索破坏，相应的 1 根外桅杆失效，1 片或 2 片附近膜片失效的情况下，计算分析了整体结构在恒荷载 + 预拉力 + 风荷载（90°风向角）工况下的膜面和索的应力及变形。

由图 12.4-8～图 12.4-11 可见，1 号节点（桅杆）处 2 根背索破坏后，与该点处的膜相连的索内力有较大变化，其中以与之相连的短谷索内力变化最为强烈，由 139kN 增加到 527kN；相邻的桅杆背索内力变化也较大（由 2774kN 增进到 4010kN），但都未达到索的破断力。48 号节点（桅杆）处 2 根外桅杆背索破坏后，与之相邻的索内力有较大变化，其中边索内力由 857kN 增加到 1245kN，但都未达到索的破断力；其他部分索都有松弛现象，内力大幅度减小。索膜结构在上述两种情况下均未发生连续失效。邻近失效区域的膜面发生松弛，相邻的部分膜面应力则会增大，但未超过膜材的极限强度。

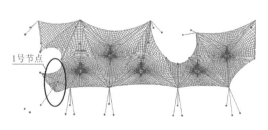
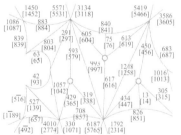

(a) 1 号节点处背索破坏后膜变形　　　　(b) 1 号节点背索破坏后索内力分析（kN）

图 12.4-8　1 号节点背索破坏后的索内力

注：[ ]内的数值为索破坏前的内力值，"-" 表示该处索松弛。

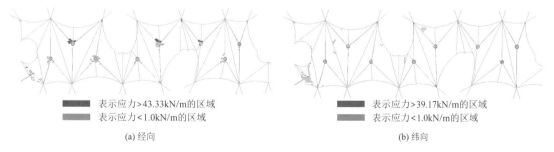

表示应力>43.33kN/m的区域　　　　表示应力>39.17kN/m的区域
表示应力<1.0kN/m的区域　　　　　表示应力<1.0kN/m的区域

(a) 经向　　　　　　　　　　　　　(b) 纬向

图 12.4-9　1 号节点背索破坏后膜面应力

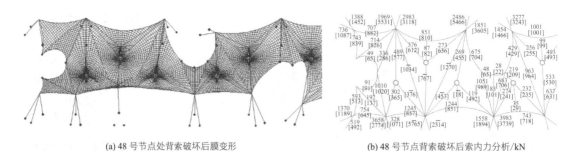

(a) 48 号节点处背索破坏后膜变形   (b) 48 号节点背索破坏后索内力分析/kN

图 12.4-10 48 号节点背索破坏后的索内力

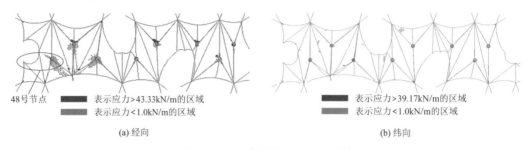

48号节点 ▬ 表示应力>43.33kN/m的区域   ▬ 表示应力>39.17kN/m的区域
        ▬ 表示应力<1.0kN/m的区域   ▬ 表示应力<1.0kN/m的区域

(a) 经向   (b) 纬向

图 12.4-11 48 号节点背索破坏后膜面应力

2. 索膜结构的施工技术路线

顶棚膜结构的施工分为两部分，首先是结构支点索桅体系的建立，然后才是膜面张拉。施工第一步是：内外桅杆→水平索→背索→临时缆索，这个阶段索力比结构恒荷载时低，满足施工阶段结构稳定要求，背索的最大值为 3300kN（小于结构恒荷载时的 5000kN）。

施工的第二步是膜面系统张拉，利用可调节的膜节点沿膜边界张拉膜面，先沿脊索和谷索初步张拉，再沿下环完成最后张拉；过程中确保膜面应力和膜面索内力同步增长至设计要求的预应力水平，膜面的张力通过索传递到各个支点，与第一阶段时的各索力叠加，这些结构索力最终达到结构恒荷载时的内力水平，同时确保各支点的位移与结构恒荷载时吻合。

世博轴膜面设计初始预应力为 5kN/m，膜面裁剪需要考虑膜材张拉后的补偿率，首先是通过双轴拉伸试验确定基本补偿率，然后综合膜材的蠕变和松弛等因素适当放大，确定最终 3.5% 裁剪补偿率。由于膜面沿着纬向张拉后，尺寸变化较大，不能通过钢索的张拉消除，因此膜面裁剪必须沿着经向，放射形布置的膜面两两相对，张拉后裁剪缝需对齐一致，符合建筑外观美学要求（图 12.4-12）。

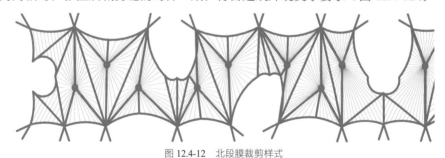

图 12.4-12 北段膜裁剪样式

12.5 试验研究

12.5.1 钢结构阳光谷节点试验

每个阳光谷空间关系复杂，杆件之间夹角均不同，若采用常规的反力架，每一个试验节点都需要一个专门的反力架，设置不同空间位置的牛腿以适应不同方向杆件的加载要求，这无疑十分不便。本次试验在浙江大学结构实验室"空间结构大型节点试验全方位加载装置"上进行，图12.5-1所示为该装置的全景照片，可实现空间节点的全方位自动加载。

将一根杆件与顶部固定主油缸通过螺栓相连，由主油缸对其加载；与其对应的下方杆件则通过焊缝与反力架内的底部支座连接，作为试验节点的固定约束端；其余4根杆件分别由4个活动油缸移动至合适位置就位后，由活动油缸加载。活动油缸可灵活适应不同方向杆件的加载要求，加载试验十分方便，各杆件根据设计荷载进行分级加载，直到试件达到极限荷载而破坏为止。

每个阳光谷选择受力最不利杆件相连的节点进行试验，每根杆件都承受轴力、弯矩、剪力和扭矩的共同作用，但轴力是占主要地位的内力，两个方向的弯矩其次，扭矩及剪力的影响很小，可以忽略。因此在本次试验中仅施加轴力，轴力大小则根据轴力产生的应力占总应力的比例进行调整放大，保证试验中的杆件最大应力与实际结构基本一致。以SV3阳光谷为例，分别对阳光谷1、3、4中选取4个节点，共12组试件进行试验。图12.5-2为SV3的试验节点。

图12.5-1　试验装置全景照片　　　　图12.5-2　SV3-151

试验结果表明，12组试件中，有8组试件试验破坏荷载系数（试验破坏荷载与设计荷载的比值）为1.4～2.72，均为杆件失稳破坏，同时节点部分区域已进入塑性，但节点核心区总体而言具有较大的刚度，试验结束后并没有出现肉眼可见的明显变形，节点与杆件间的连接焊缝也均未发生破坏，节点尚可继续承载。有4组试件的设计荷载较大，在杆端所加荷载达到设计荷载的2.00倍、1.99倍、2.30倍时，由于加载设备能力所限，为确保试验安全而没有继续加载，加载结束时，试件局部塑性发展已十分显著，但试件的杆件及节点区均未出现明显变形，试件尚可继续承载。试验表明，阳光谷节点的构造完全符合强节点的设计要求。

12.5.2　索膜结构1∶40模型试验

为了验证建筑形状设计的合理性，分析施工的可行性，以及分析整体结构的防连续倒塌的性能，委托同济大学进行了1∶40几何比例制作的缩尺模型，进行施工及破坏试验，见图12.5-3。

试验结果表明：（1）建筑形状小部分平坦，需在相应位置增加雨水溢流口；（2）施工可行；（3）本结构为超静定结构，局部背索破坏不会引起结构连续性倒塌，仅在破坏位置附近产生较明显的内力重分布，远处构件受影响较小。

(a) 整体模型

<table>
<tr><td>(b) 一根索破坏，桅杆不倒塌，内力重分布</td><td>(c) 两根索破坏，单根桅杆倒塌</td></tr>
</table>

图 12.5-3 模型试验

12.5.3 外桅杆试验

索膜结构的高处支点由高点外桅杆和背索构成，低处支点由内桅杆、低点外桅杆和背索、与阳光谷的连接点构成。内外桅杆、背索支点、与阳光谷的连接点成为了整个结构的支座体系，有效传递着结构的内力，节点构造不仅要满足自身的受力要求，而且必须符合整体结构变形，外形还需满足建筑美观。本工程的关键节点设计充分结合了世博轴索膜顶棚跨度大、位移大、几何非线性特征较强等特点，研究创新了一系列的节点构造，采用有限元进行细部计算分析，并由结构试验论证，使这些构件与节点构造合理、安全、美观、经济。

外桅杆柱为由 3 根弧形钢管组成的梭形柱，钢管之间采用横向钢板连接（图 12.5-4）。根据长度，外桅杆主要分为长桅杆与短桅杆两种。短桅杆总长约 17m，主要布置于阳光谷附近；长桅杆总长约 35m 或 38m。根据桅杆的理论计算分析，确定长、短桅杆的截面尺寸，短桅杆为足尺比例，长桅杆为 1 : 2 的比例，图 12.5-5 为桅杆现场试验照片。

短桅杆（长 17m，支管截面 245mm × 20mm）的极限承载力为 12890kN，为设计荷载（5010kN）的 2.57 倍，非常接近理论分析的极限承载力（12850kN）（图 12.5-6）。长桅杆缩尺模型（长 17.86m，支管截面 194mm × 20mm）试验得极限承载力为 7210kN，为设计荷载（5419kN）的 1.1 倍，相比理论分析的极限承载力（5985kN）偏大（图 12.5-7）。

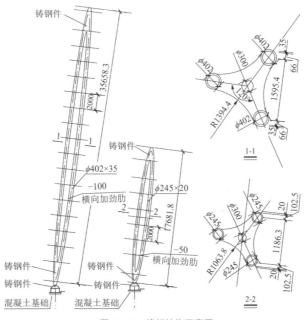

图 12.5-4 桅杆结构示意图

图 12.5-5 外桅杆试验

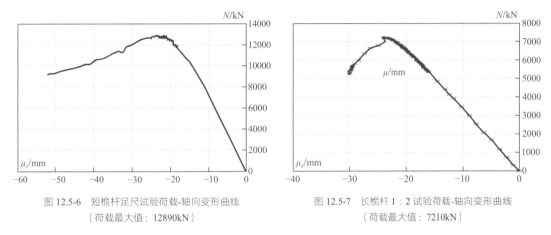

图 12.5-6 短桅杆足尺试验荷载-轴向变形曲线
（荷载最大值：12890kN）

图 12.5-7 长桅杆 1∶2 试验荷载-轴向变形曲线
（荷载最大值：7210kN）

综合理论计算和试验结果分析，外桅杆的尺寸和构造满足结构安全和建筑美观。

12.5.4 双层膜片的足尺试验

世博轴膜结构在内桅杆上的下拉环和吊索处采用双层膜，这种双层膜的工艺之前没有先例，在理想条件下，双层膜单轴强度应为单层膜单轴强度的 2 倍，但是由于膜面是三向曲面的，两层膜面热合弯曲后，上下层的平面长度会略产生差异，在双轴受力条件下，双层膜是否协同工作，强度能否是单层膜的 2 倍，这些都需要通过试验获得验证。采用单层和双层膜足尺堆载试验进行对比，通过最终的承载力来验证双层膜制作工艺和索膜连接夹具的构造。试验分别进行相同单元尺度下，单层膜片和双层膜片的逐层加载，见图 12.5-8、图 12.5-9，结构最终破坏时的荷载单层膜片约为 15t，双层膜片约为 33t，破坏均表现为膜布的突然整体断裂，满足双层膜强度是单层膜强度 1.8 倍的设计要求。

图 12.5-8 双层膜足尺试验

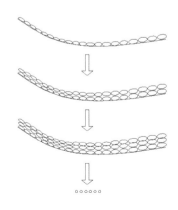

图 12.5-9 试验逐层加载

世博轴膜结构采用的是强度等级最高的 A 级膜，在国内膜结构工程中还未有先例。无论是单层膜还是双层膜，其与索连接的夹具强度和可靠性都需要满足设计要求，特别是针对双层膜，在原有节点基础上进行了创新设计（图 12.5-10），并提前进行多次节点加载试验，与双层膜强度匹配。最终的足尺试验也验证了索膜连接的夹具满足节点强度强于构件强度的设计要求。

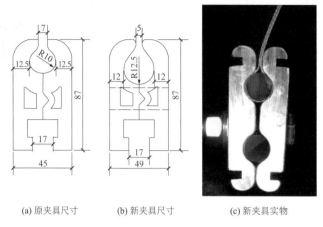

(a) 原夹具尺寸　　　(b) 新夹具尺寸　　　(c) 新夹具实物

图 12.5-10　索膜连接夹具新老对比图

12.6　结构监测

12.6.1　2010 年世博会期间的健康监测

由于顶棚索膜结构是一种特殊的结构体系，其材料属性有较大的离散性、设计条件和实际结构可能存在较大的差异、索膜控制预应力理论计算与实际可能会有一定偏差。在施工过程中虽然严格控制偏差，确保结构实际达到的目标与设计目标尽可能地一致或接近，但由于索和膜存在一定的张力松弛和性能徐变等特性，即使施工完全实现设计目标，也不能确保结构在使用一定阶段后，其性能依旧符合设计要求。因此屋顶结构需进行长期的常规检查和维护，一旦结构出现预应力松弛现象，或应变超出设计范围，需要及时分析原因，采取措施，消除结构隐患。本工程竣工投入使用后，委托同济大学新型结构研究室进行建筑物的健康监测，在使用阶段定期监测结构应力应变，保证结构的安全可靠。

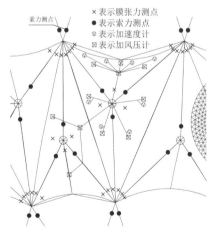

图 12.6-1　健康监测测点布置图

健康监测内容包括：（1）拉索索力的测量和实时监控；（2）局部膜面的预应力测量；（3）阳光谷钢结构应力的测量；（4）桅杆顶端的几何变形监测；（5）索膜结构下拉点区域钢拉杆拉力的测量和实时监控；（6）一片膜面的结构风效应即膜面风压、膜面风振的实时监测（图 12.6-1）；（7）视频监控。

健康监测年限为 3 年，以结构验收通过之日开始计算。第一年，监测频率定为每年 12 次，即每月一次。第二年和第三年，监测频率定为每年 4 次，即每季一次。在台风、降雪等特殊天气时，对结构进行时时监测。

经过为期 3 年的健康监测，索膜顶棚和阳光谷应力应变基本符合设计要求，整体结构稳定。

（1）膜结构索力基本为设计索力的 95%～150%，未发现较大的突变或松弛；膜面张力基本在 4～6kN/m 之间，角部节点处膜面张力偏大，局部点达到 8～10kN/m，靠近阳光谷下拉点处的膜面则膜面张力偏小，局部点达到 4kN/m 左右。

（2）阳光谷钢结构构件应力绝对值最大不超过 200MPa，应力未达到屈服应力。

（3）内外桅杆的顶部变形均没有发生较大的突变，在设计控制要求内。

12.6.2　2017 年、2019 年顶棚全面监测及修复

世博轴索膜顶棚 2009 年张拉成型，距今经历了近 10 年的台风暴雨、严寒降雪等恶劣天气，通过这些年的观察，索膜顶棚在一般台风荷载作用下（6～8 次），位移并不明显，出现的预应力松弛现象在可接受范围内；但是由于膜面积水、强风、冰雪等作用使膜材产生变形、松弛，膜面出现小变形和小裂缝，在角部节点区局部发生膜布脱落、撕裂，夹具拉开等现象。为此，在 2017 年和 2019 年，对顶棚进行了全面的检测和结构安全性能复核评估。

经检测发现，局部膜面有不同程度的损伤，大部分测点的索力与理论值的比值在 0.85～0.91 之间，索力下降；膜面应力也有所下降，由原来的 5.0MPa 下降至 2.0～5.0MPa；外桅杆的顶部实测坐标与设计值相比有一定的位移，最大位移 0.201m；桅杆对接焊缝质量合格，均无异常，基础抗拔锚未见脱出，工作状态良好。采用原计算模型复核，将控制初始状态膜面应力由原设计的 5MPa 调整为 3MPa，经计算，膜面经向平均应力是 3.167MPa；纬向平均应力是 3.329MPa，与实际检测值相符。但有极少部分应力超出膜材强度设计值的现象，面积范围分别为 1.58% 和 0.08%，主要集中在索膜连接处需进行膜面补强。

在第一类荷载组合下，膜面向下最大位移为 1.97m，向下最大相对位移是 1/36，膜面相对位移满足规范要求。对于第二类荷载组合，膜面向下最大位移为 3.07m，向下最大相对位移是 1/23；向上最大位移为 3.32m，向上最大相对位移 1/17。局部膜面相对位移均满足规范要求的相对位移小于 1/15 的要求。

外桅杆顶点，在第二类荷载效应组合下，桅杆顶点位移值不宜大于桅杆长度的 1/250，桅杆的位移基本满足，但有一个外桅杆点在 225° 风荷载作用下，为 1/205，有一个内桅杆最大相对位移是 1/118，超过了规范要求的相对位移小于 1/250，分析认为是膜面应力减小造成的内桅杆变形变化略有增大。

经过这两次的检测评估和修复，世博轴顶棚处于正常使用状态，建议使用单位应按膜顶棚的养护手册进行维护，对出现膜面角部开裂部位、膜面破损部位应进行及时修补，委托专业单位每年对膜面进行一次例行检查和膜面定期清洗。在强风、冰雹、暴雨和大雪等恶劣天气过程中及过程后，对膜面、夹具、索、螺栓等构件进行及时检查，及时发现膜面出现破损、积水、夹具脱落、螺栓松弛等情况，并进行修补。定期排查阳光谷钢构件、焊缝锈蚀情况，尤其是底部可能积水区域，对钢结构杆件、焊缝及时进行防腐涂装和面漆修复。定期排查玻璃幕墙损伤情况，对破损的玻璃、夹胶进行及时更换和修补。

12.7　结语

世博轴及地下综合体工程是 2010 年上海世博会园区标志性建筑，其屋顶体系由索膜顶棚结构和阳光谷钢结构组成。本章分别介绍了索膜顶棚结构和阳光谷钢结构的各自特点。对索膜结构，阐述了设计中膜材的安全系数取值、风荷载取值、膜面应力位移分析、防连续倒塌分析及地震作用的考虑等内容；对阳光谷钢结构，简述了阳光谷钢结构的整体受力、变形特点、节点创新设计。大跨度柔性张拉结构的索膜顶棚和大跨度单层网壳结构的阳光谷均满足设计要求。

（1）阳光谷结构为由单层三角形网格构成的自由曲面钢结构体系，在同类结构体系中，其整体尺度及悬挑尺度在国内外均首屈一指。风荷载为主要控制荷载，结构具有中震弹性的良好抗震性能。整体稳定性分析中首次考虑失稳杆件退出工作对结构极限承载力的影响，突破现有设计规范对整体稳定性的分析方法，为完善相关规范提供依据，为类似结构的分析设计提供有益参考。阳光谷建筑外观流畅简洁，

晶莹剔透，网壳杆件采用的是矩形截面空心焊接钢管，其杆件在曲面内采用宽度较小的一面，整体上给人有轻盈、通透的感觉；阳光谷的节点构造形式无论是理论分析还是构造设计，国内外属首次研发。

（2）本项目索膜结构具有跨度大、位移大、几何非线性特征较强等特点，计算工况主要为风荷载控制，在极端风荷载作用下结构的强度能满足规范要求，位移也不会影响建筑的使用功能；当桅杆局部发生倒塌时，只会影响相邻的膜面，不会发生膜结构的连续破坏；本项目探讨了多国索膜结构设计规范，对关键技术问题进行深入研究，进行了一系列膜结构的试验和测试，为世博轴超大规模索膜结构的分析设计提供科学依据与理论保障，为发展与完善国内的索膜结构设计规范、验收标准、施工控制提供了可靠依据，为类似结构的建造提供技术支持。

12.8 延伸阅读

扫码查看项目照片、动画。

参考资料

[1] 福斯特, 莫莱尔特. 欧洲张力薄膜结构设计指南[M] 杨庆山, 姜忆南, 译.北京: 机械工业出版社, 2006.

[2] 膜構造の建築物・膜材料等の技術基準及び同解説[S]. (社) 日本膜構造協会, 1996.

[3] 张其林. 索和膜结构[M] 上海: 同济大学出版社, 2005.

[4] 世博轴及地下综合体工程抗风研究风洞试验和响应计算报告[R]. 上海: 同济大学土木工程防灾国家重点实验室, 2007.

[5] 汪大绥, 张伟育, 方卫, 等. 世博轴大跨度索膜结构设计与研究[J]. 建筑结构学报, 2010, 31(5): 1-12.

[6] 汪大绥, 卢旦, 李承铭. 世博轴索膜结构方案演变与结构参数分析[J]. 建筑结构学报, 2010, 31(5): 13-19.

[7] 汪大绥, 方卫, 张伟育, 等. 世博轴阳光谷钢结构的设计与研究[J]. 建筑结构学报, 2010, 31(5): 20-26.

[8] 赵阳, 田伟, 苏亮, 等. 世博轴阳光谷钢结构稳定性分析[J]. 建筑结构学报, 2010, 31(5): 27-33.

[9] 陈敏, 邢栋, 赵阳, 等. 世博轴阳光谷钢结构节点试验研究及有限元分析[J]. 建筑结构学, 2010, 31(5): 34-41.

[10] 田伟, 赵阳, 董石麟, 等. 考虑弯矩作用梭形钢格构柱稳定承载力非线性有限元分析[J]. 建筑结构学报, 2010, 31(5): 42-48.

[11] 汪大绥, 卢旦, 李承铭. 世博轴索膜结构风振响应数值模拟[J]. 建筑结构学报, 2010, 31(5): 49-54.

[12] 卢旦, 李承铭, 汪大绥, 等. 世博轴阳光谷一体化造型与优化设计研究[J]. 建筑结构学报, 2010, 31(5): 55-60.

[13] 王洪军, 张安安, 张皓涵, 等. 世博轴阳光谷单层网壳钢节点承载性能研究[J]. 施工技术, 2009, 38(8): 31-34.

[14] 杨晖柱, 常治国, 杨宗林, 等. 世博轴阳光谷钢结构 CAD/CAM 集成信息系统[J]. 施工技术, 2009, 38(8): 35-37+43.

[15] 张吉顺, 陈鲁, 张其林, 等. 上海世博会世博轴索膜结构张拉过程监测分析[J]. 施工技术, 2010, 39(2): 21-23.

[16] 陈鲁, 汤海林, 张其林, 等. 上海世博会世博轴膜结构屋面局部足尺试验研究[J]. 施工技术, 2009, 38(8): 25-27.

[17] 张伟育. 多国膜结构设计标准中膜材安全系数的探讨及在世博轴设计中的应有[J]. 空间结构, 2011, 17(3): 74-79.

[18] 方卫. 世博轴索膜结构的关键构件及节点设计[J]. 空间结构, 2011, 17(2): 76-83.

设计团队

结构设计单位: 华东建筑设计研究院有限公司（初步设计＋施工图设计）
　　　　　　　德国 Knippers Helbig 结构师事务所（方案设计）
　　　　　　　浙江大学, 同济大学（协助分析）

结构设计团队: 汪大绥, 张伟育, 方　卫, 高　超, 王洪军, 陈春晖, 丁生根, 王　荣, 李承铭, 卢　旦, 崔家春

执　笔　人: 方　卫, 张伟育

获奖信息

2011 年　第十届中国土木工程詹天佑大奖

2011 年　全国优秀工程勘察设计行业建筑工程一等奖

2011 年　第七届全国优秀建筑结构设计一等奖

2011 年　上海市优秀工程设计一等奖

2011 年　中国钢结构协会综合金奖

第13章

国家会展中心（上海）

13.1 工程概况

13.1.1 建筑概况

国家会展中心（上海）项目位于上海市虹桥商务区，总建筑面积约 147 万 m²，其中地上建筑面积 127 万 m²，地下建筑面积 20 万 m²，最大建筑高度 43m。国家会展中心（上海）可以提供 53 万 m² 的展览空间，其中包括 10 万 m² 室外展场，是世界上规模最大、最具竞争力的国际一流会展综合体之一。主体建筑已于 2014 年 10 月投入使用（图 13.1-1），截至 2022 年底，已承接展会 280 余次，包括中国国际进口博览会、中国国际工业博览会、CME 中国机床展、上海国际汽车工业展览会等，整体运营状况良好。

国家会展中心（上海）主体结构分为 14 个单体，通过防震缝脱开，各单体的位置及功能详见图 13.1-2 与表 13.1-1。其中，单体 A1、B1、C1、D1 为主展厅，展厅楼盖和屋面长度接近 330m；既有地铁 2 号线横穿整个项目基地（图 13.1-3），多个单体需要进行大跨度的转换以跨越地铁，结构设计和施工需满足地铁保护的要求。

图 13.1-1　国家会展中心（上海）建成照片

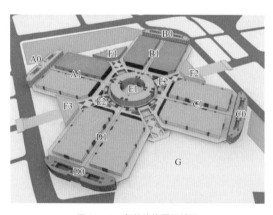

图 13.1-2　各单体位置及编号

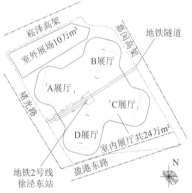

图 13.1-3　本工程位置与地铁 2 号线关系

国家会展中心（上海）各单体概况　　　　　　　　　　表 13.1-1

单体	功能	建筑面积/m²	楼层数	高度/m	结构体系
A1	单层＋双层展厅	17 万	地上 2 层，局部 7 层，无地下室	43	混凝土框架＋大跨钢结构屋面，展厅楼面采用双向大跨钢筋混凝土预应力楼面
B1	单层展厅	13 万	地上 1 层，局部 7 层，无地下室	43	
C1、D1	双层展厅	21 万×2	地上 2 层，局部 7 层，无地下室	43	
A0、B0、C0	办公楼	5.8 万×3	地下 1 层；地上 8 层	43	混凝土框架-剪力墙

单体	功能	建筑面积/m²	楼层数	高度/m	结构体系
D0	会议中心及酒店	6.8 万	地下 1 层；地上 11 层	43	混凝土框架-剪力墙
E1	商业中心	9.7 万	地下 1 层；地上 8 层	43	钢框架支撑筒体结构
E2	商业中心	9.5 万	地下 1 层；地上 6 层	34	钢框架支撑
F1	人行步道 + 单层小展厅	1.5 万	地上 1 层	34	钢框架 + 大跨度网架
F2	人行步道 + 双层小展厅	3.4 万	地上 5 层，无地下室	34	钢框架支撑 + 大跨度桁架
F3	人行步道 + 双层小展厅	3.4 万	地上 5 层，无地下室	34	钢框架 + 大跨度桁架
G	地下车库	13.6 万	地下 1 层；地上 1 层	34	混凝土框架

13.1.2　设计条件

本项目结构设计基准期取 50 年，结构使用年限为 50 年，耐久性设计取 100 年。单体 A1~D1、E1~E2、1~3 层建筑结构安全等级为一级，抗震设防分类为乙类，结构重要性系数取 1.1。单体 A0~D0、G 建筑结构安全等级为二级，抗震设防分类为丙类，结构重要性系数取 1.0。建筑抗震设防烈度为 7 度（0.1g），设计地震分组为第一组，设计特征周期为 0.9s，罕遇地震特征周期取 1.1s。场地特征类别为Ⅳ类，地面粗糙度为 B 类，基本风压为 0.55kN/m²。

13.2　建筑特点

13.2.1　跨越地铁区间和地铁车站

本项目单体 E1 位于地铁站上方，该车站为既有线路终点站，线路为东西走向，地下设备用房面积大，南北向长度达 78m（图 13.2-1）。出于地铁保护需要，结构转换柱离地铁结构需保持 3m 以上距离，因此东西两侧跨线转换跨度达 117m；首层南北向通道上方结构也需转换，转换跨度约 36m。转换结构沿建筑内、外立面布置，转换区域总面积达到了建筑平面面积的 60%。

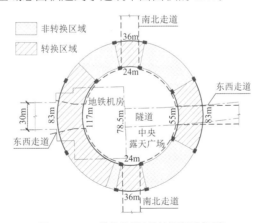

图 13.2-1　E1 单体跨越地铁站转换区域示意

13.2.2　超长、大跨、重荷载楼盖结构

大型博览会要求展厅楼盖结构具有超长、大跨度、重荷载以及高大空间等特点。此类楼盖体系的结

构布置形式、综合造价、施工可行性等相关问题有别于其他建筑类型楼盖，其占结构总造价比例远高于一般楼盖。本项目单体 A1、C1、D1 的二层展厅楼盖和屋面长度接近 330m，考虑到建筑布展的使用要求，未设置结构缝。展厅典型柱网为 36m×27m，且楼面使用活荷载达 15kN/m²。设计时考虑了超长结构存在的温度变化、混凝土收缩及徐变、地震多点输入、地震内力引起的偶然偏心与扭转等问题。

13.3 体系与分析

13.3.1 方案对比

1. 单体 E1 结构体系比选

方案阶段，针对结构的受力特点，就两种结构方案在水平荷载（地震）和竖向荷载作用下的受力特点、工作效率和施工可行性等进行了分析比较，为结构体系的选择提供依据。

方案 1 为钢框架-支撑筒结构方案（图 13.3-1，简称支撑筒方案，立面布置见图 13.3-3）。支承结构采用钢框架-支撑筒，有足够的双向抗弯刚度，以传递箱形曲梁传力的弯矩和扭矩。钢框架和支撑筒形成多道抗震防线，提供结构的抗侧刚度。

方案 2 为拱结构转换方案（图 13.3-2，简称拱方案，立面布置见图 13.3-4）。转换区竖向荷载由拱传给基础，通过预应力杆平衡拱底水平推力。钢框架和局部设置的钢支撑形成多道抗震防线，提供结构的抗侧刚度。

两种结构方案对比汇总见表 13.3-1，由于拱结构的传力路径单一，立面上拱的负担重，结构冗余度较框架支撑筒方案差，且需预应力张拉抵抗拱脚支座的水平推力，施工难度大。故虽然拱方案的转换效率比框架支撑筒方案高且经济性更好，但是综合比较，最终本工程的结构体系决定采用钢框架-支撑筒方案。

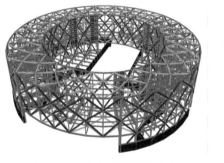
图 13.3-1 钢框架-支撑筒结构方案

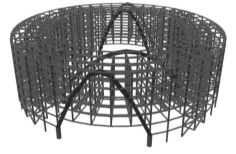
图 13.3-2 拱转换结构方案

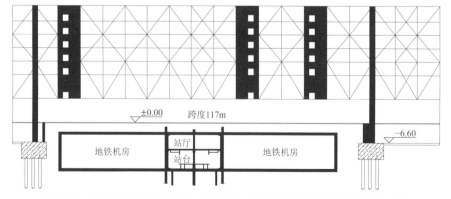
图 13.3-3 支撑筒方案立面布置示意（阴影部分为根据建筑门洞需要设置的钢板剪力墙）

经典回眸 华东建筑设计研究院有限公司篇

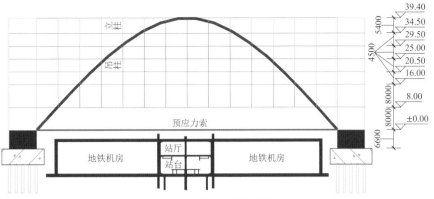

图 13.3-4　拱方案立面布置示意

E1 结构方案比较汇总表　　　　　　　　　　　　　　　　　　　表 13.3-1

	拱结构	钢框架-支撑筒结构
结构安全性	结构冗余度低	结构冗余度高
	广泛应用于桥梁结构；竖向荷载过分依赖两个拱承担；无多道抗震防线；防连续倒塌能力弱	超高层建筑结构常用结构体系；竖向荷载传力分散，相对均匀；具有多道传力途径和抗震防线；抗侧刚度及抗扭刚度较好；防连续倒塌能力弱
建筑使用功能适用性	对转换区立面门洞开设影响较小	对转换区立面门洞开设影响较大
	满足建筑平面布置要求；支座水平推力对地坪构造、使用要求高	满足建筑平面布置要求支座水平推力对地坪构造要求低
结构经济性	转换结构用钢量相对低	转换结构用钢量相对高（5%~10%）
	拱空间弯曲，以轴向压力为主，材料利用率高；充分利用结构高度，竖向刚度大；吊杆以拉力为主，材料充分利用	转换结构以受弯为主。支撑截面较大时附加弯矩较大，材料利用率相对较低；承重结构体系与抗侧体系相结合，抗侧效率高
施工可行性	拱脚推力大，曲线张拉技术要求高，施工难度大，风险控制难度大，支座承载力大，产品要求高；拱结构施工无脚手架，施工阶段结构稳定性差，施工组织方案要求高；施工精度要求高；钢管混凝土施工质量较难检测和保证；施工速度相对较快	可利用底部桁架形成施工平台，施工条件较好，精度易满足。支座推力相对小，可通过桩基抵抗；纯钢结构施工质量易控制；高空拼接节点数多，累计误差大，施工速度相对较慢

2.大跨、重载楼盖体系比选

对单体 A1、C1、D1 的主展厅二层楼面进行了钢桁架与预应力混凝土梁方案对比。图 13.3-5 为钢桁架楼盖立面图（次桁架间距为 9m）；预应力混凝土楼盖方案见图 13.3-6。预应力混凝土梁楼盖方案与钢桁架楼盖方案的自重、经济性、施工便利性、建筑净高影响等角度的优缺点对比见表 13.3-2，混凝土方案的主要优势在于经济性及施工技术的成熟度，钢桁架组合楼面则在施工便利性及自重方面优势较明显。考虑到本工程楼面结构面积超大，经济性要求高，因此最终选用预应力混凝土梁方案作为二层展厅的楼面结构形式。

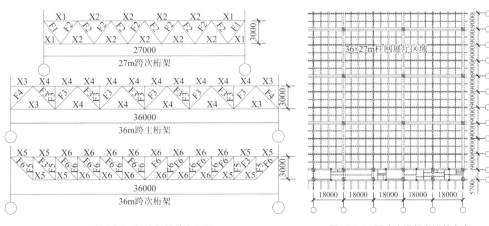

图 13.3-5　钢桁架楼盖立面图　　　　　　图 13.3-6　预应力混凝土楼盖方案

	预应力混凝土楼盖结构	钢桁架楼盖结构
结构自重	重量大，地震作用不利	较轻，楼面舒适度需满足要求
脚手架搭设	楼面高度 16m，脚手架要求高	钢结构楼面梁直接形成刚度，作为楼面模板
施工速度	脚手支模要求高，速度慢	现场吊装，施工速度快
综合造价	技术成熟，混凝土单价低，综合造价低，1700～2200 元/m²	钢结构综合造价高，2500～2800 元/m²
机电管道穿越	梁截面高对净高影响较大	组合楼面发挥混凝土作用，钢梁截面高度较低，对净高有利

13.3.2 结构布置

1. 基础布置

本工程采用桩基础，桩基平面布置及桩型详见图 13.3-7，桩基承载力见表 13.3-3。考虑到预制桩较钻孔灌注桩经济效益明显，成桩质量可控性好，施工工期短，在地铁保护线范围外，抗压桩采用预应力管桩，抗拔桩采用预制方桩；地铁保护线范围内抗拔桩与抗压桩均采用钻孔灌注桩。结合地铁运营保护要求进行桩基础的设计，严格控制主体结构的沉降变形对地铁隧道的影响。

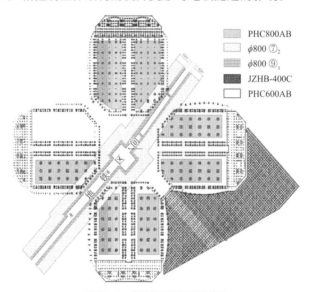

图例：
- PHC800AB
- φ800 ⑦₂
- φ800 ⑨₁
- JZHB-400C
- PHC600AB

图 13.3-7 桩基平面布置图及桩型

各桩型桩基承载力表   表 13.3-3

桩型	持力层	单桩抗压承载力特征值/kN	单桩抗拔承载力特征值/kN	适用范围
PHC600AB	⑦₂层	3000	—	A0～D0 A1～D1
PHC800AB	⑦₂层	4200	—	A1～D1
φ800 灌注桩短桩桩端后注浆	⑦₂层	3000 或 4000	1600	E1 地铁 10～50m
φ800 灌注桩长桩桩端后注浆	⑨₁层	3000	—	地铁 10m 内
JZHB-400C	⑤₃层	700	500	G 区地下室抗拔
φ600 灌注桩	⑤₃层	1000	500	E1 地下室抗拔
PHC300AB	⑤₃层	1000	—	展厅首层地面加固

2. 单体 C1 双层展厅结构布置

展厅 C1 与 D1 对称布置，结构体系与布置均完全一致，以下以展厅 C1 为例，进行结构体系说明。

展厅 C1 与周边通道、办公楼及中心圆环的地上混凝土结构均设置防震缝脱开，形成一个独立的结构单体，展厅纵向总长 297m，横向总宽 350m。展厅为双层展厅组合的大空间结构，底层为 36m×27m 柱网的大跨框架，二层为 54m 跨的无柱空间。典型柱截面为 1800mm×1800mm 和 1200mm×1800mm，主梁截面 2000mm×3000mm，井格次梁截面 600mm×2000mm，间距 4.5m。框架柱混凝土采用 C60，梁板采用 C40，其中主、次梁内均采用有粘结预应力混凝土。二层展厅以下柱位及夹层布置见图 13.3-8，楼面布置见图 13.3-9。

二层展厅以上柱位及夹层布置见图 13.3-10，展厅主桁架跨度 54m，采用多跨连续的大跨度空间管桁架结构，屋盖主桁架布置见图 13.3-11，展厅典型布置单元见图 13.3-12。屋盖两侧均有 20～40m 的大悬挑车道雨篷，通过内部的大跨度桁架与悬挑雨篷平衡，减小端部挠度；悬挑端部结合建筑外立面装饰柱设置抗风拉杆，减小雨篷吸风的不利影响。展厅结构的侧向刚度主要由下部混凝土结构提供，钢屋盖与混凝土结构柱顶采用弹性支座与滑动相结合的连接方式，有利于空间桁架的后期安装，以及钢屋盖与混凝土结构的分阶段施工。

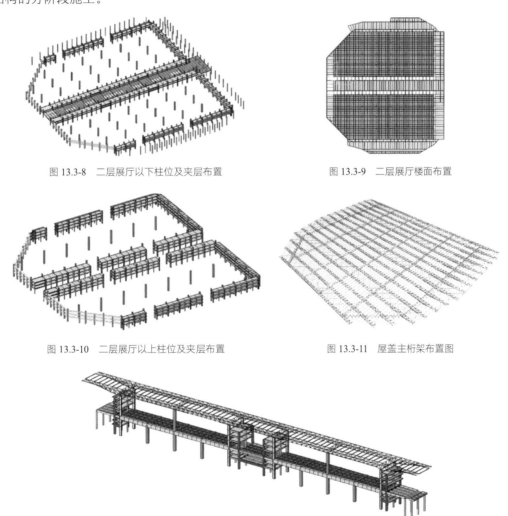

图 13.3-8　二层展厅以下柱位及夹层布置　　　　　图 13.3-9　二层展厅楼面布置

图 13.3-10　二层展厅以上柱位及夹层布置　　　　　图 13.3-11　屋盖主桁架布置图

图 13.3-12　展厅典型布置单元示意

3. 单体 E1 结构布置

单体 E1 中心圆楼采用钢框架-支撑筒结构体系［图 13.3-13（a）］，内、外圈钢框架-支撑形成支撑筒［图 13.3-13（b）］，与非转换区域的径向钢框架［图 13.3-13（c）］共同形成多道抗震防线。在转换区域，内、外圈环向桁架与 2 层和屋面层的楼面钢板加强组合楼板形成封闭的"箱形曲梁"，提供竖向和抗扭刚度，以传递竖向荷载，"箱形曲梁"的端弯矩和扭矩由转换区域两侧的支撑筒传给基础。框架柱采用箱形截面，典型截面尺寸 B700mm×26mm～600mm×22mm；框架梁采用 H 形截面，典型尺寸为 H700mm×300mm×13mm×24mm～H900mm×300mm×16mm×28mm；支撑筒斜杆采用箱形截面，截面尺寸 700mm×700mm，通过调整壁厚和材料强度来调整杆件承载力，截面尺寸范围为 B700mm×100mm～700mm×32mm，所采用的材料有 Q345GJ、Q390GJ 和 Q420GJ；内、外圈环向桁架上下弦杆（兼作楼面钢板加强组合楼板弦杆）尺寸同支撑筒斜杆，截面尺寸为 700mm×700mm，方便支撑筒斜杆与弦杆的连接，截面尺寸范围为 B700mm×80mm～700mm×32mm。

3 层内、外圈环向桁架之间设置径向转换桁架，转换其上楼层及吊挂 2 层，将 2～8 层荷载传给内、外圈环向桁架。径向转换桁架共 20 榀，高度 3.0m，跨度 28.5m，高跨比为 1/9.5。径向转换桁架采用 H 形截面。内、外圈支撑筒立面展开图见图 13.3-14。支撑杆件跨 2 层连续布置，支撑外皮与柱齐平，以实现建筑要求的立面效果，并方便幕墙结构的设计和安装。内圈斜撑与建筑门洞矛盾处设置钢板墙，钢板墙位于建筑造型之后，基本不影响建筑立面效果。

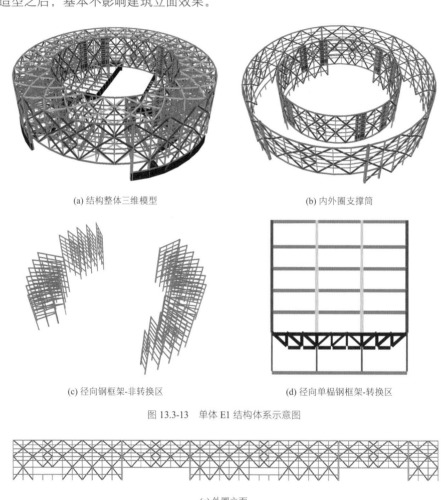

(a) 结构整体三维模型　　　　　　　　(b) 内外圈支撑筒

(c) 径向钢框架-非转换区　　　　　　　(d) 径向单榀钢框架-转换区

图 13.3-13　单体 E1 结构体系示意图

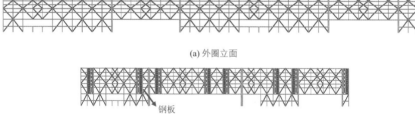

(a) 外圈立面

钢板

(b) 内圈立面

图 13.3-14　单体 E1 支撑筒立面展开图

13.3.3　性能目标

展厅 C1 存在屋盖跨度超限，同时还具有扭转位移比超限，判定为超限结构。按照规范相关要求进行性能设计，不同构件的性能目标见表 13.3-4。单体 E1 存在刚度突变、承载力突变和竖向构件不连续三项一般不规则超限，判定为超限结构。按照规范相关要求进行性能设计，不同构件的性能目标见表 13.3-5。

展厅 C1 性能化设计目标　　　　　　　　　　　　　　　　　　　　表 13.3-4

地震烈度		多遇地震	设防烈度地震	罕遇地震
抗震目标		不损坏	可修复损坏	无倒塌
层间位移角限值		$h/550$	$h/250$	$h/50$
框架柱	屋盖支承柱	弹性	弹性	形成塑性铰，中度损坏可修复，保证生命安全
	一般柱	弹性	—	形成塑性铰，中度损坏可修复，保证生命安全
框架梁		弹性	允许进入屈服	形成塑性铰，中度损坏可修复，保证生命安全
转换桁架及其支撑柱		弹性	弹性	不屈服
屋面主桁架		弹性	不屈服	形成塑性铰，中度损坏可修复，保证生命安全
其他构件		弹性	—	形成塑性铰，中度损坏可修复，保证生命安全

单体 E1 性能化设计目标　　　　　　　　　　　　　　　　　　　　表 13.3-5

地震烈度	多遇地震	设防烈度地震	罕遇地震
抗震目标	不损坏	可修复损坏	无倒塌
层间位移角限值	$h/250$	—	$h/50$
框架梁	弹性	允许进入屈服	形成塑性铰，中度损坏可修复，保证生命安全
框架柱	弹性	不屈服	形成塑性铰，中度损坏可修复，保证生命安全
非转换区域斜撑	弹性	不屈服	形成塑性铰，中度损坏可修复，保证生命安全
转换区域桁架弦杆和斜腹杆	弹性	弹性	不屈服
径向转换桁架	弹性	弹性	不屈服
节点	不先于构件破坏		

13.3.4　结构分析

1. 展厅 C1 结构分析

1）弹性分析结果

整体计算取承台顶作为上部结构的嵌固端，计算模型采用 ETABS 有限元计算软件，MIDAS 作为第二程序进行对比分析。计算模型中主要定义了竖向、水平荷载工况及温度工况。展厅整体结构按两层考虑，各设备辅助用房夹层不作为独立楼层。主要的弹性分析结果见表 13.3-6，两个程序计算结果比较接近，各项指标参数均满足规范要求。

2）动力弹塑性时程分析

分别采用 LS-DYNA 和 ABAQUS 进行结构的弹塑性时程分析，并考虑结构几何非线性、材料非线性和施工过程非线性，构件的弹塑性采用纤维单元模拟。

表 13.3-7 给出了 3 条时程波下结构的最大层间位移角，X 向为 1/90，Y 向为 1/95，均满足 1/50 的限值要求。图 13.3-15 给出了结构各部分在罕遇地震下的性能评价结果，16m 以下框架柱普遍出现塑性铰，柱脚处更明显，但塑性铰程度总体不高，满足"生命安全（LS）"水平。框架梁塑性铰程度总体较低，满足"生命安全（LS）"水平。钢屋盖总体处于弹性范围内，可满足"立即入住（IO）"水平。仅个别构件端部出现轻微的塑性，满足"生命安全（LS）"水平。

主要计算结果指标比较 表 13.3-6

计算程序			ETABS	MIDAS	规范要求	满足情况
上部结构总质量/t			367414	367409		
结构自振周期/s	屋盖振动	T_1	2.446（X）	2.440（X）		
		T_2	2.412（Y）	2.406（Y）		
		T_3	2.288（T）	2.278（T）		
		T_3/T_1	0.935	0.934		
	下部整体振动	T_1	1.002（Y）	1.011（Y）		
		T_2	0.952（X）	0.961（X）		
		T_3	0.903（T）	0.915（T）		
		T_3/T_1	0.9	0.9	不大于 0.9	满足
水平地震作用	X向	有效质量系数	92%	92%	>90%	满足
		基底剪力/kN 及剪重比	251769（6.85%）	256080（6.97%）	>1.60%	满足
		最大层间位移角	1/676	1/667	<1/550	满足
		规定水平力下最大楼层位移比	1.256	1.28	≤1.2	超限
		最小楼层抗剪承载力比	3.50	3.60	>0.8	满足
	Y向	有效质量系数	92%	92%	>90%	满足
		基底剪力/kN 及剪重比	241580（6.58%）	243990（6.64%）	>1.60%	满足
		最大层间位移角	1/640	1/605	<1/550	满足
		规定水平力下最大楼层位移比	1.14	1.16	≤1.2	满足
		最小楼层抗剪承载力比	3.38	3.26	>0.8	满足

时程波结构最大层间位移角 表 13.3-7

主向	地震波组	LS-DYNA	ABAQUS
X	SHW1	1/107	1/138
	SHW3	1/110	1/97
	SHW4	1/121	1/84
	平均值	1/112	1/102
	最大值	1/107	1/84
Y	SHW1	1/119	1/154
	SHW3	1/141	1/148
	SHW4	1/131	1/125
	平均值	1/130	1/141
	最大值	1/119	1/125

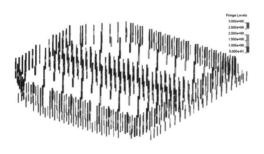

(a) 框架柱的 FEMA 抗震性能评价（SHW3X）

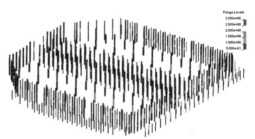

(b) 框架柱的 FEMA 抗震性能评价（SHW3Y）

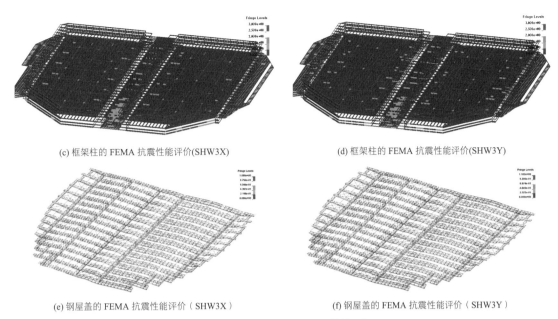

(c) 框架柱的 FEMA 抗震性能评价(SHW3X)　　　　　(d) 框架柱的 FEMA 抗震性能评价(SHW3Y)

(e) 钢屋盖的 FEMA 抗震性能评价（SHW3X）　　　　　(f) 钢屋盖的 FEMA 抗震性能评价（SHW3Y）

图 13.3-15　C1 展厅罕遇地震下性能评价

2．单体 E1 结构分析

1）竖向荷载作用下的结构分析

E1 的一个主要特点为大跨度的圆弧转换，在竖向荷载作用下，转换区域的受力类似于曲梁，除产生弯矩外，将不可避免地产生扭转。设计时，转换区域的顶、底楼面及两侧的立面结构形成一个空间的巨型箱形曲梁（高度为 31.23m，宽度为 28.5m，见图 13.3-16）。转换区的弯矩由箱形截面上下翼缘（8 层、2 层楼面）的拉压来抵抗，剪力由箱形曲梁的腹板（内外立面）传递。构件的扭转一般由自由扭转与约束翘曲扭转组成，箱形截面中由于板件间的约束协调，翘曲扭转的成分很小，基本可以忽略，故转换区的扭矩主要通过箱形曲梁的上下翼缘与两侧腹板的面内剪力（即自由扭转）来平衡。

（1）转换区内力分析

将巨型箱形曲梁截面组合内力提取出来绘制在平面图中（图 13.3-17），从图中看出，由于转换区域两侧支承结构的抗侧刚度无法起到刚性支座的作用，转换区域的跨中弯矩（1257MN·m）大于支座的负弯矩（－86MN·m）。转换区域的跨中基本为扭矩零点位置，扭矩的反号使得上下翼缘的面内剪力也出现反号。

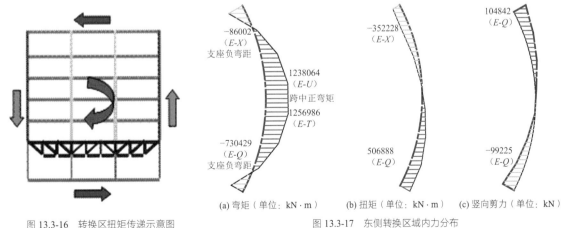

图 13.3-16　转换区扭矩传递示意图

图 13.3-17　东侧转换区域内力分布

（2）转换区楼板内力分析

由于存在大跨度的圆弧转换，转换区域的弯矩与扭矩使得 2 层/8 层的楼面内力分布极为复杂，将楼面杆件轴力沿环向和径向分解求和，可得到楼面支撑沿楼面环向的内力分布图。图 13.3-18～图 13.3-20 给出了 8 层楼面在竖向荷载设计组合下楼面内力的分布，可以看出：首先由于大跨转换弯矩的存在，转换区域所在的桁架上弦（8 层楼面）受压，下弦（2 层楼面）受拉；其次，转换扭矩使 2 层与 8 层的楼面产生面内剪力，楼面剪力的零点基本位于转换区域的跨中，剪力分布与转换区域扭矩的分布相对应；此外，117m 跨度转换区域的楼面弯矩远大于其他区域，且由于下部支撑结构的约束，楼面弯矩出现负号。由于楼面内力分布的复杂性，楼面基本处于拉（压）弯剪的复合受力状态，2 层与 8 层楼面是本工程结构体系成立的关键部位。鉴于混凝土存在收缩、徐变与受拉开裂后刚度折减等一系列因素，故决定在 2 层与 8 层整层采用钢板加强组合楼面，以保证内力传递的可靠性。根据楼板的受力情况，加强钢板厚度分别采用 8mm、10mm、20mm，并兼作混凝土模板。

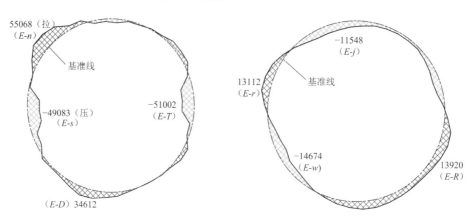

图 13.3-18　8 层楼面内力沿环向分布轴力（单位：kN）　　图 13.3-19　8 层楼面内力沿环向分布剪力（单位：kN）

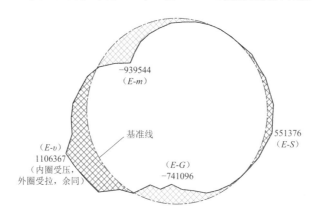

图 13.3-20　8 层楼面内力沿环向分布弯矩（单位：kN·m）

2）弹性结构分析

结果计算分析采用 ETABS 和 SAP2000 两种通用有限元软件，结构的主要性能指标见表 13.3-8，两种软件分析结果基本相符，结构各项性能指标均满足规范要求。

结构主要性能指标　　　　　　　　　　表 13.3-8

计算分析结果				规范要求
计算软件		ETABS	SAP2000	—
结构自振周期/s	T_2（Y向主振型）	1.040	1.034	—
	T_6（X向主振型）	0.877	0.878	—
	T_9（扭转主振型）	0.666	0.661	—
	周期比	0.64		<0.90

计算分析结果				规范要求
层间位移角	X向地震	1/642	1/621	1/250
	Y向地震	1/549	1/431	
	X向风	1/5051	1/4855	
	Y向风	1/4102	1/3125	
位移比	X向地震	1.16	1.17	1.4
	Y向地震	1.11	1.13	
地震作用	重力荷载代表值/kN	1392496	1392501	—
	X向基底剪力/kN	78895	80223	剪重比≥1.6%
	X向剪重比	5.7%	5.8%	
	Y向基底剪力/kN	84488	86955	
	Y向剪重比	6.1%	6.2%	

3）动力弹塑性分析

采用大型有限元分析程序 LS-DYNA 进行结构弹塑性时程分析，表 13.3-9 给出了各地震工况下顶点位移及位移角结果，X向和Y向的最大层间位移角分别为 1/105 和 1/98，满足规范 1/50 的限值要求。

弹塑性分析结构顶点位移和位移角　　　　　　　　　　　　表 13.3-9

地震工况	X方向		Y方向		XY双向组合	
	顶点位移/mm	位移角	顶点位移/mm	位移角	顶点位移/mm	位移角
SHW1X	157	1/175	61	1/188	160	1/268
SHW1Y	29	1/355	136	1/118	136	1/315
SHW3X	200	1/110	87	1/96	214	1/200
SHW3Y	46	1/278	153	1/102	153	1/281
SHW4X	214	1/105	97	1/73	230	1/187
SHW4Y	46	1/282	156	1/98	156	1/275
最大值	214	1/105	156	1/98	230	1/187
平均值	190	1/123	148	1/105	175	1/245

注：X向/Y向的最大值/平均值仅对地震波输入主向进行统计，构件性能指标也均满足预期目标。

4）整体稳定与极限承载力

结构整体稳定分析时，竖向荷载取 1.0 恒荷载 + 1.0 活荷载的荷载组合，并用于线弹性特征值屈曲分析以及竖向极限承载力分析。线弹性特征值屈曲分析采用大型有限元软件 ANSYS，竖向荷载下的弹塑性极限承载力分析采用大型有限元软件 LS-DYNA。前者不考虑结构与构件的初始缺陷影响，后者同时考虑结构与构件的初始缺陷。

线弹性特征值屈曲分析表明，整体结构未表现出明显的屈曲特征，而主要表现为局部构件的失稳现象，最低屈曲特征值为 4.0。结构弹性承载力较高。弹塑性极限承载力分析表明，结构的竖向极限承载力系数为 2.2，大于 2.0，满足相关规范的要求。

5）防连续倒塌分析

为避免意外造成结构局部破坏，并引发连锁反应，对结构进行防连续倒塌分析。分析结果显示，由于本工程具有多重传力途径，桁架端斜杆失效后，端斜杆的内力可以扩散至周边的斜腹杆与弦杆，虽然周边杆件的应力水平有所增加，但是均未屈服（最大应力比 0.922），结构不会发生连续倒塌。失效杆件取主要受力构件，见图 13.3-21。

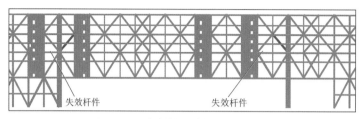

图 13.3-21　防连续倒塌分析指定失效杆件

6）施工模拟分析

由于转换区域位于地铁上方，存在不能作为施工场地的风险。故设计分析时假定转换区域的施工采用悬拼法，由两侧向中间吊装，最后拼接。

在自重工况下，对施工过程加载（SG）与一次加载（SW）的竖向基底反力进行分析表明，反力变化较大的点主要分布在桁架端柱部位，最大差别为 −1865～4744kN，设计时应考虑施工模拟的不利影响。表 13.3-10 给出了 SG 与 SW 工况下，各榀转换桁架的竖向挠度变化值。可以看到由于采用悬拼施工的方法，各榀桁架的竖向挠度较一次加载的情况增加了 50% 以上，最大达到 116%，因此施工时应采用相应的施工措施来控制桁架的竖向变形值，如采用施工预调值的方法。

施工模拟与一次加载桁架位移对比　　　　　　　　　　　　　　　　表 13.3-10

	转换桁架	SG/mm	SW/mm	SG/SW-1/%
83m|117m　　55m|83m TT01|TT02　　TT03|TT04 转换桁架编号	TT01	54	25	116
	TT02	121	77	57
	TT03	29	16	81
	TT04	52	25	108

13.4　专项设计

13.4.1　跨越地铁结构的基础专项设计与分析

考虑到地铁保护的影响，地铁保护区范围内抗压桩采用直径 800mm 的钻孔灌注桩，并严格控制桩基反力，减小桩基的沉降变形。由于上部结构紧贴地铁，桩基与侧壁之间的最小距离为 3m，距离过小。为评估上部结构的沉降变形对整个地铁区间的影响，设计针对上部结构与地铁盾构、区间及站房采用了整体建模分析（图 13.4-1），分析软件采用 MIDAS，分析模型中包含了地铁保护线（50m）范围内的上部结构桩基，桩基沉降影响范围内的土层信息，地铁盾构、区间及站房的结构信息。根据最终的分析结果，由于主体结构桩基沉降的影响，地铁盾构区间段的最大沉降≤20mm（图 13.4-2），盾构与车站连接处的最大沉降≤5mm（图 13.4-3），满足地铁运营的要求。

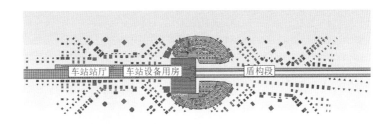

图 13.4-1　地铁区间与桩基整体计算模型

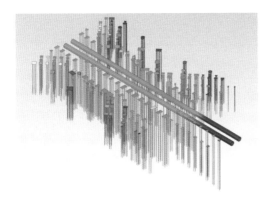 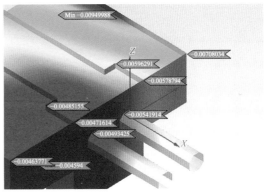

图 13.4-2　地铁盾构段变形分布　　　　　图 13.4-3　地铁盾构与车站设备用房连接处变形分布

　　单体 E1 结构的地下室被地铁分为南北两部分，竖向荷载作用下，大跨转换区的弯矩与剪力在上下部分的地下室产生水平推力，两部分地下室所受的总水平推力大小相等，方向相反。总水平反力约为54000kN（1.0 恒荷载 + 1.0 活荷载）；结合施工阶段分析，下弦杆后安装，总水平反力减小为 20984kN（图 13.4-4）；由于底板底面位于③层灰色淤泥质粉质黏土，土层特性较差，故设计不考虑利用底板与土的摩擦力抵抗上部结构的水平推力，而采用桩的水平承载力来承担基础水平推力，同时地下室侧壁被动土压力作为抵抗水平反力安全储备。经试桩确定ϕ800 灌注桩的水平承载力为 205kN，总的桩基水平承载力远大于采用杆件安装后竖向荷载下的反力，满足设计要求。

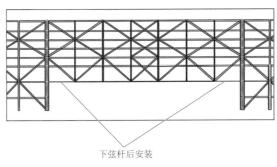

下弦杆后安装

图 13.4-4　下弦杆后装示意图

　　为避免 E1 单体采用悬拼法施工的风险，施工时在地铁区间上方设置了恒力支撑（图 13.4-5）。设置恒力支撑，超过地铁所需荷载限值时，支撑刚度大幅折减，支撑荷载将基本不再增加，既满足地铁荷载要求，又降低悬拼法的施工风险，加快施工进度。实际结构内力分布和变形介于一次加载和悬拼法施工两种极端工况之间。

13.4.2　超长钢屋盖温度应力控制与橡胶支座设计

　　中国博览会会展综合体的展厅区域，其单体平面尺寸达到 $300\mathrm{m} \times 340\mathrm{m}$，温度变化在屋盖构件产生的温度应力很大，又由于支承钢屋盖的下部主体结构为钢筋混凝土框架结构，在温度变化时，钢结构与混凝土结构存在变形差，这又使得温度变化的影响更复杂。为控制并减小温度应力影响，对其温度应力进行了计算和评估，并根据具体条件采取了有效措施。

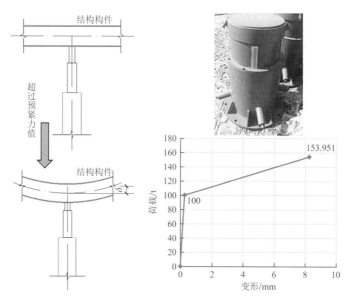

图 13.4-5　恒力支撑构造及原理

1．温度作用参数

上部钢结构构件除考虑季节温差外，适当考虑日照等影响，温度作用按 ± 30℃ 计算；下部混凝土结构构件综合考虑降温温差与混凝土收缩当量温差叠加，并考虑混凝土徐变作用，徐变折减系数取 0.3。

2．钢屋盖降低温度变化影响措施

固定铰支座是一种常用且成熟的支座方案，但温度变化引起的钢屋盖水平变形会同步传递给下部柱子，同时产生较大的柱底弯矩。经分析，在升温工况下，外侧框架柱沿纵剖面方向的二层柱顶外推变形达到 32mm，层间位移角为 1/650；沿横剖面方向的最大层间位移角达到 1/480。同时，温度变化在钢屋盖构件内产生的温度应力较高，部分分桁架弦杆的轴应力即达到 50～95MPa。可见，过大的温度应力对框架柱配筋设计和钢屋盖构件设计都产生明显的不利影响。

铅芯橡胶支座具有较高的竖向刚度，能承受较大的面压，具有较高的竖向承载力，同时支座又具有一定的水平刚度和阻尼，能适应一定的水平变形并具有在高强度地震作用下往复变形的能力，能满足结构在罕遇地震下的变形需求。由于橡胶支座水平刚度较小，对屋盖在温度变化作用下的变形约束较小，可大大降低屋盖的温度应力。对屋盖与下部展厅框架结构的支座连接形式及布置进行了多项比较分析，最终采用了铅芯橡胶支座与滑动支座的组合形式（图 13.4-6）。根据橡胶支座最大设计反力 3600kN，选定橡胶支座直径为 700mm，支座平面尺寸为 1000mm。

相比固定铰支座，橡胶支座方案在温度作用下屋盖构件内力约为固定支座方案的 8%，橡胶支座方案的温度释放效果明显。表 13.4-1 给出了两种支座方案对构件内力的比较，可以看出，在地震作用下，橡胶支座方案下屋盖引起的下部支撑柱内力约为固定支座方案的 30%，橡胶支座方案也起到了一定的减震作用。

13.4.3　大跨度预应力混凝土楼盖设计

1．预应力形式

综合考虑框架主梁的抗震性能要求、次梁预应力钢绞线施工的便利性，框架主梁采用后张法有粘结预应力；一级次梁采用后张法有粘结 + 无粘结预应力；二级次梁采用后张法无粘结预应力。预应力筋采用公称直径 15.2mm，极限抗拉强度标准值为 1860MPa 的低松弛预应力钢绞线。用于有粘结预应力孔道的材料为镀锌波纹管，壁厚不应小于 0.3mm（当环境作用等级为 D、E、F 时，应采用高密度聚乙烯套管或聚丙烯塑料套管，套管厚度不小于 2mm，套管应能承受不小于 1MPa 的内压力/真空辅助压浆时宜采用塑料波纹管）。张拉端与固定端锚具分别采用 1860MPa 级系列夹片式锚具和挤压锚，或规格和性能相同的类似锚具。预应力混凝土强度等级为 C40，非预应力钢筋等级为 HRB400。

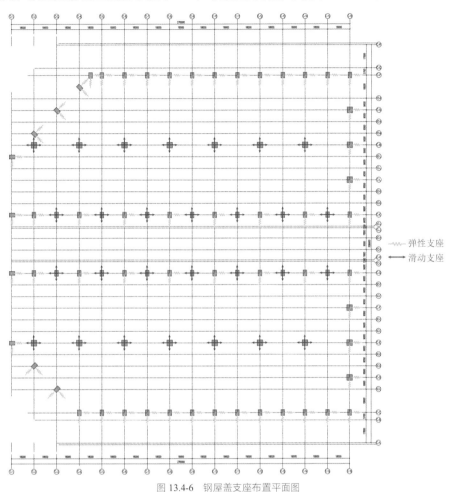

弹性支座
滑动支座

图 13.4-6 钢屋盖支座布置平面图

柱顶支座对构件内力影响比较   表 13.4-1

下部混凝土结构		温度作用		地震作用	
		固定铰支座	橡胶支座	固定铰支座	橡胶支座
柱底弯矩	2 层（16m）	7106	1378	9495	5386
	1 层（0m）	6101	6791	12036	12485
框架梁（2 层）	弯矩	14162	8221	21612	17186
	轴力	517	1293	—	—

预应力钢筋的张拉控制应力不大于 $0.7f_{ptk}$。室内展厅按一类环境，裂缝控制等级为三级，最大裂缝宽度 0.2mm。室外按二 a 类环境，裂缝控制等级为三级，最大裂缝宽度 0.1mm。按荷载的标准组合，并考虑荷载长期作用的影响，预应力框架梁的挠度限值取计算跨度的 1/400。

2. 超长预应力混凝土空间效应分析

（1）复杂约束条件下考虑空间效应的预应力混凝土结构次内力分析

超长预应力混凝土结构次内力明显，由于框架柱的侧向约束，结构除产生次弯矩、次剪力外，还将产生较大的次轴力（图13.4-7）。在设计过程中，采用考虑次内力的设计方法、计算理论。

（2）"路效"与约束释放对有效预应力提高的影响

在超长结构的施工中，不同施工路径，不同张拉方案也会导致预应力效应的差异（图13.4-8），即存在"路效"问题。预应力混凝土结构的约束影响与结构形式、梁柱线刚度和施工顺序等因素有关，超长预应力混凝土结构尤为明显。当结构约束较大时，解除实际结构的局部约束，采用"跳仓法"施工，并与预应力张拉相结合，大大提高了结构在梁板构件中产生的有效预应力。

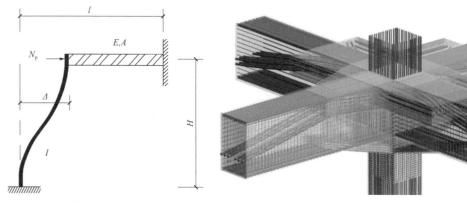

图 13.4-7　侧向约束对有效预应力影响示意　　　　　图 13.4-8　典型张拉节点示意

13.4.4　结构减震设计

结构单体 E1 采用钢框架支撑筒体的结构体系，限于地铁转换的原因，主要为竖向荷载控制。由于本工程结构的抗侧刚度及承载力均较大，采用了屈曲约束支撑及屈曲约束钢板墙，通过地震作用下的屈服耗能保护主体结构，改善了结构的抗震延性。

由于地铁转换带来的结构体系限制，从图13.4-9可看出，底层结构的构件数量远少于上部楼层，经计算分析，底层的抗侧刚度及抗剪承载力均远小于上部楼层，底层的X、Y向抗剪承载力仅分别为上部楼层的60%与44%。为改善结构的延性，提高地震作用下的楼层耗能能力，并保护主要的转换构件发生破坏，选取部分支撑采用了耗能型的屈曲约束支撑（图13.4-9，简称为BRB）。该部分支撑在竖向荷载作用下受力较小，主要承担地震作用，该部分支撑屈服可不对主体结构的竖向承载能力产生不利影响。

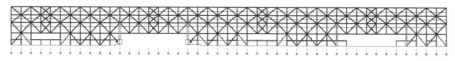

图 13.4-9　外立面 BRB 布置

屈曲约束支撑按照小震弹性设计，在小震组合下，BRB 的应力比基本接近1.0，目的是使 BRB 在中震下能先于转换构件进入屈服，通过 BRB 的屈服耗能保护主体结构。BRB 的芯材屈服强度为 160MPa，屈服承载力分为 1600kN、4000kN 两种规格。

E1 内环立面采用交叉斜撑布置后，影响了建筑门洞的布置。为避开门洞，在内环立面的梁柱框架区隔内采用钢板墙代替斜撑，如图 13.4-10 所示。钢板墙位于 2～7 层的 6 个楼层范围内，平面位置共计 8 处，分别以 W1～W8 进行编号。

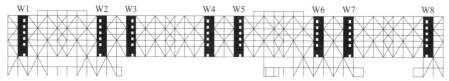

图 13.4-10　内环立面的钢板墙布置

钢板墙以周边的梁、柱框架为支承边界，为提高其稳定性，沿门洞周边设置支承边界。支承边界处的梁、柱构件采用 H 形截面。钢板墙的典型区隔尺寸为 2m×2.25m 和 4m×2.8m。非转换区的钢板墙（编号为 W1、W2、W6～W8）采用了屈曲约束钢板墙（图 13.4-11），其中 W2 的芯材钢板厚度为 20mm，W7 与 W8 的芯材钢板厚度为 16mm，W1 与 W6 的芯材钢板厚度为 6mm，芯材钢板材性均为 Q345B。屈曲约束钢板墙的机理类似于屈曲约束支撑，由芯材钢板及屈曲约束层组成。通过屈曲约束层的约束，芯材钢板可仅发生剪切屈服而不会屈曲。本工程采用的屈曲约束钢板墙的芯材钢板两侧有局部削弱，仅在上下端部与边框连接。该屈曲约束钢板一般不承受竖向荷载作用，仅承担单一水平方向的剪力。本项目委托同济大学对屈曲约束钢板剪力墙性能（BRW）进行性能试验，试验详见第 13.5.2 节。

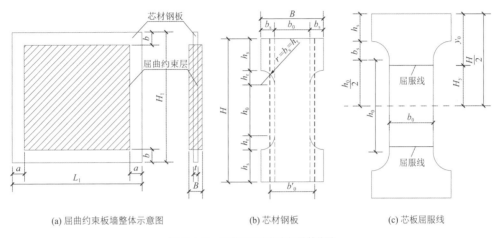

(a) 屈曲约束板墙整体示意图　　(b) 芯材钢板　　(c) 芯板屈服线

图 13.4-11　典型钢屈曲约束板墙的构造

13.4.5　地基处理

本工程在国内大型展览建筑室内展厅中首次采用大桩距刚性桩复合地基设计方案。布桩间距达 10 倍桩径，通过设置单桩承台和扩大桩距大幅减少桩基用量，同时充分发挥了承台下与承台间浅层"硬壳"层的地基承载力，形成了经济可靠的复合地基方案（图 13.4-12）。单桩选用 $\phi300$PHC 管桩，持力层为⑤$_1$ 粉质黏土。有效桩长 22m，单桩极限承载力 630kN，采用两节桩。平面布置呈正方形网格状，桩距为 3.0m×3.0m。每根桩顶设置独立厚度变阶承台板。与地铁 2 号线相距 50m 的控制范围内，因为轨道交通保护的要求，沉降控制要求高且不允许采用挤土型桩，上部结构柱下采用了 $\phi800$mm 灌注桩基础方案，桩端进入⑦$_2$ 粉砂层，并采用桩端后注浆减少沉降（图 13.4-13）。

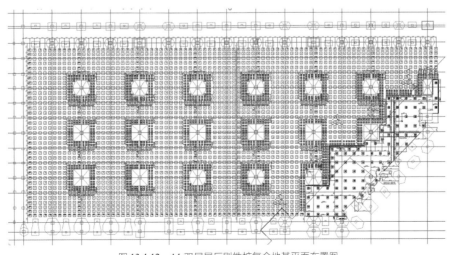

图 13.4-12　A1 双层展厅刚性桩复合地基平面布置图

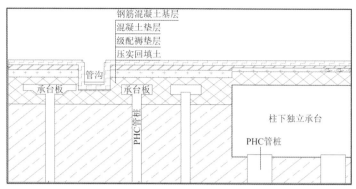

图 13.4-13　室内地坪构造示意图

室外展场位于室内展厅的北侧，面积约 11 万 m²，分为 35kPa、50kPa 两种使用荷载区域。对于室外展场 50kPa 重载区，采用了大面积堆载预压处理方案，解决了在大面积荷载下深厚软弱淤泥土层沉降过大的问题。开展了天然地基最终沉降、堆载预压期间沉降和工后沉降计算方法的研究。工程实测表明设计预估值与实测值吻合较好，成功指导了工程的顺利实施（图 13.4-14 和图 13.4-15）。

堆载预压设计包括竖向排水系统、水平排水系统和堆载系统的设计。采用与 50kPa 使用荷载相同的等载预压，考虑堆载期间的沉降后，堆土总高度为 3.8m。堆土荷载分层施加，每层厚度小于 500mm，最大沉降速率不大于 15mm/d。预估堆载时间为 180d，堆载地面沉降为 400～500mm，固结度为 80%。

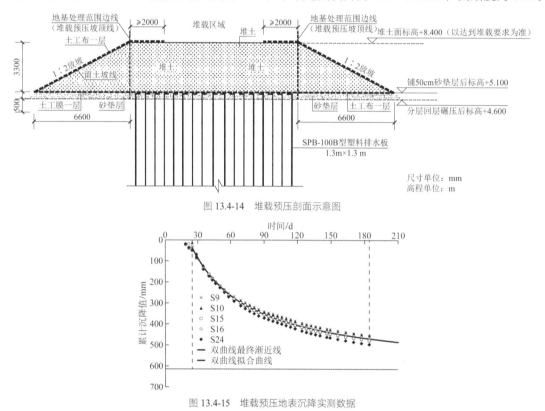

图 13.4-14　堆载预压剖面示意图

图 13.4-15　堆载预压地表沉降实测数据

13.5　试验研究

13.5.1　单体 E1 整体模型试验

为验证单体 E1 圆楼在竖向荷载下的受力性能，进行了 1∶7 缩尺整体模型静力加载试验（图 13.5-1）。

试验结果显示，加载至 1.5 倍设计荷载时，整体结构能维持荷载和变形稳定，加载过程中结构刚度无明显变化，所测大部分关键构件内力和结构整体位移与计算结果吻合较好，构件无破坏，仅 2 层 4 根吊柱因连接破坏。

图 13.5-1　圆楼静力加载整体模型试验

13.5.2　屈曲约束钢板墙试验

为验证屈曲约束钢板墙的减震性能进行了两个缩尺试件和一个足尺试件的试验（图 13.5-2），加载位移峰值为试件高度的 1/100（即 18mm）。试验结果显示：试验测得的屈服荷载为设计屈服承载力的 1.17 倍，滞回曲线稳定、饱满（图 13.5-3），具有正增量刚度，局部受力性能稳定，没有出现局部失稳现象；连接可靠，没有出现滑移和撕裂现象。

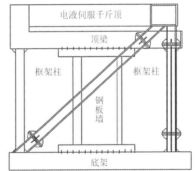

图 13.5-2　屈曲约束钢板墙加载装置

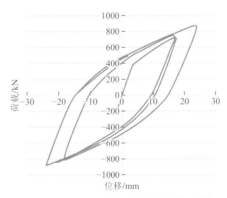

图 13.5-3　屈曲约束钢板墙试验加载滞回曲线

13.6　结构监测

中国博览会会展综合体项目混凝土结构跨度大，承受荷载重，在施工阶段及使用阶段对结构进行性态监测对于施工及设计都有很好的指导作用。监测内容包括：

（1）对钢结构关键构件在整个过程中的应力以及整体结构的变形进行有效监测，全面把握施工卸载过程中的实际受力状态与原设计的符合情况，提供结构状态的实时信息，这对于确保结构的安全性具有十分重要的意义。

（2）对张拉过程中大跨度预应力混凝土梁的预应力筋伸长值、锚固回缩量、预应力实际张拉力进行测定，以推算有效预应力值σ_{pe}；对张拉过程中的结构应变和变形情况进行同步监测，测定各典型张拉工况对应的梁反拱值，对预应力梁的关键截面进行混凝土应变测量，校核结构预应力效应的建立。对预应力实际索力，梁、板、柱混凝土应变及温度，大跨度梁挠度等数据进行长期监测，持续时间为预应力张拉施工完成后至本工程正常运营 3 年后。

1．E1 单体钢结构监测分析

对于 E1 单体的钢结构进行了重点监测，E1 区共有应变测点 418 个，其中 E1 单体外圈结构共有 90 个测点，内圈结构有 210 个测点，钢板墙边框结构有 70 个测点，2 层、8 层楼面测点有 48 个。其中外圈安装了 64 个测点，内圈安装了 210 个测点，共安装了 274 个测点。外圈测点布置位置见图 13.6-1、图 13.6-2。

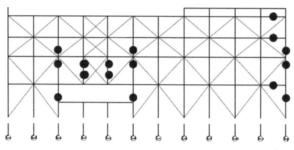

图 13.6-1　E1 区外圈部分测点点位

(a) 未按照保护罩应变计　　　　　(b) 已安装保护罩的桁架测点 A-LG2-3

图 13.6-2　现场应变计布置

部分测试结果如图 13.6-3 所示，从图中可以看出，外圈测点基本处于受压状态，最大受力出现在 E-e-1，接近 120MPa，在安全范围之内。而且从图 13.6-4 可以看出，安装完成后，测点应力趋于稳定，说明杆件安装完成后受力没有发生较大变化。E1 区变形测点挠度值实测结果和模拟结果曲线相似度较高，吻合的比较好，达到相互验证的目的。

2．施工过程弹性支撑监测分析

为了确保地铁正常运营，针对转换区施工过程弹性支撑进行应力应变监测。弹性支撑在各施工过程中的变形汇总见表 13.6-1。通过监测数据可以看到，弹性支撑在施工地铁上方大跨度空间钢结构 2～4 层时，变形很小，近似刚性支撑的效果；在施工 5～8 层，结构逐步发生变形，最大变形值为 15mm，弹性支撑进入弹性变形阶段。弹性支撑分区分阶段从两边往跨中对称卸载。图 13.6-5 为车站顶板区间内圈卸载后的实际位移值与有限元施工模拟计算理论值的比较。

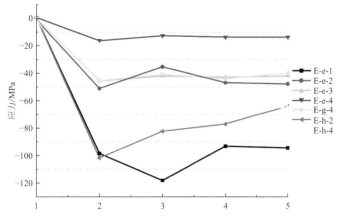

图 13.6-3　E1 区外圈部分测点应力变化曲线

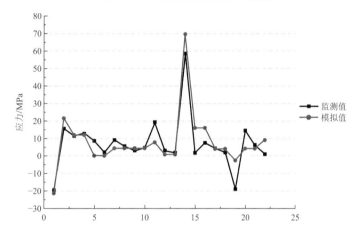

图 13.6-4　E1 外圈部分测点卸载前后应力变化监测值和模拟值对比曲线

弹性支撑变形汇总

表 13.6-1

施工完成情况	支座点位（轴线）							
	R_1	R_2	R_3	R_4	S_1	S_2	S_3	S_4
2 层	0	0	0	0	0	0	0	0
3 层	0	0	0	0	0	0	0	0
4 层	1	0	0	0	2	0	0	0
5 层	3	1	2	2	4	1	2	3
6 层	6	3	5	5	7	4	2	7
7 层	10	6	8	8	11	8	7	12
8 层	12	8	9	11	11	8	7	13
施工完成情况	支座点位（轴线）							
	T_1	T_2	T_3	T_4	U_1	U_2	U_3	U_4
2 层	1	1	0	1	1	0	0	1
3 层	1	1	0	1	1	0	0	1
4 层	3	1	0	3	2	0	1	4
5 层	6	2	2	7	7	3	4	8
6 层	10	8	6	13	14	8	8	13
7 层	14	11	10	15	15	11	13	15
8 层	15	13	14	15	15	15	15	15

支座变形量最大值 = 15mm

施工完成情况	支座点位（轴线）							
	支座变形量最大值 = 15mm							
	V_1	V_2	V_3	V_4	W_1	W_2	W_3	W_4
2 层	1	0	0	0	0	0	0	0
3 层	1	0	0	0	0	0	0	0
4 层	4	2	1	2	1	0	0	1
5 层	8	6	3	6	3	2	4	4
6 层	13	7	4	11	7	6	6	7
7 层	15	13	11	15	12	10	10	10
8 层	15	15	14	15	12	10	10	13

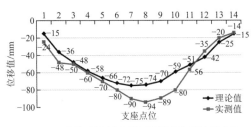

图 13.6-5　车站顶板内圈卸载观测数据与理论值曲线

针对地铁区间进行地铁沉降长期观测，经数据整理分析，地铁在结构施工阶段累计沉降值满足设计要求。图 13.6-6 为徐泾东站下行线道床垂直位移线性图。

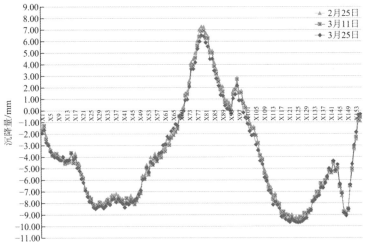

图 13.6-6　徐泾东站下行线道床垂直位移线性图

13.7　结语

国家会展中心（上海）项目结构设计具有建筑功能齐全、结构超长、大跨、重载、结构类型多等特点。既有地铁 2 号线及地铁徐泾东终点站贯穿项目主体建筑地下。地铁与会展建筑的结合给结构设计、施工及地铁运营监测带来了巨大的挑战。在结构设计过程中，主要完成了以下几方面的创新性工作：

1. 跨越地铁区间和地铁车站的上部转换钢结构设计

（1）桩基选型兼顾经济性及地铁要求，设计时严格控制桩基沉降并将主体结构桩基与地铁结构进行了整体建模分析，评估主体结构桩基沉降引起的地铁变形；分析结果表示，主体结构桩基的变形满足地铁运行的要求。

（2）上部结构避开地铁导致大跨度的转换，单体 E1 圆楼存在最大跨度 117m 的弧形转换，结构采用巨型箱形曲梁，设计时对圆弧转换引起的问题进行了重点研究并采取针对性的加强措施，保证了转换结构受力的可靠性。

（3）由于无地下室或地下室被地铁车站隔断，大跨转换结构引起的基础水平反力需特别考虑。单体 E1 采用桩的水平力抵抗，进行了桩基水平力试桩；单体 E2、E3、F3 设置基础拉梁，实现了竖向荷载水平反力的自平衡。

（4）施工设计时首次采用恒力支撑，利用恒力支撑的双线性受力特点，兼顾了上部结构施工时的竖向承重，降低了施工难度，又满足地铁地面荷载不超过 20kN/m^2 的要求。

2．超长、大跨、重荷载楼盖设计

（1）单体 A1、C1、D1 展厅的楼盖和屋面长度接近 330m，不设置结构缝，设计时考虑了超长结构存在的温度变化、混凝土收缩及徐变、地震多点输入、地震内力引起的偶然偏心与扭转等问题。

（2）展厅楼面采用目前国内最大的双向预应力混凝土楼盖体系；在标高 16m 汽车通道位置采用大跨 U 形组合梁楼盖体系，提高了楼盖的承载力和刚度。

（3）对高大空间的建筑非承重隔墙进行了专项设计，确保使用过程中保持稳定。

3．超长钢屋盖的设计

（1）双层展厅屋盖最大跨度为 108m，最大悬挑跨度为 42m，采用倒置的变截面高度三角形管桁架，与机电管线的布置匹配度较高。

（2）端部设置抗风拉杆解决悬挑屋盖的风吸作用，抗风拉杆设置于建筑的装饰柱中，兼顾了建筑美观。

（3）屋盖支座采用铅芯橡胶支座与滑动支座的组合形式，明显降低了超长屋盖的温度作用，对下部结构又起到一定的减震作用。

4．地基处理

（1）超大面积室内展厅首次采用大桩距刚性桩复合地基处理方案，通过设置单桩承台和扩大桩距大幅减少桩基用量，同时充分发挥了承台下与承台间浅层"硬壳"层的地基承载力，形成了经济可靠的复合地基方案。

（2）对于室外展场 50kN/m^2 重载区，采用了大面积堆载预压处理方案，解决了在大面积荷载下深厚软弱淤泥土层沉降过大的问题。

5．结构性态监测

由于结构跨度大，承受荷载重，对展厅和 E1 等部分单体关键区域的关键构件在施工阶段及使用阶段的性能进行了监测，结构的性态监测对施工及设计都起到了很好的指导作用。

6．结构试验

为了验证结构或构件的性能，进行了多项试验研究，主要包括：

（1）1∶7 的单体 E1 圆楼静力加载试验；

（2）足尺与缩尺的屈曲约束钢板墙试验；

（3）铅芯橡胶支座的压伸、剪切与拉伸试验；

（4）屈曲约束支撑的承载力与耗能能力试验；

（5）展厅屋盖风洞试验；

（6）桩基水平承载力试验。

参考资料

[1] 周建龙, 孙战金, 刘彦生, 等. 国家会展中心主展厅钢屋盖结构设计[J]. 建筑钢结构进展, 2017, 19(5): 7.

[2] 包联进, 周建龙, 黄永强, 等. 国家会展中心 E1 单体结构设计综述[J]. 建筑钢结构进展, 2017, 19(5): 9.

[3] 周建龙, 包联进, 江晓峰, 等. 中国博览会主展厅超长钢屋盖结构支座设计[C]//第十五届空间结构学术会议论文集. 中国土木工程学会桥梁及结构工程分会空间结构委员会; 中国建筑科学研究院, 2014.

[4] 周建龙, 方义庆, 包联进, 等. 某大型会展中心大跨度楼盖结构体系比选[J]. 建筑结构, 2013(S1): 1-5.

设计团队

结构设计单位：华东建筑设计研究院有限公司（除 B0 + B1 的其他单体）
　　　　　　　清华大学建筑设计研究院有限公司（B0 + B1 单体）

结构设计团队：周建龙, 包联进, 黄永强, 穆　为, 孙战金, 陈建兴, 方义庆, 孙玉颐, 吴江斌, 高双喜, 李　烨, 江晓峰, 钱　鹏, 陈伟煜, 赵雪莲, 王　彬（华东建筑设计研究院有限公司）；刘彦生, 李　果, 经　杰, 刘培祥（清华大学建筑设计研究院有限公司）

执　笔　人：包联进, 黄永强

获奖信息

2016 年度　中国建筑学会全国优秀建筑结构设计二等奖

2015 年度　上海市优秀工程勘察设计项目一等奖

第14章

上海花博会世纪馆

14.1 工程概况

14.1.1 建筑概况

世纪馆位于上海市崇明区，是第十届中国花卉博览会场馆之一，整体外形犹如展翅的蝴蝶[图 14.1-1（a）]，寓意"蝶恋花"，呼应花博会主题"花开中国梦"。

世纪馆主要分为三部分：东区、西区和中央通道，共包括 8 个临时展陈和 4 个功能用房；展陈 3 和展陈 8 之间设置了连桥，连桥高度距地面约 4.5m，用于疏散人流量，东区设置了旋转楼梯，人可在地面通过旋转楼梯上至屋顶。主体结构地上 1 层，无地下结构。世纪馆平面功能示意图如图 14.1-1（b）所示。

世纪馆东西向长度约 280m，南北向长度约 115m，建筑面积约为 12000m²，建筑高度约 14.9m，屋顶为花园，覆土厚度 300～500mm。

世纪馆采用条形基础，基础埋深 3.7m，桩为直径 700mm 的钻孔灌注桩（桩端后注浆）。

(a) 世纪馆建成照片

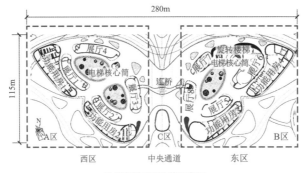

(b) 世纪馆平面功能示意图

图 14.1-1 世纪馆建成图及平面功能分区示意图

14.1.2 设计条件

1. 主体控制参数

控制参数表   表 14.1-1

结构设计基准期	50 年	建筑抗震设防分类	标准设防类（丙类）
建筑结构安全等级	二级（结构重要性系数 1.0）	抗震设防烈度	7 度（0.10g）
地基基础设计等级	二级	设计地震分组	第二组
建筑结构阻尼比	0.05	场地类别	Ⅲ类

2. 结构抗震设计条件

剪力墙抗震等级三级，混凝土壳抗震等级四级，摇摆柱不抗震。上部结构嵌固于承台顶部。

3．风荷载

结构变形验算时，按 50 年一遇取基本风压为 0.55kN/m²，场地粗糙度类别为 B 类。

4．温度作用

《建筑结构荷载规范》GB 50009—2012 附录 E.5 规定，上海基本气温最高为 36℃，最低为−4℃。世纪馆后浇带封闭温度为 16℃，温度作用取降温−20℃、升温 20℃。降温工况下，混凝土受拉，壳体受力更为不利，因此计算上部结构时，增加了降温−30℃、升温 10℃的温度工况。

14.2 建筑特点

14.2.1 建筑无吊顶

大屋顶的建筑效果为光滑的裸露清水混凝土面，因此屋顶下方不设置吊顶，结构完成面即建筑面。为实现建筑效果，屋顶采用连续的自由曲面混凝土壳体，壳体的形状与建筑形状完全贴合。

对于必要的混凝土梁及节点，均采用上翻形式，将梁和节点隐藏在屋顶覆土之中。

14.2.2 临时展陈

世纪馆内有 8 个展陈。虽然展陈均伸至大屋面，但为了后期改造方便，8 个展陈均为临时展陈（设计工作年限为 1 年），花博会结束后拆除。因此，展陈周边墙体无法作为屋顶壳体的竖向支撑构件。

世纪馆设计时，展陈顶部与屋顶壳体柔性连接，且在大屋顶的覆土完成且预应力张拉完成后再封闭节点。

14.2.3 "平缓"的屋面

矢跨比是影响壳体受力性能的关键因素。上海白莲泾 M2 码头的壳体矢跨比为 1∶6；丰岛美术馆壳体的矢跨比为 1∶8。

对于世纪馆，其屋顶为花园，覆土厚度 300～500mm。为了不影响人在屋面上行走和种植土的固定，世纪馆的矢跨比为 1∶16～1∶10，属低矢跨比的壳体。

14.2.4 长细的钢柱

为呼应生态主题,建筑师在世纪馆的外围区域随机排布的柱位形成了"树林"的意向,柱位如图 14.2-1 中红线所示。为体现出柱林的效果，钢柱直径为 350～450mm。钢柱最大高度约为 14m，钢柱的长径比约为 1∶28。

14.2.5 壳体的自由边界

世纪馆外围区域，钢柱长细比较大，无法提供壳体所需的侧向刚度。而剪力墙仅布置在功能用房区，下部结构在自由边无法为壳体提供水平约束。

为此，在柱顶区域设置了预应力环梁，环梁内预应力的径向合力提供了壳体所需的侧向约束，以此实现"以形御力"。

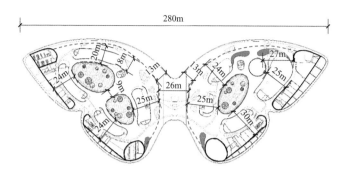

图 14.2-1　世纪馆竖向构件位置示意图

14.3　体系与分析

14.3.1　结构布置

世纪馆为带张弦桁架的自由曲面预应力混凝土薄壳结构，典型壳体厚度 250mm，混凝土强度等级为 C40。

剪力墙厚度 500mm，电梯核心筒厚度 300mm，混凝土强度等级 C50；剪力墙和摇摆柱顶部壳体设置预应力环梁，截面分别为 2000mm×800mm 和 4500mm×800mm。

中央通道处设置 4 道张弦桁架，拉索采用密闭索，直径 140mm，牌号 JTG-ftk1670。

长细摇摆柱直径 323.9～457.0mm，材质 Q355B，为无缝钢管，长径比 1：28。

东、西区中庭洞口处的摇摆柱顶部设置了上翻梁，梁截面尺寸 600mm×1000mm，混凝土强度等级 C40；梁内设置 H 型钢，截面 H300mm×600mm×45mm×45mm，材质 Q355B。

结构竖向构件和屋面构件示意图如图 14.3-1 和图 14.3-2 所示。

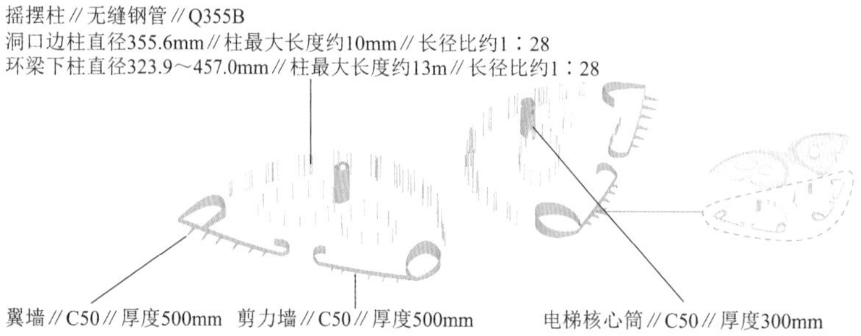

摇摆柱∥无缝钢管∥Q355B
洞口边柱直径355.6mm∥柱最大长度约10mm∥长径比约1：28
环梁下柱直径323.9～457.0mm∥柱最大长度约13m∥长径比约1：28

翼墙∥C50∥厚度500mm　　剪力墙∥C50∥厚度500mm　　电梯核心筒∥C50∥厚度300mm

图 14.3-1　结构竖向构件布置图

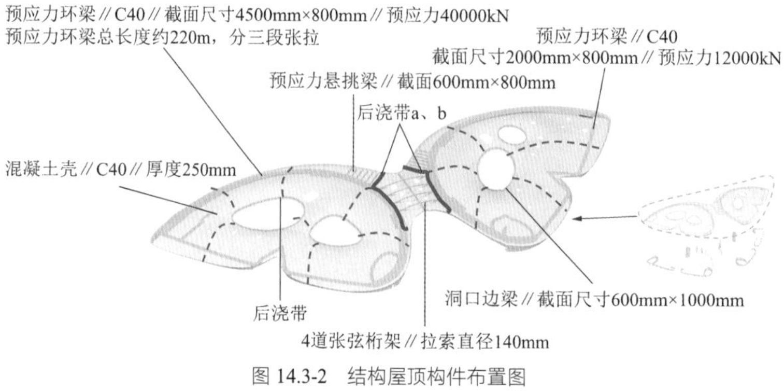

预应力环梁∥C40∥截面尺寸4500mm×800mm∥预应力40000kN
预应力环梁总长度约220m，分三段张拉
预应力悬挑梁∥截面600mm×800mm
后浇带a、b
预应力环梁∥C40
截面尺寸2000mm×800mm∥预应力12000kN
混凝土壳∥C40∥厚度250mm
后浇带
洞口边梁∥截面尺寸600mm×1000mm
4道张弦桁架∥拉索直径140mm

图 14.3-2　结构屋顶构件布置图

14.3.2 东西区壳体结构体系

世纪馆西区壳体的结构受力示意图如图 14.3-3 所示。

世纪馆剪力墙体的面外抗弯难以抵抗上部壳体的水平推力。因此，在剪力墙外侧增加了翼墙，从而提高了剪力墙的面外抗侧能力。

翼墙和剪力墙作为整个壳体的固定支座，为壳体提供竖向和侧向支撑，环梁预应力为壳体自由边界提供水平支撑，摇摆柱为壳体提供竖向支撑，整个体系构成完整的空间结构。

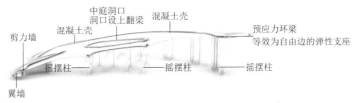

图 14.3-3　西区壳体受力简图

1. 连桥

世纪馆东馆和西馆之间设置了连桥。连桥东西向长约 50m，桥面宽约 4m，如图 14.3-4 所示。连桥主梁箱形截面 B400mm × 500mm × 20mm × 20mm，两侧悬挑梁截面采用变截面 H 型钢，截面 H（300～100）mm× 150mm × 6mm × 10mm，材质均为 Q355B。

连桥两端与展厅墙体连接，展陈连接处的墙体为混凝土剪力墙，此部分墙体为永久结构，顶部与壳体柔性连接。在连桥的跨中，设置了 4 道拉杆，拉杆与中央通道处的张弦桁架连接。连桥两端约 1/4 处的位置与摇摆柱相连接。

摇摆柱作为连桥的竖向支撑，连桥的水平刚度又可为摇摆柱提供面外支撑，减小了摇摆柱的计算长度，二者相辅相成。

连桥桥面上设置了调谐质量阻尼器（TMD），用以调节连桥的舒适度。

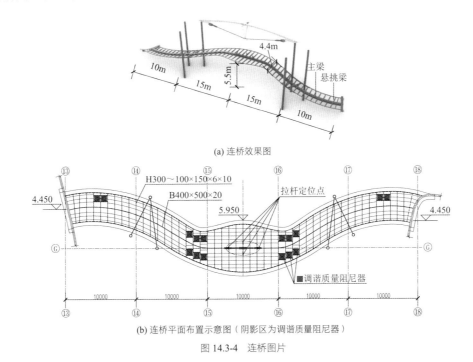

(a) 连桥效果图

(b) 连桥平面布置示意图（阴影区为调谐质量阻尼器）

图 14.3-4　连桥图片

2. 旋转楼梯

在蝴蝶的右翼，设计了一个螺旋上升的旋转楼梯直通屋顶。旋转楼梯寓意事物的发展遵循着螺旋上升的原理，游客从光线暗淡的灰空间，拾级而上，光线越来越明亮，视线越来越开敞，给人以精神上的感染力。

旋转楼梯底部与结构基础相连接，顶部与壳体连接。楼梯最大悬挑长度 12.75m，旋转角度 1080°，中间用一颗直径 325mm 的摇摆柱串起。

旋转楼梯内梯梁 B700mm × 300mm × 20mm × 20mm，外梯梁 B200mm × 10mm，横梁为变截面 H 型钢，截面尺寸 H（400～140mm）× 200mm × 10mm × 14mm，材质均为 Q355B。

旋转楼梯上设置了调谐质量阻尼器，以减小人行荷载激励下的竖向振动。旋转楼梯见图 14.3-5。

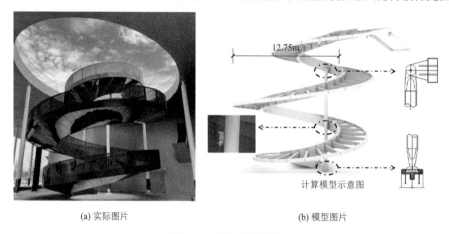

| (a) 实际图片 | (b) 模型图片 |

图 14.3-5　世纪馆连桥图片

3．基础布置

世纪馆采用了钻孔灌注桩，有压桩和压拔桩两种桩型。两种桩的桩端持力层均为⑦₂ 灰色砂质粉土层，桩径 700mm，桩长 48m。其中，压桩的单桩抗压承载力设计值为 2750kN，单桩水平承载力设计值为 86kN，单桩抗拔承载力设计值为 750kN，布置在摇摆柱和拔力较小的剪力墙下；压拔桩的单桩抗压和水平承载力设计值与压桩相同，但其单桩抗拔承载力设计值为 1180kN（抗拔为桩身裂缝控制），布置在拔力与水平承载力较大的剪力墙下。

世纪馆剪力墙、摇摆柱以及展陈墙下均采用条形承台，承台底相对标高−3.700m，承台高度 1200mm，局部 1800mm。世纪馆电缆沟和电梯坑最大深度为 1.5m，因此在相对标高−1.500m 处设置了结构板，厚度 300mm。承台之间设置了基础连系梁，结构板和基础连系梁除承载−1.5m 之上的回填土荷载之外，还要平衡壳体产生的水平推力，基础布置示意图如图 14.3-6 所示。东区和西区的基础独立设置，互不连通，如图 14.3-7 所示。−1.5m 结构板和基础连系梁加强了两侧基础的整体作用。

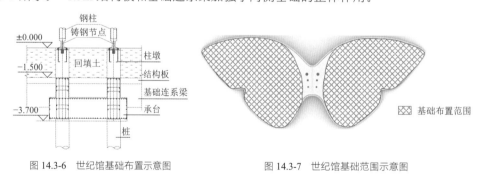

图 14.3-6　世纪馆基础布置示意图　　　　图 14.3-7　世纪馆基础范围示意图

14.3.3　性能目标

壳体的传力路径单一，弹性分析无法考虑材料非线性和几何非线性的影响，无法考虑混凝土开裂后刚度降低引起的结构内力重分布。

世纪馆采用 ABAQUS 软件进行考虑材料非线性和几何非线性的弹塑性分析，弹塑性分析的基本工况为：1.0 恒荷载 + 1.0 活荷载 + 温度作用。

根据《空间网格结构技术规程》JGJ 7—2010 中壳体极限承载力的规定，世纪馆壳体的极限承载力应≥2.0（恒荷载 + 活荷载）+ 温度作用 + 预应力。

为保证结构安全，剪力墙性能目标为：中震不屈服。

14.3.4　结构分析

1. 结构自振周期

结构主要计算指标如表 14.3-1 所示。

结构主要计算指标			表 14.3-1
计算程序	SAP2000		
结构地上总质量/t	42673		
结构自振周期/s	T_1	0.070	Y向
	T_2	0.055	X向
	T_3	0.027	扭转

由表 14.3-1 可以看出，世纪馆X和Y向周期很小，抗侧刚度很大，因此地震不起控制作用，竖向荷载及温度为控制荷载组合。

2. 结构变形

竖向荷载（标准组合）作用下，世纪馆壳体的位移云图如图 14.3-8 所示。可以看出，壳体中部，结构的竖向位移为 35mm，约为跨度的 1/800；悬挑区域，壳体竖向位移为 85mm，为悬挑跨度的 1/280，均满足规范要求。

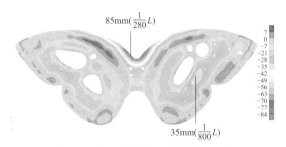

图 14.3-8　标准组合下结构竖向位移云图

14.4　专项设计

14.4.1　壳体找形

自由曲面壳体的找形大致分为三类：试验找形、解析找形和数值解析。试验找形法又分逆吊法、充气法和张拉法。找形是结构应变能逐步降低，结构竖向刚度逐步增大的过程。

世纪馆屋顶自由曲面混凝土壳的找形方法为基于"薄膜原理"的逆吊法。世纪馆找形时，未考虑混凝土壳中环梁的预应力，其他约束条件及构件布置均与计算模型相同。

世纪馆找形主要有两个目标：（1）壳体竖向变形满足规范要求，即$L/400$；（2）壳体竖向极限承载力应≥2.0（恒荷载 + 活荷载）+ 温度 + 预应力。

世纪馆结构找形之前，要将建筑的 NURBS 曲面转化为网格，具体见图 14.4-1。

找形分析时，首先将壳体的抗弯刚度进行折减，使其抵抗外部荷载时，壳体的面内刚度发挥主要作用，壳体的抗弯刚度发挥次要作用。

然后，以建筑面为初始面，计算壳体（刚度折减后的壳体）在标准荷载作用下的竖向变形，并将变形后的形状作为结构的初始形状，重复迭代，直至壳体在外部荷载作用下，竖向位移不再发生明显变化。

找形过程中结构的应变能变化如图 14.4-2 所示。迭代至壳体位移为 $L/400$ 时，矢跨比在 1∶20～1∶18 之间；但壳体弹塑性极限承载力较低，约 1.3（恒荷载 + 活荷载），对应图中红色箭头处。迭代至矢跨比约 1∶15～1∶10，壳体弹塑性极限承载力达到 2.0（恒荷载 + 活荷载），对应图中蓝色箭头。

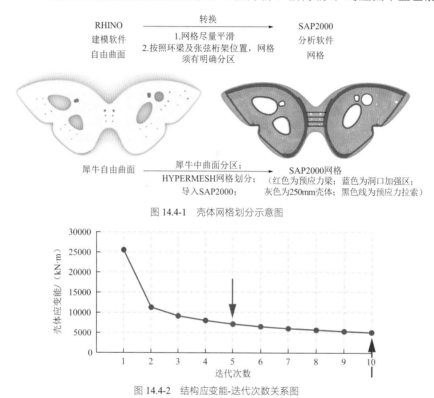

图 14.4-1 壳体网格划分示意图

图 14.4-2 结构应变能-迭代次数关系图

最终，在标准荷载作用下，壳体的竖向变形如图 14.4-3 所示。可以看出：找形前，壳体竖向位移最大约 724mm；找形后，壳体竖向位移最大约为 100mm。

建筑曲面找形分析完成之后，将其反馈给建筑师，建筑师根据曲面的造型及功能进行调整，然后再反馈给结构设计师，如此往复。

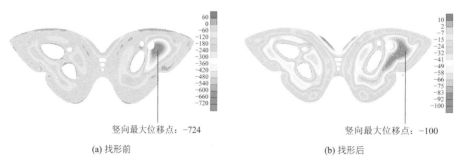

（a）找形前   （b）找形后

图 14.4-3 找形前后结构竖向位移云图（单位：mm）

世纪馆建筑限制高度为 14.9m，且坡度太大会影响屋面上人和种植土固定，因此世纪馆的矢跨比最终定在 1/16～1/10 之间。壳体典型位置矢跨比如图 14.4-4 所示（图中矢跨比表示钢柱之间或钢柱与剪力墙之间壳体的矢跨比）。

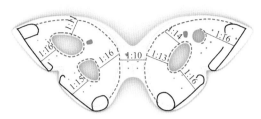

图 14.4-4　壳体矢跨比示意图（图中黑实线为剪力墙，红虚线为摇摆柱）

14.4.2　自由边界处理

自由曲面依靠自身形状来抵抗外部荷载的能力与其自身的边界条件紧密相关。例如理想受压壳体的自由边界以内凹为主（图 14.4-5）；悬臂梁和静定的简支梁则无法通过找形使其承载力提高。

(a) 内凹边界找形示意图（一）　　　　　　　(b) 内凹边界找形示意图（二）

图 14.4-5　内凹边自由曲面

世纪馆壳体外侧为自由边界（外凸边界），下部为摇摆柱。摇摆柱无法为壳体提供侧向支撑，因此竖向荷载作用下，柱顶环梁承受环向拉力（图 14.4-6），环向拉力的径向分力即为自由边界处的水平力。柱顶环梁受拉刚度较小，不能为自由边界处的壳体提供足够的水平约束，因此壳体在Y向受力偏简支梁（图 14.4-7）。

此外，柱顶混凝土环梁的抗拉承载力很低，混凝土开裂后刚度将大幅削弱，无法有效地提供约束刚度。

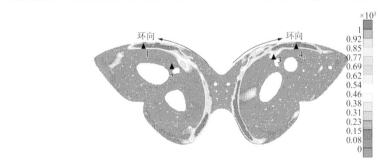

图 14.4-6　环梁环向拉力分布云图（单位：kN）

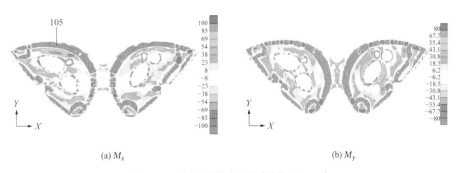

(a) M_x　　　　　　　　　　　(b) M_y

图 14.4-7　壳体弯矩分布云图（单位：kN·m）

为解决壳体自由边界的问题，在柱顶环梁内设置了预应力。环向预应力的径向分力为自由边界提供水平力。

环梁施加预应力后，壳体的内力分布云图如图 14.4-8 所示。对比图 14.4-7、图 14.4-8，可以看出：（1）标准荷载组合下，环梁不再有环向拉力；（2）自由边界区域，壳体弯矩减小。

施加预应力后，典型位置（图 14.4-8）壳体内力设计值与壳体承载力设计值的对比图如图 14.4-9 所示。

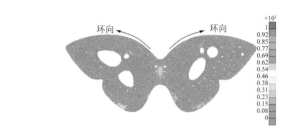

(a) 壳体环向拉力（单位：kN）

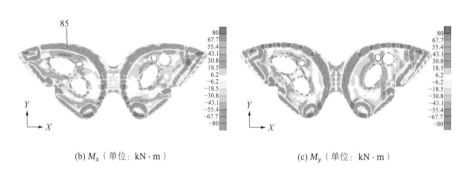

(b) M_x（单位：kN·m）   (c) M_y（单位：kN·m）

图 14.4-8 增加预应力环梁后壳体内力分布云图

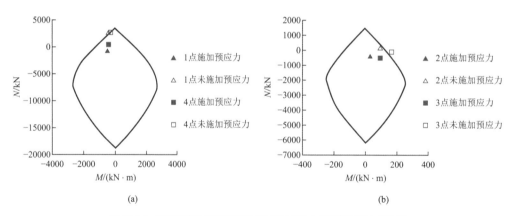

(a)   (b)

图 14.4-9 施加预应力后典型位置壳体设计值内力与壳体承载力对比图

世纪馆存在悬挑区，悬挑长度约 12m。悬挑结构为静定结构，难以通过找形使其刚度增加。故在悬挑区域设置了预应力悬挑梁（图 14.4-10），悬挑梁根部锚固在 4500mm × 800mm 的预应力环梁中，以改善悬挑区的受力性能。扎罗哈设计的马德里赛马场（图 14.4-11），其主方向为悬挑的连续拱壳，而拱壳两侧短悬挑也采用了增加悬挑梁的方式。

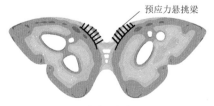

图 14.4-10 预应力混凝土悬挑梁示意图

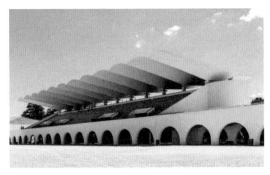

(a) 马德里赛马场（图片来源于网上）　　　　　　(b) 两端悬挑图片（图片来源于网上）

图 14.4-11　马德里赛马场图

14.4.3　剪力墙及壳体配筋

混凝土壳及剪力墙在竖向荷载作用下，承受面内拉压力和面外弯矩，因此壳体及剪力墙配筋应按照压（拉）弯构件进行配筋设计。

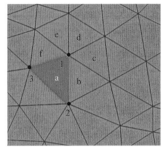

图 14.4-12　单元内力提取示意图

结构单元的内力提取如下：（1）提取出单元 a～f 中 1 点的内力，取各面在 1 点力的平均值作为单元 a～f 中 1 点的内力，2 点和 3 点相同；（2）单元 a 中，对于点 1、2、3 分别按照拉（压）弯构件计算配筋，最后取包络值作为单元 a 的配筋结果（图 14.4-12）。

14.4.4　壳体基底水平反力处理

自由曲面壳体和拱结构类似：竖向荷载作用下，支座产生水平反力。山西大同的吕梁体育场，瑞士的劳力士学习中心等国内外建筑在基础上设置了预应力拉梁，通过拉梁中施加的预应力来平衡基底水平反力。

世纪馆的整个结构分为三部分：A 区、B 区和 C 区，分区示意见图 14.1-1（b），其中 C 区壳体支撑在 A 区和 B 区之上。A、B 区壳体产生的基底水平反力，首先传到直接相连的桩基之上，然后通过−1.5m 结构板和基础梁相互平衡。

而 A、B 区基础独立设置，未形成整体。因此，C 区的推力只能由 A、B 区的桩基和基础承担。标准荷载作用下，A、B 区基底总水平反力约为 22369kN。基础的被动土压力较小，桩基水平抗侧力较低，仅依靠桩和基础抵抗全部的水平推力不合理且不经济。

为减小 A 区和 B 区基底总的水平反力，在 C 区设置了 4 道拉索，拉索与壳体构成钢-混凝土组合张弦桁架结构（图 14.4-13、图 14.4-14），通过在拉索中施加预应力来减小 C 区壳体对 A、B 区产生的基底水平反力。

张弦桁架矢高均为 3m，矢跨比约为 1:9。在标准荷载作用下，4 根拉索合力约为 18000kN，A、B 区基底水平反力约为 5000kN。

图 14.4-13　C 区张弦桁架图

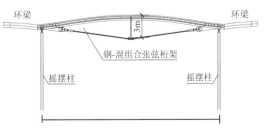

图 14.4-14　C 区张弦桁架立面图

14.4.5 考虑地基基础协同变形的一体化分析

常规结构分析中，通常将上部结构与地基基础分开设计。对于存在不均匀沉降且对支座刚度较为敏感的壳体结构，基础变形会导致上部结构产生附加内力，如不考虑基础变形对上部结构的影响，设计可能存在安全隐患。

因此，世纪馆采用了考虑地基基础协同变形的一体化分析方法。

1. 桩刚度分析

抗压试桩曲线、抗拔试桩的U-Δ曲线和水平试桩的H-Y_0曲线如图 14.4-15 所示。试桩刚度取试桩曲线直线段的斜率，试桩的抗压刚度为 810kN/mm，抗拔刚度为 620kN/mm，水平刚度为 8.6kN/mm。

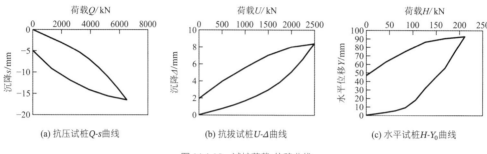

(a) 抗压试桩Q-s曲线   (b) 抗拔试桩U-Δ曲线   (c) 水平试桩H-Y_0曲线

图 14.4-15　试桩荷载-位移曲线

将试桩刚度作为整体总装模型（上部结构、桩、基础整体建模）的点弹簧刚度时，恒荷载、活荷载、预应力和温度标准组合下，左壳角部桩（图 14.4-16 红圈位置）反力为：$F_x = -67.43\text{kN}$；$F_y = 5.84\text{kN}$；$F_z = -1809.5\text{kN}$。

考虑到群桩效应以及桩土长期相互作用的影响，参照以往工程经验，应对桩刚度进行折减，取 0.25 倍试桩刚度作为整体总装模型的点弹簧刚度时，左壳角部桩反力：$F_x = -35.60\text{kN}$；$F_y = 1.97\text{kN}$；$F_z = -329.86\text{kN}$。

世纪馆工期较为紧张，从桩基施工完成到主体结构竣工仅不到 1 年时间，且桩刚度对桩反力影响较大。因此对于世纪馆，采用整体总装模型分析时，对于桩刚度采取包络设计。

2. 桩反力对比分析

当壳体单独建模分析，壳体底部全部采用固定支座时，荷载标准组合（恒荷载 + 活荷载 + 预应力）下角部剪力墙的基底反力如图 14.4-17 所示，所需桩数约 255 根（桩水平承载力设计值控制），布桩困难。

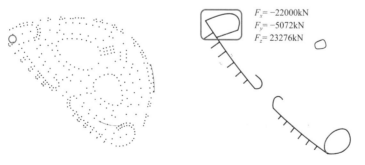

$$F_x = -22000\text{kN}$$
$$F_y = -5072\text{kN}$$
$$F_z = 23276\text{kN}$$

图 14.4-16　左壳桩基平面布置图　　图 14.4-17　标准荷载组合下角部剪力墙反力图/kN

整体总装模型分析时，可以考虑支座变形，支座反力得到部分释放，因此相对仅上部结构分析，支座反力减小很多。同样位置处，角部剪力墙的基底反力为：$F_x = -25\text{kN}$，$F_y = -76\text{kN}$，$F_z = 47815\text{kN}$，所需桩数约 18 根（桩竖向承载力设计值），布桩可控。

整体总装模型考虑了实际的基础刚度，分析假定更加符合实际情况，因此结果相对更加合理。

3．考虑地基基础协同变形对剪力墙的影响

（1）竖向荷载作用下对剪力墙的影响

仅上部结构模型分析和整体总装模型分析时，剪力墙的受力分布云图如图 14.4-18 和图 14.4-19 所示。剪力墙位移和最大应力对比如表 14.4-1 所示。

由图 14.4-18、图 14.4-19 可以看出，荷载标准组合下整体总装模型剪力墙的X向拉应力较大，Y向拉应力较小。

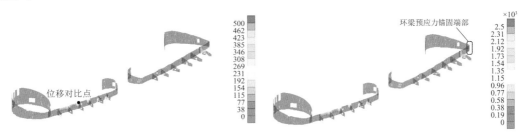

(a) 剪力墙水平拉力分布云图（单位：kN/m）　　　　(b) 剪力墙竖向拉力分布云图（单位：kN/m）

图 14.4-18　仅上部结构模型标准荷载组合下墙拉力分布云图

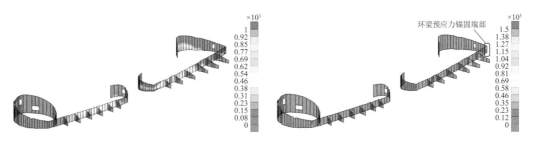

(a) 剪力墙水平拉力分布云图（单位：kN/m）　　　　(b) 剪力墙竖向拉力分布云图（单位：kN/m）

图 14.4-19　整体总装模型标准荷载组合下墙体拉力分布云图

屋顶壳体在竖向荷载作用下，会产生剪力墙面外的水平推力，剪力墙本身带有弧度，因此剪力墙承受面内的水平拉力和面外弯矩，具体可见表 14.4-1。

世纪馆的剪力墙弧度较为平缓，因此设置了翼墙以提高其面外受力性能。仅上部结构模型计算时，剪力墙底部均为固结，翼墙可视为平直剪力墙的固定支座；整体总装模型分析时，墙底为弹簧支座，翼墙为平直剪力墙的弹性支座，竖向荷载作用下，剪力墙底部会产生水平变形，支座刚度减小。因此相对上部结构模型，整体总装模型剪力墙的位移（约2mm）和X向拉应力（约4MPa）均较大。

壳体环梁的预应力锚固在剪力墙端部，环梁内的预应力使得锚固端处的墙体产生竖向拉力。整体总装模型分析时，剪力墙产生了竖向变形，因此端部墙体的竖向拉力（1500kN/m）相对仅上部模型分析（3500kN/m）时有明显降低。

剪力墙位移和拉应力对比表　　　　　　　　　　　　　　　　　　　　　表 14.4-1

	位移/mm		锚固端拉应力/MPa	
	X	Y	X	Y
仅上部模型	0.32	−0.41	0.20	7.00
整体总装模型	1.54	−1.94	4.00	5.00
差值	1.22	1.53	3.80	2.00

（2）温度作用分析

降温作用下，上部结构模型和整体总装模型的剪力墙水平拉力分布云图如图 14.4-20 和图 14.4-21 所示。剪力墙长度较大，在 45～65m 之间。上部结构模型分析时，由于墙底固结，因此温度作用下，墙内

水平拉力较大，约为 1500kN/m（3MPa），已超过剪力墙抗拉强度标准值。整体总装模型分析时，考虑了支座变形，温度作用部分释放，墙内水平拉力约为 200kN/m（0.4MPa），小于剪力墙抗拉强度标准值。

图 14.4-20　上部结构模型降温工况下墙体水平拉力分布云图

图 14.4-21　整体总装模型降温工况下墙体水平拉力分布云图

注：整体模型计算时考虑基础和上部结构同时升温、降温。

以上分析可知，采用考虑地基基础协同变形的一体化分析方法使结构的设计更加经济、合理。

4．竖向荷载作用下水平力的传递和平衡

上部结构仅剪力墙可作为抗侧构件，因此上部结构的水平反力在剪力墙底部相互平衡，具体见图 14.4-22（a）。

上部结构的水平反力传至剪力墙底部之后，预应力锚固段的水平反力传至整个红色范围内的条基，中间局域的墙体反力传至绿色范围内的条基，二者通过−1.5m 结构板与基础连系梁相互平衡，具体见图 14.4-22（b）。世纪馆在−1.5m 处，设置了结构板和基础连系梁，结构板和基础连系梁将东区和西区的基础各自连接为整体，使结构板下的桩基共同承受水平反力，右壳相同。

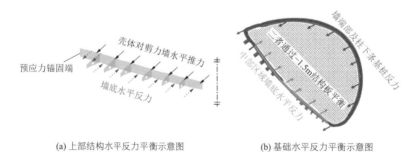

(a) 上部结构水平反力平衡示意图　　　　(b) 基础水平反力平衡示意图

图 14.4-22　左壳反力平衡示意图

考虑结构板和基础连系梁后，桩的最大水平反力由 94kN 减小至 26kN；剪力墙附近壳体的最大竖向位移由 48mm 减小至 27mm。采用考虑地基基础协同变形的一体化分析方法，可以反映结构板和基础连系梁对桩基和上部结构的影响，可以准确反映桩基水平反力的分布，从而更加合理地进行结构设计。

14.4.6　极限承载力分析

1．极限承载力分析

世纪馆采用 ABAQUS 软件进行了考虑材料非线性和几何非线性的弹塑性分析。

由于混凝土壳面主要受自重及屋面恒荷载、活荷载，定义荷载因子 n 为混凝土壳面承载力与壳面所承受荷载的比值。结构的荷载位移曲线如图 14.4-23 所示，结构损伤图见图 14.4-24。

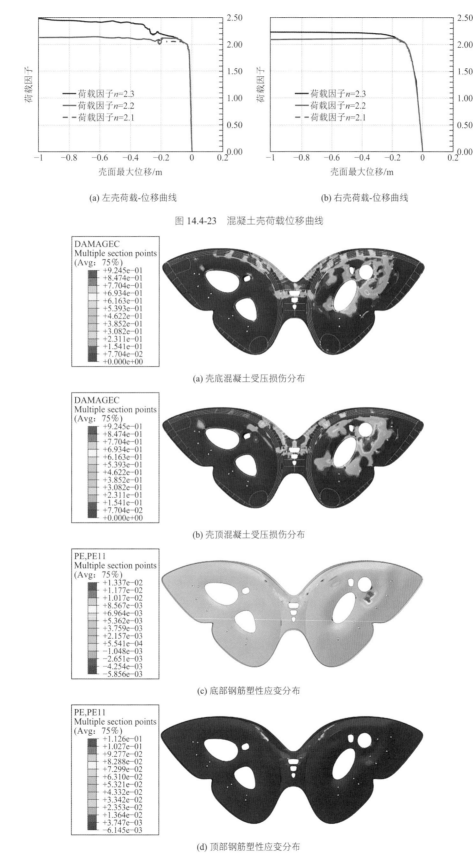

(a) 左壳荷载-位移曲线　　　　　　　　(b) 右壳荷载-位移曲线

图 14.4-23　混凝土壳荷载位移曲线

(a) 壳底混凝土受压损伤分布

(b) 壳顶混凝土受压损伤分布

(c) 底部钢筋塑性应变分布

(d) 顶部钢筋塑性应变分布

图 14.4-24　极限荷载下壳体损伤示意图

由图 14.4-23 可知，该大跨混凝土薄壳结构的极限承载力可偏于安全取为荷载因子 $n = 2.1$。结构的极限承载力满足《空间网格结构技术规程》JGJ 7—2010 安全系数为 2 的要求。

2. 极限承载力影响参数分析

根据经典的线弹性屈曲理论，理想球面壳体在均匀外压作用下的临界荷载公式为：

$$p_{cr} = \frac{2E}{\sqrt{3(1-v^2)}}\left(\frac{t}{R}\right)^2 \tag{14.4-1}$$

式中：E——壳体材料的弹性模量；

　　　R——壳的曲率半径；

　　　t——壳的厚度；

　　　v——壳体材料的泊松比。

由式(14.4-1)可知，对于弹性理想球面，壳体材料、壳体的曲率半径和壳体厚度对其极限承载力有影响；其中壳体材料和极限承载力呈线性关系，曲率半径和壳体厚度与极限承载力呈二次幂关系。

异形壳体的弹塑性极限承载力的影响参数较多，包括矢高、材料、厚度、支承条件等。故参考理想球面的弹性承载力公式，选取矢跨比、混凝土强度等级、壳体厚度以及配筋率 5 个参数，分析其对结构极限承载力的影响，具体结果见表 14.4-2。

壳体极限承载力参数分析   表 14.4-2

模型	参数	极限承载力
矢跨比	1/20（−20%）	−13.33%
	1/13（+23%）	+10.86%
混凝土强度等级	C30	−5.83%
	C50	+2.24%
壳体厚度/mm	200（−20%）	−6.76%
	300（+20%）	+4.93%
配筋率	0.72%（−20%）	−0.90%
	1.08%（+20%）	+1.35%

从壳体结构极限承载力的参数分析结果可以发现，矢跨比对结构极限承载力的影响相对较大，但远小于式(14.4-1)的二次幂关系。而混凝土强度等级、壳体厚度以及配筋率对极限承载力的影响均不太明显，极限承载力的变化小于 10%。其中配筋率对极限承载力的影响较小。

14.4.7 施工顺序分析

世纪馆为自由曲面的预应力薄壳结构，施工期间结构受力状态与完工时差别较大。为确保壳体受力与完工时受力相近，使施工顺序对壳体的影响最小，对其施工顺序进行了验算。

整个世纪馆壳体被后浇带 a 和后浇带 b 分为三块区域：A 区、B 区、C 区（图 14.3-2），世纪馆的施工顺序在此基础上确定。

第一步 A 区施工顺序：环梁预应力张拉至 60%；铺设 200mm 覆土；预应力张拉至 80%；铺设 300mm 覆土；对预应力环梁张拉时，应同时同步张拉，不得张拉完一块区域再进行下一块区域张拉。

第二步 B 区施工顺序：与 A 区相同。

第三步 C 区中间张弦桁架施工顺序：在中间桁架区域添加 100mm 覆土，对拉索施加预拉力，铺设中间桁架区域覆土 400mm。覆土完成见图 14.4-25。

第四步：浇筑后浇带 a、b，使得 A、B、C 三块区域连成整体；

第五步：对预应力环梁进行第三次张拉，此次张拉至 100%；

第六步：对悬挑壳体处的悬挑梁进行预应力张拉；

第七步：待混凝土达到设计强度后拆模，结构完成。

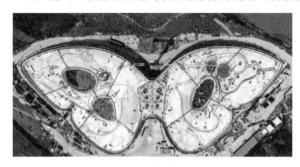 

(a) 施工后浇带照片   (b) 覆土完成照片

图 14.4-25　世纪馆覆土照片

14.4.8　旋转楼梯

1．弧形梯梁强度校核

由于《钢结构设计标准》GB 50017—2017（简称《钢标》）中没有钢梁在扭矩下的相关计算规定，而螺旋楼梯梁受扭的问题却无法避免。故本章采用基于第四强度理论的复合应力校核公式，即《钢标》中式(14.4-2)。

$$\sqrt{\sigma^2 + \sigma_c^2 - \sigma\sigma_c + 3\tau^2} \leqslant \beta_1 f \qquad (14.4-2)$$

式中：σ_c——局部压应力，取为 0；

β_1——强度增大系数，取 1.1。

经分析，考虑扭矩作用时，梯梁最大应力比为 0.439；不考虑扭矩作用时，梯梁最大应力比为 0.315，两者相差约 40%。因此对于旋转楼梯的梯梁设计，考虑扭矩的影响是必要的。

2．舒适度分析

《建筑楼盖结构振动舒适度技术标准》JGJ/T 441—2019 中第 4.2.4 节规定，连廊和室内天桥的第一阶横向自振频率不宜小于 1.2Hz；对于不封闭连廊，其垂向加速度限值取 0.05g（0.5m/s²）。

旋转楼梯第一阶横向自振频率为 1.23Hz，满足《建筑楼盖结构振动舒适度技术标准》JGJ/T 441—2019 的要求。

根据楼梯的动力固有特性和人行激励下垂向加速度振动响应情况，沿旋转楼梯共布置了 8 个 TMD（图 14.4-26），TMD 分别布置在结构振动较大位置，设计参数如表 14.4-3 所示。

TMD 的设计参数　　　　　　　　　　　　　　　　　　　　　　　　表 14.4-3

型号	数量/个	单个 TMD 质量/kg	TMD 总质量/kg	频率/Hz	阻尼比
TMD1	6	100	600	1.6	0.1
TMD2	2	100	200	1.9	0.1

图 14.4-27 和图 14.4-28 为旋转楼梯安装 TMD 前后节点 28 和节点 78 的垂向振动加速度响应，从图中可以看出，安装 TMD 后，结构的振动有明显减弱趋势，减小约 60%。旋转楼梯最大竖向加速度为 0.25m/s² < 0.50m/s²，满足《建筑楼盖结构振动舒适度技术标准》JGJ/T 441—2019 的要求。

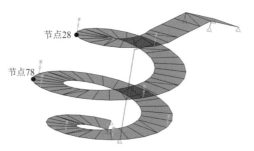

图 14.4-26　TMD 布置示意图

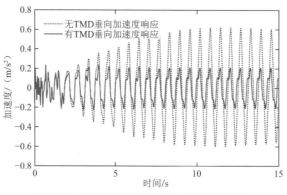

图 14.4-27　安装 TMD 前后节点 28 的垂向加速度响应

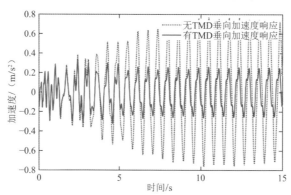

图 14.4-28　安装 TMD 前后节点 78 的垂向加速度响应

14.4.9　节点分析

1. 拉索索夹

世纪馆中间桁架拉索的索夹为外露式节点，为保证其美观，索夹采用铸钢节点。根据 *Eurocode 3-design of steel structures* 的要求，索夹半径应大于 30 倍的拉索直径或者 400 倍的钢丝绳直径。索夹节点见图 14.4-29 和图 14.4-30。

图 14.4-29　索夹节点图

图 14.4-30　连桥上方索夹节点图

2．预应力环梁节点

摇摆柱顶部设置了预应力环梁，截面尺寸 4000mm × 800mm，环梁内施加预应力 40000kN。

预应力环梁除了为自由边界提供约束外，还解决了柱顶冲切的问题。预应力环梁节点配筋如图14.4-31 所示。

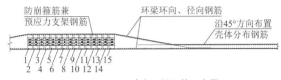

图 14.4-31 预应力环梁配筋示意图

3．钢柱柱脚节点

由于钢柱长细比较大，无法为壳体提供所需的侧向支撑，故设计时将钢柱按照摇摆柱进行设计。根据建筑效果，钢柱的底部局部收进，且底部放置灯具，故柱脚节点采用了一体化铸钢节点。由于柱轴力较大，为解决柱底局压问题，将柱脚底部局部放大，如图 14.4-32 所示。

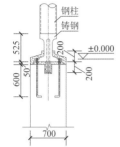

图 14.4-32 柱脚节点示意图

本项目柱脚节点并非理想的铰接节点，因此采用 ABAQUS 软件对其进行有限元分析，模型示意图如图 14.4-33 所示。

无缝钢管、铸钢件、锚栓及钢筋均采用理想弹塑性模型，屈服强度根据《钢结构设计标准》GB 50017—2017、《铸钢结构技术规程》JGJ/T 395—2017 和《混凝土结构设计规范》GB 50010—2010（2015 年版）（简称《混规》）中抗拉强度设计值选取。混凝土采用塑性损伤模型，具体参数按《混规》附录 C 选取。除钢筋采用 T3D2 单元（单元仅考虑轴向受力，不考虑剪切和弯矩）外，其余均采用 C3D8R 单元。

接触定义上，垂直面方向采用"硬"接触，平行面方向采用库仑-摩擦力模型，混凝土与铸钢件之间摩擦系数取 0.6，铸钢件与锚栓之间取 0.3；钢筋与锚栓采用"嵌入"的约束方式嵌固于混凝土内。在柱顶、底的中心处各设置一个参考点，将混凝土底面耦合于参考点上。对底部参考点，设置为固接；对顶部参考点，约束水平方向位移与所有方向转角。

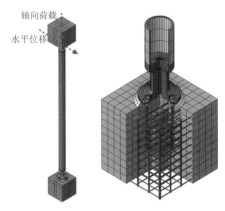

(a)分析模型   (b)节点区（根据材性区分颜色）

图 14.4-33 有限元模型

在施加荷载时，先在柱顶参考点上施加一轴向荷载，荷载大小取最大轴力设计值；由于弯矩设计值无法根据整体模型确定，采用在柱顶参考点处施加位移荷载代替，位移取值同《建筑抗震设计规范》GB 50011—2010（2016 年版）中钢筋混凝土抗震墙结构弹性层间位移角限值（1/1000）对应的层间位移。铸钢件所受弯矩 M 随顶部位移 Δ 的变化如图 14.4-34 所示。由图可知，在规定的位移范围内，M 随 Δ 地增加线性增长，节点保持弹性。

世纪馆按照以下两种模型进行简化分析：（1）全长范围按无缝钢管截面，两端固接［等截面模型，图 14.4-35（a）］；（2）将柱在铸钢节点长度范围视为截面同铸钢件颈部的杆件、其余部分按无缝钢管截面，两端固接［变截面模型，图 14.4-35（b）］。等截面模型的抗侧刚度k_1与变截面模型的抗侧刚度k_2可分别由式(14.4-3)与式(14.4-4)求得。

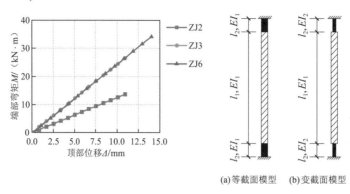

图 14.4-34　各模型M-Δ曲线　　　　图 14.4-35　钢柱简化模型

$$k_1 = \frac{12EI_1}{(l_1 + 2l_2)^3} \tag{14.4-3}$$

$$k_2 = \cfrac{1}{\cfrac{l_1^3}{12EI_1} + \cfrac{l_2}{6EI_2}(3l_1^2 + 6l_1l_2 + 4l_2^2)} \tag{14.4-4}$$

式中：EI_1、EI_2——钢管和铸钢件的抗弯刚度。

k、k_1、k_2计算结果如图 14.4-36 所示，可以看出，钢柱按变截面固结模型进行设计可以较精准地反映钢柱的抗侧刚度。

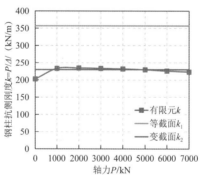

图 14.4-36　钢柱抗侧刚度对比图

综上，计算壳体配筋时钢柱两端采用铰接计算，计算钢柱承载力时，钢柱两端采用变截面刚接计算。

14.4.10　壳体钢筋施工

世纪馆屋顶为自由曲面，模板布置及钢筋排布也是本工程的重点之一。

对于自由曲面的定位，采用了参数化建模。首先，通过 BIM 三维建模技术将整个壳体参数化；其次，对曲面进行划分，生成点坐标，提供给施工单位；最后，施工单位根据点坐标进行模板搭建。

钢筋布置采用径向和正交布置相结合的方式。

预应力环梁一方面为混凝土薄壳结构提供边界，另一方面解决柱顶和墙顶的冲切，因此对于预应力环梁的钢筋布置采用了径向和环向布置。

环梁内部壳体，受力较为复杂，随着区域位置的不同，受力方向也不相同。但壳体受力大致沿 45°方向受力，因此对于环梁内部钢筋的排布按照 45° 方向正交布置。

对于 C 区而言，受力为 X 向和 Y 向，因此 C 区钢筋排布方向沿着 X 向、Y 向正交布置。

对于壳体的大悬挑区，则沿着悬挑区的受力方向径向布置钢筋。

正交布置的钢筋和径向布置的钢筋在壳体内部受力较小的位置搭接。现场钢筋布置图见图 14.4-37、图 14.4-38。

图 14.4-37 环梁钢筋布置图　　　　　　　图 14.4-38 搭接区钢筋布置图

14.5 结构监测

14.5.1 监测点布置

为保证结构安全及验证结构设计的合理性与分析的准确性，对世纪馆进行了监测。选取了水平力和拔力较大的 8 根桩作为长期监测桩，见图 14.5-1，并在壳顶选取了位移和弯矩较大的位置对壳体的挠度、应变、温度等进行了长期监测，见图 14.5-2。

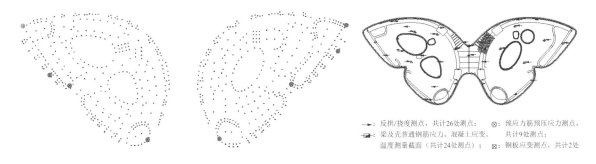

→：反拱/挠度测点，共计 26 处测点；　⊗：预应力筋预压应力测点，
▱：梁及壳普通钢筋应力、混凝土应变、　　共计 9 处测点。
　温度测量截面（共计 24 处测点）；　⊠：钢板应变测点，共计 2 处

图 14.5-1 桩基监测位置示意图（长期监测桩，共 8 根）　　　图 14.5-2 壳顶监测点位示意图

14.5.2 监测方法

1. 桩基监测

每根监测桩上贴了 3 组应变片，分别位于桩顶以下 0.5m、1.5m、2.5m 位置处。每组应变片 6 个，均匀分布在桩周边。应变片位置及布置见图 14.5-3。

桩顶水平力 V 和桩顶弯矩 M 的计算：（1）根据平截面假定及钢筋应变可以算出 A、B、C 三点的弯矩 M_A、M_B、M_C 和竖向力 F_A、F_B、F_C；（2）假设土反力为 q，则可以联立方程组求出桩顶的弯矩 M 和水平反力 V。

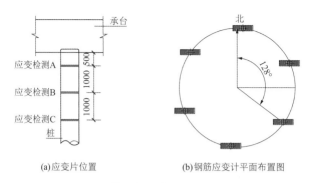

图 14.5-3　桩基应变片位置及布置示意图

(a) 应变片位置　　　(b) 钢筋应变计平面布置图

2. 壳顶监测

壳体内部的钢筋、混凝土的应变及温度均采用弦式应变计监测，对于壳体位移的监测，采用机器视觉测量仪，量程 200m，精度 1/50000 视场大小。

14.5.3　监测结果

1. 位移监测结果

位移（点位见图 14.5-4）对比如表 14.5-1 所示（监测数据时间节点为结构竣工，屋顶覆土及植物种植完成）。

位移监测对比表

表 14.5-1

点位	整体总装结构模型/mm	仅上部结构模型/mm	实际监测/mm
1	−41.50	−28.30	−42.69
2	−26.35	−20.86	−28.44
3	−10.93	−11.45	−7.38
4	−23.51	−21.20	−27.71
5	−21.87	−13.28	−21.04
6	−75.58	−67.89	−69.34

图 14.5-4　监测点位移对比示意图

由图 14.5-4 可以看出，除监测点 6 外，考虑地基基础协同变形后，壳体位移理论计算值与实测值吻合较好。

世纪馆屋顶壳体悬挑较大，最大达 13m，为减小悬挑端部的位移，在悬挑根部附近的壳顶铺设了 20mm 厚的钢板。此外，在悬挑位置设置了 6 根 600mm × 800mm 的预应力环梁。而在模型计算中，未考虑钢板和预应力的有利作用，因此实际监测位移小于模型计算位移。

2. 壳体应变、温度监测结果

壳体温度、应变、位移变化如图 14.5-5～图 14.5-7 所示。可以看出，壳体内的温度变化小于环境变化温度。壳体温度在 10～32℃之间变化。根据现有监测数据，图 14.5-6 和图 14.5-7 表明壳体的应变和位移受温度影响较小。

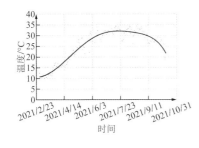
图 14.5-5 壳体温度变化示意图

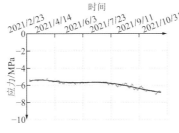
图 14.5-6 壳体混凝土应变变化曲线图

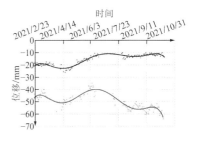
图 14.5-7 壳体位移变化曲线

3. 桩基监测结果

桩基应力变化曲线如图 14.5-8 所示。可以看出，桩基整体应变较小，结构安全可靠。

由于桩基钢筋应变数量偏少，且定位不准确，部分监测结果异常，发现桩钢筋应力不满足平截面假定，导致反算的桩基内力没有规律。

建议对于复杂结构，应加大单根桩基内钢筋的监测数量。

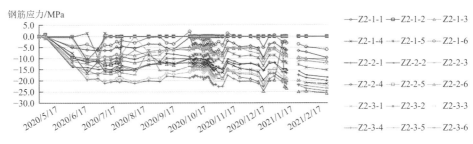
图 14.5-8 桩基应力变化曲线示意图

14.5.4 结论

实际监测结果与理论计算较为接近，结构设计安全、合理、可靠。

14.6 结语

世纪馆旨在"以形御力"，实现"结构成就建筑之美"。

（1）采用基于"薄膜原理"的逆吊找形法，采用间接预应力为壳体自由边界提供约束，实现混凝土薄壳的"以形御力"。

（2）在中央通道处设置钢-混凝土组合张弦桁架，在平衡壳体侧推力的同时，张弦桁架的撑点又巧妙地兼做连桥的吊点使用。

（3）采用考虑地基基础协同变形的一体化分析方法，可以对桩基进行更合理的布置，进而评估基础变形对上部壳体的影响，使结构安全、经济、可靠。

（4）制定合理的施工顺序，以减少施工过程对壳体产生的影响。

（5）1080°的旋转楼梯起始和终点位置分别由基础和壳体抓牢，中间以 1 根摇摆柱串起，其竖向振动采用阻尼器解决。

（6）监测结果表明，采用考虑地基基础协同变形的一体化设计方法是合理的，符合实际。

14.7 延伸阅读

扫码查看项目照片、动画。

参考文献

[1] 第十届中国花卉博览会世纪馆结构设计(in press) DOI:10.19701/j.jzjg.20220741.

[2] 花博会世纪馆多层建筑设防专项论证[R]. 上海: 华东建筑设计研究总院, 2019.

[3] 大跨度旋转楼梯结构设计与分析(in press)

[4] 佐佐木睦朗, 余中奇. 自由曲面钢筋混凝土壳体结构设计[J]. 时代建筑, 2014, 139(5): 52-57.

[5] M.Grohmann, K.Bollinger, A.Weilandt, et al. 结构与建造实现——劳力士学习中心[J]. 建筑技艺, 2014, 228(9): 58-63.

[6] 基于隐式动力方法的大跨混凝土薄壳结构弹塑性全过程分析(in press)

[7] 第十届中国花卉博览会世纪馆变截面铸钢柱脚的设计与研究(in press)

[8] 超长自由曲面预应力混凝土薄壳结构考虑地基基础协同变形的一体化分析(in press)

项目信息

项目名称：第十届中国花卉博览会世纪馆

建设单位：光明生态岛投资发展有限公司

建设地点：上海市崇明区东平镇东平森林公园花博园区域

建筑类型：展览

设计时间：2018 年 10 月——2020 年 1 月

建成时间：2021 年 5 月 21 日

占地面积：19484m²

建筑面积：12348m²

建筑高度：14.9m

设计单位：华东建筑设计研究院有限公司

施工单位：上海建工集团股份有限公司，上海建工二建集团有限公司

BIM 设计：上海建筑设计研究院有限公司数字中心

绿色咨询：上海市建筑科学研究院有限公司

结构团队

结构设计团队：黄永强，闫泽升，傅晋申，张　洛，杨成栋，罗　遥，方晓铭

执　笔　人：黄永强

获奖信息

2022 年　Structural Awards　入围奖

第15章

上海奔驰文化中心

15.1 工程概况

15.1.1 建筑概况

上海奔驰文化中心（曾名上海世博演艺中心），是 2010 年上海世博会永久性场馆之一。项目位于世博园核心区滨江带世博轴以东，西侧与庆典广场相连并与世博中心相呼应，北临黄浦江与世博浦西园区隔江相望。

图 15.1-1　上海奔驰文化中心实景图

这是一座集观演、体育、娱乐、商业于一体的复合型建筑综合体。主场馆容纳观众人数为 18000 人，在体育建筑分类中属甲级体育馆，总建筑面积 14 万 m²。建筑形态似空中飞碟（图 15.1-1），平面投影呈圆三角形，尺寸为 165m×205m（图 15.1-2）。"飞碟"由下部主场馆和上部屋盖两部分组合而成，主场馆地上共 6 层，其内部空间见三维模型图 15.1-3。长圆形的中央赛场、池座观众席位于 1 层，2～5 层为楼座观众席、贵宾（VIP）包厢及餐饮、商业等，6 层设有酒吧、影城等，6 层的外圈为临江景观餐饮区，建筑各层平面见图 15.1-4～图 15.1-7。建筑屋面最高处距离室外地面 41.5m。沿外围环状分布着商业裙房，均为地上 1 层。地下室共 2 层，设有溜冰场、停车库等，建筑剖面图见图 15.1-8。

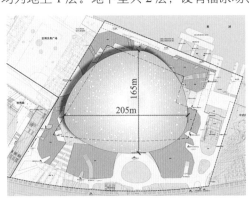

图 15.1-2　建筑总平面图

图 15.1-3　主场馆内部空间模型图

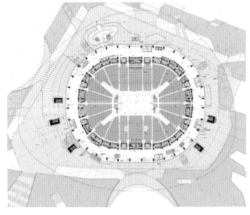

图 15.1-4　2 层建筑平面图

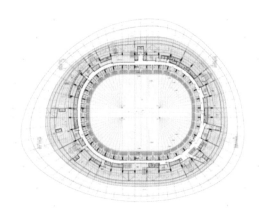

图 15.1-5　3 层建筑平面图

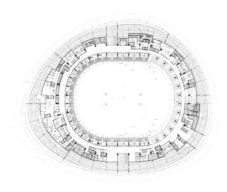

图 15.1-6 4 层建筑平面图　　　　　　　　　　　图 15.1-7 6 层建筑平面图

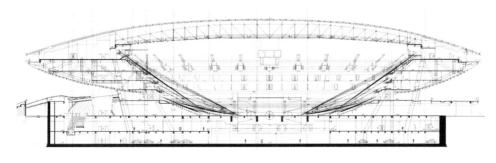

图 15.1-8 建筑剖面图

　　本项目由华东建筑设计研究院有限公司设计，上海建工集团股份有限公司施工，于 2010 年 4 月竣工投入使用。

15.1.2 设计条件

1. 主体控制参数

设计参数表　　　　　　　　　　　　　　　　　　　　　　　　　表 15.1-1

设计使用年限	50 年（耐久性 100 年）	建筑抗震设防分类	重点设防类（乙类）
建筑结构安全等级	一级（结构重要性系数 1.1）	抗震设防烈度	7 度
地基基础设计等级	甲级	设计地震分组	第一组[1]
建筑结构阻尼比	0.035（小震、大震）	场地类别	IV

注：1.《建筑抗震设计规范》GB 50011—2001。

2. 风荷载

　　基本风压按 100 年重现期取值，$w_0 = 0.6 \text{kN/m}^2$，地面粗糙度为 B 类。计算下部场馆的水平风荷载时，体型系数取 1.3，碟底位置的外包铝板结构计算中计入风吸作用。我国规范没有针对本工程扁平外形屋盖的风荷载体型系数作明确规定，在设计初期，参考欧洲规范（参考文献[2]）将整个屋盖结构分为 A、B、C 三个区域（图 15.1-9），根据屋盖的矢高、结构高度与宽度的比值，确定各分区的体型系数分别为 −0.56、−0.48 和 −0.32，均为风吸力。参考《建筑结构荷载规范》GB 50009—2012 计算，风振系数取 1.8，A、B、C 三个区域的风荷载标准值分别取 −0.68kPa、−0.58kPa 和 −0.39kPa。本工程后续进行了风洞试验，风洞试验得到的屋盖体型系数如图 15.1-10，整个屋盖均为风吸力，A、B、C 三个区域的风荷载体型系数的最大值分别为 −0.74、−0.62 和 −0.44，风洞试验建议屋盖的风振系数取 1.5，A、B、C 三个区域的风荷载标准值的最大值分别为 0.75kPa、0.63kPa 和 0.45kPa。风洞试验结果与按欧洲规范计算的结果相差不大，说明对此类扁平屋盖，按欧洲规范计算的风荷载能反映总体分布规律，其数值有一定参考价值。

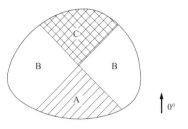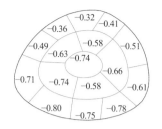

图 15.1-9　屋面风荷载计算的分区　　图 15.1-10　风洞试验的屋盖体型系数

3. 特殊设计荷载

建筑设计中运用了高大空间的灵活分隔系统，使中央赛场区可以形成不同规模和形态的观演空间，具有举办大型庆典活动、文艺演出、体育赛事和冰上运动等多种使用功能，设计应满足演出团体自带舞台布景在现场组装的需求。因此，地面使用荷载按大型集装箱卡车的重量取值；演出区域大跨度屋盖的荷载，除了屋盖建筑表皮及其龙骨重量（约 120kg/m²）外，尚有吊挂的设备平台、活动隔断、大型视屏、各类声光电设备及管线、临时演出设备等十几个种类的重量，见表 15.1-2，设备总重量约 150kg/m²。加上屋盖结构活荷载 50kg/m²，大跨度屋盖上承担的总附加重量（不包含屋盖结构自重）约 320kg/m²，与其他大跨屋盖相比，本工程屋盖承担附加荷载种类较多，重量偏大。

屋盖悬挂工艺、机电重量　　　　　　　　　　　　　　　表 15.1-2

荷载类别	荷载分布位置	重量/t
马道	整个屋盖	345
活动隔断	局部屋盖	305
大型视屏	屋盖中央	60
演出荷载	屋盖中央	190
排烟风机	局部屋盖	25
水管	整个屋盖	120
照明设备及管线	整个屋盖	125
灯光机房	局部屋盖	675
总和	1845（150kg/m²）	

15.2　建筑特点

15.2.1　穿梭时空的"飞碟"外形

建筑师用简练的弧形曲面勾勒出主场馆的"飞碟"外形，方案以大气磅礴、穿梭腾飞的姿态坐落于滨江岸边，其极具未来感的独特外形，体现了文化与科技的融合、现代与未来的对话、中国与世界的交响。用建筑的语言塑造一个具有前瞻性的"文化娱乐集聚区"的艺术殿堂。

15.2.2　开阔规整的"巨碗"内场

虽然建筑外形为异形自由曲面，但内部主场馆的看台形状却是十分规整的双轴对称空间，其空间形状似一个长圆形的"巨碗"，"碗"底即是位于一层的中央赛场，2～5 层的观众席像"碗壁"，自下而上地向 6 层的"碗"口上升、扩展。随圆三角形建筑平面逐层扩大，环廊、休闲餐饮等商业功能逐步充满看台外围的空间，整个建筑内外形态均呈现向空中舒展"漂浮"的姿态，表达了滨江建筑与环境和谐共生的理想，充分体现出上海这个国际性大都市的蓬勃朝气，表达了2010年世博会"城市，让生活更美好"的主题。

分析上述独特的建筑内外形态，"飞碟"的结构搭建可分解为下部碟状支承体系与上部曲面屋盖两部分。结构设计团队从结构选型研究入手，对结构安全性、经济性及大跨结构振动问题的研究工作一直贯穿于设计过程的始终。

15.2.3 舒展轻灵的"飞鸿"入口

进入"飞碟"内部的两个主入口分别位于场馆的西面和南面，以开阔的扇形雨篷、倾斜的拱形幕墙嵌入飞碟底部，与巨大的飞梭形态形成舒缓而自然的尺度对比，吸引人们开启"飞碟"之旅。

设计团队以建筑结构一体化的思路开展精心设计，对雨篷的整体造型、构件形状尺寸、节点连接处理等反复研讨切磋，除了透明的玻璃幕墙外，没有其他多余的装饰外包层，以整体外露的结构体现完美的建筑形态和细部。

15.3 体系与分析

15.3.1 方案比选

1. 下部场馆径向框架形式的确定

基于建筑外部造型和内部空间的形态，结构布置基本确定为由抗侧力体系支承悬臂桁架，经初步布置与试算，在框架结构、框剪结构及框架支撑结构3种抗侧体系中确定为框架体系。支承悬臂桁架的框架结构沿径向布置，充分利用内场观众看台双轴对称的空间几何特征，将所有径向框架的轴线尺寸规整到完全相同。为跟随场馆内外侧的形状，每榀框架底层布置3根落地柱，外侧及内侧均为斜柱，直立的中柱在3层与内侧斜柱交汇，合并为1根斜杆升至6层桁架上弦，各层消防疏散环道在内外斜柱之间穿过。对于不规则的建筑外形，则从内框架设置悬臂桁架向外延伸到建筑外轮廓，悬臂长度在20～31m不等，桁架随碟形底部呈三角形布置，桁架根部最大高度约12m，框架及悬臂桁架的基本形态见图15.3-1中方案A。初步计算显示，悬臂端挠度可以控制在1/200以内（挠度/悬臂长度），但在杆件设计中存在两个大问题：一是与上弦相接的框架梁（L1）杆端弯矩值很大，梁截面承载力不足；二是外排框架柱（KZ1）在与悬臂桁架下弦交汇的位置处弯矩过大，柱截面承载力不足。

为解决问题，采用了4种布置方案进行计算对比，寻找合理的布置方式，见图15.3-1。

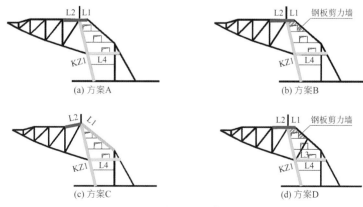

图 15.3-1　桁架方案选型的 4 种布置

方案 A 为上述基本形态。

方案 B 为利用 5 层疏散环道以上的空间，在框架梁柱构件间用钢板剪力墙加强。

方案 C 为利用 6 层以上的观众席，改变根部上弦杆（L2）的角度，使杆件能直线相交于同一点。

方案 D 为在 B 方案的基础上，增加框架斜撑（L3），并调整与下弦相接的楼层梁（L4）刚度，寻求减小框架柱内弯矩的有效方法。

4 种布置方案的计算结果汇总   表 15.3-1

	L1 杆端弯矩/（kN·m）	L2 杆端弯矩/（kN·m）	KZ1 柱弯矩/（kN·m）
方案 A	11493	10017	15525
方案 B	3125	9899	15134
方案 C	996	6970	13773
方案 D	1627	6962	9118

注：计算时取 34 轴桁架。

比选结论为：

方案 C 的桁架形式能有效解决梁端承载力不足的问题，当各杆件相交于一点后，L1 成为以承受轴力为主的杆件，构件截面趋于合理。但由于桁架节间长度达 6m，该方案将导致 6 层地面出现很多影响通行的翻口。方案 B 和 D，通过设置钢板混凝土剪力墙重新分配构件内力，可解决问题。在后期施工图设计中，由于各方调整，此处钢板剪力墙范围减少，演变为通道顶部的钢-混凝土组合节点。

对于柱截面承载力不足的问题，采用方案 D 的方式，增加框架斜撑（L3）后柱内弯矩明显减小，但斜撑会影响 4 层的 VIP 疏散环道的宽度。经与建筑师共同协商，局部调整疏散通道，在内力最大的 6 处位置采用方案 D，可满足柱截面的合理性。其余 30 处位置采用方案 C 的布置，通过增加楼面梁的截面刚度来分担柱内弯矩。

2. 屋盖结构选型

屋盖平面形状、矢高、承受荷载以及周边支承结构是屋盖结构选型的主要因素，建筑外观和功能也非常重要。方案设计阶段进行了空间网架结构（图 15.3-2）、弦支骨架结构（图 15.3-3）和空间桁架结构等结构方案的比较。空间网架结构在结构整体性、结构用钢量上有相对优势，但对屋盖结构内部空间使用有一定影响；弦支骨架结构在结构用钢量、减小支承结构水平推力方面有明显优势，但对看台视线和中央吊挂灵活性有一定影响。由于屋盖矢高较低，悬挂集中荷载较大，相对前两种结构体系，空间桁架结构体系在建筑外观、内部空间简洁、竖向刚度、悬挂荷载适应性以及施工周期及施工方案适应性等方面具有相对优势。桁架结构体系还考虑了主次桁架布置形式，但考虑到主桁架支座反力（竖向力及水平推力）比较集中，将对下部斜框架结构产生不利影响，屋面荷载传递途径较长且整体性及冗余度均不如空间桁架结构，最终采用空间桁架结构体系（图 15.3-11）。

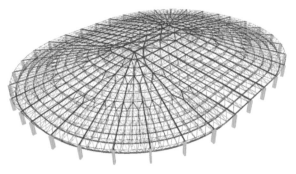

图 15.3-2　空间网架结构

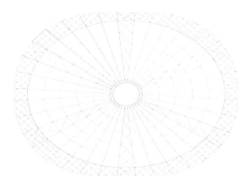

图 15.3-3　弦支骨架结构

15.3.2　结构布置

上部结构的嵌固端设在地下室顶板，地下室不设缝，地面以上设抗震缝，将外围裙房与主场馆脱开，裙房中也设多道抗震缝使之形成几个较为规则的单体。

1. 下部场馆结构

结构抗侧力体系由径向斜框架和环向框架组成。径向斜框架围绕 18000 座主场馆布置，框架间距 11.5m，共 36 榀。从斜框架上沿径向放射形向外布置悬挑钢桁架，悬臂长度从 20～31m 不等（图 15.3-4、图 15.3-5）。利用飞碟下半部的体型厚度，桁架根部最大高度定为 12m，上弦呈水平直线布置在 6 层楼板下，下弦沿碟形底部向上和上弦杆交汇，按 6m 左右划分上弦节间尺寸，并在每个桁架节点设置直腹杆，使位于桁架腹部内的 4 层、5 层楼面梁可以搁置在直腹杆上（图 15.3-6）。三角形的建筑平面在东南和西南两个角部边界距离内部场馆的尺寸很大，若直接从斜框架悬挑，悬臂长度将达到 43m，故利用电梯分别在东南角增加 2 个、西南角增加 3 个混凝土芯筒，在芯筒上设置转换桁架作为这些区域的悬臂桁架支点，使所有桁架的悬臂长度均控制在 31m 以内，转换桁架与下方混凝土芯筒以滑动支座传递竖向力、释放水平力。如图 15.3-7、图 15.3-8（a）、图 15.3-8（b）所示。各榀径向斜框架通过环向框架梁连成整体，形成抵抗水平地震作用和水平风荷载的抗侧力结构体系。框架柱采用矩形钢管混凝土截面，楼层梁均为钢梁，位于悬臂桁架上弦的 6 层环向梁采用刚接以抵抗环向拉力，其下楼层的环向梁与悬臂桁架竖腹杆铰接。楼板为压型钢板组合板，楼板环向最大周长为 400m 左右，6 层楼板中存在较大的环向拉应力，板厚加强为 200mm 并局部铺设钢板，自 5 层向下楼板受空间作用的影响逐步减小，为避免因超长引起开裂，在 2～5 层楼板内沿环向每隔 35m 左右设置 1 条诱导缝。为加快建设速度，观众席采用预制装配式钢筋混凝土构件。

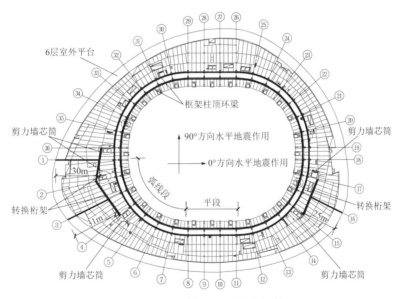

图 15.3-4　6 层结构平面图（桁架上弦）

2. 屋盖结构

屋盖覆盖表演区和休闲区两个区域。表演区屋盖平面为长圆形，长跨 135.7m，短跨 110m，为内部无柱的大跨屋盖。休闲区屋盖在表演区屋盖四周，平面呈不规则三角形，最大跨度约 23m。整体屋盖等高线布置见图 15.3-9，顶点标高 41m，外边线标高 26m。

屋盖下有内、外两圈立柱，内圈 36 根矩形钢管柱支承在下部场馆的斜框架上，外圈立柱支承在下部场馆悬挑桁架的端部，部分内圈柱之间设置支撑，提高屋盖支承结构的刚度。表演区大跨屋盖通过支座搁置于 36 根柱顶上，连接内外圈立柱的钢梁承托休闲区屋盖。由于屋面表皮为不规则的等高线，而表演区屋盖为长圆形双轴对称结构，若屋盖桁架要贴合屋盖表皮，会导致屋盖桁架杆件规格很多、杆件长度各不相同，施工非常不方便。为此表演区屋盖桁架仍采用对称布置，屋盖桁架与屋盖表皮之间高差是变化的，通过桁架上部的屋盖次结构调节（图 15.3-10）。

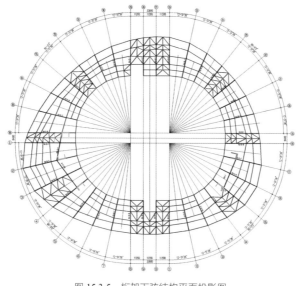

图 15.3-5　桁架下弦结构平面投影图

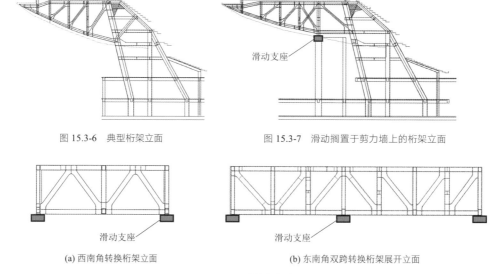

图 15.3-6　典型桁架立面　　　　　图 15.3-7　滑动搁置于剪力墙上的桁架立面

(a) 西南角转换桁架立面　　　　　(b) 东南角双跨转换桁架展开立面

图 15.3-8　转换桁架立面

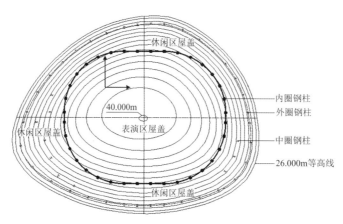

图 15.3-9　屋盖等高线分布图

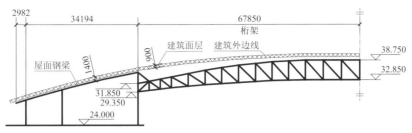

图 15.3-10　屋盖桁架与屋盖表皮关系图（长向屋盖剖面）

　　表演区屋盖采用低拱高的空间钢桁架结构体系，见图 15.3-11、图 15.3-12，桁架结构高度跨中 6m，支座处 2.5m。中央直线部分共布置 6 榀正交桁架，周边半径 51.05m 的 1/4 圆形部分布置 24 榀径向桁架。正交桁架和径向桁架为主要的竖向传力构件。为了支承径向桁架以及协调桁架变形并加强屋盖刚度，在屋盖中央重载区、1/4 跨度以及支座处设置环向加强桁架（HTR1～HTR4）。桁架上弦以承受轴向压力为主，为了防止压杆平面外失稳，减小上弦杆件平面外计算长度，提高屋盖抗扭刚度及整体性，在上弦平面桁架节间布置水平支撑。在屋盖下弦靠近支座处节间增设水平支撑，防止个别荷载工况下弦受压导致平面外失稳。

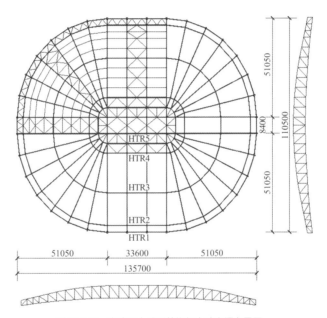

图 15.3-11　表演区大跨屋盖桁架上弦支撑布置图

注：支撑仅表示 1/4 区域，其余区域对称布置。

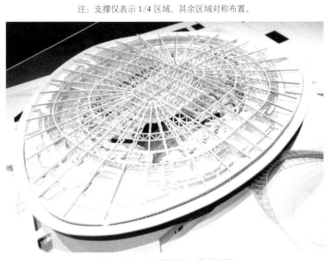

图 15.3-12　屋盖结构三维模型图

3．地基基础

基础为钻孔灌注桩，持力层 7～2 层。主场馆 36 榀斜框架将悬臂桁架中巨大的弯矩和竖向力传至基础，框架外排柱底轴力为压力，内排柱底轴力为拔力，其下桩径为 700mm，有效桩长为 32m 左右，单桩竖向抗压承载力特征值为 3000kN，抗拔承载力为 1250kN。为严格控制柱下的差异沉降量，受压柱下的桩采用桩底后注浆工艺，固化沉渣减小沉降。裙房下采用 ϕ600mm 钻孔灌注桩。

由于桁架悬臂长度不同及环形结构的空间效应，各榀框架下的柱底轴力、弯矩相差很大。因此，在斜框架柱下布置两圈环状厚底板加强基础刚度，内圈厚度 2500mm，外圈厚度 3000mm，进一步控制各轴的柱下差异沉降（图 15.3-13）。裙房底板厚 800mm，柱下采用独立承台，承台间设置双向基础梁拉结，以提高大面积筏基的整体刚度。桩基最大沉降量为 33mm，受压柱和抗拔柱下差异沉降值为 49mm（倾斜率 0.0027）。

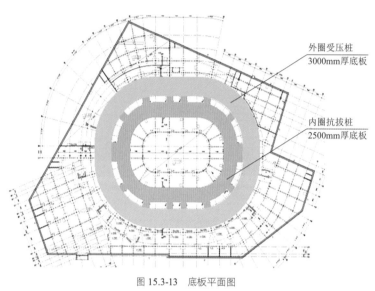

外圈受压桩
3000mm 厚底板

内圈抗拔桩
2500mm 厚底板

图 15.3-13　底板平面图

15.3.3　抗震措施

1．下部场馆结构抗震加强措施

（1）均匀布置抗侧力构件。结构第 1 振型为扭转，布置抗侧力构件时尽量使结构刚度中心与质量中心基本重合，抗侧力构件沿长圆形均匀布置，从而使框架柱能较均匀地承担剪力，在水平地震作用下不易出现集中破坏区，主桁架通过滑动支座搁置在 5 个混凝土芯筒上，避免了芯筒的不均匀刚度对结构产生影响。

（2）严格控制水平位移。由于扭转是主要的地震响应模式，首先加强结构抗侧刚度，严格控制水平位移，使地震下结构的变形相对较小。最大层间位移角仅 1/1924，最大顶点位移为 8.31mm。在扭转位移比最大为 1.55 的位置，层间位移为 1.19mm，层间位移角仅 1/4003。

（3）增强构件延性。框架柱中由弯矩引起的应力较大，采用抗弯能力较强的钢管混凝土构件，使扭转不致产生裂缝甚至脆性破坏。

（4）形成环向整体作用。连系悬臂桁架和斜框架的各类环向构件是产生空间整体作用的关键，包括悬臂桁架上弦的 6 层框架环梁、6 层楼板等，根据受力特征分析分别采取加强措施。

（5）采用多种计算模型分析、复核、相互验证。在基础和下部场馆的构件承载力设计中，将有、无楼板刚度及单榀框架 3 种计算模型的内力结果包络设计，确保承载力储备。

（6）加强基础刚度。支承悬臂桁架的斜框架下的承压桩采用后注浆工艺，并在斜框架柱下布置整体性良好的厚底板，用以严格控制柱下的差异沉降，避免差异沉降在上部结构中产生内力。

2．屋盖结构抗震加强措施

（1）屋盖采用空间桁架体系，桁架受力较均匀，传力途径明确，屋盖整体性较高。在屋盖上弦及下弦布置了水平支撑，加强了屋盖整体性，防止受压杆件平面外失稳。

（2）屋盖水平及竖向地震作用参数同下部场馆结构，阻尼比取 0.02，竖向地震作用取弹性时程分析结果与 10%重力荷载代表值的较大值。

（3）通过对含下部场馆结构的整体模型及屋盖单独模型进行对比分析，对屋盖单独模型地震作用进行了放大。

（4）屋盖支承结构采用框架支撑体系，增强屋盖支承结构抗侧刚度及抗扭刚度。框架柱承担剪力不低于总地震剪力的 25%，确保了多道抗震防线。

15.3.4　结构分析

1．计算模型简介

选择计算软件时首先以是否能准确反映结构的力学模型为原则，还需具有自主定义复杂截面的功能，因此以 CSI 公司的 SAP2000 v11 中文版程序为主进行整体分析及构件验算，以 MIDAS v7.1.2 程序及 ANSYS 程序为辅进行整体及关键构件的校核。

下部场馆结构和大跨屋盖计算时先分开建模［图 15.3-14（a）、图 15.3-14（b）］，再将两者拼装起来建立飞碟整体计算模型［图 15.3-14（c）］，下部场馆单独的计算模型中施加了屋盖结构对应各工况的反力，等效地考虑了屋盖结构对下部结构的影响，大跨屋盖的单独计算模型含空间桁架及 6 层平台以上的框架支撑结构，设计过程中将下部场馆结构、屋盖结构和飞碟整体结构模型三者进行全面比较，以对单独模型计算的构件内力进行安全合理的调整。

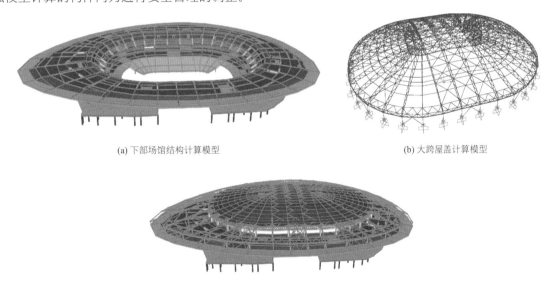

(a) 下部场馆结构计算模型　　　　　　　　　　　　　　　(b) 大跨屋盖计算模型

(c) 含屋盖的飞碟整体计算模型

图 15.3-14　3 个计算模型

飞碟整体模型的基本振型与下部场馆单独模型和屋盖模型的比较见表 15.3-2。整体模型第 1 周期为扭转，周期和振型与主场馆单独模型相同；第 2 周期为屋盖竖向振动，周期比单独屋盖模型的竖向振型周期略大；第 3 周期为 X 向（长轴向）平动，周期、振型与主体单独模型的第 2 振型接近；第 4 周期为 Y 向（短轴向）平动，周期、振型与主场馆单独模型的第 3 振型接近。

下部场馆模型		屋盖模型		飞碟整体模型	
周期/s	振型	周期/s	振型	周期/s	振型
$T_1 = 1.149$	扭转	——	——	$T_1 = 1.134$	扭转
——	——	$T_1 = 0.847$	Z向振动	$T_2 = 0.867$	屋盖Z向振动
$T_2 = 0.590$	X向平动	——	——	$T_3 = 0.647$	X向平动
$T_3 = 0.578$	Y向平动	——	——	$T_4 = 0.603$	Y向平动
——	——	$T_2 = 0.622$	X向平动	——	——
——	——	$T_3 = 0.513$	Y向平动	——	——
——	——	$T_4 = 0.476$	扭转	——	——

2. 结构计算分析与比较研究

从飞碟整体模型和下部场馆单独模型计算结果对比（表 15.3-3）可知，结构的框架柱、桁架杆件、楼面环梁等主要构件的内力在两种模型中相差很小，这主要是由于屋盖结构的重量仅占结构总重量的6%，在框架柱顶施加屋盖结构对应各工况的反力，可以等效地考虑屋盖结构对下部结构的影响。因此，可用下部场馆单独模型进一步开展多种计算假定条件下的分析与研究。

两种计算模型的总信息比较 表 15.3-3

		下部场馆模型	飞碟整体模型
最大层间位移角	X向	1/2221	1/2628
	Y向	1/1924	1/2092
基底剪力/kN	X向	54071	45185
	Y向	57956	52213
结构总质量/t		117203	116849

下部场馆的各层楼板刚度对悬臂桁架的变形和主要杆件的受力有显著影响，且对不同杆件的受力影响有所不同，设计中又将下部场馆单独模型分为计算楼板刚度和不计楼板刚度两种假定，构件设计时综合考虑两种模型的计算结果。

考虑到本工程的重要性以及较为特殊的竖向力传力路径，下部场馆设计过程中同时进行了单榀框架的计算，建立 36 个带悬臂桁架的单榀框架二维计算模型，忽略结构环向空间效应的有利作用，研究每榀桁架独立工作时的受力特性，保证了以静荷载为主要控制工况的结构主体的安全性。

综上，下部场馆结构设计以下部场馆单独模型、带屋盖的完整飞碟模型为主，包络了空间模型中有、无楼板刚度的计算假定，也复核了单榀平面框架模型等一系列计算结果，全面地掌控了结构在各种状态下的内力分布。

3. 对结构第 1 振型为扭转振型的研究与分析

下部场馆模型的振型及主要周期见图 15.3-15，根据结构特征分析第 1 振型为扭转振型的原因。由于结构平面不规则且尺寸较大，其整体带外挑长悬臂的框架结构体系较为特殊，由下至上楼板面积逐渐增大，且楼板主要分布在外围悬挑桁架上，楼盖的转动惯量过大造成了扭转振型成为结构的第 1 振型，其振型清晰且前 3 阶振型中无耦联现象，此类振动特性有别于一般因刚度不均匀而产生扭转的高层建筑结构。

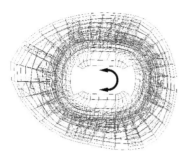 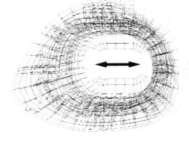 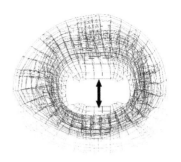

(a) 第 1 振型（$T_1 = 1.149s$） (b) 第 2 振型（$T_2 = 0.590s$） (c) 第 3 振型（$T_3 = 0.578s$）

图 15.3-15 下部场馆模型前 3 阶振型图

初期方案选型时曾在底层增设剪力墙，期望通过增加抗侧刚度与抗扭刚度来控制扭转，但效果不明显，反而导致底层刚度过大，不利于上部结构温度应力的释放，而且受限于建筑功能，剪力墙位置分散且不对称，也导致剪力墙周围构件的受力不均。

对本工程而言，首先，虽然扭转成为主要的地震响应模式，但是地震作用下结构的变形相对较小（层间位移角仅 1/2000 左右），结构具有相当大的侧向刚度；其次，沿长圆形布置的抗侧力构件分布均匀，结构刚度中心与质量中心基本重合，结构的扭转位移比也基本可以满足规范要求，框架柱能较均匀地承担剪力，在水平地震作用下不易出现集中破坏区；最后，内框架采用钢结构体系，扭转不致产生脆性破坏。结构仍具有良好的抗震性能。

4．大跨屋盖结构计算分析

与单独屋盖模型相比，在考虑下部场馆与屋盖相互作用的飞碟整体模型中，由于鞭梢效应，屋盖水平地震作用明显增大，这导致屋盖的支承结构地震作用下内力也有较大增加。整体模型中屋盖的地震作用与单独屋盖模型的结果比较见表 15.3-4。考虑相互作用后，X 向和 Y 向的地震作用分别为单独屋盖模型计算结果的 2.08 倍和 2.73 倍，竖向地震作用差别不大。

屋盖结构柱底地震作用比较   表 15.3-4

地震作用方向	屋盖单独模型/kN	飞碟整体模型/kN	整体/屋盖单独
X	3281（4.73%）	6864（9.89%）	2.08
Y	3408（4.91%）	9338（13.46%）	2.73
Z	1719（2.5%）	1999（2.91%）	1.16

考虑屋盖与下部场馆的相互作用后，屋盖各部位桁架最大轴力的变化见图 15.3-16。恒荷载作用下，各部位桁架内力没有明显变化；温度作用下，桁架杆件内力有较明显的减小，为单独计算的 0.40～0.55倍；水平地震作用下，桁架杆件内力有较明显的增大，为单独计算的 2.80～3.50 倍；竖向地震作用下，桁架杆件内力略有增大，为单独计算的 1.15～1.30 倍。

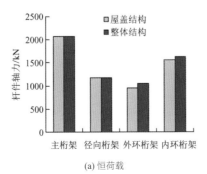 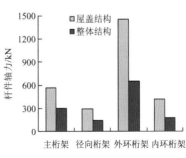

(a) 恒荷载 (b) 温度作用

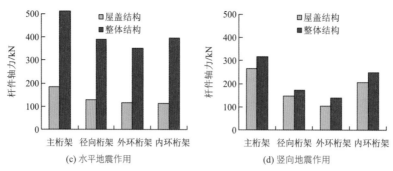

(c) 水平地震作用   (d) 竖向地震作用

图 15.3-16 结构内力比较

5. 静力弹塑性推覆（PUSHOVER）分析

为评估结构在罕遇地震下的抗震性能，采用 SAP2000 v11 程序对下部场馆结构模型进行了静力弹塑性推覆分析。

首先取一榀框架进行平面内 PUSHOVER 分析以了解结构的受力特点，然后进行了整体模型的推覆分析。

7 度罕遇地震，对于设计基本地震加速度为 0.10g 的地区，水平地震影响系数最大值取 $\alpha_{max} = 0.5$，IV 类场地土，特征周期 $T_g = 0.90s$，设计地震分组第一组，考虑到罕遇地震下该结构主要构件均未屈服，阻尼比偏安全的仍取 0.035。根据以上参数，程序自动将 3.5%阻尼的罕遇地震下弹性反应谱由传统的加速度-周期（A-T）格式转换成谱加速度-谱位移 ADRS（Sd-Sa）格式，就可得到结构分析所需要的需求谱。

施加于结构上的竖向重力荷载代表值为：1.0 恒荷载 + 0.5 活荷载。水平推覆力采用两种加载模式：

方式 1：均匀加速度水平加载。在此方式中，程序自动施加与结构每个节点质量贡献成比例的水平力。

方式 2：自定义水平荷载加载。首先定义一种静力荷载工况，在外围斜柱 1 上按层高的比例关系在各层定义水平荷载，相当于倒三角形式，PUSHOVER 分析时基于此静力荷载工况在结构上逐步增加水平荷载。

计算时监控点取多遇地震下结构顶层的最大位移点。对矩形钢管混凝土柱，采用 P-M2-M3 相关塑性铰；对主要的钢框架梁，采用 M2-M3 铰；对受轴力较大的部分钢框架梁及斜杆，采用 P-M2-M3 相关塑性铰。

分析结果表明：

（1）从推覆分析所得结构性能来看，该结构的能力曲线，不论 X 方向或者 Y 方向，都能穿越罕遇地震反应谱曲线，因此该结构能满足罕遇地震下大震不倒的抗震要求。

（2）在两种水平荷载模式推覆分析的结果中，最大层间位移角为 1/474，满足规范要求。

（3）结构在罕遇地震作用下，仅有两根内圈斜柱柱底出现塑性铰，其他梁柱中均无塑性铰出现。随侧向力的增加，内圈斜柱根部才开始出现塑性铰，继而逐渐向上层柱端及外圈柱发展；当加大目标位移的设定时，框架梁两端才开始有塑性铰出现。

（4）在罕遇地震作用下构件均未进入屈服，构件的设计以静荷载控制为主。考虑到该结构的特殊性和重要性，结合 PUSHOVER 分析最终状态塑性铰出现的位置，在构件设计中将内圈斜柱的钢管壁厚作了加强。

15.4 专项设计

15.4.1 控制桁架悬臂变形

1. 研究受力特点，确定加强措施

由于每榀桁架悬臂长度均较大且在悬臂桁架中布置有 3 层楼板，造成作用于悬臂段的荷载很大，使

桁架的变形难以控制，桁架及内框架中的构件由于内力过大，构件截面尺寸也难以控制。如何有效控制桁架端部的变形及减小桁架和内部框架的受力是下部场馆设计的重点。

按恒荷载单独工况查看结构性态，可以看到当桁架悬臂段的重力荷载以及其根部巨大的弯矩传递到向外倾斜的径向框架后，引起各榀框架在竖向荷载下均产生向场馆外的水平位移，导致环向梁中存在较大的拉力。各榀桁架端部竖向变形不一，拉结悬臂桁架的环向梁起到协调各榀桁架竖向变形的作用。因此，通过加强结构的环向刚度，可形成空间整体效应，减小斜框架向外的水平位移，从而控制悬臂桁架的端部变形。

进一步研究发现，位于桁架上弦的楼板刚度及环向梁对桁架端部变形有显著影响，计算中计入楼板刚度时桁架端部变形显著小于不考虑楼板刚度时的计算结果，选取几榀典型桁架数据进行对比，如表 15.4-1 所示。可见，计入楼板刚度并考虑混凝土开裂等因素适当折减后，桁架端部变形可减小 10%～30%。

悬臂桁架端部变形理论计算值（恒荷载＋活荷载作用下） 表 15.4-1

轴线号	考虑楼板刚度时计算值/mm	相对变形	不考虑楼板刚度时计算值/mm	相对变形
2	−121	1/226	−137	1/198
3	−130	1/287	−173	1/208
15	−52	1/379	−56	1/352
16	−66	1/452	−86	1/331
26	−80	1/324	−105	1/247

典型的单榀框架受力如图 15.4-1 所示。

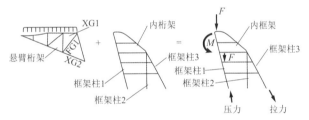

图 15.4-1 单榀框架受力示意

针对结构受力特点，采取以下加强措施：

（1）框架顶部设置两道主环梁，环梁采用箱形截面以提供足够的环向刚度；

（2）将位于桁架上弦的 6 层楼板加厚为 200mm，并在楼板应力较大的桁架第一节间位置铺放厚度为 10mm 的钢板承受板内拉力（图 15.4-2）；

（3）在与 6 层铺钢板位置相邻的楼座观众席下，紧贴斜框架布置厚度为 200mm 的环形斜板，进一步增强环向整体性，与 6 层楼板共同抵抗环向应力（图 15.4-2）；

（4）在桁架上弦与斜框架连接的位置布置钢板混凝土组合节点，增强节点的刚度并保证节点承载力。

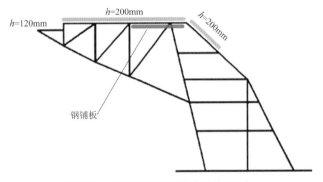

图 15.4-2 6 层楼板及楼座斜板加强位置示意

上述 4 项措施如同在 36 榀内框架顶部加了一道"紧箍",起到了增强结构的空间整体作用、显著减小了桁架变形的关键作用,使桁架弦杆及框架柱等主要构件的内力减小、截面尺寸合理。但同时,这道环箍内部也产生了较大的拉力,必须进一步寻找使环梁和楼板满足自身构件承载力要求的措施。

对框架顶部的环梁,设计时进行了多种方案的计算比较,包括不同的截面、型钢混凝土梁和钢梁的比较、有无楼板刚度的不同假定等,结果表明顶部环梁拉力主要取决于梁本身的等效截面刚度(即弹性模量 × 截面面积)。在各试算方案中,采用 1000mm × 1000mm × (60∼80)mm 的箱形截面环梁,可在提供了足够轴向刚度的同时又能满足自身的承载力要求。

2. 带肋钢铺板解决 6 层楼板抗拉问题

对 6 层楼板,计算时用膜单元模拟,板厚 200mm。考虑长期使用过程中混凝土楼板开裂的影响,对楼板刚度进行折减,折减系数 0.50。6 层楼板平面计算模型如图 15.4-3 所示。

6 层楼板计算结果如图 15.4-4 所示。由图可见,在竖向荷载标准值作用下,楼板应力大的区域主要分布在近 6 层框架柱顶约 6m 宽度的范围内(图 15.4-4),楼梯大洞口周边的楼板也存在较大的应力集中。框架柱顶周围的楼板在竖向荷载作用下主拉应力达 5MPa,远远超过混凝土本身的抗拉强度 1∼2MPa。

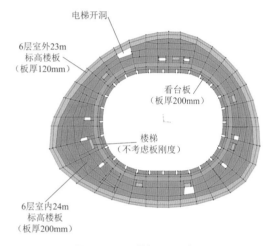

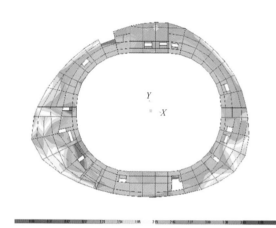

图 15.4-3　6 层楼板平面示意图

图 15.4-4　静荷载标准值下 6 层楼板主拉应力分布

注:图中应力范围设定为 0∼5MPa,应力超 5MPa 呈蓝色,小于 0MPa 呈紫色。

针对以上分析,设计 6 层楼板时在靠内场大洞口附近的桁架第一节间位置沿环向周圈布置带肋钢铺板,带肋钢铺板可承担施工阶段的竖向荷载,同时钢板可承担使用阶段楼板中出现的环向应力,解决了混凝土楼板抗拉强度低的问题,节点设计详图及施工现场情况见图 15.4-5。

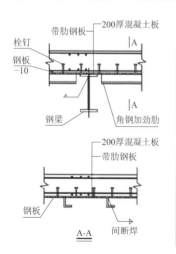

图 15.4-5　带肋钢铺板节点做法与施工场景

3. 以钢板混凝土组合节点抵抗转动变形、增强节点刚度

因建筑 5 层消防疏散环道从内框架中穿过,导致内框架框架柱 3 在 6 层顶部与桁架上弦不能直接相交,存在刚度较弱的水平转折段(图 15.4-6)。在杆件设计时,框架柱 3 的 6 层水平段(L1)杆端弯矩值很大,由弯矩引起的应力比占总应力比的 70%,且截面越大所受弯矩也越大。将钢板混凝土剪力墙的概念应用于该节点,利用钢板墙较大的面内刚度来限制框架柱顶节点的变形,在钢板外对称设置总厚为 400mm 的混凝土墙,增强了 6 层柱顶处的节点刚度,使得构件内力分布更趋合理,施工现场实景见图 15.4-7。

节点分析采用通用有限元程序 ANSYS 计算,节点及其相连构件均采用 shell143 塑性小应变壳单元。钢材屈服强度取$250 \times 1.111 = 278$MPa,弹性模量E取2.06×10^5N/mm^2,屈服后弹性模量取$0.03E$,泊松比γ取0.3,采用弹塑性的应力-应变曲线,计算中未计入混凝土的作用。节点的有限元计算模型如图 15.4-8(a)所示。节点弹塑性分析结果如图 15.4-8(b)~图 15.4-8(d)所示,图 15.4-8(c)单独给出了钢板剪力墙中 Mises 应力超过 278MPa 的范围,钢板局部进入了塑性状态。

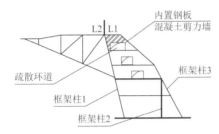

图 15.4-6　框架柱顶节点设计方案　　　　图 15.4-7　框架柱顶节点施工照片

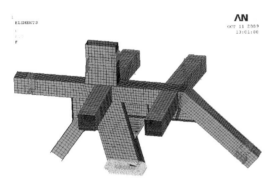

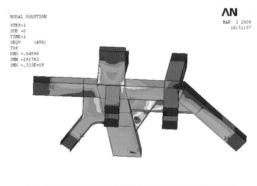

(a) 6 层柱顶框架节点示意图　　　　　　　(b) 6 层柱顶节点有限元分析结果

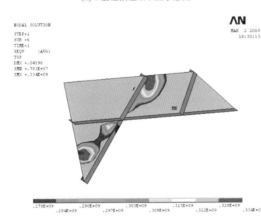

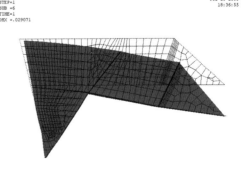

(c) 6 层柱顶节点钢板应力分析结果　　　　　(d) 钢板节点变形图

图 15.4-8　6 层柱顶框架钢-混凝土组合节点

15.4.2 大悬挑多自由度结构的减振设计

通过分析表明，主体结构各榀大悬臂桁架存在 2.1Hz 左右的频率，并且比较密集，可能导致人行共振（表 15.4-2），6 层观景平台在步行激励下其垂直振动加速度超过相应的舒适度限值，根据试算，确定了在低频密集的部分悬挑桁架最外侧安装调谐质量阻尼器（简称 TMD）的减振方案，TMD 主要由三部分组成：弹簧、阻尼和质量块（图 15.4-9）。TMD 的初始固有频率设计为 2.15Hz，阻尼比 0.08。

结构计算的低阶固有频率   表 15.4-2

序号	固有频率/Hz	周期/s	振型描述	序号	固有频率/Hz	周期/s	振型描述
1	0.81	1.230	绕Z轴转动	9	2.35	0.426	局部变形
2	1.69	0.591	沿X轴平动	10	2.49	0.401	局部变形
3	1.70	0.587	沿Y轴平动	11	2.61	0.383	Z方向振动
4	1.97	0.508	Z方向振动	12	2.67	0.374	Z方向振动
5	2.12	0.472	Z方向振动	13	2.79	0.359	Z方向振动
6	2.19	0.457	Z方向振动	14	2.85	0.351	Z方向振动
7	2.28	0.439	局部变形	15	2.97	0.336	Z方向振动
8	2.30	0.434	局部变形				

根据仿真计算结果，初选减振方案的调谐质量约为 480t，此时对悬臂最长区域的减振效率为 60%，对其他区各轴的减振效率为 20%~50%。为考虑经济性，通过多种布置方案的大量计算，在其中找到了一组高效可行的方案，确定采用在部分桁架中安装总共 240tTMD 的方案，此时各位置的减振效率可达 20%~50%，且对于没安装 TMD 的位置也有一定的减振效果。由于结构的复杂性以及非结构构件的刚度对结构实际频率有较大影响，必须根据现场测试结果确定最终的 TMD 安装数量。为了保证场馆能按时完工迎接世博会开幕，同时也兼顾经济性，决定仅在垂直振动加速度超过或接近 15cm/s² 的桁架位置安装第一批 TMD，共计 115t，其余桁架则预留安装 TMD 的空间，暂不安装。

场馆竣工前，由 TMD 生产单位隔而固（青岛）振动控制有限公司、第三方检测单位同济大学在现场进行了两次大规模主场馆悬挑端位置动力性态的振动测试，对假想人流情况下的 TMD 减振现场进行现场实测及评价，测点布置图见图 15.4-10。通过现场测试判定，各桁架的结构固有频率均高于计算值，为此采取一定的措施对 TMD 的固有频率进行调整，同时对计算模型进行了修正，使计算模型的频率与实测频率相近。现场实测与修正模型后理论计算均表明：在与结构共振频率的人群荷载激励下，安装 TMD 后各桁架的竖向加速度峰值均控制在 15cm/s² 以内，现场安装 115t 的 TMD 已可达到良好的减振效果。

图 15.4-9　现场安装完成的 TMD 照片

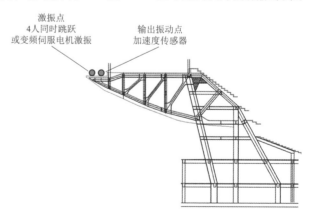

图 15.4-10　激振源和测点位置

引起实测与计算差异的主要原因是混凝土楼板参与结构整体工作的实际刚度与计算模拟不一致。该项实测结果不仅验证了第一批安装的 TMD 已能保证场馆的舒适度需求，提高了减振方案的经济性，更

经典回眸　华东建筑设计研究院有限公司篇

可为今后同类工程的减振计算参数取值提供有价值的参考。

15.4.3 基于两阶段支座约束和施工上下限的屋盖结构设计

屋盖结构的刚度与屋盖结构对下部结构的作用力（包括水平推力和弯矩）是一对矛盾。屋盖竖向刚度越大，变形越小，但对下部结构作用力越大。为解决屋盖结构刚度与下部结构受力之间的矛盾，设计中引进两阶段支座约束和施工上下限的概念。

1. 两阶段支座约束

屋盖结构与支承结构的约束关系对结构受力的影响很大。采用滑动支座时，屋盖结构变形和桁架杆件内力都比铰接支座时大，而柱顶的水平推力为 0，比铰接支座时小。利用不同约束条件下屋盖受力的差异，在不同的施工阶段，采用不同的约束条件。屋盖结构安装结束以及部分附加恒荷载（如屋面系统）施加之前（简称施工阶段 1），屋盖桁架在立柱顶采用聚四氟乙烯滑动支座；桁架支座与立柱焊接后施加剩余的附加恒荷载（简称施工阶段 2）。施工阶段 1 屋盖支座为滑动支座，施工阶段 2 屋盖桁架与立柱之间为铰接（图 15.4-11）。

采用滑动支座期间施加恒荷载越多，后续的竖向荷载对柱顶水平推力越小，但桁架挠度以及构件内力增加；反之，滑动支座期间施加恒荷载越少，后续竖向荷载对柱顶水平推力越大，但有利于控制桁架挠度以及减小桁架构件内力。因此，在竖向荷载作用下，应在减小屋盖桁架对支座产生水平推力以及保证桁架刚度之间找到平衡点。

图 15.4-11 屋盖桁架支座现场安装实景

2. 施工上下限

设计考虑承建商可以有不同施工方案的选择，定义了施工上限及施工下限概念，施工下限即在施工阶段 1 施加的荷载为屋盖自重＋25%附加恒荷载，施工上限即在施工阶段 1 施加的荷载为屋盖自重＋50%附加恒荷载。施工阶段 1 桁架的竖向变形通过起拱解决，在钢结构制作时抬高桁架跨中的标高，起拱值取恒荷载作用下的桁架变形值，活荷载作用下桁架竖向变形控制在跨度的 1/500。

采用施工顺序加载对不同施工方案（表 15.4-3）进行模拟分析，得到屋盖结构的竖向变形与立柱柱底反力见表 15.4-3 和图 15.4-12，1/4 屋盖的立柱编号见图 15.4-13。计算结果表明，定义施工上下限后，并将施工阶段 1 的变形起拱之后，结构最终的竖向变形控制在 1/1200～1/900；各立柱柱底的水平反力比普通方案下降了 30%～50%，有效减小立柱截面尺寸，并减轻下部支承抗侧刚度的负担。

施工方案	施工阶段 1 荷载	施工阶段 2 荷载	施工阶段 1 挠度/mm	施工阶段 2 挠度/mm
普通方案	结构自重	附加恒荷载和活荷载	170	155
施工下限	结构自重和 1/4 附加恒荷载	3/4 附加恒荷载和活荷载	227	125
施工上限	结构自重和 1/2 附加恒荷载	1/2 附加恒荷载和活荷载	284	96

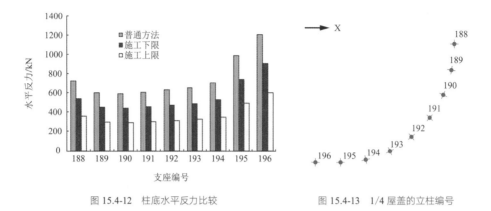

图 15.4-12 柱底水平反力比较   图 15.4-13 1/4 屋盖的立柱编号

15.4.4 主入口雨篷设计

　　两个主入口的建筑形态呼应"飞碟"的时尚感，设计团队紧密配合反复切磋建筑空间尺度和细部，实现了项目效果图的高完成度，雨篷实景见图 15.4-15（a）、图 15.4-15（b）。两个雨篷与主体结构的位置关系如图 15.4-14 所示。西雨篷外拱拱脚水平距离 60.29m，南雨篷外拱拱脚水平距离 76.58m。两个雨篷结构布置类似，西雨篷尚包括部分室内结构，与南雨篷相比情况稍复杂，以西雨篷为例介绍结构设计特点。

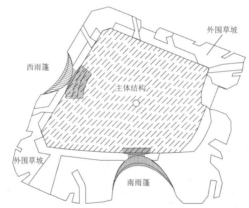

图 15.4-14 西雨篷和南雨篷与主体结构的位置关系

(a) 南入口雨篷实景图   (b) 西入口室内大厅实景图

图 15.4-15 两个主入口建成实景图

1. 结构布置

西雨篷结构布置空间模型如图 15.4-16 所示，从图中可以看到，西雨篷结构由 4 道主要圆钢管拱、异形截面梁、幕墙立挺以及 4 根室内钢柱组成。支撑扇形雨篷的 2 道拱向主体结构方向倾斜，拱脚汇交在一起落于下方混凝土拱脚，进而传到桩基，拱形斜立面幕墙向室外倾斜，幕墙立拱脚和幕墙立挺落在地下室外墙顶。两组共 4 道拱相向倾斜、通过水平向的异形截面钢梁连接，组成互相依托的稳定空间受力体系，异形截面钢梁最大悬挑长度为 12.7m。室内 4 根钢柱与顶部钢梁构成框架体系。

雨篷的结构剖面如图 15.4-17 所示，异形梁随拱的弧线呈扇形展开，拱顶处梁高最大，为 600mm，拱脚处最小至 450mm，截面形式见图 15.4-18，梁截面随建筑设计从截面 D 到截面 E 线性变化，其中高度 h 也同步变化。

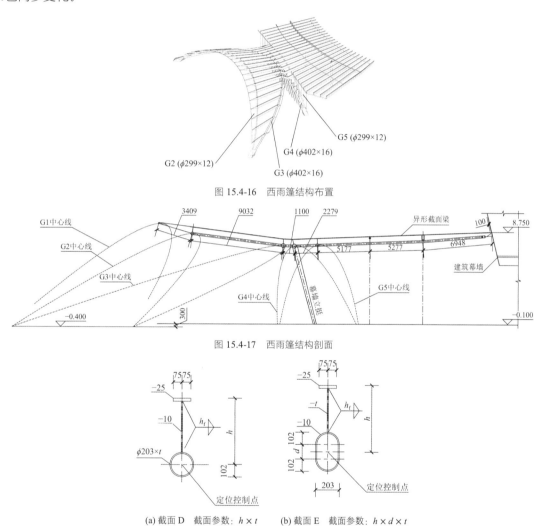

图 15.4-16　西雨篷结构布置

图 15.4-17　西雨篷结构剖面

(a) 截面 D　截面参数：$h \times t$　　　(b) 截面 E　截面参数：$h \times d \times t$

图 15.4-18　异形梁截面形式

2. 整体模型分析

分析软件采用 3D3S9.0，变高度异形截面梁按照实际情况分段建模。

（1）结构动力特性

动力特性是结构重量和刚度分布的宏观表现，可以明确结构在地震作用下的薄弱部位。西雨篷结构动力特性如图 15.4-19 所示。第 1 振型为室内部分的侧向平动，原因是北侧柱的侧向刚度比几道钢管拱弱。第 2 振型和第 3 振型为 G2 及其所连的异形钢梁上下振动，这说明由于 G2 是斜放的拱，竖向刚度被削弱，从受力上更接近一根曲梁，异形钢梁作为悬挑构件支承着 G2。第 4 振型为第 1 振型的高阶形式，之后的许多阶阵型均表现为第 1 和第 2 振型的高阶或组合形式。

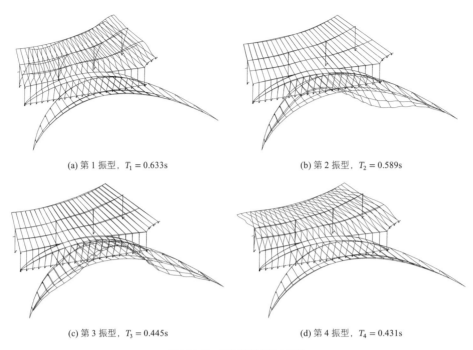

(a) 第 1 振型，$T_1 = 0.633\text{s}$ (b) 第 2 振型，$T_2 = 0.589\text{s}$

(c) 第 3 振型，$T_3 = 0.445\text{s}$ (d) 第 4 振型，$T_4 = 0.431\text{s}$

图 15.4-19　西雨篷结构动力特性

（2）线性屈曲分析

在恒荷载 + 风荷载（风压力）作用下，结构线性屈曲特征值最低，第 1 阶屈曲特征值为 17.3，第 2 阶屈曲特征值为 19.9，可见线性结构稳定系数远高于《网壳结构技术规程》JGJ 61—2003 中的要求（图 15.4-20）。

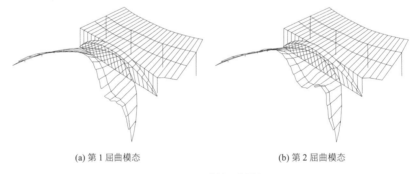

(a) 第 1 屈曲模态   (b) 第 2 屈曲模态

图 15.4-20　线性屈曲模态

（3）位移计算结果

室内北侧柱顶最大水平位移为 25mm，拱 G3 顶部水平位移为 23.7mm，水平位移接近 1/300，满足《钢结构设计规范》GB 50017—2003 的要求（图 15.4-21）。

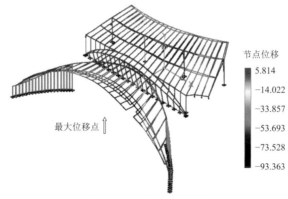

图 15.4-21　最大水平位移图

扣除起拱高度后，室外部分最大竖向挠度 80.5mm，悬臂跨度 $L = 12696$mm，挠跨比为 1/315，室内部分主次梁竖向挠度也均满足《钢结构设计规范》GB 50017—2003 的要求。

3．节点设计与分析

位于雨篷两侧的悬挑异形截面梁无法向后延伸到室内，直接锚固在雨篷圆管拱 G3 上，梁和拱相贯的节点须保证弯矩的传递。但异形截面梁只有下部圆管相贯于 G3，上翼缘与 G3 没有直接连接。为此将该节点设计成如图 15.4-22 所示形式，异形梁上翼缘及腹板向后延伸一段，通过腹板充分紧扣圆管拱形成节点嵌固，节点区域的腹板厚度加强至 16mm。

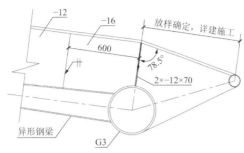

图 15.4-22　悬臂梁根部节点构造

在整体计算分析模型中挑选此类单锚固梁中内力最大的一根，其悬挑跨度为 9.34m，采用单元 shell143 建立该悬臂梁的 ANSYS 有限元模型，与整体分析中的梁单元结果比较如下。

整体模型中该梁的内力：轴力 $N = -25.5$kN，绕强轴弯矩 158.8kN·m，绕弱轴弯矩 5.7kN·m。

（1）刚度对比：梁单元模型端部竖向挠度 30.9mm，侧向位移 19.7mm；ANSYS 模型端部竖向挠度 32.4mm（图 15.4-23），侧向位移 14.5mm。竖向刚度略低于整体模型，两者相差 5% 以内，这一误差在可接受范围之内。由此说明，采用以上的节点构造方式与整体模型中对梁端刚度的假定是一致的。

（2）应力对比：梁单元模型中根部最大应力为 94.2MPa，ANSYS 模型中为 173MPa。从图 15.4-24 可以看到悬臂根部出现明显的应力集中现象，高应力区分布在腹板与圆拱管 G3 的相交位置，在此应力水平下，节点区仍处于安全可靠的弹性状态。

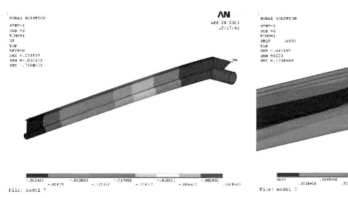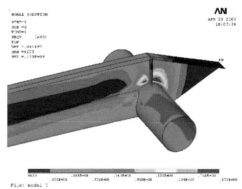

图 15.4-23　ANSYS 悬臂梁模型竖向挠度　　　图 15.4-24　设计荷载下悬臂根部 Mises 应力

15.5　结构监测

15.5.1　现场位移实测的目的

现场位移实测的目的是通过建立理论分析模型和测试系统，在施工过程和使用过程中监测已完成结构的状态，收集控制参数并比较理论计算和实测结果，分析楼板刚度等各种因素对结构变形的影响，为以后类似工程的设计提供借鉴，并使建成后场馆的结构变形处于控制之中，确保结构的质量，保证结构安全。

15.5.2 主场馆悬臂桁架端部变形监测

下部场馆结构监测的重点是悬臂桁架端部的变形，现场实测时选取有代表性的桁架，测点布置平面图见图 15.5-1，其中圆圈位置为测点布置位置。

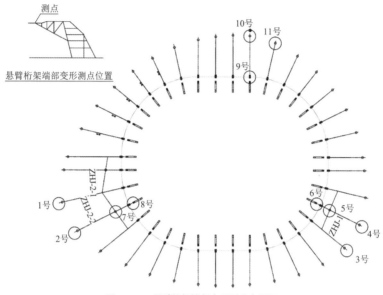

图 15.5-1 悬臂桁架端部变形测点布置图

依据场馆的建设进度，对悬臂桁架端部变形历程及一些关键构件内力进行跟踪监测，自外围桁架及钢梁构件安装完毕，历经支架卸载、楼板施工完毕直至主要装饰工程完成，在 9 个有代表性的阶段进行了监测。

选取主要测点将实测数据与理论计算值进行了对比，表 15.5-1 为 2009 年 10 月土建全部完成时的实测数据与同条件下理论计算结果的对比情况。

悬臂桁架端部变形实测值与理论计算值的对比   表 15.5-1

测点编号	实测值/mm	理论值/mm	测点编号	实测值/mm	理论值/mm
测点 2	−59.69	−94	测点 4	−55.30	−46
测点 3	−35.74	−37	测点 10	−67.93	−56

由此可见，该结构的变形与理论计算较为接近，测点 3、4 及测点 10 桁架端部变形实测值与理论计算值较为吻合，实测值略大；测点 2 桁架端部变形实测值小于理论计算值。

结合具体位置分析理论计算和现场实测数据之间产生偏差的原因，主要由下列因素造成：

（1）实际结构不是一个纯粹的杆系结构，楼层混凝土板参与整体工作后对桁架端部变形有显著影响。混凝土楼板本身存在着收缩和徐变，造成混凝土楼板刚度的下降。理论计算虽然考虑楼板刚度折减，但是不能完全准确地模拟楼板实际刚度。

（2）在悬臂跨度大的桁架中，构件尺寸均较大，桁架节点杆端扩大区的刚度增加了桁架的整体竖向刚度。

（3）装饰面层的刚度影响及检测时现场一些施工因素的影响。

15.5.3 屋盖结构施工监测

施工过程中对大跨度屋盖结构变形进行严格监测，在各个关键阶段，屋盖结构变形实测值与施工顺序加载分析的理论值基本吻合，说明屋盖结构变形趋势与大小基本如预期，施工顺序加载分析的结果是可信的（图15.5-2）。

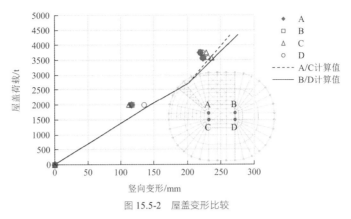

图15.5-2　屋盖变形比较

15.6　结语

"飞碟"的整体结构由下部斜框架悬挑大跨桁架 + 大跨度屋盖构成，设计团队围绕其结构特点，开展多方案比选及详细的计算分析，以现场监测验证理论分析，通过实测数据优化减振设计参数，实现了建筑功能与结构形式的完美统一。不仅保证结构工程的安全，而且提高了建设效率，使这一复杂工程按时竣工迎接2010年世博会开幕。在设计过程中，主要完成了以下几方面的创新性工作：

（1）以合理的环向刚度控制悬臂桁架变形

悬臂桁架上弦位置的框架顶部环梁、6层楼板及楼座下的环形斜板是产生空间整体作用的关键构件。利用环向杆件的轴向刚度、大面积楼板的整体刚度有效地控制桁架端部变形，并应用带肋钢铺板抵抗楼板内环向拉应力，有效解决了混凝土楼板抗拉强度低的问题。在桁架嵌固部位采用钢板混凝土组合节点，加强局部抗转动刚度并使构件内力分布更趋合理，节点承载能力得到充分保证。

（2）上下兼顾的设计方法

系统地考虑屋盖与下部场馆的相互作用，在屋盖设计中充分考虑下部场馆对屋盖结构受力的影响；提出上下结构兼顾的设计方法，引进两阶段支座约束、施工上下限的设计概念，使屋盖结构既满足刚度要求又尽量减小对下部结构的水平推力。

（3）经济高效的减振方案

针对结构特性及建筑使用功能进行多自由度复杂结构的人致振动荷载研究，结合设计阶段结构频率计算分析与现场实测减振效率对比，以经济高效的布置方案使 TMD 减振效果达到理想水平，保证了结构舒适度。

（4）总结风洞试验，为这类曲面形态的建筑提供风荷载体型系数参考。

参考文献

[1]　湖南大学风工程试验研究中心. 上海世博演艺中心风荷载试验研究报告[R]. 2008.

[2] European Committee for Standardization. Eurocode 1-Action on Structures EN1991[S]. European, 2001.

[3] 吕西林, 丁鲲, 施卫星, 等. 上海世博文化中心 TMD 减轻人致振动分析与实测研究[J]. 振动与冲击, 2012, 31(2): 32-37.

[4] 余志伟, 朱莹, 花更生, 等. 上海世博演艺中心上部主体结构工程设计[J]. 建筑结构, 2009, 39(S1): 190-194.

[5] 周建龙, 包联进, 陈建兴, 等. 世博文化中心钢屋盖结构设计[J]. 建筑结构学报, 2010(5): 103-109.

设计团队

结构设计单位：华东建筑设计研究院有限公司

结构设计团队：汪大绥，周建龙，花更生，高　超，朱　莹，包联进，余志伟，陈建兴，黄耸莹，张　峰，王洪军，黄永强，陈春晖，徐小华，瞿　璐

执　笔　人：朱　莹，陈建兴

获奖信息

2011 年　全国优秀工程勘察设计行业奖 建筑工程　一等奖

2011 年　第七届 全国优秀建筑结构设计　二等奖

2011 年　上海市优秀工程设计奖　一等奖

2011 年　第七届空间结构优秀工程 设计金奖

2011 年　中国土木工程詹天佑大奖

第16章

上海大歌剧院

16.1 工程概况

16.1.1 建筑概况

上海大歌剧院位于浦东后滩世博文化公园内,按演出、创作、制作、艺术教育、展示和研究全产业链要素设计,具备"演、创、制、教"四大核心功能,是上海市"十三五"时期规划建设的重大文化设施。整个项目由三个歌剧厅(大、中、小歌剧厅)、公共空间以及剧院配套用房、教育展示用房组成,其中大、中、小三个歌剧厅可分别容纳观众 2000 人、1200 人和 1000 人。地下 2 层,地上 4 层,整体大屋面建筑高度最高约 30m,舞台上部台塔局部屋面上升至约 45m。总建筑面积约 15.6 万 m²,其中地上建筑面积约 7.7 万 m²,地下建筑面积约 6.9 万 m²。基础埋深 10.5m,基础形式为桩筏基础,普通区域抗压桩采用 φ800mm 的钻孔灌注桩加桩端后注浆,纯地下室采用 φ600mm 的钻孔灌注桩,中央核心柱区域采用 φ1000mm 的钻孔灌注桩加桩端后注浆。

上海大歌剧院外形如展开的折扇,效果图如图 16.1-1 所示,首层典型平面布置图见图 16.1-2。大、中、小歌剧厅采用框架-剪力墙结构,屋盖采用钢结构。中央入口双螺旋楼梯采用 UHPC(超高性能混凝土)悬挑梁 + 双螺旋厚壳结构。

图 16.1-1　上海大歌剧院效果图　　　　图 16.1-2　建筑首层典型平面图

16.1.2 设计条件

1. 主体控制参数

控制参数表　　　　　　　　　　　　　　　　　　　　表 16.1-1

结构设计基准期	50 年	建筑抗震设防分类	重点设防类(乙类)
建筑结构安全等级	一级(结构重要性系数 1.1)	抗震设防烈度	7 度(0.10g)
地基基础设计等级	一级	设计地震分组	第二组
建筑结构阻尼比	0.05(小震)/0.06(大震)	场地类别	IV 类

2. 结构抗震设计条件

本工程地上剪力墙抗震等级为一级,框架抗震等级为二级,核心柱抗震等级为特一级。正负零地面作为上部结构的嵌固端。

3. 风荷载

本工程风荷载按 50 年一遇取基本风压为 0.55kN/m²,场地粗糙度类别为 B 类。项目开展了风洞试验,确定屋面和台塔的风压系数,模型缩尺比例为 1:150。

16.2 建筑特点

16.2.1 多舞台剧场的空旷空间

本项目的大歌剧厅和中歌剧厅对舞台要求较高，除了中央主舞台外，在主舞台的左右设置两个侧舞台，在主舞台后方设置后舞台，在后舞台的两侧设置了侧后舞台。主舞台的前方为观众厅，以典型的二层平面为例，大、中歌剧厅在舞台区和观众厅均为平面开洞，舞台之间的墙体除了顶部和底部外，墙体侧面没有楼板作为水平约束。剧场结构有以下特点：

（1）大、中歌剧厅的 6 个舞台和观众厅形成 7 个空旷空间，墙体沿高度 0～16m 无楼板作为横隔，墙体的稳定性以及水平变形的协调问题与常规墙体不同（图 16.2-1）。

（2）主舞台四周在标高 0～12m 与观众厅或其他舞台互相连通，仅在主舞台角部保留墙肢。

（3）主舞台四周在标高 16～40m 即台塔都可设置墙体，台塔结构形式会影响整体结构刚度、剧场声学效果以及施工便利性等。设置墙体会形成底部开大洞的框支墙体，导致下部结构形成软弱层。合理确定 16m 以上墙体的结构需要综合结构受力、隔声要求、施工便利性等确定。

针对剧场结构特点，综合建筑功能布局、竖向传力效率和抗侧力结构需求等确定合理的结构体系和墙体布置方案。台塔设置黏滞阻尼墙减小台塔承担的地震作用，减小下部墙体的截面尺寸。对角部落地墙肢进行加强，通过墙体稳定分析、减震分析、弹塑性时程分析等验证空旷空间结构设计的安全性和合理性。

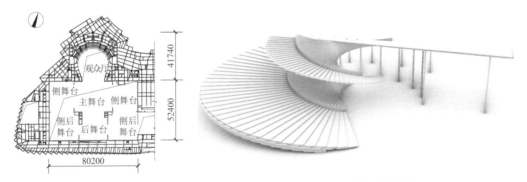

图 16.2-1　大歌剧厅的舞台和观众厅布置　　　图 16.2-2　室外双螺旋楼梯

16.2.2 屋盖表皮与建筑功能轴网不一致的融合

本项目屋盖表皮为展开的折扇，其几何逻辑在平面上表现为径向和环向轴网，在竖向表现为逐级而上的台阶式造型。

屋盖下方的建筑平面布置主要为正交轴网，以提高建筑空间的利用率。由于上、下结构存在两种轴网系统，屋盖结构的支点很难直接设在下部结构的竖向构件上，屋盖的竖向荷载无法以最短路径传递给下部结构。屋盖支点布置尽量满足合理间距和建筑空间条件的要求，当两者出现矛盾时，需要结合下部结构条件，采用灵活的转换方案来兼顾两者的要求。

屋盖为台阶式造型和径向放射性几何逻辑，水平结构的布置考虑建筑效果与结构传力的合理性。采用径向主梁＋环向次梁＋连续台阶式钢筋混凝土楼板方案。径向主梁充分利用相邻台阶高差给梁高带来的有利条件，采用连续台阶式的楼板，加强台阶式屋盖结构的面内整体性，在屋盖支点分布不均匀时起到变形协调的作用。

屋盖平面尺寸较大且由于 3 个歌剧厅突出屋面的台塔和局部露天平台，屋盖的连续性在这些部位被打断了。为保证水平力的传递同时避免对下部结构产生过大负担，需通过合理的支座设计来调整屋盖刚度分布，减小地震作用和温度作用。

16.2.3　室外双螺旋楼梯

双螺旋楼梯（图 16.2-2）位于上海大歌剧院中央入口处，同时也是上人屋面和观景平台，起到"城市客厅"的作用，兼具开放性和仪式感，体现歌剧走向人民群众的设计理念。双螺旋楼梯的两个螺旋均为顺时针旋转，相位差 180°。两个螺旋楼梯的尺寸不同，为不对称双螺旋楼梯，其形状如展开的折扇，扇头部分较短，扇尾部分较长。短螺旋楼梯底部半径 22m，顶部半径约 32m，长螺旋楼梯底部半径约 54m，顶部半径约 80m。双螺旋楼梯每级台阶旋转 4.3°，共 70 级台阶，楼梯顶部高度 28m。

双螺旋楼梯根据几何尺寸和受力模式可以分为三个区域：（1）A 区为小螺旋楼梯，楼梯下方无支点，底部悬挑长度 9.5m，顶部悬挑长度 15m，称为悬挑区；（2）C 区为大螺旋楼梯，楼梯下方设环形布置的立柱，环形立柱间距（或立柱到旋转轴的间距）20~44m，称为大跨区；（3）B 区靠近旋转中心，坡度较陡，为非上人区域，B 区作为 A 区和 C 区的支点，称为支座区。A、B、C 区的展开面积分别约为 1200m²、1200m² 和 11000m²。

针对双螺旋楼梯长悬挑、大跨度、不对称双螺旋等特点，对 A 区、B 区、C 区采取不同的结构方案。A 区作为悬挑区，采用轻质高强结构，如钢结构或超高性能混凝土（Ultra High Performance Concrete，简称 UHPC）结构；B 区为支座区，要尽量做强，采用型钢混凝土柱 + 钢筋混凝土壳体结构；C 区为大跨区，采用钢柱 + 钢梁组合楼盖结构，减轻结构自重。

16.2.4　超长悬挑螺旋楼梯

A 区悬挑区最大悬挑长度 15m，为实现轻盈的效果，结构高度控制在 725mm 以内，悬挑长度与结构高度比值即跨高比达 20.7，远大于常规悬挑梁的 4.0~6.0。结构方案首先考虑高强轻质材料，减轻结构自重。其次，对楼梯的表皮构造提出优化，减轻附加恒荷载的重量。结构设计中，对 A 区悬挑结构进行了钢结构方案和 UHPC 方案对比，确定采用 UHPC 方案。对 UHPC 结构的设计参数、计算分析、构件设计、节点设计等关键问题进行针对性研究，并通过试验验证结构的安全性。

16.3　体系与分析

16.3.1　抗震缝设置

上海大歌剧院由于功能布局的特殊性，平面和立面都存在诸多不规则。结合每个区域布置特点，设置合理的抗震缝，将结构划分成相对规则的单体。

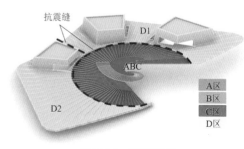

图 16.3-1　抗震缝设置

本项目中央入口双螺旋楼梯受力和布置与歌剧厅明显不同，为此在双螺旋楼梯的外围设置抗震缝，使双螺旋楼梯作为一个独立的结构单体。除了双螺旋楼梯外，屋盖以下的地上结构以共享大厅为界自然分为南、北区两个单体，南区单体主要为大、中歌剧厅，北区单体为小歌剧厅和教育展示厅等。屋盖部分也在共享大厅北侧设置抗震缝，将屋盖分为南区屋盖（D1 区）和北区屋盖（D2 区）。

设置两条抗震缝后（图 16.3-1），地上结构可分为南区、北区和双螺旋楼梯三个独立的结构单体。每个单体相对规则, 传力清晰, 结构抗震性能更容易得到保证, 经济性相对较优。

16.3.2 剧场结构体系与布置

剧场建筑主要包含前厅、休息厅、观众厅、舞台、配套用房和公共空间等功能分区。前厅、休息厅、配套用房和公共空间为开间较小空间, 共 4 层, 层高 5～6m, 建筑墙体间距较小且上下楼层墙体不对齐, 采用框架结构能更灵活满足建筑的要求, 框架柱为钢筋混凝土柱, 截面尺寸为 600mm × 600mm～900mm × 900mm。

大、中歌剧厅剧场分别由观众厅和 6 个舞台组成, 均为多层通高墙体围合的空旷空间。以大歌剧厅为例, 观众厅为 4 层通高结构, 主舞台为通高 60～70m 的结构, 自下而上分别为深台仓、舞台和台塔, 其余 5 个舞台（1 个后舞台、2 个侧舞台和 2 个侧后舞台）为 3 层通高结构。在观众厅和舞台周边布置剪力墙, 作为主要的抗侧力结构, 与框架柱组成框架-剪力墙结构体系, 剪力墙同时可以提高剧场的声学效果, 剪力墙厚度 600～800mm。南区典型的竖向构件布置如图 16.3-2 所示, 南区结构整体模型如图 16.3-3 所示。

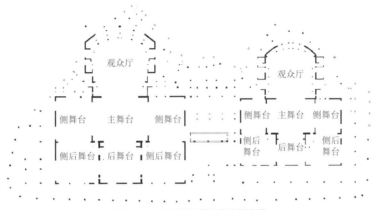

图 16.3-2 南区典型的竖向构件布置

图 16.3-3 南区结构整体模型

1. 台仓结构

为方便安装机械设备、储放布景和演员转场, 主舞台和后舞台下方设置有台仓。以大歌剧厅为例, 主舞台台仓平面尺寸约 34m × 18m, 仓底标高约为 −25m, 基础底板厚度 1700mm; 后舞台台仓平面尺寸约 25m × 24.6m, 仓底标高约为 −14.5m, 基础底板厚度 1000mm。

2. 主舞台台塔结构

因工艺需要, 主舞台自台仓底贯通至标高 43m 的舞台顶。主舞台在角部布置 L 形钢筋混凝土墙体, 标高 12m 以下的墙肢之间无钢筋混凝土梁, 形成连通观众厅、侧舞台和后舞台的开敞空间。在 16m 以上, 只有主舞台向上延伸, 采用大跨钢筋混凝土梁连接角部墙体, 形成塔式筒体（图 16.3-4）。

图 16.3-4 台塔结构布置

3．观众厅楼座

观众厅内均设置悬挑楼座，以大歌剧厅楼座为例，三层楼座位于观众厅的三面，标高以正对主舞台处最高，向两边逐渐降低。

楼座采用普通混凝土框架结构。根据观众厅建筑布置的特点，在设备间、走道隔墙内设置立柱，楼座悬挑梁自观众厅剪力墙根部与立柱边挑出。楼座主梁悬挑长度 5～8.5m，悬挑主梁截面 500mm×1000mm～700mm×1200mm，对于跨度较大的悬挑梁设置预应力筋，以降低楼座悬挑梁的裂缝和挠度。楼座结构布置如图 16.3-5 所示。

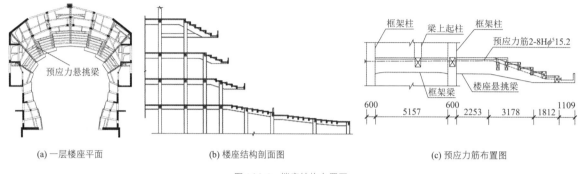

(a) 一层楼座平面 　　(b) 楼座结构剖面图 　　(c) 预应力筋布置图

图 16.3-5　楼座结构布置图

4．舞台顶、观众厅顶大跨结构

舞台和观众厅均为大跨空旷的建筑空间，且顶部承受较大重量。以大歌剧厅为例，主舞台平面尺寸为 34m×26m，上方承受屋面建筑面层重量，下部悬挂滑轮层、栅顶层以及 5 层天桥的荷载，在主舞台顶部布置 4 榀钢桁架，跨度 26m，桁架高度 3.5m，平面布置见图 16.3-6（a）。

后舞台、侧舞台、侧后舞台布置类似，以侧后舞台为例，平面尺寸为 26.2m×24.2m，舞台顶部结构承受种植屋面荷载、检修天桥及轨道吊机等设备，舞台顶局部区域支承台塔周边的钢结构设备夹层平台 [图 16.3-6（b）]。舞台顶离下层楼面高度约 17m，为避免混凝土结构高空支模，舞台顶部结构采用大跨钢梁组合楼盖，钢梁跨度约 26.2m，支撑在周边墙体和墙体之间的拉结梁上。钢梁间距 2.5～3.2m，典型截面为 H1800mm×400mm×28mm×30mm。

大歌剧厅观众厅平面尺寸约 43.2m×43.6m，顶部承受屋面荷载、面光桥荷载、声学吊顶等荷载，顶局部区域支承台塔周边的钢结构设备夹层平台。在观众厅顶部布置 4 榀钢桁架，跨度 43.2m，桁架高度 4.5～5.5m，平面布置见图 16.3-6（c）。

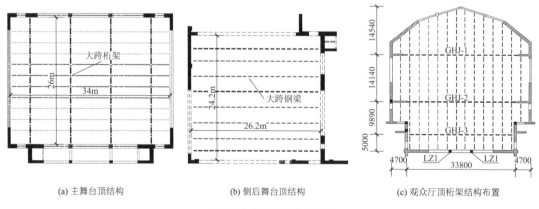

(a) 主舞台顶结构 　　(b) 侧后舞台顶结构 　　(c) 观众厅顶桁架结构布置

图 16.3-6　剧场顶结构布置图

5．钢结构设备夹层

台塔周围附属结构为多层设备机房夹层，主要支承于 4 层舞台顶面与观众厅顶面（图 16.3-7）。为减轻结构重量，设备夹层采用钢结构体系，楼面采用钢筋桁架组合楼板。

部分夹层钢柱落位于下部钢筋混凝土框架柱和剪力墙，部分夹层钢柱落位于 4 层舞台顶面的大跨钢梁与观众厅顶的桁架上，二者在竖向荷载作用下的柱底变形差异较大，将钢柱设置为重力柱，和钢梁采用铰接连接节点，以降低柱底差异变形引起的梁端弯矩。此时，钢柱和钢梁无法形成抗弯框架体系，侧向刚度较弱，采用钢筋桁架楼层板将夹层与台塔混凝土筒体连接成整体，将夹层承受的水平力可靠地传递至主舞台台塔。

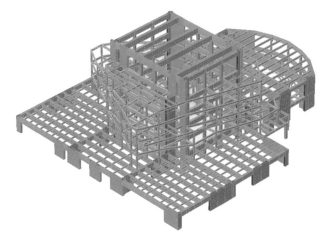

图 16.3-7　钢结构夹层布置

16.3.3　室外双螺旋楼梯结构体系与布置

设计中从力学概念角度出发，双螺旋楼梯 A 区使用高强、轻质材料，实现轻盈的结构；B 区做强做刚，形成广义柱，减小悬挑长度；C 区为传统框架结构，设计中结合建筑功能，通过考虑立柱位置，实现 B 区两侧受力平衡。各区设计概念及体系见图 16.3-8。

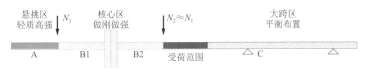

图 16.3-8　各区设计概念及体系示意图

1．A 区悬挑区结构方案

A 区悬挑长度最长 15m，结构允许高度 725mm，悬挑长度和跨度的比值约 20.7。由于距离螺旋中心较远，A 区主要竖向荷载通过径向悬挑作用传递给 B 区，通过环向作用传到基础的荷载很小，本质上是悬挑结构。结合建筑布置，为得到最大的结构空间，将结构梁设置在台阶与台阶间的重叠部分（图 16.3-9）。在俯视图中，结构构件的中心线位于踏步线与吊顶线之间（图 16.3-10）。

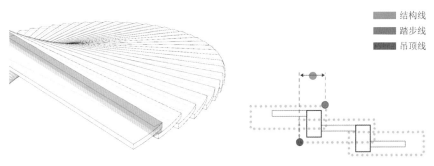

图 16.3-9　"扇叶"旋转及重叠区域空间示意图　　　图 16.3-10　结构线、踏步线与吊顶线示意图

A 区主体结构可采用高强轻质材料，如钢结构或超高性能混凝土结构。

（1）钢结构方案

钢结构方案由钢梁和水平交叉支撑组成（图 16.3-11），悬挑梁设置在两个踏步交界处，每个踏步设置一根，充分利用两个踏步重叠区的高度。悬挑梁沿径向布置，端部锚固于 B 区壳体，B 区壳体内设置径向型钢传递弯矩。悬挑梁之间设置水平交叉支撑，保证悬挑梁面外的稳定，同时可以提高结构的空间整体作用，加强了 A 区及整个结构的刚度。水平支撑除了传递水平力、加强整体性外，同时作为踏步板系统龙骨的支点。

悬挑钢梁锚固到 B 区的混凝土壳体中，壳体的底部标高将比钢梁底部标高低约 250mm（图 16.3-12），不能达到底部平齐的效果。另外钢结构方案无结构防水层，且暴露室外，防腐问题突出，对运营阶段维护要求较高。

图 16.3-11 钢结构方案

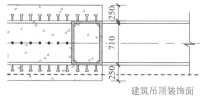

图 16.3-12 钢梁与 B 区壳体连接构造

（2）UHPC 结构方案

UHPC 方案由 UHPC 悬挑梁和踏步板组成。悬挑梁沿径向布置，位置同钢结构方案，悬挑梁锚固于 B 区，B 区壳体为普通混凝土壳体。悬挑梁之间为 UHPC 板，通过现浇 UHPC 板连接相邻的悬挑梁（图 16.3-13），使 A 区成为整体性较好的结构。

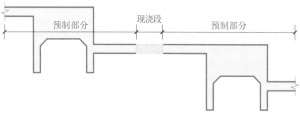

图 16.3-13 UHPC 结构方案的结构布置

UHPC 悬挑梁采用缓粘结预应力梁，通过施加预应力，充分发挥 UHPC 材料抗压强度高的优点。梁采用变截面，悬挑根部为矩形截面，沿悬挑端逐渐变为 Π 形截面，以减轻自重并满足预应力分段锚固的要求。悬挑梁间 UHPC 板厚 100mm，预制之间通过现浇方式连接，进一步加强 A 区的整体性。

UHPC 方案充分利用 UHPC 在抗压性能、抗拉性能、抗剪性能、耐久性能等方面的优势，能在保证结构安全性的前提下，完美实现建筑的造型，弥补了钢结构方案在防腐、防水、实现建筑效果以及运营维护方面存在的不足。综合比较，A 区采用 UHPC 结构方案。

2．B 区结构方案

B 区结构体系构成一个相对刚性的支点，为 A 区和 C 区提供支座，B 区采用核心柱 + 混凝土厚壳结构（图 16.3-14）。核心柱为圆形筒体，外径 3.7m，内径 1.7m，墙体厚度 1000mm，采用钢-混凝土组合结构。钢筋混凝土壳体厚度为 1210mm。

3．C 区结构方案

C 区设置在歌剧院入口大厅的上方，C 区半径在顶部最长达到约 65m，在底部变小约 42m。结合本区域大跨度、大重量的特点，采用钢框架-组合楼板体系，由径向梁和环向钢梁以及支承于径向钢梁之间的混凝土板构成（图 16.3-15）。环向梁支承于立柱或支座上，径向梁支承于环向梁上。为满足建筑对立柱截面的要求，将立柱设计为摇摆柱，仅承受竖向荷载，采用 800mm × 800mm 箱形钢立柱。在 C 区外围设置环向支座，为 ABC 结构提供环形约束，落在下部混凝土结构上，设计中考虑这些支座的实际刚度。

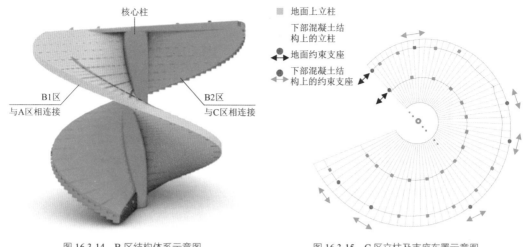

图 16.3-14　B 区结构体系示意图　　　　　　　　图 16.3-15　C 区立柱及支座布置示意图

16.3.4　扇形屋盖结构体系与布置

D 屋盖平面尺寸如图 16.3-16 所示，屋盖为超长结构，南区屋盖（D1 区）长度为 245m，北区屋盖（D2 区）长度为 136m。

结合建筑造型需求，D 区屋盖统一采用钢柱 + 钢梁-压型钢板混凝土组合楼板结构，板厚 140mm。利用踏步重叠区高度大的有利条件，将径向主梁放置在踏步重叠区。D 区屋盖的竖向传力路径如下：屋面荷载传递到横向梁上，再经由横向梁传递到径向主梁上，最后通过钢柱传递给下部结构。由于上、下柱网不匹配，钢柱主要落位于下部框架柱顶、剪力墙顶、舞台及观众厅顶钢梁或钢桁架上。当钢柱不能直接设置在径向主梁下时，通过加强柱顶的横向钢梁形成环向扁担梁，将两侧径向主梁上的荷载通过横向加强梁传递给钢柱。由于底部空间要求，屋盖结构下部立柱（支点）的间距较大，最大跨度达 30m，最大悬挑长度约 15m。

由于台塔凸出 D 区屋盖，为保持屋盖整体连续的建筑效果，D 区屋盖在台塔区域向上翻起，形成包裹台塔的帽状结构，四周采用钢支撑网格结构，顶部采用钢梁 + 水平支撑结构，形成有空间刚度的箱体。台塔顶部设有仅传递竖向荷载的滑动支座，下部与屋盖主梁相连。南区的屋盖结构布置如图 16.3-17 所示。

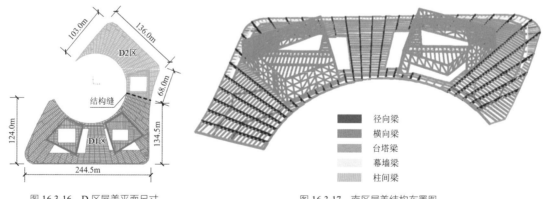

图 16.3-16　D 区屋盖平面尺寸　　　　　　　　图 16.3-17　南区屋盖结构布置图

为避免超长屋盖导致过大的温度应力，在南北区交界处，屋盖设置抗震缝脱开。为减小屋盖传给下部结构过大的地震作用，屋盖结构采用固定铰支座、弹性支座和滑动支座等多种支座形式，控制屋盖水平刚度在合理的范围，即在满足水平力下的结构变形前提下，尽量减小支座刚度（图 16.3-18）。支座设置兼顾水平刚度的均匀分布，避免过大的水平力传递路径，并将水平力传递到预定的下部结构，如剪力墙和完整的框架等较强的抗侧力结构上。

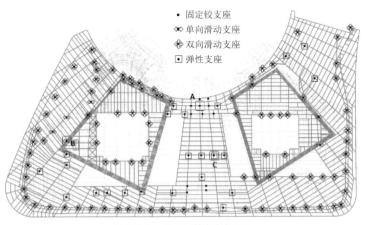

图 16.3-18　南区屋盖支座布置图

固定铰支座
单向滑动支座
双向滑动支座
弹性支座

16.3.5　抗震性能目标

1. 抗震超限分析和加强措施

上海大歌剧院结构包含楼板局部不连续、竖向抗侧力构件不连续、错层结构、高位收进、双塔结构等，属于抗震超限结构。结构设计中主要采用以下措施：

（1）采用合理的结构体系

主体结构采用框架-剪力墙结构，框架结构布置在功能布局灵活的公共空间，剪力墙主要沿观众厅、舞台四周布置，并在墙肢之间设置高度较高的拉结梁，加强墙体之间的连接。在大、中歌剧厅中部连接部位加大板厚，加强两个歌剧厅之间的连接。

中央双螺旋楼梯采用预应力 UHPC 梁＋混凝土厚壳以及周边环形支座的方案，提高竖向传力效率，保证结构具有合理的抗侧刚度和足够的抗扭刚度。

（2）加强台塔的抗震性能

台塔为凸出屋面的结构，除顶层外无楼板，其顶部承受舞台机械的荷载，侧面承受附属设备层的水平力，是 16m 平台以上主要的传力结构。通过设置大跨钢筋混凝土梁连接台塔四角的墙肢，并在上下层大跨梁之间布置黏滞阻尼器，保证台塔筒体在地震作用下的抗震性能。

（3）落实性能化设计目标，提高重要构件的安全等级和抗震等级

整体结构及构件将全面融入性能化设计思想，对关键部位构件提高抗震性能目标。对重要构件，采用非地震作用下 1.1 倍重要性系数复核。

（4）全面深入分析

采用弹性动力时程分析、弹塑性动力时程分析、两种软件对比分析、多工况多尺度模型对比分析，验证计算结果的准确性并对薄弱部位采取相应的加强措施。

2. 抗震性能目标

鉴于本工程的超限水平和结构特点，将对抗侧构件实施全面的性能化设计，本工程结构总体抗震性能目标按《高层建筑混凝土结构技术规程》JGJ 3—2010 取为 C 级，各主要抗侧力构件的抗震性能设防目标如表 16.3-1 所示。

构件抗震性能设防目标　　　　　　　　　　　　　　　　　　表 16.3-1

抗震烈度	多遇地震	设防地震	罕遇地震
性能水准宏观描述	完好无损，一般不需修理即可继续使用	轻度损坏，稍加修理即可继续使用	中度损坏，修复或加固后可继续使用
层间位移角限值	1/800	—	1/100

抗震烈度		多遇地震	设防地震	罕遇地震
下部结构	剪力墙	弹性	正截面不屈服 抗剪弹性	抗剪截面弹性
	台塔顶层悬挑桁架	弹性	不屈服	—
	舞台台口大梁	弹性	不屈服	允许进入塑性
	框架柱	弹性	不屈服	允许进入塑性
	连梁	弹性	允许进入塑性	允许进入塑性
	框架梁	弹性	允许进入塑性	允许进入塑性
屋盖结构	B区核心柱	弹性	弹性	不屈服
	C区立柱	弹性	弹性	不屈服
	D区立柱	弹性	弹性	不屈服
节点		不先于构件破坏		

16.3.6 结构分析

1. 整体结构弹性分析

1）剧场结构

剧场结构分别采用 YJK 和 SAP2000 进行计算分析，周期折减系数 0.9。表 16.3-2～表 16.3-4 表明，两种软件计算的结构总质量、振动模态、周期、基底剪力、层间位移比等均基本一致，可以判断模型的分析结果准确、可信。

结构主要振型清晰独立，扭转振型与平动振型不耦合（图 16.3-19），且扭转振型与平动振型周期比为 0.65，小于规范限值。扭转位移比为 1.28，小于 1.4，说明通过合理布置抗侧力结构，整体结构的扭转效应得到控制。

总质量与周期计算结果 表 16.3-2

		YJK	SAP2000	YJK/SAP2000	说明
总质量/t		114007	121380	94%	
周期/s	T_1	0.6657	0.7038	95%	大歌剧厅台塔Y平动
	T_2	0.5684	0.5800	98%	大歌剧厅台塔X平动
	T_3	0.4952	0.5357	92%	中歌剧厅台塔Y向平动
	T_4	0.4342	0.4435	98%	大歌剧厅台塔扭转
	T_5	0.4247	0.4145	102%	中歌剧厅台塔X向平动

基底剪力计算结果 表 16.3-3

荷载工况	YJK/kN	SAP2000/kN	YJK/SAP2000	说明
S_X	44989	45050	100%	X向地震
S_Y	41978	42565	99%	Y向地震

层间位移比计算结果 表 16.3-4

荷载工况	YJK	SAP2000	YJK/SAP2000	说明
S_X	1/2270	1/2053	90%	X向地震
S_Y	1/2092	1/1707	82%	Y向地震

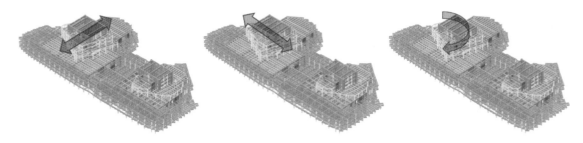

图 16.3-19　1、2、4 阶振型图示

2）ABC 区结构

ABC 区采用了两款通用有限元分析软件 SAP2000 以及 SOFISTIK 进行结构分析。SAP2000 和 SOFISTIK 模型的结构质量分别为 22351t 和 22399t，基本接近。前 6 阶的周期和振型基本相符（表 16.3-5），说明软件整体分析结果是可信的。

ABC 结构振型和周期　　　　　　　　　　　　　表 16.3-5

周期/s	SAP2000	SOFISTIK	振型形态
1	1.024	0.99	整体平动
2	0.813	0.709	整体平动（X 向占比多）
3	0.722	0.541	A 区局部竖向振动 + C 区平动
4	0.591	0.503	A 区局部竖向振动 + C 区平动
5	0.481	0.459	A 区局部竖向振动 + C 区平动
6	0.466	0.426	A 区局部竖向振动 + C 区平动

2．弹塑性时程分析

罕遇地震分析软件采用 ABAQUS，考虑几何非线性、材料非线性和阶段施工模拟，采用基于显式积分的动力弹塑性分析方法，可以准确模拟结构的破坏情况直至倒塌。

根据上海市《建筑抗震设计规程》DGJ 08—9—2013，大震弹塑性时程分析选取 2 组天然波（SHW11 和 SHW14）和 1 组人工地震波（SHW9）。

1）基底剪力和层间位移角

3 组地震波作用下，结构在 X、Y 两个主方向基底剪力包络值分别为 222911kN 和 230150kN，对应的剪重比分别为 18.0% 和 18.6%。相对弹性分析结果，考虑弹塑性刚度退化后，每组波地震剪力均有一定程度的降低；弹塑性总地震作用与弹性的比值在 X、Y 两个方向分别为 0.72～0.97 和 0.81～0.98。大震地震波作用下，结构在 X、Y 两个方向的层间位移角最大值分别为 1/257 和 1/204，均小于 1/100 的规范要求。

2）构件损伤情况

（1）剪力墙和连梁

在罕遇地震作用下，连梁受压损伤明显，连梁中钢筋进入塑性，最大塑性应变为 5.79×10^{-3}，通过损伤耗能保护了剪力墙墙肢。剪力墙墙肢受压损伤范围很小，主要位于与屋盖钢柱相连的位置，墙内钢筋最大塑性应变为 3.94×10^{-3}，属于轻度以下损伤，整体性能良好，如图 16.3-20 所示。

（2）框架结构

在罕遇地震作用下，2 根框架柱中混凝土发生受压损伤，最大受压损伤系数小于 0.1，柱中钢筋最大塑性应变为 1.74×10^{-3}，属于轻度损伤，其余柱处于轻微及以下损伤。

少数几根框架梁受压损伤系数超过 0.5，最大钢筋塑性应变达到 5.83×10^{-3}，约为中度损伤，其余框架梁处于轻度及以下损伤。

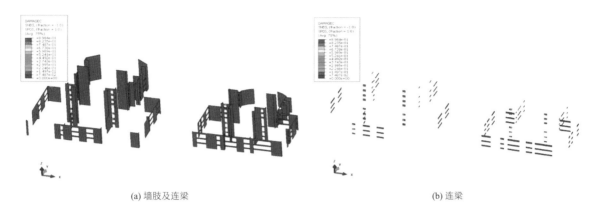

(a) 墙肢及连梁   (b) 连梁

图 16.3-20　剪力墙墙肢及连梁受压损伤情况

（3）ABC 区构件性能

核心柱内混凝土未发生受压损伤，钢管未进入塑性，处于弹性工作状态。B 区钢筋混凝土厚壳（图 16.3-21）在底部发生一定程度的受压损伤，但损伤区域较小，整体受压损伤较轻；壳内钢筋最大塑性应变小于 1 倍屈服应变，厚壳整体轻微损坏。C 区钢柱、钢梁未进入塑性，处于弹性工作状态，钢柱受力性能良好。C 区楼板发生明显的混凝土受拉开裂损伤；局部区域发生一定程度的受压损伤，受压损伤区域主要发生在与 B 区连接处；整体楼板中度损坏。

罕遇地震下弹塑性分析结果表明构件性能目标满足预定的抗震性能目标的要求。

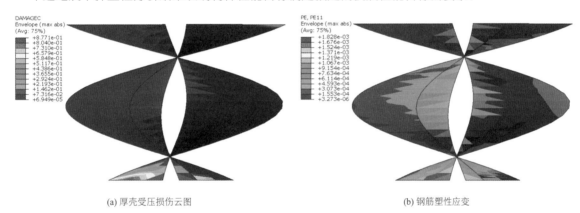

(a) 厚壳受压损伤云图   (b) 钢筋塑性应变

图 16.3-21　B 区壳体损伤情况

16.4　专项设计

16.4.1　深台仓设计

以大歌剧厅为例，主舞台台仓平面尺寸约 34m × 18m，仓底标高约为−25m，基础底板厚度 1700mm；后舞台台仓平面尺寸约 25m × 24.6m，仓底标高约为−14.5m，基础底板厚度 1000mm。两台仓相连，深台仓顶部四周地下室底板标高为−9.3～−10.3m，厚度 700mm。

深台仓侧墙四周形成封闭的四边形，侧墙底部为主、后舞台深台仓底板，顶部为周边地下室底板。台仓侧墙在水土压力作用下，为双向受力，传统的外墙按单向传力进行计算偏保守。东、西侧墙设置有侧挂舞台工艺设备的混凝土扶壁式肋墙，考虑其与侧墙结合共同受力。采用 SAP2000 建立三维计算模型，能够较为准确地模拟深台仓的实际受力情况，台仓底部的桩基模拟为固定铰支座，如图 16.4-1 所示。

台仓在水土压力下的位移云图如图 16.4-2 所示，以东西侧墙平面外位移为例，中间最大水平位移为

5.2mm，为跨度的 1/3070，与单向传力的 1/2380 相比明显减小，整体计算模型的位移满足要求。侧墙弯矩如表 16.4-1 所示，与单向传力计算的弯矩相比，考虑双向传力后，台仓墙体的竖向弯矩明显减小。竖向弯矩减小幅度与侧墙宽度与高度比值相关，宽度与高度比越小，双向传力越明显，竖向弯矩减小幅度越大。

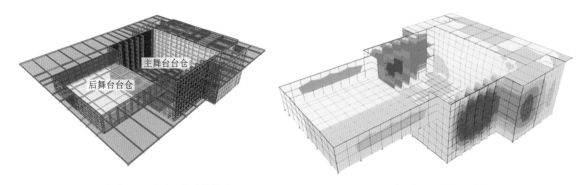

图 16.4-1　大歌剧厅深台仓三维计算模型　　　　　图 16.4-2　深台仓东西侧墙平面外位移云图

大歌剧厅深台仓侧墙弯矩　　　　　　　　　　　　表 16.4-1

主舞台侧墙位置	墙厚/mm	宽度/高度	单向传力竖向弯矩 M_1/(kN·m)	双向传力竖向弯矩 M_2/(kN·m)	弯矩减小率 $1-M_2/M_1$
北侧	1700	2.1	7800	6100	0.22
南侧	1400	3.8	4200	3900	0.08
东西侧	1200（肋墙 600）	1.1	19000	13700	0.28

16.4.2　剧场空旷筒体结构设计

剧场大、中歌剧厅在舞台区和观众厅均为平面开洞，舞台之间的墙体除了顶部和底部外，墙体侧面没有楼板作为水平约束，形成空旷筒体结构，设计中对以下问题进行了重点分析。

1. 台塔墙体结构选型

因工艺需要，大歌剧厅主舞台自台仓底贯通至 43m 的台塔。主舞台位于中央，在 12m 以下需要开大洞连通观众厅、侧舞台和后舞台，16～43m 部分为凸出 4 层屋面的孤立筒体结构。主舞台四角为 L 形墙肢，在 16m 设置大跨连系梁。在 16～43m 之间，即主舞台上方四周墙体结构比选了三种方案：整体墙体、多层大梁和大梁 + 立柱形成空腹桁架，如图 16.4-3 所示。

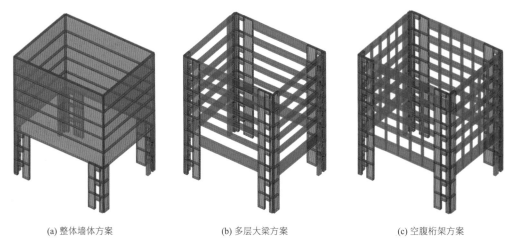

(a) 整体墙体方案　　　　　　(b) 多层大梁方案　　　　　　(c) 空腹桁架方案

图 16.4-3　台塔墙体结构选型

（1）整体墙体方案，台塔的整体性最好，无需砌隔声墙，但产生刚度突变，在地震作用下形成薄弱区，墙肢难形成强剪弱弯延性破坏模式。

（2）多层大梁的方案，结构楼层刚度较为均匀，但墙肢之间相互连接比较薄弱。

（3）空腹桁架方案，虽然楼层刚度较为均匀，墙肢之间相互连接较强，可直接砌筑隔声墙无需构造柱，但内力分布复杂，构件内力受施工次序影响较大，在设计阶段较难准确预估，且易形成短柱和剪跨比较小的梁，截面验算较难满足规范要求。

经综合比选，歌剧厅台塔采用多层大梁方案，大梁之间用构造柱和隔声砌体墙填充。

2．墙体稳定性分析

主舞台四周的墙体在 4 层楼面以上的孤立筒体高达 27.4m，且内部缺乏楼面结构支撑，墙体之间通过大跨梁拉结，墙体稳定性较为不利。采用 SAP2000 软件进行整体稳定性分析，墙体、拉结梁均采用壳单元模拟，以考虑局部构件的稳定性。施加 1.3 倍恒荷载 + 1.5 倍活荷载，采用特征值线性屈曲分析。

经分析计算，墙体的前 3 阶屈曲因子和屈曲模态如表 16.4-2、图 16.4-4 所示。观众厅侧墙体由于缺少横向约束，为整体结构的薄弱部位，且由于荷载布置的不对称性，产生了一侧墙体首先屈曲的情形。第 1 阶屈曲因子为 39.3，整体稳定满足要求。由于拉结梁的稳定已在屈曲分析中考虑，拉结梁可作为填充墙的有效约束。

台塔结构特征值屈曲分析结果　　　　　　　　　　　　　表 16.4-2

阶数	屈曲因子	特征描述
1	39.3	侧舞台顶部墙体单边鼓曲
2	44.9	侧舞台顶部墙体单边鼓曲
3	62.0	侧舞台顶部墙体对称鼓曲

(a) 第 1 阶　　　　　　　　　　(b) 第 2 阶　　　　　　　　　　(c) 第 3 阶

图 16.4-4　台塔前 3 阶屈曲模态

3．台塔减震设计

台塔在标高 16m 以上的筒体刚度相对于 4 层以下结构较柔，地震作用下可能存在鞭梢效应。为提高结构的抗震性能，在南区台塔结构中设置黏滞阻尼墙（图 16.4-5）。黏滞阻尼墙是一种可作为墙体安装在结构层间的阻尼装置，与其他消能减震装置相比，具有耗能效率高、适用范围广、厚度较小、不影响建筑美观的优点。

（1）阻尼器布置方案

阻尼墙布置在刚度较柔、变形较大的主舞台上方大梁之间，以提高减震效果。阻尼墙的阻尼指数α为 0.45，阻尼系数为 $4000kN/(m/s)^{0.45}$，最大出力为 1700kN。在大歌剧厅和中歌剧主舞台上方墙体上各设置 20 片和 16 片阻尼墙，共 36 片，其中 X 向和 Y 向各 18 片。

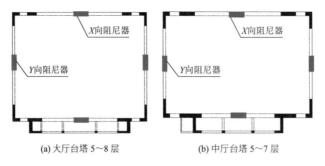

(a) 大厅台塔 5～8 层　　　　　　(b) 中厅台塔 5～7 层

图 16.4-5　黏滞阻尼墙布置图

经典回眸　华东建筑设计研究院有限公司篇

（2）减震分析

依据上海市《建筑抗震设计规程》DGJ 08—9—2013，选用 3 组地震波进行非线性时程分析，阻尼墙采用 Maxwell 单元模拟。图 16.4-6 所示为具有代表性的第 4 层黏滞阻尼墙在多遇地震下的滞回曲线，可见阻尼墙出力情况良好。

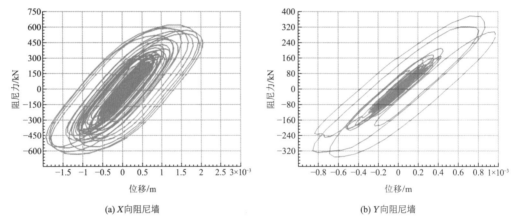

(a) X 向阻尼墙　　　　　　(b) Y 向阻尼墙

图 16.4-6　阻尼墙滞回曲线

图 16.4-7 为是否设置阻尼墙 3 组波分析结果的平均值。多遇地震下，设置阻尼墙后各层层间剪力、倾覆力矩和层间位移均有明显减小，1～4 层剪力、倾覆力矩和层间位移角降低比例分别约 7.8%、22.4%、18.9%，5～8 层剪力、倾覆力矩和层间位移角降低比例分别约 23.0%、21.6%、38.1%。

从耗能分配来看，模态阻尼耗能占总耗能的比例为 71.1%，黏滞阻尼墙耗能占总耗能的 28.1%，结构模态阻尼大小为 5%，黏滞阻尼墙提供的附加阻尼比为 1.97%。

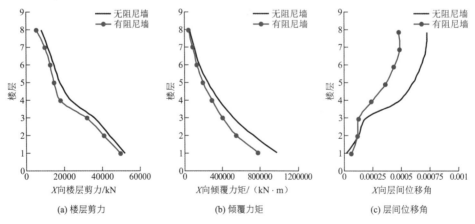

(a) 楼层剪力　　　　　　(b) 倾覆力矩　　　　　　(c) 层间位移角

图 16.4-7　多遇地震下是否设置阻尼墙的结构响应对比

通过新增黏滞阻尼墙的减震措施，降低了结构的地震响应。时程分析表明，黏滞阻尼墙对结构的减震效果明显。设防烈度地震作用下，减震结构的各层层间剪力、层间弯矩较无控结构平均降低约 20.3%、

25.7%；罕遇地震下，减震结构的各层层间剪力、层间弯矩较无控结构平均降低约 18.4%、23.3%。

16.4.3 缓粘结预应力 UHPC 悬挑梁设计

A 区 UHPC 方案为悬挑梁体系，悬挑梁为预制梁，两侧带一定宽度踏步板，踏步板留缝通过 UHPC 现浇方式连接。UHPC 悬挑梁为后张法缓粘结预应力梁，梁采用变截面，悬挑根部为矩形截面，沿悬挑端逐渐变为 Π 形截面，以减轻自重并满足预应力分段锚固的要求。

本项目悬挑梁截面尺寸较小，采用有粘结或无粘结预应力存在灌浆不密实、预应力筋在孔道内分布不均匀的问题，会导致有效截面以及预应力效应损失。采用缓粘结预应力可以避免上述问题，提高截面利用率，保证结构受力的可靠性。

由于 UHPC 悬挑梁的非线性材料特性、分段变截面以及复杂预应力布置特点，此部分的结构分析采用有限元分析软件 SOFISTIK。分析中悬挑梁采用梁单元，具有专门的模块可以方便地考虑材料和几何非线性，可以建立和分析特殊预应力工况，并可通过可视化的方式进行后处理。下面以悬挑长度最长的梁（悬挑长度约 15m）为例说明 UHPC 悬挑梁的设计与分析。

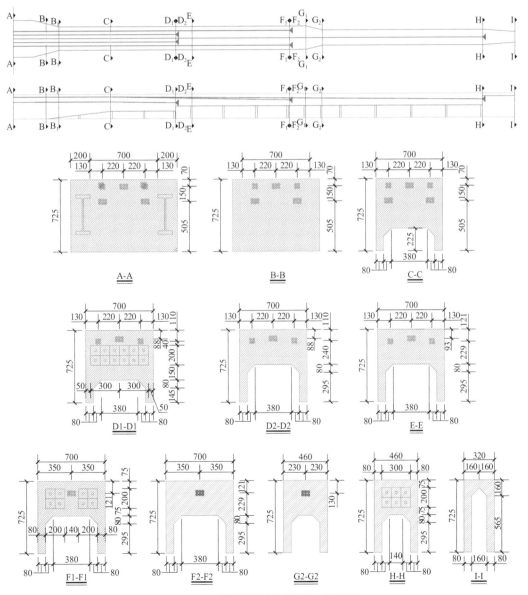

图 16.4-8　悬挑长度最大的梁截面布置示意图

1. 截面设计

悬挑梁截面沿长度分段变化，根部为矩形，梁底部逐渐掏空变为Ⅱ形。梁高度维持 725mm，梁宽度根部为 700mm，在尾部变为 320mm，Ⅱ形截面的腹板厚度为 80mm（图 16.4-8）。

预应力筋成束、分行布置，并分段锚固。第一行中间为 $6H\phi^s21.6$（一束 6 根公称直径为 21.6mm 的缓粘结钢绞线，含义下同），两侧为两束 $4H\phi^s21.6$，第二行为两束 $6H\phi^s21.6$；所有预应力筋均先以直线布置，在 C-C 截面处开始以抛物线的线形向下弯曲至锚固位置。预应力钢绞线选用极限强度标准值为 1860MPa 的缓粘结钢绞线，张拉端锚具采用低回缩锚具。预应力筋在梁根部张拉，张拉应力为 $0.75f_{pk}$，采用后张拉粘接预应力工艺，并考虑摩擦损失、锚固段滑移损失、与时间相关的损失（预应力筋松弛、混凝土收缩、蠕变）。

除了预应力筋外，梁中配置普通钢筋，梁顶钢筋为 $6\phi20$，梁底钢筋为 $6\phi20$，两侧梁腰筋为 $4\phi20$，箍筋为 $\phi10@150$，钢筋均为三级钢。

为加强预制悬挑梁根部与现浇 B 区连接节点的可靠性，梁根部局部加宽（A-A 剖面），并设置型钢贯穿于连接界面。梁每侧加宽 200mm，型钢截面为 H400mm × 10mm × 16mm × 35mm，钢材材质为 Q355B。

2. 单梁 SOFISTIK 分析

本项目中 UHPC 材料的立方体抗压强度标准值为 165MPa，参考法国 NF P18—710，UHPC 材料本构关系如图 16.4-9 所示。

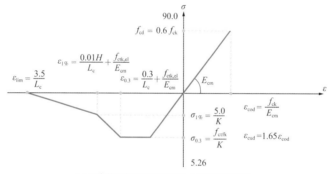

(a) 正常使用极限状态 UHPC 应力和应变曲线

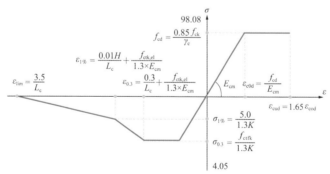

(b) 承载能力极限状态 UHPC 应力和应变曲线

图 16.4-9　UHPC 本构关系

1）正常使用极限状态分析

短期挠度

标准组合下梁的挠度（短期挠度）最大值为 23.8mm，小于 $l_0/300 = 2 \times 15.040 \times 10^3$ mm/300 = 100.3mm，满足规范要求。

参照法国 NF P18—710，考虑到荷载的长期作用，材料的蠕变系数为 1.0，需要将混凝土的弹性模量折减为 0.5 倍。考虑梁在自重、附加恒荷载、预应力作用下的长期刚度折减，各荷载下梁的挠度见图 16.4-11，长期梁端挠度 38.29mm，小于 $l_0/300$，满足规范要求。

2）承载能力极限状态分析

荷载基本组合下，梁的弯矩和剪力如图 16.4-10 所示（考虑预应力）。梁截面的最大压应力及拉应力如图 16.4-11 所示。

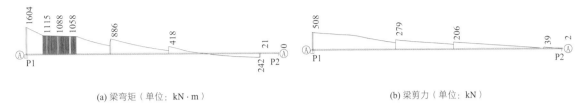

(a) 梁弯矩（单位：kN·m）

(b) 梁剪力（单位：kN）

图 16.4-10　承载能力极限状态梁内力分布

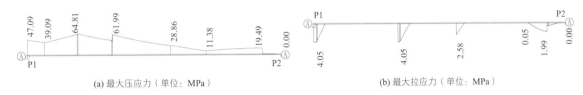

(a) 最大压应力（单位：MPa）

(b) 最大拉应力（单位：MPa）

图 16.4-11　承载能力极限状态梁最大正应力

梁拉应力及压应力最大处的正截面应力如图 16.4-12 所示，梁最大拉应力及最大压应力在材料本构图的对应点如图 16.4-9 所示，截面最大压应力为 64.5MPa，小于抗压强度设计值 98MPa；最大拉应变 188με，位于本构关系的平台段。构件应力满足 NF P18—710 的要求。

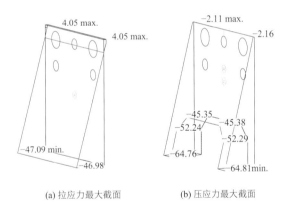

(a) 拉应力最大截面

(b) 压应力最大截面

图 16.4-12　承载能力极限状态梁最大正应力

3）施工阶段验算

施工荷载组合下，梁的最大正截面压应力及拉应力如图 16.4-13 所示。

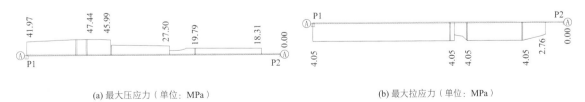

(a) 最大压应力（单位：MPa）

(b) 最大拉应力（单位：MPa）

图 16.4-13　施工阶段梁最大正应力

施工阶段梁拉应力及压应力最大处的正截面应力如图 16.4-14 所示。由图 16.4-9 可以看出，截面最大压应力为 47.4MPa，小于抗压强度设计值 98MPa；最大拉应变 401με，位于本构关系的平台段，构件应力满足 NF P18—710 的要求。但应力达到材料设计强度，构件需养护 28d 之后再进行张拉。

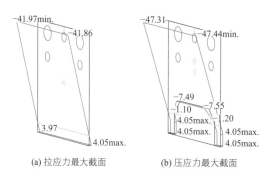

(a) 拉应力最大截面　　　　(b) 压应力最大截面

图 16.4-14　施工阶段梁最大正应力

3．实体单元结构分析

采用通用有限元分析软件 ABAQUS 进行了实体单元有限元分析（图 16.4-15），以复核该预应力 UHPC 悬挑梁的各部分的受力模式、变形与应力分布情况。

图 16.4-15　有限元模型示意图

荷载基本组合下，有限元分析的最大压应力为 75.4MPa，出现在梁底；最大拉应力为 4.07MPa，出现在梁顶部（图 16.4-16）。应力值及最大应力出现的位置与 SOFISTIK 结果接近。

图 16.4-17 为标准组合下梁的挠度（短期挠度），梁端最大挠度为 38mm，小于 SOFISTIK 的结果 48.9mm。经分析，误差的主要原因在于两个软件对于预应力的实现及预应力损失的处理存在差异。

ABAQUS 实体单元有限元分析结果与 SOFISTIK 的结果基本相符，说明分析结果可信。

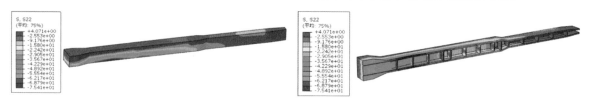

图 16.4-16　承载能力极限状态梁截面正应力（单位：MPa）

图 16.4-17　标准组合下梁的变形示意图（单位：mm）

16.4.4　双螺旋壳体结构设计

B 区为双螺旋楼梯的核心区，为 A 区和 C 区提供稳定性和支座结构，是 ABC 结构主要的竖向传力和水平传力结构。B 区采用核心柱 + 混凝土厚壳结构，混凝土厚壳在外形上为对称双螺旋，高度为 28m，螺旋楼梯结构的宽度在顶部约 17m，底部约 12m。其中 B1 与 A 区相连接，B2 与 C 区相连接。

由于几何形体不规则、边界条件复杂、传力路径交叉，双螺旋壳体结构的受力十分复杂：竖向荷载下，混凝土壳内有显著的径向面外弯矩、环向面内轴力、环向面内剪力、径向面内剪力等；地震作用下，混凝土壳还起到将地震作用传递给核心柱和下部支座的作用，也处于多种内力共同作用的状态。本工程采用 SAP2000 壳单元验算混凝土厚壳的承载力。

1. B2 区厚壳承载力校核

B2 区与 C 相连，竖向荷载下，B2 区作为 C 区钢梁的支座承担钢梁传递过来的竖向剪力，受力相对较小。图 16.4-18 为 B2 区壳体顶底、径环向的配筋结果。

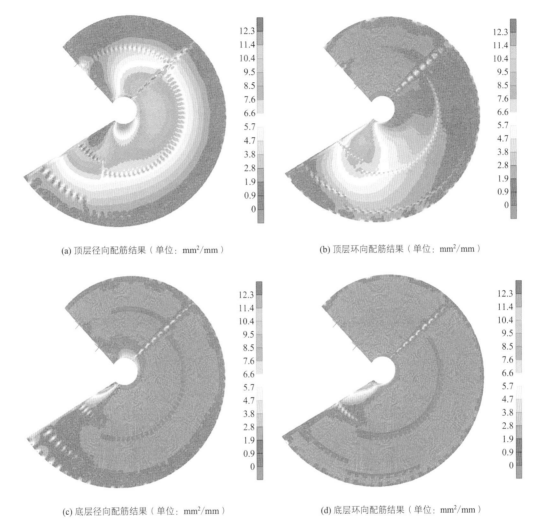

(a) 顶层径向配筋结果（单位：mm²/mm） (b) 顶层环向配筋结果（单位：mm²/mm）

(c) 底层径向配筋结果（单位：mm²/mm） (d) 底层环向配筋结果（单位：mm²/mm）

图 16.4-18　B2 区壳体配筋结果

2. B1 区厚壳承载力校核

B1 区除了受到 A 区悬挑梁传来的梁端剪力，还有较大的梁端弯矩。B1 区高区由于壳悬挑长度更长，且远离底部支座，竖向荷载下径向弯曲效应较为显著，配筋中表现为顶面的径向钢筋较多，如直接按计算结果配筋将导致钢筋过密，影响壳体混凝土施工质量。设计中在 B1 区高区内配置径向预应力筋，改善其径向弯曲受力性能（图 16.4-19）。考虑核心柱内钢筋数量较多，且与厚壳交接处厚壳的径向钢筋要锚固到核心柱内，预应力筋锚固位置未设在核心柱内，而设在离核心柱边缘 500mm 处。

设置径向预应力后的 B1 区壳体顶底、径环向的配筋结果如图 16.4-20 所示。

考虑到壳体为空间螺旋壳，其环向钢筋加工难度较大，无法采用机械弯曲，B 区钢筋直径不宜过大。设计中采用直径 28mm 的 HRB500 钢筋，顶底均为双层双向（径向和环向）配筋，钢筋间距 100mm，在 A 区锚固区局部设置并筋，保证钢筋之间有足够间隙及混凝土浇筑质量。

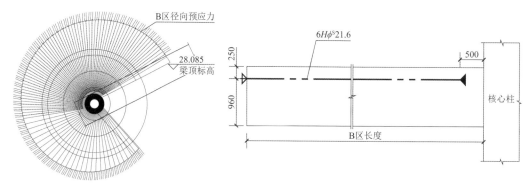

图 16.4-19 B1 区径向预应力布置示意图

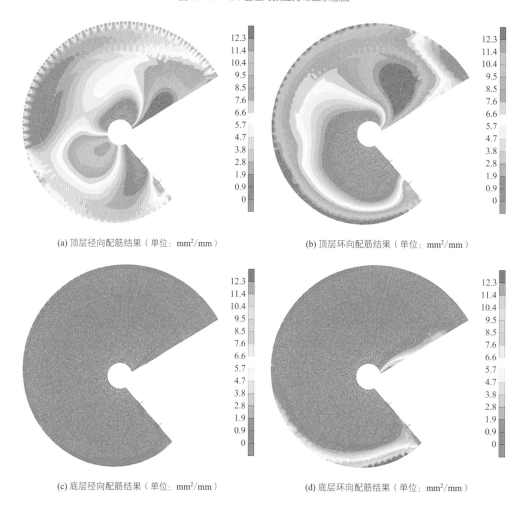

(a) 顶层径向配筋结果（单位：mm²/mm）

(b) 顶层环向配筋结果（单位：mm²/mm）

(c) 底层径向配筋结果（单位：mm²/mm）

(d) 底层环向配筋结果（单位：mm²/mm）

图 16.4-20 B1 区壳体配筋结果

16.5 试验研究

16.5.1 试验目的

由于 UHPC 结构目前国内尚无系统的结构设计规范，考虑本项目的重要性，对预应力 UHPC 悬挑梁进行了足尺试验研究。结构试验目的一方面是为了验证 UHPC 梁结构设计的可行性，另一方面为 UHPC 梁的施工工艺提供参考。

16.5.2 试验设计

试验中 UHPC 悬挑梁在锚固区内预埋钢管开孔，加工了高 2.5m 的钢台座，将单根悬挑梁锚固区落在钢支座上，并通过锚杆将单梁锚固区、钢台座和实验室地锚板连接固定在一起，模拟 UHPC 梁悬挑的锚固端（图 16.5-1）。

试验采用 2 个作动器、2 个分配梁共 4 点进行集中力加载（图 16.5-2），通过 B-B、C-C、D-D、G-G 这 4 个关键截面弯矩和剪力的等效模拟实际的均布荷载。

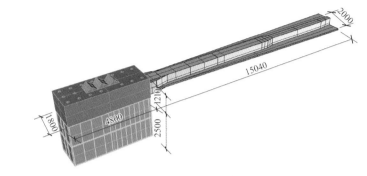

图 16.5-1　试验梁示意图

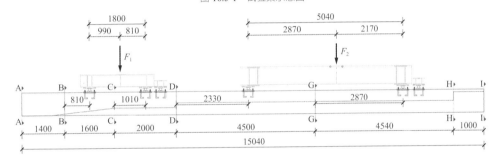

图 16.5-2　试验装置布置示意图

16.5.3 试验现象

试验开始至开裂之前，试验梁处于弹性工作阶段，梁端部挠度和各测点均随试验荷载呈线性变化。第一条裂缝出现在 B 截面和 C 截面中间位置出现，裂缝宽度约 0.02mm。随着荷载增加，陆续在其他位置出现裂缝。在距 C 截面 0.2m 位置处，梁的裂缝发展为整根梁体的主裂缝（图 16.5-3），最后在该处，梁底部压坏，试件受弯破坏，破坏时梁腹板底部整体压溃（图 16.5-4）。

卸载时可以看到试件挠度明显减小，说明受弯破坏后 UHPC 悬臂梁中预应力并未完全失效，仍有一定的恢复能力，裂缝宽度均有一定程度的减小，部分裂缝闭合。

两根梁的试验现象和关键截面出现裂缝的荷载基本相近，梁的根部弯矩-挠度曲线如图 16.5-5 所示，图中弯矩未考虑梁自重和加载装置重量引起的弯矩。

两根梁破坏时根部截面的弯矩分别为 7101kN·m 和 6770kN·m，分别为弯矩设计值的 1.9 倍和 1.8 倍。

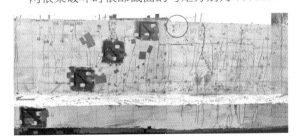

图 16.5-3　试件裂缝分布图

图 16.5-4　试件压坏图

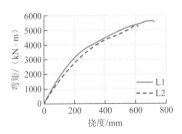

图 16.5-5　根部弯矩-挠度曲线图

16.5.4　试验结论

试验对 2 根 UHPC 悬臂梁进行了静力加载试验和分析，得出了以下主要结论：

（1）UHPC 试验梁在开裂之前处于弹性工作阶段；两根梁均是在 B、C 截面中间位置处最先开裂，最后在距 C 截面 0.2m 位置处的梁腹板底部压溃，悬挑梁发生受弯破坏。卸载后试件挠度明显减小，说明预应力筋未完全失效，仍有一定恢复能力，大部分裂缝闭合。

（2）两根梁破坏时根部截面的弯矩约为弯矩设计值的 1.8～1.9 倍，说明设计的预应力 UHPC 悬挑梁承载力满足要求。

16.6　结构监测

16.6.1　监测内容

健康监测主要内容如下：

（1）施工阶段的安装监测：包括 UHPC 关键构件端部混凝土应力、钢骨应力、B 区厚板混凝土应力、核心柱钢骨应力、核心柱混凝土应力、B 区齿牙部分内力、预应力筋齿牙部分预应力压力；双螺旋楼梯的变形监测，包括竖向变形和水平变形。

（2）运营阶段的健康监测：包括 UHPC 关键构件端部混凝土应力、钢骨应力、厚板混凝土应力、预应力筋齿牙部分预应力压力、动力特性监测、竖向振动舒适度、柱子倾斜度；对本工程投入使用以后的长期运营继续进行监测，是施工阶段的延续。

16.6.2　测点布置

1．施工阶段测点布置

（1）应力监测

A 区选取 11 根 UPHC 预应力混凝土梁，结合分析和试验结果，分别在梁 C 截面的受拉区和受压区布置埋入式应变计测混凝土应变和表面式应变计测钢筋应力，每根布置 2 个埋入式应变计，1 个表面式应变计，在梁 D2 截面的受拉区布置 1 个埋入式应变计，1 个表面式应变计。

B 区选择厚壳区域，监测混凝土应变和钢筋应力，每处分别在混凝土上部和下部沿着径向和环向各布置 1 个预埋式应变计，上部和下部钢筋沿着径向和环向各布置若干应变片。

B 区齿牙部分布置预埋应变计监测混凝土应变。每处布置 3 个测点，每个测点分别沿着图示方向布置 1 个埋入式应变计和 1 个表面式应变计。

核心柱柱顶和柱底预埋应变计，在柱顶、柱中、柱底外圈混凝土布置埋入式应变计，外圈钢骨布置表面式应变计。其中外圈测点，每处分别在竖向和环向中各布置 1 个传感器。

（2）预应力监测

选取 11 根 UHPC 混凝土梁，每根在悬挑根部预应力筋布置 3 个振弦式压力环。

（3）变形监测

施工阶段变形监测采用全站仪以及棱镜。A 区选取 6 根 UPHC 梁，每根在自由端和锚固段各布置 1 个棱镜，B2 区选取外边缘布置棱镜，C 区选取钢梁跨中进行竖向变形监测，每根在跨中布置 1 个棱镜。

2．运营阶段测点布置

运营阶段监测主要含以下内容。

（1）应力监测

运营阶段应力监测延续施工阶段的应力测点和设备。

（2）预应力监测

运营阶段预应力监测延续施工阶段的齿牙部分预应力测点和设备。

（3）加速度监测

加速度测点布置主要依据结构的前几阶振动模态信息，在结构动力响应较明显的部位布置振动测点。沿着 UHPC 混凝土梁悬挑端部布置加速度计，每处布置 1 个竖向加速度计，以监测结构竖向振动舒适度。同时在 C 区钢结构上选择 6 个测点，每个测点布置 3 个单向加速度计，以此监测整个结构的动力特性，包含周期、振型、阻尼等。

（4）变形监测

梁的水平变形与竖向变形监测点同施工期间设立的变形监测点，核心柱的变形监测采用倾角传感器，在核心柱与顶梁交接处布置两个倾角仪。

（5）人流监测

基于机器视觉进行人流量分析及响应的应急管理，采用具有智能 AI 功能的摄像机，沿着人流动线均匀地布置 AI 摄像机进行人流量监测，暂定 3 处。结合智能传感设备来建立异形复杂组合建筑的结构智能监测技术体系，形成大型文化场馆人群-结构耦合数字化健康评价机制。

16.7 结语

上海大歌剧院具有"演创制教"四大功能，其造型优美如展开的折扇，建成后将成为标志性建筑。结构设计通过合理分区，将复杂建筑分为平面相对规则的单体，并针对每个单体建筑特点，选择合理的结构体系。采取合理的结构布置，开展全面深入的结构分析，在保证结构安全的前提下，力求满足建筑造型和专业剧场功能布局的要求，兼顾结构传力效率、经济性和施工可行性。

结构设计过程中的主要创新工作有以下几个方面：

（1）剧场主体结构设计

结合剧场的功能布局，主体结构采用钢筋混凝土框架-剪力墙结构，剪力墙设在观众厅和 6 个舞台周边。主舞台由台仓、台身和台塔组成，承担较大的荷载。主舞台台仓侧壁为双向受力，采用能反映实际受力模式的计算方法进行分析，减小台仓侧壁厚度，提高经济性。对主舞台台身，采用四个角部 L 形墙肢和拉结大梁的结构，实现主舞台与观众厅、侧舞台、后舞台在 12m 以下自由连通；对主舞台台塔设置黏滞阻尼墙减小台塔承担的地震作用，减小下部墙体的截面尺寸。通过墙体稳定分析、减震分析、弹塑性时程分析等验证空旷空间结构设计的安全性和合理性。

（2）径向台阶式造型屋盖结构设计

屋盖为台阶式造型和径向放射性几何逻辑，采用径向主梁 + 环向次梁 + 连续台阶式钢筋混凝土楼板方案。屋盖支点布置尽量满足合理间距和建筑空间条件的要求，当两者出现矛盾时，结合下部条件，采用下部转换（转换梁）和上部转换（扁担梁）的灵活转换方案来兼顾两者要求。为保证水平力的传递同时避免对下部结构产生过大负担，采用多种类型支座来调整屋盖刚度分布，减小地震作用和温度作用。

（3）双螺旋楼梯结构设计

针对双螺旋楼梯长悬挑、大跨度、不对称双螺旋等特点，对不同 ABC 区采取不同结构形式组合的结构方案。A 区作为悬挑区，采用轻质高强结构，超高性能混凝土（简称 UHPC）结构；B 区为支座区，尽量做强，采用型钢混凝土柱 + 钢筋混凝土壳体结构；C 区为大跨区，采用摇摆柱 + 钢梁组合楼盖结构，减轻结构自重。此外，在 C 区外形设置环向支座，为整体结构提供合理抗侧刚度和足够的抗扭刚度。

（4）超长悬挑螺旋楼梯结构设计

A 区螺旋楼梯最大悬挑长度 15m。结构采用多种创新技术，包括 UHPC 材料、缓粘结预应力以及沿长度变断面减小结构自重等技术，实现跨高比达 20.7 的超长悬挑结构。参考法国 NF P18—710，结合国内 UHPC 材料特点，研究并确定 UHPC 的设计参数、本构关系和分析方法；采用多种软件，对 UHPC 结构进行使用阶段和施工阶段的全面计算分析，在此基础上提出针对性的截面设计和构造。通过 2 根 UHPC 梁足尺试验，验证设计的安全性。

参考资料

[1] 上海大歌剧院抗震审查报告[R]. 上海: 华东建筑设计研究院有限公司, 2019.

[2] 陈建兴, 包联进, 刘康, 等. 上海大歌剧院结构选型与设计[J]. 建筑结构, 2022, 52(9): 42-47.

[3] 大歌剧院旋转楼梯预应力 UHPC 悬臂梁足尺试验研究报告[R]. 上海: 同济大学, 2022.

[4] EN 1992-1-1: 2004, Eurocode 2: Design of concrete structures-Part 1-1: General rules and rules for buildings[S]. Brussels: European Committee for Standardization, 2004.

[5] NF P 18-470 Concrete-ultra-high performance fibre-reinf-orced concrete-specifications, performance, production and conformity[S]. Paris: Association Francaise de Normali-sation, 2016.

[6] NF P 18-710 National addition to Eurocode 2-design of concrete structures: specific rules for ultra-high performa-nce fibre-reinforced concrete (UHPFRC)[S]. Paris: Association Francaise de Normalisation, 2016.

[7] Brøndum-Nielsen T. Optimum design of reinforced concrete shells and slabs[R]. Denmark: Technical University of Denmark, Department of Civil Engineering, 1974.

设计团队

结构设计单位：华东建筑设计研究院有限公司

结构设计团队：包联进，陈建兴，刘 康，邱介尧，杨 康，崔凡承，师 璁，郑 瑜，王 金，刘 灿，董兆海，王 慧

执 笔 人：包联进，陈建兴

第17章

北京城市副中心图书馆

17.1 工程概况

17.1.1 建筑概况

图书馆的设计源于中国传统文化符号"赤印"，落在城市绿心的画卷之上。北京城市副中心图书馆又名"森林书苑"，项目旨在打造一个全新的公共学习、交流和讨论的共享空间。为了将整个建筑与周边环境融为一体，建筑师设计了两座连绵起伏的山体作为主要功能载体，并在建筑的内部和外部空间之间创造了一个连续体：通高的玻璃幕墙使整个建筑物具有高透明度和开放性，充足的阳光模糊了内外边界，强化了被大自然包围的理念。两座山体被一片由 144 棵参天大树支撑起的茂密"森林屋盖"遮挡，每棵大树的设计灵感来自银杏树（公孙树）叶片。森林景观与图书阅览区融合，让身处建筑物内任何一个角落的读者，都能享受到"山间树下"的独特阅览体验。

图书馆建筑高度为 22.3m，近似正方形屋盖尺寸约为 173m×173m，总建筑面积约 7.5 万 m²。其中地上共 3 层，面积约 5 万 m²；地下 1 层，面积约 2.5 万 m²。图书馆建筑效果图如图 17.1-1 所示。

(a) 鸟瞰效果图

(b) 室内效果图

图 17.1-1　图书馆建筑效果图

17.1.2 设计条件

1. 主体控制参数

控制参数见表 17.1-1。

控制参数表　　　　　　　　　　　　　　　　　表 17.1-1

结构设计基准期	50 年	建筑抗震设防分类	重点设防类（乙类）
建筑结构安全等级	二级（重要构件一级）	抗震设防烈度	8 度
地基基础设计等级	一级	设计地震分组	第一组
建筑结构阻尼比	0.04（小震）/0.05（大震）	场地类别	Ⅲ类

2．结构抗震设计条件

本项目抗震设防烈度为 8 度，基本地震加速度峰值为 0.20g，设计地震分组第一组，场地类别Ⅲ类，抗震设防类别为乙类。以地下室顶板作为上部结构的嵌固端。

3．风荷载

结构变形验算时，按 50 年一遇取基本风压为 0.45kN/m²，场地粗糙度类别为 B 类。项目开展了风洞试验，模型缩尺比例为 1∶200。结构计算分析时风荷载及响应结合风洞试验结果确定。

4．温度作用

北京地区基本气温最低为−13℃，最高为 36℃，由于钢结构对温度较为敏感，考虑极端温度的影响及太阳辐射的升温作用，并合理控制钢结构的制作和安装时间，温差取 45℃。

17.2 建筑特点

17.2.1 "森林书苑"设计理念的挑战

该"森林书苑"的建筑方案展现了一种全新的图书馆设计理念，包含 144 棵"银杏树"的茂密森林和林下连绵起伏的山体构成了非常震撼的建筑效果，同时也给结构设计带来了创新的机遇。

面对如此复杂的建筑形体，结构设计的关键点是化繁为简，从中剥离出基本的力学模型。通过分析，将地上部分拆分为"屋盖"和"山体"两部分。对于屋盖，可进一步将其分为"树干""叶片"和平屋面三部分，"屋盖"的设计需要建立这三部分之间的合理传力关系。

屋盖下两座形状各异的"山体"是结构设计的另一个难点，因山坡下方为建筑可用空间，空间设计要求结构构件与山体表皮完全贴合，因此山体下的钢梁需依山体空间曲线或等高线进行布置，造成构件在水平和竖直双向弯曲，形成多向弯扭构件，这种情况在山体上人区，即 4 个阅览区更为显著。需按照"山体"不同的使用功能，将其拆分为阅览区、走道区和非上人区，并考虑前述因素分别采用不同的结构布置和不同的构件形式。

17.2.2 超高自承重纯玻璃幕墙

为了达到室内外高度通透的效果，整个建筑外围在无山体遮挡的区域均采用折线形纯玻璃幕墙。在玻璃幕墙与"山体"的交接处，陶板覆盖的楔形外墙构成了建筑的基座，寓意着文化的厚重与沉积。幕墙系统三维图如图 17.2-1 所示，幕墙系统立面图如图 17.2-2 所示。

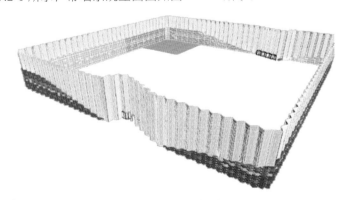

图 17.2-1　幕墙系统三维图

图 17.2-2　幕墙系统立面图

幕墙系统总高度约为21m,综合生产、工期、造价等多方面的对比论证,最大的单片玻璃高度为16m,宽度2.5m,采用7片15mm厚超白钢化玻璃,总厚度133mm,单块重量达10t。玻璃幕墙标准节点图如图17.2-3所示。

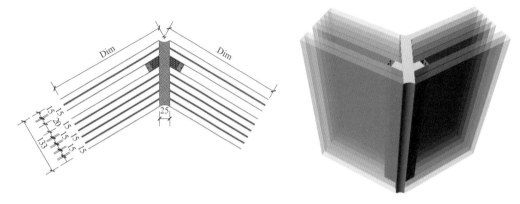

图 17.2-3　玻璃幕墙标准节点（图片来自幕墙设计分析报告）

幕墙系统在平面内为自承重体系,独立承担全部的竖向荷载和水平荷载作用;幕墙系统在平面外则由主体结构提供侧向支撑。综合来看,在幕墙平面内及平面外均需采用合理的连接构造,在满足幕墙传力需求的同时,避免幕墙系统对主体结构产生刚度贡献。

17.2.3　纤细柱于地下室顶板的转换

方案中地上支承屋盖系统的144个纤细钢柱的基本柱网为14m×14m,但由于建筑方案中"树"随机分布的效果要求,各柱实际都不在轴网交点上。不仅如此,地下室因为以停车库、书库、设备机房的功能为主,柱网采用10m×10m的标准柱网,造成地上与地下部分的柱位大部分不对应,二者需要在地下室顶面进行整体转换。

经对比分析,纤细钢柱采用梁式转换方式,10m×10m柱网内设双向井格梁,次梁定位依据上部纤细钢柱的柱位适当调整,形成整体性较好的主次转换梁布置。相比厚板转换,梁式转换抗震性能较好,且刚度较大、材料用量较低。

17.3　体系与分析

17.3.1　方案优化

为了降低结构自重,利用优化分析软件Hypermesh及OptiStruct对屋盖结构的两种基本单元和九宫格单元进行了优化设计,以获得效率较高的构件布置方式。结构拓扑优化的基本原则为:在约束条件相同的前提下,以结构的应变能最小作为优化目标。通过以上优化减轻了屋盖自重,也同时减小了竖向构件所承受的地震作用,进一步改善了屋盖下支承钢柱的受力状况。屋面结构优化分析如图17.3-1所示。

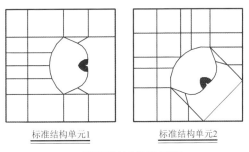

(a) 屋面标准结构单元示意图

标准结构单元1　　　标准结构单元2

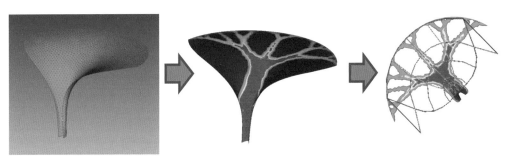

(b) 叶片结构的优化演变过程

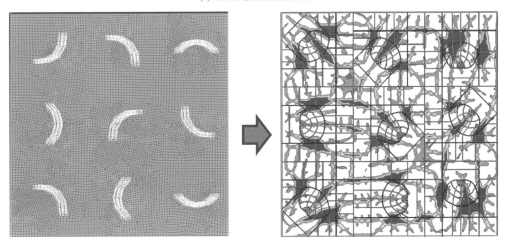

(c) 九宫格单元的优化演变过程

图 17.3-1　屋面结构优化分析图

17.3.2　结构布置

1. 结构体系

本项目处于高烈度区,加上极不规则的建筑形体,给结构设计带来了巨大挑战。对整个建筑进行分解,并结合不同的功能划分,自上而下可以将其分为屋盖系统、山体和地下室三部分。山体与屋盖系统图如图 17.3-2 所示。

图 17.3-2　山体与屋盖系统

屋盖系统包括水平屋面及山体外表面以上的钢柱，采用异形钢框架结构形式；山体部分指左、右山体外表面以下的区域，采用钢框架＋钢筋混凝土核心筒的结构形式；顶板及地下室部分则采用钢筋混凝土框架-剪力墙结构。结构剖面如图 17.3-3 所示，结构体系简图如图 17.3-4 所示。

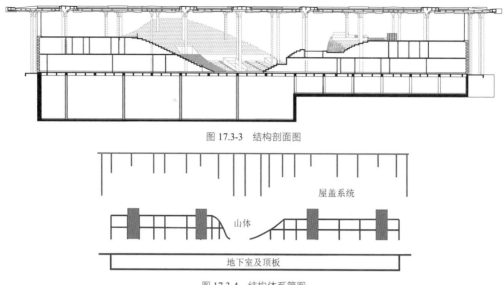

图 17.3-3　结构剖面图

图 17.3-4　结构体系简图

2. 屋盖系统

屋面由 12×12 共 144 个基本单元构成，每个单元 14m×14m，包含 1 片银杏叶片造型的钢柱和与柱顶相连的方形屋面梁区域，每个叶片与水平屋面单侧偏心连接。每棵"树"形柱都是标准化构件，高度约为 20m，截面形式为特殊的异形钢管，截面最小边长仅为 550mm，板厚为 25～60mm。可作为建筑技术组件，综合性地解决照明、声学舒适度和雨水排出问题。屋面单元平面划分示意图如图 17.3-5 所示，图中阴影部分为玻璃天窗区域；其余部分红色线框以外为轻质金属屋面，红色线框以内为 80mm 厚混凝土楼板。钢柱截面与屋面基本单元如图 17.3-6 所示。

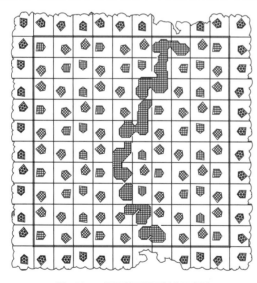

图 17.3-5　屋面单元平面划分示意图

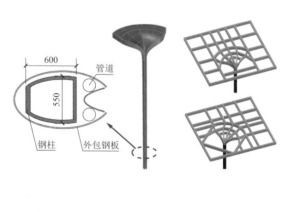

图 17.3-6　钢柱截面与屋面基本单元

屋盖系统名义柱网尺寸为 14m×14m，为了使"银杏树"在山体上呈现错落有致的效果，每个钢柱连同柱顶叶片通过不同的角度进行旋转，最终使每个钢柱均不在轴网交点上，钢柱最大柱距达到 21m。叶片旋转方式如图 17.3-7 所示，竖向构件平面布置如图 17.3-8 所示。叶片旋转后的屋面基本结构单元共有两种，经过优化分析后，最终组合形成一种自由网格结构形式。

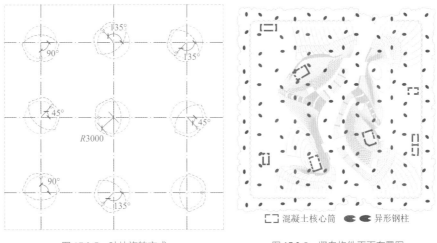

<table>
<tr><td>图 17.3-7 叶片旋转方式</td><td>图 17.3-8 竖向构件平面布置图</td></tr>
</table>

3．山体

屋盖下方左、右两座山体是该建筑的主要功能区。利用建筑竖向交通，在平面上较均匀地设置了 7 处混凝土核心筒，核心筒为整体结构提供主要的抗侧及抗扭刚度。

山体可分为平楼面区和斜坡区，两者的形状和交界面不规则，斜坡区主要为不规则台阶及回转坡道，整体为自由曲面形态，是结构设计的主要难点之一。平楼面区为混凝土核心筒＋钢框架。斜坡区依据使用功能的不同，进一步划分为上人区（阅览、走道）和非上人区（造型需求）两部分。为满足建筑造型和功能，并兼顾设备专业的相关要求，采用带斜柱斜梁的钢结构方案。同时，考虑钢结构制作加工的精度和工期造价等因素，钢构件截面在不同区域分别采用工字形、箱形和圆形三种形式，钢材等级为Q355B，最大截面高度为700mm。山体平楼面区楼板采用钢筋桁架楼承板；斜坡上人区楼板为便于施工和找形，采用钢板组合楼板，通过设置抗剪栓钉实现钢板与混凝土板的共同工作。山体斜坡各典型功能区域的结构布置如图 17.3-9 所示。

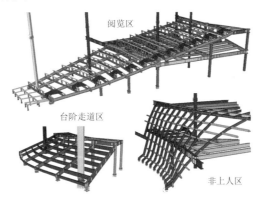

图 17.3-9 山体斜坡各典型功能区域的结构布置

4．顶板转换结构

图书馆设有 1 层地下室，主要用作书库、地下停车库、展厅、文献资料室、后勤辅助用房及设备用房等，层高7m。其中局部区域设置智慧机械书库，该部位建筑层高加高至16m。

前文提到地上钢柱需在地下室顶面进行整体转换。地下室顶板采用井格梁的结构形式，形成主次转换梁并控制楼板跨度在合理范围。由于柱底变形不可忽略，结构分析和设计时，均需采用包含地下室的完整模型，以准确反映地下室顶板转换对地上结构的影响。地下室顶板典型井字梁布置如图 17.3-10 所示。

图 17.3-10 地下室顶板典型井字梁布置

分析结果显示，地上柱底支座形式对地上结构的刚度影响很小，因此地上钢柱柱底均采用铰接的连接形式，使地下室顶板只承担转换柱传递的竖向轴力和水平力，不仅改善地下室顶板结构的受力，也简化柱底与转换梁的连接构造。计算结果显示，转换柱的设计轴力由竖向荷载控制，小震作用下的转换柱底轴力仅为竖向荷载下的 2.5%～7.5%。设计中，在提高转换结构性能目标的同时，对于受力较大的地下室转换梁柱还采用型钢混凝土截面形式。

5. 地基基础及地下室设计

图书馆地下室的柱网尺寸为 10m×10m，其中局部区域设置智慧机械书库，该部位建筑层高加高至16m。地下室部分采用型钢混凝土框架-剪力墙结构，地下室顶板采用钢筋混凝土梁板结构。

根据详勘报告，本工程采用桩径 700mm，有效桩长约 36m 的钻孔灌注桩，均以⑧层细砂、中砂为桩端持力层，布桩方式为柱下布桩。由于机械书库区域基础底板需局部落深至−16.000m，该区域采用桩径700mm，有效桩长约 28m 的钻孔灌注抗拔桩（兼做承压桩），布桩方式为满堂布置。基础底板采用柱下承台＋筏板形式，图书馆紧邻新建地铁，基于使用功能上对控制地铁振动和噪声的要求，最终筏板厚度由 0.6m 增加至 1.0m，采用 C40（60d 强度）混凝土，兼作地下室底板。

17.3.3 性能目标

综合结构方案的特殊性，根据结构各类构件的重要性，本项目制定了针对构件的详细性能目标，如表 17.3-1 所示，使重要性不同的构件分别满足不同抗震设防水准下的相应性能目标，大震下层间位移角还需满足《建筑抗震设计规范》GB 50011—2010 附录 M 的要求。

各类构件类别划分如下所示：

关键构件：支撑屋盖高度约 20m 的钢柱，山体混凝土核心筒，地下室顶板转换梁；

普通竖向构件：除关键构件以外的其他竖向构件；

耗能构件：框架梁，连梁。

构件性能目标   表 17.3-1

地震烈度			多遇地震（小震）	设防烈度地震（中震）	预估的罕遇地震（大震）
层间位移角限值			1/250（顶层）1/800（其他楼层）	2 倍弹性变形限值	1/50（顶层）$h/100$（其他楼层）且≤0.9 倍塑性变形限值
构件性能	混凝土核心筒（关键构件）	正截面	按规范要求设计，弹性	不屈服	正截面承载力不屈服。轻度损坏
		抗剪	按规范要求设计，弹性	弹性	受剪承载力不屈服。轻度损坏
	地下室顶板转换梁（关键构件）	正截面	按规范要求设计，弹性	不屈服	正截面承载力不屈服。轻度损坏
		抗剪	按规范要求设计，弹性	弹性	受剪承载力不屈服。轻度损坏
	支撑屋面钢柱（关键构件）	正截面	按规范要求设计，弹性	不屈服	正截面承载力不屈服。轻度损坏
		抗剪	按规范要求设计，弹性	弹性	受剪承载力不屈服。轻度损坏
	普通竖向构件、屋面结构		按规范要求设计，弹性	正截面不屈服；抗剪弹性。轻微损坏	满足受剪截面控制条件。部分构件中度损坏
	框架梁		按规范要求设计，弹性	抗剪不屈服，轻度损坏，部分中度损坏	中度损坏，部分比较严重损坏
	BRB		弹性	屈服耗能	屈服耗能，屈服变形仍小于极限变形
	连梁		按规范要求设计，弹性	抗剪不屈服，轻度损坏，部分中度损坏	中度损坏，部分比较严重损坏
	节点			迟于构件破坏	

17.3.4 结构分析

1. 整体结构扭转分析

图书馆屋面四周长悬挑，质量分布范围大，转动惯量大，同时屋盖系统最外圈均为纤细的通高钢柱，抗扭刚度弱。这些因素使结构的第 1 振型表现为整体扭转，如图 17.3-11（a）所示，属于特别不规则结构。在已建成的类似案例中，最具代表性的就是上海世博会中国馆及国家图书馆二期工程〔图 17.3-11（b）、图 17.3-11（c）〕，两者同样由于建筑造型的原因，其第 1 阶振型均表现为扭转。

相关研究表明：当扭转位移比较大时，结构扭转的不利影响直接反映在所有竖向构件的扭矩上，控制竖向构件的轴压比和剪应力水平，提高竖向构件的极限变形能力，确保竖向结构不发生破坏是解决扭转所带来问题的关键。

(a) 本案结构第 1 振型

(b) 上海世博会中国馆

(c) 国家图书馆二期

图 17.3-11　第 1 振型为扭转的结构案例

地上结构中，山体部分的整体刚度较大，而屋盖系统刚度较弱，第 1 阶振型实为屋盖系统的整体扭转。在设计中首先严格控制屋盖系统所有钢柱的轴压比（0.39）和剪应力比（中震 0.43），使钢柱具有较好的延性；其次采用了一种可多向自由转动的支座用于平面中部位置的钢柱，完全释放这些钢柱的扭矩，最终屋盖系统所有钢柱在不同工况下的最大扭矩仅为 23kN·m，见图 17.3-12，避免了竖向构件发生扭转破坏。此外，设计中还对屋面系统所有水平构件（梁、板）的承载力进行了详细分析，采取必要的加强措施，确保屋面水平构件不会因扭转问题发生严重破坏，始终有效发挥约束竖向构件、协调竖向构件共同工作的作用。

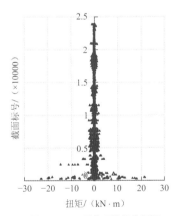

图 17.3-12　屋盖系统钢柱扭矩

2. 结构水平变形分析

从钢柱顶部与屋面的连接方式可以看到，屋盖系统形成一种偏心约束钢框架，梁柱的连接相对较弱，竖向荷载在偏心约束框架的传力路径如图 17.3-13 所示。屋面荷载向下传递过程中，柱顶还会产生附加弯矩。

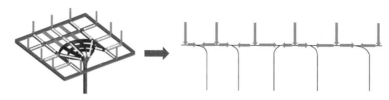

图 17.3-13　偏心约束框架传力路径

为了达到建筑内部高透光性的要求，屋面上设置了大量的不规则天窗，如图 17.3-14 所示。天窗总面积占屋面总面积的 18.5%，使得屋面的整体性和水平刚度降低。同时，基于建筑效果的需要，屋面结构梁高度需控制在 600mm 以内。以上因素使整个屋盖系统的抗侧刚度偏弱，成为地上结构中相对薄弱的位置，同时屋面水平变形值是重要控制指标之一，也是外围自承重幕墙系统设计的重要参考依据。因此，如何有效提高屋盖系统的刚度是结构设计的关键。

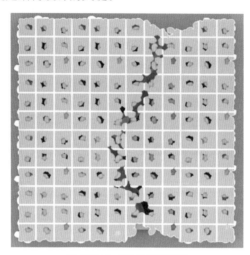

图 17.3-14　屋面天窗平面图

根据钢柱的受力特点，可将 144 根钢柱分为两大类：抗侧力为主的钢柱（1 号，2 号，3 号）和承受竖向力为主的钢柱（4 号），如图 17.3-15 所示。1 号和 2 号钢柱实为同一根钢柱，2 号钢柱是属于山体部分的框架柱，在山体以上的 1 号钢柱和核心筒顶部的 3 号钢柱的线刚度较大，是屋盖系统的主要抗侧力构件；4 号钢柱长细比达到 100，下端设置了三向转动的铰支座，在水平地震作用下承担的地震作用很小，仅承担竖向荷载的作用，从而简化了受力形式，得以实现"通高纤细"的建筑效果。

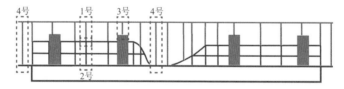

图 17.3-15　钢柱分类示意图

由于屋盖系统和山体所属的结构体系不同，钢柱在设计时应采用不同的计算假定和设计标准，见表 17.3-2。

钢柱计算假定及设计标准　　　　　　　　　　　　　　　　　　　表 17.3-2

位置	钢柱编号	钢柱几何长度/m	计算假定	层间位移角限值
屋盖系统	1 号	7.5～8.5	有侧移体系	1/250
	3 号	2.5		
	4 号	19～26		
山体	2 号	4.8～5.8	无侧移体系	1/800

为了充分利用山体核心筒的刚度，在山峰附近的三处核心筒顶面和周边钢柱间设置了 10 道水平屈曲约束支撑（BRB），将 1 号钢柱与核心筒连接，以提高屋盖系统的侧向刚度。BRB 平面与立面布置示意图如图 17.3-16 所示。

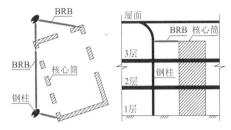

图 17.3-16　BRB 平面与立面布置示意图

地上结构在多遇地震作用下的变形计算结果见表 17.3-3，变形值显示：7 处核心筒的设置使山体部分具有较大的抗侧刚度，在地震作用下的最大位移角为 1/2000 左右，相对而言可视为屋盖系统的"嵌固端"。

多遇地震作用下屋盖系统与山体水平变形　　　　　　　　　　　　　　表 17.3-3

地震方向		左侧山体	右侧山体	屋盖系统
X向	位移/mm	2.5	1.6	36.4
	位移角	1/2216	1/2605	1/315
Y向	位移/mm	3.1	1.9	42.2
	位移角	1/1833	1/2896	1/307

从地震作用下屋盖系统中钢柱位移角分布图 17.3-17 可以看到，山体上方的 1 号和 3 号钢柱承担了大部分地震作用，是主要的抗侧力构件。BRB 的设置进一步增加了 1 号钢柱的抗侧刚度，在提高屋盖系统刚度、减小屋面水平变形方面发挥了重要作用。最终屋盖系统的钢柱最大位移角为 1/307，满足规范限值 1/250 的要求，屋面的水平变形控制在 42mm 左右，这对于降低自承重幕墙系统的设计难度和造价具有重要意义。

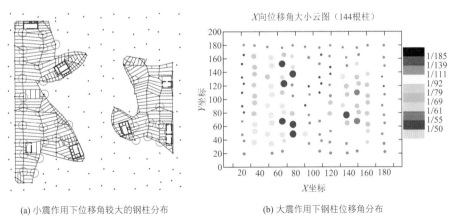

(a) 小震作用下位移角较大的钢柱分布　　　　　　(b) 大震作用下钢柱位移角分布

图 17.3-17　屋盖系统中钢柱位移角分布

3．BRB 支撑分析

核心筒与周边钢柱采用水平 BRB 支撑进行连接，显著提高了屋盖系统的整体刚度。但若 BRB 参数设计不当，将会造成钢柱在地震作用下的弯矩大幅增加，难以满足正截面中震不屈服的性能目标。因此，BRB 支撑的设计基于以下两条原则：

（1）在小震作用下，支撑保持弹性，以提高屋盖系统的抗侧刚度，减小结构变形；

（2）当地震作用继续增大，支撑发生屈服时，对钢柱提供的支撑力维持在小震作用水平或略有提高，从而降低中震和大震阶段的钢柱内力。

表 17.3-4 列出了小震作用下的支撑轴力，BRB 支撑的设计屈服力略高于小震作用下的轴力。图 17.3-18 为 BRB 支撑在中震作用下的滞回曲线，当地震作用超过小震作用以后，BRB 支撑发生屈服，轴力不再增加。图 17.3-19 为设置普通支撑和 BRB 支撑的钢柱弯矩对比，可以看到，BRB 支撑屈服后，屋盖系统的钢柱内力发生重分布，在后续地震作用持续增大的情况下，与支撑相连的钢柱内力增幅很小，设计弯矩大幅降低。BRB 支撑在这里起到了"保险丝"的作用，有效保护了钢柱。

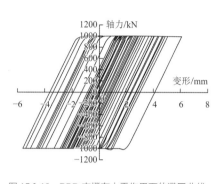

图 17.3-18　BRB 支撑在中震作用下的滞回曲线

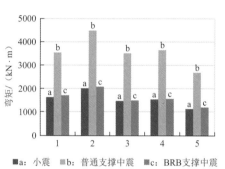

■a：小震　■b：普通支撑中震　■c：BRB支撑中震

图 17.3-19　钢柱弯矩对比

此外，依据分析结果，BRB 支撑的最大屈服变形值为 6mm，设计极限变形量不低于 30mm，确保大震作用下可发挥一定的耗能作用。

BRB 支撑设计屈服力（单位：kN）　　　　　　　　　　表 17.3-4

编号	1	2	3	4	5	6	7	8	9	10
小震内力/kN	982	752	764	919	894	873	557	992	597	460
设计屈服力/kN	1000	800	800	1000	1000	1000	600	1000	600	600

4．屋盖系统钢柱稳定性分析

为准确反映各钢柱之间的相互约束关系，屋盖系统钢柱的稳定性分析采用了整体模型。首先按照现行《钢结构设计标准》GB 50017 的相关规定，在柱顶附加假想水平力来考虑结构的整体初始缺陷：

$$H_{ni} = \frac{G_i}{250}\sqrt{0.2 + \frac{1}{n_s}}$$

式中：G_i——屋盖重力荷载代表值；

n_s——层数取 1。

计算时，屋面初始荷载为 1.0 恒荷载 + 1.0 活荷载。

弹性屈曲分析显示，发生屈曲的钢柱均为通高 4 号钢柱，其中最先发生失稳的是屋盖最外侧落至地下室底板的 1 根钢柱，其高度为 26m，屈曲因子为 17.9，屈曲模态如图 17.3-20 所示。在对该柱进行考虑几何和材料非线性的稳定性分析时，柱子自身的挠曲初始缺陷，即挠曲矢高参考《高层民用建筑钢结构技术规程》JGJ 99—2015 中构件的验收标准取为 1/1000。稳定性分析结果见图 17.3-21，该钢柱的荷载因子，即安全系数达到 4.93，具有足够的安全度。

5．动力弹塑性时程分析

采用 ABAQUS 软件进行了罕遇地震作用下动力弹塑性时程分析，共计算 7 组地震波，并对结构性能进行评价，总结如下：

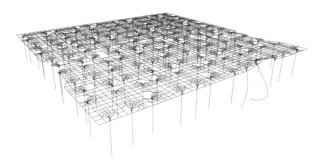

图 17.3-20　钢柱屈曲模态　　　　图 17.3-21　钢柱稳定性分析

（1）7 组地震波作用下结构的基底剪力在 X、Y 两个方向的平均基底剪力分别为 211959kN 和 185887kN，对应的剪重比分别为 41.09% 和 36.10%。相对弹性分析结果，考虑弹塑性刚度退化后，每组波地震剪力均有一定程度的降低，弹塑性总地震作用与弹性的比值在 X、Y 两个方向分别为 87.02% 和 85.67%。

（2）屋盖系统在 7 组地震波作用下最大层间位移角平均值均不超过 1/55 限值，满足规范要求。同时左侧山体和右侧山体最大位移角以及层间位移角平均值均小于 1/100，亦满足规范要求。

（3）7 组地震波作用下，X 向和 Y 向的最大平均水平位移分别为 0.134m 和 0.150m。

结构各主要构件的塑性变形和抗震性能评价结果如下：

（1）底部部分墙体出现中度至比较严重损伤，其余墙体损伤较轻，基本处于轻微至轻度损伤，总体上墙体抗震性能良好。

（2）山体里仅有 2 根钢柱进入塑性，但塑性应变远小于 1 倍钢材屈服应变，钢柱轻微损伤。

（3）仅在斜板部分的钢梁进入塑性，最大塑性应变为 5.0×10^{-3}，钢梁轻度损伤。

（4）钢柱支撑屋盖的局部区域进入塑性，最大塑性应变小于 1 倍钢材屈服应变，钢屋盖轻微损伤。

（5）地下室顶板转换梁有少量几根出现受压损伤，钢筋最大塑性应变为 3.33×10^{-3}，转换梁轻度损坏。

（6）BRB 全部进入屈服，发挥了良好的耗能性能。

（7）斜板楼板受拉开裂明显，钢筋部分进入屈服，但塑性发展水平不高，楼板总体仍具有较好的承担竖向荷载和传递水平地震的能力。

17.4　专项设计

17.4.1　屋面结构设计

在本项目中，屋面结构不仅传递竖向荷载和水平荷载，还起到约束 144 根异形钢柱，使其实现共同工作的作用，是提高整体结构抗扭刚度和保证钢柱整体稳定性的前提条件。在设计中采取了以下措施：

（1）屋面结构的性能目标和钢柱相同，为中震不屈服，确保钢柱破坏前屋面结构具有足够的承载力。

（2）屋面结构分为三类：天窗区域（玻璃顶）、外圈悬挑单元（轻质金属屋面）和其他区域（混凝土楼板）。玻璃顶和外围轻质金属屋面的设置起到了减小屋面质量，降低了扭转反应的作用；混凝土楼板区域则起到了加强屋面整体性的作用。

（3）中震作用下，屋面混凝土楼板最大拉应力约为 3MPa，按此结果配置楼板附加钢筋，使其满足中震不屈服的性能目标。中震作用下，屋面混凝土楼板应力云图如图 17.4-1 所示。

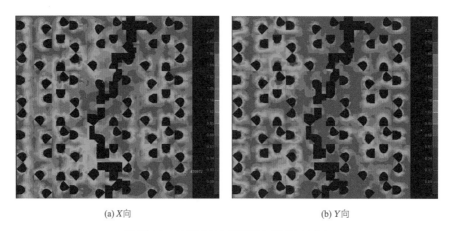

(a) X向   (b) Y向

图 17.4-1 中震作用下屋面混凝土楼板应力云图

（4）不考虑混凝土楼板的加强作用，屋面钢结构在中震作用组合下的最大应力比控制在 0.9 左右，进一步提高安全储备。中震作用下，屋面钢结构应力比如图 17.4-2 所示。

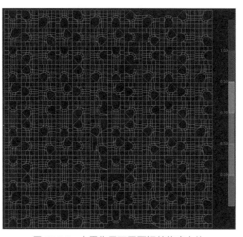

图 17.4-2 中震作用下屋面钢结构应力比

由于异形钢柱对屋面结构的面内约束作用不强，因此在温度荷载组合工况下，屋面钢结构的应力比均小于 0.8，混凝土楼板的最大拉应力为 1.5MPa，小于混凝土抗拉强度标准值 2.2MPa。

17.4.2 超高幕墙系统与主体结构的连接

前述超高玻璃幕墙采用 120° 的连续折线形式，具备较好的平面外刚度，因此幕墙系统在平面内为自承重体系，独立承担全部的竖向荷载和水平荷载作用。幕墙系统在平面外则由主体结构提供侧向支撑：在南北主入口的通高区域，屋面结构为幕墙系统提供侧向支撑；当幕墙高度范围内有山体楼板时，在楼板处为幕墙增加一处侧向支撑，提高幕墙系统的经济性。幕墙系统与主体结构的连接方案如图 17.4-3 所示，幕墙上节点变形分析如图 17.4-4 所示。

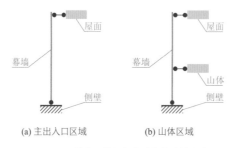

(a) 主出入口区域   (b) 山体区域

图 17.4-3 幕墙系统与主体结构的连接方案

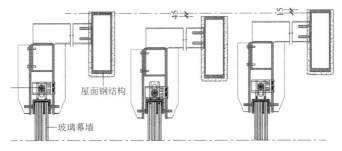

(a) 主体竖向向下位移45mm（下压工况）(b) 主体竖向向上位移15mm（漂浮工况）

图 17.4-4　幕墙上节点变形分析（图片来自幕墙设计分析报告）

在主体结构提供的侧向支撑之间，由幕墙自身承担面外的荷载与作用；在幕墙平面内，相邻玻璃间采用滑动连接构造，能够传递水平荷载，同时适应竖向相对位移，单元玻璃板块下部设置铰支座适应转动，避免对主体结构产生刚度贡献，幕墙受力与变形分析如图 17.4-5 所示。此外，幕墙下端搁置在图 17.4-3 所示的地下室侧壁顶部，可以将幕墙重量更直接地传至基础。

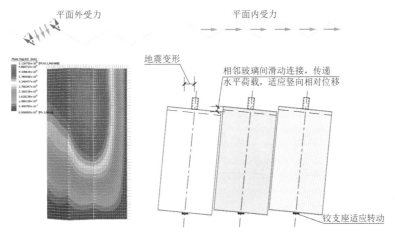

图 17.4-5　幕墙受力与变形分析（图片来自幕墙设计分析报告）

通过对幕墙与主体结构间传递的地震剪力分析可以看到，幕墙传递至屋盖系统即结构刚度相对薄弱区的地震剪力最大占屋盖系统地震剪力的 6%，见表 17.4-1，该增量并不大，不会显著影响屋盖系统的整体结构方案。从整体结构层面来看，幕墙传递至主体结构的地震剪力占比最大仅为 3.4%，对主体结构的影响很小。

幕墙与主体结构间地震作用传递分析　　　　　　　　　　　　　表 17.4-1

结构		地震剪力 V_f/kN	幕墙传递的地震剪力 V_g/kN	V_g/V_f
屋盖系统	X向	9440	307	3.0%
	Y向	8018	505	6.0%
基底总剪力	X向	32158	1078	3.4%
	Y向	32052	778	2.4%

17.4.3　特殊支座与连接节点设计

本项目存在大量特殊的钢结构节点，如异形钢柱柱底铰接节点、异形钢柱与叶片的连接节点、异形钢柱与楼层钢梁的连接节点、自由曲面斜坡的构件节点等，节点设计不仅要满足各项力学性能的要求，还要具有一定的通用性和容错性，以提高整个结构的施工可建性和经济性。

1．三向转动支座

如前文所述，在通高的钢柱柱底设计了一种三向转动铰支座，不仅简化了通高钢柱和柱底转换梁的受力状态，支座在水平方向的转动能力还有效释放了钢柱扭矩，为施工阶段钢柱的安装定位提供了便利，柱底支座示意图如图 17.4-6 所示。根据钢柱内力计算确定的支座尺寸未超出钢柱截面，确保了钢柱侧面的机电管线可延伸至支座顶面以下，最终隐藏在顶板建筑面层中。

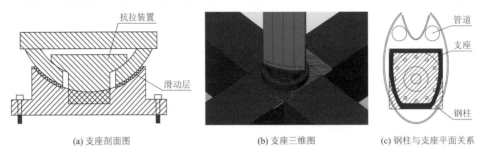

(a) 支座剖面图　　　　(b) 支座三维图　　　　(c) 钢柱与支座平面关系

图 17.4-6　通高钢柱柱底支座示意图

2．异形钢柱与叶片连接节点

屋面和柱顶叶片构件均为箱形截面，而钢柱截面为异形钢管。为实现叶片上 5 个不同角度的箱形截面到钢柱的均匀过渡，采用了铸钢节点，并根据有限元分析结果对节点形状进行了调整和加强。有限元分析结果显示，铸钢节点的最大应力出现在底部侧面和分叉点位置，最大应力比约为 0.7，具有一定的安全度，柱顶铸钢节点模型及应力云图如图 17.4-7 所示。

图 17.4-7　柱顶铸钢节点模型及应力云图

3．异形钢柱与框架梁连接节点

根据设计方案，屋盖系统的 144 根异形钢柱侧面集成了所有的设备管线。为确保设备管线从屋面到地面的贯通，山体各层楼面处设计了如图 17.4-8 所示的节点形式。节点中预留管线套管，并采用外加劲板的形式对削弱的梁翼缘进行补强，确保节点的强度满足要求。

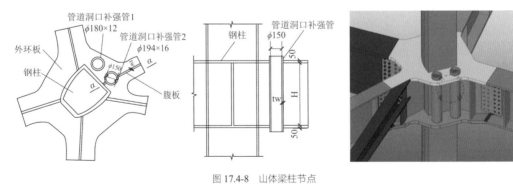

图 17.4-8　山体梁柱节点

4．其他节点

在山体非上人区设计了可实现相邻层斜柱自由变形、避免竖向荷载跨层传递的插销式节点，如图 17.4-9 所示。

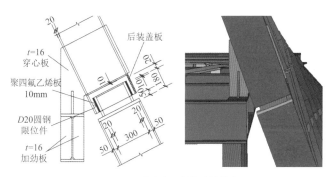

图 17.4-9 非上人区斜柱连接节点

在山体上人区采用了便于加工和安装定位的插片式节点，如图 17.4-10 所示。

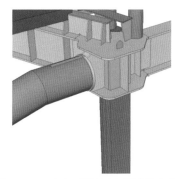

图 17.4-10 上人区斜柱与异形梁柱连接节点

适应不同形体、不同功能区的山体踏步构造，如图 17.4-11 所示，山体踏步三维图如图 17.4-12 所示。

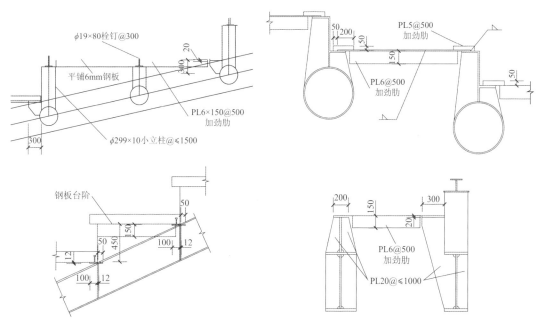

图 17.4-11 山体踏步构造

图 17.4-12　山体踏步三维图

17.4.4　复杂钢结构的三维设计

由于建筑造型的特殊性，本项目在结构设计中，综合采用了平面与三维设计相结合的方式，其中平面设计主要用以确定竖向构件定位、山体平楼板区结构布置、山体斜坡区结构布置原则、构件截面、节点做法等；三维设计则以建筑 Rhino 模型为依据，进行山体斜坡区的构件定位与找形。如图 17.4-13～图 17.4-18 所示，分别列出了建筑 Rhino 整体模型、山体上人区模型、山体非上人区模型与结构模型的对比。

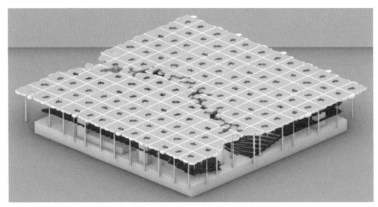

图 17.4-13　建筑 Rhino 模型——整体模型

图 17.4-14　结构三维布置图——整体模型

图 17.4-15　建筑 Rhino 模型——山体上人区（阅览区）

图 17.4-16　结构三维布置图——山体上人区（阅览区）

图 17.4-17　建筑 Rhino 模型——山体非上人区

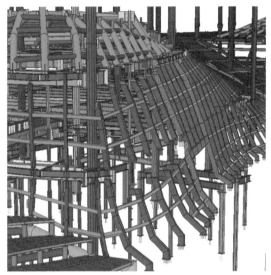
图 17.4-18　结构三维布置图——山体非上人区

17.5　结语

通过对北京城市副中心图书馆结构体系、力学特性、特殊形体结构布置方案、复杂支座和节点设计等方面的研究与分析，得到以下主要结论：

（1）依据各构件不同的受力特性进行抗侧力构件和抗重力构件的划分，可以得到更加清晰的结构体系，简化构件设计。

（2）对于特殊的幕墙系统，合理地制定其与主体结构的受力关系，对于简化幕墙系统与主体结构的设计具有重要意义。

（3）BRB 发挥了较好的"保险丝"作用：在小震作用下有效提高了屋盖系统的抗侧刚度，在中大震作用下有效控制了钢柱的内力。在高烈度区的结构设计中具有更加显著的效益。

（4）对于扭转效应显著的结构，控制竖向构件的轴压比和剪应力水平、提高竖向构件的极限变形能力、确保竖向结构不发生破坏是有效减小扭转所带来影响的关键。

（5）特殊形体结构布置、复杂节点设计在匹配建筑造型和功能需求、满足结构受力要求的基础上，还应兼顾构件制作的通用性和施工可建性。

17.6 延伸阅读

扫码查看项目照片、动画。

参考资料

[1] 方小丹, 韦宏, 陈福熙, 等. 上海世博会中国馆国家馆结构设计与研究[J]. 建筑结构, 2009, 39(5): 84-89.

[2] 芮明倬, 刘明国, 汪大绥, 等. 国家图书馆二期工程巨型钢桁架结构设计[J]. 建筑结构, 2007, 37(5): 68-72.

[3] 许名鑫, 胡琼. 世博会中国馆国家馆抗震性能分析[J]. 建筑结构学报, 2010, 31(5): 61-69.

[4] 魏琏, 王森, 韦承基. 水平地震作用下不对称不规则结构抗扭设计方法研究[J]. 建筑结构, 2005, 35(8): 12-17.

设计团队

结构设计单位：华东建筑设计研究院有限公司

结构设计团队：汪大绥，芮明倬，刘明国，于　琦，张　聿，孙　尧，陈　实，孙　侃，吴绍箕

执　笔　人：刘明国，于　琦

本章部分图片由斯诺赫塔建筑事务所（Snøhetta）、江苏沪宁钢机股份有限公司和中铁建工集团提供。

获奖信息

2023 年　中国钢结构金奖年度杰出工程大奖

第18章

上海证大喜玛拉雅艺术中心

18.1 工程概况

18.1.1 建筑概况

上海证大喜玛拉雅艺术中心基地位于浦东的中心地区，基地的东面为芳甸路、南面为樱花路、北面为梅花路、西面为石楠路。

建筑方案由日本矶崎新工作室创作。总建筑面积 16 万 m²；地下室 3 层，建筑面积 7 万 m²，长 273m，宽 96m，地下室底板面标高−15.9m；按建筑立面（图 18.1-1）从左往右，由办公楼（艺术家创作中心）、当代艺术中心（内含容纳 2000 人的多功能厅兼影院）、五星级酒店三部分组成，是一个兼具当代艺术中心、五星级酒店、艺术家创作中心、商场为一体的复合设施（图 18.1-2）。其中，办公楼 8 层，屋面结构标高 61.5m，建筑顶标高 72.75m；五星级酒店 18 层，屋面结构标高 95.7m，建筑屋顶标高 99.6m；当代艺术中心屋顶标高 31.5m，局部 37.1m。

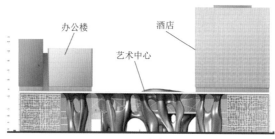

图 18.1-1　建筑立面

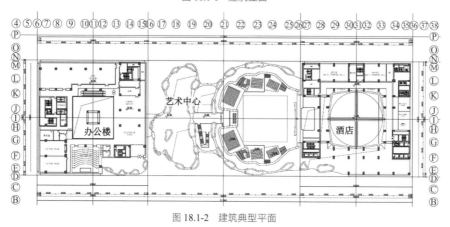

图 18.1-2　建筑典型平面

图 18.1-3　证大喜玛拉雅艺术中心建成照片

2006 年本项目开始进行方案设计阶段，当时上海浦东正在为准备 2010 年的世界博览会策划各种大规模的展览中心和会议中心，除了邻接用地的新国际博览中心外，已经建成的大型公共设施有上海科技馆、上海浦东展览馆、东方艺术中心等。证大喜玛拉雅艺术中心集当代艺术馆、演艺厅、五星级酒店、艺术家创作中心和商业设施为一体，设想建成为世界上独一无二的由多种风格迥异的设施构成的集合体（图 18.1-3）。这些设施在组合理念上也一反常规做法，即艺术馆并非为其他设施的附属品，而是这个项目的核心，深入影响项目中的其他设施，赋予商业设施文化和艺术的灵魂，从而提升商业的价值；同时，本项目商业设施产生的效益亦将用来辅助艺术馆的艺术活动，使艺术和商业互助互利，共同发展，从根本上改进艺术馆陈旧的资金筹集和运营管理模式，力争成为 21 世纪艺术和文化商业双赢的新发展潮流的领军人。

18.1.2　设计条件

1. 主体控制参数

控制参数见表 18.1-1。

控制参数表　　　　　　　　　　　　　　　　　　　表 18.1-1

结构设计基准期	50 年	建筑抗震设防分类	重点设防类（乙类）艺术中心 标准设防类（丙类）酒店、办公
建筑结构安全等级	二级（结构重要性系数 1.0）	抗震设防烈度	7 度（0.10g）
地基基础设计等级	二级	设计地震分组	第一组
建筑结构阻尼比	0.05（小震）/0.05（大震）	场地类别	IV 类（上海）

2. 风荷载

结构变形验算时，按 50 年一遇取基本风压为 0.55kN/m²，承载力验算时按基本风压的 1.1 倍，取 0.6kN/m²，场地粗糙度类别为 C 类。

18.2　建筑特点

上海喜玛拉雅艺术中心的整体造型设计重点体现了整个综合体的艺术文化内涵，旨在成为 21 世纪大都市努力追求的城市的"像"，即"虽沉埋在都市的众多建筑中，却又能鹤立鸡群，通过本身特有的个性和表情吸引人们的视线，超越建筑和艺术概念，可称之为建筑独特的雕塑"。

建筑整体在标高 31.5m 处，被分成上下两部分，上方部分由立面被光的艺术围绕的、造型纯粹的立方体构成，下方部分则由表面蜿蜒曲折的有机形体"林"构成（图 18.1-1 和图 18.2-1）；简洁和有机，规则和随意的结合构成了建筑本身的雕塑性，也增强了建筑作为城市"像"的震撼力。

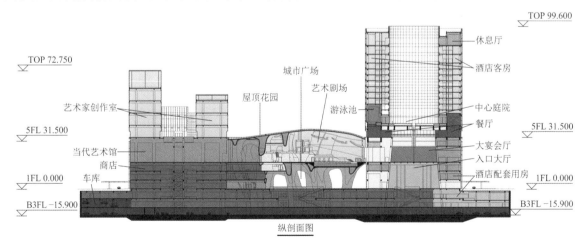

纵剖面图

图 18.2-1　建筑纵向剖面

18.2.1　仿生建筑"林"

艺术中心是本建筑的核心设施，其他的一切功能都是由这个艺术中心的性格来决定的。建筑整体在标高 31.5m 以下，由"林"构成（图 18.2-2），"林"内则主要为艺术馆及演艺娱乐设施，三维曲面的委婉变化对应了人的视线和尺度；"林"间则是开放的城市文化广场，并结合地下商业设置了下沉广场作为公众活动的聚集点。建筑要求"林"的造型不是通过建筑装饰来体现，而是直接由结构来实现，给结构设计提出了挑战，要真正合理地实现这种自由复杂有机的结构，就必须摒弃原有经验，积极采用新的方法和工具进行创新。

18.2.2 "林"中大跨多功能剧院

艺术中心在标高 16.2m 整层楼面布置 2000 座多功能厅（兼剧院），详见图 18.2-3，观众厅拱形屋面顶标高为 37.1m，剧院上方为大空间，最大跨度约 50m，建筑要求采用壳体结构，不希望在大空间里出现梁和桁架，空间简洁明了，这给结构设计带来了挑战。

图 18.2-2　艺术中心建筑效果图

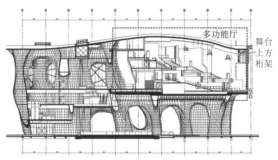

图 18.2-3　艺术中心建筑剖面

18.2.3 "林"上立方体

简洁明快的立方体内是五星级酒店和创作中心，浮现在空中可供远望，对应了车行速度和城市尺度。为了实现建筑的效果，结构多处采用了转换结构。

18.3 体系与分析

18.3.1 方案对比

本项目的结构方案比选，主要是异形体部分的结构方案比选。

设计前期，针对异形体结构采用混凝土结构还是钢结构进行了讨论论证。因异形体体型复杂琐碎，两种结构方案实施都很困难。建筑师、业主都希望异形体结构构件不做外部包装，要展示结构的力量，所以最终采用了混凝土结构方案。

艺术中心的异形体布置，经历过少筒大跨异形结构和多筒体异形结构等方案比较，最终采用多筒"仿生森林"方案。施工图设计过程中，艺术中心一度采用了隔震方案，在地下室一层顶部设置隔震层，该方案得到业主支持。当时国内隔震技术应用尚不多，设计团队在江欢成院士带领下拜访了广州大学周福霖院士等隔震专家，考察了隔震支座供应厂商，并进行了相关隔震专项设计分析。但后来因项目进度需要配合世博会进度安排，最终只能放弃隔震方案。

艺术中心顶层多功能厅，原屋顶局部拱起约 3m，拱度过小，造成水平推力大，屋面 400mm 厚板配筋过多，施工图设计时与建筑协商将屋顶局部提高了 2.6m，大大改善了屋面结构受力。

异形体结构配筋形式、出图方式直接影响施工进度和支模方案，通过比选并结合预施工试验，最终通过适当调整异形体厚度（200～600mm），取消了内部型钢、暗柱等加强措施并严格限制钢筋直径，采用分层切片出图等措施配合施工单位控制异形体施工质量。

本项目酒店、艺术中心、办公楼均存在高位转换结构，酒店还布置了少量金属阻尼器，方案比选过程比较常规，这里不做具体介绍。

18.3.2　结构布置

本工程地下 3 层地下室，地上结构通过设置抗震缝分为酒店、艺术中心、办公楼三个单体（图 18.2-1）。

1）艺术中心 27 个异形筒体在外观上呈流线形变化（图 18.3-1）且各不相同，在高度上没有标准层，不同于常规建筑多为杆系结构。异形筒依靠相互间的楼板形成异形的板-剪力墙结构体系，由异形筒承担所有竖向荷重和水平作用。异形筒主要通过楼板连系，形成整体结构刚度，同时部分异形筒相互交会，加强了结构的整体性并成为楼面结构的主要支承构件。楼面主要采用无梁楼板结构，楼板厚度为 250～600mm。

多功能剧院的屋顶由带有一定坡度的板组成拱形屋面壳体，跨度达 50m，壳体周边支承于由异形柱构成的支座上（图 18.3-2），右侧舞台口通过一道 4m 高、22m 跨的钢桁架，支承于两边的十字形柱上，十字形柱再通过多功能厅楼面的转换，支撑于多功能厅下部的异形柱上（图 18.3-3）。设计时拟对拱板周边梁板加强配筋，形成对屋面壳体的约束。

异形剪力墙筒体抗震等级为二级，受力较大的小筒为一级。地面层及地下 1 层楼板缺失较多，该部分的结构计算同时复核了地下两层作为嵌固端的情况并对相邻楼板进行了加强。

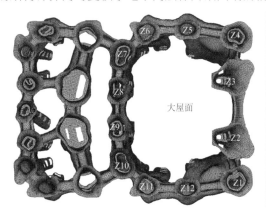

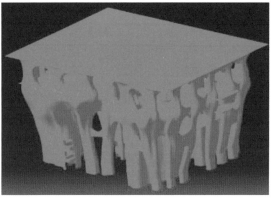

(a) 27 个异形筒体平面布置图　　　　　　　　　　(b) 27 个异形筒体 CATIA 几何 3D 模型

图 18.3-1　艺术中心平面和剖面图

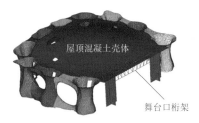

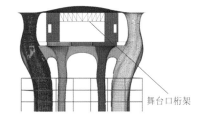

图 18.3-2　多功能剧院屋面混凝土壳体　　　　　图 18.3-3　多功能厅舞台口上方十字形柱与钢桁架支承

2）酒店地上 18 层，屋面结构高 95.950m，标准层为正方形，边长约 60m，高宽比 1.6。结构采用框架-剪力墙结构，楼面采用梁板结构，一般梁高度控制不超过 700mm（图 18.3-4）。该建筑属于特别不规则的超限高层建筑：建筑底层为大堂入口，3 层为大宴会厅及剧院舞台，6 层为层高较高的健身用房，底层、3 层、6 层与上部楼层形成一定刚度突变；结构在 31.5m 舞台处设置局部转换梁支承 27 轴、28 轴中间 4 根框架柱（图 18.3-5），建筑在 6 层以下为大宴会厅、会议室，以上为酒店标准层，酒店内筒柱不能直接落地，结构在 6 层处设置了结构转换层（图 18.3-4 和图 18.3-5）；酒店在 31.5m 标高以下局部为"林"，以上为立方体，为此建筑在 28～30 轴/D 轴处设置 3 个异形筒体（图 18.3-6 和图 18.3-7），筒体壁厚 500mm，3 个筒之间有 300mm 厚的连接体相连，异形筒顶部设有 1000mm 厚的厚板，以转换落在筒顶的 3 根框架柱，满足建筑整体的立面效果。

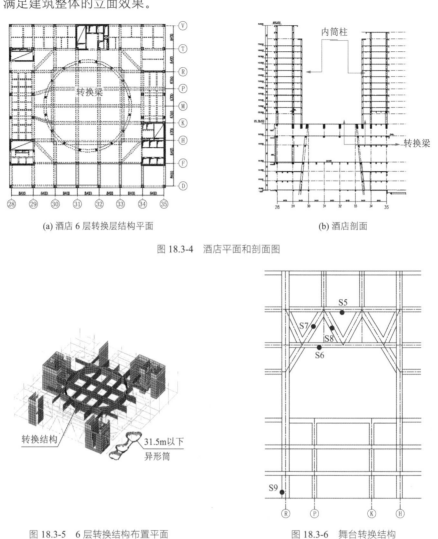

(a) 酒店 6 层转换层结构平面　　　　　　(b) 酒店剖面

图 18.3-4　酒店平面和剖面图

图 18.3-5　6 层转换结构布置平面　　　　图 18.3-6　舞台转换结构

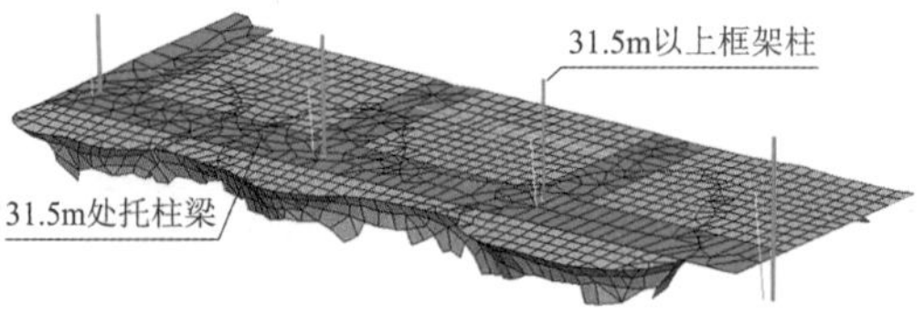

图 18.3-7　异形筒体采用 500mm × 500mm 网格密度，用壳单元模拟，筒体顶部 1m 高托柱深梁也用厚板单元模拟

酒店结构竖向转换构件及薄弱部位较多，楼板缺失严重。结构对转换层以下采取加大竖向刚度的措施来控制上下楼层抗侧刚度比，避免出现软弱层；结构 10～17 层设有剪切型阻尼器以控制结构位移。对异形筒体分别采取实体建模和等效刚度法验算整体结构的变形指标，结合整体弹性及 ABAQUS 整体弹塑性分析结果，对异形筒体进行配筋优化。

酒店 4 层以下剪力墙抗震等级为一级，框支框架及起框支作用的异形筒和相连框架梁为特一级，其余框架及剪力墙均为二级；地下室顶板作为上部结构的嵌固端。

3）基础结构设计

（1）基础结构设计：本工程地下 3 层，基础埋深约 16.6m，采用桩筏基础，桩基采用钻孔灌注桩，桩端持力层均为⑦₂₋₂层。办公楼和酒店桩基采用ϕ700mm钻孔灌注桩，有效桩长约32m，单桩抗压承载力特征值取2800kN，桩身混凝土强度等级C35；艺术馆及纯地下室部分桩基采用ϕ600mm钻孔灌注桩，有效桩长约30m，单桩抗压承载力特征值取2000kN，抗拔桩时桩端有扩大头，抗拔承载力特征值取1560kN，桩身混凝土强度等级C30。桩基平面布置如图18.3-8所示。

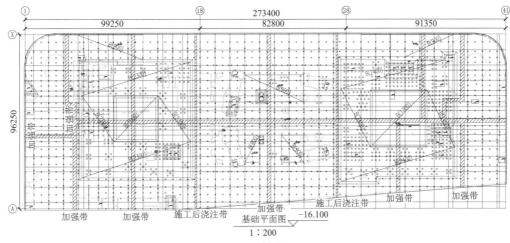
图18.3-8　基础平面图

（2）基础底板设计：酒店主楼底板厚2.4m，局部1.3m；办公楼主楼底板厚2.3m，局部1.0m；艺术馆及纯地下室部分底板厚均1.0m，详见图18.3-8。

18.3.3　性能目标

本项目设计于2007年，当时规范对抗震性能化设计的具体内容涉及很少，抗震设计一般进行小震作用下的承载力验算、弹性变形验算和大震作用下的弹塑性变形验算，但近年来随着我国复杂结构的不断出现，国内一些专家提出对此类重要结构实施中震、大震作用下的抗震性能设计要求。考虑到艺术中心仿生结构造型特殊，没有类似的工程案例，在地震作用下，当代艺术中心的地震剪力完全由异形筒体承担，边筒对抗弯也有很大作用，底部结构的安全尤为重要。因此，根据专家审查意见，结构设计按底部中震弹性进行控制并避免大震下异形体出现严重弹塑性破坏。

18.3.4　结构分析

1. 小震弹性计算分析

1）艺术中心采用SAP2000和ANSYS分别计算，振型数取30个。计算结果见表18.3-1。两种软件计算的结构总质量、振动模态、周期、基底剪力、层间位移比等均基本一致，可以判断模型的分析结果准确、可信。

艺术中心整体计算结果汇总　　　　　　　　　　　　　　表18.3-1

类别		SAP2000	ANSYS	备注
振动周期/s	T_1	0.5964（X）	0.5807（X）	（1）采用的总振型数：30； （2）第一扭转振动周期/第一平动振动周期 0.81<0.85
	T_2	0.5571（Y）	0.5552（Y）	
	T_3	0.4808（T）	0.4782（T）	
	T_4	0.3254	0.3254	
	T_5	0.2810	0.2749	
	T_6	0.2492	0.2469	

续表

类别		SAP2000	ANSYS	备注
结构总重/kN	标准值	270558	271000	自地面层起算
质量参与系数	X向	98.7%	90.0%	
	Y向	98.6%	90.2%	
地震作用下底部剪力/kN	X向	18567	15061	
	Y向	18086	15098	
地震作用下剪重比	X向	6.72%	5.60%	
	Y向	6.55%	5.60%	
地震作用下最大位移/m	X向	0.0194	0.0088	
	Y向	0.0175	0.0098	

经典回眸·华东建筑设计研究院有限公司篇

2）酒店和办公楼采用 SATWE 和 ETABS 分别计算，振型数取 30 个，周期折减系数为 0.9。计算结果见表 18.3-2。两种软件计算的结构总质量、振动模态、周期、基底剪力、层间位移比等均基本一致，可以判断模型的分析结果准确、可信。同时进行了小震弹性时程补充分析，并按照规范要求根据小震时程分析结果对反应谱分析结果进行了相应调整。

酒店、办公楼整体计算结果汇总　　　　　　　　　　表 18.3-2

类别		酒店		办公楼	
		SATWE	ETABS	SATWE	ETABS
振动周期/s	T_1	2.101（X）	1.987（X）	1.1928（Y）	1.1823（Y）
	T_2	1.995（Y）	1.880（Y）	1.0966（X）	1.0711（X）
	T_3	1.486（T）	1.346（T）	0.8302（T）	0.7376（T）
结构总重/kN	标准值	1175784	1163140	583733	546015
质量参与系数	X向	96.0%	91.9%	99.8%	95.0%
	Y向	97.2%	94.0%	99.8%	95.0%
地震作用下底部剪力/kN	X向	35979	37986	26435	25844
	Y向	38289	40160	28534	28415
地震作用下剪重比	X向	3.06%	3.30%	4.53%	4.73%
	Y向	3.26%	3.10%	4.89%	5.20%
地震作用下最大层间位移比	X向	1.31	1.21	1.39	1.33
	Y向	1.22	1.26	1.34	1.27
地震作用下最大层间位移角	X向	1/802	1/832	1/1224	1/1309
	Y向	1/807	1/824	1/1169	1/1217

2. 罕遇地震动力弹塑性时程分析

1）艺术中心采用 ABAQUS 程序进行弹塑性时程分析

（1）双向地震波与三向地震波计算结果比较见表 18.3-3，分别按水平地震主方向为 X 向和 Y 向。

艺术中心结构整体计算结果汇总　　　　　　　　　　表 18.3-3

作用地震波	双向地震波		三向地震波	
水平地震波主方向	X向	Y向	X向	Y向

作用地震波	双向地震波		三向地震波	
ABAQUS 计算前 3 周期	0.562s（Y向），0.525s（X向），0.424（Z向）			
ABAQUS 计算结构总质量/t	68742			
X向最大基底剪力/kN	163436	139303	158864	139812
X向最大剪重比	23.7%	20.2%	23.1%	20.3%
Y向最大基底剪力/kN	139245	154084	139358	157888
Y向最大剪重比	20.2%	22.4%	20.2%	22.9%
X向最大顶点位移/m	0.074	0.043	0.073	0.040
Y向最大顶点位移/m	0.061	0.058	0.062	0.064

注：因本结构并无明显的层划分，且由异形筒构成，竖向构件没有上下对应的点，故无法得到结构层间位移角，只能给出顶点位移供参考。

（2）罕遇地震下竖向构件损伤情况分析

图 18.3-9 给出了典型异形筒体损伤因子分布，从图中可以看出异形梁损伤较严重，和连梁的工作方式接近，起到了屈服耗能的作用；异形筒体局部小范围损伤，不超过异形筒体横截面面积的 50%；异形体损伤程度不严重，异形柱损伤后仍能承担竖向荷载，满足大震不倒的要求。

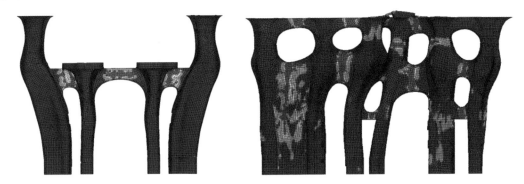

(a) D 轴典型异形筒体和梁　　　　　　　　(b) 4 轴典型异形筒体和梁

图 18.3-9　典型异形筒体受压损伤因子分布

（3）艺术中心结构弹塑性整体计算结果评价

由上述分析结果可知，结构在大震作用下，最大顶点位移约为 0.074m（1/405），在考虑重力二阶效应和大变形的情况下，结构最终仍保持直立；大部分异形梁损伤较严重，发挥了屈服耗能的作用；异形筒体基本完好，仅局部小范围损伤。分析结果表明整体结构在大震下是安全的，达到了预期的抗震目标。

2）酒店采用 ABAQUS 程序进行弹塑性时程分析

酒店存在多处转换结构，分析中通过单元的"生"与"死"来实现施工阶段的结构受力模拟。首先建立整个模型，然后将第一层以外的构件"杀死"，求得第一层结构的应力状态。依此步骤，再逐步添加各层构件，从而求得结构在施工完成后的应力状态。而后安装的阻尼器构件则在各层施工模拟加载完毕后再激活。施工过程分析是一个高度非线性求解过程，从加载之初就已考虑结构的材料非线性和几何非线性效应并贯穿至分析的全过程。

（1）罕遇地震分析参数

根据《建筑抗震设计规范》GB 50011—2010 要求，在进行动力时程分析时，按建筑场地类别和设计地震分组选用 2 组实际地震记录和 1 组人工模拟的加速度时程曲线。计算中，地震波峰值加速度取 220gal（罕遇地震）。地震波的输入方向，依次选取结构X或Y方向作为主方向，另两方向为次方向，分别输入 3 组地震波的两个分量记录进行计算。结构初始阻尼比取 5%，每个工况地震波峰值按水平主方向：水平次方向：竖向 = 1 : 0.85 : 0.65 进行调整。

（2）结构整体计算结果

表 18.3-4 给出了人工波下结构整体计算结果，为考察阻尼器的效果，还加算了一次无阻尼器的工况（双向地震主方向为X向）。结构的最大层间位移角均满足不大于 1/100 的要求，结构满足大震不倒的要求。除框架梁、连梁出现塑性外，竖向结构的主要薄弱部位出现在转换层以上筒体及非落地柱的底部。对比有阻尼器和无阻尼器的计算结果可以看到，有阻尼器时结构剪重比减小不到 0.1%，层间位移角曲线形状和最大层间位移角基本不变，表明阻尼器对结构在罕遇地震作用下的行为影响很小。

结构整体计算结果汇总　　　　　　　　　　　　　　　　　　　　　表 18.3-4

作用地震波	人工波		
双向地震波主方向	X向	Y向	X向无阻尼器
SATWE 计算前 3 周期	2.24、2.14、1.67		
ABAQUS 计算前 3 周期	2.13、2.05、1.60		
SATWE 计算结构总质量/t	181689		
ABAQUS 计算结构总质量/t	179922		
X向最大基底剪力/kN	173776	171201	174502
X向最大剪重比	9.66%	9.52%	9.70%
Y向最大基底剪力/kN	167167	176233	168982
Y向最大剪重比	9.29%	9.79%	9.39%
X向最大顶点位移	0.434	0.345	0.443
Y向最大顶点位移	0.363	0.411	0.370
X向最大层间位移角（层号）	1/172(10)	1/180(10)	1/168(12)
Y向最大层间位移角（层号）	1/153(9)	1/142(10)	1/156(9)

（3）罕遇地震作用下竖向构件损伤情况分析

由图 18.3-10 和图 18.3-11 可以看到，异形筒体的主要损伤情况是各筒间连接部分的损伤，和连梁的工作方式接近。异形筒顶部的边缘损伤由应力集中引起，实际此部位已和楼板融为一体，并没有发生应力集中，异形筒体、顶部的 1m 厚转换厚板和各层内隔板基本未出现损伤。

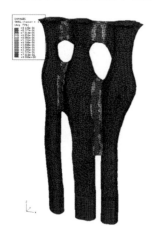 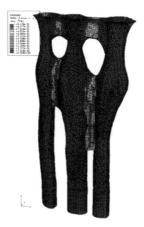

(a) X输入主方向　　　　(b) Y输入主方向

图 18.3-10　人工波输入核心筒受压损伤因子分布

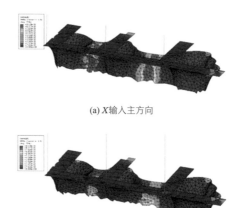

(a) X输入主方向

(b) Y输入主方向

图 18.3-11　人工波输入曲线筒顶部 1m 厚转换厚板受压损伤因子分布

图 18.3-12 给出人工波输入 6 层转换梁损伤因子分布，从图中可以看出 6 层转换梁完全未出现混凝

土受压损伤, 转换构件抗震承载力满足要求。ABAQUS 整体结构模型见图 18.3-13。图 18.3-15 给出部分剪力墙损伤因子分布, 剪力墙的编号见图 18.3-14, 部分连梁损伤明显, 发挥了屈服耗能的作用; 主要剪力墙墙肢基本完好, 仅局部轻微损伤, 其中 D2 轴的剪力墙损伤最为明显, 考虑到其位于核心筒外围, 不直接承托楼面构件, 其损伤对承担重力荷载影响不大。

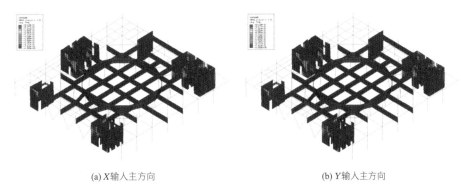

(a) X 输入主方向   (b) Y 输入主方向

图 18.3-12   人工波输入 6 层转换梁损伤因子分布

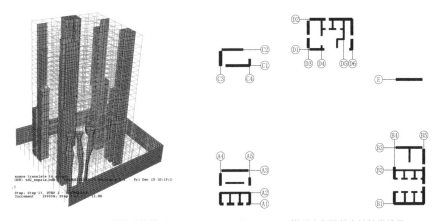

图 18.3-13   ABAQUS 整体结构模型   图 18.3-14   模型中各榀剪力墙轴线编号

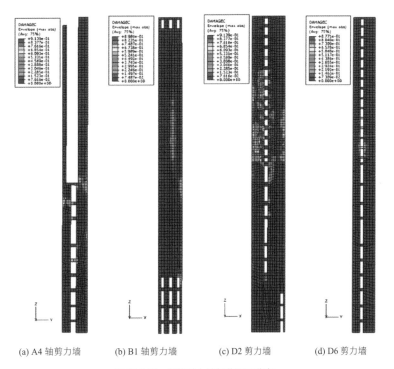

(a) A4 轴剪力墙   (b) B1 轴剪力墙   (c) D2 剪力墙   (d) D6 剪力墙

图 18.3-15   部分剪力墙损伤因子分布

（4）酒店结构弹塑性整体计算结果评价

由上述分析结果可知，本结构在大震作用下，最大层间位移角X向为 1/153，Y向为 1/142，均小于 1/120，满足规范要求。在考虑重力二阶效应和大变形的情况下，结构最终仍保持直立，满足"大震不倒"的设防要求。异形筒体、转换结构、剪力墙等主要结构在大震下基本完好，仅局部轻微损伤。分析结果表明，整体结构在大震下是安全的，达到了预期的抗震目标。

18.4　专项设计

18.4.1　艺术中心异形筒体的结构设计

艺术中心采用树林状仿生结构形式在国内尚属首次，仿生建筑是建筑形体结构或功能布局借助自然界生物构造规律而形成的新建筑形态。要真正合理地实现这种自由复杂有机的结构，必须摒弃传统经验，采用新的方法和工具进行创新。本工程重点解决了仿生结构几何模型的构建、结构分析、抗震设计、施工图及施工等系列问题。

考虑到艺术中心的结构为异形曲面，采用了 RHINO→CATIA→HYPERWORKS→SAP/ANSYS→ABAQUS 的工作流程方案，其中：

（1）RHINO，日方建筑方案采用的软件，用于生成建筑外表面；

（2）CATIA，根据 RHINO 的 3D 数据模型生成结构外表面、内表面以及中面；

（3）HYPERWORKS，清理 CATIA 的中面模型并生成高质量有限元网格及相关前处理；

（4）SAP/ANSYS、ABAQUS，结构计算与分析。

1.　复杂结构曲面建模

艺术中心的结构仿佛雕塑般造型，27 个异形筒在外观上呈流线形变化，且各不相同，在高度上没有任何标准层；不同于常规的建筑结构多为杆系结构，艺术中心整体为无梁结构，仅依靠异形筒和它们之间的连接体组成整体抵抗外力。诸如多功能厅与整体异形筒结构的连接、拱形屋面的造型等问题给结构分析的建模和施工图绘制均带来前所未有的挑战。

（1）结构几何造型

本工程建筑设计方提供的建筑方案是 Rhino 创建的 Nurbs 曲面，为建筑外表面，而结构设计师需要的是结构表面的几何数据，首要工作是通过编辑曲面得到结构表面几何定位。首先将 Rhino 的曲面模型交换输入到 CATIA 中，异形筒建筑外表面曲面在 CATIA 中须经过 3 次沿曲面内法线方向的偏移，分别得到结构外表面、结构中面、结构内表面，其中结构外表面和内表面用于结构定位施工图绘制，结构中面用于结构计算与分析。

异形筒曲面是日方建筑师利用 RHINO 手工创作而成，虽然其 Nurbs 曲面呈 G0 连续，但是 CATIA 不可能一次性完成整体结构的向内偏移，而是按照每个异形筒及其连接体的几何特征，沿高度方向和环向先将其切割成易于沿内法线方向偏移的多个曲面部分，再进行向内偏移。在切割形成的曲面边界处，由于相邻曲面在该边界的内法线可能不一致，加上偏移的距离从 150~600mm 不等，会形成沿内法线偏移后的相邻曲面在边界处不协调，因此需要再次修剪以达到整体的协调一致。虽然最后形成的结构中面几何模型只能达到 C0 连续，但是已经满足离散有限元计算的要求。此外，由于门、窗以及设备洞的存在对结构不可忽略，在 CATIA 中建立几何模型时也在异形筒的对应位置创建了洞口。图 18.4-1 为 CATIA 创建的最终几何模型。

（2）有限元网格划分

CATIA 创建的结构中面几何模型异常复杂，要在此基础上快速创建有限元模型则需要一个几何清理、网格生成、编辑功能强大的工具。本工程采用 HYPERMESH 软件作为结构有限元前处理工具，工作流程如图 18.4-2 所示：HYPERMESH 软件含有与 CATIA 软件的直接接口，可以直接读取 CATIA 建立的几何模型，然而由于公差的设置以及不同几何数据格式的转化导致导入的模型存在很多缺陷，为了顺利生成网格，必须对导入的几何模型进行清理。本工程难点在于几何清理的工作量巨大，例如，导入到 HYPERMESH 的模型中，楼板与异形筒、异形梁是完全脱开的，如图 18.4-3 所示。因此有必要利用 surface edit 创建其公共边界，保证所有构件连接为一个整体以抵抗外力，否则建立的有限元模型与真实结构将相距甚远。对公共边的处理直接关系到网格的质量，一般建议在曲面过渡平滑的地方忽略这些公共边，相当于合并相邻曲面，这就避免了内角非常小的曲面使网格生成器在光顺网格时有更大的余地。HYPERMESH 提供了丰富的几何清理功能，如 autocleanup、quick edit、edge edit、surface edit 等，均可用来处理曲面的边，如图 18.4-4 所示，一般有三种情况：其一，该边为自由边，即只是单个曲面的边界（红色）；其二，该边为公共边，即为两个曲面的公共边界（绿色）；其三，该边为两个以上曲面的公共边（黄色）。在几何模型中识别这些边界，是完成几何清理工作的基础。

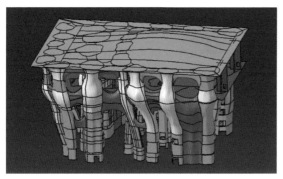

图 18.4-1　CATIA 几何模型

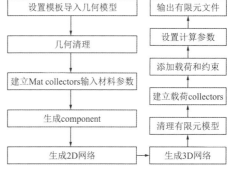

图 18.4-2　HYPERMESH 工作流程

为了更好地浏览和编辑模型，HYPERMESH 提供类似 AutoCAD 层管理器概念的 component 来有效管理对象的分组，并提供强大的隐藏和过滤查找实体的功能，便于用户快速编辑模型并且可以基于这些 component 创建材料和荷载数据，与生成的网格一起构成有限元计算模型。

为了保证有限元计算的速度和精度，有限元网格的质量必须尽可能高，如扭曲率、雅克比值、单元最小边长，长细比等控制参数可能彼此制约，不同求解器对单元质量也有所不同。HYPERMESH 提供可视化的网格质量分析工具，基于不同的控制参数快速定位低于标准值要求的单元进行编辑。当然，高质量的网格首先需要高质量的几何模型，这正是花大力气清理几何模型的目的所在。

本工程模型异常复杂，创建的网格满足长细比小于 5，扭曲率小于 5，单元最小边长大于 150mm 的参数控制要求，形成的有限元模型提供给 SAP、ANSYS、ABAQUS 等软件进行了静力线性分析和动力弹塑性时程分析，如图 18.4-5 所示整体网格图。

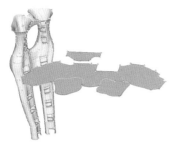

图 18.4-3　HYPERMESH 几何特征

图 18.4-4　细部网格图

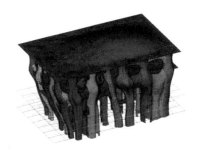

图 18.4-5　整体网格图

（3）结构计算模型的建立

HYPERMESH 提供了主流通用有限元求解器软件的接口，如 ANSYS、ABAQUS、NASTRAN、DYNA 等，然而由于目标客户的定位原因，HYPERMESH 没有提供建筑结构类设计软件如 ETABS、SAP2000 等建筑设计行业通行的专业设计分析软件的接口。对结构设计师而言，通用有限元软件计算能力有余而设计能力不足，更多的情况下被用来进行结构的校核计算。针对上述情形，开发了 HYPERMESH 到 SAP2000 的接口，满足了本工程结构设计的需求。

HYPERMESH 内部除了提供主流通用有限元求解器输出模板外，还提供了一个通用模板，通过该模板，可以将 HYPERMESH 中创建的有限元模型输出到一个 ASCII 文件中，该 ASCII 文件与 XML 文件相似，对有限元模型的不同对象实体，如节点、单元、材料、截面、荷载（工况）等分别进行完整的描述。之后，利用 SAP2000 的 OAPI 即可读入该 ASCII 文件直接生成 SAP2000 模型，至此实现了将 HYPERMESH 的模型输出到 SAP2000。

通过该接口，结构设计师不仅可以利用 SAP2000 优秀的结构设计能力，而且可以基于同一个有限元模型使用不同的有限元求解器，如利用 ANSYS、ABAQUS 进行计算对比、相互校核，对于类似本工程的非常规建筑结构的设计具有参考意义。

2．结构设计和计算

（1）对各筒体厚度进行调整，控制结构的扭转变形。通过加强舞台一侧的筒体厚度至 600mm，减少反向一侧的筒体厚度至 220mm，使结构的第一周期由扭转变为平动，第三周期为扭转，结构的周期比小于 0.85。异形筒体的强度和刚度都很大，在壁上适当设置洞口以调节其刚度。

（2）在顶层多功能厅舞台口前侧两边设置 T 形剪力墙，增加结构的整体刚度，减少结构的刚度偏心。T 形剪力墙之间增加设置钢桁架，改屋面板壳体三边支撑为四边支撑。大跨度屋面板壳体矢高达 4m，是理想的壳体形状，平均最大位移由舞台侧上方中部的 70mm 减小到 50mm 并向两侧分散，应力重新合理分布。屋面板周边梁板加强配筋并施加一定的预应力，加强对拱板的约束同时要求屋面绿化采用轻质营养土减轻自重。

（3）加大楼面层大板结构周边板厚，设置有一定刚度的边梁，加强了各筒体之间的结构连接并进行结构整体稳定验算，保证结构的稳定和抗倾覆能力。

（4）在各异形筒体内部分层设置环向加劲板，板宽 600mm，厚度 150mm，增强异形筒体的局部稳定，保证异形结构在地震作用下能够正常参与工作，达到抗震设计的要求。

（5）采用 SAP2000 和 ANSYS 进行多遇地震作用下的反应谱分析和时程分析，参照剪力墙结构控制总体变形和层间变形；对底部筒体按中震弹性进行控制，并采用 ABAQUS 程序进行罕遇地震动力弹塑性计算、罕遇地震下的变形验算及竖向构件损伤分析，确保满足大震不倒要求。

3．异形筒体的施工图纸绘制

本项目大体量异形结构无建筑面层装饰，采用清水混凝土施工，难度大，要求高。设计和施工方最后确定的方案是每 300mm 高度间隔制作定位模板，分节段建造，这就要求设计提供每 300mm 高度间隔的结构平面定位图。由于异形筒体（梁/连接体）都是曲面形式，结构设计师无法在 AutoCAD 中确定某个特定高度的平面布局定位，只能回到 CATIA 建立的 3D 几何模型。上述提到，CATIA 建立了结构的外表面和内表面几何模型，就是为了施工图绘制的需求。根据 3D 模型，在 CATIA 中生成整体结构的平面、立面、剖面切片，输出成 DWG 文件；同时，通过 AutoCAD 二次开发，批处理上面生成的各平面图，依次输出每个异形筒体（梁/连接体）详细标注的定位曲线图，并在图纸下衬以与施工模板一致的网格，如图 18.4-6 所示，便于施工方制作定位模板。

异形筒体受力性能类同剪力墙，但平面形状似变形的圆环，弯曲无规律性，边缘构件无从配置。异形梁截面似喇叭状，无明显常规梁受压受拉区域之分。异形结构配筋全部按照配筋率控制（图18.4-7），对洞口仅采取构造加强措施，并依此进行罕遇地震作用下弹塑性计算复核。

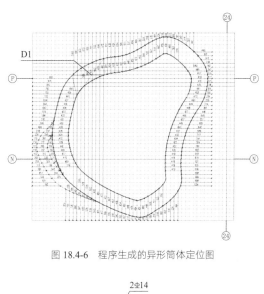

图18.4-6　程序生成的异形筒体定位图

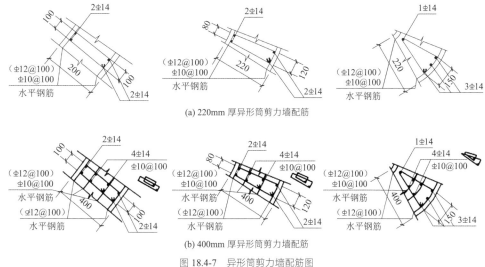

(a) 220mm 厚异形筒剪力墙配筋

(b) 400mm 厚异形筒剪力墙配筋

图18.4-7　异形筒剪力墙配筋图

18.4.2　艺术中心屋面大跨壳体的结构设计

1. 壳体稳定验算

由于艺术中心具有十分复杂的空间效应，屋顶存在大跨拱形壳体结构，因此有必要对结构进行屈曲分析。当时关于混凝土异形壳体稳定的设计暂无规范支持，本工程利用 ABAQUS 有限元软件对异形混凝土壳体进行几何及材料双非线性分析，参考《空间网格结构技术规程》JGJ 7—2010 第4.3.4条中荷载因子取值，控制混凝土异形壳体稳定安全系数 K 不小于 2.0。钢材采用动力硬化模型，考虑包辛格效应，在循环过程中，无刚度退化，设定钢材的强屈比为 1.2，极限应力对应的应变为 0.025。混凝土采用弹塑性损伤模型，可考虑材料拉压强度的差异、刚度强度的退化、损伤累积及拉压循环的刚度恢复。稳定分析的基本工况为 1.0 恒荷载 + 1.0 活荷载。

（1）特征值屈曲分析

对结构进行线弹性的特征值屈曲分析，以得到结构的基本屈曲形态和参考稳定荷载因子。前3阶屈曲模态见表18.4-1，基本稳定荷载因子为27.82，且所计算的前3阶模态均为局部壳体的失稳变形。经分析，由于壳体下方的异形筒体对壳体有较多支撑，仅在局部跨度较大的区域可能产生壳体的失稳变形。

屈曲荷载因子			表 18.4-1
屈曲模态	第 1 阶	第 2 阶	第 3 阶
屈曲荷载因子	27.82	30.89	39.18

（2）几何非线性分析和缺陷影响分析

在特征值屈曲和几何非线性分析的基础上，引入初始缺陷，讨论初始缺陷带来的影响及其敏感性。缺陷模式采用第 1 阶特征值屈曲模态形式，缺陷大小为跨度的 1/250。经计算，考虑初始缺陷情况下的荷载因子为 10.6，不考虑初始缺陷情况下荷载因子为 10.5，可见两者差别不大，表明该结构的稳定对缺陷不敏感（壳体本身的形状已经有一定的弧度，附加上去的初始缺陷，其影响不显著）。

（3）材料非线性分析

本部分的计算采用拟静力的求解方法及 ABAQUS 中显式积分方法，将整个非线性加载过程模拟为一个动力加载过程，控制适当的加载速度、阻尼来达到消除由于加载速度带给结构的惯性效应。

结构荷载因子-变形曲线如图 18.4-8 所示，结构失稳状态如图 18.4-9 所示。由于计算时考虑了材料的损伤，壳体一旦发生开裂，其刚度就下降，结构的屈曲和材料的失效相互耦合，导致屈曲荷载迅速降低。图 18.4-8 综合了材料失效和结构屈曲两个因素，因此此荷载因子可称为"安全因子"。经计算分析，荷载因子为 2.4，满足荷载安全系数大于 2.0 的要求。

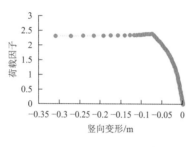

图 18.4-8　荷载因子-变形曲线图

图 18.4-9　失稳变形形状图

2．壳体混凝土收缩分析

混凝土总收缩应变由干缩应变和自收缩应变组成，即 $\varepsilon_{cs} = \varepsilon_{cd} + \varepsilon_{ca}$，其中，$\varepsilon_{cs}$ 为总收缩应变，ε_{cd} 为干缩应变，ε_{ca} 为自收缩应变。考虑到屋盖的干缩变形在养护期完成，并且由于采用伸缩缝、膨胀剂等施工工艺措施来确保降低干缩变形对结构的影响，因此本次收缩计算不考虑混凝土的干缩变形，仅分析其自收缩应变（即 ε_{ca}）对结构的影响。由于混凝土自收缩产生的作用类似于温度下降对结构的作用，因此在此次有限元计算中将自收缩变形的作用考虑成等效的结构降温，即 $\Delta T = \varepsilon_{ca}/\alpha$，其中，$\alpha$ 为混凝土的热膨胀系数，取值 $1 \times 10^{-5}/℃$。

混凝土的自收缩应变根据《混凝土结构设计规范》GB 50010—2010（简称《混规》）计算。表 18.4-2 为计算所得的 1 年、10 年收缩应变值以及对应的等效降温和变形值。由表 18.4-2 可见，混凝土在 1 年内可完成 97% 以上的自收缩；自收缩应变的量值很小，可以在结构温度应力分析中考虑此等效降温对结构的影响。

收缩应变值以及对应的等效降温和变形值			表 18.4-2
计算年限	收缩应变 ε_{cs}	等效降温 $\Delta T/℃$	挠度/mm
初始	—	—	19
1 年末	2.445×10^{-5}	2.445	20
10 年末	2.5×10^{-5}	2.5	20

3．壳体混凝土徐变分析

混凝土的徐变系数根据《混规》计算，采用 ANSYS 分析混凝土的徐变可分为隐式算法和显式算法。显式算法求解徐变使用欧拉朝前法，以对应于时间步开始时的应力、应变为基础计算出徐变应变率。在每个时间步长内，徐变应变率被假定是常数，因此有：

$$\Delta\varepsilon_{cr} = \dot{\varepsilon}_{cr}(\sigma_{n-1}, \varepsilon_{n-1}, T_n)\Delta t$$

式中：$\Delta\varepsilon_{cr}$——徐变应变增量；

$\dot{\varepsilon}_{cr}$——徐变应变率；

σ_{n-1}——时间步内的应力；

ε_{n-1}——时间步内的应变；

T_n——时间步内的温度；

Δt——时间步长。

计算了本工程约 3 年的混凝土徐变，挠度最大点处混凝土的徐变变化如图 18.4-10 所示。

徐变计算结果表明，（1）100d 内完成约 80% 的徐变量；（2）1 年内完成约 90% 的徐变量；（3）变形最大点处的混凝土约 3 年内基本完成徐变量，变形总量约为初始变形量的 1.8 倍，预测 50 年变形总量约为初始变形量的 2 倍；（4）所有屋面节点（除约束节点之外）在徐变发生后的总变形与初始变形比之为 1.0~2.0；（5）根据最终徐变量，对屋面壳体进行预起拱，以指导施工设计。

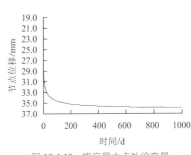

图 18.4-10 挠度最大点处徐变量

4．艺术中心顶盖对周边推力计算

结构多功能厅上方屋面壳体最大跨度约 50m，采用 400mm 厚混凝土壳跨越。壳体周边支承于由异形柱所构成的支座上（图 18.3-2），其右侧通过一道 4m 高、22m 跨的钢桁架，支承于两边的十字形柱上，十字形柱再通过多功能厅楼面的转换，支撑于多功能厅下部的异形筒体上（图 18.3-3）。

屋面壳体对周边主体形成侧向推力，侧向力的数值见表 18.4-3。由图 18.4-11 所示的柱顶截面混凝土剪应力分布可看出，由大屋面产生的侧向推力所产生的应力均小于混凝土的强度。

大屋面周柱端部反力 表 18.4-3

柱号	F_1	F_2	F_3	M_1	M_2	M_3
	kN	kN	kN	kN·m	kN·m	kN·m
Z1	-4.147×10^3	-9.793×10^3	1.327×10^4	2.279×10^3	-1.032×10^3	-8.546×10
Z2	-3.052×10^3	-2.340×10^3	9.917×10^3	6.305×10^2	-8.475×10^2	2.650×10^2
Z3	-3.651×10^3	1.752×10^3	9.809×10^3	-5.313×10^2	-8.587×10^2	-2.737×10^2
Z4	-4.743×10^3	1.036×10^4	1.308×10^4	-2.619×10^2	-1.353×10^3	4.947×10
Z5	1.671×10^3	9.049×10^3	1.105×10^4	-5.428×10^2	5.599×10	1.601×10
Z6	7.517×10^2	5.070×10^3	1.026×10^4	2.007×10^2	-1.920×10^2	-2.094×10
Z7	6.232×10^2	3.392×10^3	9.488×10^3	-4.474×10^2	2.420×10^2	-2.919×10
Z8	-3.102×10^2	1.054×10^3	8.248×10^3	-8.527×10	5.119	-9.650
Z9	-3.187×10^2	-1.382×10^3	8.382×10^3	8.933×10	4.599	6.365
Z10	3.695×10^2	-3.572×10^3	9.894×10^3	3.122×10^2	1.890×10^2	4.615×10
Z11	8.612×10^2	-5.068×10^3	1.056×10^4	-2.396×10^2	-2.061×10^2	2.156×10
Z12	1.523×10^3	-8.581×10^3	1.131×10^4	-2.525×10^2	4.381×10	1.516×10

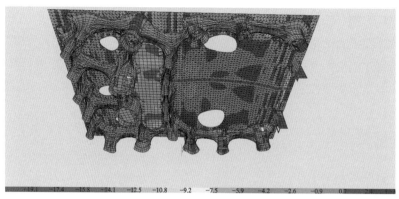

图 18.4-11　柱顶截面混凝土剪应力

18.4.3　酒店软钢阻尼器的设计

1．消能减震的需求和目标

酒店结构存在高位转换、平面大开洞、底部设异形筒体等情况，转换层上部结构抗侧刚度弱且有较大偏心，按与建筑商定的结构截面分析，多遇地震下最大层间位移角为 1/645（X 向）和 1/670（Y 向），且上部结构楼层位移角较大。考虑到难以增加结构断面，所以结构设计采用了消能减震技术，设置金属阻尼器以满足层间位移角不大于 1/800 的规范要求，并改善上部结构抗震性能。

2．阻尼器的确定

本工程所使用的是软钢位移型阻尼器，其技术性能要求如下：阻尼器主消能水平方向的初始刚度值约为 800000kN/m，屈服力约为 490kN，屈服位移约为 0.6mm；阻尼器次水平方向（平面外）的初始刚度值应不小于为 8000000kN/m。阻尼器在 ±3.5mm 变形时，往复加载 60 圈；在 ±20mm 变形时，应能经历 5 圈往复加载；阻尼器经历往复加载时，应不发生断裂或明显破坏。经历上述连续往复加载后，阻尼器的各项性能指标变化量应不超过 ±10%，且不应有明显的低周疲劳现象。

3．软钢位移型阻尼器的布置及作用分析

针对 6 层以上结构刚度较小及刚度偏心的特点，本项目共针对性布置了 36 组位移型阻尼器。结构 X 向和 Y 向各布置 18 组阻尼器，平面位置详见图 18.4-12。其中 10 层、11 层两方向各布置 3 组阻尼器，每层各 6 组；12～17 层两方向各布置 2 组阻尼器，每层各 4 组。

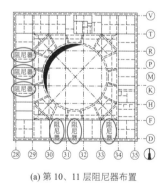

(a) 第 10、11 层阻尼器布置

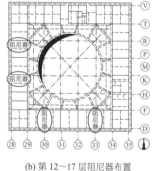

(b) 第 12～17 层阻尼器布置

(c) 阻尼器的现场安装的照片

图 18.4-12　位移型消能器的平面布置及现场安装的照片

由计算分析得到在设置软钢位移阻尼器后，结构的等效阻尼比由 5% 提高到 5.8%。在多遇地震下结构响应都有不同程度的降低，在安装阻尼器的楼层（10～17 层），通过施加阻尼器之前和之后的位移图（图 18.4-13）可以看出，X 向层间位移角最大值为 1/802（10～12 层），Y 向层间位移角最大值为 1/807（16～18 层），满足《高层建筑混凝土结构技术规程》JGJ 3—2002 限值 1/800 的要求。在后续模拟振动

台试验结果与计算结果也较接近，同时在有阻尼器楼层，加速度放大系数整体略有减小，说明阻尼器对减小结构地震响应起到一定作用。

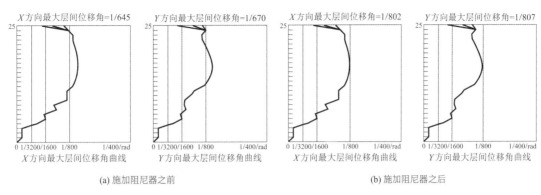

图 18.4-13　多遇地震作用下楼层施加阻尼器前后的最大层间位移角比较

18.4.4　酒店异形筒体等效模拟

酒店结构下部存在 3 个异形筒体，筒体高度约为 30m，曲线筒体壁厚为 500mm，为混凝土剪力墙结构，3 个筒体之间由壁厚为 300mm 的连接体相连，筒体的顶部设有 1000mm 厚的钢筋混凝土厚板，实现与上部 3 根框架柱的连接。

对异形筒体，常用高层结构设计软件无法进行结构建模，为了酒店的结构分析，设计采用较规则的长方形筒体剪力墙结构代替曲面异形筒体。根据高层结构受力特点，进行刚度等效和质量等效，等效的主要参数对比详见表 18.4-4，阻尼用瑞雷阻尼，刚度等效主要考察侧向刚度和竖向刚度。异形体的原模型（ANSYS 模型）及等效模型（ETABS 模型）见图 18.4-14。最后，在结构设计软件中按等效的规则剪力墙输入进行整体分析计算，异形筒体等效前后结构主要参数详见表 18.4-5，周期和质量接近，误差在5%左右，异形筒体等效模型可以用于酒店结构施工图设计。

异形筒体等效前后筒体刚度和质量比较　　　　表 18.4-4

主要参数		曲面模型	近似等效模型
周期	T_1/s	0.991	0.989
	T_2/s	0.420	0.350
	T_3/s	0.273	0.300
刚度	$K_x/(kN/m)$	3.32×10^5	2.56×10^5
	$K_y/(kN/m)$	3.30×10^4	2.54×10^4
	$K_z/(kN/m)$	8.91×10^6	8.99×10^6
总重量/kN		25010	24758

异形筒体等效前后酒店总体结构刚度和质量比较　　　　表 18.4-5

主要参数		曲面模型	近似等效模型
周期	T_1/s	2.13	2.24
	T_2/s	2.05	2.14
	T_3/s	1.60	1.67
总重量/kN		1799220	1816890

 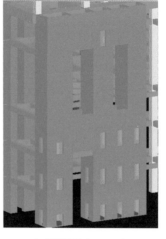

(a) 原模型（ANSYS 模型）　　　　　(b) 等效模型（ETABS）

图 18.4-14　异形筒体模型

18.4.5　酒店异形体施工拆柱方案 ANSYS 施工模拟

为了避免异形筒体施工的复杂程度影响工程进度，在施工过程中，异形筒的结构先采用 6 根柱子进行施工托换，待异形筒建成后拆除这 6 根受力柱，转而由异形筒体支撑竖向荷载。本节通过有限元计算分析方法，对不同的拆柱方案进行模拟分析，通过比较筒体应力、邻近梁和柱端的内力变化规律，选取较合理的拆除方案，以减小拆除支撑柱过程中的内力调整。

（1）拆除方案如图 18.4-15 所示，柱 1～柱 6 为待拆混凝土方柱，此次用 ANSYS 软件共进行 8 个方案模拟，详见表 18.4-6。

（2）本次采用 ANSYS 计算，不同方案之间针对以下计算结果进行对比分析：①异形柱伴随柱子拆除其等效应力强度的变化，重点关注中间过程是否有超过异形柱最终应力状态；②平台转换梁轴力、弯矩和剪力的变化；③紧挨平台转换梁上部梁柱及其拆柱轴力、弯矩、剪力的变化。异形柱等效应力强度以图片形式给出，梁柱内力以表格形式给出。待考察梁柱单元的编号见图 18.4-16。

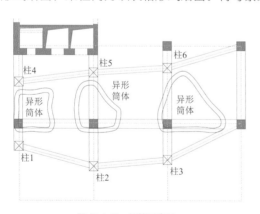

图 18.4-15　拆柱示意图

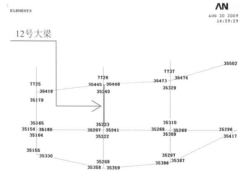

图 18.4-16　考察梁端编号示意图

拆柱方案及步骤　　　　　　　　　　　　　　　　表 18.4-6

	步骤一	步骤二	步骤三
方案一	拆柱 1 和柱 4	拆柱 3 和柱 6	拆柱 2 和柱 5
方案二	拆柱 3 和柱 6	拆柱 1 和柱 4	拆柱 2 和柱 5
方案三	拆柱 2 和柱 5	拆柱 1 和柱 4	拆柱 3 和柱 6

	步骤一	步骤二	步骤三
方案四	拆柱 2 和柱 5	拆柱 3 和柱 6	拆柱 1 和柱 4
方案五	拆柱 1 和柱 4	拆柱 2 和柱 5	拆柱 3 和柱 6
方案六	拆柱 3 和柱 6	拆柱 2 和柱 5	拆柱 1 和柱 4
方案七	拆柱 1、柱 2 和柱 3	拆柱 4、柱 5 和柱 6	
方案八	拆柱 4、柱 5 和柱 6	拆柱 1、柱 2 和柱 3	

（3）通过异形柱等效应力云图，除方案七和方案八外，其余方案过程中异形柱产生的最大应力强度均小于异形柱最终应力状态最大应力强度，图18.4-17中仅选取了方案四的应力云图。

（4）下面以大梁号为12，两端单元编号为35233，35240的12号大梁（图18.4-6）进行Y向弯矩比较（图18.4-18），以作参考。图18.4-18中横坐标表示方案步骤，如横坐标"1"表示"最初状态"，"2"表示"最终状态"，"3"表示"方案一第一步"，"4"表示"方案一第二步"……依此类推。如图18.4-18所示，12号大梁两端最终的弯矩都较最初的减小了，单元35240较最初出现了反弯现象，但值较小。8种拆除方案过程中的弯矩基本都未超过其最初的或最终的弯矩，通过比较发现，横坐标为7~10的弯矩与最终弯矩基本一致，未出现较大波动，它们对应的方案分别为三和四，即先拆中间再拆两边。因此，若仅针对12号大梁的Y向弯矩来说，方案三和方案四是合适的。当然，总体方案中需考虑多个相邻梁柱端部的内力变化。

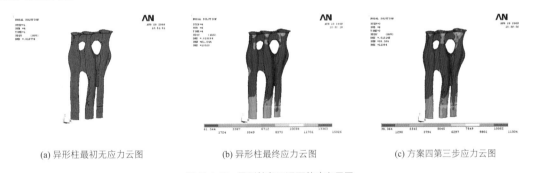

(a) 异形柱最初无应力云图　　　　(b) 异形柱最终应力云图　　　　(c) 方案四第三步应力云图

图 18.4-17　异形柱各工况下的应力云图

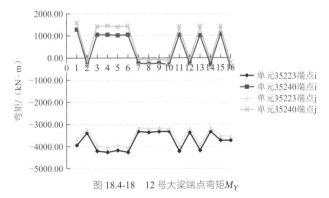

图 18.4-18　12 号大梁端点弯矩 M_Y

综合类似图 18.4-18 的全部所考察结构梁柱单元内力变化，方案三与方案四引起相邻柱端内力增加量最小。除方案七外，其余方案过程中异形柱产生的最大应力强度均小于异形柱最终应力状态最大应力强度，综合考虑，采用方案三或方案四拆除支撑柱子。

18.4.6　异形筒体预施工模拟

由于异形体结构目前为本项目仅有，没有以往的实际施工经验可供借鉴，为此安排在正式施工前选用两筒体进行了 1∶1.25 的局部实体施工模拟（图 18.4-19），为本项目的现场实际施工摸索和积累经验。仿生结构的施工是本工程的一个难点，经与施工专家探讨，确定按照 300mm 高度细分后分段施工，异形筒体、异形梁的钢筋非直线走向，须随形配置，现场加工困难，设计基于以上考虑，钢筋直径全部采取 ≤14mm 配置，便于施工。通过施工模拟，最终确定了异形体表面处理方案。

图 18.4-19　预施工模型

18.5　酒店模拟地震振动台试验

18.5.1　试验目的和内容

证大喜玛拉雅艺术中心酒店结构布置复杂，属于特别不规则超限结构，如存在转换层、平面开大洞、异形筒和多处斜柱等，且局部采用了软钢阻尼器等消能减震措施，使得结构地震反应非常复杂。试验的目的就是为了更深入、直观、全面地研究该超限高层结构的抗震性能，验证该结构抗震安全性和可靠性。试验按原型结构设计资料，确定了模型相似关系，设计制作了整体结构模型，进行了模拟地震振动台试验。本试验由同济大学土木工程防灾国家重点实验室完成。

主要的试验内容为：采集试验过程中不同设防烈度水准地震作用下结构模型的加速度、位移和应变反应的数据；观察结构变形和混凝土筒体裂缝开展状况；研究结构的主要动力特性，包括自振周期、振型和阻尼比；研究结构在分别遭受设防多遇、基本、罕遇不同水准地震作用下的位移、加速度、应变反应、扭转反应和破坏情况，以检验该结构是否满足不同水准的抗震要求；分析带转换层结构的地震性能及可能的薄弱部位情况；分析装设阻尼器的减震效果；根据模型动力反应及破坏情况判断结构的薄弱部位、比较计算分析结果等，为抗震设计提供改进意见。

18.5.2　试验设计和制作

本项目试验主要研究水平地震作用下结构的抗震性能，因此试验设计时着重考虑满足主要抗侧力构件的相似关系。相似关系的选取考虑振动台性能参数、施工条件和吊装能力等因素，本模型首先确定几何相似比为 1/20；其次，考虑到振动台噪声、台面承载力和振动台性能参数等确定加速度相似比通常在 2～3s；最后，按实验室可以实现的混凝土强度关系确定应力相似比。

在该结构模型设计制作时，未考虑地下室，设计、施工嵌固在刚性底座上，详见图 18.5-1。

(a) 异形筒的制作

(b) 转换层的制作

(c) 模型完工全景

图 18.5-1 试验模型图

18.5.3 试验现象与结果

7 度多遇地震试验阶段：按加载顺序依次输入 El Centro 波、Pasadena 波和 SHW2 波。各地震波输入后，模型表面未发现可见裂缝。结构整体尚未发生开裂、破坏，本试验阶段模型结构处于弹性工作阶段，模型结构满足"小震不坏"的抗震设防目标。

7 度基本地震试验阶段，结构均出现少量斜裂缝，阻尼器楼层除 11 层东立面外没出现裂缝，部分破坏图片见图 18.5-2。

(a) 异形筒 28～29 轴间连系梁上裂缝

(b) 东立面 4 层连梁裂缝

(c) 北立面 5 层梁裂缝

(d) 北立面 1 层 28 轴剪力墙裂缝

图 18.5-2 基本地震下结构部分裂缝

7 度罕遇地震试验阶段，西侧墙体出现少量裂缝；北侧上部墙体出现少量斜裂缝；东侧墙体 7 层以上出现较多裂缝；南侧异形筒出现少量裂缝，主要集中于转变处；出屋面层东南侧有柱子出现大裂缝，柱子上粉刷砂浆有大块掉落；阻尼器楼层裂缝增加主要集中于东立面和北立面剪力墙上，柱子未出现裂缝；结构的自振频率继续下降，模型结构满足设防烈度地震下"大震不倒"的抗震设防要求。

18.5.4 试验分析验证

结构频率随输入地震动幅值的增大而降低，结构的阻尼比随结构破坏的加剧而提高。结构遭受 7 度罕遇地震后与未受地震作用相比，X向一阶频率下降 35.7%，X向二阶频率下降 29.6%，Y向一阶频率下降 28.6%，Y向二阶频率下降 31.1%。

结构地震反应及震害预测：在 7 度多遇地震作用下，结构自振频率变化不大，结构处于弹性阶段。结构的位移反应和扭转反应均较小且结构没有开裂、塑性变形等破坏现象。5 层楼板开大洞，形成局域大空间，层间位移略有突变。

在 7 度基本烈度地震作用下，结构自振频率和刚度稍有降低，开始出现可见的开裂等破坏现象。

在 7 度罕遇地震作用下，结构出现开裂，东侧墙体裂缝最多，结构自振频率进一步下降。在 SHW2 波Y方向下，从 12 层开始出现位移突变。结构X向总位移角为 1/400，Y向总位移角为 1/315，扭转角为 1/274；X向层间位移角最大值为 1/139（18～22 层），Y向层间位移角最大值为 1/184（18～22 层），其满足《高层建筑混凝土结构技术规程》JGJ 3—2002 限值 1/100 的要求。结构能够满足我国现行《建筑抗震设计规范》GB 50011 "大震不倒" 的抗震设防标准。

在阻尼器楼层，加速度放大系数整体上略有减小，说明阻尼器减小结构的反应起到一定作用。异形筒部分出现少量裂缝，集中于筒与筒之间的连接处，整体未出现大的损坏。结构转换梁和转换桁架处结构刚度比较大，容易形成刚度突变，由于加入了型钢，并没有发生破坏现象，未出现可见裂缝。结构顶部出屋面层的鞭梢效应严重，在 7 度地震作用下已经发生严重破坏。

18.5.5　试验结论

整体结构满足现行《建筑抗震设计规范》GB 50011 7 度抗震的设防要求。但考虑到在特大地震作用下（8 度罕遇），结构频率下降较快、层间位移角增长较快且某些部位发生较严重的破坏，故建议对以下重要部位在结构设计中应予以重视，以改善结构在大地震下的抗震性能。具体如下：设备层上刚度变化较大，如东立面剪力墙与设备层（8 层）处的收进和厚度变薄、北立面剪力墙于 8 层处厚度变薄；应逐步减缓刚度变化，改善相邻楼层的延性；增强转换层以上两层柱子延性；重视出屋面层小屋面的抗震设计。

针对以上计算分析和试验结果，酒店部分采取的抗震措施包括：

（1）增加底部剪力墙厚度，强化剪力墙作用，解决由于转换层及层高突变造成的楼层刚度比变化过大的问题，保证各层等效抗剪刚度均不小于上层刚度的 70%。

（2）对框支柱、转换梁及外侧墙体采用型钢混凝土结构，控制框支柱轴压比不超过 0.6，异形筒、外侧墙体轴压比不超过 0.5，并加强柱墙及转换结构配筋。

（3）对洞口周边楼板、夹层楼板采用弹性楼板进行分析，并加强配筋。

（4）采用 SETWE、ETABS 进行抗震对比分析，严格控制主要结构指标。考虑结构偶然偏心和双向地震作用，控制结构周期比不超过 0.85，位移比、楼层刚度比、轴压比都满足相关规范要求。

（5）进行大震作用下的结构性能分析，重点验算大震作用下结构不倒塌，柱、墙及转换梁结构在中震下不出现塑性铰并判断薄弱部位进行结构加强。

（6）应用减震技术布置位移型阻尼器，减少结构承担的地震作用，改善上部结构的位移比和层间变形指标。

18.6　结语

本工程综合应用了多项结构分析与试验手段，确保了结构分析与设计的可靠性。

1）综合应用 Rhino、CATIA、HYPERMESH 等三维软件，实现了对异形混凝土结构的结构建模，并编制数据转换软件，实现了与结构专业软件的数据传递。

2）采用 SAP2000、ETABS、ABSYS、ABAQUS 程序进行了结构的弹性分析和弹塑性动力时程分析，并对酒店进行了振动台的抗震试验研究。这些工作对综合判定结构抗震性能，简化异形体配筋，优化转换层及剪力墙结构设计，发挥了应有作用。

3）对各单体特别是艺术中心（艺术馆）的异形体进行切片定位，并通过开发自动成图系统绘制了 1000 多张定位图，据此编制 1 万多张定位详图，为异形体的施工创造条件。

4）与业主、总包、监理单位一起编制《证大喜玛拉雅一种中心异形体施工验收标准》，通过科技委评审，对控制施工质量发挥了作用。参与以该项目施工技术为主申报的建委科研项目《空间多变异形曲面钢筋混凝土结构施工技术研究及应用》，通过评审。

5）本工程综合采用多项技术措施，达到了优化结构设计、控制结构造价的目的。

（1）采取设置后浇带、加强带，采用混凝土后期强度及减少各区域不均匀沉降量等措施控制超长地下室裂缝。

（2）地下室一层、二层应用空心楼板技术减少楼板混凝土量。

（3）桩基应用灌注桩扩底与注浆技术提高桩基效率，控制底板厚度。

（4）酒店转换层以上少量采用位移型阻尼器控制结构位移比，改善抗震性能。

（5）应用弹塑性分析和结构试验等手段，确定结构薄弱部位，有针对性地加强转换梁和对剪力墙适当开洞，优化了结构设计。

18.7 延伸阅读

扫码查看项目照片、动画。

参考资料

[1] 上海现代建筑设计(集团)有限公司. 上海证大喜玛拉雅艺术中心结构抗震超限报告[R]. 2008.

[2] 上海现代建筑设计(集团)有限公司, 广州数力工程顾问有限公司. 上海证大项目酒店部分罕遇地震弹塑性时程分析报告[R]. 2008.

[3] 上海现代建筑设计(集团)有限公司, 广州数力工程顾问有限公司. 上海证大项目艺术中心部分罕遇地震弹塑性时程分析报告[R]. 2008.

[4] 同济大学土木工程防灾国家重点实验室振动台实验室. 上海证大喜玛拉雅艺术中心酒店结构模拟地震振动台试验研究报告[R]. 2008.

[5] 上海现代建筑设计(集团)有限公司. 上海证大喜玛拉雅中心结构技术难点研究[R]. 2008.

[6] 花炳灿, 朱江, 吴云缓, 等. 上海证大喜玛拉雅艺术中心结构设计[J]. 建筑结构, 2009, 39(4): 225-229.

[7] 吴云缓, 花炳灿. 某仿生建筑的结构设计详解[J]. 建筑结构, 2009, 39(4): 198-202.

[8] 朱江, 曹发恒, 花炳灿, 等. 大同大剧院异形混凝土壳体结构设计[J]. 建筑结构, 2017,47(7): 14-19.

项目信息

结构设计单位：华东建筑设计研究院有限公司
　　　　　　　上海江欢成建筑设计有限公司

结构设计团队：华东建筑设计研究院有限公司：花炳灿，朱　江，郑沁宇，姚鉴清
　　　　　　　上海江欢成建筑设计有限公司：江欢成，吴云缓，丁朝晖，曾　菁

执　笔　人：朱　江，花炳灿

经
典
回
眸
·
华
东
建
筑
设
计
研
究
院
有
限
公
司
篇